ランダウ＝リフシッツ

場の古典論

＝電気力学，特殊および一般相対性理論＝

（原書第６版）

エリ・デ・ランダウ
イェ・エム・リフシッツ　著
恒藤敏彦
広重徹　訳

東京図書株式会社

Л. Д. Ландау и Е. М. Лифшиц

ТЕОРИЯ ПОЛЯ

(Серия: «Теоретическая физика», том II)

издание шестое,
исправленное и дополненное

Издательство «Наука»
Главная редакция
физико-математической литературы
Москва 1973

第6版へのまえがき

この本の第1版は30年以上も前に出された．この年月のあいだに本書は何回も版があらためられ，改訂および加筆されてきた．現在ではその厚さは最初にくらべてほぼ2倍になっている．しかし，ランダウが提示した理論構成の方法と，明快さと単純さへの志向を主な特徴とする彼の叙述のスタイルとは，いささかも変える必要がなかった．独りでおこなわなければならなかった改訂で，私は全力をつくしてこのスタイルを保持するように努めた．

この前の第5版にくらべて，本書の電気力学を扱った最初の9章はほとんど変更されていない．重力場に関する数章は改訂され補足されている．これらの章の内容は版を重ねるたびに実質的に増大してきており，結局その配列にある程度の手なおしと整理が必要となった．

私は，名前をすべて列挙するにはあまりに数多くの，仕事の上の同僚すべてにここで深い感謝の意を表明しておきたい．彼らの注意と助言のおかげで，この本にあった誤りを取り除き多くの改善をおこなうことができたのである．もしこれらの助言がなく，疑問が生じるたびにただちに与えられた助力がなかったなら，この教程の改訂をつづける仕事ははるかに困難なものとなったであろう．発生した問題をいつも私と議論してくれたエリ・ペ・ピタエフスキーと，数式の点検と校正を助けてくれたヴェ・ア・ベリンスキーには特に感謝しておかなければならない．

1972年12月

イェ・エム・リフシッツ

第1版および第2版へのまえがきから

本書の目的は，電磁場および重力場の理論，すなわち電気力学と一般相対性理論を叙述することである．完全な，論理的に脈絡のとれた電磁場の理論は特殊相対性理論を包含している．したがって，われわれは特殊相対性理論を，理論の展開の基礎においた．基本的な関係式を導くための出発点として変分原理を使った．それによって一般性と統一性そしてまた，実際には，叙述の簡明さが最高度に達成できる．

本書がその一部である『理論物理学教程』の一般構想にしたがって，本書では連続媒質の電気力学に関する問題は扱わず，議論を微視的電気力学，すなわち真空および点電荷の電気力学に限った．

この本を読むには，一般物理学の課程における程度の電磁気現象に関する知識が必要である．またベクトル解析を十分知っていなければならない．テンソル解析の予備知識は前提としない．それは重力場の理論の展開に平行して説明してある．

モスクワ，1939年12月
モスクワ，1947年 6 月

エリ・デ・ランダウ
イェ・エム・リフシッツ

この教程の計画は，いまのところつぎのようになっている：

1. 力　学〔邦訳：広重徹・水戸巌訳《力学（増訂第3版）》，1974，東京図書〕

2. 場の理論〔本訳書〕

3. 量子力学（非相対論的理論）〔邦訳：佐々木 健・好村滋洋・井上健男訳《量子力学》（全2巻），1967，70年，東京図書〕（改訂中）

4. 相対論的量子論〔邦訳：井上健男訳《相対論的量子力学》（全2巻），1969，72年，東京図書〕

5. 統計物理学〔邦訳：小林秋男・小川岩雄・富永五郎・浜田達二・横田伊佐秋訳《統計物理学（第2版）》（全2巻），1966，67年，岩波書店〕

6. 流体力学〔邦訳：竹内均訳《流体力学》（全2巻），1970，71年，東京図書〕

7. 弾性理論〔邦訳：佐藤常三訳《弾性理論》，1972年，東京図書〕

8. 連続媒質の電気力学〔邦訳：井上健男・安河内 昻・佐々木 健訳《電磁気学》（全2巻），1962，65年，東京図書〕

9. 物理的運動学〔邦訳：井上健男・石橋善弘・柳下崇訳《物理的運動学》1982，東京図書〕

〔訳者〕

目　　次

第6版へのまえがき

第1版および第2版へのまえがきから

記　　号

第1章　相対性原理 …… 1

§ 1. 相互作用の伝播速度 …… 1

§ 2. 世界間隔 …… 4

§ 3. 固有時間 …… 8

§ 4. ローレンツ変換 …… 10

§ 5. 速度の変換 …… 14

§ 6. 4元ベクトル …… 16

§ 7. 4次元的な速度 …… 25

第2章　相対論的力学 …… 27

§ 8. 最小作用の原理 …… 27

§ 9. エネルギーと運動量 …… 28

§ 10. 分布関数の変換 …… 33

§ 11. 粒子の崩壊 …… 35

§ 12. 不変な断面積 …… 38

§ 13. 弾性衝突 …… 41

§ 14. 角運動量 …… 45

第3章　場のなかの電荷 …… 49

§ 15. 相対性理論における素粒子 …… 49

§ 16. 場の4元ポテンシャル …… 50

§ 17. 場のなかの粒子の運動方程式 …… 52

§ 18. ゲージ不変性……55
§ 19. 不変な電磁場……57
§ 20. 一様な不変の電場のなかの運動……58
§ 21. 一様な不変の磁場のなかの運動……60
§ 22. 一様な不変の電場および磁場のなかの電荷の運動……63
§ 23. 電磁場テンソル……67
§ 24. 場のローレンツ変換……69
§ 25. 場の不変量……71

第4章 場の方程式……74

§ 26. マクスウェル方程式の第1の組……74
§ 27. 電磁場の作用関数……75
§ 28. 4次元電流ベクトル……78
§ 29. 連続の方程式……80
§ 30. マクスウェル方程式の第2の組……83
§ 31. エネルギーの密度と流れ……85
§ 32. エネルギー・運動量テンソル……87
§ 33. 電磁場のエネルギー・運動量テンソル……91
§ 34. ヴィリアル定理……95
§ 35. 巨視的物体のエネルギー・運動量テンソル……96

第5章 不変な場……100

§ 36. クーロンの法則……100
§ 37. 電荷の静電エネルギー……101
§ 38. 一様な運動をしている電荷の場……103
§ 39. クーロン場のなかの運動……106
§ 40. 双極モーメント……109
§ 41. 多重極モーメント……110
§ 42. 外場のなかの電荷の系……113
§ 43. 不変な磁場……115
§ 44. 磁気モーメント……117
§ 45. ラーマーの定理……119

第6章　電磁波……122
§ 46. 波動方程式……122
§ 47. 平面波……124
§ 48. 単色平面波……129
§ 49. スペクトル分解……134
§ 50. 部分偏光……135
§ 51. 静電場のフーリエ分解……140
§ 52. 場の固有振動……141

第7章　光の伝播……146
§ 53. 幾何光学……146
§ 54. 光の強度……149
§ 55. 角アイコナール……151
§ 56. 細い光線束……154
§ 57. 広い光線束による結像……160
§ 58. 幾何光学の限界……162
§ 59. 回　折……164
§ 60. フレネル回折……169
§ 61. フラウンホーファー回折……172

第8章　運動している電荷の場……178
§ 62. 遅延ポテンシャル……178
§ 63. リエナール－ヴィーヒェルトのポテンシャル……181
§ 64. 遅延ポテンシャルのスペクトル分解……184
§ 65. 2次の項までとったラグランジアン……186

第9章　電磁波の放射……191
§ 66. 電荷の系から遠く離れたところの場……191
§ 67. 双極放射……195
§ 68. 衝突のあいだの双極放射……198
§ 69. 低振動数の制動放射……201

§ 70. クーロン相互作用がある場合の放射……203
§ 71. 4重極放射および磁気双極放射……210
§ 72. 近距離における放射の場……213
§ 73. 高速度で運動する電荷からの放射……217
§ 74. 磁気制動放射……221
§ 75. 放射減衰……227
§ 76. 相対論的な場合の放射減衰……234
§ 77. 超相対論的な場合における放射のスペクトル分解……237
§ 78. 自由電荷による散乱……241
§ 79. 低振動数の波の散乱……246
§ 80. 高振動数の波の散乱……247

第10章 重力場のなかの粒子……251

§ 81. 非相対論的力学における重力場……251
§ 82. 相対論的力学における重力場……252
§ 83. 曲線座標……256
§ 84. 距離と時間間隔……260
§ 85. 共変微分……264
§ 86. クリストッフェル記号と計量テンソルの関係……269
§ 87. 重力場のなかでの粒子の運動……273
§ 88. 不変な重力場……276
§ 89. 回 転……283
§ 90. 重力場が存在する場合の電気力学の方程式……285

第11章 重力場の方程式……288

§ 91. 曲率テンソル……288
§ 92. 曲率テンソルの性質……291
§ 93. 重力場に対する作用関数……298
§ 94. エネルギー・運動量テンソル……301
§ 95. アインシュタインの方程式……306
§ 96. エネルギー・運動量の擬テンソル……312
§ 97. 同期化された基準系……319

§ 98. アインシュタイン方程式のテトラード表現……325

第12章　物体の重力場……329

§ 99. ニュートンの法則……329
§100. 中心対称な重力場……333
§101. 中心対称な重力場のなかでの運動……341
§102. 球状物体の重力崩壊……344
§103. 塵状物質の球の重力崩壊……351
§104. 非球状および回転物体の重力崩壊……357
§105. 物体から離れた場所での重力場……366
§106. 物体系の運動方程式の2次近似……374

第13章　重力波……383

§107. 弱い重力波……383
§108. 曲がった空間・時間における重力波……385
§109. 強い重力波……388
§110. 重力波の放射……391

第14章　相対論的宇宙論……397

§111. 等方な空間……397
§112. 閉じた等方モデル……402
§113. 開いた等方モデル……406
§114. 赤方偏移……410
§115. 等方的宇宙の重力的安定性……417
§116. 一様な空間……423
§117. 平担な非等方モデル……429
§118. 特異点への振動性の接近……433
§119. アインシュタイン方程式の宇宙論的な一般解における時間に関する特異性……438

索　　引……443
訳者あとがき……449

記　　号

3次元の量

3次元テンソルの添字はギリシャ文字で表わす．

体積，面積および線の要素は，dV，$d\boldsymbol{f}$，$d\boldsymbol{l}$．

粒子の運動量およびエネルギーは，$\boldsymbol{p}$ と $\mathscr{E}$．

ハミルトン関数は，$\mathscr{H}$．

電磁場のスカラーおよびベクトル・ポテンシャルは，ϕ と $\boldsymbol{A}$．

電場および磁場の強さは，$\boldsymbol{E}$ と $\boldsymbol{H}$．

電荷密度および電流密度は，ρ と $\boldsymbol{j}$．

電気双極モーメントは，$\boldsymbol{d}$．

磁気双極モーメントは，$\mathfrak{m}$．

4次元の量

4次元テンソルの添字は，ラテン文字 i, k, l,…で表わされ，0, 1, 2, 3 の値をとる．

符号系（＋－－－）をもつ計量を採用する．

添字の上げ下げの規則は，16ページをみよ．

4元ベクトルの成分は，$A^i=(A^0, \boldsymbol{A})$ という形に並べる．

4階の反対称単位テンソルは，e^{iklm} で，$e^{0123}=1$（定義は19ページ）．

4次元体積要素は，$d\Omega=dx^0dx^1dx^2dx^3$．

超曲面の要素は，dS^i（定義は23ページ）．

4元動径ベクトルは，$x^i=(ct, \boldsymbol{r})$．

4元速度は，$u^i=dx^i/ds$．

4元運動量は，$p^i=(\mathscr{E}/c, \boldsymbol{p})$．

電流の4元ベクトルは，$j^i=(c\rho, \rho\boldsymbol{v})$．

電磁場の4元ポテンシャルは，$A^i=(\phi, \boldsymbol{A})$．

電磁場の4元テンソルは，$F_{ik}=\dfrac{\partial A_k}{\partial x^i}-\dfrac{\partial A_i}{\partial x^k}$（$F_{ik}$ の成分と $\boldsymbol{E}$ および $\boldsymbol{H}$ の成分とのあいだの関係は，68ページ）．

エネルギー－運動量4元テンソルは T^{ik}（その成分の定義は91ページ）．

第1章　相対性原理

§1.　相互作用の伝播速度

自然のなかで生ずるいろいろの過程を記述するためには，**基準系**がなければならない．ここに基準系とは，粒子の空間内の位置を指定するための座標系と，時刻を指示するためのこの系に固定された時計とを合わせたもののことである．

基準系のうちには，そのなかで自由に運動する物体，すなわち，外からの力を受けないで運動する物体が一定の速度で進むようなものがある．そのような基準系を**慣性系**という．

2つの基準系がたがいに一様な運動をしており，その一方が慣性系であるときには，明らかに他方も慣性系である（この系のなかでも，自由運動はすべて一様な直線運動となる）．このようにして，たがいに一様に運動している慣性基準系が無数に得られる．

経験の示すところによれば，いわゆる**相対性原理**が成り立つ．この原理によると，すべての自然法則はあらゆる慣性基準系において同一である．いいかえれば自然法則を表わす方程式は，1つの慣性基準系から他の慣性基準系への座標変換に対して不変である．これはつぎのことを意味する．自然法則を記述する方程式は，異なる慣性基準系の座標と時間とを使って書いても，すべて同じ形になるのである．

古典力学では，物質粒子のあいだの相互作用は，相互作用のポテンシャル・エネルギーによって記述される．ポテンシャル・エネルギーは，相互作用をしている粒子の座標の関数として表わされる．このような記述の仕方が，相互作用の伝播は瞬時であるという仮定を含んでいることは，たやすく理解できる．実際，この記述法によれば，特定の瞬間に各粒子に働く他の粒子からの力は，この瞬間における粒子の位置のみによってきまるのである．相互作用している粒子のいずれかが位置を変えれば，その影響はただちに他の粒子に現われる．

しかしながら，自然には瞬間的な相互作用が存在していないことが経験的に示されている．したがって，相互作用の瞬時の伝播という前提から出発する力学は，それ自身のなかに，ある不正確さを含むことになる．実際には，相互作用している物体の1つになんらかの変化が生じたとき，その影響は，ある有限の時間が経過したのちでなければ，他の物体のうえに現われない．この時間間隔ののちにはじめて，はじめの変化によってひき起こされた過程が第2の物体に生じはじめるのである．2つの物体のあいだの距離をこの時間間隔であると，“相互作用の伝播速度”が得られる．

この速度は，本来なら，相互作用の最大の伝播速度とよばれるべきであることに注意しよう．この速度によってきまるのは，1つの物体に生ずる変化が他の物体に影響を現わしはじめるまでの時間間隔にすぎないからである．相互作用の伝播速度に最大値があることは同時に，この最大値より大きな速度をもつ物体の運動が自然のなかに存在しえないことを意味していることは明らかである．なぜなら，もしそういう運動が起こりうるとすれば，その運動を利用して，相互作用の可能な最大伝播速度をこえる速さで伝わる相互作用を実現できるからである．

1つの粒子から他の粒子へ伝わる相互作用は，第1の粒子から送りだされて，第2の粒子に第1の粒子の受けた変化を“報知する”ものであるから，しばしば“信号”とよばれる．そのときには，相互作用の伝播速度も“信号速度”といわれる．

相対性原理からすれば，とくに，相互作用の伝播速度がすべての慣性基準系において同一でなければならない．したがって，相互作用の伝播速度は普遍定数である．

この一定の速度は，のちに示すようにまた真空中を光が伝わる速度でもあるから，**光速度**とよばれる．それはふつう c という文字で表わされ，その数値は

$$c=2.998\times10^{10}\ \mathrm{cm/sec} \tag{1.1}$$

である．

古典力学が実際上ほとんどの場合に十分正確であるという事実は，この速度の値が大きいことによって説明される．われわれの扱う速度は，ふつう光の速度にくらべてきわめて小さいので，光の速度を無限大とする仮定が，いろいろの結論の正確さに実質的な影響をおよぼさないのである．

相対性原理と相互作用の伝播速度の有限性とを結びつけたものは，相互作用の伝播速度が無限大であるという前提にたつガリレイの相対性原理と区別して，**アインシュタインの相対性原理**とよばれる（それは1905年A．アインシュタインによって定式化された）．

アインシュタインの相対性原理（ふつう単に相対性原理とよぶことにする）にもとづく力学は，**相対論的**であるといわれる．運動物体の速度が光の速度にくらべて小さい極限では，運動に対する伝播速度の有限性の影響を無視することができる．そのときには，相対論的力学はふつうの，相互作用の伝播が瞬間的であるという仮定に基礎をおく力学に移行する．この力学はニュートン力学，または古典力学とよばれる．相対論的力学から古典力学への極限移行は，相対論的力学の式で $c\to\infty$ の極限をとることによって形式的におこなうことができる．

空間は，古典力学においてすでに相対的である．すなわち，いろいろの事象の空間的関係は，それらを記述する基準系に依存する．2つの同時ではない事象が空間の同一の点で，

あるいは一般的にいって，たがいにある定まった距離をへだてて生じたという言明は，用いられた基準系を指示したときにはじめて意味をもつのである．

これに反して，時間は古典力学においては絶対的である．いいかえれば，時間の性質は基準系に依存しないと仮定されている．すべての基準系に対してただ1つの時間がある．これは，2つの事象がある1人の観測者に対して同時に起こったとすれば，それらは他のあらゆる観測者にとっても同時に起こる，ということを意味する．一般に，与えられた2つの事象のあいだの時間間隔は，すべての基準系において同一でなければならない．

しかしながら，絶対時間という概念がアインシュタインの相対性原理と完全に矛盾することは容易に示される．それには，絶対時間の概念のうえにたつ古典力学では，よく知られた速度の合成法則が成り立ち，それによると合成運動の速度は，それを構成する運動の速度の単なる（ベクトル）和である，ということを思い起こせば十分である．この法則は普遍的なものであって，相互作用の伝播にも適用されるべきである．このことから，相対性原理に反して，異なる慣性基準系では伝播速度も違った値をもたなければならないことになる．しかし，この問題に関して，実験は完全に相対性原理を確認している．すなわち，マイケルソンによってはじめておこなわれた測定（1881年）は，光の速度がその伝播方向にまったくよらないことを示した．ところが，古典力学にしたがえば，光の速度は，地球の運動の方向に向かうときのほうが逆向きのときよりも小さいはずである．

こうして，相対性原理から，時間が絶対的でないという結論が引きだされる．時間は，異なる基準系では異なった流れ方をするのである．したがって，与えられた2つの事象のあいだに，ある定まった時間が経過したという主張は，この主張が依拠する基準系が指定されたときにのみ意味をもつ．とくに，1つの基準系で同時の事象も，他の基準系では同時でなくなる．

この事情をはっきり理解するには，つぎの簡単な例を考えてみればよい．

それぞれ座標軸 xyz および $x'y'z'$ をもつ2つの慣性基準系 K と K' があって，系 K' は K に対して $x(x')$ 軸にそって運動しているとする（図1）．x' 軸のうえの点 A から，たがいに反対の方向に2つの信号がでたと考えよう．K' 系における信号の伝播速度は，すべての慣性系でそうであるように，（どちらの方向にも）c に等しいから，信号は，Aから等距離にある点BおよびCに同一時刻に到着するであろう（K' 系で）．しかし，同じ2つの事象（信号のBおよびCへの到達）がK系の観測者にとってはけっして同時でありえ

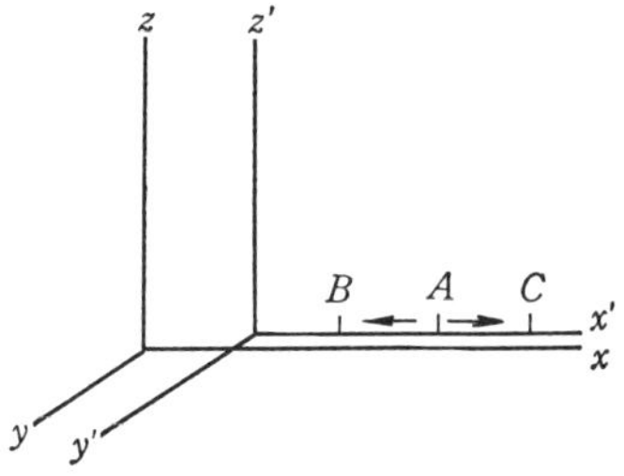

図 1

ないことは容易に理解できる．実際，K系に相対的な信号の速度は，相対性原理によって同じcという値をもつが，点Bは信号の源へ向かって（K系に相対的に）動くのに，点Cは（AからCへ向かって送られる）信号から遠ざかる方向へ動くから，K系では，信号は点Cより早く点Bに到着するであろう．

こうして，アインシュタインの相対性原理は，物理学の基礎的概念に根本的な変更をもちこむ．われわれの日常的経験から導かれた空間および時間の概念は，日常生活でわれわれのでくわす速度が光速度にくらべてきわめて小さいという事実に関連した近似にすぎないのである．

§2. 世界間隔

以下では，しばしば**事象**という概念を用いる．事象は，それが起こった場所および時刻によって記述される．したがって，物質粒子で起こる事象は，その粒子の3つの座標および事象の起こった時刻によって定義される．

仮構的な4次元空間を使用することが，見通しをよくするのに有用なことがしばしばある．この空間の4つの軸には，3つの空間座標と時間とがしるしづけられているとする．この空間では，事象は点で表わされ，その点は**世界点**とよばれる．おのおのの粒子にこの4次元空間のなかのある曲線（**世界線**）が対応する．この線のうえの点が，すべての時間にわたって粒子の位置を定める．一様な直線運動をする粒子には，まっすぐな世界線が対応することは明らかである．

さて，光速度不変の原理を数学的な形に表わそう．そのために，一定の速度で相対運動をしている2つの基準系 K と K' を考える．x 軸と x' 軸とが一致し，y および z 軸が y' および z' 軸に平行なように座標系を選ぶ．系Kおよび K' における時間を，それぞれ t, t' と記す．

K 系での座標が x_1, y_1, z_1 の点から，この系の時刻 t_1 に，光速度で進む信号を送りだすことを第1の事象とする．この信号の伝播を K 系で観察しよう．点 x_2, y_2, z_2 に信号が時刻 t_2 に到達することを第2の事象とする．信号は速度 c で伝わるから，それが進む距離は $c(t_2-t_1)$ である．他方，この距離は $[(x_2-x_1)^2+(y_2-y_1)^2+(z_2-z_1)^2]^{1/2}$ に等しい．したがって，K系における2つの事象の座標のあいだの関係を，つぎのように書くことができる．

$$(x_2-x_1)^2+(y_2-y_1)^2+(z_2-z_1)^2-c^2(t_2-t_1)^2=0 \tag{2.1}$$

同じ2つの事象，すなわち，信号の伝播は K' 系から観察することができる．K' 系における第1の事象の座標を x_1', y_1', z_1', t_1'，第2の事象の座標を x_2', y_2', z_2', t_2' とする．光速度不変の原理によれば，光の速度は K 系と K' 系とで同じであるから，(2.1) 式と同じよ

うに

$$(x'_2-x'_1)^2+(y'_2-y'_1)^2+(z'_2-z'_1)^2-c^2(t'_2-t'_1)^2=0. \tag{2.2}$$

x_1, y_1, z_1, t_1 および x_2, y_2, z_2, t_2 を任意の2つの事象の座標としたとき

$$s_{12}=[c^2(t_2-t_1)^2-(x_2-x_1)^2-(y_2-y_1)^2-(z_2-z_1)^2]^{1/2} \tag{2.3}$$

という量は，これらの2つの事象のあいだの**世界間隔**とよばれる．

こうして，光速度不変の原理から，2つの事象の世界間隔が1つの基準系でゼロならば，それは他のすべての基準系でもゼロである．

2つの事象がたがいに無限に接近していれば，それらの世界間隔 ds は

$$ds^2=c^2dt^2-dx^2-dy^2-dz^2. \tag{2.4}$$

表式 (2.3) および (2.4) の形は，形式的な数学的見地からみると，世界間隔を (x, y, z および積 ct を座標軸にとったときの) 仮想的な4次元空間内の2点間の距離とみなすことを許すのである．しかし，この量の構成の仕方は普通の幾何学の規則とくらべると，本質的に異なっている．すなわち，世界間隔の2乗をつくるとき，座標の差の2乗に同じ符号ではなく異なった符号をつけて和をとる[1]．

さきに示したように，1つの慣性系で $ds=0$ ならば，他の任意の慣性系でも $ds'=0$ である．他方，ds と ds' とは同じ次数の微小量である．これら2つの条件から，ds^2 と ds'^2 とはたがいに比例しなければならない：

$$ds^2=a\,ds'^2.$$

この係数 a は，2つの慣性系の相対速度の絶対値のみに依存するはずである．座標または時間には依存することができない．なぜなら，もしそうだとしたら，空間の異なった点，時間の異なった瞬間は等価でなくなり，それは空間と時間の一様性に矛盾するからである．同様に，相対速度の方向に関係することもできない．なぜなら，それは空間の等方性に反するからである．

3つの基準系 K, K_1, K_2 を考え，系 K_1 および K_2 の K に相対的な運動の速度をそれぞれ $\boldsymbol{V}_1, \boldsymbol{V}_2$ とおく．そうすると

$$ds^2=a(V_1)ds_1^2, \qquad ds^2=a(V_2)ds_2^2$$

となる．同じ根拠から

$$ds_1^2=a(V_{12})ds_2^2$$

と書くことができる．ただし，V_{12} は K_2 の K_1 に対する相対速度の絶対値である．これらの関係式をたがいに比較して

---

1) 2次形式 (2.4) によって記述される4次元の幾何学は，通常のユークリッド幾何学と区別して**擬ユークリッド幾何学**とよばれる．この幾何学は，相対性理論との関連で H. ミンコフスキーが導入したものである．

$$\frac{a(V_2)}{a(V_1)}=a(V_{12}) \tag{2.5}$$

でなければならないことがわかる．ところで，V_{12} はベクトル $\boldsymbol{V}_1$ および $\boldsymbol{V}_2$ の絶対値だけでなく，それらのあいだの角度にも依存する．しかし，関係(2.5)の左辺には，そのような角度ははいってこない．したがって，明らかにこの関係式は，関数 $a(V)$ が実は定数であるときにのみ，成り立つものである．その定数値は，この関係式そのものから1であることがわかる．

こうして

$$ds^2=ds'^2 \tag{2.6}$$

となる．無限小間隔のあいだに等式が成り立てば，有限の間隔も等しくなる：$s=s'$.

それゆえ，われわれはつぎのきわめて重要な結果に到達する：事象間の世界間隔は，すべての慣性基準系において同じである．すなわち，1つの慣性基準系から他の任意の系への変換に際して不変である．この不変性はまた，光速度一定の数学的表現でもある．

ふたたび x_1, y_1, z_1, t_1 および x_2, y_2, z_2, t_2 を，ある基準系 K における2つの事象の座標とする．この2つの事象が空間の同一の点で生ずることになるような座標系 K' が存在するであろうか？

つぎの記法を導入する：

$$t_2-t_1=t_{12}, \qquad (x_2-x_1)^2+(y_2-y_1)^2+(z_2-z_1)^2=l_{12}^2.$$

そうすると，K 系における事象の間隔は

$$s_{12}^2=c^2t_{12}^2-l_{12}^2,$$

K' 系での間隔は

$$s_{12}'^2=c^2t_{12}'^2-l_{12}'^2.$$

これらのあいだには，間隔の不変性のために

$$c^2t_{12}^2-l_{12}^2=c^2t_{12}'^2-l_{12}'^2$$

が成り立つ．われわれは，K' 系では2つの事象が同一の点で起こることを望む．すなわち，$l_{12}'=0$ を要求している．そのときには

$$s_{12}^2=c^2t_{12}^2-l_{12}^2=c^2t_{12}'^2>0.$$

したがって，要求される性質をもつ基準系は，$s_{12}^2>0$，すなわち，2つの事象の間隔が実数であるときに存在するのである．実の世界間隔は**時間的**であるといわれる．

こうして，2つの事象の間隔が時間的であるならば，それら2つの事象が同一の場所で生ずるような基準系が存在する．この基準系において，2つの事象のあいだに経過する時間は

$$t_{12}'=\frac{1}{c}\sqrt{c^2t_{12}^2-l_{12}^2}=\frac{s_{12}}{c} \tag{2.7}$$

である．

同一の物体において２つの事象が起こるとすれば，それら事象間の間隔はつねに時間的である．なぜなら，物体の速度は c をこえることができないから，２つの事象が起こるあいだに物体が動く距離は ct_{12} より大きくはなりえず，したがって

$$l_{12}<ct_{12}$$

だからである．

さてこんどは，２つの事象が同一の時刻に生ずるような基準系を見いだすことができるかどうか，を問題にしよう．まえと同じく，K および K' 系に対して，$c^2t_{12}^2-l_{12}^2=c^2t_{12}'^2-l_{12}'^2$. われわれは $t'_{12}=0$ を要求するのであるから

$$s_{12}^2=-l_{12}'^2<0.$$

したがって，２つの事象のあいだの間隔 s_{12} が虚数のときにだけ，求める基準系を見いだすことができる．虚の世界間隔は**空間的**であるといわれる．

こうして，２つの事象の間隔が空間的であるならば，それら２つの事象が同時に生ずるような基準系が存在する．この系において２つの事象の生ずる点のあいだの距離は

$$l'_{12}=\sqrt{l_{12}^2-c^2t_{12}^2}=is_{12} \tag{2.8}$$

に等しい．

空間的間隔および時間的間隔という世界間隔の分類は，間隔が不変量であるから，絶対的な概念である．これは，間隔が時間的か空間的かということは，基準系のとり方によらないことを意味する．

ある事象 O を，時間および空間座標の頂点にとろう．いいかえると，x, y, z, t 軸をもつ４次元座標系において，事象 O の世界点が座標の原点となるのである．さてそこで，他の事象が与えられた事象 O に対してとる関係を考察しよう．わかりやすくするために，空間の１次元だけと時間とを考え，それらを２つの軸のうえにとる（図２）．$t=0$ に $x=0$ を通過する粒子の一様な直線運動は，O を通り，t 軸に対して，勾配が粒子の速度に等しいような角度をなす直線によって表わされる．可能な最大の速度は c であるから，この直線が t 軸とのあいだに張ることのできる角度には上限がある．図２には，事象 O を反対の向きに通過する（すなわち，$t=0$ に $x=0$ を通る）２つの信号の伝播（光速度での）を表わす２つの直線が描いてある．粒子の運動を表わす線はすべて，aOc および dOb という領域のなかにのみ存在することができる．直線 ab および cd のうえでは，$x=\pm ct$ である．最初に，その世界点が領域 aOc のなかにあるような事象を考える．この領域内のすべての点に

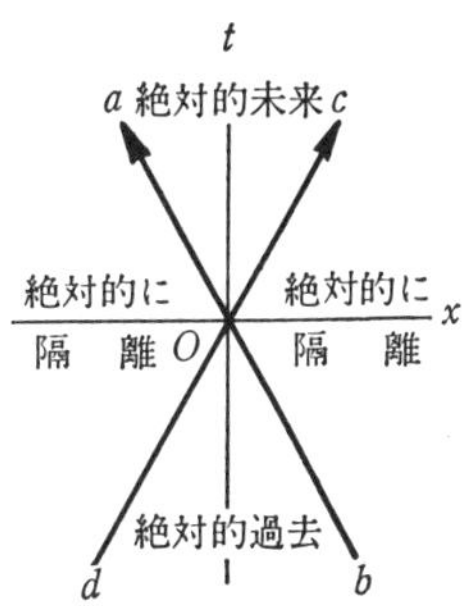

図 2

対しては $c^2t^2-x^2>0$ であることは容易にわかる．いいかえれば，この領域内の任意の事象と事象Oとの間隔は時間的である．この領域内では $t>0$ である；すなわち，この領域内の事象は，すべて事象Oよりも“あとに”起こる．しかし，時間的な世界間隔によってへだてられた2つの事象は，いかなる基準系をとっても，同時には起こりえない．したがって，領域 aOc 内のいずれかの事象が，そのなかでは事象Oより“まえに”すなわち $t<0$ という時刻に起こるというような基準系を見いだすことは不可能である．このように，領域 aOc 内のすべての事象は，すべての基準系において，O に対して未来の事象である．したがって，この領域は，事象Oに対して絶対的未来とよぶことができる．

まったく同じようにして，領域 bOd のなかの事象はすべてOに対して“絶対的過去”に属する：すなわち，この領域内の事象は，いかなる基準系においても，事象Oよりまえに生ずる．

最後に，事象 dOa および cOb を考えよう．この領域内の任意の事象と事象Oとの世界間隔は空間的である．これら2つの事象は，いかなる基準系においても，空間の異なった点で生ずる．したがって，これらの領域は，Oに対して“絶対的にへだたっている”ということができる．しかしながら，“同時”，“以前”，“以後”という概念は，これらの領域では相対的である．これらの領域内の任意の事象に対して，それが事象Oより以後に起こるような基準系，Oより以前に起こるような基準系，そして最後に，Oと同時に起こるような基準系が存在するのである．

空間座標をたった1つでなく，3つとも考慮にいれれば，図2の2本の交線のかわりに，t 軸に一致する軸をもつ，4次元座標系 x, y, z, t のなかの“すい体” $x^2+y^2+z^2-c^2t^2=0$ が得られるということに注意しよう（このすい体は**光すい**と呼ばれる）．すると，“絶対的未来”および“絶対的過去”の領域は，このすい体の2つの内部によって表わされる．

2つの事象は，それらのあいだの世界間隔が時間的であるときにだけ，因果的な関係をもつことができる．これは，いかなる相互作用も光の速度より大きな速度で伝わることはできないという事実から，ただちにいえることである．たったいま知ったように，“以前”とか“以後”とかいう概念が絶対的な意義をもちうるのは，まさにこれらの事象に対してであるが，このことは，原因および結果の概念が意味をもつための必要条件なのである．

§3.　固有時間

慣性基準系のなかで，われわれに対して任意の運動をしている時計を観察するものとしよう．各瞬間，瞬間をとれば，この運動を一様とみなすことができるから，各瞬間ごとに動いている時計にかたく結びついた座標系を導入することができる．この座標系は（時計と合わせて），やはり慣性基準系である．

微小な時間間隔 dt （われわれに結びついた静止系の時計で計った）のあいだに，動いている時計は距離

$$\sqrt{dx^2+dy^2+dz^2}$$

だけ進む．動いている時計がこのあいだにきざむ時間間隔 dt' はいくらであろうか．動いている時計に結びつけた座標系では，この時計は静止している．すなわち，$dx'=dy'=dz'=0$．世界間隔の不変性によって

$$ds^2=c^2dt^2-dx^2-dy^2-dz^2=c^2dt'^2.$$

これから

$$dt'=dt\sqrt{1-\frac{dx^2+dy^2+dz^2}{c^2dt^2}}.$$

ところで，動いている時計の速度を v とすれば

$$\frac{dx^2+dy^2+dz^2}{dt^2}=v^2$$

である．したがって

$$dt'=\frac{ds}{c}=dt\sqrt{1-\frac{v^2}{c^2}}. \tag{3.1}$$

この式を積分することによって，静止している時計によれば t_2-t_1 だけの時間が経過するあいだに，動いている時計がきざむ時間の長さを知ることができる：

$$t_2'-t_1'=\int_{t_1}^{t_2}dt\sqrt{1-\frac{v^2}{c^2}}. \tag{3.2}$$

与えられた対象といっしょに動いている時計の示す時間を，この対象の**固有時間**という．(3.1) および (3.2) は，運動を観察するのに準拠する基準系における時間によって固有時間を表わすための式である．

(3.1) および (3.2) からわかるように，動いている物体の固有時間は，つねに，静止系における対応する時間間隔よりも短い．いいかえると，動いている時計は静止している時計よりもゆっくり進むのである．

慣性系Kに対していくつかの時計が一様な直線運動をしているとしよう．これらの時計に結びつけられた基準系 K' も慣性系である．さて，K 系の観測者の見地からすると，K' 系のなかの時計は遅れる．逆に，K' 系の立場からみれば，K のなかの時計が遅れる．しかし，つぎのことに注意すれば，ここに矛盾はないことが確認される．K' 系の時計が K 系の時計より遅れることをいうためには，つぎのような操作をしなければならない．ある瞬間に K' の時計がKの時計のそばを通りすぎ，その瞬間には２つの時計の読みが一致していたとする．Kと K' の２つの時計の歩みを比較するには，もう一度K'の同じ動いている時計の読みをKのなかの時計の読みとくらべなければならない．しかし，こんど動いている時計とくらべられるのは，Kの先ほどとは別の時計——この比較の瞬間に K' の時計

とすれちがう時計である．そうして，K' の時計はいまそれと比較した K の時計にくらべて遅れている，ということを見いだすのである．2つの基準系の時計の歩みを比較するためには，一方の基準系では数個の時計，他方の基準系では1個の時計を必要とすることがわかる．したがって，この操作は両方の系について対称的ではない．遅れると判断される時計はつねに同一で，それが他の系の異なったいくつかの時計とくらべられるのである．

時計が2つあって，その一方が出発点（静止したままの時計の位置）にもどってくる閉じた径路を描くとすれば，明らかに，動く時計は（静止している時計に対して）遅れを示す．動く時計を静止しているとみなす逆の推論は，こんどは不可能である．というのは，閉じたトラジェクトリーを描く時計のおこなう運動は一様な直線運動でなく，したがってそれに結びつけられた座標系は慣性系ではないからである．

自然の法則は慣性基準系に対してのみ同じなのだから，静止している時計に結びついた基準系（慣性系）と動いている時計に結びつけられた系（非慣性系）とは性格が異なり，静止している時計が遅れているはずだという結論に導く論証は成り立たないのである．

時計がきざむ時間間隔は，時計の世界線にそってとった積分 $\frac{1}{c}\int ds$ に等しい．時計が静止していれば，それの世界線は明らかに t 軸に平行な直線である．時計が閉じた径路にそって一様でない運動をして，出発的にもどってきたとすると，その世界線は，静止している時計の世界線上の，運動のはじめとおわりに対応する2つの点を通る曲線である．他方，われわれは，静止している時計はつねに，運動する時計よりも長い時間を記録することを知った．こうして，与えられた一対の世界点のあいだにとった積分 $\int ds$ は，これら2つの点を結ぶまっすぐな世界線に対して最大値をもつ，という結論に達する[1]．

§ 4.　ローレンツ変換

つぎのわれわれの目的は，慣性基準系どうしの変換公式，すなわち，ある事象の K 系における座標 x, y, z, t を知って，その同じ事象の別の慣性系 K' における座標 x', y', z', t' を見いだすための公式を得ることである．

古典力学では，この問題はきわめて簡単に解ける．時間の絶対性のために，そこでは $t=t'$ である．さらに，座標軸をいつものように（x, x' 軸は一致し，y, z 軸は y', z' に平行なまま x, x' にそって動く）選べば，座標 y, z は明らかに y', z' に等しく，座標 x と x' とは，一方の系が他方に相対的に動いた距離だけ異なる．時間の原点を，2つの座標系が一致する瞬間に選ぶとし，K' 系の K 系に対する速度を V とすれば，この距離は Vt に等

1）いうまでもなく，2つの点およびそれらを結ぶ世界線は，それにそってとった要素 ds がすべて時間的になるようなものであるとする．積分のこの性質は，4次元幾何の擬ユークリッド性に関連している．ユークリッド空間では，積分はいうまでもなく，直線にそって最小値をとるであろう．

しい．ゆえに

$$x'=x+Vt,\quad y'=y,\quad z'=z,\quad t'=t. \tag{4.1}$$

この公式は**ガリレイ変換**とよばれる．この変換は，もちろん相対性理論の要求をみたさない．これは，事象間の世界間隔を不変にしない．

相対論的な変換公式は，事象間の世界間隔を不変にしなければならない，という要求そのものの帰結として得られる．

§2で知ったように，事象間の間隔は，それらに対応する4次元座標系のなかの一対の世界点のあいだの距離とみることができる．したがって，求める変換は，4次元の x, y, z, ct 空間のなかの距離をすべて不変にしなければならない，といってよい．ところで，そういう変換は，座標系の平行移動と回転とだけである．それらのうち，座標系のそれ自身に平行な移動は，空間座標の原点をずらすこと，ないしは時間の基準点を変えることに導くだけであるから，とくに考えなくてもよい．こうして，求める変換は数学的には，4次元の x, y, z, t 座標系の回転として表わされるはずである．

4次元空間のあらゆる回転は，それぞれ xy, zy, xz, tx, ty, tz の平面のなかの6つの回転に分解することができる（ちょうど，通常の空間のなかのあらゆる回転が，平面 xy, zy, xz のなかの3つの回転に分解できるように）．これら6つの回転のうち，最初の3つは空間座標だけを変換する；それらは，ふつうの空間回転に対応するものである．

tx 平面のなかの回転をとりあげよう．この回転によって，y および z 座標は変化しない．この変換は，とくに差 $(ct)^2-x^2$，すなわち点 (ct, x) から座標原点までの“距離”の2乗を不変にたもたなければならない．この変換における新旧両座標のあいだの関係は，もっとも一般的な形では，ψ を“回転角”として，

$$x=x'\cosh\psi+ct'\sinh\psi,\qquad ct=x'\sinh\psi+ct'\cosh\psi \tag{4.2}$$

という式で表わされる．これによると実際に $c^2t^2-x^2=c^2t'^2-x'^2$ となることは，たやすく確かめられる．式 (4.2) が，座標軸の回転における通常の変換式と異なるのは，三角関数が双曲線関数におきかわっていることである．擬ユークリッド幾何とユークリッド幾何との違いがここに表われている．

われわれが見いだそうとしているのは，慣性基準系Kから，Kに対して速度Vでx軸方向に動いている系 K' への変換公式である．この場合には，明らかに，座標xと時間tだけが変化をこうむる．したがって，この変換は (4.2) の形をしているはずである．そうすると，角度ψをきめることだけが残るが，ψが依存しうるのは相対速度Vだけである[1]．

K系のなかでの，K' 系の原点の運動を考えよう．すると $x'=0$ となり，式 (4.2) は

1) 混乱をさけるために，2つの慣性系の一定の相対速度は V，必ずしも一定でない運動粒子の速度は v，とつねに記号を使いわけることに注意．

$$x = ct'\sinh\psi, \qquad ct = ct'\cosh\psi$$

となる．あるいは，一方を他方で割って

$$\frac{x}{ct} = \tanh\psi,$$

ところが，x/t は明らかに，K' 系のKに対する速度Vであるから

$$\tanh\psi = \frac{V}{c}.$$

これから

$$\sinh\psi = \frac{\frac{V}{c}}{\sqrt{1-\frac{V^2}{c^2}}}, \qquad \cosh\psi = \frac{1}{\sqrt{1-\frac{V^2}{c^2}}}.$$

これらを（4. 2）に代入して

$$x = \frac{x'+Vt'}{\sqrt{1-\frac{V^2}{c^2}}}, \quad y = y', \quad z = z', \quad t = \frac{t'+\frac{V}{c^2}x'}{\sqrt{1-\frac{V^2}{c^2}}} \tag{4.3}$$

を得る．これが求める変換公式である．これは**ローレンツ変換**の式とよばれ，以下で基本的に重要となるものである．

x', y', z', t' を x, y, z, t によって表わす逆の公式は，Vを $-V$に変えればきわめて容易に得られる（K系は K' 系に対して速度 $-V$ で動くから）．また（4. 3）式を x', y', z', t' について解いても，同じ公式を得ることができる．

$c \to \infty$ の極限，すなわち古典力学へ移ると， ローレンツ変換が実際ガリレイ変換に移行することは，（4. 3）からたやすくわかる．

（4. 3）で $V>c$ となると，座標 x, t は虚数になる，これは，光速度よりも大きい速度の運動は不可能だという事実に照応している．さらに，光速度で動く基準系を用いることもできない——その場合には，（4. 3）の分母がゼロになってしまう．

光の速度にくらべて速度Vが小さいときは，（4. 3）のかわりに近似式

$$x = x'+Vt', \quad y = y', \quad z = z', \quad t = t'+\frac{V}{c^2}x' \tag{4.4}$$

を使うことができる．

K系のなかに，x軸に平行に１本の棒がおかれているとする．この系で計った棒の長さを $\Delta x = x_2 - x_1$ としよう（x_1, x_2 は，K系のなかの棒の両端の座標である）． さて，この棒の K' 系で計った長さを求めよう．そのためには，K' 系の時刻 t' における棒の両端の座標（x_2' および x_1'）を見いださねばならない．（4. 3）から

$$x_1=\frac{x_1'+Vt'}{\sqrt{1-\dfrac{V^2}{c^2}}},\qquad x_2=\frac{x_2'+Vt'}{\sqrt{1-\dfrac{V^2}{c^2}}}.$$

K' 系での棒の長さは $\Delta x'=x_2'-x_1'$ である．x_2 から x_1 をひいてつぎのようになる．

$$\Delta x=\frac{\Delta x'}{\sqrt{1-\dfrac{V^2}{c^2}}}.$$

それが静止している基準系における棒の長さを，それの**固有長さ**とよぼう．それを $l_0=\Delta x$ で表わし，他の任意の基準系 K' で計った棒の長さを l で表わそう．そうすると

$$l=l_0\sqrt{1-\frac{V^2}{c^2}}. \tag{4.5}$$

このように，棒の長さは，そのなかで棒が静止しているような基準系のうえで最大である．それが速度 V で動いているような系のうえでは，棒の長さは $\sqrt{1-\dfrac{V^2}{c^2}}$ 倍に減少する．相対性理論のこの結果は**ローレンツ短縮**とよばれる．

横方向の大きさは運動によって変化しないから，物体の体積 $\mathscr{V}$ も同様の式にしたがって減少する：

$$\mathscr{V}=\mathscr{V}_0\sqrt{1-\frac{V^2}{c^2}}. \tag{4.6}$$

ここに $\mathscr{V}_0$ は物体の**固有体積**である．

固有時間についてすでに知られている結果を（§3），ローレンツ変換からあらためて導くことができる．時計が K' 系に静止しているとしよう．K' 系で空間の1点 x', y', z' において生ずる2つの事象をとる．K' 系で計ったこれらの事象のあいだの時間は $\Delta t'=t_2'-t_1'$ である．そこで，K 系においてこれらの事象のあいだに経過する時間 Δt を見いだそう．(4.3) から

$$t_1=\frac{t_1'+\dfrac{V}{c^2}x'}{\sqrt{1-\dfrac{V^2}{c^2}}},\qquad t_2=\frac{t_2'+\dfrac{V}{c^2}x'}{\sqrt{1-\dfrac{V^2}{c^2}}}$$

となる．一方から他方をひいて

$$t_2-t_1=\Delta t=\frac{\Delta t'}{\sqrt{1-\dfrac{V^2}{c^2}}}$$

となり，(3.1) とまったく一致する．

最後にもう1つ，ローレンツ変換をガリレイ変換から区別する一般的性質について注意しておこう．ガリレイ変換は，いわば交換可能性をもっている．すなわち，ガリレイ変換を2つ（異なる速度 $\boldsymbol{V}_1$ および $\boldsymbol{V}_2$ に対する）つづけておこなった結果は，それらをおこ

なう順序にはよらない．これに対して，2つのローレンツ変換をおこなった結果は，一般的にいって，それらの順序によって異なるのである．純数学的には，このことは，ローレンツ変換を4次元座標系における回転とみなす先に利用した形式的解釈からしてすでに明らかである．よく知られているように，2つの回転（異なる軸のまわりの）の結果は，それらを実施する順序に依存するからである．ベクトル $\boldsymbol{V}_1$ と $\boldsymbol{V}_2$ が平行な場合の変換（4次元座標系における，同一の軸のまわりの回転）だけがその例外である．

§5. 速度の変換

まえの節でわれわれが得たのは，ある事象の1つの基準系での座標から，同じ事象の別の基準系での座標を見いだすことを可能にする公式であった．こんどは，物質粒子の1つの基準系での速度と第2の基準系での速度とを関係づける公式を見いだそう．

ふたたび，K' 系はK系に対して速度Vでx軸方向に動くものとする．$v_x=dx/dt$ はK系での粒子の速度，$v'_x=dx'/dt'$ は同じ粒子の K' 系での速度とする．(4.3) から

$$dx=\frac{dx'+Vdt'}{\sqrt{1-\frac{V^2}{c^2}}},\quad dy=dy',\quad dz=dz',\quad dt=\frac{dt'+\frac{V}{c^2}dx'}{\sqrt{1-\frac{V^2}{c^2}}}.$$

はじめ3つの式を4番目の式で割り，速度

$$\boldsymbol{v}=\frac{d\boldsymbol{r}'}{dt},\qquad \boldsymbol{v}'=\frac{d\boldsymbol{r}'}{dt'}$$

を導入すると，

$$v_x=\frac{v'_x+V}{1+v'_x\frac{V}{c^2}},\qquad v_y=\frac{v'_y\sqrt{1-\frac{V^2}{c^2}}}{1+v'_x\frac{V}{c^2}},\qquad v_z=\frac{v'_z\sqrt{1-\frac{V^2}{c^2}}}{1+v'_x\frac{V}{c^2}} \tag{5.1}$$

となる．これらの公式が速度の変換を定める．これらは，相対性理論における速度の合成法則を表わしている．$c\to\infty$ の極限の場合には，これらの式は古典力学の公式 $v_x=v'_x+V$, $v_y=v'_y$, $v_z=v'_z$ になる．

特別の場合として，粒子がx軸に平行に動くときは，$v_x=v$, $v_y=v_z=0$ である．そのときは，$v'_y=v'_z=0$, $v'_x=v'$, かつ

$$v=\frac{v'+V}{1+v'\frac{V}{c^2}}. \tag{5.2}$$

この公式によれば，おのおの光速度より小さい2つの速度の和は，ふたたび光の速度よりは大きくないということが確認される．

速度Vが光速度よりもいちじるしく小さいときには（速度vは任意でよい），V/c の程度の項までとった近似で

$$v_x=v'_x+V\left(1-\frac{v'^2_x}{c^2}\right),\quad v_y=v'_y-v'_xv'_y\frac{V}{c^2},\quad v_z=v'_z-v'_xv'_z\frac{V}{c^2}$$

となる.

これら3つの式は，まとめて1つのベクトル式

$$\boldsymbol{v}=\boldsymbol{v}'+\boldsymbol{V}-\frac{1}{c^2}(\boldsymbol{V}\boldsymbol{v}')\boldsymbol{v}' \tag{5.3}$$

に書くことができる.

相対論的な速度の合成法則 (5.1) においては，合成される2つの速度 $\boldsymbol{v}'$ と $\boldsymbol{V}$ とが非対称的にはいっている（それらがともに x 軸の方向を向いていないかぎり）ということに注意しよう．このことはいうまでもなく．前節で言及したローレンツ変換の非可換性と関連しているのである.

与えられた瞬間における粒子の速度が xy 面内にあるように座標軸を選ぼう．すると，粒子の速度はK系で成分 $v_x=v\cos\theta$, $v_y=v\sin\theta$ をもち，K' 系で $v'_x=v'\cos\theta'$, $v'_y=v'\sin\theta'$ という成分をもつ（v, v', θ, θ' は，それぞれ K, K' 系での速度の絶対値および速度が x, x' とのあいだに張る角度である)．そうすると，公式 (5.1) を使って

$$\tan\theta=\frac{v'\sqrt{1-\dfrac{V^2}{c^2}}\sin\theta'}{v'\cos\theta'+V} \tag{5.4}$$

である．この公式は，速度の方向が基準系どうしの変換によってどう変わるかを表わしている.

この公式の特別な場合できわめて重要なものに注目しよう．それは，新しい基準系へ移るときに生ずる光の傾き，すなわち，**光行差**として知られる現象である．その場合 $v=v'=c$ であるから，さきの公式はつぎのようになる：

$$\tan\theta=\frac{\sqrt{1-\dfrac{V^2}{c^2}}}{\dfrac{V}{c}+\cos\theta'}\sin\theta'. \tag{5.5}$$

同じ変換公式 (5.1) から，$\sin\theta$ および $\cos\theta$ に対する式もたやすく見いだされる：

$$\sin\theta=\frac{\sqrt{1-\dfrac{V^2}{c^2}}}{1+\dfrac{V}{c}\cos\theta'}\sin\theta',\qquad \cos\theta=\frac{\cos\theta'+\dfrac{V}{c}}{1+\dfrac{V}{c}\cos\theta'}. \tag{5.6}$$

$V\ll c$ のときには，この公式から V/c の程度までの精度で

$$\sin\theta-\sin\theta'=-\frac{V}{c}\sin\theta'\cos\theta'$$

が得られる．$\Delta\theta=\theta'-\theta$ を導入すると（行差角)，同じ精度で

$$\Delta\theta=\frac{V}{c}\sin\theta' \tag{5.7}$$

が得られる．これは，光行差に対するよく知られた初等的な式である．

§6. 4元ベクトル

事象の座標 (ct, x, y, z) をまとめて，4次元空間のなかの4次元の動径ベクトル（以下では簡単に動径4元ベクトルという）とみることができる．その成分を x^i と記すことにしよう．ここで i は0,1,2,3という値をとる．すなわち

$$x^0=ct, \quad x^1=x, \quad x^2=y, \quad x^3=z.$$

動径4元ベクトルの長さの2乗は

$$(x^0)^2-(x^1)^2-(x^2)^2-(x^3)^2$$

という式で与えられる．これは，ローレンツ変換を特別な場合として含む4次元座標系の任意の回転によって変化しない．

一般に，4次元座標系の変換によって4元動径ベクトルの成分 x^i と同じように変換される4つの量 A^0, A^1, A^2, A^3 の総体を**4元ベクトル**とよぶ．ローレンツ変換のもとで

$$A^0=\frac{A'^0+\frac{V}{c}A'^1}{\sqrt{1-\frac{V^2}{c^2}}}, \quad A^1=\frac{A'^1+\frac{V}{c}A'^0}{\sqrt{1-\frac{V^2}{c^2}}}, \quad A^2=A'^2, \quad A^3=A'^3. \tag{6.1}$$

すべての4元ベクトルの大きさの2乗は，動径4ベクトルの2乗と同様に

$$(A^0)^2-(A^1)^2-(A^2)^2-(A^3)^2$$

と定義される．この種の表式を書くのに便利なように，4元ベクトルの2“種類”の成分を導入し，添字を上あるいは下側につけた記号 A^i および A_i でそれらを表わそう．そして

$$A_0=A^0, \quad A_1=-A^1, \quad A_2=-A^2, \quad A_3=-A^3 \tag{6.2}$$

とする．量 A^i は4元ベクトルの**反変成分**，A_i は**共変成分**とよばれる．そうすると4元ベクトルの2乗は

$$\sum_{i=0}^{3} A^iA_i=A^0A_0+A^1A_1+A^2A_2+A^3A_3$$

と書かれる．

このような和を，和の記号を省略して単に A^iA_i と書くものとする．一般に，ある表式のなかに2度くり返して現われる添字についてはすべて和をとるものと約束し，和の記号は省略する．その際，同じ添字の対のうち1つは上に，他は下につかなければならない．いわゆるダミー指標によって和を示すこの方法は非常に便利なうえ，式をいちじるしく簡単にする．

この本では，0,1,2,3という値をとる4次元の添字をラテン文字 $i, k, l, \cdots$ で表わすことにする．

4元ベクトルの2乗と同様にして，2つの異なる4元ベクトルのスカラー積がつくられる：

$$A^iB_i=A^0B_0+A^1B_1+A^2B_2+A^3B_3.$$

ここで明らかに A^iB_i と書くことも A_iB^i と書くこともできるが，結果はそれによって変わらない．一般に，すべてのダミー指標の対で上と下の添字をいれかえることができる[1]．

積 A^iB_i は4元スカラーである．すなわちそれは4次元の座標系の回転に対し不変である．このことを直接確かめるのは容易だが[2]，すべての4元ベクトルが同一の法則で交換されることから（2乗 A^iA_i との類似で）それはもともと明らかである．

4元ベクトルの成分 A^0 は時間成分，A^1, A^2, A^3 は空間成分と（4元動径ベクトルとの類推で）よばれる．4元ベクトルの2乗は，正，負あるいは0に等しい値をとることができる．この3つの場合に，（やはり間隔に対するよび方との類推から）それぞれ**時間的**，**空間的**および**ゼロ**4元ベクトルとよぶ[3]．

純粋に空間的な回転（すなわち，時間軸にかかわりない変換）に対して，4元ベクトル A^i の3つの空間成分は3次元のベクトル $\boldsymbol{A}$ をつくる．4元ベクトルの時間成分は，（この変換に対しては）3次元のスカラーとなる．4元ベクトルの成分を書き出すとき，しばしば

$$A^i=(A^0, \boldsymbol{A})$$

と表わすことがある．このとき同じ4元ベクトルの共変成分は，$A_i=(A^0, -\boldsymbol{A})$，4元ベクトルの2乗は，$A^iA_i=(A^0)^2-\boldsymbol{A}^2$ となる．たとえば，動径4元ベクトルでは，

$$x^i=(ct, \boldsymbol{r}), \qquad x_i=(ct, -\boldsymbol{r}), \qquad x^ix_i=c^2t^2-\boldsymbol{r}^2.$$

3次元ベクトル（座標 x, y, z における）ではもちろん反変と共変成分とを区別する必要はない．いつも（誤解が生じない場合には）その成分を A_α ($\alpha=x, y, z$) と下にギリシア文字の添字をつけて書くことにする．とくに2度くり返して現われるギリシア文字の添字については，3つの値 x, y, z にわたる和をとるものと約束する（たとえば，$\boldsymbol{AB}=A_\alpha B_\alpha$）．

座標変換のもとで，2つの4元ベクトルの成分の積のように変換する16個の量 A^{ik} の総体は，2階の4次元テンソル（4元テンソル）とよばれる．より高階の4元テンソルも

1) 現在の文献で，しばしば，4元ベクトルの指標をすべて省略し，その2乗やスカラー積を単に A^2, AB と書くことがある．しかしこの本ではこのような記号法は使わないことにする．

2) ここで，共変成分で表わした4元ベクトルの変換則は，反変成分で表わした変換則と（符号で）異なることをおぼえておかねばならない．明らかに，(6.1) のかわりに

$$A_0=\frac{A_0'-\frac{V}{c}A_1'}{\sqrt{1-\frac{V^2}{c^2}}}, \quad A_1=\frac{A_1'-\frac{V}{c}A_0'}{\sqrt{1-\frac{V^2}{c^2}}}, \quad A_2=A_2', \quad A_3=A_3'$$

となる．

3) ゼロ4元ベクトルは，等方的ともよばれる．

同様に定義される．

2階の4元テンソルの成分は，反変形 A^{ik}，共変形 A_{ik} および混合形 $A^{i}{}_{k}$ という3つの形に表わすことができる（最後の場合には，一般に $A^{i}{}_{k}$ と $A_{i}{}^{k}$ とを区別する，すなわち，第1か第2番目の添字のどれが上でどれが下につくかに注意しなければならない）．異なった形の成分のあいだの関係は，つぎの一般則で与えられる：時間の添字(0)の上下は，成分の符号を変えないが，空間の添字（1,2,3）の上下は符号を変える．たとえば，

$$A_{00}=A^{00},\quad A_{01}=-A^{01},\quad A_{11}=A^{11},\quad \cdots\cdots,$$

$$A^{0}{}_{0}=A^{00},\quad A_{0}{}^{1}=A^{01},\quad A^{0}{}_{1}=-A^{01},\quad A_{1}{}^{1}=-A^{11},\quad \cdots\cdots.$$

純粋に空間的な変換のもとで9つの成分 $A^{11}, A^{12}, \cdots\cdots$ は3次元のテンソルをつくる．3つの成分 A^{01}, A^{02}, A^{03} および3つの成分 A^{10}, A^{20}, A^{30} は3次元のベクトル，そして A^{00} という成分は3次元のスカラーになる．

テンソル A^{ik} は，$A^{ik}=A^{ki}$ のとき対称，$A^{ik}=-A^{ki}$ のとき反対称とよばれる．反対称テンソルでは，対角成分（すなわち，成分 $A^{00}, A^{11}, \cdots\cdots$）は，たとえば $A^{00}=-A^{00}$ でなければならないから，ゼロに等しい．対称テンソル A^{ik} では，混合成分 $A^{i}{}_{k}$ と $A_{k}{}^{i}$ とは明らかに一致する．このような場合には，添字の1つを他方の上に置いて，単に A^{i}_{k} と書くことにする．

すべてテンソルの等式においては，その両辺の表式にある自由な（ダミーでない）添字は等しくしかも同様に配置（上あるいは下に）される．テンソルの等式中の自由な添字を（上下に）置き換えることはできるが，方程式の各項で同時におこなわなければならない．異なるテンソルの反変成分と共変成分とを同一視するのは“不法”である．かりにある一つの座標系でそのような等式が成立したとしても，それは他の系では破れるであろう．

テンソルの成分 A^{ik} から和

$$A^{i}{}_{i}=A^{0}{}_{0}+A^{1}{}_{1}+A^{2}{}_{2}+A^{3}{}_{3}$$

をとることによってスカラーをつくることができる．（ここでもちろん $A^{i}{}_{i}=A_{i}{}^{i}$）．このような和は，テンソルの**跡**とよばれ，それをつくる演算のことを，テンソルの**縮約**あるいは**簡約**と言う．

先に述べた2つの4元ベクトルのスカラー積をつくることも，縮約演算である．すなわちテンソル $A^{i}B_{k}$ からスカラー $A^{i}B_{i}$ をつくることである．一般に，1対の添字の縮約はすべてテンソルの階数を2だけ下げる．たとえば，$A^{i}{}_{kli}$ は2階のテンソル，$A^{i}{}_{k}B^{k}$ は4元ベクトル，$A^{ik}{}_{ik}$ はスカラーである，等々．

任意の4元ベクトル A^{i} に対して，等式

$$\delta^{k}_{i}A^{i}=A^{k} \tag{6.3}$$

が成立するようなテンソル δ^{i}_{k} は単位テンソルとよばれる．明らかに，このテンソルの成

分は

$$\delta_i^k=\begin{cases}1, & i=k,\\ 0, & i\neq k\end{cases} \tag{6.4}$$

である．その跡は，$\delta_i^i=4$ である．

テンソル δ_i^k で，下つきの添字を上げる，あるいは他方を下げると，共変あるいは反変テンソルが得られるが，それを g^{ik} あるいは g_{ik} と表わし，**計量テンソル**とよぶ．テンソル g^{ik} および g_{ik} は，同じ成分をもち，

$$(g^{ik})=(g_{ik})=\begin{pmatrix}1 & 0 & 0 & 0\\ 0 & -1 & 0 & 0\\ 0 & 0 & -1 & 0\\ 0 & 0 & 0 & -1\end{pmatrix} \tag{6.5}$$

という行列の形に表わされる（添字 i は行を，添字 k は列を 0,1,2,3 の順に番号づける）．明らかに，

$$g_{ik}A^k=A_i, \qquad g^{ik}A_k=A^i. \tag{6.6}$$

したがって，2つの4元ベクトルのスカラー積は

$$A^iA_i=g_{ik}A^iA^k=g^{ik}A_iA_k \tag{6.7}$$

の形に書ける．

テンソル $\delta_k^i, g_{ik}, g^{ik}$ は，それらの成分がどんな座標系でも同じであるという点で独特である．完全反対称な4階の4元テンソル e^{iklm} もまたこの性質をもつ．このテンソルは，成分が任意の2つの添字の交換に対して符号を変え，かつゼロでない成分は ±1 に等しいようなテンソルである．反対称性から，このテンソルの2つの添字が一致するような成分はすべてゼロとなるから，ゼロと異なるのは，4つの添字がすべて相異なる成分だけである．

$$e^{0123}=+1 \tag{6.8}$$

とする（このとき $e_{0123}=-1$）．すると，e^{iklm} のすべてのゼロと異なる成分は，i,k,l,m が偶数個のいれかえ（互換）によって 0,1,2,3 の順序になるか，奇数個の互換でこの順序になるかにしたがって，+1 または −1 に等しい．このような成分の数は $4!=24$ に等しい．したがって

$$e^{iklm}e_{iklm}=-24. \tag{6.9}$$

座標系の回転に対して e^{iklm} という量は，テンソルの成分のようにふるまう．しかし，座標のうち1つ，または3つの符号を変えても，e^{iklm} はすべての座標系で同じように定義されているから，その成分は符号を変えない．しかし，このときテンソルの成分は符号を変えるはずである．したがって，e^{iklm} は厳密にいえばテンソルでなく，**擬テンソル**とよばれるものである．任意の階数の**擬テンソル**，とくに**擬スカラー**は，回転から合成でき

ない変換をのぞいて，すなわち，回転に帰着させることのできない，座標の符号の変化である反転をのぞいて，すべての変換に対してテンソルのようにふるまう．

積 $e^{iklm}e^{prst}$ は，8階の4元テンソル，しかも真のテンソルをつくる．1個あるいは数個の添字の対について縮約をとることによって，それから6階，4階，2階のテンソルが得られる．これらのテンソルはすべて，あらゆる座標系で同じ形をもつ．したがって，それらの成分は，単位テンソル δ^i_k の成分の積の組み合わせの形に書けるはずである．なぜなら，δ^i_k は，成分があらゆる座標系で同じ形をもつただ1つの真のテンソルなのである．この組み合わせは，これらのテンソルがもつべき添字の置換に対する対称性からたやすくつくられる[1]．

A^{ik} を反対称テンソルとしたとき，テンソル A^{ik} と擬テンソル $A^{*ik}=(1/2)e^{iklm}A_{lm}$ とはたがいに**対偶**であるという．同様に，$e^{iklm}A_m$ は，ベクトル A^i に対偶な3階の反対称擬テンソルである．対偶なテンソルの積 $A^{ik}A^*_{ik}$ は，明らかに擬スカラーである．

この議論に関連して，3次元のベクトルおよびテンソルの二，三の類似な性質を注意しておこう．完全反対称な3階の単位擬テンソルは，任意の2つの添字のいれかえに対して符号を変える量 $e_{\alpha\beta\gamma}$ の集まりである．3つの添字が相異なる成分 $e_{\alpha\beta\gamma}$ だけがゼロでない．それで，$e_{xyz}=1$ とおこう．これ以外は，α, β, γ を x, y, z と並べるのに必要な互換の数が偶数か奇数かにしたがって，1または -1 である[2]．

積 $e_{\alpha\beta\gamma}e_{\lambda\mu\nu}$ は，6階の真の3次元テンソルをつくり，したがって3次元の単位テンソル $\delta_{\alpha\beta}$ の積の組み合せの形に表わされる[3]．

---

1) ここで参考のために，相当する公式を引用しておこう：

$$e^{iklm}e_{prst}=-\begin{vmatrix}\delta^i_p & \delta^i_r & \delta^i_s & \delta^i_t\\ \delta^k_p & \delta^k_r & \delta^k_s & \delta^k_t\\ \delta^l_p & \delta^l_r & \delta^l_s & \delta^l_t\\ \delta^m_p & \delta^m_r & \delta^m_s & \delta^m_t\end{vmatrix},\qquad e^{iklm}e_{prsm}=-\begin{vmatrix}\delta^i_p & \delta^i_r & \delta^i_s\\ \delta^k_p & \delta^k_r & \delta^k_s\\ \delta^l_p & \delta^l_r & \delta^l_s\end{vmatrix},$$

$$e^{iklm}e_{prlm}=-2(\delta^i_p\delta^k_r-\delta^i_r\delta^k_p),\qquad e^{iklm}e_{pklm}=-6\delta^i_p.$$

これらの式の前の係数は，完全に縮約したときの値が (6.9) でなければならないことできめられる．

最初の公式の帰結として，

$$e^{prst}A_{ip}A_{kr}A_{ls}A_{mt}=-Ae_{iklm},\qquad e^{iklm}e^{prst}A_{ip}A_{kr}A_{ls}A_{mt}=24A$$

が得られる．ここで，A は量 A_{ik} からできる行列式である．

2) 4元テンソル e^{iklm} の成分が，4次元座標系の回転に対して不変であり，3元テンソル $e_{\alpha\beta\gamma}$ の成分が，空間の座標軸の回転に対して不変であることは，つぎの一般則の特別な場合である：完全反対称テンソルのうち，それが定義されている空間の次元数に等しい階数のものは，この空間内での座標系の回転に対して不変である．

3) ここで参考のために，相当する公式を引用しておこう：

$$e_{\alpha\beta\gamma}e_{\lambda\mu\nu}=\begin{vmatrix}\delta_{\alpha\lambda} & \delta_{\alpha\mu} & \delta_{\alpha\nu}\\ \delta_{\beta\lambda} & \delta_{\beta\mu} & \delta_{\beta\nu}\\ \delta_{\gamma\lambda} & \delta_{\gamma\mu} & \delta_{\gamma\nu}\end{vmatrix}.$$

↗

座標系の反転のもとで，すなわち，3つの座標のすべて符号を逆にすることに対しては通常のベクトルの成分は符号を変える．そのようなベクトルは**極性**であるといわれる．2個の極性ベクトルのベクトル積として表わすことのできるベクトルの成分は，反転によって符号を変えない．そういうベクトルは**軸性**といわれる．極性ベクトルと軸性ベクトルとのスカラー積は真のスカラーでなく，擬スカラーであって，座標系の反転によって符号を変える．軸性ベクトルは，ある反対称テンソルに対偶な擬ベクトルである．たとえば，$\boldsymbol{C}=\boldsymbol{A}\times\boldsymbol{B}$ ならば，

$$C_\alpha=(1/2)e_{\alpha\beta\gamma}C_{\beta\gamma},\quad ただし\quad C_{\beta\gamma}=A_\beta B_\gamma-A_\gamma B_\beta.$$

4元テンソルにもどろう．反対称4元テンソル A^{ik} の空間成分 $(i,k,\cdots\cdots=1,2,3)$ は純粋に空間的な変換に対して，3次元の反対称テンソルをつくる．上に述べたことから，その成分は3次元の軸性ベクトルの成分で表わされる．同じ変換に対して成分 A^{01}, A^{02}, A^{03} は，3次元の極性ベクトルをつくる．このようにして，反対称な4元テンソルの成分を

$$(A^{ik})=\begin{pmatrix} 0 & p_x & p_y & p_z \\ -p_x & 0 & -a_z & a_y \\ -p_y & a_z & 0 & -a_x \\ -p_z & -a_y & a_x & 0 \end{pmatrix} \tag{6.10}$$

という形に表わすことができる．ここで，空間的変換に対して $\boldsymbol{p}$ および $\boldsymbol{a}$ は，極性および軸性ベクトルとなる．反対称4元テンソルの成分をまとめて，

$$A^{ik}=(\boldsymbol{p},\boldsymbol{a})$$

と書くことにしよう．同じテンソルの共変成分は

$$A_{ik}=(-\boldsymbol{p},\boldsymbol{a})$$

となる．

最後に，4次元テンソル解析の微分および積分演算のいくつかについて述べよう．

スカラー φ の4元グラジエントは4元ベクトルである．

$$\frac{\partial\varphi}{\partial x^i}=\left(\frac{1}{c}\frac{\partial\varphi}{\partial t},\nabla\varphi\right).$$

このとき，微分は4元ベクトルの共変成分とみなさなければならないことに注意する必要がある．実際，スカラーの微分量

$$d\varphi=\frac{\partial\varphi}{\partial x^i}dx^i$$

↘ このテンソルを，1,2，および3個の添字の対について縮約すると，

$$e_{\alpha\beta\gamma}e_{\lambda\mu\gamma}=\delta_{\alpha\lambda}\delta_{\beta\mu}-\delta_{\alpha\mu}\delta_{\beta\lambda},\quad e_{\alpha\beta\gamma}e_{\lambda\beta\gamma}=2\delta_{\alpha\lambda},\quad e_{\alpha\beta\gamma}e_{\alpha\beta\gamma}=6$$

が得られる．

はまたスカラーであり，この形（2つの4元ベクトルのスカラー積）からして，上に言ったことは明らかである．

一般に，座標 x^i による微分演算子 $\partial/\partial x^i$ は，4元ベクトルの演算子の共変成分とみなさなければならない．したがって，たとえば4元ベクトルの発散，すなわち反変成分 A^i が微分される $\partial A^i/\partial x^i$ という表式はスカラーである[1]．

3次元空間では，積分は体積，面，曲線にわたっておこなうことができる．4次元空間では4つの型の積分が可能である：

（1） 4次元空間のなかの曲線のうえの積分；積分要素は弧長の要素，すなわち4次元ベクトル dx^i である．

（2） 4次元空間のなかの（2次元）曲面のうえの積分；よく知られているように，3次元空間のなかでの二つのベクトル $d\boldsymbol{r}$ と $d\boldsymbol{r}'$ とが張る平行4辺形の $x_\alpha x_\beta$ 座標面への射影の面積は $dx_\alpha dx'_\beta - dx_\beta dx'_\alpha$ である．同様に，4次元空間において無限小面要素は，面要素の座標面への射影面積に等しい成分をもつ2階の反対称テンソル $df^{ik}=dx^i dx'^k-dx^k dx'^i$ によってきまる．3次元空間では，よく知られているように，面要素としてはテンソル $df_{\alpha\beta}$ のかわりに，テンソル $df_{\alpha\beta}$ の対偶ベクトル df_α，すなわち，$df_\alpha=(1/2)e_{\alpha\beta\gamma}df_{\beta\gamma}$ が用いられる．これは幾何学的にいえば，面要素の法線方向をもち，絶対値がこの要素の面積に等しいベクトルである．4次元空間では，そういうベクトルをつくることができないが，テンソル df^{ik} の対偶テンソル df^{*ik} をつくることはできる．すなわち

$$df^{*ik}=\frac{1}{2}e^{iklm}df_{lm}. \qquad (6.11)$$

幾何学的には，これは大きさが要素 df^{ik} に等しく，“法線”方向を向いた面の要素である．そのうえの線はすべて df^{ik} 面上のすべての線に垂直である．明らかに，$df^{ik}df^*_{ik}=0$.

（3） 超曲面，すなわち，3次元多様体のうえの積分；3次元空間では，3つのベクト

1） もし“共変座標” x_i についての微分をおこなうとすると，

$$\frac{\partial\varphi}{\partial x_i}=g^{ik}\frac{\partial\varphi}{\partial x^k}=\left(\frac{1}{c}\frac{\partial\varphi}{\partial t}, -\nabla\varphi\right)$$

は，4元ベクトルの反変成分となる．このような表現は例外的な場合（たとえば，4元発散の2乗 $\partial\varphi/\partial x^i, \partial\varphi/\partial x_i$ を書くため）にしか使わないことにしよう．文献ではしばしば座標による偏微分は，記号

$$\partial^i=\frac{\partial}{\partial x_i}, \qquad \partial_i=\frac{\partial}{\partial x^i}$$

によって簡略に書かれていることに留意しよう．微分演算子をこの形に書くと，それからつくられた量の反変あるいは共変性が明らかになる． この利点をもつ微分のもう1つの簡略な書き方は，コンマのあとに添字をつける方法

$$\varphi_{,i}=\frac{\partial\varphi}{\partial x^i}, \qquad \varphi^{,i}=\frac{\partial\varphi}{\partial x_i}$$

である．

ルの張る平行6面体の体積は，これらのベクトルの成分からつくられる3次の行列式に等しい．4次元空間では，3つの4元ベクトル dx^i, dx'^i, dx''^i が張る平行6面体の体積の射影(すなわち，超曲面の“面積”)は，同様にして3つの添字すべてについて反対称な3階のテンソルを与える行列式

$$dS^{ikl}=\begin{vmatrix} dx^i & dx'^i & dx''^i \\ dx^k & dx'^k & dx''^k \\ dx^l & dx'^l & dx''^l \end{vmatrix}$$

によって与えられる．特に，超曲面上の積分要素としては，テンソル dS^{ikl} に対偶な4元ベクトル dS^i を使うほうが便利である：

$$dS^i=-\frac{1}{6}e^{iklm}dS_{klm}, \qquad dS_{klm}=e_{nklm}dS^n \tag{6.12}$$

すなわち

$$dS^0=dS^{123},\ dS^1=dS^{023},\ \cdots\cdots.$$

幾何学的には，この4元ベクトル dS_i の絶対値は超曲面要素の“面積”に等しく，方向はこの要素の法線方向に一致する(この超曲面要素上のすべての直線に垂直)．$dS^0=dxdydz$ は，明らかに3次元体積要素 dV——超平面 $x^0=$一定への超曲面の射影に等しい．

（4）　4次元の体積にわたっての積分；積分要素は4次元体積要素

$$d\Omega=dx^0dx^1dx^2dx^3=cdt\,dV \tag{6.13}$$

である．この要素はスカラーである．明らかに4次元空間のある部分の体積は，座標軸の回転に対して不変である[1)]．

3次元の積分に対するガウスの定理，ストークスの定理の類の，4次元積分を変換するための定理がある．閉じた超曲面のうえの積分は，積分要素 dS_i を演算子

$$dS_i \to d\Omega\frac{\partial}{\partial x^i} \tag{6.14}$$

でおきかえることによって，その超曲面に包まれる4次元体積についての積分に転換される．たとえばベクトル A^i の積分に対して

$$\oint A^i dS_i=\int\frac{\partial A^i}{\partial x^i}d\Omega. \tag{6.15}$$

この定理は，明らかにガウスの定理の一般化である．

2次元の面積分は，積分要素 df^*_{ik} を演算子

1)　積分変数 x^0, x^1, x^2, x^3 を新しい変数 x'^0, x'^1, x'^2, x'^3 に変換すると，積分要素 $d\Omega$ は，よく知られているように $Jd\Omega'$ に変換される．ここで $d\Omega'=dx'^0dx'^1dx'^2dx'^3$ であり，

$$J=\frac{\partial(x'^0, x'^1, x'^2, x'^3)}{\partial(x^0, x^1, x^2, x^3)}$$

は変換のヤコビアンである．線形変換 $x'^i=\alpha^i_k x^k$ においては，ヤコビアン J は行列式 $|\alpha^i_k|$ に一致し，(座標軸の回転に対しては)1に等しい．こうして $d\Omega$ の不変性が示される．

$$df^*_{ik} \to dS_i\frac{\partial}{\partial x^k} - dS_k\frac{\partial}{\partial x^i} \tag{6.16}$$

でおきかえることによって，その面に“包まれる”超曲面上の積分に転換される．たとえば，反対称テンソル A^{ik} の積分に対して

$$\frac{1}{2}\int A^{ik}df^*_{ik} = \frac{1}{2}\int\left(dS_i\frac{\partial A^{ik}}{\partial x^k} - dS_k\frac{\partial A^{ik}}{\partial x^i}\right) = \int dS_i\frac{\partial A^{ik}}{\partial x^k}. \tag{6.17}$$

閉じた4次元曲線のうえの積分は，その曲線にかこまれる面のうえの積分につぎのおきかえで転換される：

$$dx^i \to df^{ki}\frac{\partial}{\partial x^k}. \tag{6.18}$$

たとえば，ベクトルの積分に対して

$$\oint A_i dx^i = \int df^{ki}\frac{\partial A_i}{\partial x^k} = \frac{1}{2}\int df^{ki}\left(\frac{\partial A_k}{\partial x^i} - \frac{\partial A_i}{\partial x^k}\right). \tag{6.19}$$

これはストークスの定理の一般化である．

問 題

1. ローレンツ変換 (6.1) における対称な4元テンソル A^{ik} の成分の変換則を求めよ．

解. 4元テンソルの成分を2つの4元ベクトルの積とみなすと，

$$A^{00} = \frac{1}{1-\frac{V^2}{c^2}}\left(A'^{00} + 2\frac{V}{c}A'^{01} + \frac{V^2}{c^2}A'^{11}\right),$$

$$A^{11} = \frac{1}{1-\frac{V^2}{c^2}}\left(A'^{11} + 2\frac{V}{c}A'^{01} + \frac{V^2}{c^2}A'^{00}\right),$$

$$A^{22} = A'^{22},\ A^{23} = A'^{23}, \quad A^{12} = \frac{1}{\sqrt{1-\frac{V^2}{c^2}}}\left(A'^{12} + \frac{V}{c}A'^{02}\right),$$

$$A^{01} = \frac{1}{1-\frac{V^2}{c^2}}\left[A'^{01}\left(1+\frac{V^2}{c^2}\right) + \frac{V}{c}A'^{00} + \frac{V}{c}A'^{11}\right],$$

$$A^{02} = \frac{1}{\sqrt{1-\frac{V^2}{c^2}}}\left(A'^{02} + \frac{V}{c}A'^{12}\right)$$

および，A^{33}, A^{13}, A^{03} に対する同様な式が得られる．

2. 反対称なテンソル A^{ik} に対する同じ問題．

解. 座標 x^2, x^3 は変化しないから，テンソルの成分 A^{23} は不変であり，また成分 A^{12}, A^{13} および A^{02}, A^{03} は x^1 および x^0 のように変換される：

$$A^{23} = A'^{23}, \quad A^{12} = \frac{A'^{12} + \frac{V}{c}A'^{02}}{\sqrt{1-\frac{V^2}{c^2}}}, \quad A^{02} = \frac{A'^{02} + \frac{V}{c}A'^{12}}{\sqrt{1-\frac{V^2}{c^2}}}.$$

A^{13}, A^{03} についても同様．

成分 $A^{01} = -A^{10}, A^{00} = A^{11} = 0$ は，（いま考えている変換である）x^0x^1 平面内の2次元

座標系の回転に対して，空間の次元数に等しい階数の反対称テンソルをつくる．したがってこれらの成分は変換に対して不変である（20ページの脚注をみよ）：

$$A^{01}=A'^{01}.$$

§ 7.　4次元的な速度

通常の3次元の速度ベクトルから4次元ベクトルをつくることができる．粒子の**4次元的な速度**（4元速度）とは，ベクトル

$$u^i=\frac{dx^i}{ds} \tag{7.1}$$

である．

これらの成分を見いだすために，(3.1) によれば

$$ds=cdt\sqrt{1-\frac{v^2}{c^2}}$$

であることに注意する．ただし，vは粒子の通常の3次元的な速度である．こうして

$$u^1=\frac{dx^1}{ds}=\frac{dx}{cdt\sqrt{1-\frac{v^2}{c^2}}}=\frac{v_x}{c\sqrt{1-\frac{v^2}{c^2}}}$$

等々．結局

$$u^i=\left(\frac{1}{\sqrt{1-\frac{v^2}{c^2}}},\qquad \frac{v}{c\sqrt{1-\frac{v^2}{c^2}}}\right) \tag{7.2}$$

が得られる．4元速度はディメンションなしの量であることを注意しよう．

4元速度の成分は独立でない．$dx_idx^i=ds^2$ であることに注意すれば

$$u^iu_i=1 \tag{7.3}$$

である．幾何学的にいえば，u^iは粒子の世界線に接する単位4元ベクトルであるということになる．

4元速度の定義の類推から，2階の導関数

$$w^i=\frac{d^2x^i}{ds^2}=\frac{du^i}{ds}$$

を4元加速度とよぶことができる．関係式 (7.3) を微分することによって

$$u_iw^i=0 \tag{7.4}$$

が得られる．すなわち，4元速度と4元加速度とはたがいに垂直である．

問　題

相対論的な等加速度運動，すなわち，（与えられた各瞬間における）固有基準系において一定の大きさの加速度wをもつような直線運動を決定せよ．

解　粒子の速度が $v=0$ であるような基準系では，4元加速度の成分は，$w^i=(0, w/c^2,$

0,0) に等しい (w は，x 軸の方向をもつ通常の3次元加速度である)．相対論的に不変な等加速度の条件は，固有基準系においては w^2 に一致するような不変の4元スカラーの形に表わさなければならない：

$$w^i w_i = \text{const} \equiv -\frac{w^2}{c^4}.$$

われわれは "不動の" 基準系に関して運動を考察しているが，この基準系において $w^i w_i$ の表式を代入すると

$$\frac{d}{dt}\frac{v}{\sqrt{1-\frac{v^2}{c^2}}} = w \qquad \text{あるいは} \qquad \frac{v}{\sqrt{1-\frac{v^2}{c^2}}} = wt + \text{const}$$

という式が得られる．$t=0$ において $v=0$ とおくと，const$=0$ となり，

$$v = \frac{wt}{\sqrt{1+\frac{w^2t^2}{c^2}}}.$$

これをもう一度積分して，$t=0$ のとき $x=0$ とおくと

$$x = \frac{c^2}{w}\left(\sqrt{1+\frac{w^2t^2}{c^2}}-1\right)$$

が得られる．$wt \ll c$ のときには，これらの式は古典力学の表式 $v=wt$，$x=wt^2/2$ に移行する．$wt \to \infty$ のとき，速度は一定の値 c へ収束する．

等加速度運動をしている粒子の固有時間は，積分

$$\int_0^t \sqrt{1-\frac{v^2}{c^2}}\,dt = \frac{c}{w}\sinh^{-1}\frac{wt}{c}$$

によって与えられる． これは $t\to\infty$ のとき，t よりずっとゆっくりと $\frac{c}{w}\ln\frac{2wt}{c}$ にしたがって増大する．

第2章　相対論的力学

§8.　最小作用の原理

物質粒子の運動を研究するにあたって，われわれは**最小作用の原理**から出発することにしよう．最小作用の原理は，よく知られているように，つぎのように述べられる：すべての力学系に対して，**作用**とよばれるある積分Sが存在して，Sは現実の運動に対して極小値をとる．すなわち，その変分δSがゼロになる[1]．

自由な物質粒子，すなわちいかなる外力の影響をも受けていない粒子に対する作用積分を求めよう．

そのために，この積分は基準系の選び方によらない，すなわち，それはローレンツ変換に対して不変でなければならないことに注意する．そうすると，それはあるスカラーに依存するはずである．さらに，積分記号の下にはいるのは1階の微分でなければならないことは明らかである．ところで，自由粒子に対してつくることのできるこの種の唯一のスカラーは，世界間隔ds，あるいは，αを定数としてαdsである．

したがって，自由粒子に対する作用は

$$S=-\alpha\int_a^b ds$$

という形でなければならない．ここに積分は，粒子がそれぞれきまった時刻t_1, t_2に始点および終点に達するという2つの事象aとbのあいだの，すなわち2つの与えられた世界点のあいだの粒子の世界線にそってとったものである．またαは，与えられた粒子を特徴づける定数である．αはすべての粒子に対して正の量でなければならないことが容易にわかる．実際，§3で知ったように，$\int_a^b ds$はまっすぐな世界線にそって最大値をもつ．曲がった世界線にそって積分すれば，この積分はいくらでも小さくすることができる．したがって，正の符号をともなう積分$\int_a^b ds$は極小値をもつことができない．符号を逆にすれば，明らかに，まっすぐな世界線に対して極小となる．

作用積分は，時間についての積分

1)　厳密にいえば，最小作用の原理が積分Sは極小でなければならないと主張するのは，積分路が無限小のときだけである．任意の長さの積分路に対しては，Sが極値をとることがいえるだけで，必ずしも極小値をとるとはかぎらない（第1巻『力学』§2を参照）．

$$S=\int_{t_1}^{t_2} L dt$$

に変形することができる．dt にかかる係数 L は，よく知られているように，ラグランジアンとよばれる．(3.1) によって，物質粒子の速度を v とすれば

$$S=-\int_{t_1}^{t_2}\alpha c\sqrt{1-\frac{v^2}{c^2}}dt$$

である．したがって，粒子のラグランジアンは

$$L=-\alpha c\sqrt{1-(v^2/c^2)}$$

である．

すでに述べたように，α という量は粒子を特徴づける．古典力学では，すべての粒子はその質量 m によって特徴づけられる．そこで α と m との関係を見いだそう．その関係は，$c\to\infty$ の極限でわれわれの L の表式が古典力学の表式

$$L=mv^2/2$$

に移行するという条件から求められる．この移行をおこなうために，L を v/c のベキに展開する．すると高次の項をはぶいて

$$L=-\alpha c\sqrt{1-\frac{v^2}{c^2}}\approx-\alpha c+\frac{\alpha v^2}{2c}$$

となる．

ラグランジアンの定数項は運動方程式に影響しないから，はぶくことができる．L から定数 αc をはぶき，古典力学での $L=mv^2/2$ と比較すると，$\alpha=mc$ となる．

こうして，自由な質点に対する作用は

$$S=-mc\int_a^b ds, \tag{8.1}$$

ラグランジアンは

$$L=-mc^2\sqrt{1-\frac{v^2}{c^2}} \tag{8.2}$$

である．

§ 9. エネルギーと運動量

よく知られているように，ベクトル $\boldsymbol{p}=\partial L/\partial \boldsymbol{v}$ を粒子の運動量とよぶ ($\partial L/\partial \boldsymbol{v}$ は，L の $\boldsymbol{v}$ の成分についての導関数を成分とするベクトルを記号的に表わす)．(8.2) を使うと

$$\boldsymbol{p}=\frac{m\boldsymbol{v}}{\sqrt{1-\frac{v^2}{c^2}}}. \tag{9.1}$$

小さな速度 ($v \ll c$), あるいは, $c \to \infty$ の極限に対しては,この表式は古典力学の $\boldsymbol{p}=m\boldsymbol{v}$ となる. $v=c$ に対しては, 運動量 $\boldsymbol{p}$ は無限大になる.

運動量の時間導関数は粒子に働く力である. 粒子の速度の方向だけが変わる,すなわち,力は速度に垂直であるとしよう. そうすると

$$\frac{d\boldsymbol{p}}{dt}=\frac{m}{\sqrt{1-\frac{v^2}{c^2}}}\frac{d\boldsymbol{v}}{dt}. \tag{9.2}$$

速度の大きさだけが変化する, すなわち, 力が速度に平行であるとすれば

$$\frac{d\boldsymbol{p}}{dt}=\frac{m}{\left(1-\frac{v^2}{c^2}\right)^{3/2}}\frac{d\boldsymbol{v}}{dt} \tag{9.3}$$

となる. したがって, 力と加速度との比は両方の場合に異なっている.

よく知られているように

$$\mathscr{E}=\boldsymbol{p}\boldsymbol{v}-L$$

という量を粒子の**エネルギー**とよぶ (第1巻『力学』§6を参照). L と $\boldsymbol{p}$ との表式 (8.2) および (9.1) を代入すると

$$\mathscr{E}=\frac{mc^2}{\sqrt{1-\frac{v^2}{c^2}}}. \tag{9.4}$$

このきわめて重要な式から, 相対論的力学では, 粒子のエネルギーは速度がゼロになってもゼロにならず, 有限の値

$$\mathscr{E}=mc^2 \tag{9.5}$$

にとどまることがわかる. これを粒子の**静止エネルギー**となづける.

小さな速度に対しては ($v \ll c$), (9.4) を v/c のベキに展開して

$$\mathscr{E}\approx mc^2+\frac{mv^2}{2}$$

を得る. これは静止エネルギーを別とすれば, 古典的な粒子の運動エネルギーである.

われわれは今 "粒子" について述べているけれども, それが "要素的" であるということはどこにも使っていないということを強調しなければならない. したがって, うえで得た多くの式は, たくさんの粒子からできている任意の複合的な物体に対しても, 同じ程度に適用することができる. その際には, mは総質量であり, vは物体の全体としての運動の速度であるとみなさなければならない. とくに, 式 (9.5) は, 全体として静止している任意の物体に対しても成り立つ. 相対論的力学においては, 自由な物体のエネルギー (すなわち, 任意の閉じた系のエネルギー) は, 物体の質量によって完全にきまる, つねに正の値をもつということに注意を向けよう. このことに関連して, 古典力学では物体のエネルギーは, 任意の加算的な定数をのぞいてのみきまるのであり, また, 正の値も負の

値もとりうるということが思いおこされる.

静止している物体のエネルギーには，それを構成している粒子の静止エネルギーのほかに，それらの粒子の運動エネルギーおよび粒子間の相互作用のエネルギーも含まれている．いいかえると，mc^2 は和 $\sum m_a c^2$ に等しくなく（m_a は各粒子の質量)，したがって，m も $\sum m_a$ に等しくない．こうして，相対論的力学においては，質量保存の法則は，成立しない．複合物体の質量は，それの諸部分の質量の和に等しくない．そのかわりに，粒子の静止エネルギーをも含めた意味でのエネルギーの保存則だけが成り立つのである.

式（9.1）および（9.4）の両辺を2乗してくらべると，粒子のエネルギーと運動量のあいだにつぎの関係が見いだされる：

$$\frac{\mathscr{E}^2}{c^2}=p^2+m^2c^2. \tag{9.6}$$

エネルギーを運動量によって表わしたものは，よく知られているように，ハミルトニアン $\mathscr{H}$ とよばれる：

$$\mathscr{H}=c\sqrt{p^2+m^2c^2}. \tag{9.7}$$

小さな速度に対しては $p\ll mc$ で，近似的に

$$\mathscr{H}\approx mc^2+\frac{p^2}{2m}$$

となる．すなわち，静止エネルギーを別として，よく知られた古典的なハミルトニアンの表式が得られる.

(9.1) および (9.4) からまた，自由な物質粒子のエネルギーと運動量のあいだにつぎの関係が見いだされる：

$$\boldsymbol{p}=\mathscr{E}\frac{\boldsymbol{v}}{c^2}. \tag{9.8}$$

$v=c$ のとき，粒子の運動量とエネルギーは無限大になる．これは，ゼロと異なる質量 m をもつ粒子は光速度で運動することができない，ということを意味する．しかしながら相対論的力学では，光速度で運動する質量ゼロの粒子が存在することができる[1)]．(9.8) から，そのような粒子に対しては

$$p=\frac{\mathscr{E}}{c} \tag{9.9}$$

である．この式は，粒子のエネルギー $\mathscr{E}$ がその静止エネルギー mc^2 にくらべてずっと大きい，いわゆる**超相対論的**な場合には，質量がゼロと異なる粒子に対しても近似的に成立する.

さてわれわれの得た式をすべて4次元的な形に書き表わそう．最小作用の原理によれば

1) このような光的な量子は，光子およびニュートリノである.

$$\delta S=-mc\delta\int_a^b ds=0$$

である．δS を具体的に書くために，$ds=\sqrt{dx_i dx^i}$ したがって

$$\delta S=-mc\int_a^b \frac{dx_i \delta dx^i}{ds}=-mc\int_a^b u_i d\delta x^i$$

となることに注意する．これを部分積分して

$$\delta S=-mcu_i\delta x^i\Big|_a^b+mc\int_a^b \delta x^i \frac{du_i}{ds}ds \tag{9.10}$$

を得る．

よく知られているように，運動方程式を得るためには，固定された２つの点のあいだの異なるトラジェクトリーを比較しなければならない．すなわち限界では $(\delta x^i)_a=(\delta x^i)_b=0$．そのとき，$\delta S=0$ という条件から真のトラジェクトリーがきまる．こうして(9.10)から方程式 $du_i/ds=0$，すなわち，自由な粒子が一定の速度をもつことの４次元的な表現が得られる．

作用を座標の関数とみなして，その変分を求めようとすれば，点 a は固定されているとみなさねばならない．すなわち，$(\delta x^i)_a=0$．第２の点は変わりうるとみなさねばならないが，許されるトラジェクトリーは現実のもの，すなわち，運動方程式をみたすものだけである．したがって，δS の表式 (9.10) のなかの積分はゼロである．$(\delta x^i)_b$ のかわりに単に δx^i と書くと

$$\delta S=-mcu_i\delta x^i \tag{9.11}$$

が得られる．

４元ベクトル

$$p_i=-\frac{\partial S}{\partial x^i} \tag{9.12}$$

は運動量４元ベクトルとよばれる．力学において示されているように，導関数 $\partial S/\partial x$, $\partial S/\partial y, \partial S/\partial z$ は粒子の運動量 $\boldsymbol{p}$ の３つの成分であり，導関数 $-\partial S/\partial t$ は粒子のエネルギー $\mathscr{E}$ である．したがって，４元運動量の共変成分は $p_i=(\mathscr{E}/c, -\boldsymbol{p})$ であり，反変成分は[1])

$$p^i=\left(\frac{\mathscr{E}}{c},\ \boldsymbol{p}\right). \tag{9.13}$$

自由粒子の４元運動量は，(9.11) から

$$p^i=mcu^i \tag{9.14}$$

となる．ここで４元速度の成分に (7.2) を代入すると，$\boldsymbol{p}$ および $\mathscr{E}$ に対して実際，表式 (9.1) および (9.4) が得られることが確かめられる．

このように，相対論的力学では，運動量とエネルギーは１つの４元ベクトルの成分であ

1) 物理的な４元ベクトルの定義を思い出すための記憶法に注意しておこう．反変成分が，対応する３元ベクトル（x^i には $\boldsymbol{r}$，p^i には $\boldsymbol{p}$ 等々）と“正しい”，正の符号で結びついている．

る．このことからただちに，1つの慣性系から他の慣性系へ移るときの，運動量とエネルギーに対する変換公式が得られる．すなわち，4元運動量の成分を表わす式（9.13）を4元ベクトルの一般変換公式（6.1）に代入すれば

$$p_x=\frac{p'_x+\frac{V}{c^2}\mathscr{E}'}{\sqrt{1-\frac{V^2}{c^2}}},\qquad p_y=p'_y,\qquad p_z=p'_z,\qquad \mathscr{E}=\frac{\mathscr{E}'+Vp'_x}{\sqrt{1-\frac{V^2}{c^2}}}\tag{9.15}$$

が見いだされる．ここで，p_x, p_y, p_z は，3次元のベクトル $\boldsymbol{p}$ の成分である．

4元運動量の定義（9.14）と恒等式 $u^iu_i=1$ とから

$$p^ip_i=m^2c^2\tag{9.16}$$

が得られる．これに成分 p_i の表式（9.13）を代入すると，ふたたび関係（9.6）が得られる．

ふつうの力の定義からの類推によって，力の4元ベクトルをつぎの導関数として定義しよう：

$$g^i=\frac{dp^i}{ds}=mc\frac{du^i}{ds}.\tag{9.17}$$

その成分も恒等式 $g_iu^i=0$ をみたす．この4元ベクトルの成分は，ふつうの3次元的な力 $\boldsymbol{f}=d\boldsymbol{p}/dt$ と

$$g^i=\left(\frac{\boldsymbol{f}\boldsymbol{v}}{c^2\sqrt{1-\frac{v^2}{c^2}}},\frac{\boldsymbol{f}}{c\sqrt{1-\frac{v^2}{c^2}}}\right)\tag{9.18}$$

という関係によって結ばれている．時間成分は，力のする仕事に関係している．

（9.16）で p_i を $\partial S/\partial x^i$ におきかえると

$$\frac{\partial S}{\partial x_i}\frac{\partial S}{\partial x^i}\equiv g^{ik}\frac{\partial S}{\partial x^i}\frac{\partial S}{\partial x^k}=m^2c^2\tag{9.19}$$

あるいは，和をあらわに書くと

$$\frac{1}{c^2}\left(\frac{\partial S}{\partial t}\right)^2-\left(\frac{\partial S}{\partial x}\right)^2-\left(\frac{\partial S}{\partial y}\right)^2-\left(\frac{\partial S}{\partial z}\right)^2=m^2c^2\tag{9.20}$$

が得られる．これが相対論的力学における**ハミルトン－ヤコビ方程式**である．

方程式（9.20）で，古典力学への極限移行をおこなうには，つぎのようにすればよい．まず第1に，（9.7）の極限移行のときと同じく，相対論的力学における粒子のエネルギーは，古典力学にはなかった mc^2 という項を含んでいることを考慮しなければならない．作用 S はエネルギーと $\mathscr{E}=-\partial S/\partial t$ によって結びつけられているから，古典力学への移行をおこなうには，S のかわりに

$$S=S'-mc^2t$$

によって新しい S' におきかえねばならない．これを（9.20）に代入して

$$\frac{1}{2mc^2}\left(\frac{\partial S'}{\partial t}\right)^2-\frac{\partial S'}{\partial t}-\frac{1}{2m}\left[\left(\frac{\partial S'}{\partial x}\right)^2+\left(\frac{\partial S'}{\partial y}\right)^2+\left(\frac{\partial S'}{\partial z}\right)^2\right]=0$$

を得る．$c\to\infty$ の極限で．これは周知の古典力学のハミルトン－ヤコビ方程式になる．

§ 10.　分布関数の変換

物理学のさまざまな問題において，いろいろな運動量をもつ粒子の集りを扱わねばならないことがある．この集りの組成，つまりその運動量スペクトルは，運動量についての粒子の**分布関数**によって特徴づけられる：$f(\boldsymbol{p})dp_xdp_ydp_z$ は，与えられた区間 dp_x, dp_y, dp_z のなかにあるような運動量成分をもつ粒子の数である（あるいは，簡略化して，“運動量空間” の与えられた体積要素 $d^3p\,dp_xdp_ydp_z$ のなかにある粒子の数）．このことに関連して，1つの基準系から他の基準系へ移るときに分布関数 $f(\boldsymbol{p})$ がどのように変換されるか，という問題が生ずる．

この問題を解決するために，まず，“体積要素” $dp_xdp_ydp_z$ のローレンツ変換に対する性質を明らかにしなければならない．粒子の4元運動量の成分を座標の値とするような4次元座標系を導入すると，$dp_xdp_ydp_z$ は，方程式 $p^ip_i=m^2c^2$ によって決定される超曲面の要素の第4成分とみなすことができる．超曲面の要素は，その面への法線の方向を向いた4元ベクトルである．いまの場合，法線の方向は明らかに4元ベクトル p_i の方向に一致する．このことから，比

$$\frac{dp_xdp_ydp_z}{\mathscr{E}} \tag{10.1}$$

は，2つの平行な4元ベクトルの同一成分の比であり，したがって不変量であることがわかる[1]．

粒子の数 $f\,dp_xdp_ydp_z$ も，基準系の選び方によらない明らかに不変な量である．これを

$$f(\boldsymbol{p})\mathscr{E}\frac{dp_xdp_ydp_z}{\mathscr{E}}$$

の形に書き，比（10.1）が不変であることに注意すると，積 $f(\boldsymbol{p})\mathscr{E}$ が不変であるという結論が得られる．このことから，K' 系における分布関数は K 系における分布関数と

1）要素（10.1）についての積分は，δ 関数（78ページの脚注を参照）を使えば

$$\frac{2}{c}\delta(p^ip_i-m^2c^2)d^4p,\qquad d^4p=dp^0dp^1dp^2dp^3 \tag{10.1a}$$

についての4次元的な積分の形に表わすことができる．このとき4つの成分 p^i は独立変数とみなされる（ただし p^0 は正の値だけをとる）．式（10.1a）は，δ 関数のつぎの変形から明らかである：

$$\delta(p^ip_i-m^2c^2)=\delta\left(p_0^2-\frac{\mathscr{E}^2}{c^2}\right)=\frac{c}{2\mathscr{E}}\left[\delta\left(p_0+\frac{\mathscr{E}}{c}\right)+\delta\left(p_0-\frac{\mathscr{E}}{c}\right)\right], \tag{10.1b}$$

ただし $\mathscr{E}=c\sqrt{p^2+m^2c^2}$．この式自体は，78ページの脚注にある式（5）から導かれる．

$$f'(\boldsymbol{p}')=\frac{f(\boldsymbol{p})\mathscr{E}}{\mathscr{E}'} \tag{10.2}$$

という関係によって結ばれていることがわかる．ここで $\boldsymbol{p}$ と $\mathscr{E}$ とは，変換式 (9.15) を使って $\boldsymbol{p}'$ と $\mathscr{E}'$ とによって表わしておかねばならない．

不変な表式 (10.1) にもどろう．運動量空間で"極座標"を導入すると，体積要素 $dp_xdp_ydp_z$ は p^2dpdo となる．ただし do は，ベクトル $\boldsymbol{p}$ の方向の立体角要素とする．(9.6) によって $pdp=\mathscr{E}d\mathscr{E}/c^2$ であることに注意すると

$$\frac{p^2dpdo}{\mathscr{E}}=\frac{pd\mathscr{E}do}{c^2}.$$

こうして

$$pd\mathscr{E}do \tag{10.3}$$

もまた不変であることがわかる．

別の状況で分布関数の概念が現われるのは，気体運動論においてである：積 $f(\boldsymbol{r},\boldsymbol{p})dp_xdp_ydp_zdV$ は，与えられた体積要素 dV のなかにあり，与えられた間隔 dp_x, dp_y, dp_z のなかの運動量をもつ粒子の数であるとする．関数 $f(\boldsymbol{r},\boldsymbol{p})$ は，**位相空間**（粒子の座標および運動量の空間）における分布関数とよばれ，また微分の積 $d\tau=d^3pdV$ はこの空間の体積要素である．この関数の変換則を明らかにしよう．

2つの基準系 K と K' のほかに，注目する運動量をもつ粒子が静止しているようなもう1つの座標系 K_0 を導入しよう．まさにこの系において考えている粒子の占める固有の体積要素 dV_0 が定義される．系 K_0 に対する系 K および K' の速度は，定義によって粒子が系 K および K' においてもつ速度 v および v' と一致する．したがって (4.6) により

$$dV=dV_0\sqrt{1-\frac{v^2}{c^2}},\qquad dV'=dV_0\sqrt{1-\frac{v'^2}{c^2}}$$

が得られ，これから

$$\frac{dV}{dV'}=\frac{\mathscr{E}'}{\mathscr{E}}$$

となる．この等式に $d^3p/d^3p'=\mathscr{E}/\mathscr{E}'$ をかけると，

$$d\tau=d\tau', \tag{10.4}$$

すなわち，位相空間の体積要素は不変であることがわかる．粒子の数 $fd\tau$ は定義からして不変であるから，位相空間における分布関数は不変という結論に到達する：

$$f'(\boldsymbol{r}',\boldsymbol{p}')=f(\boldsymbol{r},\boldsymbol{p}), \tag{10.5}$$

ここで $\boldsymbol{r}',\boldsymbol{p}'$ は $\boldsymbol{r}$ と $\boldsymbol{p}$ とにローレンツ変換で関係している．

§11. 粒子の崩壊

質量 M の物体が自発的に質量 m_1 および m_2 の2つの部分に崩壊するものとしよう．物体が静止しているような基準系では，崩壊に際してのエネルギーの保存則は

$$M=\mathscr{E}_{10}+\mathscr{E}_{20} \tag{11.1}$$

となる[1]．ここで $\mathscr{E}_{10}$ および $\mathscr{E}_{20}$ は崩壊してできる破片のエネルギーである．$\mathscr{E}_{10}>m_1$, $\mathscr{E}_{20}>m_2$ であるから，等式 (11.1) は $M>m_1+m_2$ の場合にのみみたされることができる．すなわち，物体が自発的に2つの破片に崩壊することができるのは，破片の質量の和が物体の質量よりも小さいときだけである．逆に $M<m_1+m_2$ のときには，物体は安定であって（このような崩壊に対して），自発的に崩壊することはない．この場合に崩壊を起こさせようとすれば，少なくともその"結合エネルギー"(m_1+m_2-M) に等しいエネルギーを外から物体に加えてやらねばならないであろう．

崩壊に際しては，エネルギーの保存則とともに，運動量の保存則がみたされねばならない．すなわち，飛散する破片の運動量の和は，はじめの物体の運動量と同様，ゼロに等しい：$\boldsymbol{p}_{10}+\boldsymbol{p}_{20}=0$，これから $p_{10}^2=p_{20}^2$ あるいは

$$\mathscr{E}_{10}^2-m_1^2=\mathscr{E}_{20}^2-m_2^2 \tag{11.2}$$

となる．2つの式 (11.1) および (11.2) から，飛散する破片のエネルギーが一義的にきまる：

$$\mathscr{E}_{10}=\frac{M^2+m_1^2-m_2^2}{2M}, \qquad \mathscr{E}_{20}=\frac{M^2-m_1^2+m_2^2}{2M}. \tag{11.3}$$

ある意味でこれと逆の問題は，衝突する2個の粒子の，それらの運動量の和がゼロであるような基準系（あるいは簡単に**慣性中心系**または"C系"）におけるエネルギーの総和 M を計算することである．この量を計算することによって，衝突粒子の状態変化や新しい粒子の"創成"をともなうさまざまの非弾性衝突の起こる可能性についての判定基準が得られる．そのような過程はいずれも，すべての"反応生成物"の質量の和が M を超えないという条件でのみ，実現することができる．

元来の基準系（あるいは，いわゆる**実験室系**）において，質量 m_1，エネルギー $\mathscr{E}_1$ の粒子が質量 m_2 の静止粒子に衝突するとしよう．2つの粒子のエネルギーの和は

$$\mathscr{E}=\mathscr{E}_1+\mathscr{E}_2=\mathscr{E}_1+m_2$$

---

1) §11〜13では，$c=1$ とおく．いいかえると速度を測る単位として光速度を選ぶ（そうすると，長さと時間の比は1となる）．この選択は，相対論的力学では自然であり，また式を非常に簡略化する．しかし，（かなりの部分で非相対論的な理論を扱う）この本では，原則としてこのような単位系は使わず，またそれを使うときには毎回そのように断ることにする．

$c=1$ とおいた式で，普通の単位系にもどすのは難しくない．正しいディメンションをもつように光速度をもちこめばよい．

であり，運動量の和は $\boldsymbol{p}=\boldsymbol{p}_1+\boldsymbol{p}_2=\boldsymbol{p}_1$ である，両方の粒子をいっしょにして1個の複合系のように考えると，その全体としての運動の速度は (9.8) によって

$$\boldsymbol{V}=\frac{\boldsymbol{p}}{\mathscr{E}}=\frac{\boldsymbol{p}_1}{\mathscr{E}_1+m_2} \tag{11.4}$$

である．これはまた，C 系の“実験室系”（L 系）に対する相対運動の速度である．

しかし，求める M を決定するためには，一方の系から他方への変換をおこなうことは実際には必要でない．そのかわりに，個々の粒子および合成系に同じように公式(9.6)を直接適用してもよい．そのようにすると

$$M^2=\mathscr{E}^2-p^2=(\mathscr{E}_1+m_2)^2-(\mathscr{E}_1^2-m_1^2)$$

となり，これから

$$M^2=m_1^2+m_2^2+2m_2\mathscr{E}_1. \tag{11.5}$$

問　題

1. 速度 V で運動している粒子が，走っている途中に2個の粒子に崩壊する．飛散する粒子のとびだす角度とそれらのエネルギーとのあいだの関係を求めよ．

解　崩壊してできる粒子のうちの1個のエネルギーを，C 系で $\mathscr{E}_0$ [すなわち，(11.3) の $\mathscr{E}_{10}$ または $\mathscr{E}_{20}$]，L 系で $\mathscr{E}$ とし，その粒子が L 系でとびちる角度（$\boldsymbol{V}$ の方向に対して）を θ とする．変換式 (9.15) を使って

$$\mathscr{E}_0=\frac{\mathscr{E}-Vp\cos\theta}{\sqrt{1-V^2}}$$

を得，これから

$$\cos\theta=\frac{\mathscr{E}-\mathscr{E}_0\sqrt{1-V^2}}{V\sqrt{\mathscr{E}^2-m^2}}. \tag{1}$$

逆に $\mathscr{E}$ を $\cos\theta$ によってきめる式は，これから（$\mathscr{E}$ についての）2次方程式として得られる：

$$\mathscr{E}^2(1-V^2\cos^2\theta)-2\mathscr{E}\mathscr{E}_0\sqrt{1-V^2}+\mathscr{E}_0^2(1-V^2)+V^2m^2\cos^2\theta=0. \tag{2}$$

これは1個（C系における崩壊粒子の速度 $v_0>V$ のとき）ないし2個（$v_0<V$ のとき）の正の根をもつ．

最後にあげた2値性が生ずることは，以下のような図式をつくってみれば明白になる．(9.15) 式によれば，L 系での運動量の成分は，C 系に関係づけられた量によってつぎのように表わされる：

$$p_x=\frac{p_0\cos\theta_0+\mathscr{E}_0V}{\sqrt{1-V^2}}, \qquad p_y=p_0\sin\theta_0.$$

これらから θ_0 を消去して

$$p_y^2+(p_x\sqrt{1-V^2}-\mathscr{E}_0V)^2=p_0^2$$

を得る．これは変数 p_x, p_y についてみれば，半軸の長さが $p_0/\sqrt{1-V^2}$ および p_0 で，点 $\boldsymbol{p}=0$（図3の点A）から距離 $\mathscr{E}_0V/\sqrt{1-V^2}$ だけはなれたところに中心（図3の点O）をもつ楕円の方程式である[1]．

---

1)　古典的な極限では，楕円は円になる（第1巻『力学』§16をみよ）．

$V>p_0/\mathscr{E}_0=v_0$ ならば，点 A は楕円の外側にあり（図 3 b），角度 θ が与えられたときベクトル $\boldsymbol{p}$（および，それとともにエネルギー $\mathscr{E}$）は 2 つの違った値をとることができる．また，作図によって明らかなように，この場合には，角度 θ は一定の $\theta_{\max}$ をこえない値しかとることができない（$\theta_{\max}$ は，ベクトル $\boldsymbol{p}$ がちょうど楕円に接する方向にあたる）．$\theta_{\max}$ の値は，2 次方程式（2）の判別式がゼロになるという条件からしごく簡単に，解析的に求めることができる．それは

$$\sin\theta_{\max}=\frac{p_0\sqrt{1-V^2}}{mV}$$

によって与えられる．

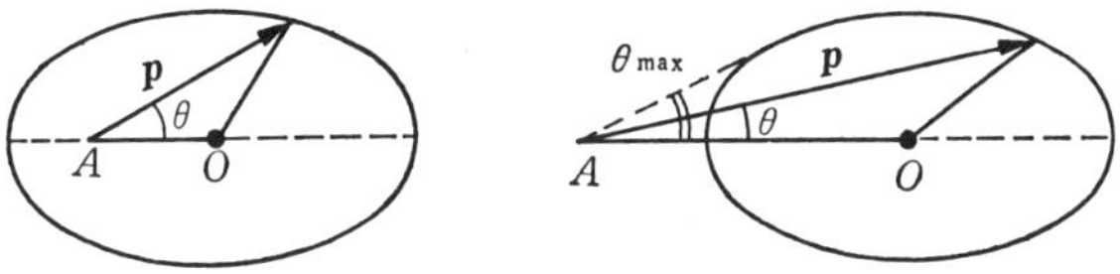

a） $V<v_0$　　b） $V>v_0$

図 3

2. L 系における崩壊粒子のエネルギー分布を見いだせ．

解 C 系では崩壊粒子の方向の分布は等方的である．つまり，立体角要素 $do_0=2\pi\sin\theta_0\,d\theta_0$ のなかに出てくる粒子の数の割合は

$$dN=\frac{1}{4\pi}do_0=\frac{1}{2}|d\cos\theta_0| \tag{1}$$

である．L 系におけるエネルギーは，C 系におけるそれとのあいだに

$$\mathscr{E}=\frac{\mathscr{E}_0+p_0V\cos\theta_0}{\sqrt{1-V^2}}$$

という関係をもち，その値は

$$\frac{\mathscr{E}_0-Vp_0}{\sqrt{1-V^2}} \quad および \quad \frac{\mathscr{E}_0+Vp_0}{\sqrt{1-V^2}}$$

のあいだの範囲にある．$|d\cos\theta_0|$ を $d\mathscr{E}$ で表わしてやれば，1 に規格化されたエネルギー分布が得られる（2 種の崩壊粒子の各々に対して）：

$$dN=\frac{1}{2Vp_0}\sqrt{1-V^2}\,d\mathscr{E}.$$

3. 崩壊によって 2 個の同じ粒子が生ずる場合に，2 個の崩壊粒子のあいだの角度（飛散角）が L 系においてとりうる値の範囲をきめよ．

解 C 系では，粒子はたがいに反対の方向にとび散るから，$\theta_{10}=\pi-\theta_{20}\equiv\theta_0$ である．C および L 系における角度のあいだの関係は，（5.4）によって

$$\cot\theta_1=\frac{v_0\cos\theta_0+V}{v_0\sin\theta_0\sqrt{1-V^2}}, \qquad \cot\theta_2=\frac{-v_0\cos\theta_0+V}{v_0\sin\theta_0\sqrt{1-V^2}}$$

という式で与えられる（いまの場合 $v_{10}=v_{20}\equiv v_0$）．求める飛散角は $\Theta=\theta_1+\theta_2$ で，簡単な計算によって Θ に対して

$$\cot\Theta=\frac{V^2-v_0^2+V^2v_0^2\sin^2\theta_0}{2Vv_0\sqrt{1-V^2}\sin\theta_0}$$

が得られる．この表式の極値をしらべると，Θ の可能な値の範囲がつぎのように見いださ

れる：

$$V<v_0 \text{ ならば}, \quad 2\tan^{-1}\left(\frac{v_0}{V}\sqrt{1-V^2}\right)<\Theta<\pi:$$

$$v_0<V<\frac{v_0}{\sqrt{1-v_0^2}} \text{ ならば}, \quad 0<\Theta<\sin^{-1}\frac{\sqrt{1-V^2}}{\sqrt{1-v_0^2}}<\frac{\pi}{2}:$$

$$V>\frac{v_0}{\sqrt{1-v_0^2}} \text{ ならば}, \quad 0<\Theta<2\tan^{-1}\left(\frac{v_0}{V}\sqrt{1-V^2}\right)<\frac{\pi}{2}.$$

4. 質量がゼロに等しい崩壊粒子について，L系における角分布を見いだせ．

解 $m=0$ の粒子の C 系および L 系におけるとびだす角度のあいだの関係は，(5.6) によって式

$$\cos\theta_0=\frac{\cos\theta-V}{1-V\cos\theta}$$

で与えられる．この表式を問題2の式 (1) に代入して

$$dN=\frac{(1-V^2)do}{4\pi(1-V\cos\theta)^2}$$

が得られる．

5. 2個の質量0の粒子に崩壊する場合に，L系における飛散角の分布を見いだせ．

解 L 系において粒子のとびだす角度 θ_1, θ_2 と C 系における角度 $\theta_{10}\equiv\theta_0, \theta_{20}=\pi-\theta_0$ とのあいだの関係は，(5.6) 式を使って求められる．その結果によれば，飛散角 $\Theta=\theta_1+\theta_2$ に対して

$$\cos\Theta=\frac{2V^2-1-V^2\cos^2\theta_0}{1-V^2\cos^2\theta_0}$$

が見いだされる．また逆に

$$\cos\theta_0=\sqrt{1-\frac{1-V^2}{V^2}\cot^2\frac{\Theta}{2}}.$$

これを問題2の式 (1) に代入すると

$$dN=\frac{1-V^2}{16\pi V}\frac{do}{\sin^3\frac{\Theta}{2}\sqrt{V^2-\cos^2\frac{\Theta}{2}}}$$

を得る．角度 Θ は，0から $\Theta_{\max}=2\cos^{-1}V$ までの値をとる．

6. 静止している質量 M の粒子が3個の粒子 m_1, m_2, m_3 に崩壊する場合に，そのうち1個の崩壊粒子がもち去ることのできるエネルギーの最大値を求めよ．

解 粒子 m_1 が最大のエネルギーをもつとすれば，2個の粒子 m_2, m_3 を合わせた系は可能な最小の質量をもち，それは和 m_2+m_3 に等しい（これらの粒子が同一の速度でいっしょに運動する場合にあたる）．こうして，問題が2個の破片への崩壊に帰着されると，(11.3) によって

$$\mathscr{E}_{1\max}=\frac{M^2+m_1^2-(m_2+m_3)^2}{2M}$$

が得られる．

§12. 不変な断面積

よく知られているように，さまざまの衝突過程は，衝突しあう粒子のビーム中に生じる衝突の数を決める**有効断面積**（あるいは単に**断面積**）によって特徴づけられる．いま2本

の衝突粒子のビームがあって，それぞれの粒子の密度（すなわち，単位体積あたりの粒子の数）が n_1, n_2，また粒子の速度が $\boldsymbol{v}_1, \boldsymbol{v}_2$ であるとしよう．第2の粒子が静止している基準系では（あるいは，もっと簡単に，粒子2の**静止系**では），動かない標的に粒子1のビームが衝突する場合になる．このときには，断面積 σ の定義によって，体積 dV の内部で時間 dt のあいだに生ずる衝突の数は

$$d\nu=\sigma v_{\mathrm{r}} n_1 n_2 dV dt$$

である．ここで，v_{r} は，粒子2の静止系での粒子1の速度である（相対論的力学では，2つの粒子の相対速度はこのように定義される）．

$d\nu$ という数は，その本性からして不変量である．任意の基準系で使える形にそれを表わすことを目標にしよう：

$$d\nu=An_1n_2dVdt \tag{12.1}$$

ここで A はきめられるべき量であり，それについては，一方の粒子の静止系では $v_{\mathrm{r}}\sigma$ に等しいことがわかっている．ここで，σ はつねに一方の粒子の静止系での断面積であり，定義によって不変量であると考えよう．定義によって相対速度もまた不変量である．

式（12.1）で積 $dVdt$ は不変量である．したがって，積 An_1n_2 も不変でなければならない．

粒子密度 n の変換則は，与えられた体積要素 dV のなかの粒子数 ndV が不変であることに注意すれば，たやすくわかる．$ndV=n_0dV_0$（添字0は粒子の静止系を表わす）と書き，体積の変換に対する公式（4.6）を使えば，

$$n=\frac{n_0}{\sqrt{1-v^2}} \tag{12.2}$$

が得られる．あるいは，$\mathscr{E}$ をエネルギー，m を粒子の質量として，$n=n_0\mathscr{E}/m$．

したがって，積 An_1n_2 の不変性は，表式 $A\mathscr{E}_1\mathscr{E}_2$ の不変性と同等であるといえる．この条件を

$$A\frac{\mathscr{E}_1\mathscr{E}_2}{p_{1i}p_2^i}=A\frac{\mathscr{E}_1\mathscr{E}_2}{\mathscr{E}_1\mathscr{E}_2-\boldsymbol{p}_1\boldsymbol{p}_2}=\mathrm{inv} \tag{12.3}$$

と書くほうが好都合である．ここで分母にもやはり，2つの粒子の4元運動量の積という不変量が現われる．

粒子2の静止系では，$\mathscr{E}_2=m_2, \boldsymbol{p}_2=0$ となり，したがって不変量（12.3）は A に等しくなる．他方この系では $A=\sigma v_{\mathrm{r}}$．このようにして，任意の基準系で

$$A=\sigma v_{\mathrm{r}}\frac{p_{1i}p_2^i}{\mathscr{E}_1\mathscr{E}_2}. \tag{12.4}$$

この表式を最終的な形にもっていくために，v_{r} を任意の基準系における粒子の運動量あるいは速度で表わそう．そのために，粒子2の静止系では不変量 $p_{1i}p_2^i$ は

$$p_{1i}p_2^i=\frac{m_1}{\sqrt{1-v_r^2}}m_2$$

となることに注意する．これから

$$v_r=\sqrt{1-\frac{m_1^2m_2^2}{(p_{1i}p_2^i)^2}}. \tag{12.5}$$

(9.1) および (9.4) の助けによって $p_{1i}p_2^i=\mathscr{E}_1\mathscr{E}_2-\boldsymbol{p}_1\boldsymbol{p}_2$ という量を速度 $\boldsymbol{v}_1$ および $\boldsymbol{v}_2$ で表わそう：

$$p_{1i}p_2^i=m_1m_2\frac{1-\boldsymbol{v}_1\boldsymbol{v}_2}{\sqrt{(1-v_1^2)(1-v_2^2)}}.$$

(12.5) に代入し，簡単な変換をすると，相対速度に対してつぎの式が得られる：

$$v_r=\frac{\sqrt{(\boldsymbol{v}_1-\boldsymbol{v}_2)^2-(\boldsymbol{v}_1\times\boldsymbol{v}_2)^2}}{1-\boldsymbol{v}_1\boldsymbol{v}_2} \tag{12.6}$$

(この式が，$\boldsymbol{v}_1$，$\boldsymbol{v}_2$ に関して対称である，すなわち相対速度が，どちらの粒子に対して定義するかによらないことに注意を向けよう)．

(12.5) あるいは (12.6) を (12.4) に代入し，(12.1) から，はじめに出した問題の答として最終的公式が得られる：

$$d\nu=\sigma\frac{\sqrt{(p_{1i}p_2^i)^2-m_1^2m_2^2}}{\mathscr{E}_1\mathscr{E}_2}n_1n_2dVdt \tag{12.7}$$

あるいは

$$d\nu=\sigma\sqrt{(\boldsymbol{v}_1-\boldsymbol{v}_2)^2-(\boldsymbol{v}_1\times\boldsymbol{v}_2)^2}n_1n_2dVdt \tag{12.8}$$

(W. Pauli, 1933).

もし速度 $\boldsymbol{v}_1$ と $\boldsymbol{v}_2$ とが同一直線にそっていると，$(\boldsymbol{v}_1\times\boldsymbol{v}_2)=0$ であるから，(12.8) は

$$d\nu=\sigma|\boldsymbol{v}_1-\boldsymbol{v}_2|n_1n_2dVdt \tag{12.9}$$

という形をとる．

問 題

相対論的な“速度空間”における“線要素”を求めよ．

解 求める“線要素”dl_v は，速度 $\boldsymbol{v}$ および $\boldsymbol{v}+d\boldsymbol{v}$ をもつ2つの点の相対速度とみられる．したがって (12.6) から，

$$dl_v^2=\frac{(d\boldsymbol{v})^2-(\boldsymbol{v}\times d\boldsymbol{v})^2}{(1-v^2)^2}=\frac{dv^2}{(1-v^2)^2}+\frac{v^2}{(1-v^2)}(d\theta^2+\sin^2\theta d\varphi^2)$$

が得られる．ここで，θ,φ は方向 $\boldsymbol{v}$ の極角と方位角である．もし v のかわりに，等式 $v=\tanh\chi$ によって新しい変数 χ を導入すると，線要素は

$$dl_v^2=d\chi^2+\sinh^2\chi(d\theta^2+\sin^2\theta d\varphi^2)$$

という形にかける．

幾何学観点からすると，これは3次元ロバチェフスキー空間，すなわち一定の負の曲率をもつ空間 ((111.8) をみよ) の線要素である．

§ 13. 弾 性 衝 突

相対論的力学の観点から，粒子の**弾性衝突**を考察しよう．衝突する2つの粒子（質量 m_1 および m_2）の運動量とエネルギーを，$\boldsymbol{p}_1, \mathscr{E}_1$ および $\boldsymbol{p}_2, \mathscr{E}_2$ とする．衝突後のこれらの量の値はダッシュをつけて表わす．

衝突におけるエネルギーと運動量の保存則は，まとめて4元運動量の保存則の形に書ける：

$$p_1^i+p_2^i=p_1'^i+p_2'^i. \tag{13.1}$$

この4元ベクトルの方程式から，以下の計算に便利な不変な関係をつくろう．そのために (13.1) を

$$p_1^i+p_2^i-p_1'^i=p_2'^i$$

という形に書き，両辺を2乗する（すなわち自分自身とのスカラー積をつくる）．4元運動量 p_1^i および $p_1'^i$ の2乗は m_1^2 に，p_2^i と $p_2'^i$ の2乗は m_2^2 に等しいから，

$$m_1^2+p_{1i}p_2^i-p_{1i}p_1'^i-p_{2i}p_1'^i=0 \tag{13.2}$$

が得られる．同様に，等式 $p_1^i+p_2^i-p_2'^i=p_1'^i$ を2乗して，

$$m_2^2+p_{1i}p_2^i-p_{2i}p_2'^i-p_{1i}p_2'^i=0. \tag{13.3}$$

衝突のまえに一方の粒子（粒子 m_2）が静止しているような基準系（L 系）で衝突を考察しよう．このとき $\boldsymbol{p}_2=0, \mathscr{E}_2=m_2$ で，また (13.2) に現われるスカラー積は，

$$p_{1i}p_2^i=\mathscr{E}_1 m_2, \qquad p_{2i}p_1'^i=m_2\mathscr{E}_1',$$
$$p_{1i}p_1'^i=\mathscr{E}_1\mathscr{E}_1'-\boldsymbol{p}_1\boldsymbol{p}_1'=\mathscr{E}_1\mathscr{E}_1'-p_1p_1'\cos\theta_1 \tag{13.4}$$

に等しい．ここで θ_1 は衝突してくる粒子 m_1 の散乱角である．これらの式を (13.2) に代入して，

$$\cos\theta_1=\frac{\mathscr{E}_1'(\mathscr{E}_1+m_2)-\mathscr{E}_1 m_2-m_1^2}{p_1p_1'} \tag{13.5}$$

が得られる．同様にして (13.3) から

$$\cos\theta_2=\frac{(\mathscr{E}_1+m_2)(\mathscr{E}_2'-m_2)}{p_1p_2'} \tag{13.6}$$

が求められる．ただし，θ_2 は反跳の運動量 $\boldsymbol{p}_2'$ と衝突してくる粒子の運動量 $\boldsymbol{p}_1$ とのつくる角である．

(13.5, 6) は，L 系における2つの粒子の散乱角を，衝突におけるエネルギーの変化に関係づける．これらの式を逆にといて，エネルギー $\mathscr{E}_1'$ と $\mathscr{E}_2'$ を角 θ_1 および θ_2 で表わすことができる．(13.6) に $p_1=\sqrt{\mathscr{E}_1^2-m_1^2}$, $p_2'=\sqrt{\mathscr{E}_2'^2-m_2^2}$ を代入し，両辺の2乗をとり，簡単な変形をすると，

$$\mathscr{E}_2'=m_2\frac{(\mathscr{E}_1+m_2)^2+(\mathscr{E}_1^2-m_1^2)\cos^2\theta_2}{(\mathscr{E}_1+m_2)^2-(\mathscr{E}_1^2-m_1^2)\cos^2\theta_2} \tag{13.7}$$

が得られる．(13.5) 式を逆にとくと，$\mathscr{E}'_1$ を θ_1 で表わす一般には非常にごたごたした式になる．

注意すべきことは，$m_1>m_2$ のとき，すなわち，衝突してくる粒子が静止している粒子より重いときには，散乱角 θ_1 はある最大値をこえることができないということである．初等的な計算によって，この最大値は

$$\sin\theta_{1\max}=\frac{m_2}{m_1} \tag{13.8}$$

という式からきまることが容易にわかる．これは古典力学の結果と完全に一致する．

(13.5, 6) 式は，衝突してくる粒子の質量が 0 であり，$m_1=0$，これに応じて $p_1=\mathscr{E}_1$，$p'_1=\mathscr{E}'_1$ である場合には簡単になる．この場合に，衝突してくる粒子が衝突後にもつエネルギーを，その粒子のふれの角度によって表わす公式を書きとめておこう：

$$\mathscr{E}'_1=\frac{m_2}{1-\cos\theta_1+\dfrac{m_2}{\mathscr{E}_1}}. \tag{13.9}$$

ふたたび任意の質量の粒子の衝突という一般の場合にもどる．衝突は，C 系でもっとも簡明に見える．この系での諸量の値に添字 0 を加えて表わすと，ここで $\boldsymbol{p}_{10}=-\boldsymbol{p}_{20}\equiv\boldsymbol{p}_0$ となる．運動量保存のために，2つの粒子の運動量は衝突によってただ回転するだけで，大きさは相等しく，方向は逆のままである．またエネルギー保存則のおかげで，おのおのの運動量の絶対値も変化しない．

C 系での散乱角，すなわち，衝突によって運動量 $\boldsymbol{p}_{10}$ および $\boldsymbol{p}_{20}$ が回転する角度を χ とする．この量は，重心系における，したがってまた他のすべての基準系における衝突過程を完全に決定する．L 系における衝突の記述においても，運動量とエネルギー保存則を考慮したうえでまだ残る唯一つのパラメターとしてこの量を選ぶのが便利である．

L 系における2つの粒子の衝突後のエネルギーをこのパラメターで表わそう．そのために (13.2) の関係式にもどるが，こんどは積 $p_{1i}p'^i_1$ を C 系で分解する：

$$p_{1i}p'^i_1=\mathscr{E}_{10}\mathscr{E}'_{10}-\boldsymbol{p}_{10}\boldsymbol{p}'_{10}=\mathscr{E}^2_{10}-p^2_0\cos\chi=p^2_0(1-\cos\chi)+m^2_1$$

(C 系では，おのおのの粒子のエネルギーは衝突によって変化しない：$\mathscr{E}'_{10}=\mathscr{E}_{10}$)．残りの2つの積は，前のとおり L 系で分解する，すなわち，(13.4) のまま使う．その結果，

$$\mathscr{E}'_1-\mathscr{E}_1=-\frac{p^2_0}{m_2}(1-\cos\chi)$$

が得られる．あとは，p^2_0 を L 系に関する量で表わせばよい．これは，不変量 $p_{1i}p^i_2$ の C および L 系での値を等しくおくことで容易におこなえる：

$$\mathscr{E}_{10}\mathscr{E}_{20}-\boldsymbol{p}_{10}\boldsymbol{p}_{20}=\mathscr{E}_1 m_2,$$

あるいは

$$\sqrt{(p^2_0+m^2_1)(p^2_0+m^2_2)}=\mathscr{E}_1 m_2-p^2_0.$$

この式を p_0^2 について解くと，

$$p_0^2=\frac{m_2^2(\mathscr{E}_1^2-m_1^2)}{m_1^2+m_2^2+2m_2\mathscr{E}_1}. \tag{13.10}$$

このようにして，結局

$$\mathscr{E}_1'=\mathscr{E}_1-\frac{m_2(\mathscr{E}_1^2-m_1^2)}{m_1^2+m_2^2+2m_2\mathscr{E}_1}(1-\cos\chi) \tag{13.11}$$

が得られる．第2の粒子のエネルギーは，保存則 $\mathscr{E}_1+m_2=\mathscr{E}_1'+\mathscr{E}_2'$ から求められる．したがって

$$\mathscr{E}_2'=m_2+\frac{m_2(\mathscr{E}_1^2-m_1^2)}{m_1^2+m_2^2+2m_2\mathscr{E}_1}(1-\cos\chi). \tag{13.12}$$

この式の第2項は，第1の粒子が失い，第2の粒子が受けとったエネルギーを表わす．最大のエネルギーの移動は $\chi=\pi$ のときであり，

$$\mathscr{E}'_{2\max}-m_2=\mathscr{E}_1-\mathscr{E}'_{1\min}=\frac{2m_2(\mathscr{E}_1^2-m_1^2)}{m_1^2+m_2^2+2m_2\mathscr{E}_1} \tag{13.13}$$

に等しい．

衝突してくる粒子の衝突後の最小の運動エネルギーとはじめの運動エネルギーとの比は

$$\frac{\mathscr{E}'_{1\min}-m_1}{\mathscr{E}_1-m_1}=\frac{(m_1-m_2)^2}{m_1^2+m_2^2+2m_2\mathscr{E}_1} \tag{13.14}$$

である．速度の小さい極限では（$\mathscr{E}\approx m+mv^2/2$ となるとき），この比は，一定の極限値

$$\left(\frac{m_1-m_2}{m_1+m_2}\right)^2$$

に近づく．エネルギー $\mathscr{E}_1$ の大きい反対の極限では，比 (13.14) は0に近づく．$\mathscr{E}'_{1\min}$ という量も一定の極限値に近づく．この極限値は

$$\mathscr{E}'_{1\min}=\frac{m_1^2+m_2^2}{2m_2}$$

に等しい．

$m_2\gg m_1$，すなわち，衝突してくる粒子の質量が静止している粒子の質量にくらべて小さいと仮定しよう．この場合，軽い粒子から重い粒子へ移ることのできるエネルギーは，古典力学にしたがえばとるにたりないものである（第1巻『力学』§17 をみよ）．しかし，相対論的力学ではそうならない．式 (13.14) から明らかに，十分大きなエネルギー $\mathscr{E}_1$ に対しては，移動するエネルギーの割合は1の程度にまでなることができる．けれども，実際そうなるためには，粒子 m_1 の速度が1の程度であるだけでは十分でなく，容易にわかるように，エネルギーが

$$\mathscr{E}_1\sim m_2$$

の程度であることが必要である．すなわち，軽い粒子は，重い粒子の静止エネルギー程度のエネルギーをもたねばならないのである．

これに似た事情が，$m_2 \ll m_1$，すなわち，重い粒子が軽い粒子にぶつかる場合にもある．このときも，古典力学によれば，ほとんど無視しうるエネルギーの移動しか起こらない．エネルギーが

$$\mathscr{E}_1 \sim \frac{m_1^2}{m_2}$$

の程度になってはじめて，移動するエネルギーの割合がめだつようになる．ここでも，問題になるのは，単に速度が光速度の程度になることでなく，m_1 とくらべられるほどのエネルギーになること，すなわち，超相対論的な場合であることに注意しよう．

問　　題

1. 図4において，衝突してくる粒子の運動量 $\boldsymbol{p}_1$ および衝突後の両粒子の運動量 $\boldsymbol{p}_1', \boldsymbol{p}_2'$ という3つのベクトルによってつくられる3角形を ABC とする．$\boldsymbol{p}_1'$ および $\boldsymbol{p}_2'$ のすべての可能な値に対応する点 C の軌跡を求めよ．

解　求める曲線は楕円であって，その半軸の長さは，§11の問題1で得た公式を使えばただちに見いだされる．実際，そこで与えられた作図は，与えられた長さ p_0 と任意の方向とをもつ C 系のベクトル $\boldsymbol{p}_0$ から得られる L 系におけるベクトル $\boldsymbol{p}$ の終点の描く軌跡を見いだす作図である．

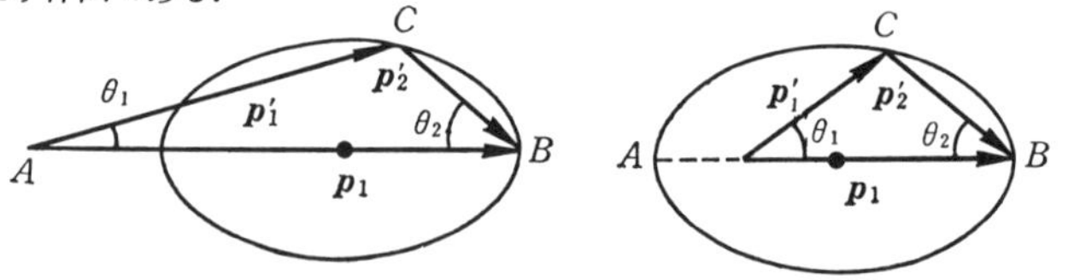

a)　$m_1 > m_2$　　　　b)　$m_1 < m_2$

図　4

C 系における2つの衝突粒子の運動量の絶対値は同じで，かつ，衝突によって変化しないことに注意すると，いまの場合ベクトル $\boldsymbol{p}_1'$ について同様の作図をすればよいことがわかる．$\boldsymbol{p}_1'$ に対しては C 系で

$$p_0 \equiv p_{10} = p_{20} = \frac{m_2 V}{\sqrt{1-V^2}}$$

ただし，V は C 系における粒子 m_2 の速度であり，その大きさは重心の速度 $V = p_1/(\mathscr{E}_1 + m_2)$（(11.4) をみよ）に等しい．結局，楕円の半長軸と半短軸はそれぞれ

$$p_0 = \frac{m_2 p_1}{\sqrt{m_1^2 + m_2^2 + 2m_2\mathscr{E}_1}}, \qquad \frac{p_0}{\sqrt{1-V^2}} = \frac{m_2 p_1(\mathscr{E}_1 + m_2)}{m_1^2 + m_2^2 + 2m_2\mathscr{E}_1}$$

に等しい（最初の式はもちろん (13.10) と一致する）．

$\theta_1 = 0$ のときベクトル $\boldsymbol{p}_1'$ は $\boldsymbol{p}_1$ に一致し，長さ AB は p_1 に等しい．p_1 と楕円の半長軸の2倍とをくらべれば容易にたしかめられるように，点 A は $m_1 > m_2$ のときは楕円の外部にあり（図4a），$m_1 < m_2$ のときは楕円の内部にある（図4b）．

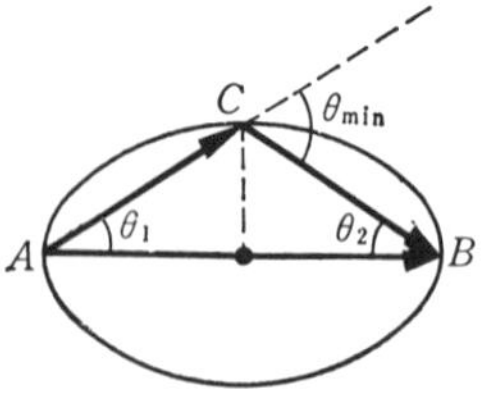

図　5

2.　2個の粒子の質量が等しい場合に（$m_1=m_2\equiv m$），衝突後の粒子の飛散角の最小値 $\Theta_{\min}$ を求めよ．

解　$m_1=m_2$ の場合には点 A は楕円の上にのっており，最小の飛散角に対応する点 C は半短軸の端点の位置にある（図5）．作図から明らかなように $\tan(\Theta_{\min}/2)$ は半軸の長さの比を与える．こうして

$$\tan\frac{\Theta_{\min}}{2}=\sqrt{\frac{2m}{\mathscr{E}_1+m}}$$

あるいは，つぎの式を得る：

$$\cos\Theta_{\min}=\frac{\mathscr{E}_1-m}{\mathscr{E}_1+3m}.$$

3.　同一質量の2つの粒子の衝突における $\mathscr{E}'_1, \mathscr{E}'_2$ および χ を，L 系における散乱角 θ_1 で表わせ．

解　式（13.5）をとくと，この場合

$$\mathscr{E}'_1=\frac{(\mathscr{E}_1+m)+(\mathscr{E}_1-m)\cos^2\theta_1}{(\mathscr{E}_1+m)-(\mathscr{E}_1-m)\cos^2\theta_1}m,$$

$$\mathscr{E}'_2=m+\frac{(\mathscr{E}_1^2-m^2)\sin^2\theta_1}{2m+(\mathscr{E}_1-m)\sin^2\theta_1}$$

が得られる．$\mathscr{E}'_1$ を χ で表わす式

$$\mathscr{E}'_1=\mathscr{E}_1-\frac{\mathscr{E}_1-m}{2}(1-\cos\chi)$$

と等しくおくと，C 系における散乱角が求まる：

$$\cos\chi=\frac{2m-(\mathscr{E}_1+3m)\sin^2\theta_1}{2m+(\mathscr{E}_1+m)\sin^2\theta_1}.$$

§14.　角 運 動 量

古典力学においてよく知られているとおり，閉じた系に対しては，エネルギーおよび運動量のほかに，角運動量，すなわちベクトル

$$\boldsymbol{M}=\sum\boldsymbol{r}\times\boldsymbol{p}$$

が保存される．ただし，$\boldsymbol{r}, \boldsymbol{p}$ は粒子の動径ベクトルおよび運動量で，和は系を構成する全粒子についてとる．角運動量が保存されるのは，空間の等方性のために，閉じた系のラグランジアンが系全体の回転に対して不変である，という事実からの帰結である．

同様な操作を4次元的な形でおこなえば，角運動量の相対論的な表現が得られる．x^i を系の粒子の座標とする．4次元空間において無限小回転をおこなう．これは，座標 x^i と新しい座標 x'^i の差 x'^i-x^i が無限小の係数 $\delta\Omega^{ik}$ をもつ1次式

$$x'^i-x^i=x_k\delta\Omega^{ik}\tag{14.1}$$

で与えられるような変換をおこなうことに相当する．ここに4元テンソル $\delta\Omega_{ik}$ の成分は，回転の際に4元動径ベクトルの長さが不変にとどまらねばならない，すなわち $x'_ix'^i=$

$x_i x^i$ ということの結果として得られる関係をみたす．(14.1) から得た x'^i をこの式に代入し，$\delta\Omega_{ik}$ について2次の項は高次の無限小としておとすと

$$x^i x^k \delta\Omega_{ik}=0$$

が得られる．この等式は任意の x^i に対してみたされねばならない．$x^i x^k$ は対称テンソルであることを考えると，$\delta\Omega_{ik}$ は反対称テンソルでなければならない(対称テンソルと反対称テンソルとの積は，明らかに，恒等的にゼロである)．こうしてつぎの式を得る．

$$\delta\Omega_{ki}=-\delta\Omega_{ik}. \tag{14.2}$$

座標の微小な変化に対する作用 S の変化 δS は ((9.11) 式をみよ)

$$\delta S=-\sum p^i \delta x_i$$

という形に書ける(和は系の粒子全部にわたる)．いま考えている回転の場合には，$\delta x_i=\delta\Omega_{ik}x^k$ であるから

$$\delta S=-\delta\Omega_{ik}\sum p^i x^k.$$

テンソル $\sum p^i x^k$ を対称および反対称の部分にわけると，前者は反対称テンソルをかけとる恒等的にゼロになる．したがって，$\sum p^i x^k$ の反対称部分をとると，うえの等式は

$$\delta S=-\delta\Omega_{ik}\frac{1}{2}\sum(p^i x^k-p^k x^i) \tag{14.3}$$

の形に書ける．

閉じた系に対しては，空間と時間の等方性のために，ラグランジアンは4次空間の回転によって変化しない．すなわち，この回転に対するパラメター $\delta\Omega_{ik}$ は循環座標である．したがってこれに対応する一般化運動量は保存される．この一般化運動量は $\partial S/\partial\Omega_{ik}$ で与えられる．(14.3) から

$$\frac{\partial S}{\partial\Omega_{ik}}=-\sum(p^i x^k-p^k x^i)$$

である．こうして，閉じた系では，テンソル

$$M^{ik}=\frac{1}{2}\sum(x^i p^k-x^k p^i) \tag{14.4}$$

が保存されることがわかる．この反対称テンソルを**角運動量**4元テンソルという．

このテンソルの空間成分は，明らかに，3次元角運動量 $\boldsymbol{M}=\sum\boldsymbol{r}\times\boldsymbol{p}$ の成分

$$M^{23}=M_x,\qquad -M^{13}=M_y,\qquad M^{12}=M_z$$

になっている．成分 M^{01}, M^{02}, M^{03} は，ベクトル $\sum(t\boldsymbol{p}-\mathscr{E}\boldsymbol{r}/c^2)$ をつくる．このようにして，テンソル M^{ik} の成分を，

$$M^{ik}=\left(c\sum\left(t\boldsymbol{p}-\frac{\mathscr{E}\boldsymbol{r}}{c^2}\right), -\boldsymbol{M}\right) \tag{14.5}$$

という形に書くことができる ((6.10) を参照)．閉じた系に対して M_{ik} が保存されるこ

とから，

$$\sum\left(t\boldsymbol{p}-\frac{\mathscr{E}\boldsymbol{r}}{c^2}\right)=\text{const}$$

が成り立つ．他方，全エネルギー $\sum\mathscr{E}$ も保存されるから，この等式を

$$\frac{\sum\mathscr{E}\boldsymbol{r}}{\sum\mathscr{E}}-t\frac{c^2\sum\boldsymbol{p}}{\sum\mathscr{E}}=\text{const}$$

という形に書くことができる．これから，動径ベクトル

$$\boldsymbol{R}=\frac{\sum\mathscr{E}\boldsymbol{r}}{\sum\mathscr{E}} \tag{14.6}$$

をもつ点は速度

$$\boldsymbol{V}=\frac{c^2\sum\boldsymbol{p}}{\sum\mathscr{E}} \tag{14.7}$$

で一様に動くことがわかる．この速度は，系の全体としての運動の速度にほかならない（この速度は (9.8) によってその運動量とエネルギーとに関係づけられる）．式 (14.6) は，系の慣性中心の相対論的な定義を与えるのである．すべての粒子の速度が c よりはるかに小さいときには，近似的に $\mathscr{E}\cong mc^2$ とおくことができて，(14.6) は通常の古典的な表式

$$\boldsymbol{R}=\frac{\sum m\boldsymbol{r}}{\sum m}$$

になる[1]．

ベクトル (14.6) の成分は，どんな4元ベクトルの空間成分にもならない．それゆえ，基準系の変換において，それはある点の座標として変換しない．したがって，同じ粒子の系の重心も，基準系が異なれば，異なる点になるのである．

問　題

物体（粒子の系）が速度 $\boldsymbol{V}$ で運動している基準系 K におけるその物体の角運動量 $\boldsymbol{M}$ とそれが全体として静止している基準系 K_0 における角運動量 $\boldsymbol{M}^{(0)}$ とのあいだの関係を求めよ．ただし，どちらの場合にも，角運動量は，同一の点，すなわち K_0 系における物体の重心に対して定義するものとする[2]．

解 K_0 系は，K に対して速度 $\boldsymbol{V}$ で動く．その方向を x 軸にとろう．問題のテンソル M^{ik} の成分は，公式（§6の問題2をみよ）．

1) 同時に，古典的な慣性中心の式は相互作用をしている粒子の系にも，相互作用していない粒子の系にもあてはまるが，(14.6) 式は相互作用を無視する限りにおいてのみ正しい．相対論的力学では，相互作用をしている粒子の系の慣性中心を定義するには，粒子がつくりだす場の運動量とエネルギーをもあからさまな形で考慮にいれることが必要になる．

2) K_0 系（そこでは $\sum\boldsymbol{p}=0$）では，角運動量はどの点に関してそれを定義するかに依存しないが，K 系（$\sum\boldsymbol{p}\neq 0$）ではその点をどこに選ぶかによることに注意しよう（第1巻『力学』§9をみよ）．

$$M^{12}=\frac{M^{(0)12}+\frac{V}{c}M^{(0)02}}{\sqrt{1-\frac{V^2}{c^2}}},\qquad M^{13}=\frac{M^{(0)13}+\frac{V}{c}M^{(0)03}}{\sqrt{1-\frac{V^2}{c^2}}},\qquad M^{23}=M^{(0)23}$$

にしたがって変換する，座標系の原点を物体の（K_0 系における）重心にとったから，この系では $\sum\mathscr{E}\boldsymbol{r}=0$, したがってまた $\sum\boldsymbol{p}=0$, で $M^{(0)02}=M^{(0)03}=0$. 成分 M^{ik} とベクトル $\boldsymbol{M}$ とのあいだの関係を考えると，結局

$$M_x=M_x^{(0)},\qquad M_y=\frac{M_y^{(0)}}{\sqrt{1-\frac{V^2}{c^2}}},\qquad M_z=\frac{M_z^{(0)}}{\sqrt{1-\frac{V^2}{c^2}}}$$

が求まる．

第3章　場のなかの電荷

§15.　相対性理論における素粒子

粒子の相互作用は，力の場という概念のたすけをかりて記述することができる．つまりある粒子が他の粒子に作用をおよぼしたというかわりに，粒子がそれ自身のまわりに場をつくりだし，ついで，この場のなかにいる各粒子にある力が働く，と述べることができる．古典力学では，場は，粒子の相互作用という物理現象を記述する1つの様式でしかなかった．相対性理論では，相互作用の伝播速度が有限であることのために，事態は根本的に変化する．与えられた瞬間に粒子に働く力は，その同じ瞬間の粒子の位置によってはきまらない．1個の粒子の位置の変化の影響が他の粒子におよぶのは，ある長さの時間が経過してのちである．このことは，場それ自体が物理的実在性を獲得することを意味している．われわれは，たがいに離れた位置にある粒子の直接の相互作用について語ることはできない．相互作用は，1つの瞬間をとってみれば，空間の隣接した点のあいだでしかおこなわれないのである（接触相互作用）．したがって，われわれは，1つの粒子と場との相互作用と，それにつづく，場と第2の粒子との相互作用とを問題にしなければならない．

われわれは2つの型の場，すなわち，重力場と電磁場を考察する．重力場の研究は第10〜14章に残し，それ以外の章では電磁場だけを考える．

粒子と電磁場との相互作用を論ずるまえに，相対性理論における“粒子”の概念に関して，いくつかの一般的な考察をおこなおう．

古典力学では，剛体，すなわち，いかなる条件のもとでも変形することのない物体という概念を導入することができる．相対性理論でも同様に，それが静止している基準系においてその大きさがすべて不変に保たれるような物体を剛体とみなさなければならないであろう．だが相対性理論は剛体の存在を一般に不可能にすることが容易にわかる．

たとえば，軸のまわりに回転している円板を考えて，それが剛体であると仮定しよう．円板に固定された基準系は，明らかに慣性系でない．しかし，円板の各要素ごとに，この要素に対して瞬間的に静止している慣性基準系を導入することは可能である．円板の異なった要素は異なった速度をもつから，これらの慣性系もいうまでもなく異なっている．特定の動径ベクトルにそって並んでいる一連の線素を考えよう．円板が剛体であるために，これらの線素の長さは，円板が静止していたときにもつ長さと同じである．与えられた瞬間にこの半径がそのそばを通り過ぎる静止した観測者によって測られる線素の長さも，この長さと同じであろう．なぜなら，各線素はその速度に垂直であり，したがって，ローレンツ短縮は生じないからである．したがって，静止している観測者によって，その線素の和として測定された半径の全長は，円板が静止しているときと変わらないであろう．他方，与えられた瞬間に静止した観測者のそばを通過する円板のふちの要素は，ローレンツ短縮を受けるから，全周の長さ（静止した観測者によって，その要素の和として測られる）は，静止しているときの円板の周の長さより短いことになる．すなわち，（静止している観測者によって測られる）円周と半径との比は変化して，2πに等しくなくなるはずである．このばかげた結論は，現実には円板は剛体でありえず，回転をはじめれば，円板をつくる材料の弾性的性質に関係する複雑な変形を必然的に受けねばならないことを示している．

剛体の存在が不可能であることは，別なやり方で示すこともできる．ある物体が，その1つの点に働く外力によって運動させられたとしよう．もし物体が剛体だとすれば，それらのすべての点は，力の働いた点と同時に運動を始めなければならないであろう：そうでなければ，物体は変形するからである．けれども，相対性理論によればそれは不可能である．なぜなら，特定の点に働いた力は他の点に有限の速度で伝えられ，したがって，すべての点が同時に動きはじめることはできないからである．

以上の議論から，**素粒子**に関していくつかの結論がひきだされる．素粒子というのは，その3つの座標と全体としての運動の3つの速度成分を与えることによってその力学的状態が完全に記述されるような粒子をさす．もし素粒子が有限の大きさをもつ，つまり広がりをもつものとすれば，それは変形不可能でなければならないことは明らかである．なぜかといえば，変形可能という概念は，物体の部分が独立に動きうるということと結びついているからである．しかるに，いましがた知ったように，相対性理論は剛体の存在が不可能であることを示している．

こうして，古典的（非量子論的）な相対論的力学においては，素粒子とみなされる粒子は有限の広がりをもつことはできないという結果に到達する．いいかえると，古典論の限界のなかでは素粒子は点とみなされねばならない[1]．

§ 16.　場の4元ポテンシャル

与えられた電磁場のなかで運動する粒子に対する作用は2つの部分から，すなわち，自由粒子の作用（8.1）と，粒子の場との相互作用を記述する項とからなっている．後者は，

1）量子力学はこの事情を本質的に変えるけれども，その場合でも相対性理論は非局所的相互作用の導入をきわめて困難なものにする．

粒子を特徴づける量と，場を特徴づける量との両方を含むはずである．

電磁場との相互作用に関する粒子の性質は，粒子の**電荷** e とよばれるただ1つのパラメターで規定される[1]．それは正あるいは負（あるいはゼロ）の値をとりうる．場の性質は**4元ポテンシャル**とよばれる4元ベクトル A_i によって特徴づけられる．その成分は座標と時間の関数である．これらの量は

$$-\frac{e}{c}\int_a^b A_i dx^i$$

という形の項として作用のなかに現われる．ここで関数 A_i は，粒子の世界線上の点におけるものである．乗数 $1/c$ は便宜のために導入した．電荷あるいはポテンシャルをすでに知られている量と関係づける式がないかぎり，それらの量の単位は任意のやり方で選ぶことができることを注意しておく[2]．

こうして，電磁場のなかの粒子に対する作用関数の形はつぎのようになる：

$$S=\int_a^b\left(-mcds-\frac{e}{c}A_i dx^i\right). \tag{16.1}$$

4元ベクトル A^i の3つの空間成分は，場の**ベクトル・ポテンシャル**とよばれる3次元ベクトル $\boldsymbol{A}$ をつくる．その時間成分は，場の**スカラー・ポテンシャル**とよばれる．それを $A^0=\phi$ で表わそう．こうして

$$A^i=(\phi, \boldsymbol{A}). \tag{16.2}$$

したがって，作用積分は

$$S=\int_a^b\left(-mcds+\frac{e}{c}\boldsymbol{A}d\boldsymbol{r}-e\phi\, dt\right)$$

と書くことができる．あるいは，粒子の速度 $\boldsymbol{v}=d\boldsymbol{r}/dt$ を導入し，時間についての積分に移ると，作用は

$$S=\int_{t_1}^{t_2}\left(-mc^2\sqrt{1-\frac{v^2}{c^2}}+\frac{e}{c}\boldsymbol{Av}-e\phi\right)dt \tag{16.3}$$

となる．この被積分関数はちょうど，電磁場のなかの電荷のラグランジアン

$$L=-mc^2\sqrt{1-\frac{v^2}{c^2}}+\frac{e}{c}\boldsymbol{Av}-e\phi \tag{16.4}$$

になっている．この関数は自由粒子のラグランジアン(8.2)と $\frac{e}{c}\boldsymbol{Av}-e\phi$ という項だけ

---

1)　以下につづく議論は，ある程度まで経験的事実の結果とみなされるべきである．電磁場のなかの粒子に対する作用の形は，相対論的不変性の要求というような一般的な考察だけからは定めることができない（不変性の要求は，たとえば(16.1)式に，A をスカラー関数として，$\int Ads$ という形の項を付け加えることを許す）．

誤解をさけるために，われわれはつねに古典論（量子論でない）を扱っており，それゆえ粒子のスピンに関した効果はどこでも考えに入れられていないことを注意しておく．

2)　これらの単位の決定については，§27を参照．

異なっているが，この項が電荷と場の相互作用を表わすのである．

導関数 $\partial L/\partial \boldsymbol{v}$ は粒子の一般化運動量である．それを $\boldsymbol{P}$ で表わそう．微分を実行すると

$$\boldsymbol{P}=\frac{m\boldsymbol{v}}{\sqrt{1-\frac{v^2}{c^2}}}+\frac{e}{c}\boldsymbol{A}=\boldsymbol{p}+\frac{e}{c}\boldsymbol{A} \tag{16.5}$$

となる．ここで $\boldsymbol{p}$ で表わしたのは通常の運動量であるが，単に運動量といえばこれのことを指すものとする．

一般公式

$$\mathscr{H}=\boldsymbol{v}\frac{\partial L}{\partial \boldsymbol{v}}-L$$

によって，ラグランジアンから場のなかの粒子のハミルトニアンを見いだすことができる．(16.4) を代入して

$$\mathscr{H}=\frac{mc^2}{\sqrt{1-\frac{v^2}{c^2}}}+e\phi. \tag{16.6}$$

しかしながら，ハミルトニアンは速度を使わずに，粒子の一般化運動量によって表わさなければならない．(16.5) および (16.6) から $\mathscr{H}-e\phi$ と $\boldsymbol{P}-\frac{e}{c}\boldsymbol{A}$ のあいだの関係は，場のないときの $\mathscr{H}$ と $\boldsymbol{p}$ とのあいだの関係と同じであることがわかる．すなわち

$$\left(\frac{\mathscr{H}-e\phi}{c}\right)^2=m^2c^2+\left(\boldsymbol{P}-\frac{e}{c}\boldsymbol{A}\right)^2. \tag{16.7}$$

あるいは書きなおして

$$\mathscr{H}=\sqrt{m^2c^4+c^2\left(\boldsymbol{P}-\frac{e}{c}\boldsymbol{A}\right)^2}+e\phi. \tag{16.8}$$

小さい速度，すなわち，古典力学に対しては，ラグランジアン (16.4) は

$$L=\frac{mv^2}{2}+\frac{e}{c}\boldsymbol{A}\boldsymbol{v}-e\phi \tag{16.9}$$

となる．この近似では $\boldsymbol{p}=m\boldsymbol{v}=\boldsymbol{P}-\frac{e}{c}\boldsymbol{A}$ で，ハミルトニアンに対してつぎの表式を得る．

$$\mathscr{H}=\frac{1}{2m}\left(\boldsymbol{P}-\frac{e}{c}\boldsymbol{A}\right)^2+e\phi. \tag{16.10}$$

最後に，電磁場のなかの粒子のハミルトン－ヤコビ方程式を書いておこう．それは，ハミルトニアンの式で $\boldsymbol{P}$ を $\partial S/\partial \boldsymbol{r}$ で，$\mathscr{H}$ を $-\partial S/\partial t$ でおきかえて得られる．したがって，(16.7) から

$$\left(\operatorname{grad} S-\frac{e}{c}\boldsymbol{A}\right)^2-\frac{1}{c^2}\left(\frac{\partial S}{\partial t}+e\phi\right)^2+m^2c^2=0. \tag{16.11}$$

§ 17.　場のなかの粒子の運動方程式

場のなかにおかれた電荷は，場からの力を受けるだけでなく，反対に場に対しても作用

をおよぼし，場を変化させる．けれども，電荷 e が大きくなければ，電荷の場に対する作用，すなわち，電荷による場の変化は無視することができる．この場合には，与えられた場のなかの電荷の運動を考察するのに，場のほうは電荷の座標にも速度にもよらないと仮定してよい．電荷をいまいった意味で小さいとみなしてよいためにその電荷がみたさねばならない正確な条件は，のちに明らかにする（§75をみよ）．以下では，この条件がみたされているものとする．

そこで，与えられた電磁場のなかの電荷の運動方程式を見いださねばならない．それは作用積分の変分によって得られ，通常のラグランジュ方程式

$$\frac{d}{dt}\frac{\partial L}{\partial \boldsymbol{v}}=\frac{\partial L}{\partial \boldsymbol{r}} \tag{17.1}$$

となるであろう．ここに L は（16.4）式で与えられる．

微係数 $\partial L/\partial \boldsymbol{v}$ は粒子（16.5）の一般化運動量である．さらに

$$\frac{\partial L}{\partial \boldsymbol{r}}\equiv\nabla L=\frac{e}{c}\operatorname{grad}\boldsymbol{A}\boldsymbol{v}-e\operatorname{grad}\phi.$$

しかるに，よく知られたベクトル解析の公式から

$$\operatorname{grad}(\boldsymbol{ab})=(\boldsymbol{a}\nabla)\boldsymbol{b}+(\boldsymbol{b}\nabla)\boldsymbol{a}+\boldsymbol{b}\times\operatorname{rot}\boldsymbol{a}+\boldsymbol{a}\times\operatorname{rot}\boldsymbol{b}.$$

ただし，$\boldsymbol{a},\boldsymbol{b}$ は任意の2つのベクトルである．この公式を $\boldsymbol{A}\boldsymbol{v}$ に適用し，$\boldsymbol{r}$ についての微分は $\boldsymbol{v}$ を一定にしておこなわれることに注意すれば

$$\frac{\partial L}{\partial \boldsymbol{r}}=\frac{e}{c}(\boldsymbol{v}\nabla)\boldsymbol{A}+\frac{e}{c}\boldsymbol{v}\times\operatorname{rot}\boldsymbol{A}-e\operatorname{grad}\phi$$

となる．したがって，ラグランジュ方程式は

$$\frac{d}{dt}\left(\boldsymbol{p}+\frac{e}{c}\boldsymbol{A}\right)=\frac{e}{c}(\boldsymbol{v}\nabla)\boldsymbol{A}+\frac{e}{c}\boldsymbol{v}\times\operatorname{rot}\boldsymbol{A}-e\operatorname{grad}\phi$$

となる．ところで，微分 $\dfrac{d\boldsymbol{A}}{dt}dt$ は2つの部分からなる．すなわち，空間の1定点におけるベクトル・ポテンシャルの時間的変化 $\dfrac{\partial\boldsymbol{A}}{\partial t}dt$，および，空間の1点から距離 $d\boldsymbol{r}$ だけ動くことによる変化である．第2の部分は，ベクトル解析で知られているように，$(d\boldsymbol{r}\nabla)\boldsymbol{A}$ である．こうして，

$$\frac{d\boldsymbol{A}}{dt}=\frac{\partial\boldsymbol{A}}{\partial t}+(\boldsymbol{v}\nabla)\boldsymbol{A}$$

となる．これをまえの式に代入して

$$\frac{d\boldsymbol{p}}{dt}=-\frac{e}{c}\frac{\partial\boldsymbol{A}}{\partial t}-e\operatorname{grad}\phi+\frac{e}{c}\boldsymbol{v}\times\operatorname{rot}\boldsymbol{A} \tag{17.2}$$

が得られる．

これが電磁場のなかの粒子の運動方程式である．左辺は粒子の運動量の時間導関数である．したがって，（17.2）の右辺は電磁場のなかの電荷に働く力を表わしている．この力

は2つの部分からなることがわかる．第1の部分（(17.2) の右辺の第1および第2項）は粒子の速度によらない．第2の部分（第3項）は速度に比例し，それに垂直である．

この第1の型の単位電荷あたりの力を**電場の強さ**といい，$\boldsymbol{E}$ で表わす．そうすると定義によって

$$\boldsymbol{E}=-\frac{1}{c}\frac{\partial \boldsymbol{A}}{\partial t}-\mathrm{grad}\,\phi. \tag{17.3}$$

第2の型の力の $\boldsymbol{v}/c$ にかかる因数を単位電荷についてとったものを**磁場の強さ**といい，$\boldsymbol{H}$ で表わす．そうすると定義によって

$$\boldsymbol{H}=\mathrm{rot}\,\boldsymbol{A}. \tag{17.4}$$

電磁場において $\boldsymbol{E}\neq 0, \boldsymbol{H}=0$ のときには，それは**電場**であり，$\boldsymbol{E}=0, \boldsymbol{H}\neq 0$ ならば，それは**磁場**である．一般には，電磁場は電場と磁場が重なり合ったものである．

$\boldsymbol{E}$ は極性ベクトル，$\boldsymbol{H}$ は軸性ベクトルであることを注意しておく．

電磁場のなかの電荷の運動方程式はこうして

$$\frac{d\boldsymbol{p}}{dt}=e\boldsymbol{E}+\frac{e}{c}\boldsymbol{v}\times\boldsymbol{H} \tag{17.5}$$

という形に書くことができる．右辺の表現は**ローレンツ力**とよばれる．第1項（電場が電荷におよぼす力）は電荷の速度に関係せず，また，$\boldsymbol{E}$ の方向を向いている．第2項（磁場が電荷におよぼす力）は電荷の速度に比例し，その方向は，速度と磁場 $\boldsymbol{H}$ との両方に垂直である．

速度が光速度にくらべて小さいときは，運動量 $\boldsymbol{p}$ は近似的に古典力学の $m\boldsymbol{v}$ に等しく，運動方程式 (17.5) は

$$m\frac{d\boldsymbol{v}}{dt}=e\boldsymbol{E}+\frac{e}{c}\boldsymbol{v}\times\boldsymbol{H} \tag{17.6}$$

となる．

つぎに，粒子の運動エネルギーの時間的変化の割合[1]，すなわち，導関数

$$\frac{d\mathscr{E}_{\mathrm{kin}}}{dt}=\frac{d}{dt}\left(\frac{mc^2}{\sqrt{1-\dfrac{v^2}{c^2}}}\right)$$

の表式を求めよう．たやすくわかるように

$$\frac{d\mathscr{E}_{\mathrm{kin}}}{dt}=\boldsymbol{v}\frac{d\boldsymbol{p}}{dt}.$$

(17.5) の $d\boldsymbol{p}/dt$ を代入して，$(\boldsymbol{v}\times\boldsymbol{H})\boldsymbol{v}=0$ を考えると

$$\frac{d\mathscr{E}_{\mathrm{kin}}}{dt}=e\boldsymbol{E}\boldsymbol{v} \tag{17.7}$$

---

1) これからさき，“運動エネルギー”というとき，静止エネルギーも含めたエネルギー (9.4) を意味する．

を得る．

運動エネルギーの変化の割合は，場が単位時間のあいだに粒子に対してなす仕事である．(17.7) から，この仕事は，速度と，電場が電荷におよぼす力との積に等しいことがわかる．時間 dt のあいだ，すなわち，電荷が $d\boldsymbol{r}$ だけ変位するあいだになされる仕事は，いうまでもなく，$e\boldsymbol{E}d\boldsymbol{r}$ に等しい．

電荷に対して仕事をするのは電場だけであるという事実を強調しておきたい．磁場は，そのなかを運動する電荷に対して仕事をしないのである．これは，磁場が電荷におよぼす力がつねに電荷の速度に垂直であることにもとづくのである．

力学の方程式は，時間の符号の変更，すなわち，未来と過去のいれかえに対して不変である．いいかえれば，力学においては時間の 2 つの方向は同等である．すなわち，時間は等方である．このことの意味は，ある運動が力学の方程式にしたがって可能ならば，系がそれと同じ状態を逆の順序にたどる逆の運動もまた可能であるということである．

相対性理論において，電磁場に対してもこのことが成り立つことをみるのは容易である．しかしこの場合には，t を $-t$ に変えるのに加えて，磁場の符号を逆にしなければならない．実際，たやすくわかるように，運動方程式 (17.5) は

$$t\to -t,\qquad \boldsymbol{E}\to\boldsymbol{E},\qquad \boldsymbol{H}\to -\boldsymbol{H} \tag{17.8}$$

といういれかえによって変化しない．

(17.3) および (17.4) によれば，この置換はスカラー・ポテンシャルを変化させないが，ベクトル・ポテンシャルの符号は変える：

$$\phi\to\phi,\qquad \boldsymbol{A}\to -\boldsymbol{A}. \tag{17.9}$$

このように，電磁場のなかで，ある運動が可能ならば，$\boldsymbol{H}$ の方向が逆になった場のなかで，それと逆の運動が可能である．

問　題

粒子の加速度を，その速度，および電場と磁場の強さによって表わせ．

解　運動方程式 (17.5) で $\boldsymbol{p}=\boldsymbol{v}\mathscr{E}_{\mathrm{kin}}/c^2$ とおき，$d\mathscr{E}_{\mathrm{kin}}/dt$ に対して (17.7) を使うと

$$\dot{\boldsymbol{v}}=\frac{e}{m}\sqrt{1-\frac{v^2}{c^2}}\left\{\boldsymbol{E}+\frac{1}{c}\boldsymbol{v}\times\boldsymbol{H}-\frac{1}{c^2}\boldsymbol{v}(\boldsymbol{v}\boldsymbol{E})\right\}$$

が得られる．

§ 18.　ゲージ不変性

ポテンシャルはどの程度まで一意的に定まるものか考えてみよう．まず注意しなければならないのは，場は，そのなかにおかれた電荷の運動に対してそれがおよぼす効果によって特徴づけられるということである．ところが，運動方程式 (17.5) に現われるのはポテ

ンシャルでなく，場の強さ $\boldsymbol{E}$ と $\boldsymbol{H}$ である．したがって，2つの場は，同じベクトル $\boldsymbol{E}$ と $\boldsymbol{H}$ によって特徴づけられるならば，物理的に同一である．

ポテンシャル $\boldsymbol{A}$ と ϕ とが与えられれば，これらは (17.3) および (17.4) によって場 $\boldsymbol{E}, \boldsymbol{H}$ を一意的に定める．しかしながら，同一の場に対していくつもの異なったポテンシャルが対応しうる．それを示すために，ポテンシャルの各成分 A_k に $-\partial f/\partial x^k$ という量を加える．ここに，f は座標と時間の任意の関数である．そうするとポテンシャル A_k は

$$A_k' = A_k - \frac{\partial f}{\partial x^k} \tag{18.1}$$

となる．その結果，作用積分 (16.1) には

$$\frac{e}{c}\frac{\partial f}{\partial x^k}dx^k = d\left(\frac{e}{c}f\right) \tag{18.2}$$

という全微分の付加項が現われるが，これは運動方程式には影響がない（第1巻『力学』§2をみよ）．

4元ポテンシャルのかわりにスカラーおよびベクトル・ポテンシャルを，x^i のかわりに座標 ct, x, y, z を使うと，(18.1) の4つの式は

$$\boldsymbol{A}' = \boldsymbol{A} + \operatorname{grad} f, \qquad \phi' = \phi - \frac{1}{c}\frac{\partial f}{\partial t} \tag{18.3}$$

の形に書くことができる．(17.3), (17.4) からきまる電場および磁場が，$\boldsymbol{A}, \phi$ を (18.3) で定義される $\boldsymbol{A}', \phi'$ におきかえても実際変化しないことは，容易に検算してみることができる．このようにポテンシャルの変換(18.1) は場を変化させない．したがって，ポテンシャルは一意的に定まらない．ベクトル・ポテンシャルは任意の関数のグラジエントの範囲で，スカラー・ポテンシャルは同じ関数の時間導関数の範囲でしかきまらないのである．

とくに，任意の定数ベクトルをベクトル・ポテンシャルに，また任意の定数をスカラー・ポテンシャルに加えることができる．このことは，$\boldsymbol{E}$ と $\boldsymbol{H}$ の定義が $\boldsymbol{A}$ と ϕ の導関数のみを含み，したがって，後者に定数を加えても影響がないということからも，ただちに明らかである．

ポテンシャルの変換 (18.3) に対して不変な量だけが物理的な意味をもつ．とくに，すべての方程式はこの変換に対して不変でなければならない．この不変性を**ゲージ**あるいは**グラジエント不変性**（ドイツ語で Eichinvarianz, 英語で gauge invariance）という[1]．

ポテンシャルがこのように一意的でないことは，任意の付加条件をみたすようにポテンシャルを定めることを可能にする．(18.3) の f を任意に選ぶことができるのだから，われわれが勝手におくことのできる条件は1つであるということを強調しておこう．とくに

1) このことは，(18.2) で使った e が定数という仮定と関係していることを強調しておこう．このように，電気力学の方程式のゲージ不変性と電荷の保存とはたがいに密接に関連しているのである．

スカラー・ポテンシャルϕが0になるように場のポテンシャルを選ぶことはつねに可能である．しかし，ベクトル・ポテンシャルをゼロにすることは一般に不可能である，なぜなら，条件 $\boldsymbol{A}=0$ は3つの付加条件（$\boldsymbol{A}$ の3つの成分に対して）を表わすから．

§ 19. 不変な電磁場

不変な電磁場とは，時間に依存しない場を意味するものとする．明らかに，不変な場のポテンシャルは，それらが座標だけの関数で時間にはよらないように選ぶことができる．不変な磁場は，前と同じく $\boldsymbol{H}=\mathrm{rot}\,\boldsymbol{A}$ である．不変な電場は

$$\boldsymbol{E}=-\mathrm{grad}\,\phi \qquad (19.1)$$

に等しい．このように，不変な電場はスカラー・ポテンシャルだけで定まり，不変な磁場はベクトル・ポテンシャルだけできまる．

われわれは前節で，ポテンシャルは一意的に定まらないことをみた．しかしながら，不変な電磁場を時間によらないポテンシャルで記述するならば，場を変えないでスカラー・ポテンシャルに加えることができるのは任意の定数（座標にも時間にもよらない）だけであることは容易になっとくできる．ふつうϕに対しては，それが空間のある特定の点できまった値をもつという要求をおく．ϕは，無限遠でゼロとなるよう選ばれることがもっとも多い．そうすると，いまいった任意定数が定まり，不変な場のスカラー・ポテンシャルは一意的にきまる．

他方，ベクトル・ポテンシャルは，不変な電磁場に対しても，まえと同じく一意的にきまらない．すなわち，座標の任意の関数のグラジエントをそれに加えることができる．

さて，不変な電磁場のなかの電荷のエネルギーを求めよう．場が不変ならば，電荷に対するラグランジアンもあらわには時間に依存しない．われわれが知っているように，このときにはエネルギーが保存され，ハミルトニアンに一致する．

(16.6) によって

$$\mathscr{E}=\frac{mc^2}{\sqrt{1-\frac{v^2}{c^2}}}+e\phi. \qquad (19.2)$$

このように，場が存在することは，粒子のエネルギーに $e\phi$ という項，すなわち，場のなかの電荷の位置エネルギーを付加する．エネルギーはスカラー・ポテンシャルにのみ依存し，ベクトル・ポテンシャルにはよらないという重要な事実に注目しよう．いいかえると，磁場は電荷のエネルギーに影響しないということを意味する．電場だけが，粒子のエネルギーを変化させることができるのである．このことは，電場と違って磁場は，電荷に対して仕事をしないということに関連している．

場の強さが空間のすべての点で同じとき，その場は**一様**であるといわれる．一様な電場

のスカラー・ポテンシャルは，

$$\phi=-\boldsymbol{E}\boldsymbol{r} \tag{19.3}$$

によって場の強さで表わされる．実際 $\boldsymbol{E}$ が定数であるから，$\mathrm{grad}(\boldsymbol{E}\boldsymbol{r})=(\boldsymbol{E}\nabla)\boldsymbol{r}=\boldsymbol{E}$ である．

つぎに，一様な磁場のベクトルポテンシャルを，場の強さ $\boldsymbol{H}$ で表わそう．ポテンシャル $\boldsymbol{A}$ が

$$\boldsymbol{A}=\frac{1}{2}\boldsymbol{H}\times\boldsymbol{r} \tag{19.4}$$

と書けることはたやすく証明される．実際，$\boldsymbol{H}=$一定であるから，ベクトル解析のよく知られた公式を使って

$$\mathrm{rot}(\boldsymbol{H}\times\boldsymbol{r})=\boldsymbol{H}\,\mathrm{div}\,\boldsymbol{r}-(\boldsymbol{H}\nabla)\boldsymbol{r}=2\boldsymbol{H}$$

である（$\mathrm{div}\,\boldsymbol{r}=3$ に注意する）．一様な磁場のベクトル・ポテンシャルは，たとえば

$$A_x=-Hy, \qquad A_y=A_z=0 \tag{19.5}$$

という形に選ぶことができる（z 軸を $\boldsymbol{H}$ の方向にとる）．$\boldsymbol{A}$ をこう選べば $\boldsymbol{H}=\mathrm{rot}\,\boldsymbol{A}$ となることは，容易に証明できる．変換公式（18.3）に合致して，ポテンシャル（19.4）と（19.5）とは，ある関数のグラジエントだけ異なっている：(19.5) は（19.4）から，$f=-xyH/2$ として，∇f を加えることによって得られる．

問　題

相対論的力学における，不変な電磁場のなかの粒子のトラジェクトリーに対する変分原理（モーペルチュイの原理）を与えよ．

解　力学で学ぶように，モーペルチュイの原理は，粒子のエネルギーが保存されるならば（不変の場のなかでの運動），そのトラジェクトリーは変分原理

$$\delta\int\boldsymbol{P}d\boldsymbol{r}=0$$

からきまる，という命題で表わされる．ここに，$\boldsymbol{P}$ は，エネルギーと座標の微分とで表わした粒子の一般化運動量で，積分は粒子のトラジェクトリーにそってとる（第1巻『力学』§44をみよ）．$\boldsymbol{P}=\boldsymbol{p}+\frac{e}{c}\boldsymbol{A}$ を代入し，$\boldsymbol{p}$ と $d\boldsymbol{r}$ の方向は一致することに注意すれば

$$\delta\int\left(p\,dl+\frac{e}{c}\boldsymbol{A}d\boldsymbol{r}\right)=0$$

が得られる．ただし，$dl=\sqrt{d\boldsymbol{r}^2}$ は弧の要素である．$p^2+m^2c^2=\left(\frac{\mathscr{E}-e\phi}{c}\right)^2$ から p を求めて代入すれば，結局

$$\delta\int\left\{\sqrt{\left(\frac{\mathscr{E}-e\phi}{c}\right)^2-m^2c^2}\,dl+\frac{e}{c}\boldsymbol{A}d\boldsymbol{r}\right\}=0.$$

§20.　一様な不変の電場のなかの運動

一様な不変の電場 $\boldsymbol{E}$ のなかでの電荷 e の運動を考えよう．場の方向を z 軸にとる．明

らかに，運動は１つの平面のなかでおこなわれる．この平面を xy 面に選ぼう．そうすると，運動方程式 (17.5) は，

$$\dot{p}_x = eE, \qquad \dot{p}_y = 0$$

という形をとる（文字の上の点は，t についての微分を表わす）．したがって

$$p_x = eEt, \qquad p_y = p_0. \tag{20.1}$$

ただし時間の基準点は $p_x=0$ の瞬間にとりそのときの粒子の運動量を p_0 としてある．

粒子の運動エネルギー（場のなかでもつ位置エネルギーを別にしたエネルギー）は，(9.6) から，$\mathscr{E}_{\mathrm{kin}} = c\sqrt{m^2c^2+p^2}$ である．いまの場合に対しては，(20.1) を代入して

$$\mathscr{E}_{\mathrm{kin}} = \sqrt{m^2c^4+c^2p_0^2+(ceEt)^2} = \sqrt{\mathscr{E}_0^2+(ceEt)^2} \tag{20.2}$$

となる．ここで $\mathscr{E}_0$ は $t=0$ でのエネルギーである．

(9.8) によれば，粒子の速度は $\boldsymbol{v} = \boldsymbol{p}c^2/\mathscr{E}_{\mathrm{kin}}$ である．したがって，いまの場合 $v_x = \dot{x}$ として

$$\frac{dx}{dt} = \frac{p_xc^2}{\mathscr{E}_{\mathrm{kin}}} = \frac{c^2eEt}{\sqrt{\mathscr{E}_0^2+(ceEt)^2}}$$

を得る．積分によって

$$x = \frac{1}{eE}\sqrt{\mathscr{E}_0^2+(ceEt)^2} \tag{20.3}$$

が見いだされる（積分定数はゼロに等しいとおいた）[1]．

y を決定する式は

$$\frac{dy}{dt} = \frac{p_yc^2}{\mathscr{E}_{\mathrm{kin}}} = \frac{p_0c^2}{\sqrt{\mathscr{E}_0^2+(ceEt)^2}}$$

である．これから

$$y = \frac{p_0c}{eE}\sinh^{-1}\left(\frac{ceEt}{\mathscr{E}_0}\right). \tag{20.4}$$

この式から t を y によって表わし，それを (20.3) に代入すれば，トラジェクトリーの式が得られる．すなわち

$$x = \frac{\mathscr{E}_0}{eE}\cosh\frac{eEy}{p_0c}. \tag{20.5}$$

このように，一様な電場のなかでは，電荷はカテナリー（懸垂線）を描いて運動する．

粒子の速度が $v \ll c$ ならば，$p_0 = mv_0$，$\mathscr{E}_0 = mc^2$ とおき，(20.5) の $\cosh eEy/p_0c$ を $1/c$ のベキ級数に展開することができる．すると，高次の項を省略して

1) この結果（$p_0=0$ のとき）は，一定の“固有加速度” $w_0 = eE/m$ をもつ相対論的な運動についての問題の解と一致する（§7 の問題をみよ）．いまの場合，この加速度が一定であるということは，電場の方向を向いた速度 $\boldsymbol{V}$ でもってローレンツ変換をおこなっても電場が変化しないことに関係している（§24 をみよ）．

$$x=\frac{eE}{2mv_0^2}y^2+\text{const}$$

を得る．すなわち，電荷は放物線にそって動くという，古典力学でよく知られた結果が得られる．

§ 21. 一様な不変の磁場のなかの運動

つぎに，一様な磁場 $\boldsymbol{H}$ のなかでの電荷 e の運動を考えよう．場の方向を z 軸にとる．運動方程式

$$\dot{\boldsymbol{p}}=\frac{e}{c}\boldsymbol{v}\times\boldsymbol{H}$$

を，運動量に（9.8）の値

$$\boldsymbol{p}=\frac{\mathscr{E}\boldsymbol{v}}{c^2}$$

を代入して，別の形に書く．ここに粒子のエネルギー $\mathscr{E}$ は，磁場のなかでは一定である．このようにして，運動方程式は

$$\frac{\mathscr{E}}{c^2}\frac{d\boldsymbol{v}}{dt}=\frac{e}{c}\boldsymbol{v}\times\boldsymbol{H} \tag{21.1}$$

となる．あるいは，成分に分けて書くと

$$\dot{v}_x=\omega v_y,\qquad \dot{v}_y=-\omega v_x,\qquad \dot{v}_z=0 \tag{21.2}$$

である．ここで

$$\omega=\frac{ecH}{\mathscr{E}} \tag{21.3}$$

という記号を導入した．

（21.2）の第2の式に i をかけて第1の式に加えると

$$\frac{d}{dt}(v_x+iv_y)=-i\omega(v_x+iv_y)$$

となる．これから，a を複素定数として

$$v_x+iv_y=ae^{-i\omega t}.$$

a は，v_{0t},α を実数として $a=v_{0t}e^{-i\alpha}$ と書ける．そうすると

$$v_x+iv_y=v_{0t}e^{-i(\omega t+\alpha)}$$

となり，実部と虚部を分けると

$$v_x=v_{0t}\cos(\omega t+\alpha),\qquad v_y=-v_{0t}\sin(\omega t+\alpha) \tag{21.4}$$

が得られる．定数 v_{0t} と α とは初期条件によってきまる．α はじめの位相であり，v_{0t} については（21.4）から

$$v_{0t}=\sqrt{v_x^2+v_y^2}$$

すなわち，v_{0t} は粒子の xy 面内での速度の大きさで，運動のあいだじゅう一定である．

(21.4) をもう一度積分することによって

$$x=x_0+r\sin(\omega t+\alpha),\qquad y=y_0+r\cos(\omega t+\alpha) \tag{21.5}$$

が見いだされる．ただし

$$r=\frac{v_{0t}}{\omega}=\frac{v_{0t}\mathscr{E}}{ecH}=\frac{cp_t}{eH} \tag{21.6}$$

である（p_t は運動量の xy 面への射影）．(21.2) の第3の式から $v_z=v_{0z}$ となり

$$z=z_0+v_{0z}t. \tag{21.7}$$

(21.5) および (21.7) から明らかなように，電荷は一様な磁場のなかでらせんを描いて運動する．そのらせんの軸は磁場の方向に一致しその半径 r は (21.6) で与えられる．粒子の速度の大きさは一定である．$v_{0z}=0$，すなわち，電荷が場の方向の速度成分をもたない特別の場合には，電荷は場に垂直な面のなかの円周上を動く．

ω という量は，うえの式からわかるように，場の垂直な面のなかでの粒子の回転運動の角振動数である．

粒子の速度が小さければ，近似的に $\mathscr{E}=mc^2$ とおくことができる．すると，振動数は

$$\omega=\frac{eH}{mc} \tag{21.8}$$

となる．いま，磁場が一様なまま，ゆっくりとその大きさと方向とが変化するとしよう．このとき荷電粒子の運動がどう変化するかを明らかにしよう．

よく知られているように，運動の条件がゆっくり変化するとき，断熱不変量として知られる量は不変のままである．磁場に垂直な面のなかでの運動は周期的であるから，1つの断熱不変量は，運動の全周期，われわれの場合なら円周にわたってとった積分

$$I=\frac{1}{2\pi}\oint \boldsymbol{P}_t d\boldsymbol{r}$$

である（$\boldsymbol{P}_t$ は一般化運動量のこの面上への射影）[1]．$\boldsymbol{P}_t=\boldsymbol{p}_t+\frac{e}{c}\boldsymbol{A}$ を代入して

$$I=\frac{1}{2\pi}\oint \boldsymbol{p}_t d\boldsymbol{r}+\frac{e}{2\pi c}\oint \boldsymbol{A}d\boldsymbol{r}$$

を得る．

---

1) 第1巻『力学』§49を参照．一般に，与えられた座標 q の変化の周期についてとった積分 $\oint pdq$ が断熱不変量である．いま考えている場合には，$\boldsymbol{H}$ に直交する平面内の2つの座標の周期は同じであり，上に与えた積分 I は，2つの対応する断熱不変量の和を表わす．しかし，これら2つの積分のおのおのを1つだけとっても，それは独立な意味をもたない．というのは，それらは一意的でない場のベクトル・ポテンシャルの選択に依存するからである．このことから生じる断熱不変量の任意性は，磁場が全空間で一様だとみなしても，$\boldsymbol{H}$ の変化によって生じる電場をきめることは原理的にできないという事実を反映している．それは実際，無限遠における具体的な境界条件に依存するのである．

第1の項では，$\boldsymbol{p}_t$ が大きさ一定で $d\boldsymbol{r}$ の方向を向くことに注意し，第2の項にはストークスの定理を適用すると[1]

$$I=rp_t-\frac{e}{2c}Hr^2=\frac{cp_t^2}{2eH} \tag{21.9}$$

を得る．これから，H が変化するとき，接線方向の運動量 p_t は $\sqrt{H}$ に比例して変化することがわかる．

この結果は，もう1つの場合，つまり不変だが完全に一様ではない（粒子の軌道の半径くらいの距離ではわずかしか変化しない）場のなかを粒子が運動する場合に近似的に適用することができる．このような準一様な場のなかの運動においては，円形軌道が時間の経過とともに移動し，その移動する軌道に関してみれば，場はあたかも一様なまま時間的に変化する．このとき，運動量の（場の方向に対して）横成分は，C を定数，H を座標の与えられた関数として，$p_t=\sqrt{CH}$ という法則にしたがって変化する．他方，すべて不変な磁場のなかの運動においては，粒子のエネルギー（そしてそれとともにその運動量の2乗 p^2）は不変である．したがって運動量の縦成分に対して

$$p_l^2=p^2-p_t^2=p^2-CH(x,y,z) \tag{21.10}$$

を得る．つねに $p_l^2\geqq 0$ であるから，ある空間領域（すなわちそこで $CH>p^2$ であるような領域）への粒子の侵入は不可能なことが示される．磁場の増大する方向へ運動するとき，らせん軌道の半径は，p_t/H に比例して（すなわち $1/\sqrt{H}$ に比例して）減少し，またそのピッチは，p_l に比例して減少する．p_l がゼロになる限界に達すると，粒子はそこから反射する．すなわち同じ方向に回転をつづけながら，粒子は場のグラジエントの反対方向へ運動する．

場が一様でないときもう1つの現象，すなわち，粒子のらせん軌道の案内中心（guiding center）（この問題では円軌道の中心をこのように呼ぶ）がゆっくり横方向に**移動**（drift）する現象が生じる．この問題は，つぎの節の問題3にゆだねることにする．

問　　題

一様な不変の磁場のなかにおかれた荷電空間振動子の振動数を求めよ．この振動子の固有振動数（場のないときの振動数）を ω_0 とする．

解　磁場（z 軸の方向を向いた）のなかの振動子の強制振動の方程式は

$$\ddot{x}+\omega_0^2x=\frac{eH}{mc}\dot{y},\qquad \ddot{y}+\omega_0^2y=-\frac{eH}{mc}\dot{x},\qquad \ddot{z}+\omega_0^2z=0$$

である．第2の式に i をかけて第1の式に加え，$\xi=x+iy$ とおけば

1)　$\boldsymbol{H}$ の方向が与えられたとき運動する電荷が軌道を周る向きをたどると，$\boldsymbol{H}$ にそって見たときそれが時計の針と反対方向に動くことがわかる．このことから第2項の符号は負となる．

$$\ddot{\xi}+\omega_0^2\xi=-i\frac{eH}{mc}\dot{\xi}$$

となる．これから，場に垂直な平面内での振動数は

$$\omega=\sqrt{\omega_0^2+\frac{1}{4}\left(\frac{eH}{mc}\right)^2}\pm\frac{eH}{2mc}$$

であることが見いだされる．場Hが弱ければ，この式は

$$\omega=\omega_0\pm\frac{eH}{2mc}$$

となる．場の方向にそっての振動は場のないときと変わらない．

§ 22.　一様な不変の電場および磁場のなかの電荷の運動

最後に，一様で不変な電場と磁場の両方が存在するときの電荷の運動を考察しよう．電荷の速度が小さく $v\ll c$，したがって運動量が $\boldsymbol{p}=m\boldsymbol{v}$ であるような場合に限定する．のちにみるように，このためには，電場が磁場にくらべて小さくなければならない．

$\boldsymbol{H}$ の方向を z 軸にとり，$\boldsymbol{H}$ と $\boldsymbol{E}$ を含む面を yz 面に選ぶ．すると運動方程式

$$m\dot{\boldsymbol{v}}=e\boldsymbol{E}+\frac{e}{c}\boldsymbol{v}\times\boldsymbol{H}$$

は

$$m\ddot{x}=\frac{e}{c}\dot{y}H,\qquad m\ddot{y}=eE_y-\frac{e}{c}\dot{x}H,\qquad m\ddot{z}=eE_z \tag{22.1}$$

の形に書ける．第3の式から，z 方向には電荷は一定の加速度で運動することがわかる．すなわち

$$z=\frac{eE_z}{2m}t^2+v_{0z}t. \tag{22.2}$$

(22.1) の第2の式に i をかけ，第1の式と組み合わせると

$$\frac{d}{dt}(\dot{x}+i\dot{y})+i\omega(\dot{x}+i\dot{y})=i\frac{e}{m}E_y$$

が見いだされる ($\omega=eH/mc$)．$\dot{x}+i\dot{y}$ を未知関数とみなしたとき，この方程式の積分は，この式で右辺がないときの積分と，右辺があるときの特殊解との和で与えられる．前者は $ae^{-i\omega t}$，後者は $eE_y/m\omega=cE_y/H$ であるから

$$\dot{x}+i\dot{y}=ae^{-i\omega t}+\frac{cE_y}{H}.$$

定数 a は一般に複素数である．実の b と α を使ってそれを $a=be^{i\alpha}$ と書けば，a には $e^{-i\omega t}$ がかかるから，時間の原点を適当に選んで，位相 α に任意の値を与えることができる．そこで，a が実になるように α を選ぶ．すると，$\dot{x}+i\dot{y}$ を実部と虚部に分けて

$$\dot{x}=a\cos\omega t+\frac{cE_y}{H},\qquad \dot{y}=-a\sin\omega t \tag{22.3}$$

が得られる．$t=0$ では，速度は x 軸の方向を向く．粒子の速度は時間の周期関数であることがわかる．速度の平均値は，

$$\bar{\dot{x}}=\frac{cE_y}{H}, \qquad \bar{\dot{y}}=0$$

に等しい．電場と磁場が交差するとき，そのなかの電荷の運動の平均速度は，しばしば電気的な移動速度とよばれる．その方向は両方の場に直交し，電荷の符号によらない．ベクトル形では，この速度は

$$\bar{\boldsymbol{v}}=\frac{c\boldsymbol{E}\times\boldsymbol{H}}{H^2} \tag{22.4}$$

と書くことができる．

この節のすべての式は，粒子の速度が光速度にくらべて小さいことを仮定している．この仮定が成り立つためには，とくに電場と磁場が条件

$$\frac{E_y}{H}\ll 1 \tag{22.5}$$

をみたす必要があることがわかる．しかし，E_y と H の絶対値は任意であってよい．

方程式（22.3）をもう一度積分して，$t=0$ で $x=y=0$ となるように積分定数を選べば

$$x=\frac{a}{\omega}\sin\omega t+\frac{cE_y}{H}t\,; \qquad y=\frac{a}{\omega}(\cos\omega t-1). \tag{22.6}$$

が得られる．

曲線のパラメター表示とみれば，これらの式はトロコイドを与える．a が絶対値において cE_y/H より大きいか，小さいかにしたがって，トラジェクトリーの xy 面への射影はそれぞれ図6a)，6b) に示すような形となる．

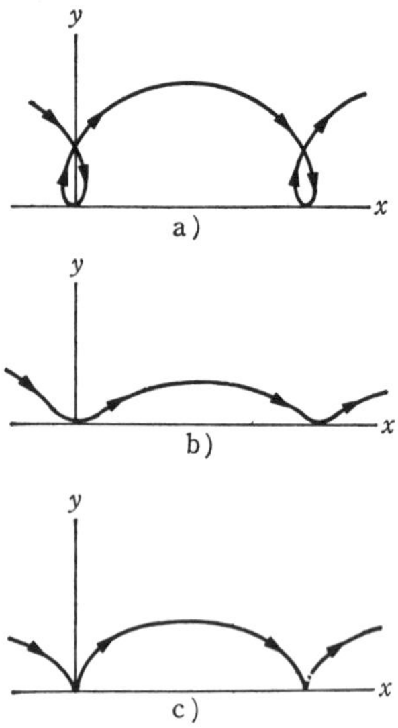

図　6

$a=-cE_y/H$ ならば，(22.6) は

$$x=\frac{cE_y}{\omega H}(\omega t-\sin\omega t), \qquad y=\frac{cE_y}{\omega H}(1-\cos\omega t) \tag{22.7}$$

となる．すなわち，トラジェクトリーの xy 面への射影はサイクロイドである（図6c)．

問　題

1.　たがいに平行な一様な電場と磁場のなかの電荷の相対論的な運動を求めよ．

解　磁場は $\boldsymbol{E}$ と $\boldsymbol{H}$ との共通の方向（z 軸）にそう運動に影響を与えない．したがって，

その方向の運動はただ電場だけの作用の下にある．だから§20によって

$$z=\frac{\mathscr{E}_{\mathrm{kin}}}{eE}, \qquad \mathscr{E}_{\mathrm{kin}}=\sqrt{\mathscr{E}_0^2+(ceEt)^2}.$$

xy 平面内の運動に対してはつぎの方程式が得られる．

$$\dot{p}_x=\frac{e}{c}Hv_y, \qquad \dot{p}_y=-\frac{e}{c}Hv_x$$

あるいは

$$\frac{d}{dt}(p_x+ip_y)=-i\frac{eH}{c}(v_x+iv_y)=-\frac{ieHc}{\mathscr{E}_{\mathrm{kin}}}(p_x+ip_y).$$

これから

$$p_x+ip_y=p_te^{-i\varphi}$$

が得られる．ここで p_t は運動量の xy 平面への射影の大きさで定数であり，補助的な量 φ は

$$d\varphi=eHc\frac{dt}{\mathscr{E}_{\mathrm{kin}}}$$

という関係によってきめられ，したがって

$$ct=\frac{\mathscr{E}_0}{eE}\sinh\frac{E}{H}\varphi \tag{1}$$

である．さらに

$$p_x+ip_y=p_te^{-i\varphi}=\frac{\mathscr{E}_{\mathrm{kin}}}{c^2}(\dot{x}+i\dot{y})=\frac{eH}{c}\frac{d(x+iy)}{d\varphi}$$

であるから

$$x=\frac{cp_t}{eH}\sin\varphi, \qquad y=\frac{cp_t}{eH}\cos\varphi \tag{2}$$

が求められる．(1)，(2) 式および

$$z=\frac{\mathscr{E}_0}{eE}\cosh\frac{E}{H}\varphi \tag{3}$$

という式は，パラメターの形で粒子の運動を与える．トラジェクトリーは，cp_t/eH の半径と単調増大するピッチをもつらせんであり，粒子はそれにそって減少する角速度 $\dot{\varphi}=eHc/\mathscr{E}_{\mathrm{kin}}$ と，c に漸近する z 軸方向の速度をもって運動する．

2. 大きさが等しくたがいに垂直方向の電場と磁場のなかの電荷の相対論的な運動を求めよ[1]．

解 z 軸を $\boldsymbol{H}$ の方向に，y 軸を $\boldsymbol{E}$ の方向にとり，$E=H$ とすると，運動方程式は

$$\frac{dp_x}{dt}=\frac{e}{c}Ev_y, \qquad \frac{dp_y}{dt}=eE\left(1-\frac{v_x}{c}\right), \qquad \frac{dp_z}{dt}=0$$

となり，これから方程式 (17.7)

$$\frac{d\mathscr{E}_{\mathrm{kin}}}{dt}=eEv_y$$

が得られる．これらの式から

$$p_z=\mathrm{const}, \qquad \mathscr{E}_{\mathrm{kin}}-cp_x=\mathrm{const}\equiv\alpha.$$

---

1) たがいに垂直だが大きさが等しくない場 $\boldsymbol{E}$ および $\boldsymbol{H}$ のなかの運動の問題は，適当な座標変換によって，電場だけ，あるいは磁場だけのなかの運動の問題に帰着する（§25をみよ）．

さらに等式

$$\mathscr{E}_{\mathrm{kin}}^2-c^2p_x^2=(\mathscr{E}_{\mathrm{kin}}+cp_x)(\mathscr{E}_{\mathrm{kin}}-cp_x)=c^2p_y^2+\varepsilon^2$$

（ここで $\varepsilon^2=m^2c^4+c^2p_z^2=\mathrm{const}$）を使うと

$$\mathscr{E}_{\mathrm{kin}}+cp_x=\frac{1}{\alpha}(c^2p_y^2+\varepsilon^2)$$

が得られ，したがって

$$\mathscr{E}_{\mathrm{kin}}=\frac{\alpha}{2}+\frac{c^2p_y^2+\varepsilon^2}{2\alpha},\qquad p_x=-\frac{\alpha}{2c}+\frac{c^2p_y^2+\varepsilon^2}{2\alpha c},$$

さらに

$$\mathscr{E}_{\mathrm{kin}}\frac{dp_y}{dt}=eE\left(\mathscr{E}_{\mathrm{kin}}-\frac{\mathscr{E}_{\mathrm{kin}}v_x}{c}\right)=eE(\mathscr{E}_{\mathrm{kin}}-cp_x)=eE\alpha$$

と書いて，これから

$$2eEt=\left(1+\frac{\varepsilon^2}{\alpha^2}\right)p_y+\frac{c^2}{3\alpha^2}p_y^3. \tag{1}$$

方程式の組

$$\frac{dx}{dt}=\frac{c^2p_x}{\mathscr{E}_{\mathrm{kin}}},\qquad \cdots\cdots$$

の表わすトラジェクトリーを求めるために，$dt=\mathscr{E}_{\mathrm{kin}}\,dp_y/eE\alpha$ によって変数 p_y に移り，そして積分をおこなうとつぎの式が得られる．

$$x=\frac{c}{2eE}\left(-1+\frac{\varepsilon^2}{\alpha^2}\right)p_y+\frac{c^3}{6\alpha^2eE}p_y^3,\qquad y=\frac{c^2}{2\alpha eE}p_y^2,\qquad z=\frac{p_zc^2}{eE\alpha}p_y.$$

(1) と (2) 式はパラメター表示で（パラメター p_y）粒子の運動を完全に与える．$\boldsymbol{E}$ と $\boldsymbol{H}$ に垂直な方向（x 軸）の運動の速度がもっとも早く増大することに注意しよう．

3. 準一様で不変な磁場のなかで荷電粒子が非相対論的な運動をするとき，その案内中心の移動速度を求めよ (H. Alfven, 1940).

解 まず，粒子が円運動をする．すなわち，その速度が縦（場の方向の）成分をもたないと仮定する．粒子の軌道の方程式を，$\boldsymbol{r}=\boldsymbol{R}(t)+\boldsymbol{\zeta}(t)$ という形に書こう．ただし，$\boldsymbol{R}(t)$ は案内中心の動径ベクトルで（ゆっくり変化する時間の関数），$\boldsymbol{\zeta}(t)$ は，早く振動する量で，案内中心のまわりの回転を記述するものとする． 粒子に働く力 $\frac{e}{c}\dot{\boldsymbol{r}}\times\boldsymbol{H}(\boldsymbol{r})$ を振動（円）運動の周期について平均しよう（第1巻『力学』§30をみよ）． ここに現われる関数 $\boldsymbol{H}(\boldsymbol{r})$ を ζ のベキに展開する：

$$\boldsymbol{H}(\boldsymbol{r})=\boldsymbol{H}(\boldsymbol{R})+(\boldsymbol{\zeta}\nabla)\boldsymbol{H}(\boldsymbol{R}).$$

平均をとると，振動量 $\boldsymbol{\zeta}(t)$ について1次の項はゼロになり，2次の項は，補足的な力

$$\boldsymbol{f}=\frac{e}{c}\overline{\dot{\boldsymbol{\zeta}}\times(\boldsymbol{\zeta}\nabla)}\boldsymbol{H}$$

を与える．円運動に対しては，$\boldsymbol{n}$ を $\boldsymbol{H}$ の方向の単位ベクトルとして

$$\dot{\boldsymbol{\zeta}}=\omega\boldsymbol{\zeta}\times\boldsymbol{n},\qquad \zeta=\frac{v_\perp}{\omega}.$$

振動数は $\omega=eH/mc$，$v_\perp$ は円運動における粒子の速度である．（$\boldsymbol{n}$ に垂直な）平面内で回転するベクトル $\boldsymbol{\zeta}$ の成分の積を平均すると，$\delta_{\alpha\beta}$ をこの平面における単位テンソルとして

$$\overline{\zeta_\alpha\zeta_\beta}=\frac{1}{2}\zeta^2\delta_{\alpha\beta}$$

という値になる．結局，

$$\boldsymbol{f}=-\frac{mv_\perp^2}{2H}(\boldsymbol{n}\times\nabla)\times\boldsymbol{H}$$

が得られる．不変な場 $\boldsymbol{H}(\boldsymbol{R})$ のみたす方程式 $\operatorname{div}\boldsymbol{H}=0$，$\operatorname{rot}\boldsymbol{H}=0$ のために，

$$(\boldsymbol{n}\times\nabla)\times\boldsymbol{H}=-\boldsymbol{n}\operatorname{div}\boldsymbol{H}+(\boldsymbol{n}\nabla)\boldsymbol{H}+\boldsymbol{n}\operatorname{rot}\boldsymbol{H}=(\boldsymbol{n}\nabla)\boldsymbol{H}=H(\boldsymbol{n}\nabla)\boldsymbol{n}+\boldsymbol{n}(\boldsymbol{n}\nabla H)$$

となる．われわれが興味をもつのは，軌道の移動を起こす（$\boldsymbol{n}$ に対して）横方向の力である：それは

$$\boldsymbol{f}=-\frac{mv_\perp^2}{2}(\boldsymbol{n}\nabla)\boldsymbol{n}=\frac{mv_\perp^2}{2\rho}\boldsymbol{\nu}$$

に等しい．ただし，ρ は，与えられた点における場の力線の曲率であり，$\boldsymbol{\nu}$ は，曲率中心から与えられた点に向かう方向の単位ベクトルである．

粒子が縦方向（$\boldsymbol{n}$ に平行）の速度 $v_\parallel$ ももつ場合には，各瞬間における力線（案内中心の軌道）の曲率中心のまわりに，角速度 $v_\parallel/\rho$ で回転する基準系に移れば，上の場合に帰着する．この系では粒子は縦方向の速度をもたないが，$\boldsymbol{\nu}mv_\parallel^2/\rho$ に等しい横方向の力，すなわち遠心力が現われる．したがって，横方向の力は全体としてつぎのようになる．

$$\boldsymbol{f}_\perp=\boldsymbol{\nu}\frac{m}{\rho}\left(v_\parallel^2+\frac{v_\perp^2}{2}\right).$$

この力は，強さ $\boldsymbol{f}_\perp/e$ の不変な電場と等価である．(22.4) によって，これは速度

$$\boldsymbol{v}_d=\frac{1}{\omega\rho}\left(v_\parallel^2+\frac{v_\perp^2}{2}\right)\boldsymbol{\nu}\times\boldsymbol{n}$$

での案内中心の移動をもたらす．この速度の符号は，電荷の符号に依存する．

§ 23. 電磁場テンソル

§17 では，3次元的な形に書かれたラグランジアン (16.4) から出発して，場のなかでの粒子の運動方程式を導いた．そこでこんどは，同じ方程式を，4次元的な形に書かれた作用 (16.1) から直接導いてみよう．

最小作用の原理は

$$\delta S=\delta\int_a^b\left(-mcds-\frac{e}{c}A_i dx^i\right)=0 \tag{23.1}$$

を主張する．$ds=\sqrt{dx_i dx^i}$ に注意すれば（積分限界 a, b は簡単のためにはぶく）

$$\delta S=-\int\left(mc\frac{dx_i d\delta x^i}{ds}+\frac{e}{c}A_i d\delta x^i+\frac{e}{c}\delta A_i dx^i\right)=0$$

となる．

被積分関数のなかの最初の2つの項を部分積分し，また第1項で $\dfrac{dx_i}{ds}=u_i$ とおく．u_i は4元速度の成分である．そうすると

$$\int\left(mcdu_i\delta x^i+\frac{e}{c}\delta x^i dA_i-\frac{e}{c}\delta A_i dx^i\right)-\left(mcu_i+\frac{e}{c}A_i\right)\delta x^i\Big|=0. \tag{23.2}$$

積分は両限界を固定して変分されるから，この式の第2項はゼロである．さらに

$$\delta A_i=\frac{\partial A_i}{\partial x^k}\delta x^k, \qquad dA_i=\frac{\partial A_i}{\partial x^k}dx^k$$

である．したがって

$$\int\left(mc\,du_i\delta x^i+\frac{e}{c}\frac{\partial A_i}{\partial x^k}\delta x^i dx^k-\frac{e}{c}\frac{\partial A_i}{\partial x^k}dx^i\delta x^k\right)=0.$$

第1項で $du_i=\dfrac{du_i}{ds}ds$, 第2，第3項で $dx^i=u^i ds$ と書く．さらに，第3項で添字 i と k をいれかえる（添字 i と k について和をとるから，これはなにごとをも変更しない）．そうすると

$$\int\left[mc\frac{du_i}{ds}-\frac{e}{c}\left(\frac{\partial A_k}{\partial x^i}-\frac{\partial A_i}{\partial x^k}\right)u^k\right]\delta x^i ds=0$$

となる．δx^i が任意であることから，被積分関数がゼロでなければならない．すなわち

$$mc\frac{du_i}{ds}-\frac{e}{c}\left(\frac{\partial A_k}{\partial x^i}-\frac{\partial A_i}{\partial x^k}\right)u^k=0$$

そこで

$$F_{ik}=\frac{\partial A_k}{\partial x^i}-\frac{\partial A_i}{\partial x^k} \tag{23.3}$$

という記号を導入する．この反対称テンソルは**電磁場テンソル**とよばれる．そうすると運動方程式（23.3）は

$$mc\frac{du^i}{ds}=\frac{e}{c}F^{ik}u_k \tag{23.4}$$

となる．これが，電磁場のなかの電荷の4次元的な形の運動方程式である．

テンソル F_{ik} の個々の成分の意味は，定義（23.3）に $A_i=(\phi,-\boldsymbol{A})$ を代入すれば，容易にわかる．添字 $i=0,1,2,3$ は行，k は列を番号づけるものとして，結果を行列の形に書くことができる：

$$F_{ik}=\begin{pmatrix}0 & E_x & E_y & E_z\\ -E_x & 0 & -H_z & H_y\\ -E_y & H_z & 0 & -H_x\\ -E_z & -H_y & H_x & 0\end{pmatrix},$$

$$F^{ik}=\begin{pmatrix}0 & -E_x & -E_y & -E_z\\ E_x & 0 & -H_z & H_y\\ E_y & H_z & 0 & -H_x\\ E_z & -H_y & H_x & 0\end{pmatrix}. \tag{23.5}$$

さらに簡単に

$$F_{ik}=(\boldsymbol{E},\boldsymbol{H}), \qquad F^{ik}=(-\boldsymbol{E},\boldsymbol{H})$$

と書くことができる（§6をみよ）．

このように，電場および磁場の強さの成分は，電磁場に対する単一の4元テンソルの成

分なのである．

3次元形式に移れば，(23.4) 式の3つの空間成分 ($i=1,2,3$) は，ベクトルの運動方程式(17.5) に，時間成分 ($i=0$) は，仕事の式 (17.7) に同一であることは容易に示される．後者は，運動方程式の帰結である．4つの式 (23.4) のうち3つだけが独立であることは，また (23.4) の両辺に u^i をかければ，ただちに示すことができる．そうすると，左辺は，4元ベクトル u^i と du_i/ds の直交性から，右辺は，テンソル F_{ik} の反対称性からゼロに等しい．

δS の変分を考えるとき，可能なトラジェクトリーだけを許すことにすれば，(23.2) の最初の項は恒等的にゼロである．そのとき，第2項は，どちらか一方の限界が変動するとして作用を座標の関数とみたとき，その微分を与える．すなわち

$$\delta S=-\left(mcu_i+\frac{e}{c}A_i\right)\delta x^i. \tag{23.6}$$

したがって

$$-\frac{\partial S}{\partial x^i}=mcu_i+\frac{e}{c}A_i=p_i+\frac{e}{c}A_i. \tag{23.7}$$

4元ベクトル $-\partial S/\partial x^i$ は，一般化運動量の4元ベクトル P_i である．p_i および A_i の成分を代入すると

$$P^i=\left(\frac{\mathscr{E}_{\mathrm{kin}}+e\phi}{c},\ \boldsymbol{p}+\frac{e}{c}\boldsymbol{A}\right) \tag{23.8}$$

となる．当然のことだが，4元ベクトル P_i の空間成分は一般化運動量 (16.5) の3次元ベクトル，そして時間成分は $\mathscr{E}/c$ となる．$\mathscr{E}$ は場のなかの電荷の全エネルギーである．

§ 24.　場のローレンツ変換

この節では，場に対する変換公式，すなわち，ある慣性基準系での場を知って，他の慣性系でのその同じ場を求めるための公式を見いだすことにする．

ポテンシャルの変換公式は，4元ベクトルの変換公式 (6.1) からただちに得られる．$A^i=(\phi,\boldsymbol{A})$ であることを思いだせば，容易に

$$\phi=\frac{\phi'+\frac{V}{c}A_x'}{\sqrt{1-\frac{V^2}{c^2}}},\qquad A_x=\frac{A_x'+\frac{V}{c}\phi'}{\sqrt{1-\frac{V^2}{c^2}}},\qquad A_y=A_y',\qquad A_z=A_z' \tag{24.1}$$

が得られる．

2階の反対称4元テンソル (テンソル F^{ik} がそうである) の変換公式は，§6の問題 2 でわかっている．成分 F^{23} と F^{01} は変換で変化しない．成分 F^{02}, F^{03} および F^{12}, F^{13} は，x^0 および x^1 と同様に変換する．テンソル F^{ik} の成分を場 $\boldsymbol{E}$ および $\boldsymbol{H}$ の成分で (23.5)

にしたがって表わすと，電場に対して変換公式

$$E_x=E'_x,\qquad E_y=\frac{E'_y+\dfrac{V}{c}H'_z}{\sqrt{1-\dfrac{V^2}{c^2}}},\qquad E_z=\frac{E'_z-\dfrac{V}{c}H'_y}{\sqrt{1-\dfrac{V^2}{c^2}}}\tag{24.2}$$

そして，磁場に対しては

$$H_x=H'_x,\qquad H_y=\frac{H'_y-\dfrac{V}{c}E'_z}{\sqrt{1-\dfrac{V^2}{c^2}}},\qquad H_z=\frac{H'_z+\dfrac{V}{c}E'_y}{\sqrt{1-\dfrac{V^2}{c^2}}}\tag{24.3}$$

が見いだされる．

このように，電場および磁場も，大多数の物理量と同じく相対的である：すなわち，それらは，基準系が異なれば異なった性格をもつのである．とくに，電場または磁場がある基準系ではゼロであり，同時に他の系では存在するということが可能である．

$V\ll c$ の場合には (24.2),(24.3) 式はいちじるしく簡単になる．V/c の次数までとると

$$E_x=E'_x,\qquad E_y=E'_y+\frac{V}{c}H'_z,\qquad E_z=E'_z-\frac{V}{c}H'_y,$$

$$H_x=H'_x,\qquad H_y=H'_y-\frac{V}{c}E'_z,\qquad H_z=H'_z+\frac{V}{c}E'_y$$

となる．これらの式はベクトル形式に書くことができる．

$$\boldsymbol{E}=\boldsymbol{E}'+\frac{1}{c}\boldsymbol{H}'\times\boldsymbol{V},\qquad \boldsymbol{H}=\boldsymbol{H}'-\frac{1}{c}\boldsymbol{E}'\times\boldsymbol{V}.\tag{24.4}$$

K' から K への逆の変換に対する式は，V の符号を逆にすれば (24.2)～(24.4) からただちに得られる．

K' 系で磁場 $\boldsymbol{H}'=0$ ならば，(24.2) と (24.3) にもとづいて容易に証明できるように K系の電場と磁場のあいだにつぎの関係が成り立つ：

$$\boldsymbol{H}=\frac{1}{c}\boldsymbol{V}\times\boldsymbol{E}.\tag{24.5}$$

K' 系で $\boldsymbol{E}'=0$ ならば，K 系では

$$\boldsymbol{E}=-\frac{1}{c}\boldsymbol{V}\times\boldsymbol{H}\tag{24.6}$$

である．したがって，いずれの場合にもK系では磁場と電場とはたがいに垂直である．

これらの式はもちろん逆の意味ももっている：もしある基準系 K において場 $\boldsymbol{E}$ と $\boldsymbol{H}$ がたがいに垂直であれば（しかし大きさは等しくない），ある基準系 K' があって，それにおいては場は，純粋に電気的かあるいは磁気的である．この系の（K に対する）速度 $\boldsymbol{V}$ は $\boldsymbol{E}$ および $\boldsymbol{H}$ に垂直であり，その大きさは第1の場合は cH/E に等しく（このとき $H<E$ でなければならない），第2の場合には cE/H に等しい（このときは $E<H$)．

§ 25. 場の不変量

1つの基準系から他へ変換したとき変化しない不変量を電場と磁場の強さからつくることができる．これらの不変量は，反対称4元テンソル F^{ik} による場の4次元表現からたやすく求められる．明らかに，このテンソルの成分からつぎの不変量がつくられる：

$$F_{ik}F^{ik}=\text{inv.} \tag{25.1}$$

$$e^{iklm}F_{ik}F_{lm}=\text{inv.} \tag{25.2}$$

ただし，e^{iklm} は，完全反対称な単位テンソルである（§6をみよ）．これらのうち前者は真のスカラー，後者は擬スカラー（テンソル F^{ik} とそれの対偶との積）である[1]．

F^{ik} の成分を（23.5）にしたがって $\boldsymbol{E}$ と $\boldsymbol{H}$ の成分で表わすと，3次元形ではこれらの不変量が

$$H^2-E^2=\text{inv}, \tag{25.3}$$

$$\boldsymbol{EH}=\text{inv} \tag{25.4}$$

という形になることはすぐわかる．後者の擬スカラー性は，それが極性ベクトル $\boldsymbol{E}$ と軸性ベクトル $\boldsymbol{H}$ の積であることから明らかである（2乗 $(\boldsymbol{EH})^2$ は真のスカラーである）．

いま示した2つの表現の不変性から，つぎの定理が得られる．ある基準系で，電場と磁場とがたがいに垂直であれば，すなわち，$\boldsymbol{EH}=0$ ならば，それらは他のすべての基準系においても，たがいに垂直である．ある基準系で $\boldsymbol{E}$ と $\boldsymbol{H}$ の絶対値が等しければ，他の任意の基準系においてもやはりそうである．

つぎの不等式が成り立つことも明らかである．ある基準系で $E>H$（あるいは $H>E$）ならば，他のすべての基準系で $E>H$（あるいは $H>E$）である．ある基準系でベクトル $\boldsymbol{E}$ と $\boldsymbol{H}$ とが鋭角（鈍角）をなすならば，他のすべての基準系でも，それらは鋭角（鈍角）をなす．

ローレンツ変換を利用すれば，E^2-H^2 および $\boldsymbol{EH}$ が一定の値をもつという条件だけをみたす任意の値を $\boldsymbol{E}$ および $\boldsymbol{H}$ に与えることができる．とくに，与えられた点で電場と磁場とが平行になるような慣性系をつねに見いだすことができる．この系では $\boldsymbol{EH}=EH$ であるから，2つの方程式

$$E^2-H^2=E_0^2-H_0^2, \qquad EH=\boldsymbol{E}_0\boldsymbol{H}_0$$

から，この基準系での $\boldsymbol{E}$ と $\boldsymbol{H}$ の値を見いだすことができる（$\boldsymbol{E}_0$, $\boldsymbol{H}_0$ は，はじめの基準系における電場と磁場である）．

1） 擬スカラー（25.2）は，4元発散

$$e^{iklm}F_{ik}F_{lm}=4\frac{\partial}{\partial x^i}\left(e^{iklm}A_k\frac{\partial}{\partial x^l}A_m\right)$$

の形に書くことができることに注意しよう．e^{iklm} の反対称性を考えると，このことは容易に納得できる．

2つの不変量がともにゼロである場合は除く．このときには，すべての基準系において，$\boldsymbol{E}$ と $\boldsymbol{H}$ とは大きさ等しく，たがいに垂直である．

単に $\boldsymbol{EH}=0$ ならば，$\boldsymbol{E}=0$ あるいは $\boldsymbol{H}=0$ ($E^2-H^2<0$ あるいは >0 にしたがって)となるような，すなわち，純粋の磁場または電場になるような基準系を見いだすことがいつでも可能である．逆に，ある基準系で $\boldsymbol{E}=0$ または $\boldsymbol{H}=0$ ならば，それは他のすべての系でたがいに垂直である．

反対称4元テンソルの不変量の問題を取り扱うもう1つの方法について述べよう．この方法は，2つの独立な不変量，(25.3) と (25.4) の一意性を明白にし，同時に4元テンソルに適用したときのローレンツ変換の数学的性質について若干の教訓を与えてくれる．

複素ベクトル

$$\boldsymbol{F}=\boldsymbol{E}+i\boldsymbol{H} \tag{25.5}$$

を考えよう．

公式 (24.2) と (24.3) を使えば，このベクトルの (x 軸にそう) ローレンツ変換は，

$$F_x=F'_x,\qquad F_y=F'_y\cosh\phi-iF'_z\sinh\phi=F'_y\cos i\phi-F'_z\sin i\phi,$$

$$F_z=F'_z\cos i\phi+F'_y\sin i\phi,\qquad \tanh\phi=\frac{V}{c} \tag{25.6}$$

という形になることは容易にわかる．4次元空間のなかの xt 平面内のベクトル $\boldsymbol{F}$ の回転(いま考えているローレンツ変換)は，3次元空間のなかの yz 平面内の虚数の角度の回転に等価であることがわかる．4次元空間における可能なすべての回転の総体 (x, y, z 軸の単なる回転も含めて) は，3次元空間における複素数の角度の可能なすべての回転の総体と等価である (4次元空間における回転の6つの角度は，3次元系の回転の3つの複素数の角度に対応する)．

回転に対するベクトルのただ1つの不変量は，その2乗 $\boldsymbol{F}^2=E^2-H^2+2i\boldsymbol{EH}$ である．したがって，実数 E^2-H^2 と $\boldsymbol{EH}$ だけが，テンソル F_{ik} の不変量である．

もし $\boldsymbol{F}^2\neq0$ であれば，$\boldsymbol{n}$ を単位複素ベクトル ($\boldsymbol{n}^2=1$) として，$\boldsymbol{F}=a\boldsymbol{n}$ という形に書くことができる．適当な回転によって $\boldsymbol{n}$ を1つの軸の方向にとることができる．そうすると，明らかに $\boldsymbol{n}$ は実であり，それだけで2つのベクトル $\boldsymbol{E}$ と $\boldsymbol{H}$ の方向を定める：$\boldsymbol{F}=(E+iH)\boldsymbol{n}$．いいかえると，ベクトル $\boldsymbol{E}$ と $\boldsymbol{H}$ とはたがいに平行である．

問　　題

電場と磁場とが平行になるような基準系の速度を求めよ．

解　要求される条件をみたす基準系 K' は無数に存在する．そのような系を1つ見いだせば，それに対して $\boldsymbol{E}$ と $\boldsymbol{H}$ の共通方向に運動する他の任意の系も同じ性質をもつ．したがって，両方の場に垂直な速度をもつ基準系を1つ見いだせば十分である．速度の方向を

x 軸にとり，K' 系では $E'_x=H'_x=0$，$E'_y H'_z-E'_z H'_y=0$ であることを使えば，公式（24.2）および（24.6）のたすけをかりて，K' 系のもとの系に対する速度がつぎのように求められる：

$$\frac{\dfrac{\boldsymbol{V}}{c}}{1+\dfrac{V^2}{c^2}}=\frac{\boldsymbol{E}\times\boldsymbol{H}}{E^2+H^2}$$

（2次方程式の根は，$V<c$ となるもののほうをとらねばならない）．

第4章　場の方程式

§ 26.　マクスウェル方程式の第1の組

表式

$$\boldsymbol{H}=\operatorname{rot}\boldsymbol{A},\qquad \boldsymbol{E}=-\frac{1}{c}\frac{\partial \boldsymbol{A}}{\partial t}-\operatorname{grad}\phi$$

から，これらの場に対する方程式，つまり $\boldsymbol{E}$ と $\boldsymbol{H}$ とだけを含む関係がたやすく求められる．そのために $\operatorname{rot}\boldsymbol{E}$ を求める：

$$\operatorname{rot}\boldsymbol{E}=-\frac{1}{c}\frac{\partial}{\partial t}\operatorname{rot}\boldsymbol{A}-\operatorname{rot}\operatorname{grad}\phi.$$

ところが，すべてグラジェントの回転はゼロである．ゆえに

$$\operatorname{rot}\boldsymbol{E}=-\frac{1}{c}\frac{\partial \boldsymbol{H}}{\partial t}. \tag{26.1}$$

方程式 $\operatorname{rot}\boldsymbol{A}=\boldsymbol{H}$ の両辺の発散をとり，$\operatorname{div}\operatorname{rot}=0$ を思い起こすと

$$\operatorname{div}\boldsymbol{H}=0 \tag{26.2}$$

が得られる．

方程式 (26.1) と (26.2) は，**マクスウェル方程式**の第1の組とよばれている[1]．この2つの方程式では，まだ完全に場の性質は決定されない，ということに注意しよう．このことは2つの方程式が磁場の時間的変化（導関数 $\partial\boldsymbol{H}/\partial t$）は定めるが，導関数 $\partial\boldsymbol{E}/\partial t$ は決定しないことから明らかである．

方程式 (26.1) および (26.2) は積分形に書くことができる．ガウスの定理によると

$$\int\operatorname{div}\boldsymbol{H}dV=\oint\boldsymbol{H}d\boldsymbol{f}.$$

ここで右辺の積分は，左辺の積分のおこなわれる体積をかこむ閉じた曲面全部にわたっておこなう．(26.2) によって

$$\oint\boldsymbol{H}d\boldsymbol{f}=0 \tag{26.3}$$

を得る．あるベクトルのある曲面のうえでの積分は，その曲面を通るそのベクトルの**束**とよばれる．したがって，任意の閉曲面を通る磁束はゼロである．

---

1)　マクスウェル方程式（電気力学の基礎方程式）は，1860年代に J. C. Maxwell によって最初に定式化された．

ストークスの定理によると

$$\int \mathrm{rot}\,\boldsymbol{E}d\boldsymbol{f}=\oint \boldsymbol{E}d\boldsymbol{l}.$$

ここで右辺の積分は，左辺の積分がおこなわれる曲面を限る閉曲線のうえでおこなう．(26.1) から任意の曲面に対して両辺を積分して

$$\oint \boldsymbol{E}d\boldsymbol{l}=-\frac{1}{c}\frac{\partial}{\partial t}\int \boldsymbol{H}d\boldsymbol{f}. \qquad (26.4)$$

が得られる．あるベクトルの閉曲線にそっての積分を，ベクトルのその閉曲線のまわりの**循環**とよぶ．電場の循環はまた，与えられた閉曲線についての**起電力**ともよばれる．したがって，任意の閉曲線についての起電力は，その閉曲線を境界とする面を通る磁束の時間微分に負の符号をつけたものに等しい．

マクスウェル方程式 (26.1) および (26.2) を4次元形式に表わすことができる．電磁場テンソルの定義

$$F_{ik}=\frac{\partial A_k}{\partial x^i}-\frac{\partial A_i}{\partial x^k}$$

を使って

$$\frac{\partial F_{ik}}{\partial x^l}+\frac{\partial F_{kl}}{\partial x^i}+\frac{\partial F_{li}}{\partial x^k}=0 \qquad (26.5)$$

を証明することは容易である．この等式の左辺の表式は3つの添字のすべてについて反対称な3階のテンソルである．その成分が恒等的にゼロでないのは $i\neq k\neq l$ のときだけである．したがって全部で4つの方程式となるが，それらがまさに方程式 (26.1) と (26.2) に一致することは，F_{ik} の表式 (23.5) を代入することによって簡単に確かめることができる．

反対称な3階の4元テンソルには，e^{iklm} を乗じ3つの添字の組を縮約することによって得られる，そのテンソルと対偶である4元ベクトルを対応させることができる(§6をみよ)．これによって (26.5) を

$$e^{iklm}\frac{\partial F_{lm}}{\partial x^k}=0 \qquad (26.6)$$

という形に書くことができる．こう書くと，全部で3つの独立な式があることが明瞭になる．

§ 27.　電磁場の作用関数

電磁場とそのなかにおかれた粒子とからなる系全体に対する作用関数 S は，3つの部分から成り立っているはずである：

$$S=S_f+S_m+S_{mf}. \qquad (27.1)$$

ここに，S_m は粒子のもつ性質にだけ依存する作用の部分である．明らかに，この部分は自由な粒子，すなわち場がないときの粒子に対する作用にちょうど一致する．自由粒子に対する作用は (8.1) で与えられる．いくつかの粒子があるときには，それらの全体に対する作用は個々の粒子に対する作用の和である．したがって

$$S_m = -\sum mc\int ds. \tag{27.2}$$

S_{mf} という量は，粒子と場とのあいだの相互作用に依存するような作用の部分である．§16 でみたように，いくつかの粒子がある場合には

$$S_{mf} = -\sum \frac{e}{c}\int A_k dx^k \tag{27.3}$$

を得る．この和の各項において，A_k は対応する粒子のある空間・時間の点における場のポテンシャルである．和 S_m+S_{mf} は，場のなかの電荷に対する作用 (16.1) としてすでにおなじみのものであり，以前は単に S と記したものである．

最後に，S_f は場それ自身の性質にのみ依存するような作用の部分である．すなわち，S_f は電荷が存在しないときの場に対する作用なのである．いままでは，与えられた電磁場のなかの粒子の運動だけを問題にしていたから，粒子に関係しない量 S_f には注意を払わなかった．というのは，この項は粒子の運動に影響をおよぼすことはできないからである．しかしながら，場自身を決定する方程式を見いだそうというときには，この項が不可欠である．このことは，作用の S_m+S_{mf} という部分からは，場に対して２つの方程式(26.1)および (26.2) だけしか得られなかったという事実に対応している．この２つではまだ場の完全な決定には十分でないのである．

場に対する作用 S_f の形を決定するために，電磁場の非常に重要なつぎの性質から出発しよう．実験が示すように，電磁場はいわゆる**重ね合わせの原理**を満足する．この原理の内容は，１つの電荷がある場をつくり，他の電荷が第２の場をつくるならば，２つの粒子がいっしょにつくる場は各粒子が個々につくる場を単に合成したものである，という命題で表わされる．そのことは，各点の場の強さは，その点での個々の場の強さの(ベクトル)和に等しいことを意味する．

場の方程式の任意の解は，自然に存在することのできる場を与える．重ね合わせの原理によると，任意のそのような場の和もまた自然に存在しうる場でなければならない，つまり場の方程式を満足しなければならない．

よく知られているように，線型微分方程式はまさにこの性質，任意の解の和はまた解であるという性質をもっている．したがって，場の方程式は線型微分方程式でなければならない．

この議論から，作用 S_f に対する積分記号下には場について2次の表式がこなければならないことが結論される．この場合にだけ，場の方程式は線型になる．というのは，場の方程式は作用の変分をとることによって得られ，変分の際に積分記号下の表式は次数を1だけ減ずるからである．

ポテンシャルが作用 S_f に対する表式のなかにはいることはできない．なぜなら，それは一義的にきまらないからである（S_{mf} においては，一義的でないことは重要でない）．したがって，S_f は電磁場テンソル F_{ik} のある関数の積分でなければならない．ところが，作用はスカラーでなければならず，したがって，あるスカラーの積分でなければならない．積 $F_{ik}F^{ik}$ だけがそのような量である[1)]．

このようにして，S_f は

$$S_f=a\iint F_{ik}F^{ik}dVdt, \qquad dV=dxdydz$$

という形をもたなければならない．ここで積分は，空間全体と2つの与えられた時刻のあいだの時間にわたってとる．a はある定数，積分記号下には $F_{ik}F^{ik}=2(H^2-E^2)$ がくる．場 $\boldsymbol{E}$ は導関数 $\partial\boldsymbol{A}/\partial t$ を含むが，作用のなかには $(\partial\boldsymbol{A}/\partial t)^2$ が正の符号をともなって現われなければならない（したがって，E^2 は正符号をもたねばならない）ことはたやすくわかる．なぜなら，かりに S_f のなかの $(\partial\boldsymbol{A}/\partial t)^2$ の符号が負だとすると，（考えている時間間隔における）ポテンシャルの時間的変化が十分急激ならば，つねに $(\partial\boldsymbol{A}/\partial t)^2$ は任意に大きくなることができ，したがって，S_f を任意に大きな絶対値をもつ負の量にすることができるからである．そうなれば，S_f は最小作用の原理から要求されるように極小値をもつことができなくなる．したがって，a は負でなければならない．

a の数値は場の測定に用いる単位のとり方に依存する．a の値および場の測定の単位を定めてしまったあとでは，他のすべての電磁的な量の測定に対する単位はきまってしまうということに注意しよう．

以下では，われわれはいわゆる**ガウスの単位系**を用いることにする．この系では，a は

---

1) S_f の被積分関数は F_{ik} の導関数を含んではならない．なぜなら，ラグランジアンは座標のほかに，ただそれらの時間に関する1階導関数だけを含むことができるが，いまの場合，「座標」（すなわち，最小作用の原理において変分をうけるパラメター）の役割を演ずるのは，場のポテンシャル A_k だからである．これは力学における事情に類似している．そこでは，力学系のラグランジアンは粒子の座標とそれらの時間に関する1階導関数だけを含んでいる．

$e^{iklm}F_{ik}F_{lm}$ という量（§25）は，（71 ページの注に示したように）完全な4次元的発散になっているから，それを S_f の被積分関数に付け加えても，運動方程式に影響しない．その理由でこの量が作用から除外されるのであって，それが真のスカラーでなく擬スカラーであるということには無関係であるのは興味深い．

ディメンションなしの量で，$-1/16\pi$ に等しい[1]．

したがって，場に対する作用は

$$S_f=-\frac{1}{16\pi c}\int F_{ik}F^{ik}d\Omega, \qquad d\Omega=c\,dt\,dx\,dy\,dz \tag{27.4}$$

という形をもつ．3次元的な形では

$$S_f=\frac{1}{8\pi}\iint(E^2-H^2)dVdt. \tag{27.5}$$

いいかえると，場のラグランジアンは

$$L_f=\frac{1}{8\pi}\int(E^2-H^2)dV \tag{27.6}$$

である．場プラス粒子に対する作用の形は

$$S=-\sum\int mc\,ds-\sum\int\frac{e}{c}A_kdx^k-\frac{1}{16\pi c}\int F_{ik}F^{ik}d\Omega \tag{27.7}$$

である．

与えられた場のなかの電荷の運動方程式を導くに際して仮定された，電荷が小さいという条件は，ここでは仮定されていないことに注意しよう．したがって，A_k および F_{ik} は実際の場，つまり，外部の場と粒子自身によってつくられる場とを加えたものを表わすのである．A_k および F_{ik} はここでは電荷の位置と速度に依存する．

§ 28. 4次元電流ベクトル

電荷を点とみなすかわりに，数学的な便宜のためしばしば電荷を空間に連続的に分布したものとして考えることがある．そのときには，**電荷密度** ρ を，ρdV が体積 dV のなかに含まれた電荷となるように導入することができる．密度 ρ は一般に座標と時間の関数である．ある体積にわたっての積分 $\int\rho dV$ は，その体積のなかに含まれた電荷である．

ここで忘れてはならないのは，電荷が実際には点状であり，したがって密度 ρ は点電荷が位置している点をのぞいては，いたるところゼロであること，そして積分 $\int\rho dV$ はその体積中に含まれる電荷の和に等しくなければならない，ということである．したがって ρ は δ 関数を用いてつぎのような形に表わすことができる[2]：

---

1) ガウスの単位系に加えて，いわゆるヘヴィサイド単位系が使われることもある．そのときには $a=-1/4$ となる．この単位系では，場の方程式はより便利な形になるけれども（4π が現われない）．他方クーロンの法則に 4π が現われる．逆に，ガウスの系では場の方程式が π を含み，クーロンの法則は簡単な形になる．

2) δ 関数 $\delta(x)$ はつぎのように定義される：ゼロと異なるすべての x の値に対して $\delta(x)=0$；$x=0$ に対しては，積分が

$$\int_{-\infty}^{+\infty}\delta(x)dx=1 \tag{1}$$

となるようなぐあいに $\delta(0)=\infty$． ↗

$$\rho=\sum_a e_a\delta(\boldsymbol{r}-\boldsymbol{r}_a),\tag{28.1}$$

ここで，和は問題にするすべての電荷にわたり，そして $\boldsymbol{r}_a$ は電荷 e_a の位置ベクトルである．

粒子の電荷はその定義からして不変量である．すなわち，それは基準系のとり方に関係しない，他方，密度 ρ は一般に不変量ではない——積 ρdV のみが不変量である．

等式 $de=\rho dV$ の両辺に dx^i をかけると

$$de\,dx^i=\rho dVdx^i=\rho dVdt\frac{dx^i}{dt}.$$

左辺は4元ベクトルである（なぜなら de はスカラーで dx^i は4元ベクトルであるから）．このことは，右辺もまた4元ベクトルでなければならないことを意味する．しかし $dVdt$ はスカラーでなければならないから，$\rho dx^i/dt$ は4元ベクトルである．このベクトル（それを j^i で表わそう）は，**電流密度**の4元ベクトルとよばれる．

$$j^i=\rho\frac{dx^i}{dt}.\tag{28.2}$$

このベクトルの3つの空間成分は，3次元の電流密度

$$\boldsymbol{j}=\rho\boldsymbol{v}\tag{28.3}$$

をつくる．ただし $\boldsymbol{v}$ は与えられた点における電荷の速度である．4元ベクトル (28.2) の時間成分は，$c\rho$ である．したがって

$$j^i=(c\rho,\boldsymbol{j}).\tag{28.4}$$

↘　この定義からつぎのような性質がひきだされる：もし $f(x)$ が任意の連続関数であれば

$$\int_{-\infty}^{+\infty}f(x)\delta(x-a)dx=f(a)\tag{2}$$

であり，とくに

$$\int_{-\infty}^{+\infty}f(x)\delta(x)dx=f(0)\tag{3}$$

（積分の限界は $\pm\infty$ でなくてもよく，積分領域は，δ 関数がゼロにならない点をそれが含むかぎり，任意であってよい）．

δ 関数に対する等式をあと2つ与えておく．これらの等式の意味は，左辺および右辺が積分記号下に因子として入れられたとき同じ結果を与える，ということである：

$$\delta(-x)=\delta(x),\qquad \delta(ax)=\frac{1}{|a|}\delta(x).\tag{4}$$

後者の等式は，もっと一般的な関係

$$\delta[\phi(x)]=\sum_i\frac{1}{|\phi'(a_i)|}\delta(x-a_i)\tag{5}$$

の特別な場合である．ここで $\phi(x)$ は1価関数であり（その逆関数は1価でなくてもよい），a_i は $\phi(x)=0$ という式の根である．

$\delta(x)$ が1つの変数 x に対して定義されたのとまったく同様に，3次元の δ 関数，$\delta(\boldsymbol{r})$を導入することができる．それは3次元の座標系の原点をのぞいていたるところゼロに等しく，かつその全空間にわたる積分は1である．このような関数として，明らかに積 $\delta(x)\delta(y)\delta(z)$ を使うことできる．

全空間に存在する全電荷は，すでに述べたように，全空間にわたる積分 $\int\rho dV$ に等しい．この積分を4次元形式に書くことができる：

$$\int\rho dV=\frac{1}{c}\int j^0 dV=\frac{1}{c}\int j^i dS_i. \tag{28.5}$$

積分は，x^0 軸に垂直な4次元の超平面全体にわたっておこなわれる（明らかにこの積分は全3次元空間にわたる積分を意味する）．一般に，任意の超曲面のうえの積分 $\frac{1}{c}\int j^i dS_i$ はその世界線がこの超曲面をつらぬくような電荷の和である．

4元電流ベクトルを作用に対する表式（27.7）に導入しよう．つまり，その表式の第2項を変形しよう．この節の議論から，点電荷 e のかわりに密度 ρ をもつ連続的な電荷の分布を用いることができる．そうすると，まえに与えた表式のかわりに，電荷についての和を全体積についての積分でおきかえて

$$-\frac{1}{c}\int\rho A_i dx^i dV$$

と書かなければならない．

$$-\frac{1}{c}\int\rho\frac{dx^i}{dt}A_i dVdt$$

という形に書きかえると，この項は

$$-\frac{1}{c^2}\int A_i j^i d\Omega$$

に等しいことがわかる．このようにして，作用 S は

$$S=-\sum\int mcds-\frac{1}{c^2}\int A_i j^i d\Omega-\frac{1}{16\pi c}\int F_{ik}F^{ik}d\Omega \tag{28.6}$$

という形をとる．

§ 29.　連続の方程式

ある体積中に含まれる全電荷の時間的変化はその導関数

$$\frac{\partial}{\partial t}\int\rho dV$$

で決定される．

他方において，たとえば単位時間内の全電荷の変化は，単位時間にその体積を去って外側へ出る，あるいは逆にその内部へはいってくる電荷の量によってきまる．考えている体積をかこむ表面の要素 $d\mathbf{f}$ を単位時間に通過する電荷の量は，$\rho\mathbf{v}d\mathbf{f}$ に等しい．ただし $\mathbf{v}$ は要素 $d\mathbf{f}$ が位置している空間の点での電荷の速度である．ベクトル $d\mathbf{f}$ は，いつものように，表面の外法線，すなわち考えている体積の外側に向かう法線の方向に向いている．したがって $\rho\mathbf{v}d\mathbf{f}$ は，電荷が体積を去るときには正で，電荷が体積にはいってくるときに

は負である．したがって，与えられた体積を単位時間に去る電荷の総量は $\oint \rho \boldsymbol{v} d\boldsymbol{f}$ である．ここで，積分はその体積をかこむ閉曲面全体にわたる．

この2つの表式が等しいことから

$$\frac{\partial}{\partial t}\int \rho dV = -\oint \rho \boldsymbol{v} d\boldsymbol{f} \tag{29.1}$$

が得られる．左辺は与えられた体積中の全電荷が増大するとき正であるから，負の符号が右辺に現われる．方程式（29.1）はいわゆる**連続の方程式**であり，電荷の保存を積分形で表わしている．$\rho\boldsymbol{v}$ が電流密度であることに注意して，（29.1）を

$$\frac{\partial}{\partial t}\int \rho dV = -\oint \boldsymbol{j} d\boldsymbol{f} \tag{29.2}$$

という形に書きなおすことができる．

この方程式はまた微分形に書くこともできる．そのために（29.2）の右辺にガウスの定理を適用して

$$\oint \boldsymbol{j} d\boldsymbol{f} = \int \operatorname{div} \boldsymbol{j} dV.$$

これから

$$\int\left(\operatorname{div} \boldsymbol{j} + \frac{\partial \rho}{\partial t}\right) dV = 0$$

が得られる．この式は任意の体積についての積分に対して成り立たなければならないから被積分関数がゼロでなければならない：

$$\operatorname{div} \boldsymbol{j} + \frac{\partial \rho}{\partial t} = 0. \tag{29.3}$$

これが微分形の連続の方程式である．

δ 関数の形に書いた ρ に対する表式（28.1）が自動的に方程式（29.3）をみたすことはたやすく確かめられる．簡単のために全部でたった1個しか電荷がないと仮定しよう．そうすると

$$\rho = e\delta(\boldsymbol{r} - \boldsymbol{r}_0).$$

電流 $\boldsymbol{j}$ はこの場合，$\boldsymbol{v}$ をその電流の速度として

$$\boldsymbol{j} = e\boldsymbol{v}\delta(\boldsymbol{r} - \boldsymbol{r}_0)$$

である．導関数 $\partial\rho/\partial t$ を決定しよう．電荷が運動するあいだにその座標が変化する．すなわちベクトル $\boldsymbol{r}_0$ が変化する．それゆえ

$$\frac{\partial \rho}{\partial t} = \frac{\partial \rho}{\partial \boldsymbol{r}_0} \frac{\partial \boldsymbol{r}_0}{\partial t}.$$

ところが $\partial \boldsymbol{r}_0/\partial t$ はまさしく電荷の速度 $\boldsymbol{v}$ である．しかも，ρ は $\boldsymbol{r} - \boldsymbol{r}_0$ の関数であるから

$$\frac{\partial \rho}{\partial \boldsymbol{r}_0} = -\frac{\partial \rho}{\partial \boldsymbol{r}}.$$

したがって

$$\frac{\partial\rho}{\partial t}=-\boldsymbol{v}\,\mathrm{grad}\,\rho=-\mathrm{div}(\rho\boldsymbol{v})$$

(もちろん電荷の速度 $\boldsymbol{v}$ は $\boldsymbol{r}$ に依存しない). このようにして，われわれは方程式 (29.3) に到達する.

4次元形式では連続の方程式 (29.3) が

$$\frac{\partial j^i}{\partial x^i}=0 \tag{29.4}$$

という形をとることは，容易に証明される.

前の節で，空間全体に見いだされる全電荷は

$$\frac{1}{c}\int j^i dS_i$$

と書かれることをみた. ただし積分は x^0=一定という超平面上でおこなわれる. 各時刻における全電荷は，x^0 軸に垂直なそれぞれ異なった超平面上でとったこのような積分によって与えられる. 方程式 (29.4) から実際に電荷の保存が導かれること，すなわち，x^0=一定というどの超平面について積分をおこなっても積分 $\int j^i dS_i$ は同じであるという結果が導かれることは，容易に証明される. 2つのこのような超平面についてとった積分 $\int j^i dS_i$ の差は，$\oint j^i dS_i$ という形に書くことができる. ただしこの積分は，考えている2つの超平面のあいだの4次元体積をかこむ閉じた超曲面の全面にわたってとる(この積分は，この超曲面の無限に遠方の“側面”についての積分を含んでいるから，求める積分と異なっている. しかしながら，無限遠には電荷がないから，側面についての積分は消えるのである). ガウスの定理 (6.15) を使って，これを2つの超平面のあいだの4次元体積についての積分に変えることができ，

$$\oint j^i dS_i=\int\frac{\partial j^i}{\partial x^i}d\Omega=0 \tag{29.5}$$

を証明することができる.

明らかに，ここにかかげた証明は，おのおの全3次元空間を含む2つの任意の無限超曲面(しかも，ちょうど x^0=一定となる超平面でないもの)についてとった，任意の2つの積分 $\int j^i dS_i$ に対してもそのまま成立する. このことから，積分 $\frac{1}{c}\int j^i dS_i$ はこの種の超曲面のどれについて積分をとっても同一の(そして空間内の全電荷に等しい)値を与えることがわかる.

なお，電気力学の方程式のゲージ不変性と電荷の保存則とのあいだの緊密な関係(56ページの脚注をみよ)について述べておく. (28.6) の形の作用の表式でそれをもう一度示す. A_i を $A_i-\frac{\partial f}{\partial x^i}$ に変えるとき，この式の第2項には

$$\frac{1}{c^2}\int j^i \frac{\partial f}{\partial x^i} d\Omega$$

も付け加わる．連続の方程式（29.4）で表わした電荷の保存により，被積分関数を4次元発散 $\frac{\partial}{\partial x^i}(fj^i)$ の形に書くことができ，そうするとガウスの定理によって，4次元体積についての積分は，境界の超曲面についての積分になる．こうして，作用の変分においてこの積分は運動方程式に影響を与えないのである．

§ 30.　マクスウェル方程式の第2の組

最小作用の原理を用いて場の方程式を求めるには，電荷の運動は与えられたものと仮定し，場だけを，つまり（ここで系の「座標」の役割を演ずる）ポテンシャルだけを変化させなければならない．他方，運動方程式を求めるためには，場を与えられたものとして，粒子のトラジェクトリーを変化させた．

したがって（28.6）の第1項はゼロであり，第2項では電流 j^i を変化させてはならない．このようにして

$$\delta S = -\frac{1}{c}\int\left[\frac{1}{c} j^i \delta A_i + \frac{1}{8\pi} F^{ik} \delta F_{ik}\right] d\Omega = 0$$

（第2項の変分で $F^{ik}\delta F_{ik} \equiv F_{ik}\delta F^{ik}$ を考慮する）．ここで

$$F_{ik} = \frac{\partial A_k}{\partial x^i} - \frac{\partial A_i}{\partial x^k}$$

を代入して，

$$\delta S = -\frac{1}{c}\int\left\{\frac{1}{c} j^i \delta A_i + \frac{1}{8\pi} F^{ik} \frac{\partial}{\partial x^i} \delta A_k - \frac{1}{8\pi} F^{ik} \frac{\partial}{\partial x^k} \delta A_i\right\} d\Omega$$

が得られる．第2項で，和をとる添字 i および k を入れかえ，さらに F^{ik} を $-F^{ik}$ でおきかえる．そうすると

$$\delta S = -\frac{1}{c}\int\left\{\frac{1}{c} j^i \delta A_i - \frac{1}{4\pi} F^{ik} \frac{\partial}{\partial x^k} \delta A_i\right\} d\Omega$$

を得る．第2の積分を部分積分する．つまりガウスの定理を適用すると

$$\delta S = -\frac{1}{c}\int\left\{\frac{1}{c} j^i + \frac{1}{4\pi} \frac{\partial F^{ik}}{\partial x^k}\right\} \delta A_i d\Omega - \frac{1}{4\pi c}\int F^{ik} \delta A_i dS_k \Big| . \tag{30.1}$$

第2項には積分の限界での値を入れなければならない．われわれは場全体を考察しているのであるから，座標の限界は無限遠であり，そこでは場はゼロである．時間積分の限界においては，すなわち与えられた最初と最後の時刻においては，ポテンシャルの変分がゼロである．それは最小作用の原理においてはこれらの時刻では場が与えられているからである．このようにして（30.1）の第2項はゼロであり

$$\int\left(\frac{1}{c}j^i+\frac{1}{4\pi}\frac{\partial F^{ik}}{\partial x^k}\right)\delta A_i d\Omega=0$$

が得られる．最小作用の原理による変分 δA_i は任意であるから，δA_i の係数をゼロに等しいとおかなければならない：

$$\frac{\partial F^{ik}}{\partial x^k}=-\frac{4\pi}{c}j^i. \tag{30.2}$$

これら4つの $(i=0,1,2,3)$ 方程式が，4次元形式に表わされたマクスウェル方程式の第2の組である．それらを3次元形式に表わそう．第1式 $(i=1)$ は

$$\frac{1}{c}\frac{\partial F^{10}}{\partial t}+\frac{\partial F^{11}}{\partial x}+\frac{\partial F^{12}}{\partial y}+\frac{\partial F^{13}}{\partial z}=-\frac{4\pi}{c}j^1.$$

F^{ik} の成分に対する値を代入して

$$\frac{1}{c}\frac{\partial E_x}{\partial t}-\frac{\partial H_z}{\partial y}+\frac{\partial H_y}{\partial z}=-\frac{4\pi}{c}j_x$$

が得られる．これは，つづく2つの式 $(i=2,3)$ といっしょにして1つのベクトル方程式に書くことができる．

$$\mathrm{rot}\,\boldsymbol{H}=\frac{1}{c}\frac{\partial \boldsymbol{E}}{\partial t}+\frac{4\pi}{c}\boldsymbol{j}. \tag{30.3}$$

最後に，$i=0$ の方程式は

$$\mathrm{div}\,\boldsymbol{E}=4\pi\rho \tag{30.4}$$

を与える．

方程式 (30.3) および (30.4) はベクトル表示で書かれたマクスウェル方程式の第2の組である[1]．マクスウェル方程式の第1の組といっしょにして，それらは完全に電磁場を決定し，このような場の理論すなわち**電気力学**の基礎方程式となる．

これらの方程式を積分形に書いてみよう．(30.4) をある体積について積分し，ガウスの定理

$$\int \mathrm{div}\,\boldsymbol{E}dV=\oint \boldsymbol{E}d\boldsymbol{f}$$

を用いると

$$\oint \boldsymbol{E}d\boldsymbol{f}=4\pi\int\rho dV \tag{30.5}$$

を得る．したがって閉曲面を通る**全電束**はその面によってかこまれた体積中に含まれた全電荷の 4π 倍に等しい．

(30.3) を開いた面について積分し，ストークスの定理

1) 真空中の電磁場のなかの点電荷に適用できる形にマクスウェル方程式を定式化したのは，H.A. Lorentz である．

$$\int \mathrm{rot}\,\boldsymbol{H}d\boldsymbol{f}=\oint \boldsymbol{H}d\boldsymbol{l}$$

を使うと

$$\oint \boldsymbol{H}d\boldsymbol{l}=\frac{1}{c}\frac{\partial}{\partial t}\int \boldsymbol{E}d\boldsymbol{f}+\frac{4\pi}{c}\int \boldsymbol{j}d\boldsymbol{f} \tag{30.6}$$

が得られる．

$$\frac{1}{4\pi}\frac{\partial \boldsymbol{E}}{\partial t} \tag{30.7}$$

という量は**変位電流**とよばれる．(30.6) を

$$\oint \boldsymbol{H}d\boldsymbol{l}=\frac{4\pi}{c}\int\left(\boldsymbol{j}+\frac{1}{4\pi}\frac{\partial \boldsymbol{E}}{\partial t}\right)d\boldsymbol{f} \tag{30.8}$$

という形に書けば，任意の閉曲線のまわりの磁場の循環は，この閉曲線によってかこまれた面を通過する真の電流と変位電流との和の $4\pi/c$ 倍に等しいことがわかる．

マクスウェル方程式から，すでにおなじみの連続の方程式 (29.3) を求めることができる．(30.3) の両辺の発散をとると

$$\mathrm{div\,rot}\,\boldsymbol{H}=\frac{1}{c}\frac{\partial}{\partial t}\mathrm{div}\,\boldsymbol{E}+\frac{4\pi}{c}\mathrm{div}\,\boldsymbol{j}$$

が得られる．ところが $\mathrm{div\,rot}\,\boldsymbol{H}=0$ で (30.4) によると $\mathrm{div}\,\boldsymbol{E}=4\pi\rho$ である．こうしてふたたび方程式 (29.3) を得る．4 次元式では，(30.2) から

$$\frac{\partial^2 F^{ik}}{\partial x^i \partial x^k}=-\frac{4\pi}{c}\frac{\partial j^i}{\partial x^i}$$

が得られる．ところで演算子 $\frac{\partial^2}{\partial x^i \partial x^k}$ が添字 i, k について対称であるから，反対称テンソル F^{ik} に作用すると恒等的に 0 になり，したがって 4 次元形式に表わされた連続の方程式 (29.4) に到達する．

§ 31.　エネルギーの密度と流れ

(30.3) の両辺に $\boldsymbol{E}$ を，そして (26.1) の両辺に $\boldsymbol{H}$ をかけ，得られる方程式を組み合わせる．そうすると

$$\frac{1}{c}\boldsymbol{E}\frac{\partial \boldsymbol{E}}{\partial t}+\frac{1}{c}\boldsymbol{H}\frac{\partial \boldsymbol{H}}{\partial t}=-\frac{4\pi}{c}\boldsymbol{jE}-(\boldsymbol{H}\,\mathrm{rot}\,\boldsymbol{E}-\boldsymbol{E}\,\mathrm{rot}\,\boldsymbol{H})$$

が得られる．

よく知られたベクトル解析の公式

$$\mathrm{div}(\boldsymbol{a}\times\boldsymbol{b})=\boldsymbol{b}\,\mathrm{rot}\,\boldsymbol{a}-\boldsymbol{a}\,\mathrm{rot}\,\boldsymbol{b}$$

を用いて，この関係を

$$\frac{1}{2c}\frac{\partial}{\partial t}(E^2+H^2)=-\frac{4\pi}{c}\boldsymbol{jE}-\mathrm{div}(\boldsymbol{E}\times\boldsymbol{H})$$

あるいは

$$\frac{\partial}{\partial t}\left(\frac{E^2+H^2}{8\pi}\right)=-\boldsymbol{jE}-\operatorname{div}\boldsymbol{S} \tag{31.1}$$

という形に書きなおす．ベクトル

$$\boldsymbol{S}=\frac{c}{4\pi}\boldsymbol{E}\times\boldsymbol{H} \tag{31.2}$$

は**ポインティング・ベクトル**とよばれる．

(31.1) をある体積について積分し，右辺の第2項にガウスの定理を適用する．すると

$$\frac{\partial}{\partial t}\int\frac{E^2+H^2}{8\pi}dV=-\int\boldsymbol{jE}dV-\oint\boldsymbol{S}d\boldsymbol{f} \tag{31.3}$$

が求められる．

もし積分が全空間におよぶならば，面積分は消える（場は無限遠でゼロ）．さらに，$\int\boldsymbol{jE}dV$ という積分は，場のなかにあるすべての電荷についての和 $\sum e\boldsymbol{vE}$ と表わすことができ，それに (17.7)

$$e\boldsymbol{vE}=\frac{d}{dt}\mathscr{E}_{\mathrm{kin}}$$

を代入する．そうすると，(31.3) は

$$\frac{d}{dt}\left\{\int\frac{E^2+H^2}{8\pi}dV+\sum\mathscr{E}_{\mathrm{kin}}\right\}=0 \tag{31.4}$$

となる．

したがって，電磁場とそのなかに存在する粒子とからなる閉じた系に対して，この方程式の括弧のなかの量は保存される．この表式の第2項はすべての粒子の（すべての粒子の静止エネルギーを含めた：54ページの注をみよ）運動エネルギーである．したがって第1項は場自体のエネルギーである．それゆえ，われわれは

$$W=\frac{E^2+H^2}{8\pi} \tag{31.5}$$

という量を電磁場の**エネルギー密度**とよぶことができる．それは単位体積あたりの場のエネルギーである．

もし有限の体積について積分するならば，(31.3) の面積は一般に消えないから，その方程式を

$$\frac{\partial}{\partial t}\left\{\int\frac{E^2+H^2}{8\pi}dV+\sum\mathscr{E}_{\mathrm{kin}}\right\}=-\oint\boldsymbol{S}d\boldsymbol{f} \tag{31.6}$$

という形に書くことができる．ここで，括弧のなかの第2項はこんどは，考えている体積内にある粒子についてのみ和をとったものである．左辺は場と粒子との全エネルギーの単位時間当りの変化である．したがって，積分 $\oint\boldsymbol{S}d\boldsymbol{f}$ は，与えられた体積をかこむ曲面を横切る場のエネルギーの流れと解釈されなければならない．それゆえ，ポインティング・

ベクトル $\boldsymbol{S}$ はこの流れの密度——表面の 単位面積 を単位時間に通過する場のエネルギーの大きさなのである[1].

§ 32.　エネルギー・運動量テンソル

前節でわれわれは電磁場のエネルギーに対する表式を導いた．ここでは，この表式を場の運動量に対するものと合わせて4次元形式に表わすことにする．これをおこなうにあたって，簡単のためにさしあたり電荷のない電磁場を考察しよう．あとでおこなう（重力場への）応用を念頭におき，同時に計算を簡単にするために，系の性質を特定のものに限定せずにこの議論を一般的な形でおこなうことにする．したがって，われわれの考察するのは，その作用積分が

$$S=\int \Lambda\left(q, \frac{\partial q}{\partial x^i}\right) dV dt=\frac{1}{c}\int \Lambda d\Omega, \tag{32.1}$$

という形をもつ任意の系である．ただしここで Λ は，系を記述する量 q とそれの座標および時間に関する1階導関数との関数である（電磁場に対しては4元ポテンシャルの成分が量 q である）．ここでは簡略のためただ1個の q だけを書く．空間積分 $\int \Lambda dV$ は系のラグランジアンであり，したがって Λ はラグランジアン“密度”とみなすことができる，ということを注意しておこう．系が閉じているという事実の数学的表現は，Λ があからさまに x^i に依存しないことで，これは，ラグランジアンが時間にあからさまに依存しないいう，力学における閉じた系に対する事情と同様である．

“運動方程式”（すなわち，なんらかの場を扱っている場合には場の方程式）は，最小作用の原理にしたがって S を変分することによって求められる（簡略のため $q_{,i}\equiv\partial q/\partial x^i$ と書く）．

$$\delta S=\frac{1}{c}\int\left(\frac{\partial \Lambda}{\partial q}\delta q+\frac{\partial \Lambda}{\partial q_{,i}}\,\delta q_{,i}\right)d\Omega$$
$$=\frac{1}{c}\int\left[\frac{\partial \Lambda}{\partial q}\delta q+\frac{\partial}{\partial x^i}\left(\frac{\partial \Lambda}{\delta q_{,i}}\delta q\right)-\delta q\frac{\partial}{\partial x^i}\frac{\partial \Lambda}{\delta q_{,i}}\right]d\Omega=0$$

が得られる．被積分関数の第2項は，ガウスの定理によって変形したのち，全空間について積分すれば消え，結局つぎの“運動方程式”が得られる：

$$\frac{\partial}{\partial x^i}\frac{\partial \Lambda}{\partial q_{,i}}-\frac{\partial \Lambda}{\partial q}=0 \tag{32.2}$$

（いうまでもなく反復された添字 i については和をとるものと了解する）．

これから先の展開は，力学でエネルギー保存を導きだす手続きと同じである．すなわち

---

1)　考えている瞬間には表面上に電荷がないということが仮定されている．もしそうでなければ，右辺にこの面を通過する粒子によるエネルギーの流れを含めなければならないであろう．

$$\frac{\partial \Lambda}{\partial x^i}=\frac{\partial \Lambda}{\partial q}\frac{\partial q}{\partial x^i}+\frac{\partial \Lambda}{\partial q_{,k}}\frac{\partial q_{,k}}{\partial x^i}$$

と書く．(32.2) を代入し，$q_{,k,i}=q_{,i,k}$ に注意すると

$$\frac{\partial \Lambda}{\partial x^i}=\frac{\partial}{\partial x^k}\left(\frac{\partial \Lambda}{\partial q_{,k}}\right)q_{,i}+\frac{\partial \Lambda}{\partial q_{,k}}\frac{\partial q_{,i}}{\partial x^k}=\frac{\partial}{\partial x^k}\left(q_{,i}\frac{\partial \Lambda}{\partial q_{,k}}\right)$$

が得られる．左辺は

$$\frac{\partial \Lambda}{\partial x^i}=\delta_i^k\frac{\partial \Lambda}{\partial x^k}$$

と書くことができるから，記号

$$T_i^k=q_{,i}\frac{\partial \Lambda}{\partial q_{,k}}-\delta_i^k\Lambda \tag{32.3}$$

を導入すると，この関係を

$$\frac{\partial T_i^k}{\partial x^k}=0 \tag{32.4}$$

という形に表わすことができる．もし1つだけでなくいくつかの量 $q^{(l)}$ があるならば，(32.3) のかわりに

$$T_i^k=\sum_l q_{,i}^{(l)}\frac{\partial \Lambda}{\partial q_{,k}^{(l)}}-\delta_i^k\Lambda \tag{32.5}$$

と書かなければならないことを注意しておく．

ところで，§29 でみたように，$\partial A^k/\partial x^k=0$ という形の方程式，すなわち，あるベクトルの4次元発散が消えるということは，3次元空間全体を含む超曲面についての積分 $\int A^k dS_k$ が保存されるという命題と等価である．類似の結果がテンソルの発散に対しても成り立つことは明らかである．方程式 (32.4) は，ベクトル

$$P^i=\mathrm{const}\int T^{ik}dS_k$$

が保存されるということと等価である．

このベクトルは系の運動量の4元ベクトルと同一のものとみなさなければならない．われわれは，以前の定義にしたがって，ベクトルの時間成分 P^0 が系のエネルギーを c で割ったものに等しいように，積分のまえの定数因子を選ぶ．そのために，もし積分を超平面 x^0=一定のうえでおこなえば，

$$P^0=\mathrm{const}\int T^{0k}dS_k=\mathrm{const}\int T^{00}dV$$

と書かれることに注意しよう．他方 (32.3) によって

$$T^{00}=\dot{q}\frac{\partial \Lambda}{\partial \dot{q}}-\Lambda, \qquad \left(\dot{q}\equiv\frac{\partial q}{\partial t}\right).$$

エネルギーとラグランジアンとを関係づける通常の公式とくらべてみると，この量は系のエネルギー密度とみなされなければならないことがわかる．したがって，$\int T^{00}dV$ は系の

全エネルギーである．それゆえわれわれは const$=1/c$ とおかなければならない．結局，系の4元運動量に対して

$$P^i=\frac{1}{c}\int T^{ik}dS_k \tag{32.6}$$

という表式が得られる．テンソル T^{ik} は系のエネルギー・運動量テンソルとよばれる．

テンソル T^{ik} の定義は一義的でないことを指摘する必要がある．事実，T^{ik} が (32.3) によって定義されるテンソルとすると，

$$T^{ik}+\frac{\partial}{\partial x^l}\psi^{ikl}, \qquad \psi^{ikl}=-\psi^{ilk} \tag{32.7}$$

という形のすべてのテンソルも，(32.4) を満足する．ψ^{ikl} が添字 k,l について反対称のため，恒等的に $\frac{\partial^2}{\partial x^k \partial x^l}\psi^{ikl}=0$ となるからである．したがって，系の全4次元運動量は変化を受けない．なぜなら，(6.17) によって

$$\int\frac{\partial\psi^{ikl}}{\partial x^l}dS_k=\frac{1}{2}\int\left(dS_k\frac{\partial\psi^{ikl}}{\partial x^l}-dS_l\frac{\partial\psi^{ikl}}{\partial x^k}\right)=\frac{1}{2}\int\psi^{ikl}df^*_{kl}$$

と書くことができるからである．ただし，ここで式の右辺の積分は，左辺の積分がおこなわれる超曲面を“かこむ”ところの（通常の）曲面のうえでおこなわれる．この曲面は明らかに3次元空間の無限遠に位置しており，無限遠には場も粒子もないから，この積分はゼロである．したがって，4元運動量は，当然のこととして，一義的に定まった量なのである．

テンソル T^{ik} を一義的に定義するために，系の角運動量の4元テンソル（§14をみよ）を4元運動量によって

$$M^{ik}=\int(x^i dP^k-x^k dP^i)=\frac{1}{c}\int(x^i T^{kl}-x^k T^{il})dS_l \tag{32.8}$$

と表わすことができるという要求，すなわち，系の全角運動量だけでなくその“密度”も普通の公式によって運動量の“密度”でもって表わされる，という要求を使うことができる．

これが成り立つためには，エネルギー・運動量テンソルがいかなる条件を満足しなければならないか，を定めるのは容易である．すでに知っているように，角運動量の保存則は M^{ik} の積分記号下の表式の発散をゼロに等しくおくことによって表わされる．したがって

$$\frac{\partial}{\partial x^l}(x^i T^{kl}-x^k T^{il})=0. \tag{32.9}$$

$\partial x^i/\partial x^l=\delta^i_l$ および $\partial T^{kl}/\partial x^l=0$ に注意すれば，これから

$$\delta^i_l T^{kl}-\delta^k_l T^{il}=T^{ki}-T^{ik}=0$$

あるいは

$$T^{ik}=T^{ki} \tag{32.10}$$

が得られる．すなわちエネルギー・運動量テンソルは対称でなければならない．

公式（32.5）で定義された T^{ik} は一般的にいって対称ではないが，適当に選んだ ψ^{ikl} でつくった（32.7）を加えることにより対称にすることができることに注意する．のちになって（§94），対称な T^{ik} を直接求める方法があるのを知るであろう．

上に述べたように，（32.6）の積分を超平面 x^0＝一定の上でおこなうならば，P^i は

$$P^i=\frac{1}{c}\int T^{i0}dV \tag{32.11}$$

という形をとる．ここで積分は全（3次元）空間におよぶ．P^i の空間成分は系の3次元的な運動量を形づくり，時間成分はそのエネルギーを c で割ったものである．したがって

$$\frac{1}{c}T^{10},\qquad \frac{1}{c}T^{20},\qquad \frac{1}{c}T^{30}$$

を成分とするベクトルを**運動量の密度**，そして

$$W=T^{00}$$

という量をエネルギー密度とよぶことができる．

T^{ik} の残りの成分の意味を明らかにするために，保存の方程式（32.4）を，空間微分と時間微分を区別した形に書く：

$$\frac{1}{c}\frac{\partial T^{00}}{\partial t}+\frac{\partial T^{0\alpha}}{\partial x^{\alpha}}=0,\qquad \frac{1}{c}\frac{\partial T^{\alpha 0}}{\partial t}+\frac{\partial T^{\alpha\beta}}{\partial x^{\beta}}=0. \tag{32.12}$$

これらの方程式を空間のある体積 V について積分する．第1の方程式から

$$\frac{1}{c}\frac{\partial}{\partial t}\int T^{00}dV+\int\frac{\partial T^{0\alpha}}{\partial x^{\alpha}}dV=0.$$

あるいは，第2の積分をガウスの定理で変形して

$$\frac{\partial}{\partial t}\int T^{00}dV=-c\oint T^{0\alpha}df_{\alpha}. \tag{32.13}$$

ただし，右辺の積分はこの体積 V をかこむ表面のうえでおこなわれる（df_x, df_y, df_z は面要素の3次元ベクトル $\boldsymbol{df}$ の成分）．左辺の表式は体積 V 中に含まれるエネルギーの変化の割合である．このことから，右辺の表式が体積 V の境界を通して伝達されるエネルギー量であり，成分

$$cT^{01},\qquad cT^{02},\qquad cT^{03}$$

をもつベクトル $\boldsymbol{S}$ はその流量，すなわち単位時間に単位面積を通して伝達されるエネルギー量であることは明らかである．このようにして，T^{ik} という量のテンソル性に含まれている相対論的不変性の要請から，エネルギーの流れと運動量とのあいだの一定の関係が自動的に導かれるという重要な結論にわれわれは到達する；エネルギー流の密度は運動量密度に c^2 をかけたものに等しい．

第2の方程式 (32.12) から同様にして

$$\frac{\partial}{\partial t}\int\frac{1}{c}T^{\alpha 0}dV=-\oint T^{\alpha\beta}df_{\beta} \tag{32.14}$$

が得られる．左辺は，体積Vのなかの系の運動量の，単位時間あたりの変化である．それゆえ $\oint T^{\alpha\beta}df_{\beta}$ は体積 V から単位時間に流れでる運動量である．

このように，エネルギー・運動量テンソルの成分 $T^{\alpha\beta}$ は，**応力テンソル**とよばれる運動量の流れの密度の3次元テンソルをつくる．それを $\sigma_{\alpha\beta}(\alpha, \beta=x, y, z)$ で表わす．エネルギーの流れの密度はベクトルであるが，運動量はそれ自体ベクトルであるからその流れの密度は，当然テンソルでなければならない（このテンソルの成分 $\sigma_{\alpha\beta}$ は，単位時間に x^{β} 軸に垂直な単位面積を通って流れる運動量の α 成分の大きさである）．

エネルギー・運動量テンソルの各成分の意味を示す行列をあらためて書いておく：

$$T^{ik}=\begin{pmatrix} W & S_x/c & S_y/c & S_z/c \\ S_x/c & \sigma_{xx} & \sigma_{xy} & \sigma_{xz} \\ S_y/c & \sigma_{yx} & \sigma_{yy} & \sigma_{yz} \\ S_z/c & \sigma_{zx} & \sigma_{zy} & \sigma_{zz} \end{pmatrix}. \tag{32.15}$$

§ 33. 電磁場のエネルギー・運動量テンソル

こんどは，まえの節で得られた一般的な関係を電磁場にあてはめてみよう．電磁場の場合には，(32.1) の積分記号下の量は，(27.4) によって

$$\Lambda=-\frac{1}{16\pi}F_{kl}F^{kl}$$

に等しい．q という量は場の4元ポテンシャル A_k の成分である．テンソル T_i^k の定義 (32.5) に代入して

$$T_i^k=\frac{\partial A_l}{\partial x^i}\frac{\partial\Lambda}{\partial\left(\frac{\partial A_l}{\partial x^k}\right)}+\delta_i^k\Lambda$$

が得られる．

ここに現われる Λ の導関数を計算するために，変分 $\delta\Lambda$ を求める．

$$\delta\Lambda=-\frac{1}{8\pi}F^{kl}\delta F_{kl}=-\frac{1}{8\pi}F^{kl}\delta\left(\frac{\partial A_l}{\partial x^k}-\frac{\partial A_k}{\partial x^l}\right)$$

あるいは，添字をいれかえ，F_{kl} の反対称性を使って

$$\delta\Lambda=-\frac{1}{4\pi}F^{kl}\delta\frac{\partial A_l}{\partial x^k}.$$

これから

$$\frac{\partial\Lambda}{\partial\left(\frac{\partial A_l}{\partial x^k}\right)}=-\frac{1}{4\pi}F^{kl}$$

が得られ，したがって

$$T_i^k=-\frac{1}{4\pi}\frac{\partial A_l}{\partial x^i}F^{kl}+\frac{1}{16\pi}\delta_i^k F_{lm}F^{lm}$$

あるいは反変成分に対して

$$T^{ik}=-\frac{1}{4\pi}\frac{\partial A^l}{\partial x_i}F^k{}_l+\frac{1}{16\pi}g^{ik}F_{lm}F^{lm}.$$

この表式を添字 i および k について対称にするために，

$$\frac{1}{4\pi}\frac{\partial A^i}{\partial x_l}F^k{}_l$$

という項をそれに加える．この項は電荷のない場所でのマクスウェル方程式 (30.2) $\partial F^k{}_l/\partial x_l=0$ によって

$$\frac{1}{4\pi}\frac{\partial A^i}{\partial x_l}F^k{}_l=\frac{1}{4\pi}\frac{\partial}{\partial x_l}(A^iF^k{}_l)$$

であるから，(32.7) の形になり，したがって，これを加えることが許される．$\partial A^l/\partial x_i-\partial A^i/\partial x_l=F^{il}$ であるから，電磁場のエネルギー・運動量テンソルに対して結局つぎの表式が得られる．

$$T^{ik}=\frac{1}{4\pi}\left(-F^{il}F^k{}_l+\frac{1}{4}g^{ik}F_{lm}F^{lm}\right). \tag{33.1}$$

このテンソルが対称であることは明らかである．さらに，その対角要素の和はゼロに等しい．

$$T_i^i=0. \tag{33.2}$$

テンソル T^{ik} の成分を電場と磁場とで表わそう．成分 F_{ik} に対する表式 (23.5) を用いて，T^{00} という量が電磁場のエネルギー密度 (31.5) に，そして $cT^{0\alpha}$ の成分がポインティング・ベクトルの成分 (31.2) に一致することは容易に示される．このテンソルの空間成分 $T^{\alpha\beta}$ はつぎの成分をもつ3元テンソルをつくる．

$$\sigma_{xx}=\frac{1}{8\pi}(E_y^2+E_z^2-E_x^2+H_y^2+H_z^2-H_x^2),$$

$$\sigma_{xy}=-\frac{1}{4\pi}(E_xE_y+H_xH_y)$$

等々，あるいは

$$\sigma_{\alpha\beta}=\frac{1}{4\pi}\left\{-E_\alpha E_\beta-H_\alpha H_\beta+\frac{1}{2}\delta_{\alpha\beta}(E^2+H^2)\right\}. \tag{33.3}$$

このテンソルは，**マクスウェルの応力テンソル**とよばれる．

テンソル T^{ik} を対角形にするためには，ベクトル $\boldsymbol{E}$ および $\boldsymbol{H}$ が（与えられた空間の点および与えられた瞬間において）たがいに平行になるか，あるいはそれらのうちの1つがゼロとなるような基準系に変換しなければならない：すでに知っているように (§25)，こ

のような変換は，$\boldsymbol{E}$ と $\boldsymbol{H}$ がたがいに垂直でしかも大きさが等しい場合を除いて，いつでも可能である．たやすくわかるように，この変換ののち

$$T^{00}=-T^{11}=T^{22}=T^{33}=W$$

（x 軸を場の方向にとった）が唯一のゼロと異なる T^{ik} の成分となる．

もし $\boldsymbol{E}$ と $\boldsymbol{H}$ とがたがいに垂直で大きさが等しければ，テンソル T^{ik} を対角形にすることはできない[1]．この場合ゼロと異なる成分は

$$T^{00}=T^{33}=T^{30}=W$$

に等しい（x 軸を $\boldsymbol{E}$ の方向に，y 軸を $\boldsymbol{H}$ の方向にとった）．

いままでわれわれは電荷の存在しない場を考察してきた．電荷がある場合には，全系のエネルギー・運動量テンソルは，電磁場のエネルギー・運動量テンソルと粒子のそれとの和である．その際後者では粒子は相互に作用していないものとみなす．

粒子のエネルギー・運動量テンソルの形を定めるには，点電荷の分布をその密度を用いて記述したと同じように，質量の空間的な分布を“質量密度”を用いて記述することが必要である．電荷の密度（28.1）と同様に，質量密度を

$$\mu=\sum_{\alpha} m_{\alpha}\delta(\boldsymbol{r}-\boldsymbol{r}_a) \tag{33.4}$$

という形に書くことができる．ここで $\boldsymbol{r}_a$ は粒子の動径ベクトルであり，和はすべての粒子にわたる．

粒子の“4元運動量密度”は $\mu c u^{\alpha}$ という形に書かれる．知っているとおり，この密度はエネルギー・運動量テンソルの成分 $T^{0\alpha}/c$ を与える，すなわち $T^{0\alpha}=\mu c^2 u^{\alpha}$（$\alpha=1,2,3$）．ところで質量密度は（電荷密度と同様に，§28 を参照）4元ベクトル $\dfrac{\mu}{c}\dfrac{dx^k}{dt}$ の時間成分である．したがって相互作用していない粒子の系のエネルギー・運動量テンソルは

$$T^{ik}=\mu c\frac{dx^i}{ds}\frac{dx^k}{dt}=\mu c u^i u^k\frac{ds}{dt} \tag{33.5}$$

である．このテンソルは，当然期待されるとおり，対称的である．

場のエネルギーおよび運動量と粒子のそれとの和として定められた系のエネルギーと運動量が実際保存されることを直接計算によって確かめよう．いいかえると，この保存則を表わす式

$$\frac{\partial}{\partial x^k}(T^{(f)}{}_i^k+T^{(p)}{}_i^k)=0 \tag{33.6}$$

を証明しなければならない．

表式（33.1）を微分して

---

1) 対称な4元テンソル T^{ik} を主軸にもってこられないことが示されるという事実は，4元テンソルが定義されている4次元空間の擬ユークリッド性に関係している（§94 の問題をみよ）．

$$\frac{\partial T^{(f)k}_{i}}{\partial x^k}=\frac{1}{4\pi}\left(\frac{1}{2}F^{lm}\frac{\partial F_{lm}}{\partial x^i}-F^{kl}\frac{\partial F_{il}}{\partial x^k}-F_{il}\frac{\partial F^{kl}}{\partial x^k}\right)$$

と書こう．これにマクスウェル方程式（26.5）および（30.2）

$$\frac{\partial F_{lm}}{\partial x^i}=-\frac{\partial F_{mi}}{\partial x^l}-\frac{\partial F_{il}}{\partial x^m}, \qquad \frac{\partial F^{kl}}{\partial x^k}=\frac{4\pi}{c}j^l$$

を代入し，

$$\frac{\partial T^{(f)k}_{i}}{\partial x^k}=\frac{1}{4\pi}\left(-\frac{1}{2}F^{lm}\frac{\partial F_{mi}}{\partial x^l}-\frac{1}{2}F^{lm}\frac{\partial F_{il}}{\partial x^m}-F^{kl}\frac{\partial F_{il}}{\partial x^k}-\frac{4\pi}{c}F_{il}j^l\right)$$

が得られる．

添字のいれかえによって，最初の3項が消し合うことはたやすく示され，つぎの結果に到達する：

$$\frac{\partial T^{(f)k}_{i}}{\partial x^k}=-\frac{1}{c}F_{il}j^l. \tag{33.7}$$

テンソル（33.5）を微分して

$$\frac{\partial T^{(p)k}_{i}}{\partial x^k}=cu_i\frac{\partial}{\partial x^k}\left(\mu\frac{dx^k}{dt}\right)+\mu c\frac{dx^k}{dt}\frac{\partial u_i}{\partial x^k}$$

が得られる．この式の第1項は，相互作用していない粒子の質量の保存のためにゼロである．実際，$\mu\frac{dx^k}{dt}$ という量は，電流の4元ベクトル（28.2）と同様に，“質量の流れ”の4元ベクトルをつくる：質量の保存は，この4元ベクトルの4次元的発散がゼロに等しいということが表わされる．

$$\frac{\partial}{\partial x^k}\left(\mu\frac{dx^k}{dt}\right)=0. \tag{33.8}$$

それは，電荷の保存が（29.4）式で表わされたのと同様である．

このようにして

$$\frac{\partial T^{(p)k}_{i}}{\partial x^k}=\mu c\frac{dx^k}{dt}\frac{\partial u_i}{\partial x^k}=\mu c\frac{du_i}{dt}$$

が得られる．これをさらに変形するために，4次元形式に書いた場のなかの粒子の運動方程式（23.4）

$$mc\frac{du_i}{ds}=\frac{e}{c}F_{ik}u^k$$

を用いよう．電荷と質量の連続的な分布に移る際，密度 μ および ρ の定義から，$\mu/m=\rho/e$ である．したがって運動方程式を

$$\mu c\frac{du_i}{ds}=\frac{\rho}{c}F_{ik}u^k$$

あるいは

$$\mu c\frac{du_i}{dt}=\frac{1}{c}F_{ik}\rho u^k\frac{ds}{dt}=\frac{1}{c}F_{ik}j^k$$

という形に書くことができる．このようにして

$$\frac{\partial T^{(p)k}_{i}}{\partial x^k}=\frac{1}{c}F_{ik}j^k. \tag{33.9}$$

(33.7) と加え合わせると事実ゼロとなる，すなわち，(33.6) 式に到達した．

§ 34. ヴィリアル定理

電磁場のエネルギー・運動量テンソルの対角成分の和はゼロに等しいから，相互作用している粒子の任意の系に対する T^i_i の和は，粒子だけのエネルギー・運動量テンソルの固有和になる．したがって，表式 (33.5) を使って

$$T^i_i=T^{(p)i}_{i}=\mu cu_iu^i\frac{ds}{dt}=\mu c\frac{ds}{dt}=\mu c^2\sqrt{1-\frac{v^2}{c^2}}$$

が得られる．この結果を，粒子についての和にもどって，つまり μ に対する和の形(33.4)を代入して書きなおそう．そうすると

$$T^i_i=\sum_a m_ac^2\sqrt{1-\frac{v_a^2}{c^2}}\delta(\boldsymbol{r}-\boldsymbol{r}_a) \tag{34.1}$$

が得られる．

この式によると任意の系に対して

$$T^i_i\geqslant 0 \tag{34.2}$$

であることに注意しよう．ここで等号は電荷のない電磁場に対してのみ成り立つ．

系を特徴づけるすべての量（座標，運動量）が有限の領域に留まるような運動をおこなっている荷電粒子の閉じた系を考察しよう[1]．

等式

$$\frac{1}{c}\frac{\partial T^{\alpha 0}}{\partial t}+\frac{\partial T^{\alpha\beta}}{\partial x^\beta}=0$$

((32.12) をみよ）の時間的平均をとろう．この際，導関数 $\partial T^{\alpha 0}/\partial t$ の平均値は，有限な領域で変化するあらゆる量の導関数と同様，ゼロに等しい[2]．したがって

$$\frac{\partial}{\partial x^\beta}\overline{T}^\beta_\alpha=0$$

---

1) この際，系の電磁場が無限大で消えることも仮定される．したがって，もし系のなかに電磁波の放出があるならば，特殊な“反射壁”があってこの波が無限大に去るのをさまたげると仮定するわけである．

2) $f(t)$ をこのような量としよう．そうすると，ある時間 T にわたるこれの導関数 $\dfrac{df}{dt}$ の平均値は

$$\overline{\frac{df}{dt}}=\frac{1}{T}\int_0^T\frac{df}{dt}dt=\frac{f(T)-f(0)}{T}$$

である．$f(t)$ は有限な限界内でのみ変化するから，T が無限に大きくなるとき，df/dt の平均値は明らかにゼロになる．

が得られる．この方程式に x^α をかけ，全空間について積分する．無限遠で $T_\alpha^\beta=0$ であることに留意してこの積分をガウスの定理で変形すると，面積分は消えるから

$$\int x^\alpha \frac{\partial \overline{T}_\alpha^\beta}{\partial x^\beta} dV = -\int \frac{\partial x^\alpha}{\partial x^\beta} \overline{T}_\alpha^\beta dV = -\int \delta_\beta^\alpha \overline{T}_\alpha^\beta dV = 0,$$

結局

$$\int T_\alpha^\alpha dV = 0. \tag{34.3}$$

この等式にもとづいて，$\overline{T}_i^i = \overline{T}_\alpha^\alpha + \overline{T}_0^0$ の積分を

$$\int \overline{T}_i^i dV = \int \overline{T}_0^0 dV = \mathscr{E}$$

と書くことができる．ここで $\mathscr{E}$ は系の全エネルギーである．

最後に，(34.1) を代入して

$$\mathscr{E} = \sum_a \overline{m_a c^2 \sqrt{1-\frac{v_a^2}{c^2}}} \tag{34.4}$$

が得られる．

準定常運動に対するエネルギーの平均値を定めるこの関係は，古典力学の**ヴィリアル定理**の相対論的拡張である（第1巻『力学』§10を参照）．低い速度に対しては，関係式 (34.4) は

$$\mathscr{E} - \sum_a m_a c^2 = -\sum_a \overline{\frac{m_a v_a^2}{2}}$$

となる．つまり，静止エネルギーを除いた全エネルギーは運動エネルギーの平均値に負号をつけたものに等しい．これは，クーロンの法則にしたがって相互作用する荷電粒子系に対する古典的なヴィリアル定理が与える結果と一致している．

§ 35. 巨視的物体のエネルギー・運動量テンソル

点状の粒子の系のエネルギー・運動量テンソル (33.5) と並んで，以下では，連続的とみなされるような巨視的物体に対するこのテンソルの表式が必要となるであろう．

物体の面要素を通る運動量の流れは，この要素に働く力にほかならない．したがって，$\sigma_{\alpha\beta} df_\beta$ は面要素 df に働く力の α 成分である．ここで物体の与えられた体積が静止しているような基準系を導入する．このような基準系では，パスカルの法則が成り立つ．すなわち，物体の与えられた部分におよぼされる圧力 p は，あらゆる方向に等しく伝えられ，しかも，いたるところでそれが働く面に垂直である[1]．したがって，$\sigma_{\alpha\beta} df_\beta = p df_\alpha$ と書くことができるから $\sigma_{\alpha\beta} = p\delta_{\alpha\beta}$ である．運動量の密度を表わす成分 $T^{\alpha 0}$ については，い

1) 厳密にいってパスカルの法則は液体および気体に対してのみ成立する．しかしながら，固体に対して，異なった方向の応力間の差の可能な最大値は，相対論で役割を演ずる応力にくらべて無視できるから，それを考えることは興味がない．

ま使っている基準系において，それらは与えられた体積要素に対してゼロに等しい．成分 T^{00} はいつものように物体のエネルギー密度であり，それを ε で表わす．ε/c^2 はこのとき物体の質量密度，つまり単位体積あたりの質量である．われわれはここで単位の“固有”体積，すなわち，物体の与えられた部分が静止しているような基準系におけるその体積について云々していることを強調しておこう．

このようにして，考えている基準系では(与えられた物体の部分に対して)エネルギー・運動量テンソルはつぎの形をとる：

$$T^{ik}=\begin{pmatrix} \varepsilon & 0 & 0 & 0 \\ 0 & p & 0 & 0 \\ 0 & 0 & p & 0 \\ 0 & 0 & 0 & p \end{pmatrix}. \tag{35.1}$$

任意の基準系における巨視的物体のエネルギー・運動量テンソルに対する表式は，容易に見いだされる．そのために，物体の体積要素の巨視的運動に対する4元速度 u^i を導入しよう．特定の要素が静止している基準系では，その4元速度の成分は $u^i=(1,0)$ である．T^{ik} の表式は，この基準系でそれが (35.1) という形をとるような具合に選ばなければならない．これが

$$T^{ik}=(p+\varepsilon)u^i u^k-pg^{ik} \tag{35.2}$$

であり，混合成分は

$$T_i^k=(p+\varepsilon)u_i u^k-p\delta_i^k$$

であることはたやすく証明される．

この表式は巨視的物体に対するエネルギー・運動量テンソルを与える．エネルギー密度 W，エネルギーの流れの密度 $\boldsymbol{S}$ および応力テンソル $\sigma_{\alpha\beta}$ に対する対応する表式は，

$$W=\frac{\varepsilon+p\dfrac{v^2}{c^2}}{1-\dfrac{v^2}{c^2}}, \qquad \boldsymbol{S}=\frac{(p+\varepsilon)\boldsymbol{v}}{1-\dfrac{v^2}{c^2}}, \qquad \sigma_{\alpha\beta}=\frac{(p+\varepsilon)v_\alpha v_\beta}{c^2\left(1-\dfrac{v^2}{c^2}\right)}+p\delta_{\alpha\beta} \tag{35.3}$$

である．もし巨視的な運動の速度が光の速度にくらべて小さいならば，近似的に

$$\boldsymbol{S}=(p+\varepsilon)\boldsymbol{v}$$

を得る．$\boldsymbol{S}/c^2$ は運動量密度であるから，この場合，和 $(p+\varepsilon)/c^2$ が物体の質量密度の役割を演じていることがわかる．

巨視的物体をつくっているあらゆる粒子の速度が光速度にくらべて小さい場合には（巨視的な運動自身の速度は任意であってよい），T^{ik} の表式は簡単になる．この場合，エネルギー密度 ε において静止エネルギーとくらべて小さい項をすべて無視することができる，すなわち，ε のかわりに $\mu_0 c^2$ と書くことができる．ただし μ_0 は物体の単位（固有）体積中にある粒子の質量の和である(一般の場合には，μ_0 は物体の実際の質量密度 ε/c^2 と

異なっていなければならないことを強調しておく．後者は物体のなかの粒子の微視的な運動のエネルギーおよび粒子間の相互作用のエネルギーをも含んでいる）．分子の微視的運動によって定まる圧力に関しても，考えているような場合には静止エネルギー μ_0c^2 にくらべてそれは明らかに小さい．したがって，この場合

$$T^{ik}=\mu_0c^2u^iu^k \tag{35.4}$$

が得られる．

（35.2）の表式から

$$T_i^i=\varepsilon-3p \tag{35.5}$$

が得られる．任意の系のエネルギー・運動量テンソルがもつ一般的な性質（34.2）は，巨視的物体の圧力と密度とに対してつぎの不等式がつねに成立することを示している：

$$p<\frac{\varepsilon}{3}. \tag{35.6}$$

（35.5）の関係を，任意の系に対して成立することがわかっている一般的公式（34.1）とくらべてみよう．ここでは巨視的物体を考察しているのだから，表式（34.1）は単位体積中のすべての $\boldsymbol{r}$ の値について平均しなければならない．その結果

$$\varepsilon-3p=\sum_a m_ac^2\sqrt{1-\frac{v_a^2}{c^2}} \tag{35.7}$$

が得られる（和は単位体積中のすべての粒子についてとる）．超相対論的な極限では，この等式の右辺はゼロに近づく．それゆえ，状態方程式はこの極限で

$$p=\frac{\varepsilon}{3} \tag{35.8}$$

となる[1]．

この公式を，同種粒子からできていると仮定した理想気体にあてはめてみよう．理想気体の粒子はたがいに作用しあわないから，公式（33.5）の平均をとったものを使うことができる．それゆえ理想気体に対して

$$T^{ik}=nmc\overline{\frac{dx^i}{dt}\frac{dx^k}{ds}}.$$

ここに，n は単位体積中の粒子の数で，横線はすべての粒子に関する平均を意味する．もし気体中に巨視的運動がなければ，左辺の T^{ik} に対して表式（35.1）を使うことができる．2つの公式を比較すると

1） この極限の状態方程式は，ここでは粒子間の電磁気的相互作用を仮定して導かれた．われわれは（第14章で必要が生じたとき），自然に存在する他の相互作用が粒子間に働くときにもこの状態方程式が有効であるとみなすであろう．この仮定を支持する証拠は現在のところ存在しないのであるが．

$$\varepsilon = nm\overline{\left(\frac{c^2}{\sqrt{1-\frac{v^2}{c^2}}}\right)}, \qquad p = \frac{nm}{3}\overline{\left(\frac{v^2}{\sqrt{1-\frac{v^2}{c^2}}}\right)} \tag{35.9}$$

という方程式に到達する．これらの方程式は，相対論的な理想気体のエネルギー密度と圧力とを，それの粒子の速度によって決定する．第2式は非相対論的な気体運動論のよく知られた公式 $p=nm\overline{v^2}/3$ にかわるものである．

第5章 不 変 な 場

§ 36. クーロンの法則

不変な電場（**静電場**）に対するマクスウェル方程式は

$$\operatorname{div} \boldsymbol{E}=4\pi\rho, \tag{36.1}$$

$$\operatorname{rot} \boldsymbol{E}=0 \tag{36.2}$$

という形をもつ．電場 $\boldsymbol{E}$ はただ1つのスカラー・ポテンシャルによって

$$\boldsymbol{E}=-\operatorname{grad}\phi \tag{36.3}$$

という関係で表わされる．(36.3) を (36.1) に代入すると，静電場のみたす方程式が得られる：

$$\Delta\phi=-4\pi\rho. \tag{36.4}$$

この方程式は**ポアッソン方程式**とよばれる．とくに，真空，すなわち $\rho=0$ の場合には，ポテンシャルは**ラプラス方程式**

$$\Delta\phi=0 \tag{36.5}$$

をみたす．

この最後の方程式からとくに，電場はいかなるところにも極大あるいは極小をもつことができないことが結論される．なぜなら，ϕ が極値をもつためには，ϕ の座標に関する1階導関数がゼロであり，2階導関数 $\partial^2\phi/\partial x^2, \partial^2\phi/\partial y^2, \partial^2\phi/\partial z^2$ がすべて同じ符号をもつことが必要である．最後の要求は不可能である．というのは，その場合 (36.5) をみたすことはできないからである．

いま点電荷のつくる場を求めよう．対称性を考慮すれば，場が電荷 e のある点からの位置ベクトルの方向に向いていることは明らかである．同じ考察から明らかなことは，場の値 E は電荷からの距離 R にのみ依存することである．この絶対値を見いだすために，(36.1) の積分形 (30.5) を用いる．電荷 e を中心として描いた半径 R の球面を通る電束は，$4\pi R^2E$ に等しい．この電束は $4\pi e$ に等しいはずである．これから

$$E=\frac{e}{R^2}$$

が得られる．

ベクトル表示では場 $\boldsymbol{E}$ は

$$\boldsymbol{E}=\frac{e\boldsymbol{R}}{R^3} \tag{36.6}$$

と書くことができる．このようにして，点電荷のつくる場は，電荷からの距離の2乗に逆比例している．これが**クーロンの法則**である．この場のポテンシャルは明らかに

$$\phi=\frac{e}{R} \tag{36.7}$$

である．

いくつかの電荷の系を考えるときには，この系によってつくられる場は，重ね合わせの原理によって，各粒子が個々につくる場の和に等しい．とりわけ，このような場のポテンシャルは，R_a を電荷 e_a からポテンシャルを求める点までの距離として

$$\phi=\sum_a \frac{e_a}{R_a}$$

と書ける．電荷密度 ρ を導入すれば，この式は

$$\phi=\int\frac{\rho}{R}dV \tag{36.8}$$

という形をとる． ここで R は体積要素 dV から場の与えられた点（"観測点"）までの距離である．

点電荷に対する ρ および ϕ の値，つまり $\rho=e\delta(\boldsymbol{R})$ および $\phi=e/R$ を（36.4）に代入して得られる数学的な関係を記しておこう：

$$\Delta\left(\frac{1}{R}\right)=-4\pi\delta(\boldsymbol{R}). \tag{36.9}$$

§ 37. 電荷の静電エネルギー

電荷の系を考察し，そのエネルギーを定めよう．われわれは場のエネルギーから，つまり，エネルギー密度に対する表式（31.5）から出発する．すなわち，電荷の系のエネルギーは

$$U=\frac{1}{8\pi}\int E^2 dV$$

に等しいはずである． ここで $\boldsymbol{E}$ はこれらの電荷のつくる場であり， 積分は全空間にわたる．$\boldsymbol{E}=-\mathrm{grad}\,\phi$ を代入すると，U をつぎの形に変形することができる：

$$U=-\frac{1}{8\pi}\int\boldsymbol{E}\,\mathrm{grad}\,\phi dV=-\frac{1}{8\pi}\int\mathrm{div}(\boldsymbol{E}\phi)dV+\frac{1}{8\pi}\int\phi\,\mathrm{div}\,\boldsymbol{E}dV.$$

ガウスの定理によると，第1の積分は，積分のおこなわれる体積をかこむ表面についての $\boldsymbol{E}\phi$ の積分に等しいが，積分は全空間にわたってとられ，無限遠では場がゼロであるから，この積分は消える．第2の積分に $\mathrm{div}\,\boldsymbol{E}=4\pi\rho$ を代入して，電荷の系のエネルギーに対するつぎのような表式が得られる：

$$U=\frac{1}{2}\int\rho\phi dV. \qquad (37.1)$$

点電荷 e_a の系に対しては，積分のかわりに電荷についての和

$$U=\frac{1}{2}\sum_a e_a\phi_a \qquad (37.2)$$

の形に書くことができる．ここで ϕ_a は，電荷 e_a がある点における，すべての電荷がつくる場のポテンシャルである．

ただ1個の電荷をもつ素粒子（たとえば電子）とその電荷自身がつくり出す場とにわれわれの公式をあてはめると，クーロンの法則から，電荷は $e\phi/2$ に等しいある“自己”ポテンシャル・エネルギーをもたなければならないという結果に到達する．ただし ϕ は，電荷が位置している点での，電荷がつくる場のポテンシャルである．ところで，相対性理論ではすべての素粒子を点状と考えなければならないことをわれわれは知っている．その場のポテンシャル $\phi=e/R$ は $R=0$ という点で無限大になる．それゆえ電気力学にしたがえば電子は無限大の自己エネルギーを，したがって，また無限大の（エネルギーを c^2 で割った値に等しい）質量をもたなければならないであろう．この結果が物理的に考えてばかげているということは，電気力学の基礎原理自体から，その適用が一定の限界内に制限されなければならないという結論が導かれることを示している．

電気力学から自己エネルギーおよび質量に対して無限大が得られることを考えれば，電子の全質量が電気力学的（すなわち，粒子の電磁気的自己エネルギーにともなうもの）かどうか，という質問を出すのは不可能であるということに注意しよう[1]．

物理的に無意味な，素粒子の無限大の自己エネルギーが現われるのは，このような粒子が点状とみなされなければならないという事実に関係している．それゆえ，われわれは，十分小さな距離が問題になるときには，論理的に完結した物理学の理論としての電気力学は内部矛盾を呈する，と結論することができる．われわれは，このような距離はどの程度の大きさかを問題にすることができる．電子の電磁気的自己エネルギーに対して静止エネルギー mc^2 の程度の値を与えなければならないことに注意すると，この問題に答えることができる．他方，もしも電子がある半径 R_0 をもつものとすれば，その自己エネルギーは e^2/R_0 程度になるであろう．この2つの量が，同じ程度の大きさであるという要求，$e^2/R_0\sim mc^2$ から

$$R_0\sim\frac{e^2}{mc^2} \qquad (37.3)$$

1）純粋に形式的な見方をすれば，電子の有限な質量を，無限大の電磁気的質量を相殺する非電磁気的な性質の負の無限大の質量を導入して取り扱うことができる（質量の“くりこみ”）．しかしながら，のちに（§75）この方法によっても，古典電気力学の内部矛盾のすべてが解決されないことをみるであろう．

が得られる.

この大きさ（電子の“半径”）は，電子への電気力学の適用限界を定めるもので，その基礎原理自体からの帰結である．しかしながら，実際には量子的現象[1]の考察がここに与えた古典電気力学の適用限界よりもずっと強い限界をすでにそれに課していることに注意しなければならない.

ここでもう一度公式(37.2)に立ちかえろう．そこに現われるポテンシャル ϕ_a は，クーロンの法則から

$$\phi_a=\sum\frac{e_b}{R_{ab}} \tag{37.4}$$

に等しい．ただし R_{ab} は電荷 e_a, e_b のあいだの距離である．エネルギーの表式(37.2)は２つの部分から成っている．第１にそれは電荷相互の距離に無関係な無限大の定数，電荷の自己エネルギーをもっている．第２の部分は，相互の距離に依存する電荷の相互作用エネルギーである．この部分のみが物理的に意味がある．それは

$$U'=\frac{1}{2}\sum e_a\phi'_a \tag{37.5}$$

に等しい．ここで

$$\phi'_a=\sum_{a\neq b}\frac{e_b}{R_{ab}} \tag{37.6}$$

は，e_a の位置している点における，e_a 以外のすべての電荷がつくるポテンシャルである．いいかえると

$$U'=\frac{1}{2}\sum_{a\neq b}\frac{e_ae_b}{R_{ab}} \tag{37.7}$$

と書くことができる．とりわけ，２つの粒子の相互作用エネルギーは

$$U'=\frac{e_1e_2}{R_{12}} \tag{37.8}$$

である.

§ 38.　一様な運動をしている電荷の場

速度 V でもって一様に運動している電荷 e がつくる場を決定しよう．実験室系を K 系とよぶ：電荷とともに動いている基準系を K' 系とする．電荷は K' 系の座標の原点に位置しているとしよう．K' 系は K に関して x 軸方向に運動する：y および z 軸は y' および z' 軸に平行である．時刻 $t=0$ において２つの系の原点は一致するとする．したがって K 系における電荷の座標は $x=Vt,\ y=z=0$ である．K' 系での電場は不変で，そのベ

1）量子効果は，$\hbar$ をプランクの定数としていたとき，$\hbar/mc$ 程度の距離に対して重要になってくる.

クトル・ポテンシャル $\boldsymbol{A}'=0$, スカラー・ポテンシャルは, $R'^2=x'^2+y'^2+z'^2$ として, $\phi'=e/R'$ に等しい. K 系においては, (24.1) によって $\boldsymbol{A}'=0$ に対して

$$\phi=\frac{\phi'}{\sqrt{1-\frac{V^2}{c^2}}}=\frac{e}{R'\sqrt{1-\frac{V^2}{c^2}}}. \tag{38.1}$$

ここで R' を K 系の座標 x, y, z で表わさなければならない. ローレンツ変換の公式によって

$$x'=\frac{x-Vt}{\sqrt{1-\frac{V^2}{c^2}}}, \qquad y'=y, \qquad z'=z.$$

これから

$$R'^2=\frac{(x-Vt)^2+\left(1-\frac{V^2}{c^2}\right)(y^2+z^2)}{1-\frac{V^2}{c^2}}. \tag{38.2}$$

これを (38.1) に代入して

$$\phi=\frac{e}{R^*} \tag{38.3}$$

が得られる. ここで

$$R^{*2}=(x-Vt)^2+\left(1-\frac{V^2}{c^2}\right)(y^2+z^2) \tag{38.4}$$

という記号を導入した.

K系のベクトル・ポテンシャルは

$$\boldsymbol{A}=\phi\frac{\boldsymbol{V}}{c}=\frac{e\boldsymbol{V}}{cR^*} \tag{38.5}$$

に等しい.

K' 系では磁場 $\boldsymbol{H}'$ は存在しない. 電場は

$$\boldsymbol{E}'=\frac{e\boldsymbol{R}'}{R'^3}$$

である. 公式 (24.2) から

$$E_x=E'_x=\frac{ex'}{R'^3}, \qquad E_y=\frac{E'_y}{\sqrt{1-\frac{V^2}{c^2}}}=\frac{ey'}{R'^3\sqrt{1-\frac{V^2}{c^2}}}, \qquad E_z=\frac{ez'}{R'^3\sqrt{1-\frac{V^2}{c^2}}}$$

が求められる.

R', x', y', z' を x, y, z で表わした表式を代入して

$$\boldsymbol{E}=\left(1-\frac{V^2}{c^2}\right)\frac{e\boldsymbol{R}}{R^{*3}} \tag{38.6}$$

を得る. ここで $\boldsymbol{R}$ は電荷 e から, 場を求めようとする座標 x, y, z の点への動径ベクトルである (その成分は $x-Vt, y, z$).

$\boldsymbol{E}$ に対するこの表式は，運動の方向と動径ベクトルとのあいだの角度 θ を導入することによって，他の形に書くことができる．明らかに $y^2+z^2=R^2\sin^2\theta$ であり，したがって，R^{*2} をつぎの形に書くことができる：

$$R^{*2}=R^2\left(1-\frac{V^2}{c^2}\sin^2\theta\right). \tag{38.7}$$

そうすると $\boldsymbol{E}$ に対し

$$\boldsymbol{E}=\frac{e\boldsymbol{R}}{R^3}\frac{1-\dfrac{V^2}{c^2}}{\left(1-\dfrac{V^2}{c^2}\sin^2\theta\right)^{3/2}} \tag{38.8}$$

を得る．

電荷からの距離 R が一定のとき，場 E の値は θ が 0 から $\pi/2$ まで増大する（あるいは θ が π から $\pi/2$ まで減少する）にしたがって増大する．運動の方向（$\theta=0,\pi$）の場 $E_{\parallel}$ が最小値をとる．それは

$$E_{\parallel}=\frac{e}{R^2}\left(1-\frac{V^2}{c^2}\right)$$

に等しい．最大の場は速度に垂直（$\theta=\pi/2$）なもので

$$E_{\perp}=\frac{e}{R^2}\frac{1}{\sqrt{1-\dfrac{V^2}{c^2}}}$$

に等しい．速度が増大するにつれて，場 $E_{\parallel}$ は減少し，$E_{\perp}$ は増大することに注意しよう．直観的に，運動する電荷の電場が運動方向に“収縮する”ということができる．光速度に近い速度 V に対して，公式 (38.8) の分母は，$\theta=\pi/2$ のまわりの θ のせまい区間においてゼロに近い．この区間の“幅”は

$$\Delta\theta\sim\sqrt{1-\frac{V^2}{c^2}}$$

程度の大きさである．したがって高速度で運動する電荷の電場は赤道面の付近のせまい角度の領域内でのみ大きい．そしてこの区間の幅は V が増大するにつれて $\sqrt{1-(V^2/c^2)}$ と同じように減少する．

K 系での磁場は

$$\boldsymbol{H}=\frac{1}{c}\boldsymbol{V}\times\boldsymbol{E} \tag{38.9}$$

に等しい（(24.5) をみよ）．速度 $V\ll c$ に対しては，近似的に $\boldsymbol{E}=e\boldsymbol{R}/R^3$ が得られ，したがってまた

$$\boldsymbol{H}=\frac{e}{c}\frac{\boldsymbol{V}\times\boldsymbol{R}}{R^3} \tag{38.10}$$

が得られる．

問　　題

一様な速度$\boldsymbol{V}$で運動している2つの電荷のあいだの相互作用の力を（K系で）求めよ．

解　求める力$\boldsymbol{F}$を，電荷の1つ（e_2）のつくる場のなかにあるもう1つの電荷（e_1）に働く力として計算しよう．(38.9) によって

$$\boldsymbol{F}=e_1\boldsymbol{E}_2+\frac{e_1}{c}\boldsymbol{V}\times\boldsymbol{H}_2=e_1\left(1-\frac{V^2}{c^2}\right)\boldsymbol{E}_2+\frac{e_1}{c^2}\boldsymbol{V}(\boldsymbol{V}\boldsymbol{E}_2)$$

が得られる．これに (38.8) の$\boldsymbol{E}_2$を代入して，運動の方向の力の成分（F_x）および垂直方向の成分（F_y）を得る：

$$F_x=\frac{e_1e_2}{R^2}\frac{\left(1-\frac{V^2}{c^2}\right)\cos\theta}{\left(1-\frac{V^2}{c^2}\sin^2\theta\right)^{3/2}},\qquad F_y=\frac{e_1e_2}{R^2}\frac{\left(1-\frac{V^2}{c^2}\right)^2\sin\theta}{\left(1-\frac{V^2}{c^2}\sin^2\theta\right)^{3/2}}.$$

ここで$\boldsymbol{R}$はe_2からe_1への動径ベクトルで，θは$\boldsymbol{R}$と$\boldsymbol{V}$のあいだの角度である．

§ 39.　クーロン場のなかの運動

質量mおよび電荷eをもつ粒子が第2の電荷e'のつくる場のなかでおこなう運動を考察しよう．この第2の電荷の質量は質量mにくらべてはるかに大きく，したがってそれは固定しているとみなすことができると仮定する．そうするとわれわれの問題は，ポテンシャル $\phi=e'/r$ をもつ球対称な電場のなかの電荷eの運動をしらべることに帰着する．

粒子の全エネルギー$\mathscr{E}$は，$\alpha=ee'$として

$$\mathscr{E}=c\sqrt{p^2+m^2c^2}+\frac{\alpha}{r}$$

に等しい．粒子の運動する平面内で極座標を用いると，運動量を

$$p^2=\frac{M^2}{r^2}+p_r^2$$

と書くことができる．ただしp_rは運動量の動径成分であり，Mは粒子の一定の角運動量である．そうすると

$$\mathscr{E}=c\sqrt{p_r^2+\frac{M^2}{r^2}+m^2c^2}+\frac{\alpha}{r}. \tag{39.1}$$

粒子がその運動のあいだに中心にいくらでも接近することができるかどうか，という問題を議論しよう．まず第1に電荷eとe'とがたがいに反発するならば，すなわち，eとe'とが同じ符号をもつならば，このことがけっしてありえないのは明らかである．さらに引力の場合（eとe'とが反対符号）にも，中心へ任意に接近することは，$Mc>|\alpha|$ならば不可能である．なぜなら，この場合 (39.1) の第1項はつねに第2項より大きく，$r\to0$のとき方程式の右辺は無限大に近づくからである．他方，もし$Mc<|\alpha|$であれば，$r\to0$のときこの表式は有限にとどまることができる（ここで，p_rが無限大に近づくものと了解する）．したがって，もし

$$Mc<|\alpha| \tag{39.2}$$

であれば，粒子はその運動のあいだにそれを引きつけている電荷に向かって“落ちこむ”のである．これは，一般にこのような落下が（粒子 e が粒子 e' に向かって直線上を動くというただ1つの場合 $M=0$ をのぞいては）不可能な非相対論的力学と対照的である．

クーロン場のなかの電荷の運動を完全に決定するには，ハミルトン－ヤコビ方程式から出発するのがもっとも便利である．運動平面に極座標 r, φ をとる．ハミルトン－ヤコビ方程式（16.11）は

$$-\frac{1}{c^2}\left(\frac{\partial S}{\partial t}+\frac{\alpha}{r}\right)^2+\left(\frac{\partial S}{\partial r}\right)^2+\frac{1}{r^2}\left(\frac{\partial S}{\partial \varphi}\right)^2+m^2c^2=0$$

という形をもつ．われわれは

$$S=-\mathscr{E}t+M\varphi+f(r)$$

という形の S を求めよう．ここで $\mathscr{E}$ および M は運動する粒子の一定なエネルギーと角運動量である．結果はつぎのようになる：

$$S=-\mathscr{E}t+M\varphi+\int\sqrt{\frac{1}{c^2}\left(\mathscr{E}-\frac{\alpha}{r}\right)^2-\frac{M^2}{r^2}-m^2c^2}\,dr. \tag{39.3}$$

軌道は方程式 $\partial S/\partial M=\text{const}$ で定められる．（39.3）の積分をおこなうとつぎの結果が得られる：

a）もし $Mc>|\alpha|$ であれば

$$(c^2M^2-\alpha^2)\frac{1}{r}=c\sqrt{(M\mathscr{E})^2-m^2c^2(M^2c^2-\alpha^2)}\cos\left(\varphi\sqrt{1-\frac{\alpha^2}{c^2M^2}}\right)-\mathscr{E}\alpha. \tag{39.4}$$

b）もし $Mc<|\alpha|$ であれば

$$(\alpha^2-c^2M^2)\frac{1}{r}=\pm c\sqrt{(M\mathscr{E})^2+m^2c^2(\alpha^2-M^2c^2)}\cosh\left(\varphi\sqrt{\frac{\alpha^2}{c^2M^2}-1}\right)+\mathscr{E}\alpha. \tag{39.5}$$

c）もし $Mc=|\alpha|$ であれば

$$\frac{2\mathscr{E}\alpha}{r}=\mathscr{E}^2-m^2c^4-\varphi^2\left(\frac{\mathscr{E}\alpha}{cM}\right)^2. \tag{39.6}$$

積分定数は，角度 φ を計る基準線のとり方が任意であることのうちに含まれている．

（39.4）では，平方根のまえの符号のあいまいさは重要ではない．なぜなら，それはすでに余弦のなかに角度 φ の基準線の任意性を含んでいるからである．引力の場合（$\alpha<0$），この方程式に対応する軌道は，もし $\mathscr{E}<mc^2$ であれば，完全に r の有限な範囲内にある（有限運動）．もし $\mathscr{E}>mc^2$ ならば，r は無限大になることができる（無限運動）．有限運動は非相対論的力学における閉じた軌道（楕円）の運動に対応する．相対論的力学ではけっして軌道は閉じることができない．（39.4）から明らかなように，角度 φ が 2π だけ変化したとき，中心からの距離 r はもとの値にもどらないのである．楕円のかわりに，ここでは開いたバラの花形の軌道が得られる．このように，非相対論的力学ではクーロン場のな

かの有限運動は閉じた軌道を与えるのに反して，相対論的力学ではクーロン場はこの性質を失うのである．

(39.5) で，$\alpha<0$ の場合には根号に対し正符号を，$\alpha>0$ ならば負符号を選ばなければならない（符号の逆の選び方は (39.1) の根の符号を逆転することにあたる)．

$\alpha<0$ に対して軌道 (39.5) および (39.6) は，距離 r が $\varphi\to\infty$ のとき0に近づくようならせんである．電荷が原点に“落ちこむ”ために必要な時間は有限である．このことは座標 r の時間への依存の仕方が方程式 $\partial S/\partial\mathscr{E}=\text{const}$ によってきまることに注意すれば，証明することができる：(39.3) を代入すると，$r\to0$ に対し収束する積分によって時間が定められることがわかる．

問題

1. 反発力のクーロン場 ($\alpha>0$) を通過する電荷の散乱角を決定せよ．

解 散乱角 χ は，φ_0 を軌道 (39.4) の2つの漸近線のあいだの角度としたとき，$\chi=\pi-2\varphi_0$ に等しい．

$$\chi=\pi-\frac{2cM}{\sqrt{c^2M^2-\alpha^2}}\tan^{-1}\left(\frac{v\sqrt{c^2M^2-\alpha^2}}{c\alpha}\right)$$

が得られる．ここで v は無限遠における電荷の速度である．

2. クーロン場による粒子の散乱において，小さな角度に対する有効散乱断面積を求めよ．

解 有効断面積 $d\sigma$ は，単位時間に与えられた立体角要素 do 内に散乱される粒子の数の，入射する粒子の流れの密度（すなわち，粒子のビームに垂直な面の1平方センチメートルを1秒間に横切る粒子の数）に対する比である．

場を通過するあいだに粒子がそらされる角度 χ は，“衝突径数” ρ（すなわち，場がなかった場合に粒子が運動する直線への中心からの距離）によって定められるから

$$d\sigma=2\pi\rho d\rho=2\pi\rho\frac{d\rho}{d\chi}d\chi=\rho\frac{d\rho}{d\chi}\frac{do}{\sin\chi}.$$

ただし $do=2\pi\sin\chi d\chi$（第1巻『力学』§18を参照）．散乱角（小さな角度に対して）は運動量の変化とその初期値との比に等しいとおくことができる．運動量の変化は電荷に働く力の時間についての積分に等しい．この力の運動方向に垂直な成分は近似的に $\dfrac{\alpha}{r^2}\dfrac{\rho}{r}$ である．こうして

$$\chi=\frac{1}{p}\int_{-\infty}^{+\infty}\frac{\alpha\rho dt}{(\rho^2+v^2t^2)^{3/2}}=\frac{2\alpha}{p\rho v}$$

が得られる（v は粒子の速度)．これから小さな χ に対する有効断面積が見いだされる：

$$d\sigma=4\left(\frac{\alpha}{pv}\right)^2\frac{do}{\chi^4}.$$

非相対論的な場合 $p\cong mv$ には，この表式は小さな χ に対してラザフォードの公式から得られるものと一致する（第1巻『力学』§19を参照)．

§ 40. 双極モーメント

電荷の系が，系自身の大きさにくらべて大きな距離はなれたところにつくる場を考察しよう．

電荷の系のなかの任意の点に原点をもつ座標系を導入する．おのおのの電荷の位置ベクトルを $\boldsymbol{r}_a$ としよう．位置ベクトル $\boldsymbol{R}_0$ をもつ点における，すべての電荷がつくる場のポテンシャルを求めよう．この場のポテンシャルは

$$\phi=\sum_a \frac{e_a}{|\boldsymbol{R}_0-\boldsymbol{r}_a|} \tag{40.1}$$

である（和はすべての電荷にわたる）：ここで $\boldsymbol{R}_0-\boldsymbol{r}_a$ は，電荷 e_a からわれわれがポテンシャルを求めようとする点までの動径ベクトルである．

われわれは大きな $\boldsymbol{R}_0$（$\boldsymbol{R}_0\gg\boldsymbol{r}_a$）に対するこの表式を調べなければならない．このために

$$f(\boldsymbol{R}_0-\boldsymbol{r})\approx f(\boldsymbol{R}_0)-\boldsymbol{r}\,\mathrm{grad}\,f(\boldsymbol{R}_0)$$

（grad において微分はベクトル $\boldsymbol{R}_0$ の座標に作用する）という公式を使って，(40.1) を $\boldsymbol{r}_a/\boldsymbol{R}_0$ のベキに展開する．1次の項までとると

$$\phi=\frac{\sum e_a}{R_0}-\sum e_a\boldsymbol{r}_a\,\mathrm{grad}\frac{1}{R_0}. \tag{40.2}$$

和

$$\boldsymbol{d}=\sum e_a\boldsymbol{r}_a \tag{40.3}$$

は電荷の系の**双極モーメント**よばれる．もしすべての電荷の和，$\sum e_a$ がゼロであれば，双極モーメントは座標原点の選び方に関係しないことに注意しなければならない．それは2つの異なった座標系における同一の電荷の位置ベクトル $\boldsymbol{r}_a$ と $\boldsymbol{r}'_a$ とは，$\boldsymbol{a}$ をある一定ベクトルとして

$$\boldsymbol{r}'_a=\boldsymbol{r}_a+\boldsymbol{a}$$

によって関係づけられるからである．したがって，もし $\sum e_a=0$ であれば，双極モーメントは両方の系で同じである：

$$\boldsymbol{d}'=\sum e_a\boldsymbol{r}'_a=\sum e_a\boldsymbol{r}_a+\boldsymbol{a}\sum e_a=\boldsymbol{d}.$$

系の正および負の電荷とそれらの位置ベクトルを $e_a^+, \boldsymbol{r}_a^+$ および $-e_a^-, \boldsymbol{r}_a^-$ と表わすならば，双極モーメントを

$$\boldsymbol{d}=\sum e_a^+\boldsymbol{r}_a^+-\sum e_a^-\boldsymbol{r}_a^-=\boldsymbol{R}^+\sum e_a^+-\boldsymbol{R}^-\sum e_a^- \tag{40.4}$$

という形に書くことができる．ここに

$$\boldsymbol{R}^+=\frac{\sum e_a^+\boldsymbol{r}_a^+}{\sum e_a^+},\qquad \boldsymbol{R}^-=\frac{\sum e_a^-\boldsymbol{r}_a^-}{\sum e_a^-} \tag{40.5}$$

は，正および負の電荷の“電荷中心”である．もし $\sum e_a^+=\sum e_a^-=e$ であれば

$$\boldsymbol{d}=e\boldsymbol{R}_{+-} \tag{40.6}$$

である．ただし $\boldsymbol{R}_{+-}=\boldsymbol{R}^{+}-\boldsymbol{R}^{-}$ は負の電荷の中心から正電荷の中心までの動径ベクトルである．とくに，２つの電荷しかないときには，$\boldsymbol{R}_{+-}$ はそのあいだの動径ベクトルである．

もし系の全電荷がゼロに等しければ，大きな距離におけるこの系の場のポテンシャルは

$$\phi=-\boldsymbol{d}\nabla\frac{1}{R_0}=\frac{\boldsymbol{d}\boldsymbol{R}_0}{R_0^3} \tag{40.7}$$

である．場の強さは

$$\boldsymbol{E}=-\mathrm{grad}\frac{\boldsymbol{d}\boldsymbol{R}_0}{R_0^3}=-\frac{1}{R_0^3}\mathrm{grad}(\boldsymbol{d}\boldsymbol{R}_0)-(\boldsymbol{d}\boldsymbol{R}_0)\mathrm{grad}\frac{1}{R_0^3}.$$

結局 $\boldsymbol{n}$ を $\boldsymbol{R}_0$ の方向の単位ベクトルとして，

$$\boldsymbol{E}=\frac{3(\boldsymbol{n}\boldsymbol{d})\boldsymbol{n}-\boldsymbol{d}}{R_0^3} \tag{40.8}$$

となる．また，微分をおこなう前の

$$\boldsymbol{E}=(\boldsymbol{d}\nabla)\nabla\frac{1}{R_0} \tag{40.9}$$

という形に書けることを示しておくのは有用であろう．

このようにして，全電荷がゼロに等しい系のつくる場のポテンシャルは，系からの距離の大きいところで，距離の２乗に逆比例し，場の強さはその３乗に逆比例する．この場は $\boldsymbol{d}$ の方向のまわりに軸対称性をもつ．この方向（それを z 軸にとろう）を含む面内の $\boldsymbol{E}$ の成分は

$$E_z=d\frac{3\cos^2\theta-1}{R_0^3},\qquad E_x=d\frac{3\sin\theta\cos\theta}{R_0^3} \tag{40.10}$$

である．この面内の動径方向および接線方向の成分は

$$E_R=d\frac{2\cos\theta}{R_0^3},\qquad E_\theta=-d\frac{\sin\theta}{R_0^3} \tag{40.11}$$

である．

§41.　多重極モーメント

ポテンシャルの $1/R_0$ のベキへの展開

$$\phi=\phi^{(0)}+\phi^{(1)}+\phi^{(2)}+\cdots \tag{41.1}$$

において，項 $\phi^{(n)}$ は $1/R_0^{n+1}$ に比例する．われわれは第１項がすべての電荷の和によって定められること，系の双極ポテンシャルとよばれる第２項 $\phi^{(1)}$ は，系の双極モーメントによって決定されることをみた．

展開の第３項は

$$\phi^{(2)}=\frac{1}{2}\sum ex_\alpha x_\beta\frac{\partial^2}{\partial X_\alpha \partial X_\beta}\left(\frac{1}{R_0}\right) \tag{41.2}$$

に等しい．ただし和はすべての電荷についてとる．ここで電荷を番号づける指標をはぶいた．x_α はベクトル $\boldsymbol{r}$ の成分であり，X_α はベクトル $\boldsymbol{R}_0$ のそれである．ポテンシャルのこの部分は普通**4 重極ポテンシャル**とよばれる．電荷の和と系の双極モーメントとが両方ともゼロに等しいならば，展開は $\phi^{(2)}$ から始まる．

表式 (41.2) には 6 つの量 $\sum ex_\alpha x_\beta$ が現われる．しかしながら，場が実際には 6 個の独立な量にではなく，5 個だけに依存することは，たやすくわかる．このことは，関数 $1/R_0$ がラプラス方程式，つまり

$$\Delta\left(\frac{1}{R_0}\right)\equiv\delta_{\alpha\beta}\frac{\partial^2}{\partial X_\alpha \partial X_\beta}\frac{1}{R_0}=0$$

をみたすという事実から結論される．したがって $\phi^{(2)}$ を

$$\phi^{(2)}=\frac{1}{2}\sum e\left(x_\alpha x_\beta-\frac{1}{3}r^2\delta_{\alpha\beta}\right)\frac{\partial^2}{\partial X_\alpha \partial X_\beta}\left(\frac{1}{R_0}\right)$$

という形に書くことができる．テンソル

$$D_{\alpha\beta}=\sum e(3x_\alpha x_\beta-r^2\delta_{\alpha\beta}) \tag{41.3}$$

は系の**4 重極モーメント**とよばれる．$D_{\alpha\beta}$ の定義から，その対角成分の和がゼロに等しいことは明らかである：

$$D_{\alpha\alpha}=0. \tag{41.4}$$

したがって，対称テンソル $D_{\alpha\beta}$ は全部で 5 つの独立成分をもっている．$D_{\alpha\beta}$ を使って

$$\phi^{(2)}=\frac{D_{\alpha\beta}}{6}\frac{\partial^2}{\partial X_\alpha \partial X_\beta}\left(\frac{1}{R_0}\right) \tag{41.5}$$

と書くことができる．あるいは，微分をおこなって

$$\frac{\partial^2}{\partial X_\alpha \partial X_\beta}\frac{1}{R_0}=\frac{3X_\alpha X_\beta}{R_0^5}-\frac{\delta_{\alpha\beta}}{R_0^3},$$

さらに (41.4) のために $\delta_{\alpha\beta}D_{\alpha\beta}=D_{\alpha\alpha}=0$ であることを考えると

$$\phi^{(2)}=\frac{D_{\alpha\beta}n_\alpha n_\beta}{2R_0^3} \tag{41.6}$$

となる．

すべての対称な 3 元テンソルと同じように，テンソル $D_{\alpha\beta}$ も対角化することができる．そのとき，条件 (41.4) のために，一般の場合 3 つの主値のうち 2 つだけが独立である．もし電荷の系がある軸（z 軸）に関して対称であるならば[1]，その軸がテンソル $D_{\alpha\beta}$ の主軸の 1 つとなり，あとの 2 つの軸の x, y 平面における位置は任意である．しかも 3 つの主値はすべて関連している：

1) 2 よりも高い任意の次数の対称軸が念頭におかれている．

$$D_{xx}=D_{yy}=-\frac{1}{2}D_{zz}. \tag{41.7}$$

成分 D_{zz} を D と書くと（この場合には普通それを単に4重極モーメントとよぶ），ポテンシャルが

$$\phi^{(2)}=\frac{D}{4R_0^3}(3\cos^2\theta-1)=\frac{D}{2R_0^3}P_2(\cos\theta) \tag{41.8}$$

という形で得られる．ここで θ は R_0 と z 軸とのあいだの角度で，P_2 はルジャンドルの多項式である．

前節で双極モーメントについて述べたと同様にして，もし系の全電荷も双極モーメントもともにゼロに等しければ，系の四重極モーメントは座標原点の選び方に関係しないことがたやすく証明される．

同じようなやり方で，展開（41.1）の後続の項を書き下すことができる．展開の第 l 項は l 階のテンソル（2^l 重極モーメントのテンソルとよばれる）によって定められる．そのテンソルはすべての添字について対称であり，また添字の任意の一対について縮約(簡約)するとゼロになる[1]．このようなテンソルは，$2l+1$ 個の独立な成分をもつことを示すことができる．

ここでは，ポテンシャルの展開の一般項を，球関数の理論でよく知られている公式

$$\frac{1}{|\boldsymbol{R}_0-\boldsymbol{r}|}=\frac{1}{\sqrt{R_0^2+r^2-2rR_0\cos\chi}}=\sum_{l=0}^{\infty}\frac{r^l}{R_0^{l+1}}P_l(\cos\chi) \tag{41.9}$$

を使って別の形に書こう．ここで χ は $\boldsymbol{R}_0$ と $\boldsymbol{r}$ とのあいだの角である．ベクトル $\boldsymbol{R}_0$ と $\boldsymbol{r}$ とがそれぞれ固定した座標軸となす角を Θ,Φ および θ,φ として，球関数のよく知られた加法公式

$$P_l(\cos\chi)=\sum_{m=-l}^{l}\frac{(l-|m|)!}{(l+|m|)!}P_l^{|m|}(\cos\Theta)P_l^{|m|}(\cos\theta)e^{-im(\Phi-\varphi)} \tag{41.10}$$

を利用しよう．ここで P_l^m はルジャンドルの陪関数である．さらに，球面調和関数

$$Y_{lm}(\theta,\varphi)=(-1)^m i^l\sqrt{\frac{2l+1}{2}\frac{(l-m)!}{(l+m)!}}P_l^m(\cos\theta)e^{im\varphi},\qquad m\geqslant 0,$$

$$Y_{l,-|m|}(\theta,\varphi)=(-1)^{l-m}Y_{l|m|}^{*} \tag{41.11}$$

を導入する[2]．そうすると展開（41.9）は，

$$\frac{1}{|\boldsymbol{R}_0-\boldsymbol{r}|}=\sum_{l=0}^{\infty}\sum_{m=-l}^{l}\frac{r^l}{R_0^{l+1}}\frac{4\pi}{2l+1}Y_{lm}^{*}(\Theta,\Phi)Y_{lm}(\theta,\varphi)$$

となる．この展開を和（40.1）の各項に用いると，ポテンシャルの展開の第 l 項に対して結局つぎの表式が得られる：

1）このようなテンソルは，既約とよばれる．縮約するとゼロになることは，その成分からより低い階数のテンソルの成分をつくることができないことを意味する．

2）量子力学で使われる定義にしたがった．

$$\phi^{(l)}=\frac{1}{R_0^{l+1}}\sum_{m=-l}^{l}\sqrt{\frac{4\pi}{2l+1}}Q_m^{(l)}Y_{lm}^{*}(\Theta,\Phi), \tag{41.12}$$

ただし

$$Q_m^{(l)}=\sum_a e_a r_a^l\sqrt{\frac{4\pi}{2l+1}}Y_{lm}(\theta_a,\varphi_a). \tag{41.13}$$

$2l+1$ 個の量 $Q_m^{(l)}$ の総体が，電荷の系の 2^l 重極モーメントを与える．

このように定義した量 $Q_m^{(1)}$ と双極子モーメント $\boldsymbol{d}$ との関係は

$$Q_0^{(1)}=id_z, \qquad Q_{\pm1}^{(1)}=\mp\frac{1}{\sqrt{2}}(d_x\pm id_y) \tag{41.14}$$

である．また $Q_m^{(2)}$ は，テンソル $D_{\alpha\beta}$ と

$$Q_0^{(2)}=-\frac{1}{2}D_{zz}, \qquad Q_{\pm1}^{(2)}=\pm\frac{1}{\sqrt{6}}(D_{xz}\pm iD_{yz}),$$
$$Q_{\pm2}^{(2)}=-\frac{1}{2\sqrt{6}}(D_{xx}-D_{yy}\pm2iD_{xy}) \tag{41.15}$$

のように対応する．

問　題

1. 一様に帯電した楕円体の，その中心に関する 4 重極モーメントを求めよ．

解 (41.3) の和を楕円体の体積についての積分にかえて

$$D_{xx}=\rho\iint(2x^2-y^2-z^2)dxdydz$$

等々，が得られる．楕円形の中心に原点をとり，その軸の方向に座標軸を選ぶ．対称性から，これらの軸がテンソル $D_{\alpha\beta}$ の主軸であることは明らかである．変換

$$x=x'a, \qquad y=y'b, \qquad z=z'c$$

をおこなうと，楕円体

$$\frac{x^2}{a^2}+\frac{y^2}{b^2}+\frac{z^2}{c^2}=1$$

の体積についての積分は，半径 1 の球

$$x'^2+y'^2+z'^2=1$$

の体積についての積分になる．結局

$$D_{xx}=\frac{e}{5}(2a^2-b^2-c^2), \qquad D_{yy}=\frac{e}{5}(2b^2-a^2-c^2),$$
$$D_{zz}=\frac{e}{5}(2c^2-a^2-b^2)$$

が得られる．ここで $e=\frac{4\pi}{3}abc\rho$ は楕円体の全電荷である．

§ 42. 外場のなかの電荷の系

こんどは外部の電場のなかにおかれた電荷の系を考察しよう．いま，この外場のポテン

シャルを $\phi(\boldsymbol{r})$によって表わすことにする．おのおのの電荷の位置エネルギーは $e_a\phi(\boldsymbol{r}_a)$ であり，系の全位置エネルギーは

$$U=\sum_a e_a\phi(\boldsymbol{r}_a) \tag{42.1}$$

である．ふたたび電荷の系の内部の任意の点に原点をもつ座標系を導入する．$\boldsymbol{r}_a$ はこの座標系における電荷 e_a の位置ベクトルである．

外場は電荷の系の領域にわたってゆるやかに変化する，すなわちこの系にとっては準一様である，と仮定しよう．このときわれわれはエネルギー U を $\boldsymbol{r}_a$ のベキに展開することができる．この展開

$$U=U^{(0)}+U^{(1)}+U^{(2)}+\cdots \tag{42.2}$$

において，第1項は

$$U^{(0)}=\phi_0\sum_a e_a \tag{42.3}$$

である．ただし ϕ_0 は原点におけるポテンシャルの値である．この近似において系のエネルギーは，かりにすべての電荷が1点にあったとした場合のものと同じである．

展開の第2項は

$$U^{(1)}=(\mathrm{grad}\,\phi)_0\sum e_a\boldsymbol{r}_a.$$

原点における場の強さ $\boldsymbol{E}_0$ と系の双極モーメント $\boldsymbol{d}$ を導入すると

$$U^{(1)}=-\boldsymbol{d}\boldsymbol{E}_0 \tag{42.4}$$

が得られる．

準一様な外場のなかで系の受ける全部の力は，問題にしている項までの近似では

$$\boldsymbol{F}=\boldsymbol{E}_0\sum e_a+(\mathrm{grad}\,\boldsymbol{d}\boldsymbol{E})_0$$

に等しい．

もし全電荷がゼロに等しいならば，第1項は消え，

$$\boldsymbol{F}=(\boldsymbol{d}\nabla)\boldsymbol{E} \tag{42.5}$$

となる．すなわち，力（原点での）は場の強さの導関数によって定められる．ところが系に働く力のモーメントは

$$\boldsymbol{K}=\sum \boldsymbol{r}_a\times e_a\boldsymbol{E}_0=\boldsymbol{d}\times\boldsymbol{E}_0 \tag{42.6}$$

であり，場の強さ自体によって与えられる．

おのおの全電荷がゼロで，それぞれ双極モーメントが $\boldsymbol{d}_1$ および $\boldsymbol{d}_2$ である2つの系を考えよう．たがいのあいだの距離はそれぞれの内部の広がりにくらべて大きいとする．両者の相互作用のポテンシャル・エネルギーUを求めよう．そのために，これらの系のうちの一方が，他方のつくる場のなかにあるとみなすことができる．したがって，$\boldsymbol{E}_1$ を第1の系の場とすると

$$U=-\boldsymbol{d}_2\boldsymbol{E}_1$$

である．$\boldsymbol{E}_1$ に表式 (40.8) を代入すると

$$U=\frac{(\boldsymbol{d}_1\boldsymbol{d}_2)R^2-3(\boldsymbol{d}_1\boldsymbol{R})(\boldsymbol{d}_2\boldsymbol{R})}{R^5} \tag{42.7}$$

が得られる．ここで $\boldsymbol{R}$ は2つの系のあいだのへだたりを表わすベクトルである．

1つの系の全電荷がゼロと異なる（e に等しい）場合に対しては，同様にして

$$U=e\frac{\boldsymbol{dR}}{R^3} \tag{42.8}$$

が得られる．ただし $\boldsymbol{R}$ は双極子から電荷に向かうベクトルである．

展開 (42.1) のつぎの項は

$$U^{(2)}=\frac{1}{2}\sum ex_\alpha x_\beta\frac{\partial^2\phi_0}{\partial x_\alpha\partial x_\beta}$$

である．

ここでも，§41 におけるように電荷を番号づける添字をはぶいた．$\partial^2\phi_0/\partial x_\alpha\partial x_\beta$ は原点におけるポテンシャルの2階導関数である．ところでポテンシャル ϕ はラプラスの方程式

$$\frac{\partial^2\phi}{\partial x_\alpha^2}=\delta_{\alpha\beta}\frac{\partial^2\phi}{\partial x_\alpha\partial x_\beta}=0$$

をみたす．したがって $U^{(2)}$ を

$$U^{(2)}=\frac{1}{2}\frac{\partial^2\phi_0}{\partial x_\alpha\partial x_\beta}\sum e\left(x_\alpha x_\beta-\frac{1}{3}\delta_{\alpha\beta}r^2\right)$$

あるいは

$$U^{(2)}=\frac{D_{\alpha\beta}}{6}\frac{\partial^2\phi_0}{\partial x_\alpha\partial x_\beta} \tag{42.9}$$

と書くことができる．

級数 (42.2) の一般項は，前節で与えられた 2^l 重極モーメント $D_m^{(l)}$ によって表わされる．このためには，あらかじめポテンシャル $\phi(\boldsymbol{r})$ を球関数の級数に展開しなければならない．そのような展開の一般的な形は

$$\phi(\boldsymbol{r})=\sum_{l=0}^{\infty}r^l\sum_{m=-l}^{l}a_{lm}\sqrt{\frac{4\pi}{2l+1}}Y_{lm}(\theta,\varphi) \tag{41.10}$$

である．ただし，r,θ,φ は極座標であり，a_{lm} は定数の係数である．和 (42.1) をつくり，定義 (41.13) を考慮すると

$$U^{(l)}=\sum_{m=-l}^{l}a_{lm}Q_m^{(l)} \tag{42.11}$$

が得られる．

§ 43. 不変な磁場

有限な運動をおこなっている電荷の系によってつくられる磁場を考察する．有限な運動

においては粒子はいかなるときにも有限な空間領域のなかにとどまり，さらにその運動量もつねに有限である．このような運動は定常的な性格をもっており，電荷のつくる（時間について）平均した磁場 $\overline{\boldsymbol{H}}$ を考察することが意義をもつ．したがってこの磁場は座標だけの関数であり，時間の関数ではない．つまりそれは不変である．

平均の場 $\overline{\boldsymbol{H}}$ に対する方程式を見いだすために，マクスウェル方程式

$$\operatorname{div}\boldsymbol{H}=0, \qquad \operatorname{rot}\boldsymbol{H}=\frac{1}{c}\frac{\partial\boldsymbol{E}}{\partial t}+\frac{4\pi}{c}\boldsymbol{j}$$

の時間平均をとる．このうち最初の式は単に

$$\operatorname{div}\overline{\boldsymbol{H}}=0 \tag{43.1}$$

を与える．第2の方程式において，導関数 $\partial\boldsymbol{E}/\partial t$ の平均値は，一般にすべての有界な領域で変化する量の導関数がそうであるように，ゼロである（95ページの脚注をみよ）．したがって．第2のマクスウェル方程式は

$$\operatorname{rot}\overline{\boldsymbol{H}}=\frac{4\pi}{c}\overline{\boldsymbol{j}} \tag{43.2}$$

となる．これら2つの方程式が不変な場 $\overline{\boldsymbol{H}}$ を定める．

$$\operatorname{rot}\overline{\boldsymbol{A}}=\overline{\boldsymbol{H}}$$

によってベクトル・ポテンシャル $\overline{\boldsymbol{A}}$ を導入しよう．これを方程式（43.2）に代入すると

$$\operatorname{grad}\operatorname{div}\overline{\boldsymbol{A}}-\Delta\overline{\boldsymbol{A}}=\frac{4\pi}{c}\overline{\boldsymbol{j}}$$

が得られる．

ところで，われわれは，場のベクトル・ポテンシャルが一義的に定義されないことを知っている．だからそれに任意の付加条件を課することができる．このことにもとづいて，ポテンシャル $\overline{\boldsymbol{A}}$ を

$$\operatorname{div}\overline{\boldsymbol{A}}=0 \tag{43.3}$$

となるように選ぶ．そうすると不変な磁場のベクトル・ポテンシャルを定義する方程式は

$$\Delta\overline{\boldsymbol{A}}=-\frac{4\pi}{c}\overline{\boldsymbol{j}}. \tag{43.4}$$

（43.4）が不変な電場のスカラー・ポテンシャルに対するポアッソン方程式（36.4）にまったく類似していることに注意すれば，この方程式の解は容易に見いだされる．そこでの電荷密度 ρ のかわりに，ここでは電流密度 $\overline{\boldsymbol{j}}/c$ がくる．ポアッソン方程式の解（36.8）との類推により

$$\overline{\boldsymbol{A}}=\frac{1}{c}\int\frac{\overline{\boldsymbol{j}}}{R}dV \tag{43.5}$$

と書くことができる．ただし，R は $\overline{\boldsymbol{A}}$ を定めようとする点から体積要素 dV までの距離である．

公式 (43.5) で，$\boldsymbol{j}$ のかわりに積 $\rho\boldsymbol{v}$ に代入し，すべての電荷が点状であることを思い起こせば，積分から電荷についての和に移ることができる．この際，積分 (43.5) においてRは単なる積分変数であり，したがって，平均化の操作とは無関係であるということに留意しなければならない．もし積分 $\int\frac{\boldsymbol{j}}{R}dV$ のかわりに和 $\sum\frac{e_a\boldsymbol{v}_a}{R_a}$ を書くならば，この R_a はいろいろな電荷の位置ベクトルであり，電荷の運動によって変化する．したがってわれわれは

$$\overline{\boldsymbol{A}}=\frac{1}{c}\sum\overline{\frac{e_a\boldsymbol{v}_a}{R_a}} \tag{43.6}$$

と書かなければならない．ここで，平均は和の記号のなかの表式全体についてとる．

$\overline{\boldsymbol{A}}$ を知れば磁場を求めることができる．

$$\overline{\boldsymbol{H}}=\mathrm{rot}\,\overline{\boldsymbol{A}}=\mathrm{rot}\frac{1}{c}\int\frac{\overline{\boldsymbol{j}}}{R}dV.$$

rot という演算子は，場を求める点の座標に作用する．したがって rot は積分記号下にいれることができ，また $\overline{\boldsymbol{j}}$ は微分の際一定とみなすことができる．f および $\boldsymbol{a}$ を任意のスカラーおよびベクトルとしたとき

$$\mathrm{rot}\,f\boldsymbol{a}=f\,\mathrm{rot}\,\boldsymbol{a}+\mathrm{grad}\,f\times\boldsymbol{a}$$

というよく知られた公式を $\overline{\boldsymbol{j}}\cdot 1/R$ に適用して

$$\mathrm{rot}\,\frac{\overline{\boldsymbol{j}}}{R}=\mathrm{grad}\frac{1}{R}\times\overline{\boldsymbol{j}}+\frac{\overline{\boldsymbol{j}}\times\boldsymbol{R}}{R^3}$$

を得る．したがって

$$\overline{\boldsymbol{H}}=\frac{1}{c}\int\frac{\overline{\boldsymbol{j}}\times\boldsymbol{R}}{R^3}dV \tag{43.7}$$

である（動径ベクトル $\boldsymbol{R}$ は dV から場を求めている点に向かう）．これは**ビオ・サヴァールの法則**である．

§ 44. 磁気モーメント

定常運動している電荷の系によってつくられる磁場の，系から十分離れた点における，すなわち，系の大きさにくらべて大きな距離の点における平均値を考察しよう．

§40 でやったように，電荷の系の内部の任意の点に原点をもつ座標系を導入する．ふたたび $\boldsymbol{r}_a$ でもって各電荷の位置ベクトルを表わし，$\boldsymbol{R}_0$ でもって場を計算しようとする点の位置ベクトルを表わす．それで $\boldsymbol{R}_0-\boldsymbol{r}_a$ は電荷から場の点までの動径ベクトルである．(43.6) によるとベクトル・ポテンシャルとして

$$\overline{\boldsymbol{A}}=\frac{1}{c}\sum\frac{\overline{e_a\boldsymbol{v}_a}}{|\boldsymbol{R}_0-\boldsymbol{r}_a|} \tag{44.1}$$

が得られる．

§40におけると同様，この表式を $\boldsymbol{r}_a$ のベキに展開する．1次の項までとって（添字 a をはぶく）

$$\overline{\boldsymbol{A}}=\frac{1}{cR_0}\sum e\overline{\boldsymbol{v}}-\frac{1}{c}\sum\overline{e\boldsymbol{v}\left(\boldsymbol{r}\nabla\frac{1}{R_0}\right)}$$

を得る．第1項で

$$\sum e\overline{\boldsymbol{v}}=\overline{\frac{d}{dt}\sum e\boldsymbol{r}}$$

と書くことができる． ところが有限な区間内で変化する量 $\sum e\boldsymbol{r}$ の導関数の平均値はゼロである．したがって，$\overline{\boldsymbol{A}}$ に対して表式

$$\overline{\boldsymbol{A}}=-\frac{1}{c}\sum\overline{e\boldsymbol{v}\left(\boldsymbol{v}\nabla\frac{1}{R_0}\right)}=\frac{1}{cR_0^3}\sum\overline{e\boldsymbol{v}(\boldsymbol{r}\boldsymbol{R}_0)}$$

が残る．

この表式をつぎのように変形する．$\boldsymbol{v}=\dot{\boldsymbol{r}}$ に注意して

$$\sum e(\boldsymbol{R}_0\boldsymbol{r})\boldsymbol{v}=\frac{1}{2}\frac{d}{dt}\sum e\boldsymbol{r}(\boldsymbol{r}\boldsymbol{R}_0)+\frac{1}{2}\sum e[\boldsymbol{v}(\boldsymbol{r}\boldsymbol{R}_0)-\boldsymbol{r}(\boldsymbol{v}\boldsymbol{R}_0)]$$

と書くことができる（$\boldsymbol{R}_0$ は一定なベクトルであることに留意して）．この表式を $\boldsymbol{A}$ に代入すると，（時間導関数を含む）第1項の平均はふたたびゼロとなり

$$\overline{\boldsymbol{A}}=\frac{1}{2cR_0^3}\sum e[\overline{\boldsymbol{v}(\boldsymbol{r}\boldsymbol{R}_0)}-\overline{\boldsymbol{r}(\boldsymbol{v}\boldsymbol{R}_0)}]$$

が得られる．系の**磁気モーメント**とよばれるベクトル

$$\mathfrak{m}=\frac{1}{2c}\sum e\boldsymbol{r}\times\boldsymbol{v} \tag{44.2}$$

を導入する．すると $\overline{\boldsymbol{A}}$ に対し

$$\overline{\boldsymbol{A}}=\frac{\overline{\mathfrak{m}}\times\boldsymbol{R}_0}{R_0^3}=\nabla\frac{1}{R_0}\times\overline{\mathfrak{m}} \tag{44.3}$$

が得られる．

ベクトル・ポテンシャルがわかれば，磁場を求めるのはたやすい．公式

$$\mathrm{rot}(\boldsymbol{a}\times\boldsymbol{b})=(\boldsymbol{b}\nabla)\boldsymbol{a}-(\boldsymbol{a}\nabla)\boldsymbol{b}+\boldsymbol{a}\,\mathrm{div}\,\boldsymbol{b}-\boldsymbol{b}\,\mathrm{div}\,\boldsymbol{a}$$

を用いて

$$\overline{\boldsymbol{H}}=\mathrm{rot}\left(\frac{\overline{\mathfrak{m}}\times\boldsymbol{R}_0}{R_0^3}\right)=\overline{\mathfrak{m}}\,\mathrm{div}\frac{\boldsymbol{R}_0}{R_0^3}-(\overline{\mathfrak{m}}\nabla)\frac{\boldsymbol{R}_0}{R_0^3}$$

が得られる．さらに

$$\mathrm{div}\frac{\boldsymbol{R}_0}{R_0^3}=\boldsymbol{R}_0\mathrm{grad}\frac{1}{R_0^3}+\frac{1}{R_0^3}\mathrm{div}\,\boldsymbol{R}_0=0$$

および

$$(\overline{\mathfrak{m}}\nabla)\frac{\boldsymbol{R}_0}{R_0^3}=\frac{1}{R_0^3}(\overline{\mathfrak{m}}\nabla)\boldsymbol{R}_0+\boldsymbol{R}_0(\overline{\mathfrak{m}}\nabla)\frac{1}{R_0^3}=\frac{\overline{\mathfrak{m}}}{R_0^3}-\frac{3\boldsymbol{R}_0(\overline{\mathfrak{m}}\boldsymbol{R}_0)}{R_0^5}.$$

したがって

$$\overline{\boldsymbol{H}}=\frac{3\boldsymbol{n}(\overline{\mathfrak{m}}\boldsymbol{n})-\overline{\mathfrak{m}}}{R_0^3} \tag{44.4}$$

ここで $\boldsymbol{n}$ は $\boldsymbol{R}_0$ の方向の単位ベクトルである．電場を双極モーメントで表わしたのと((40.8) をみよ) 同じ公式によって，磁場は磁気モーメントで表わされることがわかる．

電荷と質量との比が系のすべての電荷について同じであるならば

$$\mathfrak{m}=\frac{1}{2c}\sum e\boldsymbol{r}\times\boldsymbol{v}=\frac{e}{2mc}\sum m\boldsymbol{r}\times\boldsymbol{v}$$

と書くことができる．もしすべての電荷の速度 v が $v\ll c$ であれば，$m\boldsymbol{v}$ は運動量 $\boldsymbol{p}$ であり

$$\mathfrak{m}=\frac{e}{2mc}\sum \boldsymbol{r}\times\boldsymbol{p}=\frac{e}{2mc}\boldsymbol{M} \tag{44.5}$$

となる．ここで $\boldsymbol{M}=\sum\boldsymbol{r}\times\boldsymbol{p}$ は系の力学的な角運動量である．したがって，この場合，磁気モーメントの力学的モーメントに対する比は一定であり，$e/2mc$ に等しい．

問　題

2つの電荷の系に対する磁気的および力学的モーメントのあいだの関係を求めよ（速度 $v\ll c$).

解　2つの粒子の重心に座標原点を選ぶと，$m_1\boldsymbol{r}_1+m_2\boldsymbol{r}_2=0$ および $\boldsymbol{p}_1=-\boldsymbol{p}_2=\boldsymbol{p}$ となる．ここで $\boldsymbol{p}$ は相対運動の運動量．この関係を使うと

$$\mathfrak{m}=\frac{1}{2c}\left(\frac{e_1}{m_1^2}+\frac{e_2}{m_2^2}\right)\frac{m_1m_2}{m_1+m_2}\boldsymbol{M}$$

が得られる．

§ 45.　ラーマーの定理

一様で不変な外部磁場のなかにある電荷の系を考察しよう．

系に働く力の（時間）平均

$$\overline{\boldsymbol{F}}=\sum\frac{e}{c}\overline{\boldsymbol{v}\times\boldsymbol{H}}=\overline{\frac{d}{dt}\sum\frac{e}{c}\boldsymbol{r}\times\boldsymbol{H}}$$

は，すべて有限な領域で変動する量の時間についての導関数の平均値と同様，ゼロである．力のモーメントの平均

$$\overline{\boldsymbol{K}}=\sum\frac{e}{c}\overline{\boldsymbol{r}\times(\boldsymbol{v}\times\boldsymbol{H})}$$

はゼロと異なる．これを系の磁気モーメントで表わすことができる．そのために，2重のベクトル積をほどいて書く：

$$\boldsymbol{K}=\sum\frac{e}{c}\{\boldsymbol{v}(\boldsymbol{r}\boldsymbol{H})-\boldsymbol{H}(\boldsymbol{v}\boldsymbol{r})\}=\sum\frac{e}{c}\left\{\boldsymbol{v}(\boldsymbol{r}\boldsymbol{H})-\frac{1}{2}\boldsymbol{H}\frac{d}{dt}\boldsymbol{r}^2\right\}.$$

平均すると，第2項はゼロとなり，

$$\overline{\boldsymbol{K}}=\sum\frac{e}{c}\overline{\boldsymbol{v}(\boldsymbol{rH})}=\frac{1}{2c}\sum e\{\overline{\boldsymbol{v}(\boldsymbol{rH})}-\overline{\boldsymbol{r}(\boldsymbol{vH})}\}$$

となる（最後の変形は（44.3）の結果を導いたときと同様にしておこなわれる）．結局

$$\overline{\boldsymbol{K}}=\overline{\mathfrak{m}}\times\boldsymbol{H}. \tag{45.1}$$

電気的な場合の式（42.6）との類似に注意しよう．

一様で不変な外部磁場のなかの電荷の系に対するラグランジアンは，（孤立系のラグランジアンとくらべて）付加的な項

$$L_H=\sum\frac{e}{c}\boldsymbol{Av}=\sum\frac{e}{2c}(\boldsymbol{H}\times\boldsymbol{r})\boldsymbol{v}=\sum\frac{e}{2c}(\boldsymbol{r}\times\boldsymbol{v})\boldsymbol{H} \tag{45.2}$$

を含む（一様な場に対するベクトル・ポテンシャルの表式(19.4)を用いた）．系の磁気モーメントを導入して

$$L_H=\mathfrak{m}\boldsymbol{H} \tag{45.3}$$

が得られる．

電場との類似に注意を向けよう；一様な電場において，全電荷ゼロの電荷の系のラグランジアンは

$$L_E=\boldsymbol{dE}$$

という項を含み（$\boldsymbol{d}$ は系の双極モーメント），それはこの場合，電荷系の位置エネルギーの符号を変えたものである（§42をみよ）．

ここで，ある1つの固定された電荷がつくる球対称な電場のなかで（速度 $v\ll c$ でもって）有限運動をしている電荷の系を考察しよう．

実験室系から，固定された粒子を通る軸のまわりに一様に回転している新しい座標系に移ろう．よく知られた公式から，新しい座標系における粒子の速度 $\boldsymbol{v}$ は古い系におけるその速度 $\boldsymbol{v}'$ と

$$\boldsymbol{v}'=\boldsymbol{v}+\boldsymbol{\Omega}\times\boldsymbol{r}$$

という関係によって結ばれている．ただし $\boldsymbol{r}$ は粒子の位置ベクトルであり，$\boldsymbol{\Omega}$ は回転座標系の角速度である．固定系における電荷の系のラグランジアンは

$$L=\sum\frac{mv'^2}{2}-U$$

である．ここでUは外場のなかの電荷の位置エネルギーと電荷どうしのあいだの相互作用エネルギーとの和である．Uという量は固定された粒子からの電荷の距離と電荷相互間の距離との関数である．回転座標系に移ってもそれは明らかに不変である．したがって，新しい系でのラグランジアンは

$$L=\sum\frac{m}{2}(\boldsymbol{v}+\boldsymbol{\Omega}\times\boldsymbol{r})^2-U$$

である．

すべての電荷が同じ比電荷 e/m をもつと仮定し

$$\boldsymbol{\Omega}=\frac{e}{2mc}\boldsymbol{H} \tag{45.4}$$

とおこう．そうすると，(H^2 の項を無視できるような) 十分小さな H に対してラグランジアンは

$$L=\sum\frac{mv^2}{2}+\frac{1}{2c}\sum e(\boldsymbol{H}\times\boldsymbol{r})\boldsymbol{v}-U$$

となる．これは，不変な磁場があるとき，実験室系で電荷の運動を考察した場合に得られたであろうラグランジアン ((45.2) をみよ) と一致している．

したがって，非相対論的な場合には，球対称な電場と弱い一様な磁場 $\boldsymbol{H}$ のなかで有限運動している，すべて同じ e/m をもつ電荷の系のふるまいは，角速度 (45.4) でもって一様に回転している座標系における，同じ電場のなかの同じ電荷の系のふるまいと同様である，という結果に到達する．この結果が**ラーマーの定理**とよばれるものの内容であり，角速度 $\Omega=eH/2mc$ は**ラーマーの振動数**とよばれる．

同じ問題を違った見地から考えよう．十分弱い磁場 H に対しては，この振動数は与えられた電荷の系の有限運動の振動数にくらべて小さい．だから，周期 $2\pi/\Omega$ にくらべて短い時間についてこの系に関する量を平均したものを考えることができる．これらの平均の量は，(振動数 Ω でもって) ゆっくりと時間的に変化する．

系の平均モーメント $\boldsymbol{M}$ の変化を考察しよう．よく知られた力学の式によって，$\boldsymbol{M}$ の導関数は，系に働く力のモーメント $\boldsymbol{K}$ に等しい．したがって，(45.1) を用いて

$$\frac{d\overline{\boldsymbol{M}}}{dt}=\overline{\boldsymbol{K}}=\overline{\boldsymbol{m}}\times\boldsymbol{H}$$

が得られる．もし系のすべての粒子に対して比 e/m が同じであれば，力学的モーメントと磁気モーメントはたがいに比例しており，(44.5) および (45.4) 式によって

$$\frac{d\overline{\boldsymbol{M}}}{dt}=-\boldsymbol{\Omega}\times\overline{\boldsymbol{M}} \tag{45.5}$$

が得られる．この式は，ベクトル $\overline{\boldsymbol{M}}$ (それにともなって磁気モーメント $\mathfrak{m}$) が，その絶対値および場の方向となす角を保存しながら，角速度 $\boldsymbol{\Omega}$ でもって場の方向のわまりを回転することを意味する (**ラーマーの歳差運動**とよばれる)．

第6章　電　磁　波

§46.　波動方程式

真空中の電磁波は，$\rho=0$，$\boldsymbol{j}=0$ とおいたマクスウェル方程式で記述される．これらの方程式をもう一度書いておこう：

$$\mathrm{rot}\,\boldsymbol{E}=-\frac{1}{c}\frac{\partial\boldsymbol{H}}{\partial t},\qquad \mathrm{div}\,\boldsymbol{H}=0, \tag{46.1}$$

$$\mathrm{rot}\,\boldsymbol{H}=\frac{1}{c}\frac{\partial\boldsymbol{E}}{\partial t},\qquad \mathrm{div}\,\boldsymbol{E}=0. \tag{46.2}$$

これらの方程式はゼロでない解をもつ．このことは，電荷がない場合にも電磁場が存在できることを意味する．

電荷がない真空に現われる電磁場は，**電磁波**とよばれる．ここでわれわれはこのような波の性質を調べることにしよう．

まず第1に，電荷のないときのこのような電磁場は，必然的に時間的に変化するものでなければならないことに注意しよう．事実，そうでない場合には，$\partial\boldsymbol{H}/\partial t=\partial\boldsymbol{E}/\partial t=0$ であり，方程式 (46.1) および (46.2) は不変な場の方程式 (36.1)，(36.2) および (43.1)，(43.2) になるが，いまの場合は，これらの式で $\rho=0$，$\boldsymbol{j}=0$ とおかれている．ところが公式 (36.8) および (43.5) で与えられるこれらの方程式の解は，$\rho=0$，$\boldsymbol{j}=0$ に対してゼロになってしまう．

電磁波のポテンシャルを定める方程式を導こう．

すでに知っているように，ポテンシャルのもつ任意性のため，われわれはつねに付加条件をポテンシャルに課することができる．この理由のために，電磁波のポテンシャルを，スカラー・ポテンシャルが方程式

$$\phi=0 \tag{46.3}$$

をみたすような具合に選ぶことにする．そうすると

$$\boldsymbol{E}=-\frac{1}{c}\frac{\partial\boldsymbol{A}}{\partial t},\qquad \boldsymbol{H}=\mathrm{rot}\,\boldsymbol{A}. \tag{46.4}$$

これら2つの表式を (46.2) の最初の方程式に代入すると

$$\mathrm{rot}\,\mathrm{rot}\,\boldsymbol{A}=-\Delta\boldsymbol{A}+\mathrm{grad}\,\mathrm{div}\,\boldsymbol{A}=-\frac{1}{c^2}\frac{\partial^2\boldsymbol{A}}{\partial t^2} \tag{46.5}$$

が得られる.

すでにポテンシャルに対して1個の付加条件を課したという事実にもかかわらず，ポテンシャル $\boldsymbol{A}$ はまだ完全に一義的ではない. すなわち, 時間に依存しない任意の関数のグラジエントをそれに加えることができる（ϕはそのまま変えずにおく). とりわけ, 電磁波のポテンシャルを

$$\operatorname{div} \boldsymbol{A}=0 \tag{46.6}$$

となるように選ぶことができる. 事実, $\boldsymbol{E}=-\frac{1}{c}\frac{\partial \boldsymbol{A}}{\partial t}$ を $\operatorname{div} \boldsymbol{E}=0$ に代入して

$$\operatorname{div}\frac{\partial \boldsymbol{A}}{\partial t}=\frac{\partial}{\partial t}\operatorname{div} \boldsymbol{A}=0,$$

つまり $\operatorname{div} \boldsymbol{A}$ は座標だけの関数である. この関数は, $\boldsymbol{A}$ に適当な時間に依存しない関数のグラジエントを加えることによって, つねにゼロとすることができる.

方程式 (46.5) はしたがって

$$\Delta \boldsymbol{A}-\frac{1}{c^2}\frac{\partial^2 \boldsymbol{A}}{\partial t^2}=0 \tag{46.7}$$

となる. これは, 電磁波のポテンシャルを定める方程式である. それは**ダランベール方程式**, あるいは**波動方程式**とよばれる[1].

(46.7) 式に演算子 rot および $\partial/\partial t$ を作用させて, 電場および磁場 $\boldsymbol{E}, \boldsymbol{H}$ が同じ波動方程式をみたすことが証明される.

波動方程式を4次元形式に書きなおそう. そのために, 電荷のないときの場に対するマクスウェル方程式の第2の組を,

$$\frac{\partial F_{ik}}{\partial x^k}=0$$

(方程式 (30.2) で $j^i=0$ としたもの) と書く. ポテンシャルで表わした F^{ik},

$$F^{ik}=\frac{\partial A^k}{\partial x_i}-\frac{\partial A^i}{\partial x_k}$$

を代入すると,

$$\frac{\partial^2 A^k}{\partial x_i \partial x^k}-\frac{\partial^2 A^i}{\partial x_k \partial x^k}=0 \tag{46.8}$$

となる.

ポテンシャルに付加条件

$$\frac{\partial A^k}{\partial x^k}=0 \tag{46.9}$$

---

1) 波動方程式は, しばしば $\Box \boldsymbol{A}=0$ という形に書かれる. ここで

$$\Box=-\frac{\partial^2}{\partial x_i \partial x^i}=\Delta-\frac{1}{c^2}\frac{\partial^2}{\partial t^2}$$

は, **ダランベール演算子**（ダランベリアン）とよばれる.

を課すことにする（これは，**ローレンツ条件**とよばれ，この付加条件をみたすポテンシャルを，**ローレンツ・ゲージ**におけるポテンシャルという）．そうすると，(46.8) 式の第1項は消えて，

$$\frac{\partial^2 A^i}{\partial x_k \partial x^k} \equiv g^{kl}\frac{\partial^2 A^i}{\partial x^k \partial x^l}=0 \tag{46.10}$$

が残る．これが，4次元形式での波動方程式である[1]．

3次元形式では，条件 (46.9) は

$$\frac{1}{c}\frac{\partial \phi}{\partial t}+\mathrm{div}\,\boldsymbol{A}=0 \tag{46.11}$$

となる．前に使った条件，$\phi=0$，$\mathrm{div}\,\boldsymbol{A}=0$ をみたすポテンシャルは条件 (46.11) をみたす．これは，前の条件よりも一般的である．しかし，それと異なる点は，ローレンツ条件が相対論的に不変な性格をもつことである．ある1つの基準系でこれを満足するポテンシャルは，他のすべての基準系で満足する（ところが，条件 (46.3)，(46.6) は，一般に基準系の変換で成立しなくなる）．

§ 47. 平 面 波

場がただ1つの座標，たとえば x（および時間）にだけ依存するような，電磁波の特殊な場合を考察しよう．このような波は**平面波**とよばれる．この場合，場に対する方程式は

$$\frac{\partial^2 f}{\partial x^2}-\frac{1}{c^2}\frac{\partial^2 f}{\partial t^2}=0 \tag{47.1}$$

となる．ここで，f はベクトル $\boldsymbol{E}$ あるいは $\boldsymbol{H}$ の任意の成分を表わす．

この方程式を解くために，それを

$$\left(\frac{\partial}{\partial t}-c\frac{\partial}{\partial t}\right)\left(\frac{\partial}{\partial t}+c\frac{\partial}{\partial x}\right)f=0$$

という形に書きなおし，新しい変数

$$\xi=t-\frac{x}{c},\qquad \eta=t+\frac{x}{c},$$

$$t=\frac{1}{2}(\eta+\xi),\qquad x=\frac{1}{2}(\eta-\xi)$$

を導入する．そうすると

$$\frac{\partial}{\partial \xi}=\frac{1}{2}\left(\frac{\partial}{\partial t}-c\frac{\partial}{\partial x}\right),\qquad \frac{\partial}{\partial \eta}=\frac{1}{2}\left(\frac{\partial}{\partial t}+c\frac{\partial}{\partial x}\right)$$

であり，したがって，f に対する方程式は

1) 条件 (46.9) が，まだ波のポテンシャルの選択を一意的にきめないことに注意しなければならない．すなわち，$\boldsymbol{A}$ に $\mathrm{grad}\,f$ を加え，ϕ から $\dfrac{1}{c}\dfrac{\partial f}{\partial t}$ を引くことができる．ただし，このときに関数 f は任意ではなく，容易にわかるように，波動方程式 $\Box f=0$ をみたさなければならない．

$$\frac{\partial^2 f}{\partial\xi\partial\eta}=0$$

となることはたやすく証明される．この解は，明らかに

$$f=f_1(\xi)+f_2(\eta)$$

である．ただし，f_1 および f_2 は任意の関数である．したがってつぎのようになる：

$$f=f_1\left(t-\frac{x}{c}\right)+f_2\left(t+\frac{x}{c}\right). \qquad (47.2)$$

例として $f_2=0$，したがって $f=f_1(t-x/c)$ と仮定しよう．この解の意味を明らかにしよう．$x=\text{const}$ という各平面ごとに場は時間的に変化する；任意の与えられた時刻において，場は異なった x に対して異なっている．$t-x/c=\text{const}$，すなわち

$$x=\text{const}+ct$$

という関係をみたすような座標 x および時間 t に対して場が同じ値をもつことは明らかである．このことは，ある時刻 $t=0$ において空間のある点 x での場がある一定の値をもったならば，t 時間のちに場はもとの場所から x 軸にそって ct 離れた点で同じ値をとることを意味する．われわれは，電磁場のあらゆる値は光速度 c に等しい速度でもって空間のなかを x 軸にそって伝播する，ということができる．

このように，$f_1(t-x/c)$ は x 軸にそって正方向に動く平面波を表わす．$f_2(t+x/c)$ が x 軸にそって逆の，負の方向に動く波を表わすことは容易に示される．

§46 で，電磁波のポテンシャルを，$\phi=0$ および $\operatorname{div}\boldsymbol{A}=0$ となるように選ぶことができることを示した．いま考えている平面波のポテンシャルも同じやり方で選ぶことにする．条件 $\operatorname{div}\boldsymbol{A}=0$ はこの場合，すべての量が y および z に無関係であるから

$$\frac{\partial A_x}{\partial x}=0$$

となる．(47.1) によってまた $\partial^2 A_x/\partial t^2=0$，つまり $\partial A_x/\partial t=\text{const}$ が得られる．ところがこの導関数 $\partial\boldsymbol{A}/\partial t$ は電場を定めるから，ゼロでない成分 A_x はこの場合，一定な縦方向の電場の存在を表わすことがわかる．このような場は電磁波となんの関係もないから，$A_x=0$ とおくことができる．

したがって，平面波のベクトル・ポテンシャルはつねに x 軸，すなわち，波の伝播の方向に垂直に選ぶことができる．

x 軸の正方向に動く平面波を考察しよう：この波においては，すべての量，とくに $\boldsymbol{A}$ は $t-x/c$ だけの関数である．したがって，公式

$$\boldsymbol{E}=-\frac{1}{c}\frac{\partial\boldsymbol{A}}{\partial t}, \qquad \boldsymbol{H}=\operatorname{rot}\boldsymbol{A}$$

から

$$\boldsymbol{E}=-\frac{1}{c}\boldsymbol{A}', \qquad \boldsymbol{H}=\nabla\times\boldsymbol{A}=\nabla(t-x/c)\times\boldsymbol{A}'=-\frac{1}{c}\boldsymbol{n}\times\boldsymbol{A}' \tag{47.3}$$

が得られる．ここでダッシュは $t-x/c$ についての微分を表わし，$\boldsymbol{n}$ は波の伝播方向の単位ベクトルである．第1の式を第2の式に代入して

$$\boldsymbol{H}=\boldsymbol{n}\times\boldsymbol{E} \tag{47.4}$$

が得られる．

平面波の電場 $\boldsymbol{E}$ と磁場 $\boldsymbol{H}$ とは波の伝播方向に垂直に向いていることがわかる．このために，電磁波は**横波**といわれる．(47.4) からまた平面波の電場と磁場がたがいに垂直であり，等しい絶対値をもつことがわかる．

なお，平面波におけるエネルギーの流れ，すなわち，そのポインティング・ベクトルを求めよう．

$$\boldsymbol{S}=\frac{c}{4\pi}\boldsymbol{E}\times\boldsymbol{H}=\frac{c}{4\pi}\boldsymbol{E}\times(\boldsymbol{n}\times\boldsymbol{E})$$

であり，$\boldsymbol{E}\boldsymbol{n}=0$ であるから

$$\boldsymbol{S}=\frac{c}{4\pi}E^2\boldsymbol{n}=\frac{c}{4\pi}H^2\boldsymbol{n}.$$

それゆえエネルギー流は波の伝播方向に向いている．$W=\frac{1}{8\pi}(E^2+H^2)=\frac{E^2}{4\pi}$ は波のエネルギー密度であるから

$$\boldsymbol{S}=cW\boldsymbol{n} \tag{47.5}$$

と書くことができる．これは，場が光速度で伝播するという事実に合致している．

電磁場の単位体積あたりの運動量は $\boldsymbol{S}/c^2$ である．平面波に対してこれは $(W/c)\boldsymbol{n}$ を与える．電磁波に対するエネルギー W と運動量 W/c とのあいだの関係は，光速度で動いている粒子に対するもの ((9.9) をみよ) と同じであるという事実は注意をひく．

場の運動量の流れはマクスウェルの応力テンソルの成分 $\sigma_{\alpha\beta}$ (33.3) で定められる．波の伝播方向を x 軸にとると，$\sigma_{\alpha\beta}$ のゼロでない唯一の成分は

$$\sigma_{xx}=W \tag{47.6}$$

であることがわかる．当然のことながら，運動量の流れは波の伝播方向に向いており，その大きさはエネルギー密度に等しい．

平面電磁波のエネルギー密度のある慣性系から他への変換法則を求めよう．このためには

$$W=\frac{1}{1-\frac{V^2}{c^2}}\left(W'+2\frac{V}{c^2}S'_x+\frac{V^2}{c^2}\sigma'_{xx}\right)$$

という式 (§6の問題1をみよ) に

$$S'_x=cW'\cos\alpha', \qquad \sigma'_{xx}=W'\cos^2\alpha'$$

を代入しなければならない．ここで α' は x' 軸（その方向は速度 $\boldsymbol{V}$ の方向）と波の伝播方向とのなす（K' 系における）角度である．結果は

$$W=W'\frac{\left(1+\frac{V}{c}\cos\alpha'\right)^2}{1-\frac{V^2}{c^2}}. \tag{47.7}$$

$W=\frac{E^2}{4\pi}=\frac{H^2}{4\pi}$ であるから，波の場の強さの絶対値は，$\sqrt{W}$ のように変換する．

問　　題

1. 入射する平面波を（反射率 R で）反射する壁の受ける力を求めよ．

解　壁の単位面積に働く力 $\boldsymbol{f}$ は，この面を通過する運動量の流れによって与えられる．すなわち，成分

$$f_\alpha=\sigma_{\alpha\beta}N_\beta+\sigma'_{\alpha\beta}N_\beta$$

をもつベクトルである．ここで $\boldsymbol{N}$ は壁の表面の法線ベクトルであり，$\sigma_{\alpha\beta}$ および $\sigma'_{\alpha\beta}$ は，入射波および反射波のエネルギー・運動量テンソルの成分である．(47.6) を考えに入れて

$$\boldsymbol{f}=W\boldsymbol{n}(\boldsymbol{N}\boldsymbol{n})+W'\boldsymbol{n}'(\boldsymbol{N}\boldsymbol{n}')$$

を得る．反射率の定義から，$W'=RW$ である．入射角（およびそれに等しい反射角）を θ とし，成分にわけると，法線方向の力（光圧）として

$$f_N=W(1+R)\cos^2\theta,$$

接線方向の力として

$$f_t=W(1-R)\sin\theta\cos\theta$$

が得られる．

2. ハミルトン－ヤコビの方法によって，平面波の場のなかの電荷の運動を求めよ．

解　ハミルトン－ヤコビ方程式を4次元形式

$$g^{ik}\left(\frac{\partial S}{\partial x^i}+\frac{e}{c}A_i\right)\left(\frac{\partial S}{\partial x^k}+\frac{e}{c}A_k\right)=m^2c^2 \tag{1}$$

に書く．場が平面波であるということは，A^i が1つの独立変数の関数であることを意味する．その変数を，$\xi=k_ix^i$ という形にかくことができる．ただし，k^i は，その2乗がゼロに等しい一定の4元ベクトルである：$k_ik^i=0$（つぎの節をみよ）．ポテンシャルは，ローレンツ条件

$$\frac{\partial A^i}{\partial x^i}=\frac{\partial A^i}{d\xi}k_i=0$$

をみたすものとする．波動の場に対しては，この条件は $A^ik_i=0$ という等式に等価である．

(1) 式の

$$S=-f_ix^i+F(\xi)$$

という形の解を求めよう．ただし，$f^i=(f^0,\boldsymbol{f})$ は，条件 $f_if^i=m^2c^2$ をみたす一定のベクトルである（$S=-f_ix^i$ は，4元運動量 $p^i=f^i$ をもつ自由粒子に対するハミルトン－ヤコビ方程式の解である)．(1) に代入すると，

$$\frac{e^2}{c^2}A_iA^i-2\gamma\frac{dF}{d\xi}-\frac{2e}{c}f_iA^i=0$$

という式になる．ここでγは，定数 $\gamma=k_if^i$ である．これからFをきめ，

$$S=-f_ix^i-\frac{e}{c\gamma}\int f_iA^id\xi+\frac{e^2}{2\gamma c^2}\int A_iA^id\xi \qquad (2)$$

が得られる．

波の伝播方向がx軸になるように座標軸をとり，3次元形式に移る．そうすると，$\xi=ct-x$，また定数γは$\gamma=f^0-f^1$となる．2次元のベクトルf_y, f_zを$\boldsymbol{\kappa}$で表わすと，条件 $f_if^i=(f^0)^2-(f^1)^2-\boldsymbol{\kappa}^2=m^2c^2$ から，

$$f^0+f'=\frac{m^2c^2+\boldsymbol{\kappa}^2}{\gamma}$$

が得られる．いま，$\phi=0$ で$\boldsymbol{A}(\xi)$がyz面にあるようにゲージをきめる．そうすると(2)式は，

$$S=\boldsymbol{\kappa r}-\frac{\gamma}{2}(ct+x)-\frac{m^2c^2+\boldsymbol{\kappa}^2}{2\gamma}\xi+\frac{e}{c\gamma}\int\boldsymbol{\kappa A}d\xi-\frac{e^2}{2\gamma c^2}\int\boldsymbol{A}^2d\xi$$

となる．

運動を定めるためには，一般的な規則にしたがって（第1巻『力学』§47を参照），導関数 $\partial S/\partial\boldsymbol{\kappa}, \partial S/\partial\gamma$ をある新しい定数に等しいとおく．それらの定数は，座標原点および時間の基準点の適当な選び方によって，ゼロにすることができる．このようにして，パラメター形の式（ξがパラメター）

$$y=\frac{1}{\gamma}\kappa_y\xi-\frac{e}{c\gamma}\int A_yd\xi, \qquad z=\frac{1}{\gamma}\kappa_z\xi-\frac{e}{c\gamma}\int A_zd\xi,$$

$$x=\frac{1}{2}\left(\frac{m^2c^2+\kappa^2}{\gamma^2}-1\right)\xi-\frac{e}{c\gamma^2}\int\boldsymbol{\kappa A}(\xi)d\xi+\frac{e^2}{2\gamma^2c^2}\int\boldsymbol{A}^2(\xi)d\xi, \qquad ct=\xi+x$$

が得られる．

一般化された運動量 $\boldsymbol{P}=\boldsymbol{p}+\frac{e}{c}\boldsymbol{A}$ およびエネルギー$\mathscr{E}$は，一般的な規則にしたがい，作用を座標および時間で微分することによって与えられる：それによって

$$p_y=\kappa_y-\frac{e}{c}A_y, \qquad p_z=\kappa_z-\frac{e}{c}A_z,$$

$$p_x=-\frac{\gamma}{2}+\frac{m^2c^2+\kappa^2}{2\gamma}-\frac{e}{c\gamma}\boldsymbol{\kappa A}+\frac{e^2}{2\gamma c^2}\boldsymbol{A}^2, \qquad \mathscr{E}=(\gamma+p_x)c.$$

これらの量の時間平均をとると，周期関数$\boldsymbol{A}(\xi)$の1次の項は消える．粒子が平均して静止している，つまり平均の運動量がゼロに等しいような基準系を選ぶことは，つねに可能である．そうすると，(3)からわかるように

$$\boldsymbol{\kappa}=0, \qquad \gamma^2=m^2c^2+\frac{e^2}{c^2}\overline{\boldsymbol{A}}^2$$

となる．したがって，運動を定める式は結局つぎの形となる：

$$x=\frac{e^2}{2c^2\gamma^2}\int(\boldsymbol{A}^2-\overline{\boldsymbol{A}}^2)d\xi, \qquad y=-\frac{e}{c\gamma}\int A_yd\xi, \qquad z=-\frac{e}{c\gamma}\int A_zd\xi,$$

$$ct=\xi+\frac{e^2}{2c^2\gamma^2}\int(\boldsymbol{A}^2-\overline{\boldsymbol{A}}^2)d\xi, \qquad (3)$$

$$p_x=\frac{e^2}{2\gamma c^2}(\boldsymbol{A}^2-\overline{\boldsymbol{A}}^2), \qquad p_y=-\frac{e}{c}A_y, \qquad p_z=-\frac{e}{c}A_z,$$

$$\mathscr{E}=c\gamma+\frac{e^2}{2\gamma c}(\boldsymbol{A}^2-\overline{\boldsymbol{A}}^2). \tag{4}$$

§ 48. 単色平面波

電磁波の特別な場合として非常に重要なのは，場が時間の単周期関数であるような波である．このような波は**単色**とよばれる．単色波におけるあらゆる量（ポテンシャル，場の成分）は，$\cos(\omega t+\alpha)$ という形の因子を通じて時間に関係する．量 ω は波の**角振動数**（あるいは単に**振動数**）とよばれる．

波動方程式において時間に関する場の 2 階導関数はこの場合 $\partial^2 f/\partial t^2=-\omega^2 f$ であり，したがって空間内の場の分布は単色波に対しては方程式

$$\Delta f+\frac{\omega^2}{c^2}f=0 \tag{48.1}$$

で与えられる．

平面波（x 軸にそって伝播する）では場は $t-x/c$ だけの関数である．したがって，もし平面波が単色であれば，その場は $t-x/c$ の単周期関数である．このような波のベクトル・ポテンシャルは，複素数の表式の実数部分として書くのがもっとも便利である：

$$\boldsymbol{A}=\mathrm{Re}\{\boldsymbol{A}_0 e^{-i\omega\left(t-\frac{x}{c}\right)}\}. \tag{48.2}$$

ここで $\boldsymbol{A}_0$ はある定数の複素ベクトルである．明らかにこのような波の場 $\boldsymbol{E}$ および $\boldsymbol{H}$ は同じ振動数 ω をもつ同様な形をとる．

量

$$\lambda=\frac{2\pi c}{\omega} \tag{48.3}$$

は**波長**とよばれる：それは固定した時間 t における座標 x についての場の変化の周期である．

ベクトル

$$\boldsymbol{k}=\frac{\omega}{c}\boldsymbol{n} \tag{48.4}$$

（$\boldsymbol{n}$ は波の伝播方向にそう単位ベクトル）は，**波動ベクトル**とよばれる．これを使うと，(48.2) を座標軸の選び方によらない形

$$\boldsymbol{A}=\mathrm{Re}\{\boldsymbol{A}_0 e^{i(\boldsymbol{k}\boldsymbol{r}-\omega t)}\} \tag{48.5}$$

に書くことができる．指数における i のかかった量は，**波の位相**とよばれる．

線形の演算だけをこれらの量に対しておこなうかぎりでは，実数部分をとるという記号

を落として，複素数の量自体について演算をおこなうことができる[1]．そうすると

$$\boldsymbol{A}=\boldsymbol{A}_0e^{i(\boldsymbol{kr}-\omega t)}$$

を (47.3) に代入して，平面単色波の場の強さとベクトル・ポテンシャルとの間の関数を

$$\boldsymbol{E}=ik\boldsymbol{A},\qquad \boldsymbol{H}=i\boldsymbol{k}\times\boldsymbol{A} \tag{48.6}$$

という形に求められる．

単色平面波の場の方向をもっとくわしくしらべよう．はっきりするために，電場

$$\boldsymbol{E}=\mathrm{Re}\{\boldsymbol{E}_0e^{i(\boldsymbol{kr}-\omega t)}\}$$

を問題にする (以下に述べることはすべて磁場に対しても同様にあてはまる)．$\boldsymbol{E}_0$ はある複素ベクトルである．その2乗 $\boldsymbol{E}_0^2$ も，一般にはある複素数である．もしこの量の偏角が -2α である (すなわち $\boldsymbol{E}_0^2=|\boldsymbol{E}_0^2|e^{-2i\alpha}$) ならば

$$\boldsymbol{E}_0=\boldsymbol{b}e^{-i\alpha} \tag{48.7}$$

で定められるベクトル $\boldsymbol{b}$ の2乗は実数である：$\boldsymbol{b}^2=|\boldsymbol{E}_0|^2$．この定数によると

$$\boldsymbol{E}=\mathrm{Re}\{\boldsymbol{b}e^{i(\boldsymbol{kr}-\omega t-\alpha)}\} \tag{48.8}$$

と表わされる．$\boldsymbol{b}$ を

$$\boldsymbol{b}=\boldsymbol{b}_1+i\boldsymbol{b}_2$$

という形に書こう．$\boldsymbol{b}_1$ および $\boldsymbol{b}_2$ は2つの実数ベクトルである．$\boldsymbol{b}^2=b_1^2-b_2^2+2i\boldsymbol{b}_1\boldsymbol{b}_2$ が実数でなければならないから， $\boldsymbol{b}_1\boldsymbol{b}_2=0$，すなわち $\boldsymbol{b}_1$ および $\boldsymbol{b}_2$ はたがいに直交している．$\boldsymbol{b}_1$ の方向を y 軸にとろう (x 軸は波の伝播方向に向いている)．そうすると，(48.8) から

$$E_y=b_1\cos(\omega t-\boldsymbol{kr}+\alpha),\qquad E_z=\pm b_2\sin(\omega t-\boldsymbol{kr}+\alpha) \tag{48.9}$$

が得られる．ただし，正あるいは負の符号は， ベクトル $\boldsymbol{b}_2$ の方向が z 軸の方向かその反対方向かによる．(48.9) から

$$\frac{E_y^2}{b_1^2}+\frac{E_z^2}{b_2^2}=1 \tag{48.10}$$

---

1) かりに任意の2つの量 $\boldsymbol{A}(t)$ および $\boldsymbol{B}(t)$ を複素形式

$$\boldsymbol{A}(t)=\boldsymbol{A}_0e^{-i\omega t}.\qquad \boldsymbol{B}(t)=\boldsymbol{B}_0e^{-i\omega t}$$

に書くとすると，それらの積をとるときには， 最初に実数部分を分離しなければならない． しかし，たびたびあることだが，この積の (時間) 平均だけを求めたいという場合には，それを

$$\frac{1}{2}\mathrm{Re}\{\boldsymbol{AB}^*\}$$

として計算することができる．実際，

$$\mathrm{Re}\,\boldsymbol{A}\,\mathrm{Re}\,\boldsymbol{B}=\frac{1}{4}(\boldsymbol{A}_0e^{-i\omega t}+\boldsymbol{A}_0^*e^{i\omega t})(\boldsymbol{B}_0e^{-i\omega t}+\boldsymbol{B}_0^*e^{i\omega t})$$

である．平均をとると，$e^{\pm 2i\omega t}$ のかかった項はゼロになり，したがって

$$\overline{\mathrm{Re}\,\boldsymbol{A}\,\mathrm{Re}\,\boldsymbol{B}}=\frac{1}{4}(\boldsymbol{AB}^*+\boldsymbol{A}^*\boldsymbol{B})=\frac{1}{2}\mathrm{Re}(\boldsymbol{AB}^*)$$

となる．

が導かれる．

このようにして，空間の各点で電場のベクトルは，波の伝播方向に垂直な平面内で回転し，その端の点は楕円(48.10)を描くことがわかる．このような波は，**楕円偏光**しているといわれる．回転は，(48.9) の正負に応じて，x 軸の方向に進むネジの向きか，その反対の向きにおこる．

もし $b_1=b_2$ ならば，楕円 (48.10) は円になる．すなわちベクトル $\boldsymbol{E}$ は一定の絶対値をもったまま回転する．この場合，波は**円偏光**しているという．この場合，y および z 軸の選び方は，明らかに任意である．このような波においては複素振幅 $\boldsymbol{E}_0$ の y および z 成分の比が，回転の**右まき**か**左まき**かに対応して[1)]

$$\frac{E_{0z}}{E_{0y}}=\pm i \qquad (48.11)$$

に等しいことに注意しよう．

最後に，もし b_1 かあるいは b_2 がゼロに等しいならば，波の場はいたるところ，そしてつねに同一の方向に平行（あるいは反平行）である．この場合，波は**直線偏光**あるいは平面偏光しているという．楕円偏光の波は明らかに２つの平面偏光している波の重ね合わせとみなすことができる．

波動ベクトルの定義に立ちかえり，つぎの成分をもつ波動４元ベクトルを導入する：

$$k^i=\left(\frac{\omega}{c}, \boldsymbol{k}\right). \qquad (48.12)$$

これらの量が事実４元ベクトルをつくることは，４元ベクトル x^i との積をとると，スカラー，すなわち波の位相

$$k_i x^i=\omega t-\boldsymbol{kr} \qquad (48.13)$$

となることから明らかであろう．定義 (48.4) および (48.12) からわかるように，波動４元ベクトルの２乗はゼロに等しい：

$$k^i k_i=0. \qquad (48.14)$$

この関係はまた，表式

$$\boldsymbol{A}=\boldsymbol{A}_0 \exp(-ik_i x^i)$$

が波動方程式 (46.10) の解でなければならないことから直接導かれる．

x 軸を波の伝播方向にとると，単色波のエネルギー・運動量テンソルは，すべての平面波と同様に，つぎのようなゼロでない成分をもつ（§47をみよ）：

$$T^{00}=T^{01}=T^{11}=W.$$

波動４元ベクトルを使ってこの関係を

---

1)　x, y, z 軸はいつものように右手系をつくるとする．

$$T^{ik}=\frac{Wc^2}{\omega^2}k^ik^k \tag{48.15}$$

というテンソル形式に表わすことができる．

最後に，波動4元ベクトルの変換則を使うと，いわゆる**ドップラー効果**，すなわち，観測者に対して運動している光源から出る波の振動数ωの，それが静止している基準系(K_0)における光源の“固有振動数”ω_0にくらべての変化を，容易に考察することができる．

Vを光源の速度，すなわち，Kに対する基準系K_0の速度とする．4元ベクトルの一般的な変換公式によって

$$k^{(0)0}=\frac{k^0-\frac{V}{c}k^1}{\sqrt{1-\frac{V^2}{c^2}}}$$

が得られる（K系のK_0に対する速度は$-V$である）．これに$k^0=\omega/c$，およびαを放出される波の方向と光源の運動の方向とのあいだの（K系での）角度として，$k^1=k\cos\alpha=(\omega/c)\cos\alpha$を代入し，$\omega$を$\omega_0$で表わすと

$$\omega=\omega_0\frac{\sqrt{1-\frac{V^2}{c^2}}}{1-\frac{V}{c}\cos\alpha} \tag{48.16}$$

が得られる．これが求める公式である．$V\ll c$に対しては，もし角度αがあまり$\pi/2$に近くないならば

$$\omega\cong\omega_0\left(1+\frac{V}{c}\cos\alpha\right) \tag{48.17}$$

となる．$\alpha=\pi/2$のときには

$$\omega=\omega_0\sqrt{1-\frac{V^2}{c^2}}\cong\omega_0\left(1-\frac{V^2}{2c^2}\right) \tag{48.18}$$

であり，この場合，振動数の相対的変化は，比V/cの2乗に比例する．

問　題

1. 偏光の楕円の軸の方向と大きさを複素振幅$\boldsymbol{E}_0$で表わせ．

解 問題は，2乗が実数であるようなベクトル$\boldsymbol{b}=\boldsymbol{b}_1+i\boldsymbol{b}_2$を求めることにある．(48.7)から

$$\boldsymbol{E}_0\boldsymbol{E}_0^*=b_1^2+b_2^2,\qquad \boldsymbol{E}_0\times\boldsymbol{E}_0^*=-2i\boldsymbol{b}_1\times\boldsymbol{b}_2 \tag{1}$$

あるいは

$$b_1^2+b_2^2=A^2+B^2,\qquad b_1b_2=AB\sin\delta$$

が得られる．ただし，E_{0y}とE_{0z}の絶対値およびそれらのあいだの位相の差(δ)を

$$|E_{0y}|=A,\qquad |E_{0z}|=B,\qquad \frac{E_{0z}}{B}=\frac{E_{0y}}{A}e^{i\delta}$$

と表わした．これから，偏光の楕円の軸の大きさをきめる式

$$2b_{1,2}=\sqrt{A^2+B^2+2AB\sin\delta}\pm\sqrt{A^2+B^2-2AB\sin\delta} \qquad (2)$$

が得られる．（初めに任意にとった y, z 軸に対する）楕円の軸の方向を求めるために，等式

$$\mathrm{Re}\{(\boldsymbol{E}_0\boldsymbol{b}_1)(\boldsymbol{E}_0^*\boldsymbol{b}_2)\}=0$$

から出発する．これは，$\boldsymbol{E}_0=(\boldsymbol{b}_1+i\boldsymbol{b}_2)e^{-i\alpha}$ を代入すれば，たやすく証明される．この等式を座標 y, z で書くと，$\boldsymbol{b}_1$ の方向と y 軸とのあいだの角度 θ に対して，つぎの式を得る．

$$\tan 2\theta=\frac{2AB\cos\delta}{A^2-B^2}. \qquad (3)$$

場の回転の方向はベクトル $\boldsymbol{b}_1\times\boldsymbol{b}_2$ の x 成分の符号で与えられる．(1) から

$$2i(\boldsymbol{b}_1\times\boldsymbol{b}_2)_x=E_{0z}E_{0y}^*-E_{0z}^*E_{0y}=|E_{0y}|^2\left\{\left(\frac{E_{0z}}{E_{0y}}\right)-\left(\frac{E_{0z}}{E_{0y}}\right)^*\right\}$$

と書くと，ベクトル $\boldsymbol{b}_1\times\boldsymbol{b}_2$ の方向（x 軸の正の方向かあるいは逆方向），したがって回転の方向（x 軸にそって進むネジの向きかその逆）は，比 E_{0z}/E_{0y} の虚数部分の符号によって与えられることがわかる（第1の場合には正，第2の場合には負）．この規則は，円偏光に対する規則（48.11）を一般化したものである．

2.　直線偏光した単色平面波の場のなかの電荷の運動を求めよ．

解　波の場 $\boldsymbol{E}$ の方向を y 軸に選び

$$E_y=E=E_0\cos\omega\xi, \qquad A_y=A=-\frac{cE_0}{\omega}\sin\omega\xi$$

と書こう（$\xi=t-x/c$）．§47の問題2のなかの式 (3) および (4) によって，（粒子が平均して静止しているような基準系において）つぎのようなパラメター表示（パラメター $\eta=\omega\xi$）で運動が与えられる：

$$x=-\frac{e^2E_0^2c}{8\gamma^2\omega^3}\sin 2\eta, \qquad y=-\frac{eE_0c}{\gamma\omega^2}\cos\eta, \qquad z=0,$$

$$t=\frac{\eta}{\omega}-\frac{e^2E_0^2}{8\gamma^2\omega^3}\sin 2\eta, \qquad \gamma^2=m^2c^2+\frac{e^2E_0^2}{2\omega^2},$$

$$p_x=-\frac{e^2E_0^2}{4\gamma\omega^2}\cos 2\eta, \qquad p_y=\frac{eE_0}{\omega}\sin\eta, \qquad p_z=0.$$

電荷は，xy 平面内で y 軸にそう縦軸をもった対称な8字型の軌道を運動する．運動の周期は，パラメター η の0から 2π までの変化に対応する．

3.　円偏光した波の場のなかの電荷の運動を求めよ．

解　波の場として

$$E_y=E_0\cos\omega\xi, \qquad E_z=E_0\sin\omega\xi,$$

$$A_y=-\frac{cE_0}{\omega}\sin\omega\xi, \qquad A_z=\frac{cE_0}{\omega}\cos\omega\xi$$

が得られる．運動はつぎの式で定められる：

$$x=0, \qquad y=-\frac{ecE_0}{\gamma\omega^2}\sin\omega t, \qquad z=-\frac{ecE_0}{\gamma\omega^2}\sin\omega t,$$

$$p_x=0, \qquad p_y=\frac{eE_0}{\omega}\sin\omega t, \qquad p_z=-\frac{eE_0}{\omega}\cos\omega t,$$

$$\gamma^2=m^2c^2+\frac{c^2E_0^2}{\omega^2}.$$

したがって，電荷は，yz 平面内で半径 $ecE_0/\gamma\omega^2$ の円周上を一定の運動量の大きさ $p=eE_0/\omega$ でもって運動する．運動量 $\boldsymbol{p}$ の方向は，各瞬間で波の磁場 $\boldsymbol{H}$ の方向と一致する．

§ 49. スペクトル分解

あらゆる波は，いわゆるスペクトル分解することができる．すなわち，さまざまな振動数をもつ単色波の重ね合わせとして表わすことができる．この展開は，場が時間にどのように依存するかに応じて，いろいろな性格をもつ．

離散的な数列の値をとる振動数が展開に含まれる場合は，1つのカテゴリーに属する．この種のもっとも簡単な場合は，純粋に周期的（単色でなくてもよい）な場の展開に際して生じる．それは，普通のフーリエ級数への展開である．それは，Tを場の周期として，“基本”振動数 $\omega_0=2\pi/T$ の整数倍の振動数を含む．それを

$$f=\sum_{n=-\infty}^{\infty} f_n e^{-i\omega_0 nt} \tag{49.1}$$

という形に書こう（f は場を記述する量のどれでもよい）．量 f_n は，関数 f から積分

$$f_n=\frac{1}{T}\int_{-T/2}^{T/2} f(t)e^{in\omega_0 t}dt \tag{49.2}$$

で定められる．関数 $f(t)$ が実であるから，明らかに

$$f_{-n}=f_n^*. \tag{49.3}$$

もっとも複雑な場合には，たがいに可約でないいくつかの異なった基本振動数の整数倍（およびそれらの和）で与えられる振動数が展開に現われる．

(49.1) を2乗し，時間について平均すると，異なった振動数の項の積は，振動する因子のためにゼロになる．残るのは $f_n f_{-n}=|f_n|^2$ という形の項だけである．したがって，場の2乗平均（波の平均強度）は，単色成分の強度の和の形に表わされる：

$$\overline{f^2}=\sum_{n=-\infty}^{\infty}|f_n|^2=2\sum_{n=1}^{\infty}|f_n|^2 \tag{49.4}$$

（関数 $f(t)$ 自身の1周期についての平均は0であるものとする．すなわち $f_0=\bar{f}=0$）．

他のカテゴリーに属するのは，振動数の連続的な列を含むフーリエ積分に展開されるような場である．そのためには，関数 $f(t)$ は一定の条件をみたさなければならない：ふつう $t=\pm\infty$ でゼロになるような関数が取り扱われる．このような場合，展開は

$$f(t)=\int_{-\infty}^{+\infty} f_\omega e^{-i\omega t}\frac{d\omega}{2\pi} \tag{49.5}$$

という形をとり，ここでフーリエ成分は，関数 $f(t)$ から積分

$$f_\omega=\int_{-\infty}^{+\infty} f(t)e^{i\omega t}dt \tag{49.6}$$

で与えられる．ここで，(49.3) と同様，

$$f_{-\omega}=f_\omega^* \tag{49.7}$$

である．

波の全強度，すなわち f^2 の全時間についての積分を，フーリエ成分でもって表わそう．

(49.5) と (49.6) を使って

$$\int_{-\infty}^{+\infty} f^2 dt = \int_{-\infty}^{+\infty} \left\{ f \int_{-\infty}^{+\infty} f_\omega e^{-i\omega t} \frac{d\omega}{2\pi} \right\} dt = \int_{-\infty}^{+\infty} \left\{ f_\omega \int_{-\infty}^{+\infty} f e^{-i\omega t} dt \right\} \frac{d\omega}{2\pi} = \int_{-\infty}^{+\infty} f_\omega f_{-\omega} \frac{d\omega}{2\pi},$$

あるいは，(49.7) を考えに入れて

$$\int_{-\infty}^{+\infty} f^2 dt = \int_{-\infty}^{+\infty} |f_\omega|^2 \frac{d\omega}{2\pi} = 2\int_0^{+\infty} |f_\omega|^2 \frac{d\omega}{2\pi} \tag{49.8}$$

が得られる．

§ 50. 部 分 偏 光

すべての単色波は一定の偏光状態をもっている．しかしながら，通常われわれは，近似的に単色であるにすぎず，じつは小さな区間 $\Delta\omega$ 内のいろいろな振動数を含むような波を扱わなければならない．このような波を考察しよう．ω をある平均の振動数とする．そうすると空間の定まった点での場を

$$\boldsymbol{E} = \boldsymbol{E}_0(t) e^{-i\omega t}$$

という形に書くことができる（はっきりさせるために，以下電場 $\boldsymbol{E}$ を問題にする）．ここで複素振幅 $\boldsymbol{E}_0(t)$ は時間のゆるやかに変化する関数である（厳密に単色な波に対しては $\boldsymbol{E}_0$ が定数になる）．$\boldsymbol{E}_0$ は波の偏光を決定するから，このことは波の各点でその偏りが時間とともに変化することを意味する；このような波を**部分偏光**しているという．

電磁波，とくに光の偏りの性質は，調べるべき光をいろいろな物体（たとえば，ニコル・プリズム）を通過させ，透過光の強度を測ることによって実験的に観測される．数学的観点からいうと，このことは，場のある２次関数の値から光の偏りの性質に関する結論が引きだせることを意味する．ここでは，これらの関数の時間平均を問題とするものとする．２次関数は積 $E_\alpha E_\beta$, $E_\alpha^* E_\beta^*$ あるいは $E_\alpha E_\beta^*$ に比例する項からできている．

$$E_\alpha E_\beta = E_{0\alpha} E_{0\beta} e^{-2i\omega t}, \qquad E_\alpha^* E_\beta^* = E_{0\alpha}^* E_{0\beta}^* e^{2i\omega t}$$

という形の積は，急激に振動する因子 $e^{\pm 2i\omega t}$ を含むから，時間平均をとったときゼロとなるであろう．$E_\alpha E_\beta^* = E_{0\alpha} E_{0\beta}^*$ の形の積はこのような因子を含まないから，その平均はゼロではない．したがって，部分偏光している光の偏りの性質は

$$J_{\alpha\beta} = \overline{E_{0\alpha} E_{0\beta}^*} \tag{50.1}$$

というテンソルで完全に決定されることがわかる．

ベクトル $\boldsymbol{E}_0$ はつねに波の方向に垂直な平面にあるから，テンソル $J_{\alpha\beta}$ は全部で４つの成分をもつ（この節では添字 α, β は２つの値だけをとるものとする：$\alpha, \beta = 1, 2$ は，y, z 軸に対応し，x 軸は波の伝播方向である）．

テンソル $J_{\alpha\beta}$ の対角成分の和（それを J とする）は，実の量，すなわち係数のベクトル $\boldsymbol{E}_0$（したがってまたベクトル $\boldsymbol{E}$）の２乗平均である：

$$J \equiv J_{\alpha\alpha} = \overline{\boldsymbol{E}_0 \boldsymbol{E}_0^*}. \qquad (50.2)$$

この量は，エネルギー流の密度によって測られる光の強度を与える．偏光の性質に直接関係のないこの量を除くために，$J_{\alpha\beta}$ のかわりに

$$\rho_{\alpha\beta} = \frac{J_{\alpha\beta}}{J} \qquad (50.3)$$

というテンソルを導入する．$\rho_{\alpha\alpha}=1$ であるこのテンソルを，**偏光テンソル**とよぶことにする．

定義（50.1）から，テンソル成分 $J_{\alpha\beta}$，したがってまた $\rho_{\alpha\beta}$ のあいだには

$$\rho_{\alpha\beta} = \rho^*_{\beta\alpha} \qquad (50.4)$$

という関係がある（すなわち，いわゆるエルミット・テンソルである）．この関係のために，対角成分 ρ_{11} と ρ_{22} は実数で（しかも $\rho_{11}+\rho_{22}=1$），$\rho_{21}=\rho^*_{12}$ である．したがって，偏光テンソルは全部で，3つの実数のパラメターできめられる．

完全に偏光している光に対するテンソル $\rho_{\alpha\beta}$ がみたすべき条件を明らかにする．この場合，$\boldsymbol{E}_0=\mathrm{const}$ であるから，すぐ

$$J_{\alpha\beta} = J\rho_{\alpha\beta} = E_{0\alpha}E^*_{0\beta} \qquad (50.5)$$

（平均をとらずに）が得られる．すなわち，テンソルの成分は，ある不変なベクトルの成分の積の形に表わされる．この必要十分条件は，行列式が0に等しい

$$|\rho_{\alpha\beta}| = \rho_{11}\rho_{22} - \rho_{12}\rho_{21} = 0 \qquad (50.6)$$

ということによって表現される．

対照的な場合は，偏光していない光，あるいは**自然光**である．完全に偏光していないということは，（伝播方向に垂直な平面内 yz では）あらゆる方向がまったく同等であることを意味する．このことは，偏光テンソルが，

$$\rho_{\alpha\beta} = \frac{1}{2}\delta_{\alpha\beta} \qquad (50.7)$$

という形をもつことを意味する．このとき行列式は $|\rho_{\alpha\beta}|=1/4$ となる．

任意の偏光という一般の場合には，この行列式は0と1/4とのあいだの値をとる[1)]．**偏光度**とよばれる正の量 P は，

$$|\rho_{\alpha\beta}| = \frac{1}{4}(1-P^2) \qquad (50.8)$$

で定義され，その値は偏光していない光に対する0から，偏光している光に対する1までわたる．

1）一般の場合には，（50.1）の形の任意のテンソルに対する行列式は $|J_{\alpha\beta}| \geqslant 0$．このことは，簡単のために平均を離散的な値の数列についての和とみなし，よく知られた代数的不等式

$$\Bigl|\sum_{a,b} x_a y_b\Bigr|^2 \leqslant \sum_a |x_a|^2 \sum_d |y_b|^2$$

を使うと，たやすく証明される．

任意のテンソル $\rho_{\alpha\beta}$ は，対称および反対称な２つの部分にわけられる．前者は

$$S_{\alpha\beta}=\frac{1}{2}(\rho_{\alpha\beta}+\rho_{\beta\alpha})$$

で，$\rho_{\alpha\beta}$ のエルミット性から実数である．反対称な部分は逆に純虚数である．次元数に等しい階数の反対称テンソルはすべてそうであるように，この部分は擬スカラーに帰着される（20ページの注をみよ）：

$$\frac{1}{2}(\rho_{\alpha\beta}-\rho_{\beta\alpha})=-\frac{i}{2}e_{\alpha\beta}A,$$

ここで，A は実数の擬スカラーで，$e_{\alpha\beta}$ は反対称な単位テンソル（成分は $e_{12}=-e_{21}=1$）である．こうして偏光テンソルは，

$$\rho_{\alpha\beta}=S_{\alpha\beta}-\frac{i}{2}e_{\alpha\beta}A, \qquad S_{\alpha\beta}=S_{\beta\alpha} \tag{50.9}$$

という形に表わされる．すなわち，それは１つの実数の対称テンソルと，１つの擬スカラーとに帰せられる．

円偏光の波に対してはベクトル $\boldsymbol{E}_0=\mathrm{const}$ で，

$$\boldsymbol{E}_{02}=\pm iE_{01}$$

である．このとき，$S_{\alpha\beta}=\frac{1}{2}\delta_{\alpha\beta}, A=\pm1$ であることはすぐわかる．それに反して，直線偏光の波に対しては定数ベクトル $\boldsymbol{E}_0$ を実数にとることができるから，$A=0$ である．一般の場合，A という量を円偏光の程度とよぶことができる．それは，$+1$ から -1 までのあいだの値をとる．この両極端の値は，それぞれ右および左まわりの円偏光に対応する．

実のテンソル $S_{\alpha\beta}$ は，すべての対称テンソルと同様，２つの異なった主値をもつ主軸に変換することができる．その主値を λ_1 および λ_2 と名づけよう．主軸の方向はたがいに垂直である：$\boldsymbol{n}^{(1)}$ および $\boldsymbol{n}^{(2)}$ でもってこれらの方向の単位ベクトルを表わすと，テンソル $S_{\alpha\beta}$ を

$$S_{\alpha\beta}=\lambda_1 n_\alpha^{(1)}n_\beta^{(1)}+\lambda_2 n_\alpha^{(2)}n_\beta^{(2)}, \qquad \lambda_1+\lambda_2=1 \tag{50.10}$$

という形に書くことができる．λ_1 と λ_2 は正で，０から１までの値をとる．

$\rho_{\alpha\beta}=S_{\alpha\beta}$ であるように，$A=0$ とおこう．(50.10) の２つの項のおのおのは，実の定数ベクトル（$\sqrt{\lambda_1}\boldsymbol{n}^{(1)}$ あるいは $\sqrt{\lambda_2}\boldsymbol{n}^{(2)}$）の成分の単なる積の形をしている．いいかえると，これらの項のおのおのは，直線偏光した光に対応する．さらに，(50.10) にはこれら２つの波の成分の積を含んだ項はないことがわかる．このことは，２つの部分をたがいに物理的に独立である，あるいは普通いうように，**非干渉性**であるとみなすことができることを意味する．実際，もし２つの波がたがいに独立であれば，積 $E_\alpha^{(1)}E_\beta^{(2)}$ の平均値は平均値の積に等しく，後者はすべてゼロに等しいから，

$$\overline{E_\alpha^{(1)}E_\beta^{(2)}}=0$$

が得られる．このようにして，$A=0$ のときには，部分偏光している波は，たがいに垂直な方向に直線偏光している，(λ_1 および λ_2 に比例する強度をもつ) 2つの非干渉性の波の重ね合わせとして表わすことができる，という結論に到達した[1]．(複素数のテンソル $\rho_{\alpha\beta}$ の一般の場合には，光は，偏光の楕円が合同であり，かつたがいに垂直であるような2つの非干渉性の楕円偏光した波の重ね合わせとして表わされることが，たやすく示される(問題2をみよ)．)

φ を軸1 (y 軸) と単位ベクトル $\boldsymbol{n}^{(1)}$ とのあいだの角とすると，

$$\boldsymbol{n}^{(1)}=(\cos\varphi, \sin\varphi), \qquad \boldsymbol{n}^{(2)}=(-\sin\varphi, \cos\varphi).$$

$l=\lambda_1-\lambda_2$ ($\lambda_1>\lambda_2$ とする) という量を導入すると，テンソル (50.10) をつぎの形に書くことができる：

$$S_{\alpha\beta}=\frac{1}{2}\begin{pmatrix}1+l\cos 2\varphi & l\sin 2\varphi \\ l\sin 2\varphi & 1-l\cos 2\varphi\end{pmatrix}. \tag{50.11}$$

このようにして，任意の軸 y, z を選んだとき，波の偏光の性質は，つぎの3つの実数のパラメターで定められる：A——円偏光度，l——最大直線偏光度，φ——最大の偏光の方向である $\boldsymbol{n}^{(1)}$ と y 軸とのなす角．

これら3つのパラメターのかわりに，つぎのようにつくった3つのパラメターのほうが便利なことがある：

$$\xi_1=l\sin 2\varphi, \qquad \xi_2=A, \qquad \xi_3=l\cos 2\varphi \tag{50.12}$$

(これらは**ストークスのパラメター**とよばれる)．偏光テンソルはこれで表わすと

$$\rho_{\alpha\beta}=\frac{1}{2}\begin{pmatrix}1+\xi_3 & \xi_1-i\xi_2 \\ \xi_1+i\xi_2 & 1-\xi_3\end{pmatrix} \tag{50.13}$$

となる．

3つのパラメターはすべて -1 と $+1$ のあいだの値をとる．パラメター ξ_3 は，y および z 軸方向の直線偏光を特徴づける：$\xi_3=1$ は y 軸方向に $\xi_3=-1$ は z 軸方向に完全に直線偏光していることを表わす．またパラメター ξ_1 は，y 軸と $45°$ の角をもつ方向への直線偏光を特徴づける：$\xi_1=1$ は $\varphi=\pi/4$ の角度に，$\xi_1=-1$ は $\varphi=-\pi/4$ の角度に完全偏光していることを表わす[2]．

---

1) 行列式は $|S_{\alpha\beta}|=\lambda_1\lambda_2$ である．$\lambda_1>\lambda_2$ とすると，(50.8) に定義した偏光度は $P=1-2\lambda_2$ に等しい．いまの場合 ($A=0$)，光の偏光の程度を特徴づけるのに，**消偏度**とよばれる比 λ_2/λ_1 がよく使われる．

2) 楕円の軸 $\boldsymbol{b}_1$ および $\boldsymbol{b}_2$ をもつ完全に楕円偏光した波に対して (§48をみよ) ストークスのパラメターは，

$$\xi_1=0, \qquad \xi_2=\pm 2b_1b_2/J, \qquad \xi_3=(b_1^2-b_2^2)/J$$

に等しい．ここで，y 軸は $\boldsymbol{b}_1$ の方向にとり，ξ_2 の2つの符号は，$\boldsymbol{b}_2$ が z 軸の正か負の方向を向いているのに対応する．

テンソル (50.13) の行列式は

$$|\rho_{\alpha\beta}|=\frac{1}{4}(1-\xi_1^2-\xi_2^2-\xi_3^2) \tag{50.14}$$

に等しい．(50.8) とくらべて

$$P=\sqrt{\xi_1^2+\xi_2^2+\xi_3^2} \tag{50.15}$$

であることがわかる．したがって，偏光度Pが与えられたときにも，それらの２乗の和が与えられている３つの量 ξ_1, ξ_2, ξ_3 の値で特徴づけられるいろいろな偏光が可能である．

$\xi_2=A$ および $\sqrt{\xi_1^2+\xi_3^2}=l$ という量がローレンツ不変であることに注意しよう．このことは，それらの量が円偏光および直線偏光の程度であるという意味からほとんど明らかである[1)]．

問　題

1. 任意の部分偏光した光を，“自然光” および “偏光” した光の部分とに分解せよ．

解　このような分解はテンソル $J_{\alpha\beta}$ を

$$J_{\alpha\beta}=\frac{1}{2}J^{(n)}\delta_{\alpha\beta}+E_{0\alpha}^{(p)}E_{0\beta}^{(p)*}$$

という形に表わすことを意味する．第１項は自然光，第２項は偏光した部分に対応する．これらの部分の強度を定めるために，行列式

$$\left|J_{\alpha\beta}-\frac{1}{2}J^{(n)}\delta_{\alpha\beta}\right|=|E_{0\alpha}^{(p)}E_{0\beta}^{(p)*}|=0$$

に注意しよう．(50.13) の形 $J_{\alpha\beta}=J\rho_{\alpha\beta}$ に表わし，この方程式をとくと

$$J^{(n)}=J(1-P)$$

が得られる．偏光した部分の強度は，$J^{(p)}=|\boldsymbol{E}_0^{(p)}|^2=J-J^{(n)}=JP$ である．

光の偏光した部分は，一般には楕円偏光した波を表わし，その楕円軸の方向はテンソル $S_{\alpha\beta}$ の主軸と一致する．楕円軸の長さ b_1 と b_2 および $\boldsymbol{b}_1$ 軸がy軸となす角 φ は，つぎの等式できめられる：

$$b_1^2+b_2^2=JP, \qquad 2b_1b_2=PJ\xi_2, \qquad \tan 2\varphi=\frac{\xi_1}{\xi_3}.$$

2. 任意の部分偏光した波を，２つの非干渉性の楕円偏光波の重ね合わせとして表わせ．

解　エルミット・テンソル $\rho_{\alpha\beta}$ の “主軸” は，

$$\rho_{\alpha\beta}n_\beta=\lambda n_\alpha \tag{1}$$

をみたす２つの複素単位ベクトル $\boldsymbol{n}$ ($\boldsymbol{nn}^*=1$) で定められる．主値 λ_1 および λ_2 は

$$|\rho_{\alpha\beta}-\lambda\delta_{\alpha\beta}|=0$$

---

1) 直接に証明するには，波の場が任意の基準系で横成分だけであるから，テンソル $\rho_{\alpha\beta}$ が新しい基準系でも２次元であることはもともと明白であるのに注目すればよい．$\rho_{\alpha\beta}$ から $\rho'_{\alpha\beta}$ への変換で，絶対値の２乗の和 $\rho_{\alpha\beta}\rho_{\alpha\beta}^*$ は不変である（実際，変換の形は光の具体的な偏光の性質にはよらないのであり，しかも完全に偏光した波に対してはこの和はどんな基準系でも１に等しい)．この変換が実であるから，テンソル $\rho_{\alpha\beta}$ の実数および虚数部分 (50.9) は独立に変換する．それゆえ，l および A で表わされるそれぞれの部分の成分の自乗の和も別々に不変なのである．

の根で与えられる．(1) 式の両辺に n_α^* をかけると，

$$\lambda=\rho_{\alpha\beta}n_\alpha^* n_\beta=\frac{1}{J}\overline{|E_{0\alpha}n_\alpha^*|^2} \qquad (2)$$

が得られ，これから λ_1, λ_2 が正の実数であることがわかる．式

$$\rho_{\alpha\beta}n_\beta^{(1)}=\lambda_1 n_\alpha^{(1)}, \qquad \rho_{\alpha\beta}^* n_\beta^{(2)*}=\lambda_2 n_\alpha^{(2)*}$$

の前者に $n_\alpha^{(2)*}$ を，後者に $n_\alpha^{(1)}$ をかけ，一方から他方を引き，テンソル $\rho_{\alpha\beta}$ のエルミット性を使うと，

$$(\lambda_1-\lambda_2)n_\alpha^{(1)}n_\alpha^{(2)*}=0 \qquad (3)$$

が求められる．したがって，$\boldsymbol{n}^{(1)}\boldsymbol{n}^{(2)*}=0$，すなわち，単位ベクトル $\boldsymbol{n}^{(1)}$ と $\boldsymbol{n}^{(2)}$ とはたがいに直交することがわかる．

求める波の分解は，公式

$$\rho_{\alpha\beta}=\lambda_1 n_\alpha^{(1)}n_\beta^{(1)*}+\lambda_2 n_\alpha^{(2)}n_\beta^{(2)*}$$

で達成される．2つのたがいに直交する成分のうち1つが実数で他方が虚数となるように複素振幅を選ぶことはつねに可能である (§48をみよ).

$$n_1^{(1)}=b_1, \qquad n_2^{(1)}=ib_2$$

とおくと（ここで b_1 と b_2 は，規格化条件 $b_1^2+b_2^2=1$ をみたすものとする)，$\boldsymbol{n}^{(1)}\boldsymbol{n}^{(2)*}=0$ という式から

$$n_1^{(2)}=ib_2, \qquad n_2^{(2)}=b_1$$

が得られる．これから，2つの楕円偏光した振動の楕円は合同であり（同じ軸の比をもつ)，一方は他方に対して直角に回転したものであることがわかる．

3. y, z 軸を角 φ だけ回転したときのストークス・パラメターの変換則を求めよ．

解　求める変換則は，ストークス・パラメターと yz 面における2次元テンソルの成分とのあいだの関係からきめられ，つぎの式で与えられる：

$$\xi_1'=\xi_1\cos 2\varphi-\xi_3\sin 2\varphi, \qquad \xi_3'=\xi_1\sin 2\varphi+\xi_3\cos 2\varphi, \qquad \xi_2'=\xi_2.$$

§ 51. 静電場のフーリエ分解

電荷のつくる場も形式的に平面波（フーリエ積分）に展開することができる．しかしながら，この展開は真空中の電磁波の展開とは本質的に異なっている．というのは，電荷の作る場は同次の波動方程式をみたさず，したがってまた，その展開の各項がこの方程式をみたさないからである．このことから，電荷の場を展開するのに使うことのできる平面波に対しては，平面単色波に対して成り立つ関係 $k^2=\omega^2/c^2$ が成立しないことが結論される．

とりわけ，形式的に静電場を平面波の重ね合せとして表わしたとき，これらの平面波の“振動数”は，問題の場が時間に無関係だから，明らかにゼロである．もちろん波動ベクトル自身はゼロと異なる．

われわれは座標原点にある点電荷 e のつくる場を考察する．この場のポテンシャル ϕ は方程式

$$\Delta\phi=-4\pi e\delta(\boldsymbol{r}) \tag{51.1}$$

によってきまる（§36をみよ）．

ϕをフーリエ積分に展開する，つまりそれを

$$\phi=\int_{-\infty}^{+\infty}e^{i\boldsymbol{kr}}\phi_{\boldsymbol{k}}\frac{d^3k}{(2\pi)^3},\qquad d^3k=dk_xdk_ydk_z \tag{51.2}$$

という形に表わす．そうすると

$$\phi_{\boldsymbol{k}}=\int\phi(\boldsymbol{r})e^{-i\boldsymbol{kr}}dV.$$

(51.2) 式の両辺にラプラス演算子を作用させると

$$\Delta\phi=-\int_{-\infty}^{+\infty}k^2e^{i\boldsymbol{kr}}\phi_{\boldsymbol{k}}\frac{d^3k}{(2\pi)^3}$$

が得られ，したがって表式 $\Delta\phi$ のフーリエ成分 $(\Delta\phi)_{\boldsymbol{k}}$ は

$$(\Delta\phi)_{\boldsymbol{k}}=-k^2\phi_{\boldsymbol{k}}$$

である．他方，方程式（51.1）の両辺のフーリエ成分をとることによって $(\Delta\phi)_{\boldsymbol{k}}$ を見いだすことができる：

$$(\Delta\phi)_{\boldsymbol{k}}=-\int 4\pi e\delta(\boldsymbol{r})e^{-i\boldsymbol{kr}}dV=-4\pi e.$$

$(\Delta\phi)_{\boldsymbol{k}}$ に対して得られた2つの表式を等しいとおいて

$$\phi_{\boldsymbol{k}}=\frac{4\pi e}{k^2} \tag{51.3}$$

が得られる．われわれの問題はこの公式によって解ける．

ポテンシャルϕに対すると同様に場の強さを展開することができる：

$$\boldsymbol{E}=\int_{-\infty}^{+\infty}\boldsymbol{E}_{\boldsymbol{k}}e^{i\boldsymbol{kr}}\frac{d^3k}{(2\pi)^3}. \tag{51.4}$$

(51.2) のたすけをかりて

$$\boldsymbol{E}=-\mathrm{grad}\int_{-\infty}^{+\infty}\phi_{\boldsymbol{k}}e^{i\boldsymbol{kr}}\frac{d^3k}{(2\pi)^3}=-\int i\boldsymbol{k}\phi_{\boldsymbol{k}}e^{i\boldsymbol{kr}}\frac{d^3k}{(2\pi)^3}$$

を得る．(51.4) と比較して

$$\boldsymbol{E}_{\boldsymbol{k}}=-i\boldsymbol{k}\phi_{\boldsymbol{k}}=-i\frac{4\pi e\boldsymbol{k}}{k^2} \tag{51.5}$$

が得られる．このことから，クーロン場を分解した波の場は，波動ベクトルの方向に向いていることがわかる．したがって，これらの波を縦波とよぶことができる．

§ 52.　場の固有振動

空間のある有限な体積のなかの自由な（電荷のない）電磁場を考察しよう．あとの計算を簡単にするため，この体積はそれぞれ A, B, C という辺をもつ直方体の形をしていると仮定する．そうすると，この直方体のなかで場を特徴づけるすべての量を3重フーリエ級

数（3つの座標に対する）に展開することができる．この展開（たとえば，ベクトル・ポテンシャルに対する）は

$$\boldsymbol{A}=\sum \boldsymbol{A}_k e^{i\boldsymbol{kr}} \tag{52.1}$$

という形に書かれる．ここで和はベクトル $\boldsymbol{k}$ のすべての可能な値にわたる．$\boldsymbol{k}$ の成分は，n_x, n_y, n_z を正および負の整数として

$$k_x=\frac{2\pi n_x}{A}, \qquad k_y=\frac{2\pi n_y}{B}, \qquad k_z=\frac{2\pi n_z}{C} \tag{52.2}$$

という値をすべてとる．

係数 $\boldsymbol{A}_k$ は，$\boldsymbol{A}$ が実でなければならないから，$\boldsymbol{A}_{-k}=\boldsymbol{A}_k^*$ という関係をみたさなければならない．div $\boldsymbol{A}=0$ という方程式から，各 $\boldsymbol{k}$ に対して

$$\boldsymbol{k}\boldsymbol{A}_k=0, \tag{52.3}$$

すなわち複素ベクトル $\boldsymbol{A}_k$ は対応する波動ベクトル $\boldsymbol{k}$ に“垂直”であることが導かれる．もちろんベクトル $\boldsymbol{A}_k$ は時間の関数である：それらは方程式

$$\ddot{\boldsymbol{A}}_k+c^2k^2\boldsymbol{A}_k=0 \tag{52.4}$$

をみたす．

もし，考えている体積の拡がり，A, B, C が十分大きければ，k_x, k_y, k_z の相隣る値は非常に近接している．この場合，小さな区間 $\Delta k_x, \Delta k_y, \Delta k_z$ のなかの k_x, k_y, k_z の可能な値の数を考えることが許される．たとえば k_x の相隣る値に1だけ異なる n_x の値が対応するから，区間 Δk_x 内の k_x の可能な値の数 Δn_x は，単に対応する区間内の n_x の値に数に等しい．したがって

$$\Delta n_x=\frac{A}{2\pi}\Delta k_x, \qquad \Delta n_y=\frac{B}{2\pi}\Delta k_y, \qquad \Delta n_z=\frac{C}{2\pi}\Delta k_z$$

が得られる．区間 $\Delta k_x, \Delta k_y, \Delta k_z$ 内に成分をもつベクトル $\boldsymbol{k}$ の可能な値の総数 Δn は，積

$$\Delta n=\Delta n_x \Delta n_y \Delta n_z=\frac{V}{(2\pi)^3}\Delta k_x \Delta k_y \Delta k_z \tag{52.5}$$

に等しい．ただし $V=ABC$ は場の体積である．これから，その絶対値が区間 Δk にあり，その方向が立体角要素 Δo のなかにあるような波動ベクトルの可能な値の数は容易に求められる．これを求めるためには，“$\boldsymbol{k}$ 空間”の極座標に移り，$\Delta k_x \Delta k_y \Delta k_z$ のかわりにこの座標での体積要素を書きさえすればよい．そうすると

$$\Delta n=\frac{V}{(2\pi)^3}k^2\Delta k \Delta o. \tag{52.6}$$

最後に，絶対値 k が区間 Δk にあり，あらゆる方向に向いている波動ベクトルの可能な値の数は Δo の代わりに 4π とおいて $\Delta n=(V/2\pi^2)k^2\Delta k$ である．

場の全エネルギー

$$\mathscr{E}=\frac{1}{8\pi}\int(\boldsymbol{E}^2+\boldsymbol{H}^2)dV$$

を，量 $\boldsymbol{A}_k$ を使って表わそう．電場および磁場は，

$$\boldsymbol{E}=-\frac{1}{c}\dot{\boldsymbol{A}}=-\frac{1}{c}\sum_{\boldsymbol{k}}\dot{\boldsymbol{A}}_k e^{i\boldsymbol{kr}},$$

$$\boldsymbol{H}=\mathrm{rot}\,\boldsymbol{A}=i\sum_{\boldsymbol{k}}\boldsymbol{k}\times\boldsymbol{A}_k e^{i\boldsymbol{kr}} \tag{52.7}$$

である．これらの和の平方を計算するときに，波動ベクトル $\boldsymbol{k}$ と $\boldsymbol{k}'$ をもつ項の積のうち，$\boldsymbol{k}\neq-\boldsymbol{k}'$ である項はすべて全体積についての積分の際ゼロを与えることに注意しなければならない．事実このような項は $e^{i(\boldsymbol{k}+\boldsymbol{k}')\boldsymbol{r}}$ という形の因子を含み，たとえば

$$\int_0^A e^{i\frac{2\pi}{A}n_x x}dx$$

という積分は，n_x がゼロと異なるときゼロを与えるのである．$\boldsymbol{k}'=-\boldsymbol{k}$ の項では指数関数が現われないから，dV についての積分はちょうど体積 V を与える．

結局

$$\mathscr{E}=\frac{V}{8\pi}\sum_{\boldsymbol{k}}\left\{\frac{1}{c^2}\dot{\boldsymbol{A}}_k\dot{\boldsymbol{A}}_k^*+(\boldsymbol{k}\times\boldsymbol{A}_k)(\boldsymbol{k}\times\boldsymbol{A}_k^*)\right\}$$

が得られる．(52.3) から

$$(\boldsymbol{k}\times\boldsymbol{A}_k)(\boldsymbol{k}\times\boldsymbol{A}_k^*)=k^2\boldsymbol{A}_k\boldsymbol{A}_k^*$$

であり，最後に

$$\mathscr{E}=\frac{V}{8\pi c^2}\sum_{\boldsymbol{k}}\{\dot{\boldsymbol{A}}_k\dot{\boldsymbol{A}}_k^*+k^2c^2\boldsymbol{A}_k\boldsymbol{A}_k^*\} \tag{52.8}$$

を得る．この和の各項は，展開 (52.1) の各項に対応する．

(52.4) 式のためにベクトル $\boldsymbol{A}_k$ は，波数ベクトルの絶対値にだけ依存する振動数 $\omega_k=ck$ をもつ単周期関数である．この関数の選び方によって，展開 (52.1) の各項が定在波あるいは進行平面波を表わすようにすることができる．そのために

$$\boldsymbol{A}=\sum_{\boldsymbol{k}}(\boldsymbol{a}_k e^{i\boldsymbol{kr}}+\boldsymbol{a}_k^* e^{-i\boldsymbol{kr}}) \tag{52.9}$$

という，$\boldsymbol{A}$ が実数であることを明らかにした形に書こう．ここでおのおののベクトル $\boldsymbol{a}_k$ は時間に

$$\boldsymbol{a}_k\propto e^{-i\omega_k t}. \qquad \omega_k=ck \tag{52.10}$$

のように依存するとする．こうすると，和 (52.9) の各項は，差 $\boldsymbol{kr}-\omega_k t$ だけの関数となり，$\boldsymbol{k}$ の方向に伝播する波に対応する．

展開 (52.9) と (52.1) とをくらべると，それらの係数が

$$\boldsymbol{A}_k=\boldsymbol{a}_k+\boldsymbol{a}_{-k}^*$$

で関係づけられ，また時間微分は

$$\dot{\boldsymbol{A}}_k = -ick(\boldsymbol{a}_k - \boldsymbol{a}^*_{-k})$$

であることがわかる．これを(52.8)に代入すると，場のエネルギーが展開(52.9)の係数で表わされる．$\boldsymbol{a}_k\boldsymbol{a}_{-k}$ および $\boldsymbol{a}^*_k\boldsymbol{a}^*_{-k}$ という形の項はたがいに相殺する．また，和 $\sum \boldsymbol{a}_k\boldsymbol{a}^*_k$ と $\sum \boldsymbol{a}_{-k}\boldsymbol{a}^*_{-k}$ とは，和をとる変数の表わし方だけがちがっているだけであるから，たがいに等しいことに注意すると，結局

$$\mathscr{E} = \sum_k \mathscr{E}_k. \qquad \mathscr{E}_k = \frac{k^2 V}{2\pi}\boldsymbol{a}_k\boldsymbol{a}^*_k \tag{52.11}$$

が得られる．このように，場の全エネルギーは，個々の平面波のエネルギー $\mathscr{E}_k$ の和で与えられるのである．

まったく同じやり方で，場の全運動量

$$\frac{1}{c^2}\int \boldsymbol{S}dV = \frac{1}{4\pi c}\int \boldsymbol{E}\times\boldsymbol{H}dV$$

を計算することができ

$$\sum_k \frac{\boldsymbol{k}}{k}\frac{\mathscr{E}_k}{c} \tag{52.12}$$

が得られる．この結果は，平面波のエネルギーと運動量とのあいだの関係から予期されたものである（§47をみよ）．

連続なパラメター列による記述は本来空間のあらゆる点でポテンシャル $\boldsymbol{A}(x, y, z, t)$を与えるときにおこなわれるものであるが，ここでそれにかわるものとして展開(52.9)は，とびとびのパラメター列（ベクトル $\boldsymbol{a}_k$）によって場を記述する．つぎに，変数 $\boldsymbol{a}_k$ の変換をおこない，その結果，場の方程式が力学の正準方程式（ハミルトン方程式）と同様な形をとるようにしよう．

実数の“正準変数” $\boldsymbol{Q}_k$ と $\boldsymbol{P}_k$ を

$$\boldsymbol{Q}_k = \sqrt{\frac{V}{4\pi c^2}}(\boldsymbol{a}_k + \boldsymbol{a}^*_k),$$

$$\boldsymbol{P}_k = -i\omega_k\sqrt{\frac{V}{4\pi c^2}}(\boldsymbol{a}_k - \boldsymbol{a}^*_k) = \dot{\boldsymbol{Q}}_k \tag{52.13}$$

という関係によって導入する．

場のハミルトニアンは，エネルギー(52.11)にこれらの表式を代入して求められる：

$$\mathscr{H} = \sum_k \mathscr{H}_k = \sum_k \frac{1}{2}(\boldsymbol{P}^2_k + \omega^2_k \boldsymbol{Q}^2_k). \tag{52.14}$$

このときハミルトン方程式 $\partial\mathscr{H}/\partial\boldsymbol{P}_k = \dot{\boldsymbol{Q}}_k$ が $\boldsymbol{P}_k = \dot{\boldsymbol{Q}}_k$ と一致し，これが実際に運動方程式の帰結であることがわかる（これは，変換(52.13)の係数を適当にとったことによる）．運動方程式 $\partial\mathscr{H}/\partial\boldsymbol{Q}_k = -\dot{\boldsymbol{P}}_k$ は

$$\ddot{\boldsymbol{Q}}_k + \omega^2_k \boldsymbol{Q}_k = 0 \tag{52.15}$$

となる．すなわち，これらは場の方程式と同一である．

ベクトル $\boldsymbol{Q}_k$ および $\boldsymbol{P}_k$ のおのおのは波動ベクトル $\boldsymbol{k}$ に垂直であり，すなわち 2 個の独立成分をもつ．これらのベクトルの方向は対応する進行波の偏光の方向を決定する．ベクトル $\boldsymbol{Q}_k$ の（$\boldsymbol{k}$ に垂直な平面内の）2 つの成分を Q_{kj}，$j=1,2$, で表わすと，$\boldsymbol{Q}_k^2=\sum_j Q_{kj}^2$ となり，$\boldsymbol{P}_k$ に対しても同様である．そうすると

$$\mathscr{H}=\sum_{kj}\mathscr{H}_{kj},\qquad \mathscr{H}_{kj}=\frac{1}{2}(P_{kj}^2+\omega_k^2Q_{kj}^2) \tag{52.16}$$

である．

ハミルトニアンが，おのおの Q_{kj}, P_{kj} という量のただ 1 個の組を含む独立な項 $\mathscr{H}_{kj}$ の和に分解されることがわかる．このような項のおのおのは，一定の波動ベクトルとかたよりとをもった進行波に対応する．$\mathscr{H}_{kj}$ という量は，単純調和振動をおこなっている 1 次元の“振動子”のハミルトニアンの形をしている．この理由から，うえの結果を振動子による場の展開とよぶことがある．

場をあからさまに変数 $\boldsymbol{P}_k, \boldsymbol{Q}_k$ によって表わす公式を与えよう．(52.13) から

$$\boldsymbol{a}_k=\frac{i}{k}\sqrt{\frac{\pi}{V}}(\boldsymbol{P}_k-i\omega_k\boldsymbol{Q}_k),\qquad \boldsymbol{a}_k^*=-\frac{i}{k}\sqrt{\frac{\pi}{V}}(\boldsymbol{P}_k+i\omega_k\boldsymbol{Q}_k) \tag{52.17}$$

が得られる．これらの表式を (52.1) に代入すると，場のベクトル・ポテンシャルは

$$\boldsymbol{A}=\sqrt{\frac{4\pi}{V}}\sum_{\boldsymbol{k}}\frac{1}{k}(ck\boldsymbol{Q}_k\cos\boldsymbol{kr}-\boldsymbol{P}_k\sin\boldsymbol{kr}) \tag{52.18}$$

となる．電場および磁場に対して

$$\boldsymbol{E}=-\sqrt{\frac{4\pi}{V}}\sum_{\boldsymbol{k}}(ck\boldsymbol{Q}_k\sin\boldsymbol{kr}+\boldsymbol{P}_k\cos\boldsymbol{kr}),$$

$$\boldsymbol{H}=-\sqrt{\frac{4\pi}{V}}\sum_{\boldsymbol{k}}\frac{1}{k}\{ck(\boldsymbol{k}\times\boldsymbol{Q}_k)\sin\boldsymbol{kr}+(\boldsymbol{k}\times\boldsymbol{P}_k)\cos\boldsymbol{kr}\} \tag{52.19}$$

が得られる．

第7章 光の伝播

§53. 幾何光学

平面波の特徴は，その伝播方向および振幅がいたるところで同じだという性質にある．任意の電磁波は，もちろん，この性質をもたない．

それでも，平面波でない電磁波も，空間の小さい領域では平面波とみなすことができることがしばしばある．このようにみなすことができるためには，明らかに波の振幅と伝播方向とが，波長程度の距離にわたっては実際上一定であることが必要である．

この条件がみたされていれば，われわれはいわゆる**波面**，すなわち，そのうえのすべての点で（与えられた時刻に）波の位相が同じであるような面を導入することができる（平面波の波面は明らかに，波の伝播方向に垂直な平面である）．空間の小さな領域のおのおのについて，波面に垂直な波の伝播方向を考えることが可能である．このようにして，**射線**——その各点にひいた接線が波の伝播方向に一致するような曲線——という概念を導入することができる．

このときには，波の伝播法則の研究は**幾何光学**という分野を形づくることになる．したがって，幾何光学は電磁波，とくに光の波の伝播を，その波動的性質をまったく捨象して，射線（光線）の伝播として考察する．いいかえれば，幾何光学は波長の小さな極限 $\lambda \to 0$ に対応するのである．

さて，われわれは幾何光学の基礎方程式——光線の方向をきめる方程式を導く問題をとりあげよう．f を，波の場を記述するある量（$\boldsymbol{E}$ あるいは $\boldsymbol{H}$ の任意の成分）としよう．平面単色波にたいして，f の形は

$$f = ae^{i(\boldsymbol{kr}-\omega t+\alpha)} = a\exp[i(-k_i x^i + \alpha)] \tag{53.1}$$

である（Re ははぶいた．いつでも実部をとるものと了解する）．

場に対する表現を

$$f = ae^{i\psi} \tag{53.2}$$

という形に書こう．平面波ではないが，幾何光学が適用できるという場合には，一般に振幅 a は座標と時間の関数であり，**アイコナール**とよばれる位相 ψ は (53.1) でのような簡単な形をもたない．しかし，本質的なのは ψ が大きな量であるということである．このことは，波長に等しい距離だけ進めば ψ は 2π だけ変化すること，そして，幾何光学は極限

$\lambda \to 0$ に対応することからただちに明らかである.

小さな空間領域および短い時間間隔に対しては，アイコナール ψ を級数に展開することができる. 1次の項までとると

$$\psi=\psi_0+\boldsymbol{r}\frac{\partial\psi}{\partial\boldsymbol{r}}+t\frac{\partial\psi}{\partial t}$$

となる（座標および時間の原点は，考えている小さな空間領域および時間間隔のなかにとる．導関数は原点での値をとる）．この表式を（53.1）とくらべれば

$$\boldsymbol{k}=\frac{\partial\psi}{\partial\boldsymbol{r}}\equiv\operatorname{grad}\psi, \qquad \omega=\frac{\partial\psi}{\partial t} \tag{53.3}$$

と書くことができる．これは，小さな空間領域（そして小さな時間間隔）のおのおのにおいては，波を平面波とみなせるということに対応する． 4次元的な形にすると，k_i を波動4元ベクトルとして，関係（53.3）は

$$k_i=-\frac{\partial\psi}{\partial x^i} \tag{53.4}$$

と表わすことができる.

われわれは§48で，4元ベクトル k^i の成分のあいだには $k_ik^i=0$ という関係があることを知った．これに（53.4）を代入すると，方程式

$$\frac{\partial\psi}{\partial x_i}\frac{\partial\psi}{\partial x^i}=0 \tag{53.5}$$

を得る．これは**アイコナール方程式**とよばれ，幾何光学の基礎方程式である.

アイコナール方程式は，波動方程式で直接 $\lambda\to 0$ の極限へ移ることによっても求められる．場 f は波動方程式

$$\frac{\partial^2 f}{\partial x_i\partial x^i}=0$$

をみたす．$f=ae^{i\psi}$ を代入して

$$\frac{\partial^2 a}{\partial x_i\partial x^i}e^{i\psi}+2i\frac{\partial a}{\partial x_i}\frac{\partial\psi}{\partial x^i}e^{i\psi}+if\frac{\partial^2\psi}{\partial x_i\partial x^i}-\frac{\partial\psi}{\partial x_i}\frac{\partial\psi}{\partial x^i}f=0 \tag{53.6}$$

を得る．ところで，アイコナール ψ は，うえで指摘したように大きな量である．したがって，第4項とくらべてはじめの3つの項ははぶくことができて，ふたたび方程式（53.5）に達する.

さらに2，3の関係を示しておこう．それらはたしかに，真空中の光の伝播に適用しても，まったく自明の結果にしか導かない．しかし，大事なことは，一般的な形では，これらの結論は物質的媒体のなかでの光の伝播にも適用できるということである.

アイコナール方程式の形から，幾何光学と物質粒子の力学とのあいだにいちじるしい類似性が結論される．物質粒子の運動は，ハミルトン－ヤコビ方程式（16.11）から決定さ

れる．この方程式は，アイコナール方程式と同様，1階導関数についての2次の方程式である．よく知られているように，作用 S と粒子の運動量 $\boldsymbol{p}$ およびハミルトニアン $\mathscr{H}$ とのあいだには

$$\boldsymbol{p}=\frac{\partial S}{\partial \boldsymbol{r}},\qquad \mathscr{H}=-\frac{\partial S}{\partial t}$$

という関係がある．この式を（53.3）とくらべて，幾何光学における波動ベクトルは，力学における粒子の運動量と同じ役割をはたし，振動数はハミルトニアン，すなわち，粒子のエネルギーに対応することがわかる．波動ベクトルの絶対値 k と振動数とは公式 $k=\omega/c$ で結ばれる．この関係は，質量ゼロで光速度に等しい質量をもつ粒子の運動量とエネルギーの関係 $p=\mathscr{E}/c$ に類似している．

粒子に対しては，ハミルトン方程式

$$\dot{\boldsymbol{p}}=-\frac{\partial \mathscr{H}}{\partial \boldsymbol{r}},\qquad \boldsymbol{v}=\dot{\boldsymbol{r}}=\frac{\partial \mathscr{H}}{\partial \boldsymbol{p}}$$

が成り立つ．うえに指摘した類似から，光線についての同様の方程式をただちに書くことができる：

$$\dot{\boldsymbol{k}}=-\frac{\partial \omega}{\partial \boldsymbol{r}},\qquad \dot{\boldsymbol{r}}=\frac{\partial \omega}{\partial \boldsymbol{k}}. \qquad (53.7)$$

真空中では $\omega=ck$ で，$\dot{\boldsymbol{k}}=0$，$v=c\boldsymbol{n}$ となる（$\boldsymbol{n}$ は伝播方向の単位ベクトル）；いいかえれば，当然のことながら，真空中では光線は直線で，光はそれにそって速度 c で進む．

波動ベクトルと粒子の運動量とのあいだの類似は，つぎの事情を考えればとくに明瞭になる．ある大きくない区間内の振動数をもつ単色波の重ね合わせであって，空間のある有限な領域を占める波（これは**波束**といわれる）を考えよう．エネルギー・運動量テンソル（48.15）を使って（各単色成分に対して），公式（32.6）によりこの波の場の4元運動量を計算しよう．（48.15）で k^i を適当な平均値でおきかえると

$$P^i=Ak^i \qquad (53.8)$$

という形を得る．ここで，4元ベクトル P^i と k^i との比例定数 A はあるスカラーである．3次元的な形に書くと，これは

$$\boldsymbol{P}=A\boldsymbol{k},\qquad \mathscr{E}=A\omega \qquad (53.9)$$

となる．こうして，波束の運動量とエネルギーは，ある基準系から他の基準系へ移るときに，波動ベクトルおよび振動数のように変換されることがわかる．

類推をさらにつづければ，力学における最小作用の原理に類似の原理を幾何光学に対してもうちたてることができる．けれども，光線に対しては，粒子に対するラグランジアンに相当する関数を導入するのは不可能であることが判明するから，$\delta\int L dt=0$ のようなハミルトン形式に書くことはできない．粒子のラグランジアン L は，$L=\boldsymbol{p}\partial\mathscr{H}/\partial\boldsymbol{p}-\mathscr{H}$ によ

ってハミルトニアン $\mathscr{H}$ と結ばれているから，ハミルトニアンを振動数 ω で，運動量を波動ベクトル $\boldsymbol{k}$ でおきかえて， 光学におけるラグランジアンを $\boldsymbol{k}\partial\omega/\partial\boldsymbol{k}-\omega$ と書くべきであろう．ところが $\omega=ck$ であるから，この表式はゼロに等しい．光線に対してラグランジアンを導入することが不可能なことは，光線の伝播は質量ゼロの粒子の運動に似ているという，さきに述べた考察からも直接明らかである．

波が一定の不変な振動数 ω をもてば， その場の時間への依存は $e^{-i\omega t}$ という形の因子によって与えられる．したがって，そのような波のアイコナールに対しては

$$\psi=-\omega t+\psi_0(x,y,z) \tag{53.10}$$

と書くことができる．ただし，ψ_0 は座標だけの関数である． そうすると， アイコナール方程式 (53.5) は

$$(\operatorname{grad}\psi_0)^2=\frac{\omega^2}{c^2} \tag{53.11}$$

という形をとる．波面は，アイコナールで一定の面，すなわち， $\psi_0(x,y,z)=\mathrm{const}$ という形の面の族である．光線はといえば，各点で対応する波面に垂直である；その方向は，グラジエント $\nabla\psi_0$ によってきまる．

よく知られているように，エネルギーが一定の場合には，粒子に対する最小作用の原理はまた，いわゆる**モーペルチュイの原理**の形にも書くことができる：

$$\partial S=\delta\int\boldsymbol{p}d\boldsymbol{l}=0,$$

ここに，積分は粒子のトラジェクトリーにそって，そのうえの2点のあいだでおこなわれる．この表式で，運動量は粒子のエネルギーと座標の微分との関数と仮定されている．光線に対するこれに類似の原理は，**フェルマーの原理**とよばれる．この場合，類推によって

$$\delta\psi=\delta\int\boldsymbol{k}d\boldsymbol{l}=0 \tag{53.12}$$

と書くことができる．真空中では $\boldsymbol{k}=(\omega/c)\boldsymbol{n}$ であるから

$$\delta\int dl=0 \tag{53.13}$$

を得る．($\boldsymbol{n}d\boldsymbol{l}=dl$)．これは，光線が直線的に進むことに対応している．

§ 54. 光 の 強 度

このように幾何光学では，光波は光線の束とみなすことができる．しかし，光線自身は各点では光の伝播方向を与えるだけであるから，光の強度の空間的な分布という問題が残る．

考えている光線の束の1つの波面から，無限小の面要素を切りとる．微分幾何学で知ら

れているように，すべての面はそのうえの各点で，2つの一般には異なった主曲率半径をもつ．与えられた波面の要素においてつくった主曲率円の線素を ac および bd とする（図7）．すると，a および c を通過する光線は，ac に対応する曲率中心 O_1 で交わるが，b, d を通過する光線は別の曲率中心 O_2 で交わる．

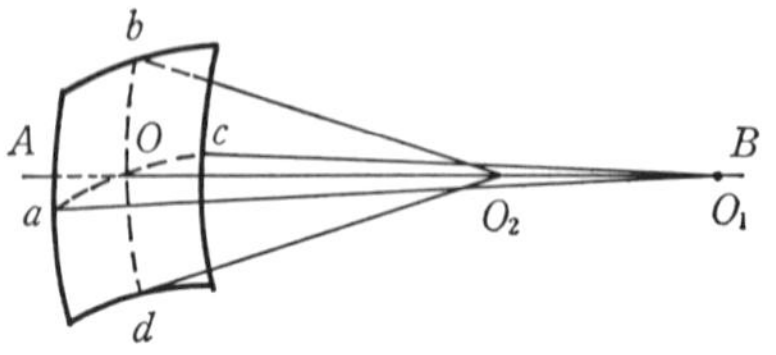

図　7

O_1 および O_2 から出るビームの開きの角度を一定にすれば，弧 ac および bd の長さは明らかに，対応する曲率半径 R_1 および R_2（すなわち，長さ O_1O および O_2O）に比例する．面要素の面積は長さ ac と bd との積に，したがって，R_1R_2 に比例する．いいかえると，きまった光線の集まりによって限られる波面の要素を考えると，光線にそって進むにつれて面要素の面積は R_1R_2 に比例して変化する．

他方，強度，すなわち，単位面積あたりのエネルギーの流れは，与えられただけのエネルギーが通過する表面積に反比例する．こうして，強度は

$$I=\frac{\mathrm{const}}{R_1R_2} \tag{54.1}$$

に等しいという結果が得られる．

この公式は，つぎのように理解されなければならない．各光線（図7の AB）上に，与えられた光線を切る波面の（それらが光線を切る点における）曲率中心である点 O_1 および O_2 が定まる．波面が光線を切る点 O から点 O_1, O_2 までの距離 OO_1, OO_2 は，波面の点 O における曲率半径 R_1, R_2 である．したがって，公式（54.1）は，与えられた光線にそって光の強度の変化を，この光線上のきまった点からの距離の関数として与えるのである．この公式は，1つの波面のうえの異なった点における強度を比較するのに使うことはできない，ということを強調しておく．

強度は場の絶対値の2乗によってきまるから，場自体の光線にそっての変化を

$$f=\frac{\mathrm{const}}{\sqrt{R_1R_2}}e^{ikR} \tag{54.2}$$

と書くことができる．ただし，位相因子 e^{ikR} において R を R_1 と書いても，R_2 と書いてもよい．e^{ikR_1} および e^{ikR_2} という量は（与えられた光線に対して），たがいに定数因子しか異ならない．なぜなら差 R_1-R_2 は2つの曲率中心のあいだの距離で，定数だからである．

波面の2つの曲率半径が一致すれば，（54.1）および（54.2）は

$$I=\frac{\text{const}}{R^2}, \qquad f=\frac{\text{const}}{R}e^{ikR} \tag{54.3}$$

という形になる．光が点源から発せられるときには，つねにこのようになる（このとき波面は同心球面となり，R は光源からの距離である）．

(54.1) から，$R_1=0$，$R_2=0$ の点，すなわち，波面の曲率中心では，強さが無限大になることがわかる．これを光束のなかのすべての光線に適用すると，与えられた光束の強度は，一般に 2 つの面――すべての波面の曲率中心の幾何学的軌跡――のうえで，無限大になることが見いだされる．そのような面を**火面**とよぶ．波面が球をなす特別な光束の場合には，2 つの火面は 1 つの点に収縮する（**焦点**）．

面の族の曲率中心の軌跡の性質に関する微分幾何学のよく知られた結果によれば，光線は火面に接するということに注意しよう．

波面の曲率中心は，（凸波面に対しては）光線自身のうえになくて，光線がそこから出てくる光学系をこえた光線の延長上にくることもありうるということを忘れてはならない．そのような場合，**虚火面**（あるいは**虚焦点**）であるという．このときには，光の強度はどこでも無限大にならない．

強度が無限大に増大するということは，実際には，火面のうえの点で強度が大きくなるが，有限にとどまるということであると理解しなければならない（§ 59 の問題をみよ）．形式的に無限大が現われることは，幾何光学の近似が火面の近くではけっして適用できないことを意味する．このことに関連して，光線にそっての位相の変化が式 (54.2) から求められるのは，光線の火面との接点を含まない部分に対してだけである．のちに（§ 59 で），火面のそばを通過するとき，実際には場の位相は $\pi/2$ だけ減少することが示される．これは，光線で第 1 の火面に接するまでの部分で場が e^{ikx} に比例しているとすれば（x は線にそっての座標），火面のそばを通過したのちには場は $e^{i(kx-\pi/2)}$ に比例するようになる，という意味である．第 2 の火面との接点の近くでも同じことが起こり，その点をこえると場は $e^{i(kx-\pi)}$ に比例する[1]．

§ 55.　角アイコナール

真空中を進んできて透明体につきあたった光線は，この物体からでるとき，一般に始めの方向とは異なる方向をもつようになる．この方向の変化は，もちろん，物体の性質やその形によっていろいろ異なる．けれども，任意の物体を通りぬける際の光線の方向の変化

1）公式 (54.2) それ自体は火面の近くでは成り立たないが，ここで指摘した場の位相の変化は形式的にこの式における R_1 あるいは R_2 の符号の変化（すなわち，$e^{i\pi}$ がかかること）として扱うことができる．

に関しては，一般的な法則を導くことができるのである．その際，考えている物体の内部を伝播している光線に対して幾何光学を適用できるということだけが仮定される．光線が通りぬけて進むそのような透明物体を，習慣にしたがって**光学系**とよぶことにする．

§53で述べた光線の伝播と粒子の運動とのあいだの類似性のために，真空中を直線にそって進み，ついで電磁場のなかを通りぬけてふたたび真空中に出てゆく粒子の運動方向の変化に対しても同じ一般法則が成り立つ．しかし，話をはっきりさせるために，以後つねに光線の伝播だけを考える．

われわれは光線の伝播を規定するアイコナール方程式は(53.11)という形に書けることを知った（きまった振動数の光に対して）．便宜のため，これから以後アイコナールψ_0をω/cでわったものをψと記すことにしよう．すると，幾何光学の基礎方程式は

$$(\nabla\psi)^2=1 \tag{55.1}$$

となる．

この方程式の解のおのおのは，確定したビーム，すなわち，空間の与えられた点における方向が，ψのその点でのグラジエントによってきまるような光線からなるビームを記述する．しかしながら，われわれは1つのきまった光線束でなく，任意の光線が光学系を通過するときの一般的関係を求めたいのであるから，これではわれわれの目的にとって不十分である．したがって，すべての可能な光線，すなわち，空間の任意の1対の点を通る光線を記述するような形に表わされたアイコナールを使わなければならない．普通の形のアイコナール$\psi(\boldsymbol{r})$は，点$\boldsymbol{r}$を通る束のなかの光線の位相である．われわれはいまやアイコナールを，2つの点の座標の関数$\psi(\boldsymbol{r},\boldsymbol{r}')$として導入しなければならない（$\boldsymbol{r},\boldsymbol{r}'$は光線の始めと終りの点の位置ベクトルである）．光線はどんな点の対$\boldsymbol{r},\boldsymbol{r}'$も通ることができ，$\psi(\boldsymbol{r},\boldsymbol{r}')$はこの光線の点$\boldsymbol{r}$と$\boldsymbol{r}'$のあいだの位相の差（あるいは，いわゆる**光学距離**）である．以下では，$\boldsymbol{r}$および$\boldsymbol{r}'$を，光学系を通過するまえ，およびあとの光線上の点の位置ベクトルとする．

$\psi(\boldsymbol{r},\boldsymbol{r}')$において位置ベクトルの一方，仮りに$\boldsymbol{r}'$を固定したとすれば，そのとき$\boldsymbol{r}$の関数としての$\psi$は一定の光線束，すなわち点$\boldsymbol{r}'$を通過する光線束を記述する．すると$\psi$は方程式(55.1)をみたさなければならない．そのとき，微分は$\boldsymbol{r}$の成分についておこなう．同様に，$\boldsymbol{r}$を固定されたとみると，ふたたび$\psi(\boldsymbol{r},\boldsymbol{r}')$のみたす方程式が得られる．こうして

$$(\nabla\psi)^2=1, \qquad (\nabla'\psi)^2=1. \tag{55.2}$$

光線の方向は，その位相のグラジエントによってきまる．$\psi(\boldsymbol{r},\boldsymbol{r}')$は点$\boldsymbol{r}$および$\boldsymbol{r}'$における位相の差であるから，点$\boldsymbol{r}'$での光線の方向はベクトル$\boldsymbol{n}'=\partial\psi/\partial\boldsymbol{r}'$で，点$\boldsymbol{r}$での方向はベクトル$\boldsymbol{n}=-\partial\psi/\partial\boldsymbol{r}$で与えられる．(55.2)から$\boldsymbol{n},\boldsymbol{n}'$は明らかに単位ベクトルであ

る：

$$n^2 = n'^2 = 1. \tag{55.3}$$

4つのベクトル $\boldsymbol{r}, \boldsymbol{r}', \boldsymbol{n}, \boldsymbol{n}'$ は相互に関連している．なぜなら，そのうち2つ $(\boldsymbol{n}, \boldsymbol{n}')$ はある関数 ψ の他の2つ $(\boldsymbol{r}, \boldsymbol{r}')$ についての導関数であるからである．関数 ψ 自身は付加的条件 (55.2) 式をみたす．

$\boldsymbol{n}, \boldsymbol{n}', \boldsymbol{r}, \boldsymbol{r}'$ のあいだの関係を得るには，ψ のかわりに，付加条件の課せられない（すなわち，なんらかの微分方程式をみたすことが要求されていない）別の量をもちこむのが便利である．それは，つぎのようにしておこなわれる．関数 ψ の独立変数は $\boldsymbol{r}, \boldsymbol{r}'$ であるから，微分 $d\psi$ は

$$d\psi = \frac{\partial \psi}{\partial \boldsymbol{r}} d\boldsymbol{r} + \frac{\partial \psi}{\partial \boldsymbol{r}'} d\boldsymbol{r}' = -\boldsymbol{n} d\boldsymbol{r} + \boldsymbol{n}' d\boldsymbol{r}'$$

と書かれる．ここで，$\boldsymbol{r}, \boldsymbol{r}'$ から新しい独立変数 $\boldsymbol{n}, \boldsymbol{n}'$ へのルジャンドル変換をおこなう．すなわち

$$d\psi = -d(\boldsymbol{n}\boldsymbol{r}) + \boldsymbol{r} d\boldsymbol{n} + d(\boldsymbol{n}'\boldsymbol{r}') - \boldsymbol{r}' d\boldsymbol{n}'$$

と書き，関数

$$\chi = \boldsymbol{n}'\boldsymbol{r}' - \boldsymbol{n}\boldsymbol{r} - \psi \tag{55.4}$$

を導入して，これから

$$d\chi = -\boldsymbol{r} d\boldsymbol{n} + \boldsymbol{r}' d\boldsymbol{n}' \tag{55.5}$$

を得る．

関数 χ は**角アイコナール**とよばれる．(55.5) からわかるように，それの独立変数は $\boldsymbol{n}$ と $\boldsymbol{n}'$ である．χ には付加条件が課せられない．実際，方程式 (55.3) は，いまやベクトル $\boldsymbol{n}$ の3つの成分 n_x, n_y, n_z（および $\boldsymbol{n}'$ に対しても同様に）のうち2つだけが独立であることを示す，独立変数についての条件を表わすにすぎないのである．独立変数として，n_y, n_z, n'_y, n'_z をとることにすれば，$n_x = \sqrt{1 - n_y^2 - n_z^2}$, $n'_x = \sqrt{1 - n_y'^2 - n_z'^2}$ である．

これらの式を

$$d\chi = -x\,dn_x - y\,dn_y - z\,dn_z + x'\,dn'_x + y'\,dn'_y + z'\,dn'_z$$

に代入して，微分 $d\chi$ として

$$d\chi = -\left(y - \frac{n_y}{n_x} x\right) dn_y - \left(z - \frac{n_z}{n_x} x\right) dn_z + \left(y' - \frac{n'_y}{n'_x} x'\right) dn'_y + \left(z' - \frac{n'_z}{n'_x} x'\right) dn'_z$$

を得る．これから，結局つぎの方程式が得られる：

$$\begin{aligned} &y - \frac{n_y}{n_x} x = -\frac{\partial \chi}{\partial n_y}, \qquad z - \frac{n_z}{n_x} x = -\frac{\partial \chi}{\partial n_z}, \\ &y' - \frac{n'_y}{n'_x} x' = \frac{\partial \chi}{\partial n'_y}, \qquad z' - \frac{n'_z}{n'_x} x' = \frac{\partial \chi}{\partial n'_z}. \end{aligned} \tag{55.6}$$

これが，$\boldsymbol{n}, \boldsymbol{n}', \boldsymbol{r}, \boldsymbol{r}'$ のあいだの求める関係である．関数 χ は，光線の通りぬける物体の特性（あるいは，荷電粒子の場合なら，場の性質）を特徴づけるものである．

$\boldsymbol{n}, \boldsymbol{n}'$ の値が固定されておれば，2組の方程式（55.6）の各組は直線を表わす．これらの直線は，光学系を通りぬける前後の光線にほかならない．このように方程式（55.6）は，光学系の両側での光線の径路を決定するのである．

§56. 細い光線束

光学系を通過する光線束を研究するにあたって，とくに興味があるのは，1つの同じ点を通過する光線からなる光束である（そのような光束は**共心**であるといわれる）．

光学系を通過したあとでは，共心束は一般に共心でなくなる，すなわち，物体を通りぬけたのちには，光線はもはや1点に集まることがない．例外的な場合にだけ，光点からでたすべての光線が光学系を通過したのちに1つの点（光点の像）において交わる[1]．

すべての共心光線束が光学系を通過したのちにも共心である唯一の場合は，恒等反射の場合，すなわち，光学系が任意の物体に対してそれと形および大きさが同一の像を与える場合である（いいかえると，像は物体と位置か向きかだけが異なる．あるいは，鏡映）ことを証明することができる（§57をみよ）．

こうして，恒等反射という平凡な場合[2]をのぞけば，いかなる光学系も物体（有限な大きさをもつ）の完全に鮮鋭な像を与えることはできない．恒等反射の場合以外には，拡がりのある物体の像は近似的で，完全には鮮鋭でない．

共心光束が近似的に共心光束へ移るもっとも重要な場合は，それが十分細く（すなわち，開きの角度が小さい），あるきまった（与えられた光学系に対して）直線の近くを進む場合である．この直線をその光学系の**光軸**という．

しかし，無限に細い光線束（3次元空間内の）でさえも一般には共心でないことに注意しなければならない．われわれは，そのような光線束でさえ，異なった光線は異なった点で交わることをみた（この現象は**非点収差**とよばれる）．例外は，波面上の2つの主曲率半径が等しいような点である——そのような点のまわりの小さな波面の領域は球面とみなすことができ，それに対応する細い光線束は共心である．

軸対称な光学系を考える[3]．そのような系の対称軸はその光軸でもある．実際この軸に

---

1) 交点は光線のうえにあることもあれば，その延長上にあることもある．これに応じて，像は**実**あるいは**虚**であるといわれる．

2) そのような反射は平面鏡によって起こる．

3) 軸対称でない光学系の光軸の近くを進む細い光線束による像の形成の問題は，軸対象な系による結像に加えて，そうして得られた像を物体に対して回転させることに帰着されるということを証明することができる．

そって進む光線束の波面も軸対称である．回転面は，それと対称軸との交点において等しい２つの主曲率半径をもつ．したがって，この方向に進む光線束は共心である．

軸対称な光学系を通過する細い光線束によって形成される像を決定する完全に定量的な関係を得るには，まず，考えている場合に対する関数χの形を求めてから，方程式(55.6)を使う．

光線束は細くて光学軸の近くを進むから，各光線束に対するベクトル$\boldsymbol{n}, \boldsymbol{n}'$はほとんどこの軸の方向を向いている．光軸を$x$軸に選べば，$n_y, n_z, n_y', n_z'$という成分は１にくらべて小さいであろう．成分$n_x, n_x'$については，$n_x \approx 1$であり，$n_x'$は近似的に$+1$または$-1$のどちらかに等しい．第１の場合には，光線は光学系の向う側の空間に出てからも，ほとんどもとと変わらない方向に進む．このとき，光学系は**レンズ**とよばれる．第２の場合には，光線はその方向をほとんど逆転する．このような光学系は**鏡**とよばれる．

n_y, n_z, n_y', n_z'が小さいことを利用して角アイコナール$\chi(n_y, n_z, n_y', n_z')$を級数に展開し，はじめのいくつかの項までにとどめる．全系が軸対称であるために，座標系の光軸のまわりの回転に対してχは不変でなければならない．このことから明らかに，χの展開において，ベクトル$\boldsymbol{n}$および$\boldsymbol{n}'$のyおよびz成分に比例する１次の項は存在しない：そのような項は，要求される不変性をもたないであろう．要求される性質をもつ２次の項は，２乗$\boldsymbol{n}^2, \boldsymbol{n}'^2$とスカラー積$\boldsymbol{n}\boldsymbol{n}'$である．こうして，２次の項までとると，軸対称な光学系の角アイコナールは，f, g, hを定数として

$$\chi = \mathrm{const} + \frac{g}{2}(n_y^2 + n_z^2) + f(n_y n_y' + n_z n_z') + \frac{h}{2}(n_y'^2 + n_z'^2) \qquad (56.1)$$

という形になる．

議論を明確にするために，レンズを考えることにし，$n_x' \approx 1$とおく．鏡に対しても，のちにみるようにすべて類似の式が成り立つ．(56.1) を一般的な式 (55.6) に代入すると

$$\begin{aligned} n_y(x-g) - f n_y' &= y, \qquad & f n_y + n_y'(x'+h) &= y', \\ n_z(x-g) - f n_z' &= z, \qquad & f n_z + n_z'(x'+h) &= z' \end{aligned} \qquad (56.2)$$

が得られる．

点x, y, zから発せられた共心光線束を考えよう．点x', y', z'を，レンズを通過したのちに光束のすべての光線が交わる点とする．(56.2) の方程式の第１の対と第２の対とが独立であれば，これら４つの式は与えられたx, y, z, x', y', z'に対して，１つの確定したn_y, n_z, n_y', n_z'の値の組を決定するであろう．すなわち，点x, y, zから発してx', y', z'を通る光線がちょうど１つきまるであろう．したがって，x, y, zから発したすべての光線がn', y', z'を通るためには，方程式 (56.2) が独立でなく，一方の対が他方からの帰結であることが必要である．このような従属関係があるための必要条件は，方程式の一方の対の

係数が，他方の対の係数に比例することである．こうして

$$\frac{x-g}{f}=-\frac{f}{x'+h}=\frac{y}{y'}=\frac{z}{z'} \tag{56.3}$$

でなければならない．とくに

$$(x-g)(x'+h)=-f^2 \tag{56.4}$$

である．

われわれの得た式は，細い光束による結像に対して，像と物体の座標のあいだの求める関係を与える．

光軸上の $x=g$ および $x'=-h$ の点は，光学系の**主焦点**とよばれる．光軸に平行な光線束を考えると，そのような光線束の点光源は明らかに光軸上の無限遠にある．すなわち $x=\infty$ である．(56.3) から，この場合には $x'=-h$ である．このように，平行な光線束は，光学系を通ったのち主焦点において収束するのである．逆に，主焦点から発した光線束は，光学系を通りぬけたのちに平行になる．

(56.3) 式において，座標 x および x' は光軸上の同一原点から計る．しかし，物体および像の座標をそれぞれ別の原点から計るほうが便利である．その原点としては，それぞれに対応する主焦点を選ぶ．座標の正の方向を，その焦点から光の進行してゆく向きにとる．物体と像の新しい座標を大文字で表わすと

$$X=x-g,\qquad X'=x'+h,\qquad Y=y,\qquad Y'=y',\qquad Z=z,\qquad Z'=z'.$$

結像の方程式 (56.3) および (56.4) を新しい座標で書くと

$$XX'=-f^2, \tag{56.5}$$

$$\frac{Y'}{Y}=\frac{Z'}{Z}=\frac{f}{X}=-\frac{X'}{f} \tag{56.6}$$

となる．f という量を，系の**主焦点距離**とよぶ．

比 Y'/Y は**横倍率**とよばれる．縦倍率はどうかといえば，座標は単純に比例しあうものでないから，物体の（軸方向の）長さの要素と，対応する像の要素の長さとを比較して，微分的な形に書かなければならない．(56.5) から**縦倍率**として

$$\left|\frac{dX'}{dX}\right|=\frac{f^2}{X^2}=\left(\frac{Y'}{Y}\right)^2 \tag{56.7}$$

を得る．

これから，無限に小さな物体に対してさえ，幾何学的に相似な像を得ることは不可能であることがわかる．縦倍率はけっして横の倍率に等しくないのである（恒等反射というつまらない場合をのぞいて）．

光軸上の $X=f$ という点を通る光線束は，軸上の $X'=-f$ の点でふたたび収束する．これら2つの点を**主点**という．(56.2) 式から（$n_yX-fn'_y=Y, n_zX-fn'_z=Z$），この場合

$(X=f,\ Y=Z=0)$ $n_y=n'_y,\ n_z=n'_z$ という等式が成り立つことは明らかである．したがって，主点から出たすべての光線は，もう一方の主点においてはじめの方向と平行な方向に光軸を切るのである．

物体と像の座標を主点から（主焦点からでなく）計ることにすれば，それらの座標 ξ, ξ' は

$$\xi'=X'+f, \qquad \xi=X-f$$

である．これを (56.5) に代入すれば

$$\frac{1}{\xi}-\frac{1}{\xi'}=-\frac{1}{f} \tag{56.8}$$

という形の結像方程式がたやすく得られる．

厚さの小さな光学系（たとえば，鏡あるいは薄いレンズ）では，2つの主点はほとんど一致することを示すことができる．そのときには，ξ と ξ' は実際上同じ1つの点から計られることになるから，方程式 (56.8) はとくに便利である．

焦点距離が正ならば，焦点の前方に（光の進行する向きの）位置する $(X>0)$ 物体の像は正立である $(Y'/Y>0)$；そのような光学系は**収束系**といわれる．$f<0$ なら，$X>0$ に対して $Y'/Y<0$ を得る．すなわち，物体は倒立した像を結ぶ．そのような系は**発散系**といわれる．

公式 (56.8) に含まれない1つの極限の場合がある．それは，(56.4) の3つの係数 f, g, h がすべて無限大のときである（すなわち，光学系は無限大の焦点距離をもち，主焦点が無限遠にある）．(56.4) において f, g, h が無限大の極限をとると

$$x'=\frac{h}{g}x+\frac{f^2-gh}{g}$$

が得られる．われわれが関心をもつのは，物体とその像が光学系から有限の距離にある場合だけであるから，f, g, h が無限大になっても，比 h/g および $\dfrac{f^2-gh}{g}$ は有限にとどまらなければならない．この比をそれぞれ α^2, β と書くと $x'=\alpha^2x+\beta$ を得る．

他の2つの座標については，一般公式 (56.7) から

$$\frac{y'}{y}=\frac{z'}{z}=\pm\alpha$$

が得られる．最後に，ふたたび座標 x と x' をそれぞれ異なった原点，つまり軸上の任意の点およびその点の像から計ることにすれば，結像の方程式は

$$X'=\alpha^2X, \qquad Y'=\pm\alpha Y, \qquad Z'=\pm\alpha Z \tag{56.9}$$

という簡単な形になる．したがって，縦および横倍率は一定である（しかし，たがいに等しくはない）．この場合の結像を**望遠鏡的**という．

レンズに対してわれわれの導いた (56.5) から (56.9) までのすべての式は，鏡にも同

程度に適用され，また，光軸の近くの細い光線束だけによって像が結ばれるときには，軸対称でない光学系に対してさえ，同じようにあてはまる．これらの場合に，物体および像の x 座標は，つねに光軸にそってそれぞれに対応する基準点（主焦点または主点）から，光の伝播してゆく向きに計ることが必要である．そのとき，軸対称性のない光学系に対しては，系の前後の光軸の方向が同一直線上にないということを忘れてはならない．

問　題

1. 光軸の一致する2つの軸対称な光学系による結像の焦点距離を求めよ．

解　2つの系の焦点距離を f_1 および f_2 とする．各系に対して別々に

$$X_1X_1'=-f_1^2, \qquad X_2X_2'=-f_2^2$$

が成り立つ．第1の系によって生じた像は第2の系に対しては物体となるから，第1の系の後方の主焦点と第2の系の前方の焦点との距離を l で表わせば，$X_2=X_1'-l$ を得る．X_2' を X_1 で表わして

$$X_2'=\frac{X_1f_2^2}{f_1^2+lX_1}$$

あるいは

$$\left(X_1+\frac{f_1^2}{l}\right)\left(X_2'-\frac{f_2^2}{l}\right)=-\left(\frac{f_1f_2}{l}\right)^2$$

を得る．これから明らかに，合成系の主焦点は $X_1=-f_1^2/l,\ X_2'=f_2^2/l$ という点にあり，焦点距離は

$$f=-\frac{f_1f_2}{l}$$

である（この式の符号を選ぶためには，対応する横倍率の式を書いてみなければならない）．

$l=0$ のときには，焦点距離 $f=\infty$，すなわち合成系は望遠鏡的結像を与える．この場合には $X_2'=X_1(f_2/f_1)^2$ である．すなわち，一般公式（56.9）のパラメーター α は $\alpha=f_2/f_1$ である．

2. 荷電粒子に対する“磁気レンズ”——長さ l の範囲に存在する縦方向の一様な磁場（図8）[1]——の焦点距離を求めよ．

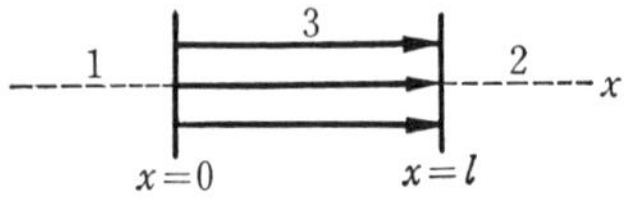

図 8

解　磁場の内部で運動するとき，粒子の運動エネルギーは保存される．したがって，短縮された作用 $S_0(\boldsymbol{r})$（完全な作用は $S=-\mathscr{E}t+S_0$）に対するハミルトン-ヤコビ方程式は

$$\left(\nabla S_0-\frac{e}{c}\boldsymbol{A}\right)^2=p^2$$

となる．ただし

1) 両端近くのゆがみを無視すれば，長いソレノイドの内部の場をそのような磁気レンズと考えることができる．

$$p^2=\frac{\mathscr{E}^2}{c^2}-m^2c^2=\text{const}$$

である．一様な磁場に対するベクトル・ポテンシャルを与える公式 (19.4) を使い，x 軸を磁場の方向にとって，それを軸対称な光学系の光軸のようにみなせば，ハミルトン－ヤコビ方程式は

$$\left(\frac{\partial S_0}{\partial x}\right)^2+\left(\frac{\partial S_0}{\partial r}\right)^2+\frac{e^2}{4c^2}H^2r^2=p^2 \tag{1}$$

という形になる．ここに，r は x 軸からの距離であり，S_0 は x と r の関数である．

光軸の近くを進む細い粒子ビームに対しては r が小さいから，S_0 を r のベキ級数の形に求めよう．その級数のはじめの 2 つの項は

$$S_0=px+\frac{1}{2}\sigma(x)r^2 \tag{2}$$

であり，$\sigma(x)$ はつぎの方程式をみたす：

$$p\sigma'(x)+\sigma^2+\frac{e^2}{4c^2}H^2=0. \tag{3}$$

レンズの手前の領域 1 では

$$\sigma^{(1)}=\frac{p}{x-x_1}$$

である．ただし，$x_1<0$ は定数．この解は，領域 1 の光軸上の点 $x=x_1$ からまっすぐな射線にそって放射される自由粒子のビームに対応している．実際，点 $x=x_1$ からの方向に運動量 p で自由に運動する粒子に対しては，作用が

$$S_0=p\sqrt{r^2+(x-x_1)^2}\cong p(x-x_1)+\frac{pr^2}{2(x-x_1)}$$

となる．同様に，レンズの後方の領域 2 においては

$$\sigma^{(2)}=\frac{p}{x-x_2}$$

と書かれる．ここに x_2 は点 x_1 の像の座標である．

レンズの内部の領域 3 においては，方程式 (3) は変数分離によって解くことができ，C を任意の定数として

$$\sigma^{(3)}=\frac{eH}{2c}\cot\left(\frac{eH}{2cp}x+C\right)$$

が解である．

定数 C および x^2 は (x_1 は与えられているとする)，$x=0$ および $x=l$ で $\sigma(x)$ が連続という条件からきまる：

$$-\frac{p}{x_1}=\frac{eH}{2c}\cot C,\qquad \frac{p}{l-x_2}=\frac{eH}{2c}\cot\left(\frac{eH}{2cp}l+C\right).$$

これらの等式から C を消去して

$$(x_1-g)(x_2+h)=-f^2$$

を得る．ここに

$$g=\frac{2cp}{eH}\cot\frac{eHl}{2cp},\qquad h=g-l,\qquad f=\frac{2cp}{eH\sin\frac{eHl}{2cp}}$$

である[1].

§ 57. 広い光線束による結像

前節で考察した細い光線束による結像は近似的なものである；光線束が細くなるにつれて正確度をます（すなわち鮮鋭になる）．そこで，任意の幅をもつ光線束によって物体の像を結ばせる問題に進むことにしよう．

細い光線束による物体の結像が，軸対称でさえあればどんな光学系によっても達成されるのと対照的に，広い光線束による結像は特別に組立てられた光学系によってのみ可能である．こういう制限をおいた場合でさえ，§56 ですでに指摘したように，空間のすべての点の像を結ばせることは可能でない．

以下の議論は，つぎの重要な注意にもとづいている．ある点 O から発した光線がすべて，光学系を通過してふたたび他の点 O' で合するものとしよう．これらの光線に対する光学距離 ψ はすべて等しいことがたやすくわかる．実際，点 O, O' のおのおのの近くでは，これらの点で相交わる光線の波面は，それぞれ O, O' を中心とする球面で，O または O' に近づいた極限では，これらの点に収縮する．ところで，波面は位相一定の面であり，したがって光線が 2 つの与えられた波面に交わる点のあいだの位相の差は，種々の光線にそってすべて同じである．だから点 O および O' のあいだの位相の全変化は同じである（異なる光線に対して）．

広い光線束によって小さな直線の切片の像が結ばれるために満足されなければならない条件を明らかにしよう．そのときの像はやはり小さな直線切片である．これらの切片の方向を軸の（それらを ξ, ξ' とする）方向に選び，物体および像のうえの任意のたがいに対応する点を原点 O, O' にとる．O からでて O' に達する光線の光学距離を ψ とする．O に限りなく近い座標 $d\xi$ の点から発し，座標 $d\xi'$ の像点に達する光線に対して，光学距離は $\psi + d\psi$ である．ただし

$$d\psi = \frac{\partial\psi}{\partial\xi}d\xi + \frac{\partial\psi}{d\xi'}d\xi'.$$

"倍率" を，像の要素の長さ $d\xi'$ と物体の要素の長さ $d\xi$ との比

$$\alpha_\xi = \frac{d\xi'}{d\xi}$$

として導入する．原画となる切片は小さいから，倍率 α は切片にそって一定の量とみなすことができる．いつものように，$\partial\psi/\partial\xi = -n_\xi$，$\partial\psi/\partial\xi' = n'_\xi$ と書くと（n_ξ, n'_ξ は，光線の方向とそれぞれの軸 ξ および ξ' とのあいだの角度の余弦である），

1）ここには正符号の f を与えてあるが，この符号を決定するためには付加的な考察が必要である．

$$d\psi=(\alpha n'_\xi-n_\xi)d\xi$$

が得られる．物体と像の対応する点のすべての組に対して，点 $d\xi$ からでて点 $d\xi'$ に達するすべての光線の光学距離 $\psi+d\psi$ は同じでなければならない．このことから，条件

$$\alpha_\xi n'_\xi-n_\xi=\text{const} \tag{57.1}$$

が得られる．これが求める条件である．広い光線束を使って小さな線分の像を結ばせるためには，光学系のなかでの光線の径路がこれを満足せねばならない．(57.1) の関係は，点Oから発するすべての光線によってみたされなければならない．

軸対称な光学系を使って像を結ばせる問題にいま得た条件を適用してみよう．

系の光軸（x 軸）のうえにある線分の結像から始めよう．対称性を考えれば，像もまた軸上にあることは明らかである．系が軸対称であるから，光軸にそって伝わる光線は($n_x=1$)，系を通りぬけたのちにも方向を変じない，すなわち，n'_x も 1 である．これから，(57.1) の const はこの場合 α_x-1 に等しいことがわかる．そして (57.1) は

$$\frac{1-n_x}{1-n'_x}=\alpha_x$$

という形に書くことができる．物体および像のある点で，光線が光軸とのあいだに張る角度を θ,θ' で表わせば

$$1-n_x=1-\cos\theta=2\sin^2\frac{\theta}{2},\qquad 1-n'_x=2\sin^2\frac{\theta'}{2}$$

となる．こうして，結像のための条件が

$$\frac{\sin\dfrac{\theta}{2}}{\sin\dfrac{\theta'}{2}}=\text{const}=\sqrt{\alpha_x} \tag{57.2}$$

という形に得られる．

つぎに，軸対称な光学系の光軸に垂直な平面の小部分の結像を考えよう．像もこの光軸に垂直であることは明らかである．(57.1) を結像された平面のうえにある任意の線分に適用すると

$$\alpha_r\sin\theta'-\sin\theta=\text{const}$$

が得られる．ここに θ,θ' は，さきと同じく光線と光軸のあいだの角度である．光軸と物体面とが交わる点から発する，この軸にそう方向の光線（$\theta=0$）に対しては，対称性から $\theta'=0$ でなければならない．したがって，const$=0$ で，結像の条件は

$$\frac{\sin\theta}{\sin\theta'}=\text{const}=\alpha_r \tag{57.3}$$

となる．

広い光線束を使って 3 次元的な物体の像を結ばせることは，小さな体積に対してさえ不

可能であることはすぐわかる．実際，条件（57.2）と（57.3）とはたがいに両立しない．

§ 58. 幾何光学の限界

単色平面波の定義によれば，その振幅はあらゆる場所，あらゆる時刻において同じである．そのような波は空間のすべての方向に無限に拡がり，$-\infty$ から $+\infty$ までの全時間にわたって存在する．振幅があらゆる場所と時刻において一定でないような波は，程度の問題として単色であるにすぎない．そこで，波の**単色度**の問題をとりあげて議論することにしよう．

振幅が空間の各点で時間の関数であるような電磁波を考えよう．ω_0 を波のなんらかの平均振幅数とすると，波の場（たとえば電場）は与えられた点で，$\boldsymbol{E}_0(t)e^{-i\omega_0 t}$ という形をもつ．この場は，もちろん単色ではないけれども，単色波に，つまり，フーリエ積分に展開できる．この展開における振動数 ω の成分の振幅は，積分

$$\int_{-\infty}^{+\infty}\boldsymbol{E}_0(t)e^{i(\omega-\omega_0)t}dt$$

に比例する．$e^{i(\omega-\omega_0)t}$ という因数は周期関数で，その平均値はゼロである．$\boldsymbol{E}_0$ が完全に定数だったら，積分は $\omega\neq\omega_0$ に対して正確にゼロとなるであろう．しかし $\boldsymbol{E}_0(t)$ が変動しても，$1/|\omega-\omega_0|$ の程度の時間間隔のあいだでほとんど変化しなければ，積分はほとんどゼロに等しい．$\boldsymbol{E}_0$ の変動がゆっくりであればあるほど，ますますゼロに近くなる．積分がゼロとかなり異なるためには，$\boldsymbol{E}_0(t)$ が $1/|\omega-\omega_0|$ の程度の時間の範囲のあいだにきわだって変化することが必要である．

空間の与えられた点で波の振幅がきわだって変化するだけの時間の長さを Δt と書く．すると，うえの考察から，波をスペクトル分解したときに，かなりの強さでもってそのなかに現われる ω_0 と少しく異なる振動数 ω は，$1/|\omega-\omega_0|\sim\Delta t$ という条件によってきまることがわかる．波のスペクトル分解にはいってくる振動数の幅（平均の振動数 ω_0 のまわりの）を $\Delta\omega$ と記せば

$$\Delta\omega\Delta t\sim 1 \tag{58.1}$$

という関係を得る．Δt が大きいほど，つまり，空間の各点での振幅の変動がゆっくりであるほど，波はより単色波に近い（すなわち $\Delta\omega$ がより小さい）ということがわかる．

（58.1）に似た関係が，波動ベクトルに対しても容易に導かれる．x, y, z の各軸の方向に波の振幅がめだって変化する距離の大きさを $\Delta x, \Delta y, \Delta z$ としよう．与えられた時刻に，波の場は座標の関数として

$$\boldsymbol{E}_0(\boldsymbol{r})e^{i\boldsymbol{k}_0\boldsymbol{r}}$$

という形をもつ．ただし $\boldsymbol{k}_0$ は波動ベクトルのなんらかの平均である．（58.1）を導いたの

とまったく同様にして，波をフーリエ積分に展開したときそこに含まれる値の幅 $\boldsymbol{\Delta k}$ を得ることができる：

$$\Delta k_x \Delta x \sim 1, \qquad \Delta k_y \Delta y \sim 1, \qquad \Delta k_z \Delta z \sim 1. \tag{58.2}$$

とくに，有限の時間間隔にわたって放出された波を考えよう．この時間間隔の長さの程度を Δt と書く．空間の与えられた点における振幅は，波がその点を完全に通りすぎるあいだの時間 Δt のうちにともかくかなりの変化を示す．さて，関係 (58.1) によれば，そのような波の“非単色度” $\Delta\omega$ は，いずれにせよ $1/\Delta t$ より小さくはありえない（それより大きいことは，もちろんありうる)：

$$\Delta\omega \gtrsim \frac{1}{\Delta t}. \tag{58.3}$$

同様に，$\Delta x, \Delta y, \Delta z$ を波の空間的な拡がりの大きさとすると，波の分解にはいってくる波動ベクトルの成分の値の幅に対して

$$\Delta k_x \gtrsim \frac{1}{\Delta x}, \qquad \Delta k_y \gtrsim \frac{1}{\Delta y}, \qquad \Delta k_z \gtrsim \frac{1}{\Delta z} \tag{58.4}$$

を得る．

これらの公式から，有限幅の光のビームがあれば，そのようなビームのなかの光の伝播方向は厳密には一定でありえない，ということがわかる．ビーム中の光の（平均）方向に x 軸をとると

$$\theta_y \gtrsim \frac{1}{k\Delta y} \sim \frac{\lambda}{\Delta y} \tag{58.5}$$

が得られる．ただし，θ_y は，xy 平面内でビームが平均方向からそれる程度，λ は波長である．

他方，公式 (58.5) は，光学的な結像の鮮鋭さの限度について答えを与えてくれる．幾何光学によればすべて１つの点に交わるはずの光線からなる光のビームも，実際には点の像を与えず，スポット状の像を与える．このスポットの幅 Δ は，(58.5) にしたがって

$$\Delta \sim \frac{1}{k\theta} \sim \frac{\lambda}{\theta} \tag{58.6}$$

となる．ただし，θ はビームの開きの角度である．この式は像だけでなく，物体にも適用される．すなわち，光点から発する光のビームを観測するとき，この点を大きさ λ/θ の物体から識別することはできない，と述べることができる．このように，公式 (58.6) は顕微鏡の**分解能**を与えるのである．Δ の最小値は $\theta \sim 1$ のとき実現され，その値は λ であるが，これは幾何光学の限界が光の波長によって決定されるという事実に完全に合致する．

問題

平行な光のビームが隔壁から距離 l の点でもつ最小の幅の大きさを求めよ.

解 隔壁の孔の大きさを d とすれば, (58.5) から回折の角度は $\sim\lambda/d$ となるから, ビームの幅は $d+\frac{\lambda l}{d}$ の程度である. これの最小値は $\sim\sqrt{\lambda l}$ である.

§59. 回折

幾何光学の法則が厳密に正しいのは, 波長を無限に小さいとみなすことができる理想的な場合だけである. この条件のみたされる度合いが貧弱なほど, 幾何光学からのずれははなはだしくなる. そういうずれの結果として生ずる現象を**回折現象**とよぶ.

回折現象は, たとえば, 光[1]の伝播路に障害物——任意の形の不透明な物体 (それを**スクリーン**とよぼう) をおいたとき, あるいは, 光が不透明なスクリーンにあけた孔を通りぬけるときなどに観察することができる. もし, 幾何光学の法則が厳密に満足されるとすれば, スクリーンの向こう側では, 影の部分は, 光のあたる部分からくっきりとした輪郭で区別されるであろう. しかし, 回折の結果, 光と影のあいだの鋭い境界のかわりに, きわめて複雑な光の強度の分布が現われる. スクリーンやそれにあけた開口が小さいほど, また, 波長が大きいほど, 回折現象は強く生ずる.

回折の理論の課題は, 物体の位置と形 (および光源の位置) が与えられて, 光の伝播, すなわち, 全空間にわたる電磁場を決定することである. この課題の厳密な解は, 物体の表面における適当な境界条件——この条件は, 物体の素材の光学的性質にも影響される——のもとに波動方程式を解くことによってのみ得られる. そのような解を求めることは通常大きな数学的困難を伴う.

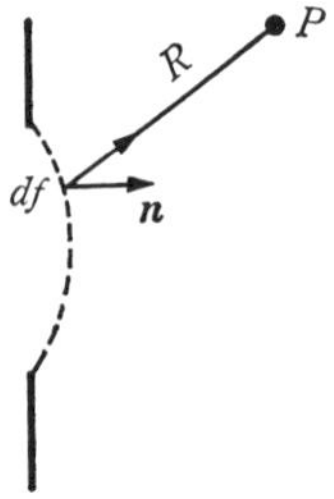

図 9

しかしながら, 光と影の境い目のあたりの光の分布を求める問題に, 大多数の場合, 十分な解を与えてくれる近似的な方法がある. この方法が適用されるのは, 幾何光学からのずれが小さい場合である. そのような場合として, 第1にすべての長さが波長にくらべて大きい場合 (スクリーンおよびそれにあけた孔についても, 物体から光が放出または検出される点までの距離についても), 第2に光の方向が幾何光学によって与えられる方向からわずかしかずれない場合が考えられる.

スクリーンに開口があって, 与えられた光線がそこを通りぬける場合を考える. 図9はスクリーン (太い線) を横からみたところである. 光は左から右へ進む. $\boldsymbol{E}$ あるいは $\boldsymbol{H}$

1) 以下で回折を論ずるにあたっては, ことがらを明確にするために光の回折について述べるが, もちろん, どんな電磁波にも同じ考察を適用することができる.

の成分のどれか１つをuで表わそう．ただし，uは座標だけの関数を表わすものとする．すなわち，時間依存をきめる因数 $e^{-i\omega t}$ はのぞいて考える．われわれの問題は，スクリーンのこちら側の任意の観測点Pにおける光の強度，つまり，場uを求めることである．幾何光学からのずれが小さい場合にこの問題の近似解を求めるには，開口のところの場は，スクリーンがなかったときの場と同じであるとみなしてよい．いいかえると，この場所での場の大きさは幾何光学から直接与えられるものである．スクリーンのすぐ背後のすべての点では，場をゼロに等しいとおくことができる．明らかに，スクリーンそのものの性質（スクリーンをつくっている材料）は一般にここにはなんの関係もない．また，われわれの考えている場合には，回折にとって重要なのは開口の周縁の形であって，不透明なスクリーンの形はどうでもよいということも明らかである．

スクリーンの開口をおおい，ちょうど開口の周縁によって限られるような面を考える（その断面を図９に破線で示す）．この面を面積 df の切片に分ける．それらの切片は開口の大きさにくらべると小さいが，光の波長にくらべれば大きいとする．すると，そこに光が到達したときこれらの切片のおのおのは，そこからすべての方向に波がひろがってゆく光源とみたてることができる．点 P における場を，開口をおおう面のすべての切片 df がつくる場の重ね合わせによって生じたものとみなすことにしよう（いわゆる**ホイヘンスの原理**）．

切片 df が点 P に生ずる場は，明らかに，切片 df における場の大きさ u に比例する（df における場は，スクリーンがないとしたときの場合と同じであると仮定したことを思いだそう）．そのうえまた，それは光源から df へくる光線の方向 $\boldsymbol{n}$ に垂直な平面への df の射影 df_n の面積にも比例する．これは，切片 df の形がどうであっても，それの射影 df_n さえ同じであれば同じ光線がそれを通過し，したがって，点 P における場に対するそれの影響は同じになることから結論される．

こうして，点 P に切片 df が生ずる場は udf_n に比例する．さらになお，波が df からPまで伝わるあいだに生ずる振幅と位相の変化を考慮しなければならない．この変化の法則は公式（54.3）によってきまる．したがって，udf_n には $(1/R)e^{ikR}$（R は df からPまでの距離，kは光の波動ベクトルの絶対値とする）をかけなければならない．こうして，求める場は，aを未知の定数として

$$au\frac{e^{ikR}}{R}df_n$$

に等しい．点 P における場は，すべての切片 df によって生ずる場を重ね合わせたものであって

$$u_P=a\int\frac{ue^{ikR}}{R}df_n \tag{59.1}$$

に等しい．ただし，積分は，開口の縁によって限られる面のうえにわたっておこなう．いまの近似では，いうまでもなく，この積分がその面の形に依存するようなことはない．公式（59.1）は明らかに，スクリーンにあけた開口による回折だけでなく，光がスクリーンの縁をまわって進むときに生ずる回折にも適用することができる．その場合には，(59.1)の積分範囲は，スクリーンの縁からすべての側へひろがる．

定数 a をきめるために，x 軸にそって進む平面波を考える．波面は yz 面に平行であるが，yz 面内の場の値を u としよう．すると，点 P を x 軸上にとるならば，P において場は $u_P=ue^{ikx}$ に等しい．一方，点 P における場は公式(59.1)から求めることもでき，そのとき積分面として，たとえば yz 面を選んでよい．そのとき，回折角が小さいために，積分にとって重要なのは，yz 面上の点のうち原点の近くにあるもの，すなわち，$y, z\ll x$（x は点 P の座標）であるような点だけである．そうすると

$$R=\sqrt{x^2+y^2+z^2}\approx x+\frac{y^2+z^2}{2x}$$

となり，(59.1) は

$$u_P=au\frac{e^{ikx}}{x}\int_{-\infty}^{+\infty}e^{ik\frac{y^2}{2x}}dy\cdot\int_{-\infty}^{+\infty}e^{ik\frac{z^2}{2x}}dz$$

を与える．ここに u は定数である（yz 面内の場を表わす）．因数 $1/R$ において $R\cong x=$ const とおくことができる．ここに現われている2つの積分は，$y=\xi\sqrt{2x/k}$ という形のおきかえをすると

$$\int_{-\infty}^{+\infty}e^{i\xi^2}d\xi=\int_{-\infty}^{+\infty}\cos\xi^2d\xi+i\int_{-\infty}^{+\infty}\sin\xi^2d\xi=\sqrt{\frac{\pi}{2}}(1+i)$$

と変換される．こうして $u_P=aue^{ikx}\dfrac{2i\pi}{k}$ が得られる．他方 $u_P=ue^{ikx}$ であるから $a=\dfrac{k}{2\pi i}$ である．これを（59.1）に代入して，われわれの問題の解は結局

$$u_P=\int\frac{ku}{2\pi iR}e^{ikR}df_n \tag{59.2}$$

という形になる．

公式（59.2）を導くにあたっては，光源は本質的には点状であり，光は厳密に単色であると仮定してきた．現実には光源がひろがりをもち，非単色光を発するが，そのような場合を特別に研究することは必要でない．光源のさまざまの点から発せられる光は完全に独立（非干渉性）であるし，またスペクトルの種々の成分どうしも非干渉性であるために，回折の全体的な結果は単に，光の独立の成分のおのおのの回折によって得られる強度分布を加えあわせたものになるのである．

光線が火面に接する点を通過するときに生ずる，その光線の位相の変化（§54の終わり

をみよ）を求める問題に公式（59.2）を応用してみよう．（59.2）の積分面として任意の波面を選び，その波面とある光線との交点から計って光線上 x の距離にある点 P における場 u_P を求める（その交点を座標の原点 O にとり，点 O で波面に接する面を yz 面とする）．（59.2）を積分するときに重要なのは，波面のうち O のまわりの小面積だけである．xy 面および xz 面を，波面の点 O における主曲率面に一致するように選んだとすれば，この点の近くの波面の方程式は

$$X=\frac{y^2}{2R_1}+\frac{z^2}{2R_2}$$

となる．ここに，R_1, R_2 は曲率半径である．波面上の座標 X, y, z の点から，座標 $x, 0, 0$ の点 P までの距離 R は

$$R=\sqrt{(x-X)^2+y^2+z^2}\cong x+\frac{y^2}{2}\left(\frac{1}{x}-\frac{1}{R_1}\right)+\frac{z^2}{2}\left(\frac{1}{x}-\frac{1}{R_2}\right)$$

である．波面のうえでは，場 u は一定とみなすことができる．同じことは $1/R$ にもあてはまる．興味があるのは波の位相の変化だけであるから，係数をおとして簡単に

$$u_P\sim\frac{1}{i}\int e^{ikR}df_n\cong\frac{e^{ikx}}{i}\int_{-\infty}^{+\infty}e^{ik\frac{y^2}{2}\left(\frac{1}{x}-\frac{1}{R_1}\right)}dy\int_{-\infty}^{+\infty}e^{ik\frac{z^2}{2}\left(\frac{1}{x}-\frac{1}{R_2}\right)}dz \qquad (59.3)$$

と書くことにする．

波面の曲率中心は，考えている光線のうえ，点 $x=R_1$ および $x=R_2$ にある．これらはまた，光線が火面に接する点でもある．$R_2<R_1$ としよう．$x<R_2$ に対しては，2つの（dy および dz についての）被積分関数に現われる指数の i の係数はともに正で，おのおのの積分は $(1+i)$ に比例する．したがって，光線が最初に火面と接するまでの部分では $u_P\sim e^{ikx}$ である．$R_2<x<R_1$，すなわち，光線の2つの接点のあいだの部分では，dy についての積分は $1+i$ に比例するが，dz についての積分は $1-i$ に比例し，したがって，それらの積は i を含まない．こうして，$u_P\sim -ie^{ikx}=e^{i(kx-\pi/2)}$ となる．すなわち，光線が第1の火面の近くを通過するとき，その位相は付加的に $-\pi/2$ だけ変化するのである．最後に $x>R_1$ に対しては，$u_P\sim -e^{ikx}=e^{i(kx-\pi)}$ である．すなわち，第2の火面の近くを通りすぎるときに，位相はもう一度 $-\pi/2$ だけ変化するのである．

問　　題

光線が火面に接する点の近傍での，光の強度の分布を決定せよ．

解　この問題を公式（59.2）を使って解くのに，この式のなかの積分を，光線と火面の接点から十分はなれたところの任意の波面のうえでおこなうことにする．図10で，ab はこの波面の断面，$a'b'$ は火面の断面とする．$a'b'$ は曲線 ab の縮閉線になっている．われわれの関心は光線 QO が火面に接する点 O の近傍の強さの分布にある．光線の切片 QO の長さ D は十分に大きいと仮定する．火面への法線にそって点 O から P までの距離を

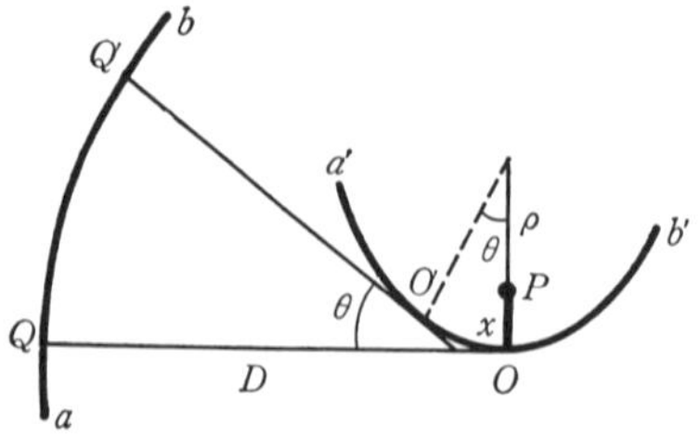

図 10

x とし，法線上で曲率中心の方向の点に対して x は正であると仮定しよう．

(59.2) の被積分関数は，波面のうえの任意の点 Q' から点 P までの距離 R の関数である．縮閉線のよく知られた性質から，点 O' における接線から切りとった $Q'O'$，の長さと弧 OO' の長さとの和は，点 O における接線から切りとった長さ QO の長さに等しい．たがいに近い点 O と O' に対しては $OO'=\theta\rho$ とおける（ρ は点 O における火面の曲率半径）．したがって，$Q'O'=D-\theta\rho$ となる．距離 $Q'O$（直線にそって）は近似的に（角度 θ は小さいと仮定する）[1)]

$$Q'O \cong Q'O'+\rho\sin\theta = D-\theta\rho+\rho\sin\theta \cong D-\rho\frac{\theta^3}{6}$$

に等しい．最後に，距離 $R=Q'P$ は $R\cong Q'O-x\sin\theta\cong Q'O-x\theta$ に等しい．すなわち

$$R\cong D-x\theta-\frac{1}{6}\rho\theta^3.$$

これを (59.2) に代入して

$$u_P\sim\int_{-\infty}^{+\infty}e^{-ikx\theta-(ik\rho/6)\theta^3}d\theta=2\int_0^\infty\cos\left(kx\theta+\frac{k\rho}{6}\theta^3\right)d\theta$$

を得る（被積分関数中の変化のゆるやかな因数 $1/D$ は指数関数にくらべて重要でないから，それを定数とみなす）．新しい積分変数 $\xi=(k\rho/2)^{1/3}\theta$ を導入すると

$$u_P\sim\Phi\left(x\sqrt[3]{\frac{2k^2}{\rho}}\right)$$

が得られる．ただし $\Phi(t)$ はいわゆるエアリー関数である[1)]．強度 $I\sim|u_P|^2$ を

---

1) エアリー関数 $\Phi(t)$ を

$$\Phi(t)=\frac{1}{\sqrt{\pi}}\int_0^\infty\cos\left(\frac{\xi^3}{3}+\xi t\right)d\xi \qquad (1)$$

によって定義する（第3巻『量子力学』§6をみよ）． t の大きな正の値に対しては，$\Phi(t)$ は漸近的に

$$\Phi(t)\approx\frac{1}{2t^{1/4}}e^{-(2/3)t^{3/2}} \qquad (2)$$

と表わされる．すなわち，$\Phi(t)$ は指数関数的にゼロに向かう．t が絶対値の大きな負の値をとるときには

$$\Phi(t)\approx\frac{1}{(-t)^{1/4}}\sin\left(\frac{2}{3}(-t)^{3/2}+\frac{\pi}{4}\right) \qquad (3)$$

という公式が成り立つ．すなわち，$\Phi(t)$ は $(-t)^{1/4}$ に反比例して減少する振幅でもって振動する．

エアリー関数は，1/3 次のマクドナルド関数（変形されたハンケル関数）に関係している：

$$\Phi(t)=\sqrt{\frac{t}{3\pi}}K_{1/3}\left(\frac{2}{3}t^{3/2}\right). \qquad (4)$$

公式 (2) は，関数 $K_\nu(t)$ の漸近式

$$K_\nu(t)\approx\sqrt{\frac{\pi}{2t}}e^{-t}$$

に対応する．

$$I=2A\left(\frac{2k^2}{\rho}\right)^{1/6}\Phi^2\left(x\sqrt[3]{\frac{2k^2}{\rho}}\right)$$

と書こう（定数因子の選び方については以下をみよ）．

x の大きな正の値に対しては，これから漸近公式

$$I\approx\frac{A}{2\sqrt{\pi}}\exp\left\{-\frac{4x^{3/2}}{3}\sqrt{\frac{2k^2}{\rho}}\right\}$$

が得られる．すなわち，強度は指数関数的に減少する（影の部分）． x の大きな負の値に対しては

$$I\approx\frac{2A}{\sqrt{-x}}\sin^2\left\{\frac{2(-x)^{3/2}}{3}\sqrt{\frac{2k^2}{\rho}}+\frac{\pi}{4}\right\}$$

となる．すなわち，強度は速やかに振動する．その振動についてとった平均値は

$$\bar{I}=\frac{A}{\sqrt{-x}}$$

に等しい．これから定数 A の意味は明らかである——それは，火面から遠距離のところでの，回折効果を無視した幾何光学から得られる強度を与える．

関数 $\Phi(t)$ は $t=-1.02$ に対して最大値 0.949 をとる．したがって，強度は $x(2k^2/\rho)^{1/3}=-1.02$ で最大となり，そこでは

$$I=2.03Ak^{1/3}\rho^{-1/6}$$

である（光線が火面に接する点 $x=0$ では，$\Phi(0)=0.629$ だから，$I=0.89Ak^{1/3}\rho^{-1/6}$ となる）．こうして火面の近くでは $k^{1/3}$ に，すなわち，$\lambda^{-1/3}$ に比例する（λ 波長）．$\lambda\to0$ に対して強度は，当然のことながら，無限大になる（§54を参照）．

§ 60.　フレネル回折

光源と，光の強さを求めようとする点 P とがスクリーンから有限の距離にあるときには，点 P における強度を決定するうえで重要なのは，(59.2) の積分をおこなう波面のうち小さな領域——光源と点 P とを結ぶ直線の近くにある領域——のなかの点だけである．実際幾何光学からのずれが小さいから，波面上の種々の点から P に達する光の強度は，この直線からはなれるとともにきわめて早く減少するのである．波面の小さな部分だけが効くような回折現象は**フレネル回折**とよばれる．

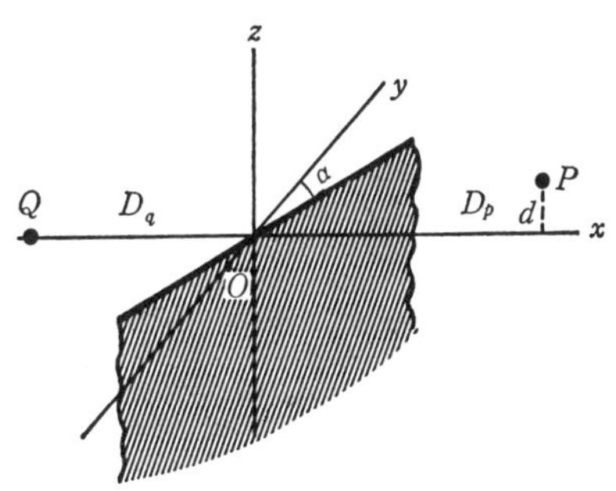

図 11

スクリーンによるフレネル回折を考えよう．いま述べたことから，スクリーンの縁の小さな領域だけがこの回折にとって重要である（点 P が与えられているとき）．ところで，十分小さな領域に対しては，いつでもスクリーンの縁を直線とみなすことができる．したがって，これ

からはスクリーンの縁といえば，そのような小さな線分のことと了解する．

光源 Q（図 11）とスクリーンの縁の直線とを含む平面を xy 面にとる．これに垂直な xz 面は，点 Q と光の強度を求めようとする観測点 P とを通るように選ぶ．最後に，座標原点 O はスクリーンの縁の直線のうえにとる．こうすれば，3つの軸の位置はすべて完全に定まる．

光源 Q から原点までの距離を D_q とする．観測点 P の x 座標を D_p，その z 座標，すなわち，xy 面までの距離を d と記そう．幾何光学にしたがえば，光は xy 面よりうえにある点のみを通るはずである．xy 面より下の領域は，幾何光学にしたがえば影になるべき領域である（幾何学的影の領域）．

さて，スクリーンの幾何学的影の縁の近くにおける，すなわち，D_p および D_q にくらべて小さな d の値に対する光の強度の分布を求める．d が負であることは，点 P が幾何学的影のなかにあることを意味する．

(59.2) の積分面として，スクリーンの縁の直線を通り，xy 面に垂直な半平面をとる．この面上の点の x および y 座標のあいだには $x=y\tan\alpha$ という関係があり（α はスクリーンの縁の直線と y 軸とのあいだの角度），z 座標は正である．光源 Q によって，それから距離 R_q のところに生ずる波の場は $\exp(ikR_q)$ に比例する．したがって，積分面のうえの場 u は

$$u\sim\exp\{ik\sqrt{y^2+z^2+(D_q+y\tan\alpha)^2}\}$$

に比例する．さて積分（59.2）では，R に

$$R=\sqrt{y^2+(z-d)^2+(D_p-y\tan\alpha)^2}$$

を代入しなければならない．被積分関数のなかのゆっくり変化する因子は，指数関数の部分にくらべて重要でない．したがって，$1/R$ を定数とみなして，df_n のかわりに $dydz$ と書くことができる．そうすると，点 P における場はつぎのように見いだされる：

$$u_P\sim\int_{-\infty}^{+\infty}\int_0^{\infty}\exp\{ik\sqrt{(D_q+y\tan\alpha)^2+y^2+z^2}+\sqrt{(D_p-y\tan\alpha)^2+y^2+(z-d)^2}\}\,dydz. \tag{60.1}$$

すでに述べたように，点 P を通る光は主として，積分面の O の近くの部分からくる．したがって，積分（60.1）では，y および z の小さな（D_q および D_p にくらべて）値だけが重要である．このことから

$$\sqrt{(D_q+y\tan\alpha)^2+y^2+z^2}\cong D_q+\frac{y^2\sec^2\alpha+z^2}{2D_q}+y\tan\alpha,$$

$$\sqrt{(D_p-y\tan\alpha)^2+y^2+(z-d)^2}\cong D_p+\frac{y^2\sec^2\alpha+(z-d)^2}{2D_p}-y\tan\alpha$$

と書くことができる．これを（60.1）に代入する．われわれに興味があるのは，距離 d の

関数としての場であるから，定数因子 $\exp\{ik(D_p+D_q)\}$ ははぶくことができる．dy についての積分も d を含まない表現を与えるから，省略する．そうすると

$$u_P \sim \int_0^\infty \exp\left\{ik\left(\frac{1}{2D_q}z^2+\frac{1}{2D_p}(z-d)^2\right)\right\}dz$$

が得られる．この表式はまた

$$u_P \sim \exp\left\{ik\frac{d^2}{2(D_p+D_q)}\right\}\int_0^\infty \exp\left\{ik\frac{\frac{1}{2}\left[\left(\frac{1}{D_p}+\frac{1}{D_q}\right)z-\frac{d}{D_p}\right]^2}{\frac{1}{D_p}+\frac{1}{D_q}}\right\}dz \tag{60.2}$$

という形に書くこともできる．

光の強度は，場の平方，すなわち絶対値の２乗 $|u_P|^2$ によってきまる．したがって，積分のまえの因子は，それと複素共役との積が１になるから重要でない．自明なおきかえをすると，積分は

$$u_P \sim \int_{-w}^\infty e^{i\eta^2}d\eta \tag{60.3}$$

となる．ただし

$$w=d\sqrt{\frac{kD_q}{2D_p(D_q+D_p)}} \tag{60.4}$$

である．こうして，点 P における強度 I は

$$I=\frac{I_0}{2}\left|\sqrt{\frac{2}{\pi}}\int_{-w}^\infty e^{i\eta^2}d\eta\right|^2=\frac{I_0}{2}\left\{\left(C(w^2)+\frac{1}{2}\right)^2+\left(S(w^2)+\frac{1}{2}\right)^2\right\} \tag{60.5}$$

となる．ここに

$$C(z)=\sqrt{\frac{2}{\pi}}\int_0^{\sqrt{z}}\cos\eta^2 d\eta, \qquad S(z)=\sqrt{\frac{2}{\pi}}\int_0^{\sqrt{z}}\sin\eta^2 d\eta$$

は**フレネル積分**とよばれるものである．光の強度を d の関数として求めるというわれわれの問題は，公式 (60.5) によって解ける．I_0 という量は，まえにみたように，影の縁から十分はなれたところでの光の当たる領域，すなわち，$w\gg 1$ であるような点での強度である $\left(w\to\infty \text{ の極限で } C(\infty)=S(\infty)=\frac{1}{2}\right)$．

幾何学的影の領域は負の w に対応する．絶対値の大きな w の負の直に対する関数 $I(w)$ の漸近形を見いだすことはやさしい．そのためには，つぎのようにする．部分積分をして

$$\int_{|w|}^\infty e^{i\eta^2}d\eta=-\frac{1}{2i|w|}e^{iw^2}+\frac{1}{2i}\int_{|w|}^\infty e^{i\eta^2}\frac{d\eta}{\eta^2}$$

を得，これの右辺をさらに部分積分する．この操作をくり返してゆくと，$1/|w|$ のベキ級数が得られる：

$$\int_{|w|}^\infty e^{i\eta^2}d\eta=e^{iw^2}\left[-\frac{1}{2i|w|}+\frac{1}{4|w|^3}-\cdots\right]. \tag{60.6}$$

このようなタイプの無限級数は収束しないが，にもかかわらず，$|w|$ の大きな値に対しては，つぎつぎの項がきわめて速やかに減少するために，第1項がすでに，十分大きな $|w|$ に対する左辺の関数のよい近似を与える（こういう級数は漸近的であるといわれる）．こうして，(60.5) の強度 $I(w)$ に対して，w が大きな負の値をもつときに成り立つつぎの漸近公式が得られる：

$$I=\frac{I_0}{4\pi w^2}. \tag{60.7}$$

幾何学的影の領域の影の縁からはなれたところでは，光の強度は影の縁からの距離の2乗に反比例して減少することがわかる．

つぎに w の正の値，すなわち，xy 面よりうえの領域を考察しよう．

$$\int_{-w}^{\infty}e^{i\eta^2}d\eta=\int_{-\infty}^{+\infty}e^{i\eta^2}d\eta-\int_{-\infty}^{-w}e^{i\eta^2}d\eta=(1+i)\sqrt{\frac{\pi}{2}}-\int_{w}^{\infty}e^{i\eta^2}d\eta$$

と書く．wが十分大きいときには，この式の右辺の積分に対して漸近表示を使うことができて

$$\int_{-w}^{\infty}e^{i\eta^2}d\eta\cong(1+i)\sqrt{\frac{\pi}{2}}+\frac{1}{2iw}e^{iw^2}. \tag{60.8}$$

これを (60.5) に代入して

$$I=I_0\left(1+\sqrt{\frac{1}{\pi}}\frac{\sin\left(w^2-\frac{\pi}{4}\right)}{w}\right) \tag{60.9}$$

を得る．したがって，光のあたる領域の影の縁からはなれたところでは，強度の極大，極小が限りなく並び，したがって，比 I/I_0 は1の両側に振動しつづける．w が増大するにつれ，この振動の振幅は幾何学的影の縁から距離に反比例して減少し，極大と極小の位置はだんだん近づいてくる．

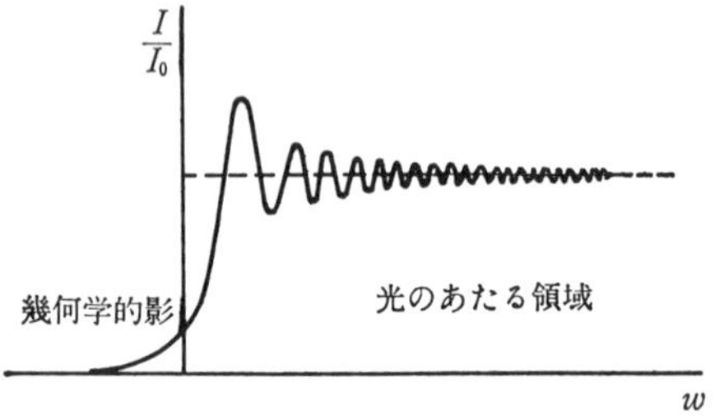

図　12

小さなwに対しても，関数 $I(w)$ の性格は定性的にはこれと変わらない(図12)．幾何学的影の領域では，影の境界から遠ざかるにつれて強度が単調に減少する（境界のちょうどうえでは，$I/I_0=1/4$)．正の w に対しては，強度は交互に極大，極小をとる．最初のいちばん大きい極大では $I/I_0=1.37$ である．

§ 61.　フラウンホーファー回折

物理的応用としてとくに興味深いのは，平面波の平行光束がスクリーンにあたるときに

生ずる回折現象である．回折の結果，光束は平行でなくなり，はじめとは異なる方向に伝播する光が出現する．スクリーンの後方の遠距離のところでの，回折された光の強度の方向分布を求める問題をとりあげよう（このように問題をたてることは，いわゆる**フラウンホーファー回折**に相当する）．その際，ふたたび幾何光学からのずれが小さい場合にとりあつかいを限る．いいかえると，はじめの方向からのふれの角度（回折角）は小さいと仮定する．

われわれの問題は，一般公式（59.2）を出発点にとり，そこで光源および観測点がスクリーンから無限に遠くにあるという極限をとれば，解決することができる．ここで，考えている場合を特徴づけるのは，回折された光の強度を決定する積分において，そのうえで積分をおこなう波面の全体が重要であるということである（波面のうちスクリーンの縁に近い部分だけしか効かなかったフレネル回折の場合と反対に）[1]．

しかし，一般公式（59.2）に頼るよりも，あらためて問題をはじめから考察するほうが簡単である．

幾何光学が厳密に成り立つとしたときのスクリーン後方の場を u_0 で表わす．これは平面波であるが，その横断面には場がゼロに等しい部分（不透明なスクリーンの“影”にあたる）が含まれている．横断面のうち場 u_0 がゼロと異なるような部分を S で表わそう．そのような平面のおのおのは平面波の波面であるから，面積 S の全体にわたって $u_0=\mathrm{const}$ である．

しかし実際には，断面積が限られているような波は厳密には平面波でありえない（§58をみよ）．それの空間的なフーリエ分解には，さまざまの方向の波動ベクトルがはいってきて，このことがまた回折の源になる．

場 u_0 を，波の横断面内の y, z 座標についての２重フーリエ積分に分解しよう．フーリエ成分は

$$u_{\boldsymbol{q}}=\iint_S u_0 e^{-i\boldsymbol{q}\boldsymbol{r}}dydz \tag{61.1}$$

となる．ただし，$\boldsymbol{q}$ は yz 平面のうえの一定のベクトルである．積分は事実上 yz 平面のうえの u_0 がゼロと異なる領域 S だけでおこなえばよい．入射波の波動ベクトルを $\boldsymbol{k}$ とす

1）フレネル回折とフラウンホーファー回折との判定基準は，（60.2）式にたちもどって，それを，たとえば幅 a のスリット（孤立したスクリーンの縁のかわりに）に適用してみれば容易に得られる．この場合（60.2）の dz についての積分は，0 から a までにわたっておこなわねばならない．フレネル回折は，被積分関数のなかの指数において z^2 の項がもっとも重要で，積分の上限を ∞ でおきかえることができる場合に相当する．そのためには

$$ka^2\left(\frac{1}{D_p}+\frac{1}{D_q}\right)\gg 1$$

でなければならない 反対に，この不等式で符号が逆向きならば z^2 の項は落すことができる．これがフラウンホーファー回折の場合である．

れば，場の成分 $u_{\boldsymbol{q}}e^{i\boldsymbol{q}\boldsymbol{r}}$ には波動ベクトル $\boldsymbol{k}'=\boldsymbol{k}+\boldsymbol{q}$ が対応する．したがって，ベクトル $\boldsymbol{q}=\boldsymbol{k}'-\boldsymbol{k}$ が回折による光の波動ベクトルの変化を与える．絶対値は $k=k'=\omega/c$ であるから，xy 面および xz 面の小さな回折角 θ_y, θ_z とベクトル $\boldsymbol{q}$ とのあいだにはつぎの関係がある：

$$q_y=\frac{\omega}{c}\theta_y, \qquad q_z=\frac{\omega}{c}\theta_z. \tag{61.2}$$

幾何光学からのずれが小さい場合には，場 u_0 を分解した成分は回折された光の真の場の成分に一致するものとみなすことができ，われわれの問題の解は (61.1) によって与えられる．

回折された光の強度の分布は平方 $|u_{\boldsymbol{q}}|^2$ によってベクトル $\boldsymbol{q}$ の関数として与えられる．入射光の強度との関係としては

$$\iint u_0^2 dy dz=\iint |u_{\boldsymbol{q}}|^2 \frac{dq_y dq_z}{(2\pi)^2} \tag{61.3}$$

という式が成り立つ ((49.8) 式と比較せよ)．これから明らかなように，立体角要素 $do=d\theta_y d\theta_z$ における回折の相対的な強さは

$$\frac{|u_{\boldsymbol{q}}|^2}{u_0^2}\frac{dq_y dq_z}{(2\pi)^2}=\left(\frac{\omega}{2\pi c}\right)^2\left|\frac{u_{\boldsymbol{q}}}{u_0}\right|^2 do \tag{61.4}$$

という量で与えられる．

たがいに“相補的な”スクリーン，すなわち第1のスクリーンで開口になっているところが第2のスクリーンでは不透明であり，またその逆の関係も成り立つような2つのスクリーンによるフラウンホーファー回折を考えよう．それらのスクリーンのおのおのにおいて回折する光の場を $u^{(1)}$ および $u^{(2)}$ で表わす (入射光はどちらの場合にも同一とする)．$u_{\boldsymbol{q}}^{(1)}$ および $u_{\boldsymbol{q}}^{(2)}$ はスクリーンの開口のうえでとった積分 (61.1) によって表わされるが，双方のスクリーンの開口は全平面についてたがいに相補的であるから，和 $u_{\boldsymbol{q}}^{(1)}+u_{\boldsymbol{q}}^{(2)}$ は，スクリーンがないときに得られる場，つまり，単に入射光の場のフーリエ成分である．しかるに，入射光はきまった伝播方向をもつ厳密な平面波であるから，ゼロと異なるすべての $\boldsymbol{q}$ について $u_{\boldsymbol{q}}^{(1)}+u_{\boldsymbol{q}}^{(2)}=0$ である．こうして，$u_{\boldsymbol{q}}^{(1)}=-u_{\boldsymbol{q}}^{(2)}$，あるいは，これに対応する強度について

$$|u_{\boldsymbol{q}}^{(1)}|^2=|u_{\boldsymbol{q}}^{(2)}|^2, \qquad (\boldsymbol{q}\neq 0 \text{ に対して}) \tag{61.5}$$

が成り立つ．これは，相補的なスクリーンは回折光の同一の強度分布を与えるということを表わしている (**バビネの原理**とよばれる)．

ここで，バビネの原理からの1つの興味ある帰結を注意しておこう．黒体，すなわち，そのうえにおちる光をすべて完全に吸収してしまうような物体を考える．幾何光学にしたがえば，そのような物体に光があたると，その背後に幾何学的影の領域ができる．その領

域の断面積は，光の入射方向からみたこの物体の面積に等しい．しかし，回折現象があるために，光は部分的にもとの方向からそらされる．その結果，物体の背後の遠くはなれたところでは，完全な影はなくなり，もとの方向に進む光のほかにもとの方向と小さな角度をなして進む光がいくらか存在する．このいわば散乱された光の強度を求めることは容易である．そのためには，バビネの原理によれば，考えている物体による回折のために方向をそらされた光の量は，不透明なスクリーンにあけられた，物体の横断面と同じ形と大きさをもつ開口による回折のためにまげられる光の量に等しいことに注意する．ところが，開口によるフラウンホーファー回折では，開口を通るすべての光がまげられる．このことから，黒体によって散乱される光の総量は，黒体表面にあたってそれに吸収される光の量に等しい，という結論が得られる．

問　題

1. 不透明なスクリーンにあけた，縁の平行な無限に長いスリット（幅 $2a$）に垂直に平面波が入射したときのフラウンホーファー回折を求めよ．

解　スリットの平面を yz 面にとり，z 軸をスリットの長さの方向にとる（図 13 はスクリーンの断面を表わす）．光が垂直に入射する場合には，スリットの平面は波面の 1 つであるから，それを (61.1) の積分面にとる．スリットが無限に長いことを考慮すると，光は xy 面のうえでのみ曲がる（積分 (61.1) は $q_z \neq 0$ に対してゼロになる）．したがって，場 u_0 は座標 y についてのみ分解される：

$$u_q = u_0 \int_{-a}^{a} e^{-iqy} dy = \frac{2u_0}{q} \sin qa.$$

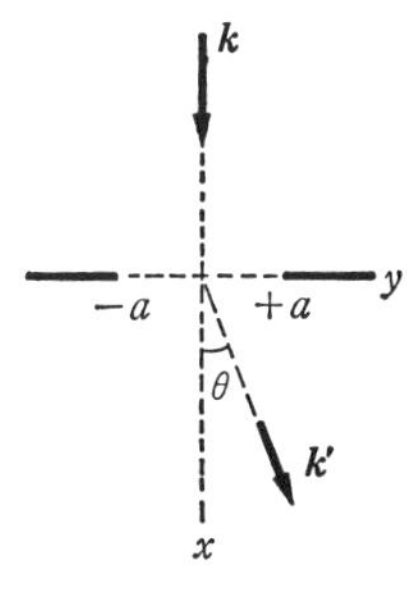

図 13

角度 $d\theta$ の範囲に回折される光の強度は

$$dI = \frac{I_0}{2a} \left| \frac{u_q}{u_0} \right|^2 \frac{dq}{2\pi} = \frac{I_0}{\pi a k} \frac{\sin^2 ka\theta}{\theta^2} d\theta$$

である．ここに $k = \omega/c$，また I_0 はスリットのうえに落ちる光の全強度である．

$dI/d\theta$ を回折角の関数としてみると図 14 のような形をしている．θ が $\theta=0$ のどちらかの側へ増大してゆくと，強度は，急速に高さの減少してゆく極大値の列をつぎつぎに通る．極大どうしは，$\theta = n\pi/ka$（n は整数）における極小——そこでは強度がゼロになる——によってたがいにへだてられている．

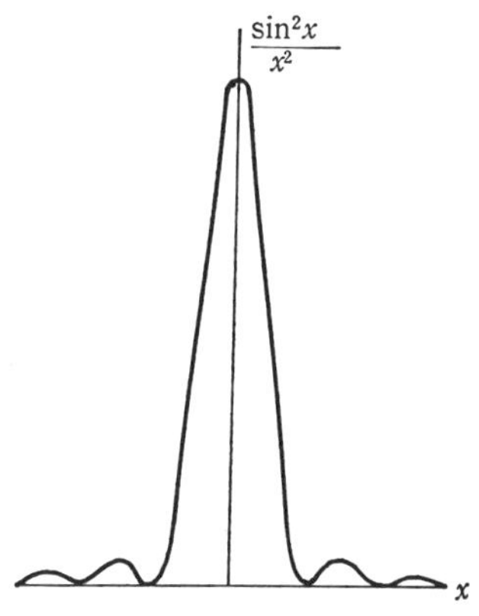

図 14

2. 格子，すなわち，一連のたがいに同一の平行なスリットをもつ平面状のスクリーンによる回折を求めよ．ただし，スリットの幅を $2a$，隣りあったスリットのあいだの不透明なスクリーンの幅を $2b$，スリットの数を N とする．

解 yz 面として格子の面をとり，z 軸はスリットに平行とする．回折はやはり xy 面内にのみ生じ，(61.1) の積分は

$$u_q=u_q'\sum_{n=0}^{N-1} e^{-2inqd}=u_q'\frac{1-e^{-2iNqd}}{1-e^{-2iqd}}$$

となる．ただし，$d=a+b$ で，u_q' は1個のスリットについての積分の値とする．問題1の結果を使うと

$$dI=\frac{I_0a}{N\pi}\left(\frac{\sin Nqd}{\sin qd}\right)^2\left(\frac{\sin qa}{qa}\right)^2 dq=\frac{I_0}{N\pi ak}\left(\frac{\sin Nk\theta d}{\sin k\theta d}\right)^2\frac{\sin^2 ka\theta}{\theta^2}d\theta$$

となる（I_0 はすべてのスリットを通過する光の全強度）．

スリットの数が多いときには $(N\to\infty)$，この式は別の形に書くことができる．$q=\pi n/d$ (nは整数）という値のところで dI/dq は極大をもつ．これらの極大の近くでは（すなわち，ε を小さな数として $qd=n\pi+\varepsilon$）

$$dI=I_0a\left(\frac{\sin qa}{qa}\right)^2\frac{\sin^2 N\varepsilon}{\pi N\varepsilon^2}dq$$

であるが，$N\to\infty$ のとき

$$\lim_{N\to\infty}\frac{\sin^2 Nx}{\pi Nx^2}=\delta(x)$$

という公式が成り立つ[1]．したがって，各極大の近くで

$$dI=I_0\frac{a}{d}\left(\frac{\sin qa}{qa}\right)^2\delta(\varepsilon)d\varepsilon$$

となる．すなわち，各極大は，極限においては無限に小さな幅をもつようになる．n 番目の極大における光の全強度は

$$I^{(n)}=I_0\frac{d}{\pi^2 a}\frac{\sin^2(n\pi a/d)}{n^2}.$$

3. 半径 a の円形の開口に垂直に入射する光が回折されるときの，強度の方向分布を求めよ．

解 開口の中心を通り，その面に垂直な軸をもつ円筒座標 z, r, φ を導入しよう．回折が z 軸に関して対称なことは明白であるから，ベクトル $\boldsymbol{q}$ は動径方向の成分 $q_r=q=k\theta$ だけをもつ．角度 φ は $\boldsymbol{q}$ の方向から計ることにし，開口の平面にそって (61.1) の積分をおこなうと

$$u_q=u_0\int_0^a\int_0^{2\pi} e^{-iqr\cos\varphi}r\,d\varphi\,dr=2\pi u_0\int_0^a J_0(qr)r\,dr$$

が得られる．ここに J_0 は0階のベッセル関数である．よく知られた公式

1) この式の左辺の関数は $x\neq 0$ でゼロに等しいが，フーリエ級数の理論のよく知られた公式によって

$$\lim_{N\to\infty}\left(\frac{1}{\pi}\int_{-a}^{a}f(x)\frac{\sin^2 Nx}{Nx^2}dx\right)=f(0).$$

これから明らかなように，この関数は実際 δ 関数と一致する性質をもつのである（78 ページの注をみよ）．

$$\int_0^a J_0(qr)rdr=\frac{a}{q}J_1(aq)$$

を使うと

$$u_q=\frac{2\pi u_0 a}{q}J_1(aq)$$

となり，結局立体角 do のなかへ回折される光の強度は (61.4) によって

$$dI=I_0\frac{J_1^2(ak\theta)}{\pi\theta^2}do$$

となる．ただし，I_0 は開口のうえに入射する光の全強度である．

第8章　運動している電荷の場

§ 62.　遅延ポテンシャル

第5章でわれわれは静止している電荷のつくる時間的に一定な場を研究し，そして第6章では電荷が存在しないときの変化する場を研究した．こんどは，任意の運動をしている電荷がある場合の変化する場を研究することにしよう．

任意の電磁場に対するポテンシャルをきめる方程式を導こう．それは4次元形式でおこなうのが便利であり，§46の終わりでやった導き方をくりかえせばよい．ただ異なるのは右辺が0でないマクスウェル方程式 (30.2)

$$\frac{\partial F^{ik}}{\partial x^k}=-\frac{4\pi}{c}j^i$$

を使わなければならないことである．この右辺は，(46.8) 式にも現われ，ローレンツ条件

$$\frac{\partial A^i}{\partial x^i}=0 \qquad \text{すなわち} \qquad \frac{1}{c}\frac{\partial \phi}{\partial t}+\operatorname{div}\boldsymbol{A}=0 \tag{62.1}$$

を加えると，

$$\frac{\partial^2 A^i}{\partial x_k \partial x^k}=\frac{4\pi}{c}j^i \tag{62.2}$$

が得られる．

これが，任意の電磁場のポテンシャルを決定する方程式である．3次元形式では，これは $\boldsymbol{A}$ および ϕ に対する2つの方程式として書かれる：

$$\Delta\boldsymbol{A}-\frac{1}{c^2}\frac{\partial^2 \boldsymbol{A}}{\partial t^2}=-\frac{4\pi}{c}\boldsymbol{j}, \tag{62.3}$$

$$\Delta\phi-\frac{1}{c^2}\frac{\partial^2 \phi}{\partial t^2}=-4\pi\rho. \tag{62.4}$$

時間的に一定な場に対してこれらはすでにおなじみの方程式 (36.4) および (43.4) に，そして電荷のない変化する場に対しては同次の波動方程式に帰着する．

よく知られているように，非同次線形方程式 (62.3) および (62.4) の解は，右辺をゼロとしたこれらの方程式の解と，右辺をもつ方程式の特殊解との和として表わすことができる．特殊解を求めるために，全空間を無限に小さな領域に分割し，これらの体積要素の1つに位置している電荷がつくる場を決定する．場の方程式の線形性のために実際の場は

これらすべての要素がつくる場の和となる．

与えられた体積要素のなかの電荷 de は一般に時間の関数である．座標原点を考えている体積要素のなかにとるならば，電荷密度は $\rho=de(t)\delta(\boldsymbol{R})$ となる．ただし $\boldsymbol{R}$ は原点からの距離である．こうして，われわれは方程式

$$\Delta\phi-\frac{1}{c^2}\frac{\partial^2\phi}{\partial t^2}=-4\pi de(t)\delta(\boldsymbol{R}) \tag{62.5}$$

を解かなければならない．原点を除いてはいたる所で $\delta(\boldsymbol{R})=0$ であって，方程式は

$$\Delta\phi-\frac{1}{c^2}\frac{\partial^2\phi}{\partial t^2}=0 \tag{62.6}$$

である．われわれが問題にしている場合には ϕ が球対称，つまり ϕ が R だけの関数であることは明らかである．したがってラプラス演算子を極座標で書くと，(62.6) は

$$\frac{1}{R^2}\frac{\partial}{\partial R}\left(R^2\frac{\partial\phi}{\partial R}\right)-\frac{1}{c^2}\frac{\partial^2\phi}{\partial t^2}=0$$

となる．

この方程式を解くために，$\phi=\chi(R,t)/R$ というおきかえをする．そうすると，χ に対して

$$\frac{\partial^2\chi}{\partial R^2}-\frac{1}{c^2}\frac{\partial^2\chi}{\partial t^2}=0$$

が得られる．ところで，これは平面波の方程式であり，その解は（§47をみよ）

$$\chi=f_1\left(t-\frac{R}{c}\right)+f_2\left(t+\frac{R}{c}\right)$$

という形をもつ．

われわれは単に方程式の1つの特殊解を求めたいのであるから，関数 f_1 および f_2 のうち1つだけを選べば十分である．ふつう $f_2=0$ ととるのが便利であることがわかる（この点に関しては，以下をみよ）．そうすると，原点を除きいたるところで ϕ は

$$\phi=\frac{\chi\left(t-\frac{R}{c}\right)}{R} \tag{62.7}$$

という形をもつ．

ここまでは関数 χ は任意である：ここでは，この関数を，それが原点におけるポテンシャルに対する正しい値を与えるように選ぶ．いいかえると，原点で (62.5) がみたされるように，χ を選択しなければならない．これは $R\to0$ のときポテンシャルが無限大となり，したがって，その座標導関数がその時間導関数よりも急速に増大することに注意すれば，たやすくおこなわれる．すなわち，この性質のため，$R\to0$ のとき，方程式 (62.5) において $(1/c^2)(\partial^2\phi/\partial t^2)$ という項を $\Delta\phi$ にくらべて無視できる．そうすると (62.5) はクーロンの法則に導くよく知られた方程式 (36.9) となる．このようにして，座標原点の

近くでは (62.7) はクーロンの法則にならなければならない．それから $\chi(t)=de(t)$；すなわち

$$\phi=\frac{de\left(t-\frac{R}{c}\right)}{R}$$

が結論される．

これから任意の電荷分布 $\rho(x,y,z,t)$ に対する方程式 (62.4) の解を求めるのは容易である．これをおこなうには，$de=\rho dV$ (dV は体積要素) と書き，全空間について積分すればよい．方程式 (62.4) のこの解に，なお右辺を落した同じ方程式の解 ϕ_0 を加えることができる．したがって，一般解はつぎのような形をとる：

$$\phi(\boldsymbol{r},t)=\int\frac{1}{R}\rho\left(\boldsymbol{r}',t-\frac{R}{c}\right)dV'+\phi_0,\qquad \boldsymbol{R}=\boldsymbol{r}-\boldsymbol{r}',\qquad dV'=dx'dy'dz'. \tag{62.8}$$

ここで，$\boldsymbol{r}=(x,y,z)$, $\boldsymbol{r}'=(x',y',z')$ で，R は体積要素 dV からポテンシャルを求める "場の点" までの距離である．この表式を簡潔に

$$\phi=\int\frac{\rho_{t-R/c}}{R}dV+\phi_0 \tag{62.9}$$

と書くことにしよう．ただし，指標 $t-R/c$ は，時間 $t-R/c$ における量 ρ をとらなければならないことを意味し，dV のうえのダッシュははぶいた．

同様なやり方でベクトル・ポテンシャルに対してつぎの解が得られる：

$$\boldsymbol{A}=\frac{1}{c}\int\frac{\boldsymbol{j}_{t-R/c}}{R}dV+\boldsymbol{A}_0. \tag{62.10}$$

ここで $\boldsymbol{A}_0$ は右辺のない方程式 (62.5) の解である．

ϕ_0 および $\boldsymbol{A}_0$ をはぶいたポテンシャル (62.9) および (62.10) は**遅延ポテンシャル**とよばれる．

電荷が静止している場合には (すなわち密度 ρ が時間に無関係)，公式 (62.9) は静電場に対するよく知られた公式 (36.8)になり，また (62.10) は(平均をとったのち) 静磁場に対する公式 (43.5) に移行する．

(62.9) および (62.10) における ϕ_0 および $\boldsymbol{A}_0$ という量は，問題によってきまる条件をみたすように定めなければならない．明らかに，このためには初期条件を与えれば，すなわち，はじめの時刻における場の値を定めれば十分である．しかしながら，ふつうわれわれはこのような初期条件を扱わなくてもよい．ふつうはその代わりに，全時間を通じて電荷の系から非常に離れている場所における条件を与える．したがってたとえば，放射が外部から系に入射している，と述べられることがある．この条件に対応して，この放射と系との相互作用の結果現われる場は，系から発生する放射のぶんだけ外場から異なることが

できる．系から放出されるこの放射は遠方で，系から拡がって出てゆく波，すなわち増大するRの方向に拡がる波の形をとらなければならない．ところで，遅延ポテンシャルの形の解はこの条件をみたしている．それゆえ，後者は系がつくる場を表わすが，ϕ_0 およびA_0 のほうは系に作用する外部の場に等しいとおかなければならない．

§ 63. リエナール-ヴィーヒェルトのポテンシャル

与えられた運動をする１つの点電荷によってつくられる場のポテンシャルを求めよう．運動の軌道を $\boldsymbol{r}=\boldsymbol{r}_0(t)$ とする．

遅延ポテンシャルの公式によると，時刻tにおける観測点 $P(x, y, z)$での場は，それより前の時刻t' における電荷の運動状況によって定められる．ここでt' は，光の信号が電荷のある点 $\boldsymbol{r}_0(t')$ から観測点Pまで伝播する時間がちょうど$t-t'$ に一致するような時刻である．電荷eから点Pまでの動径ベクトルを $\boldsymbol{R}(t)=\boldsymbol{r}-\boldsymbol{r}_0(t)$ とする．これは，$\boldsymbol{r}_0(t)$ と同様に与えられた時間の関数である．時刻t' は

$$t'+\frac{R(t')}{c}=t \tag{63.1}$$

という方程式で定められる．tの値のおのおのに対してこの方程式はつねに１つの解t' をもつ[1)]．

時刻t' に粒子が静止しているような基準系では，時刻tにおける観測点での場は単にクーロンの法則であたえられる．すなわち，

$$\varphi=\frac{e}{R(t')}, \qquad \boldsymbol{A}=0. \tag{63.2}$$

任意の基準系におけるポテンシャルの表式を求めるには，速度 $\boldsymbol{v}=0$ でφと$\boldsymbol{A}$が (63.2) になるような４元ベクトルを書けばよい．(63.1) によると，(63.2) のφは

$$\varphi=\frac{e}{c(t-t')}$$

という形にも書けることに注意すると，求める４元ベクトルは

$$A^i=e\frac{u^i}{R_k u^k} \tag{63.3}$$

1) このことはほとんど自明であるが，それが正しいことを直接証明できる．そのために，観測点Pと観測時刻tを４次元座標系の原点Oにとり，Oを頂点とする光すいをつくる（§2）．絶対的な過去（事象Oに関して）の領域をとりかこむこのすい体の下半分の表面は，光の信号がそこから発せられてO点に到達できるような点の幾何学的軌跡全体を表わす．この超曲面が電荷の運動の世界線を切る点は，ちょうど方程式 (63.1) の根に対応する．粒子の速度は，つねに光の速度より小さいから，その運動の世界線はいたるところで時間軸に対して光すいの面の傾斜よりも小さい傾斜をもつ．したがって粒子の世界線が光すいの下半分とただ１点において交わることになる．

であることがわかる．ただし u^k は電荷の4元速度，R^k は4元ベクトル $R^k=[c(t-t'),\ \boldsymbol{r}-\boldsymbol{r}']$ である．ここで x',y',z',t' のあいだには (63.1) の関係がある．この関係を不変な形

$$R_kR^k=0 \tag{63.4}$$

に書くことができる．

ここでもう一度3次元的な表現にもどると，任意の運動をしている点電荷がつくる場のポテンシャルに対して，つぎの表式が得られる：

$$\phi=\frac{e}{\left(R-\dfrac{\boldsymbol{vR}}{c}\right)},\qquad \boldsymbol{A}=\frac{e\boldsymbol{v}}{c\left(R-\dfrac{\boldsymbol{vR}}{c}\right)}. \tag{63.5}$$

ただし，$\boldsymbol{R}$ は電荷のある点から観測点 P までの動径ベクトルであり，式の右辺にあるすべての量には，(63.1) からきまる時刻 t' における値を入れなければならない．(63.5) の形の場のポテンシャルは，**リエナール-ヴィーヒェルトのポテンシャル**とよばれる．

電場と磁場の強さは公式

$$\boldsymbol{E}=-\frac{1}{c}\frac{\partial\boldsymbol{A}}{\partial t}-\mathrm{grad}\,\phi,\qquad \boldsymbol{H}=\mathrm{rot}\,\boldsymbol{A}$$

から計算されるが，ここで ϕ および $\boldsymbol{A}$ を場の点の座標 x,y,z と観測の時刻 t とについて微分しなければならない．ところが公式 (63.5) はポテンシャルを t' の関数として表わしており，ただ (63.1) という関係をとおして x,y,z,t の陰関数であるにすぎない．したがって，求める導関数を計算するには，最初に t' の導関数を計算しなければならない．$R(t')=c(t-t')$ という関係を t について微分し

$$\frac{\partial R}{\partial t}=\frac{\partial R}{\partial t'}\frac{\partial t'}{\partial t}=-\frac{\boldsymbol{Rv}}{R}\frac{\partial t'}{\partial t}=c\left(1-\frac{\partial t'}{\partial t}\right)$$

が得られる．$\partial R/\partial t'$ の値は，$R^2=\boldsymbol{R}^2$ という恒等式を微分し，$\partial\boldsymbol{R}(t')/\partial t'=-\boldsymbol{v}(t')$ を代入することによって得られる．ここでマイナス符号は，$\boldsymbol{R}$ が電荷から点 P への動径ベクトルで，その逆ではないことによる．こうして

$$\frac{\partial t'}{\partial t}=\frac{1}{1-\dfrac{\boldsymbol{vR}}{Rc}}. \tag{63.6}$$

同様に，同じ関係を座標について微分して

$$\mathrm{grad}\,t'=-\frac{1}{c}\,\mathrm{grad}\,R(t')=-\frac{1}{c}\left(\frac{\partial R}{\partial t'}\mathrm{grad}\,t'+\frac{\boldsymbol{R}}{R}\right).$$

したがって

$$\mathrm{grad}\,t'=-\frac{\boldsymbol{R}}{c\left(R-\dfrac{\boldsymbol{Rv}}{c}\right)} \tag{63.7}$$

が見いだされる．

これらの公式を用いれば場 $\boldsymbol{E}$ および $\boldsymbol{H}$ の計算を遂行するのは困難ではない．途中の計算を省略し，最終の結果を与えよう：

$$\boldsymbol{E}=e\frac{1-\frac{v^2}{c^2}}{\left(R-\frac{\boldsymbol{Rv}}{c}\right)^3}\left(\boldsymbol{R}-\frac{\boldsymbol{v}}{c}R\right)+\frac{e}{c^2\left(R-\frac{\boldsymbol{Rv}}{c}\right)^3}\boldsymbol{R}\times\left\{\left(\boldsymbol{R}-\frac{\boldsymbol{v}}{c}R\right)\times\dot{\boldsymbol{v}}\right\}, \tag{63.8}$$

$$\boldsymbol{H}=\frac{1}{R}\boldsymbol{R}\times\boldsymbol{E}. \tag{63.9}$$

ここで $\dot{\boldsymbol{v}}=\partial\boldsymbol{v}/\partial t'$；式の右辺の量はすべて時刻 t' におけるものである．磁場がいたるところで電場に垂直であるという結果が得られることに注目するのは興味深い．

電場（63.8）は，異なった性格をもつ2つの部分からなっている．第1項は，粒子の速度だけに依存し（加速度にはよらない），大きな距離のところでは $1/R^2$ のように変化する．第2項は，加速度に依存し，大きな距離 R のところで $1/R$ のように変化する．先に行って（§66），この第2の項が粒子によって放射される電磁波と関連していることをみるであろう．

加速度に依存しない第1項のほうは，等速運動している電荷のつくる場に対応するはずである．実際，速度が一定の場合，差

$$\boldsymbol{R}_{t'}-\frac{\boldsymbol{v}}{c}R_{t'}=\boldsymbol{R}_{t'}-\boldsymbol{v}(t-t')$$

は，観測の時刻における電荷から観測点への距離 $\boldsymbol{R}_t$ である．また直接計算してみるとたやすく証明できるように

$$R_{t'}-\frac{1}{c}\boldsymbol{R}_{t'}\boldsymbol{v}=\sqrt{R_t^2-\frac{1}{c^2}(\boldsymbol{v}\times\boldsymbol{R}_t)^2}=R_t\sqrt{1-\frac{v^2}{c^2}\sin^2\theta_t}$$

である．ただし θ_t は $\boldsymbol{R}_t$ と $\boldsymbol{v}$ のあいだの角である．結果として，（63.8）の第1項は，（38.8）式に一致することが示される．

問　題

公式（62.9, 10）で積分をおこなって，リエナール-ヴィーヒェルトのポテンシャルを導け．

解　（62.8）式で，余分に δ 関数をもちこんで，関数 ρ のなかの陰変数をなくし，

$$\varphi(\boldsymbol{r},t)=\iint\frac{\rho(\boldsymbol{r}',\tau)}{|\boldsymbol{r}-\boldsymbol{r}'|}\delta\left(\tau-t+\frac{1}{c}|\boldsymbol{r}-\boldsymbol{r}'|\right)d\tau dV'$$

という形に書く（$\boldsymbol{A}(\boldsymbol{r},t)$ についても同様）．与えられた軌道 $\boldsymbol{r}=\boldsymbol{r}_0(t)$ を動く点電荷に対しては，

$$\rho(\boldsymbol{r}',\tau)=e\delta[\boldsymbol{r}'-\boldsymbol{r}_0(\tau)]$$

である．この式を代入し，dV' についての積分をおこなうと

$$\varphi(\boldsymbol{r},t)=e\int\frac{d\tau}{|\boldsymbol{r}-\boldsymbol{r}_0(\tau)|}\delta\left[\tau-t+\frac{1}{c}|\boldsymbol{r}-\boldsymbol{r}_0(\tau)|\right]$$

が得られる．公式

$$\delta[F(\tau)]=\frac{\delta(\tau-t')}{F'(t')}$$

(t' は方程式 $F(t')=0$ の根）によって $d\tau$ についての積分をおこなえば，(63.5) 式に到達する．

§ 64. 遅延ポテンシャルのスペクトル分解

運動する電荷によってつくられる場は単色波に展開することができる．場のいろいろな単色成分のポテンシャルは，$\phi_\omega e^{-i\omega t}$, $\boldsymbol{A}_\omega e^{-i\omega t}$ という形をもっている．場をつくる電荷の系の電荷密度および電流もまたスペクトル分解することができる．ρ および $\boldsymbol{j}$ の各スペクトル成分が，場の対応する単色成分をつくりだすもとになっていることは明らかである．

場のスペクトル成分を電荷密度と電流とのスペクトル成分によって表わすために，(62.9) において ϕ および ρ のかわりにそれぞれ $\phi_\omega e^{-i\omega t}$ および $\rho_\omega e^{-i\omega t}$ を代入する．そうすると

$$\phi_\omega e^{-i\omega t}=\int\rho_\omega\frac{e^{-i\omega(t-R/c)}}{R}dV$$

が得られる．$e^{-i\omega t}$ をくくりだし，波動ベクトルの絶対値 $k=\omega/c$ を導入すると

$$\phi_\omega=\int\rho_\omega\frac{e^{ikR}}{R}dV \tag{64.1}$$

を得る．同様に，$\boldsymbol{A}_\omega$ に対して

$$\boldsymbol{A}_\omega=\int\boldsymbol{j}_\omega\frac{e^{ikR}}{cR}dV \tag{64.2}$$

が得られる．

公式 (64.1) はポアッソン方程式を（$e^{-i\omega t}$ という因子を通じて時間に依存する ρ,ϕ に対して，方程式 (62.4) から得られる）拡張した，より一般的な方程式

$$\Delta\phi_\omega+k^2\phi_\omega=-4\pi\rho_\omega \tag{64.3}$$

の解を表わすことに注意しよう．

フーリエ積分への展開を取り扱うとすれば，電荷密度のフーリエ成分は

$$\rho_\omega=\int_{-\infty}^{+\infty}\rho e^{i\omega t}dt$$

である．この表式を (64.1) に代入すると

$$\phi_\omega=\iint_{-\infty}^{+\infty}\frac{\rho}{R}e^{i(\omega t+kR)}dVdt \tag{64.4}$$

が得られる．ここで，連続的な電荷密度の分布から，その運動が実際問題になる点電荷の場合にもどろう．もし1個の点電荷だけしかないとすると

$$\rho=e\delta[\boldsymbol{r}-\boldsymbol{r}_0(t)]$$

と書ける．ここで $\boldsymbol{r}_0(t)$ は電荷の位置ベクトルで，与えられた時間の関数である．この表式を (64.4) に代入し，dV についての積分を遂行すると（それはただ $\boldsymbol{r}$ を $\boldsymbol{r}_0(t)$ でおきかえることに帰着する）

$$\phi_\omega=e\int_{-\infty}^{+\infty}\frac{1}{R(t)}e^{i\omega[t+R(t)/c]}dt \tag{64.5}$$

を得る．同様に，ベクトル・ポテンシャルに対して

$$\boldsymbol{A}_\omega=\frac{e}{c}\int_{-\infty}^{+\infty}\frac{\boldsymbol{v}(t)}{R(t)}e^{i\omega[t+R(t)/c]}dt. \tag{64.6}$$

ただし $\boldsymbol{v}=\dot{\boldsymbol{r}}_0(t)$ は電荷の速度であり．$R(t)$ は電荷から観測点までの距離である．

電荷および電流密度のスペクトル分解が，振動数の離散的な列を含む場合にも，(64.5) および (64.6) と同様な公式を書き下すことができる．点電荷の周期的な運動（周期 $T=2\pi/\omega_0$）の場合には，場のスペクトル分解は，$n\omega_0$ という形の振動数だけを含み，ベクトル・ポテンシャルの対応する成分は，

$$\boldsymbol{A}_n=\frac{e}{cT}\int_0^T\frac{\boldsymbol{v}(t)}{R(t)}e^{in\omega_0[t+R(t)/c]}dt \tag{64.7}$$

となる（ϕ_n に対しても同様）．2つの場合（(64.6) および (64.7)）におけるフーリエ成分は，§49 にしたがって定められる．

問　題

一様な直線運動をしている電荷の場を平面波に展開せよ．

解　§51 で用いたと同様のやり方で進む．電荷密度を $\rho=e\delta(\boldsymbol{r}-\boldsymbol{v}t)$ という形に書こう．$\boldsymbol{v}$ は粒子の速度である．方程式 $\Box\phi=-4\pi e\delta(\boldsymbol{r}-\boldsymbol{v}t)$ のフーリエ成分をとって

$$(\Box\phi)_{\boldsymbol{k}}=-4\pi e e^{-i(\boldsymbol{v}\boldsymbol{k})t}$$

を得る．他方

$$\phi=\int e^{i\boldsymbol{k}\boldsymbol{r}}\phi_{\boldsymbol{k}}\frac{d^3k}{(2\pi)^3}$$

から

$$(\Box\phi)_{\boldsymbol{k}}=-k^2\phi_{\boldsymbol{k}}-\frac{1}{c^2}\frac{\partial^2\phi_{\boldsymbol{k}}}{\partial t^2}$$

が得られる．したがって

$$\frac{1}{c^2}\frac{\partial^2\phi_{\boldsymbol{k}}}{\partial t^2}+k^2\phi_{\boldsymbol{k}}=4\pi e e^{-i(\boldsymbol{k}\boldsymbol{v})t}.$$

これから，結局

$$\phi_{\boldsymbol{k}}=4\pi e\frac{e^{-i(\boldsymbol{k}\boldsymbol{v})t}}{k^2-\left(\dfrac{\boldsymbol{k}\boldsymbol{v}}{c}\right)^2}.$$

これから，波動ベクトル $\boldsymbol{k}$ をもつ波は振動数 $\omega=\boldsymbol{k}\boldsymbol{v}$ をもつことがわかる．同様にし

て，ベクトル・ポテンシャルに対して

$$\boldsymbol{A}_k=\frac{4\pi e}{c}\frac{\boldsymbol{v}e^{-i(\boldsymbol{kv})t}}{k^2-\left(\frac{\boldsymbol{kv}}{c}\right)^2}$$

が求められる．最後に，場として

$$\boldsymbol{E}_k=-i\boldsymbol{k}\phi_k+i\frac{\boldsymbol{kv}}{c}\boldsymbol{A}_k=i4\pi e\frac{-\boldsymbol{k}+\frac{\boldsymbol{kv}}{c^2}\boldsymbol{v}}{k^2-\left(\frac{\boldsymbol{kv}}{c}\right)^2}e^{-i(\boldsymbol{kv})t},$$

$$\boldsymbol{H}_k=i\boldsymbol{k}\times\boldsymbol{A}_k=i\frac{4\pi e}{c}\frac{\boldsymbol{k}\times\boldsymbol{v}}{k^2-\left(\frac{\boldsymbol{kv}}{c}\right)^2}e^{-i(\boldsymbol{kv})t}$$

を得る．

§ 65.　2次の項までとったラグランジアン

通常の古典力学においては，たがいに相互作用している粒子の系を，これらの粒子の(同一時刻における)座標と速度とにだけ依存するラグランジアンのたすけをかりて記述することができる．こういうやり方が可能なのは，つきつめていけば，力学において相互作用の伝播速度が無限大だという仮定のおかげである．

われわれは，伝播速度が有限であるために，場をそれ自身の“自由度”をもつ独立の系とみなさなければならないことをすでに知っている．このことから，もし相互作用している粒子（電荷）の系があるならば，それを記述するにはこれらの粒子と場とから成り立つ系を考察しなければならないことがわかる．したがって，相互作用の伝播速度が有限であることを考えにいれるときには，粒子の座標と速度にだけ依存し，場の内部“自由度”に関係する量をまったく含まないようなラグランジアンを用いて，相互作用している粒子の系を記述することは一般にいって不可能なのである．

しかし，もしすべての粒子の速度 v が光速度にくらべて小さいならば，系をある近似的なラグランジアンによって記述することができる．これを実行してみると，v/c のすべてのベキを無視したときだけではなく（古典的なラグランジアン），2乗の項，v^2/c^2 までとっても，系を記述するラグランジアンを導入できることがわかる．この事情は，運動する電荷による電磁波の放射（およびそれによる“独立した”場の発生）が v/c について3次の近似において初めて現われることに関連している（§67をみよ）[1]．

手始めに，第ゼロ近似において，すなわち，ポテンシャルの遅延を完全に無視するときに，電荷の系のラグランジアンは

1)　特別の場合には，放射は v/c について5次の近似で初めて現われることがあり得る；このような場合，ラグランジアンは，$(v/c)^4$ 程度の項までの近似で存在する（§75の問題2を参照）．

$$L^{(0)}=\sum_a \frac{1}{2}m_a v_a^2-\sum_{a>b}\frac{e_a e_b}{R_{ab}} \tag{65.1}$$

（系をつくる電荷にわたって和をとる）という形をもつことに注意しよう．第2項は，静止している粒子に対して得られるのと同じ相互作用の位置エネルギーである．

ラグランジアンに対するつぎの近似を得るために，つぎのようなやり方で進む．外場のなかの電荷 e_a に対するラグランジアンは

$$L_a=-m_a c^2\sqrt{1-\frac{v_a^2}{c^2}}-e_a\phi+\frac{e_a}{c}\boldsymbol{A}\boldsymbol{v}_a \tag{65.2}$$

である．系の電荷のうち任意の1つを選び，その電荷の位置における他のすべての電荷がつくる場のポテンシャルを定め，そしてそれをこの場をつくる電荷の座標と速度とによって表わす（これは近似的にしかできない――ϕ に対しては v^2/c^2 程度の項まで．$\boldsymbol{A}$ に対しては v/c の項まで）．このようにして得られたポテンシャルに対する表式をうえに与えた L_a の表式に代入すると，系の電荷のうちの1つに対する（他の電荷の運動を与えられたものとしたときの）ラグランジアンが得られる．全系のラグランジアン L はこれから容易に求めることができる．

遅延ポテンシャルに対する表式

$$\phi=\int\frac{\rho_{t-R/c}}{R}dV,\qquad \boldsymbol{A}=\frac{1}{c}\int\frac{\boldsymbol{j}_{t-R/c}}{R}dV$$

から出発しよう．もしすべての電荷の速度が光速度にくらべて小さければ，電荷分布，すなわち，ρ および $\boldsymbol{j}$ が時間 R/c のあいだにいちじるしく変わることはない．したがって $\rho_{t-R/c}$ および $\boldsymbol{j}_{t-R/c}$ を R/c のベキ級数に展開することができる．こうしてスカラー・ポテンシャルに対して，2次の項までとって

$$\phi=\int\frac{\rho dV}{R}-\frac{1}{c}\frac{\partial}{\partial t}\int\rho dV+\frac{1}{2c^2}\frac{\partial^2}{\partial t^2}\int R\rho dV$$

が得られる（指標のない ρ は，時間 t における ρ の値である；$\partial/\partial t$ および $\partial^2/\partial t^2$ は明らかに積分記号のそとにとり出すことができる）．ところが $\int\rho dV$ は全電荷であり，時間に無関係な定数である．それゆえ，うえの表式の第2項はゼロであり，したがって

$$\phi=\int\frac{\rho dV}{R}+\frac{1}{2c^2}\frac{\partial^2}{\partial t^2}\int R\rho dV. \tag{65.3}$$

$\boldsymbol{A}$ に関しても同じようにすることができる．しかし電流密度で表わしたベクトル・ポテンシャルの表式はすでに $1/c$ を含んでおり，ラグランジアンに代入するともう一度 $1/c$ 倍される．われわれはただ2次の項まで正確なラグランジアンを求めているのであるから，$\boldsymbol{A}$ の展開で第1次の項までに限ることができる．つまり

$$\boldsymbol{A}=\frac{1}{c}\int\frac{\rho\boldsymbol{v}}{R}dV \tag{65.4}$$

($\boldsymbol{j}=\rho\boldsymbol{v}$ を代入した).

ただ1個の点電荷 e があると仮定しよう（もしいくつかあるならば，得られた表式を加え合わせなければならない）．そうすると，それによってつくられる場のポテンシャルとして，(65.3) および (65.4) から

$$\phi=\frac{e}{R}+\frac{e}{2c^2}\frac{\partial^2 R}{\partial t^2},\qquad \boldsymbol{A}=\frac{e\boldsymbol{v}}{cR} \tag{65.5}$$

が得られる，ただし，Rは電荷からの距離である．

ϕ および $\boldsymbol{A}$ のかわりにつぎの置換によって他のポテンシャル ϕ' および $\boldsymbol{A}'$ を選ぶことにする（§18をみよ）：

$$\phi'=\phi-\frac{1}{c}\frac{\partial f}{\partial t},\qquad \boldsymbol{A}'=\boldsymbol{A}+\operatorname{grad} f.$$

ここで，fに対して

$$f=\frac{e}{2c}\frac{\partial R}{\partial t}$$

という関数を選ぶ．そうすると

$$\phi'=\frac{e}{R},\qquad \boldsymbol{A}'=\frac{e\boldsymbol{v}}{cR}+\frac{e}{2c}\nabla\frac{\partial R}{\partial t}$$

が得られる[1]．

$\boldsymbol{A}'$ を計算するために，まず第1に $\nabla(\partial R/\partial t)=(\partial/\partial t)\nabla R$ に注意する．ここで grad 演算子は，$\boldsymbol{A}'$ の値を求めようとする観測点の座標に関する微分を意味する．したがって ∇R は電荷 e から観測点に向かう単位ベクトル $\boldsymbol{n}$ であり，それゆえ

$$\boldsymbol{A}'=\frac{e\boldsymbol{v}}{cR}+\frac{e}{2c}\dot{\boldsymbol{n}}.$$

$\dot{\boldsymbol{n}}$ を計算するために

$$\dot{\boldsymbol{n}}=\frac{\partial}{\partial t}\left(\frac{\boldsymbol{R}}{R}\right)=\frac{\dot{\boldsymbol{R}}}{R}-\frac{\boldsymbol{R}\dot{R}}{R^2}$$

と書く．ところで，与えられた観測点に関する導関数 $\dot{\boldsymbol{R}}$ は電荷の速度 $\boldsymbol{v}$ にマイナスをつけたものであり，導関数 $\dot{R}$ は $R^2=\boldsymbol{R}^2$ を微分することによって，すなわち

$$R\dot{R}=\boldsymbol{R}\dot{\boldsymbol{R}}=-\boldsymbol{R}\boldsymbol{v}$$

と書くことにより，たやすく定められる．したがって

$$\dot{\boldsymbol{n}}=\frac{-\boldsymbol{v}+\boldsymbol{n}(\boldsymbol{n}\boldsymbol{v})}{R}.$$

これを $\boldsymbol{A}'$ に対する表式に代入すると，結局

$$\phi'=\frac{e}{R},\qquad \boldsymbol{A}'=\frac{e[\boldsymbol{v}+(\boldsymbol{v}\boldsymbol{n})\boldsymbol{n}]}{2cR} \tag{65.6}$$

---

1) ポテンシャル ϕ' および $\boldsymbol{A}'$ は，ローレンツ条件 (62.1) をみたさないから，また (62.3) および (62.4) 式もみたさない．

が得られる．もしいくつかの電荷があるならば，明らかに，すべての電荷についての和をとらなければならない．

ポテンシャルに対するこれらの表式を（65.2）に代入して（他の電荷は定まった運動をするとしたときの）電荷 e_a に対するラグランジアン L_a が求められる．これをおこなうとき，（65.2）の第1項も v_a/c のベキに展開し，2次の項まで残さなければならない．このようにして L_a に対してつぎのような表式が得られる：

$$L_a=\frac{m_a v_a^2}{2}+\frac{1}{8}\frac{m_a v_a^4}{c^2}-e_a\sum_b{}'\frac{e_b}{R_{ab}}+\frac{e_a}{2c^2}\sum_b{}'\frac{e_b}{R_{ab}}[\boldsymbol{v}_a\boldsymbol{v}_b+(\boldsymbol{v}_a\boldsymbol{n}_{ab})(\boldsymbol{v}_b\boldsymbol{n}_{ab})]$$

（和は e_a を除いたすべての電荷にわたってとる：$\boldsymbol{n}_{ab}$ は e_b から e_a へ向かう単位ベクトルである）．

これから全系のラグランジアンを求めるのは，もはや困難なことではない．この関数がすべての電荷についての L_a の和ではなく

$$L=\sum_a\frac{m_a v_a^2}{2}+\sum_a\frac{m_a v_a^4}{8c^2}-\sum_{a>b}\frac{e_a e_b}{R_{ab}}+\sum_{a>b}\frac{e_a e_b}{2c^2 R_{ab}}[\boldsymbol{v}_a\boldsymbol{v}_b+(\boldsymbol{v}_a\boldsymbol{n}_{ab})(\boldsymbol{v}_b\boldsymbol{n}_{ab})] \tag{65.7}$$

という形をとることは，たやすくなっとくすることができる．実際，電荷のおのおのに対して，その他のすべての電荷が与えられた運動をするとき，この関数 L はうえに与えた L_a になる．表式（65.7）は，電荷の系のラグランジアンを2次の項まで正しく与える（最初にダーウィンによって得られた．C. G. Darwin, 1922）．

最後にこの同じ近似で電荷の系のハミルトニアンを見いだそう．これは，L から $\mathscr{H}$ を計算する一般的な規則によっておこなうことができよう：しかしながら，つぎのようにやる方が簡単である．（65.7）の第2および第4項は L_0（65.1）にくらべて小さい．他方，力学から，L および $\mathscr{H}$ をわずかに変化させたとき両者に加わる変化は絶対値が等しく，符号が反対であることを知っている（ここで L の変分は一定の座標および速度に対して考えられるのに反し，$\mathscr{H}$ の変化は一定の座標および運動量に関するものである（第1巻，『力学』§40を参照）．

したがって

$$\mathscr{H}_0=\sum_a\frac{p_a^2}{2m_a}+\sum_{a>b}\frac{e_a e_b}{R_{ab}}$$

から（65.7）の第2および第4項をひき，第1次近似の関係 $\boldsymbol{v}_a=\boldsymbol{p}_a/m_a$ を使って，これらの項のなかの速度を運動量でおきかえることにより，ただちに $\mathscr{H}$ を書きくだすことができる．こうして

$$\mathscr{H}=\sum_a\frac{p_a^2}{2m_a}+\sum_{a>b}\frac{e_a e_b}{R_{ab}}-\sum_a\frac{p_a^4}{8c^2 m_a^3}-\sum_{a>b}\frac{e_a e_b}{2c^2 m_a m_b R_{ab}}[\boldsymbol{p}_a\boldsymbol{p}_b+(\boldsymbol{p}_a\boldsymbol{n}_{ab})(\boldsymbol{p}_b\boldsymbol{n}_{ab})]. \tag{65.8}$$

問　題

1. 相互作用している粒子の系の慣性中心を（2次の項まで正しく）決定せよ．

解　もっとも簡単にこの問題をとくには，公式

$$\boldsymbol{R}=\frac{\sum_a \mathscr{E}_a \boldsymbol{r}_a+\int W\boldsymbol{r}dV}{\sum_a \mathscr{E}_a+\int WdV}$$

を使えばよい（(14.6) をみよ）．ただし，$\mathscr{E}_a$ は（静止エネルギーも含めた）粒子の運動エネルギーであり，W は粒子によってつくられる場のエネルギー密度である．$\mathscr{E}_a$ は大きな量 m_ac^2 を含むから，つぎの近似を求めるには，$\mathscr{E}_a$ および W で c を含まない項，つまり，非相対論的な粒子の運動エネルギーおよび静電場のエネルギーだけを考えに入れれば十分である．

$$\int W\boldsymbol{r}dV=\frac{1}{8\pi}\int E^2\boldsymbol{r}dV=\frac{1}{8\pi}\int(\nabla\phi)^2\boldsymbol{r}dV$$
$$=\frac{1}{8\pi}\int\left(d\boldsymbol{f}\nabla\frac{\phi^2}{2}\right)\boldsymbol{r}-\frac{1}{8\pi}\int\nabla\frac{\phi^2}{2}dV-\frac{1}{8\pi}\int\phi\Delta\phi\cdot\boldsymbol{r}dV$$

が得られる．無限に離れた面についての積分は消える．第2の積分も面積分になり，ゼロとなる．第3の積分に $\Delta\phi=-4\pi\rho$ を代入して

$$\int W\boldsymbol{r}dV=\frac{1}{2}\int\rho\phi\boldsymbol{r}dV=\frac{1}{2}\sum_a e_a\phi_a\boldsymbol{r}_a$$

が得られる．ただし ϕ_a は e_a を除いた全電荷の点 $\boldsymbol{r}_a$ につくるポテンシャルである[1)]．

結局

$$\boldsymbol{R}=\frac{1}{\mathscr{E}}\sum_a \boldsymbol{r}_a\left(m_ac^2+\frac{p_a^2}{2m_a}+\frac{e_a}{2}\sum_b{}'\frac{e_b}{R_{ab}}\right)$$

が得られる（$b=a$ を除くすべての b についての和）．ここで

$$\mathscr{E}=\sum_a\left(m_ac^2+\frac{p_a^2}{2m_a}+\sum_{a>0}\frac{e_ae_b}{R_{ab}}\right)$$

は系の全エネルギーである．このようにして，考えている近似では，実際慣性中心を粒子だけに関係した量によって表わすことができる．

2. 系の全体としての運動は省略して，2つの粒子に対する2次近似のハミルトニアンを求めよ．

解　2粒子の全運動量がゼロであるような基準系を選ぶ．運動量を作用の導関数として表わすと

$$\boldsymbol{p}_1+\boldsymbol{p}_2=\frac{\partial S}{\partial \boldsymbol{r}_1}+\frac{\partial S}{\partial \boldsymbol{r}_2}=0$$

が得られる．これから，われわれのとった基準系では，作用が2つの粒子の位置ベクトルの差 $\boldsymbol{r}=\boldsymbol{r}_2-\boldsymbol{r}_1$ の関数であることがわかる．したがって $\boldsymbol{p}_2=-\boldsymbol{p}_1=\boldsymbol{p}$ が得られる．ただし $\boldsymbol{p}=\partial S/\partial\boldsymbol{r}$ は粒子の相対運動量である．

ハミルトニアンは

$$\mathscr{H}=\frac{1}{2}\left(\frac{1}{m_1}+\frac{1}{m_2}\right)p^2+\frac{e_1e_2}{r}-\frac{1}{8c^2}\left(\frac{1}{m_1^3}+\frac{1}{m_2^3}\right)p^4+\frac{e_1e_2}{2m_1m_2c^2r}[p^2+(\boldsymbol{pn})^2]$$

となる．

---

1)　粒子の自己場を除くことは，102 ページの注で述べた質量の“くりこみ”に対応する．

第9章　電磁波の放射

§ 66.　電荷の系から遠く離れたところの場

運動している電荷の系がつくる場の，系の大きさにくらべて大きな距離をへだてた場所におけるようすを考察しよう．

座標原点 O を電荷の系の内部の任意の点にとる．O から場を定めようとする点 P までの位置ベクトルを $\boldsymbol{R}_0$ で表わし，この方向の単位ベクトルを $\boldsymbol{n}$ としよう．電荷 $de=\rho dV$ の動径ベクトルを $\boldsymbol{r}$ とし，de から点 P までの動径ベクトルを $\boldsymbol{R}$ とする．明らかに $\boldsymbol{R}=\boldsymbol{R}_0-\boldsymbol{r}$.

電荷の系から遠いところでは，$R_0\gg r$．したがって，近似的に

$$R=|\boldsymbol{R}_0-\boldsymbol{r}|=R_0-\boldsymbol{nr}$$

が得られる．これを遅延ポテンシャルの表式 (62.9)，(62.10) に代入する．被積分関数の分母では，$\boldsymbol{rn}$ を R_0 にくらべて無視することができる．しかし，$t-R/c$ においてはこれは一般に許されない：このような項を無視できるかどうかは，R_0/c と $\boldsymbol{rn}/c$ との相対的な値によってきまるのではなく，ρ および $\boldsymbol{j}$ という量が時間 $\boldsymbol{rn}/c$ のあいだにどれだけ変化するかによってきまるのである．積分に際して R_0 は一定であり，積分の外に出すことができるから，電荷の系から遠く離れたところでのポテンシャルに対して，つぎの表式が得られる：

$$\phi=\frac{1}{R_0}\int\rho_{t-\frac{R_0}{c}+\frac{\boldsymbol{rn}}{c}}\,dV, \tag{66.1}$$

$$\boldsymbol{A}=\frac{1}{cR_0}\int\boldsymbol{j}_{t-\frac{R_0}{c}+\frac{\boldsymbol{rn}}{c}}\,dV. \tag{66.2}$$

電荷の系から十分遠く離れたところでは，空間のあまり大きくない領域の範囲で場を平面波とみなすことができる．そのためには距離が系の大きさにくらべて大きいだけでなく，その系がつくる電磁波の波長にくらべても大きいことが必要である．われわれはこの空間領域を放射の**波動帯**とよぶ．

平面波において場 $\boldsymbol{E}$ と $\boldsymbol{H}$ とは，たがいに (47.4)，$\boldsymbol{E}=\boldsymbol{H}\times\boldsymbol{n}$ によって関係づけられている．$\boldsymbol{H}=\mathrm{rot}\,\boldsymbol{A}$ であるから，波動帯における場を完全に決定するには，ベクトル・ポテンシャルだけを計算すれば十分である．平面波に対しては $\boldsymbol{H}=(1/c)\dot{\boldsymbol{A}}\times\boldsymbol{n}$ を得る ((47.3)

をみよ). ただし，ドットは時間に関する微分を表わす[1]. このように，$\boldsymbol{A}$を知ればつぎの公式から$\boldsymbol{H}$および$\boldsymbol{E}$が求められる[2]：

$$\boldsymbol{H}=\frac{1}{c}\dot{\boldsymbol{A}}\times\boldsymbol{n},\qquad \boldsymbol{E}=\frac{1}{c}(\dot{\boldsymbol{A}}\times\boldsymbol{n})\times\boldsymbol{n}. \tag{66.3}$$

遠方における場が，放射している系からの距離R_0の1乗に反比例することに注意しよう．また，時間tがいつも$t-\frac{R_0}{c}$という組合せで表式(66.1)〜(66.3)に現われることを注意しておく．

任意の運動をする1個の点電荷からの放射に対しては，リエナール-ヴィーヒェルトのポテンシャルを用いるのが便利である．遠方においては，公式(63.5)の変数である動径ベクトル$\boldsymbol{R}$を一定なベクトル$\boldsymbol{R}_0$によっておきかえることができる．またt'をきめる条件(63.1)において，$R=R_0-\boldsymbol{r}_0\boldsymbol{n}$とおかなければならない($\boldsymbol{r}_0(t)$は電荷の位置ベクトルである)．したがって[3]

$$\boldsymbol{A}=\frac{e\boldsymbol{v}(t')}{cR_0\left(1-\frac{\boldsymbol{n}\boldsymbol{v}(t')}{c}\right)}. \tag{66.4}$$

ただし，t'は等式

$$t'-\frac{\boldsymbol{r}_0(t')}{c}\boldsymbol{n}=t-\frac{R_0}{c} \tag{66.5}$$

から定められる．

電磁波の放射はもちろん，エネルギーの放射をともなう．エネルギーの流れはポインティング・ベクトルによって与えられる．平面波の場合，それは

$$\boldsymbol{S}=c\frac{H^2}{4\pi}\boldsymbol{n}$$

である．立体角要素doのなかにはいる放射の強度dIは，原点に中心をもつ半径R_0の球面の要素$df=R_0^2do$を単位時間に通過するエネルギーの量と定義される．この量は明らかにエネルギー流の密度Sにdfをかけたもの，すなわち

$$dI=c\frac{H^2}{4\pi}R_0^2do \tag{66.6}$$

に等しい．場HはR_0に反比例するから，単位時間に立体角要素do内へ系が放射するエネルギーの量は，どんな距離に対しても同一である($t-R_0/c$の値が同じであれば)．もちろん，これは当然のことである．というのは，系から放射されるエネルギーは周囲の空

1) いまの場合，(66.2)式の回転を直接計算しても，この式はたやすく証明される．その際，$1/R_0^2$の項は$1/R_0$の項にくらべて無視されなければならない．

2) 公式$\boldsymbol{E}=-\dot{\boldsymbol{A}}/c$((47.3)をみよ)はここでは適用できない．というのは，ポテンシャル$\phi,\boldsymbol{A}$が，ここでは§47で課せられていた付加条件をみたしていないからである．

3) 電場に対する公式(63.8)において，第1項が第2項にくらべて無視できることがいま考えている近似に対応する．

間に速度 c をもって拡がり，どこにもたまったり，消え失せたりしないからである．

系によって放射される波動場のスペクトル分解を与える公式を導こう．これらの公式は§64に与えたものからすぐ求められる．(64.2) に $R=R_0-\boldsymbol{rn}$ を代入し（被積分関数の分母では $R=R_0$ とおける)，ベクトル・ポテンシャルのフーリエ成分に対して

$$\boldsymbol{A}_\omega=\frac{e^{ikR_0}}{cR_0}\int \boldsymbol{j}_\omega e^{-i\boldsymbol{kr}}dV \tag{66.7}$$

（ここで $\boldsymbol{k}=k\boldsymbol{n}$）が得られる．成分 $\boldsymbol{H}_\omega$ および $\boldsymbol{E}_\omega$ は公式 (66.3) を使って $\boldsymbol{A}_\omega$ から定められる．その式において，$\boldsymbol{H}, \boldsymbol{E}, \boldsymbol{A}$ に対してそれぞれ，$\boldsymbol{H}_\omega e^{-i\omega t}, \boldsymbol{E}_\omega e^{-i\omega t}, \boldsymbol{A}_\omega e^{-i\omega t}$ を代入し，$e^{-i\omega t}$ でわると

$$\boldsymbol{H}_\omega=i\boldsymbol{k}\times\boldsymbol{A}_\omega, \qquad \boldsymbol{E}_\omega=\frac{ic}{\omega}\boldsymbol{k}\times(\boldsymbol{A}_\omega\times\boldsymbol{k}) \tag{66.8}$$

が得られる．

放射の強さのスペクトル分布を問題にするとき，フーリエ級数への展開とフーリエ積分への展開とを区別しなければならない．荷電粒子の衝突にともなう放射の場合には，フーリエ積分への展開をとり扱う．この場合に問題となる量は衝突時間中に放射される(また，それに対応して衝突する粒子が失う）全エネルギー量である．区間 $d\omega$ のなかの振動数をもつ波の形で立体角要素 do へ放射されるエネルギーを $d\mathscr{E}_{\boldsymbol{n}\omega}$ としよう．一般公式 (49.8) にしたがうと，放射全体のうち振動数区間 $d\omega/2\pi$ のなかにある部分は，強度に対する通常の公式において，場の平方をそのフーリエ成分の絶対値の2乗でおきかえ，2をかけることによって見いだされる．したがって (66.6) のかわりに

$$d\mathscr{E}_{\boldsymbol{n}\omega}=\frac{c}{2\pi}|\boldsymbol{H}_\omega|^2R_0^2do\frac{d\omega}{2\pi} \tag{66.9}$$

が得られる．

もし電荷が有限な周期運動をおこなうのであれば，放射場はフーリエ級数に展開されなければならない．一般公式 (49.4) によると，フーリエ分解の各成分の強さは，強さに対する通常の公式において場をフーリエ成分でおきかえ，2倍することによって得られる．それゆえ，振動数 $\omega=n\omega_0$ をもち，立体角要素 do 内に放射される放射の強さ，

$$dI_n=\frac{c}{2\pi}|\boldsymbol{H}_n|^2R_0^2do \tag{66.10}$$

に等しい．

最後に，電荷の与えられた運動から放射場のフーリエ成分を直接決定する公式を書こう．フーリエ積分に展開して

$$\boldsymbol{j}_\omega=\int_{-\infty}^{+\infty}\boldsymbol{j}e^{i\omega t}dt$$

とする．

これを (66.7) に入れ，さらに電流の連続的分布から軌道 $\boldsymbol{r}_0=\boldsymbol{r}_0(t)$ にそって運動する点電荷に移ると（§64を参照）

$$\boldsymbol{A}_\omega=\frac{e^{ikR_0}}{cR_0}\int_{-\infty}^{+\infty}e\boldsymbol{v}(t)e^{i[\omega t-\boldsymbol{k}\boldsymbol{r}_0(t)]}dt \tag{66.11}$$

が得られる．$\boldsymbol{v}=d\boldsymbol{r}_0/dt$ であるから $\boldsymbol{v}dt=d\boldsymbol{r}_0$ であり，この公式を電荷の軌道にそっての線積分の形に書くこともできる：

$$\boldsymbol{A}_\omega=e\frac{e^{ikR_0}}{cR_0}\int e^{i(\omega t-\boldsymbol{k}\boldsymbol{r}_0)}d\boldsymbol{r}_0. \tag{66.12}$$

(66.8) によると，磁場のフーリエ成分はつぎの形をもつ：

$$\boldsymbol{H}_\omega=e\frac{i\omega e^{ikR_0}}{c^2R_0}\int e^{i(\omega t-\boldsymbol{k}\boldsymbol{r}_0)}\boldsymbol{n}\times d\boldsymbol{r}_0. \tag{66.13}$$

もし電荷が閉じた軌道上を周期運動するならば，場はフーリエ級数に展開しなければならない．フーリエ級数への展開の成分は，公式 (66.11)〜(66.13) において全時間にわたる積分を運動の周期 T についての平均でおきかえれば求められる（§49をみよ）．振動数 $\omega=n\omega_0=2\pi/T$ をもつ磁場のフーリエ成分に対して

$$\begin{aligned}\boldsymbol{H}_n&=e\frac{2\pi ine^{ikR_0}}{c^2T^2R_0}\int_0^T e^{i[n\omega_0t-\boldsymbol{k}\boldsymbol{r}_0(t)]}\boldsymbol{n}\times\boldsymbol{v}(t)\,dt\\&=e\frac{2\pi ine^{ikR_0}}{c^2T^2R_0}\oint e^{i(n\omega_0t-\boldsymbol{k}\boldsymbol{r}_0)}\boldsymbol{n}\times d\boldsymbol{r}_0\end{aligned} \tag{66.14}$$

が得られる．第2の積分は粒子の閉じた軌道にそっておこなわれる．

問　題

与えられた軌道を運動する電荷による放射の4元運動量のスペクトル分解に対する4次元的表式を求めよ．

解　(66.8) を (66.9) に入れローレンツ条件 (62.1) のために $k\phi_\omega=\boldsymbol{k}\boldsymbol{A}_\omega$ であることを考えると

$$\begin{aligned}d_n\mathscr{E}_\omega&=\frac{c}{2\pi}(k^2|\boldsymbol{A}_\omega|^2-|\boldsymbol{k}\boldsymbol{A}_\omega|^2)R_0^2do\frac{d\omega}{2\pi}\\&=\frac{c}{2\pi}k^2(|\boldsymbol{A}_\omega|^2-|\phi_\omega|^2)R_0^2do\frac{d\omega}{2\pi}=-\frac{c}{2\pi}k^2A_{i\omega}A_{i\omega}^*R_0^2do\frac{d\omega}{2\pi}\end{aligned}$$

が得られる．4元ポテンシャル $A_{i\omega}$ を (66.12) と同様な形に表わすと

$$d\mathscr{E}_{n\omega}=-\frac{k^2e^2}{4\pi^2}\chi_i\chi^{i*}dodk$$

となる．χ^i は4元ベクトル

$$\chi^i=\int\exp(-ik_lx^l)dx^i$$

を表わす．ここで積分は粒子の世界線にそっておこなわれる．最後に，4次元形式に移って（とくに k 空間における4次元の“体積要素”を導入する；(10.1a) をみよ），放射の

4元運動量に対してつぎの式が得られる：

$$dP^i=-\frac{e^2k^i}{2\pi^2c}\chi_l\chi^{l*}\delta(k_mk^m)d^4k.$$

§67. 双 極 放 射

時間 $\boldsymbol{rn}/c$ のあいだに電荷分布がすこししか変化しない場合には，遅延ポテンシャルに対する表式 (66.1) および (66.2) の被積分関数において，時間 $\boldsymbol{rn}/c$ を無視することができる．そのためにみたされねばならない条件をみつけるのは容易である．系の電荷分布がいちじるしく変化するのに要する時間の長さの程度を T で表わそう．系の放射は明らかに T の程度の周期（すなわち，$1/T$ 程度の振動数）をもつであろう．さらに系の大きさの程度を a で表わそう．そうすると時間 $\boldsymbol{rn}/c$ は a/c 程度の大きさである．この時間のあいだに系の電荷分布が著しい変化を示さないためには，$a/c\ll T$ であることが必要である．ところで cT はちょうど放射の波長である．したがって，条件 $a\ll cT$ は

$$a\ll\lambda \tag{67.1}$$

という形に書くことができる．つまり，系の大きさは放射される波の波長にくらべて小さくなければならない．

この同じ条件 (67.1) がまた (66.7) からも求められることを注意しておこう．系の外部では $\boldsymbol{j}$ がゼロであるから，被積分関数のなかの $\boldsymbol{r}$ は系の大きさ程度の区間のなかの値だけをとる．したがって，$ka\ll1$ であるような波に対しては，指数 $i\boldsymbol{kr}$ は小さく，無視することができる．この条件は (67.1) と同等である．

この条件は，v が電荷の速度の大きさの程度を表わすとすると $T\sim a/v$，それゆえ，$\lambda\sim ca/v$ であることに着目すると，さらに，もう1つ別の形に書くことができる．$a\ll\lambda$ から

$$v\ll c \tag{67.2}$$

が得られる．すなわち，電荷の速度は光速度にくらべて小さくならなければならない．

われわれはこの条件がみたされていると仮定して，波長にくらべて大きな距離（したがってまたいかなる場合にも系の大きさにくらべて大きな距離）だけ系から離れた所における放射を調べることにしよう．§66で指摘したように，このような距離においては場を平面波とみなすことができ，したがって場を決定するには，ベクトル・ポテンシャルだけを計算すれば十分である．

遠方における場のベクトル・ポテンシャル (66.2) は，ここでは

$$\boldsymbol{A}=\frac{1}{cR_0}\int\boldsymbol{j}_{t'}dV \tag{67.3}$$

という形をとる．ただし $t'=t-R_0/c$．時間 t' はもはや積分変数に関係していない．$\boldsymbol{j}=\rho\boldsymbol{v}$

を代入して，(67.3) を

$$\boldsymbol{A}=\frac{1}{cR_0}(\sum e\boldsymbol{v})$$

という形に書きなおす．和は系のあらゆる電荷にわたる．簡略のため指標 t' をはぶいた——式の右辺のすべての量は時間 t' に関するものである．ところが

$$\sum e\boldsymbol{v}=\frac{d}{dt}\sum e\boldsymbol{r}=\dot{\boldsymbol{d}}$$

$\boldsymbol{d}$ は系の双極モーメントである．それゆえ

$$\boldsymbol{A}=\frac{1}{cR_0}\dot{\boldsymbol{d}}. \tag{67.4}$$

公式 (66.3) を用いて，磁場が

$$\boldsymbol{H}=\frac{1}{c^2R_0}\ddot{\boldsymbol{d}}\times\boldsymbol{n} \tag{67.5}$$

に等しく，電場は

$$\boldsymbol{E}=\frac{1}{c^2R_0}(\ddot{\boldsymbol{d}}\times\boldsymbol{n})\times\boldsymbol{n} \tag{67.6}$$

に等しいことがわかる．

いま考えている近似では，放射が系の双極モーメントの2階導関数によって決まることに注意しよう．この種の放射は**双極放射**とよばれる．

$\boldsymbol{d}=\sum e\boldsymbol{r}$ であるから，$\ddot{\boldsymbol{d}}=\sum e\dot{\boldsymbol{v}}$．したがって電荷は，加速度をもって運動するときにのみ放射することができる．一様な運動をしている電荷は放射しない．このことはまた相対性原理から直接結論される．というのは，一様運動をしている電荷は，それが静止しているような基準系で考察することができ，静止している電荷はもちろん放射しないからである．

(67.5) を (66.6) に代入すると，双極放射の強度が得られる：

$$dI=\frac{1}{4\pi c^3}(\ddot{\boldsymbol{d}}\times\boldsymbol{n})^2do=\frac{\ddot{\boldsymbol{d}}^2}{4\pi c^3}\sin^2\theta\,do. \tag{67.7}$$

ここで θ は $\ddot{\boldsymbol{d}}$ と $\boldsymbol{n}$ とのあいだの角度である．これは，単位時間に系が立体角要素 do 内へ放射したエネルギー量である．放射の方向分布が $\sin^2\theta$ という因子を与えることに注意しよう．

$do=2\pi\sin\theta d\theta$ とおき，$d\theta$ で0から π まで積分すると

$$I=\frac{2}{3c^3}\ddot{\boldsymbol{d}}^2 \tag{67.8}$$

が得られる．

もし外場のなかで運動している電荷がただ1個あるのならば，$\boldsymbol{d}=e\boldsymbol{r}$ であり，$\boldsymbol{w}$ を粒子の加速度とすると $\ddot{\boldsymbol{d}}=e\boldsymbol{w}$ である．したがって，運動している電荷の全放射量は

$$I=\frac{2e^2w^2}{3c^3} \tag{67.9}$$

である．

電荷と質量との比がすべての粒子について同一であるような系は，双極放射をおこなうことができないことに注意しよう．実際このような系に対して，双極モーメントは

$$\boldsymbol{d}=\sum e\boldsymbol{r}=\sum\frac{e}{m}m\boldsymbol{r}=\text{const}\sum m\boldsymbol{r}$$

である．ただし，定数はすべての粒子に共通な電荷対質量の比である．ところが，$\boldsymbol{R}$を系の慣性中心の位置ベクトル（すべての速度は小さく $v\ll c$，したがって非相対論的力学が適用できることを思い起こそう）として，$\sum m\boldsymbol{r}=\boldsymbol{R}\sum m$，それゆえ，$\ddot{\boldsymbol{d}}$ は慣性中心の加速度に比例するが，慣性中心は一様に動くから，それはゼロである．

最後に，双極放射の強度のスペクトル分解に対する公式を与えておこう．衝突にともなう放射に対して，区間 $d\omega/2\pi$ のなかの振動数をもつ波の形で衝突時間中に放射されるエネルギー量 $d\mathscr{E}_\omega$ を導入しよう（§66をみよ）．それは，(67.8) のベクトル $\ddot{\boldsymbol{d}}$ をそのフーリエ成分 $\ddot{\boldsymbol{d}}_\omega$ でおきかえ，2をかけることによって得られる：

$$d\mathscr{E}_\omega=\frac{4}{3c^3}|\ddot{\boldsymbol{d}}_\omega{}^2|\frac{d\omega}{2\pi}.$$

このフーリエ成分をきめるために

$$\ddot{\boldsymbol{d}}_\omega e^{-i\omega t}=\frac{d^2}{dt^2}(\boldsymbol{d}_\omega e^{-i\omega t})=-\omega^2\boldsymbol{d}_\omega e^{-i\omega t}$$

から，$\ddot{\boldsymbol{d}}_\omega=-\omega^2\boldsymbol{d}_\omega$ が得られる．したがって

$$d\mathscr{E}_\omega=\frac{4\omega^4}{3c^3}|\boldsymbol{d}_\omega|^2\frac{d\omega}{2\pi} \tag{67.10}$$

となる．

粒子の周期運動に対しても同様な方法で，振動数 $\omega=n\omega_0$ をもつ放射の強度が

$$I_n=\frac{4\omega_0^4 n^4}{3c^3}|\boldsymbol{d}_n|^2 \tag{67.11}$$

という形に求められる．

問　題

1. 一平面内を一定の角速度 Ω で回転している双極子 $\boldsymbol{d}$ による放射を求めよ[1]．

解　回転の平面を xy 平面に選ぶと

$$d_x=d_0\cos\Omega t,\qquad d_y=d_0\sin\Omega t$$

1）これに関連するのは，回転体および対称なコマの双極モーメントによって定められる放射である．前者では，回転体の全双極モーメントが $\boldsymbol{d}$ の役割をし，後者ではその歳差運動の軸（すなわち回転の全モーメントの方向）に垂直な平面への双極モーメントの射影が $\boldsymbol{d}$ の役割を演ずる．

となる．これらの関数が単色であるから，放射もまた振動数 $\omega=\Omega$ をもつ単色波となる．公式（67.7）によって，（回転の1周期について）平均した放射の角度分布に対して

$$\overline{dI}=\frac{d_0^2\Omega^4}{8\pi c^3}(1+\cos^2\vartheta)do$$

が得られる．ただし ϑ は，放射の方向 $\boldsymbol{n}$ と z 軸とのあいだの角度である．全放射は

$$\bar{I}=\frac{2d_0^2\Omega^4}{3c^3}.$$

放射の偏りは，ベクトル $\ddot{\boldsymbol{d}}\times\boldsymbol{n}=\omega^2\boldsymbol{n}\times\boldsymbol{d}$ の方向によって定められる．それを $\boldsymbol{n}, z$ 平面のある方向とそれに垂直な方向に射影してやると，放射が，楕円偏光しており，その楕円の軸の長さの比が $n_z=\cos\vartheta$ に等しいことがわかる．とくに z 軸方向への放射は円偏光している．

2. 電荷の系が全体として静止しているような基準系で，それからの放射の角度分布がわかっているとしたとき，系が全体として（速度 $\boldsymbol{v}$ で）運動しているときの分布を求めよ．

解　　$dI'=f(\cos\theta',\phi')do'$,　　$do'=d(\cos\theta')d\varphi'$

を，運動している電荷の系と結びついた基準系 K' における放射の強度としよう（θ', φ' は，系の運動方向に極をとった極座標の角度）．運動していない（実験室）系 K において dt 時間中に放射されるエネルギー $d\mathscr{E}$ は，K' 系での放射エネルギー $d\mathscr{E}'$ と変換

$$d\mathscr{E}'=\frac{d\mathscr{E}-\boldsymbol{V}d\boldsymbol{P}}{\sqrt{1-\dfrac{V^2}{c^2}}}=d\mathscr{E}\frac{1-\dfrac{V}{c}\cos\theta}{\sqrt{1-\dfrac{V^2}{c^2}}}$$

で関連している（与えられる方向に伝播する放射の運動量とそのエネルギーとのあいだには $|d\boldsymbol{P}|=d\mathscr{E}/c$ という関係がある）．放射の方向の K および K' 系における角度 θ, θ' は公式（5.6）で関係づけられる（方位角は $\varphi=\varphi'$）．最後に，K' 系での時間 dt' は，K 系における時間 $dt=\dfrac{dt'}{\sqrt{1-(V^2/c^2)}}$ に対応する．結局，K 系における強度 $dI=\dfrac{d\mathscr{E}}{dt}$ に対して

$$dI=\frac{\left(1-\dfrac{V^2}{c^2}\right)^2}{\left(1-\dfrac{V}{c}\cos\theta\right)^3}f\left(\frac{\cos\theta-\dfrac{V}{c}}{1-\dfrac{V}{c}\cos\theta},\varphi\right)do$$

が得られる．

自分の軸の方向に運動する双極子に対しては，$f=\text{const}\cdot\sin^2\theta'$ であり，得られた式を使って

$$dI=\text{const}\frac{\left(1-\dfrac{V^2}{c^2}\right)^3\sin^2\theta}{\left(1-\dfrac{V}{c}\cos\theta\right)^5}do$$

が得られる．

§ 68. 衝突のあいだの双極放射

衝突のあいだの放射（それは**制動放射**とよばれる）の問題においては，定まった軌道に

そって運動する2つの粒子の衝突にともなう放射に関心がもたれることはまれである．ふつうわれわれが考えなければならないのは，たがいに平行に運動する粒子の流れ全体の散乱であり，問題は単位の粒子流密度あたりの全放射を求めることである．

もし流れの密度が1であれば（すなわち，もしビームの断面の単位面積を単位時間に1個の粒子が通過するならば），この流れのうち“衝突径数”が ρ と $\rho+d\rho$ のあいだにあるような粒子の数は，$2\pi\rho d\rho$（半径 ρ および $\rho+d\rho$ の円によってかこまれた環の面積）である．したがって求める全放射は，（与えられた衝突径数をもつ）1個の粒子からの全放射 $\Delta\mathscr{E}$ に $2\pi\rho d\rho$ を掛け，$d\rho$ について0から ∞ まで積分することによって得られる．このようにしてきまる量は，エネルギーと面積との積のディメンションをもつ．われわれはそれを**有効放射**とよび，κ で表わす[1)]：

$$\kappa=\int_0^\infty \Delta\mathscr{E}\cdot 2\pi\rho d\rho. \tag{68.1}$$

まったく同様の仕方で，与えられた立体角要素 do への有効放射，与えられた振動数区間 $d\omega$ の有効放射，などを定めることができる[2)]．

双極放射を仮定して，球対称の場による粒子の散乱において放出される放射の角分布に対する一般公式を導こう．

考えているビームの各粒子からの（与えられた時間における）放射強度は，公式(67.7)によって与えられる．ただし，そこで $\boldsymbol{d}$ は散乱中心に関する粒子の双極モーメントとする[3)]．まず第1に，ビームの方向に垂直な平面におけるベクトル $\ddot{\boldsymbol{d}}$ のあらゆる方向についてこの表式を平均する．$(\ddot{\boldsymbol{d}}\times\boldsymbol{n})^2=\ddot{\boldsymbol{d}}^2-(\boldsymbol{n}\ddot{\boldsymbol{d}})^2$ であるから，ただ $(\boldsymbol{n}\ddot{\boldsymbol{d}})^2$ だけがこの平均化によって変化を受ける．散乱をひきおこす場が球対称であり，また入射するビームが平行であるから，散乱（したがってまた放射）は，中心を通りビームに平行な軸のまわりに軸対称である．この軸を x 軸に選ぼう．平均したとき，対称性から明らかに1次の量 $\ddot{d}_y, \ddot{d}_z$ はゼロを与え，平均は $\ddot{d}_x$ に関係ないから

$$\overline{\ddot{d}_x\ddot{d}_y}=\overline{\ddot{d}_x\ddot{d}_z}=0$$

となる．$\ddot{d}_y^2$ および $\ddot{d}_z^2$ の平均値はたがいに等しい．したがって

$$\overline{\ddot{d}_y^2}=\overline{\ddot{d}_z^2}=\frac{1}{2}[(\ddot{\boldsymbol{d}})^2-\ddot{d}_x^2].$$

これらすべてに留意すれば，容易に

---

1)　κ と放射している系のエネルギーとの比は，放射によるエネルギー損失の断面積とよばれる．

2)　もし積分されるべき表式が，ビームに垂直な平面上へ粒子の双極モーメントを射影したときに，その射影の配置の角度に依存するならば，最初にこの平面内ですべての方向について平均をとり，そののちに $2\pi\rho d\rho$ をかけて積分しなければならない．

3)　実際には，2つの粒子——散乱させる粒子と散乱される粒子——の，共通の慣性中心に関する双極モーメントを扱うのが普通である．

$$\overline{(\ddot{\boldsymbol{d}}\times\boldsymbol{n})^2}=\frac{1}{2}(\ddot{\boldsymbol{d}}^2+\ddot{d}_x^2)+\frac{1}{2}(\ddot{\boldsymbol{d}}^2-3\ddot{d}_x^2)\cos^2\theta$$

が得られる．ただし θ は放射の方向 $\boldsymbol{n}$ と x 軸とのあいだの角度である．

強度を時間およびあらゆる衝突径数について積分すると，有効放射を放射方向の関数として与えるつぎのような最終表式が求められる：

$$d\kappa_{\boldsymbol{n}}=\frac{do}{4\pi c^3}\left[A+B\frac{3\cos^2\theta-1}{2}\right] \tag{68.2}$$

ここで

$$A=\frac{2}{3}\int_0^{\infty}\int_{-\infty}^{+\infty}\ddot{\boldsymbol{d}}^2dt2\pi\rho d\rho, \qquad B=\frac{1}{3}\int_0^{\infty}\int_{-\infty}^{+\infty}(\ddot{\boldsymbol{d}}^2-3\ddot{d}_x^2)dt2\pi\rho d\rho. \tag{68.3}$$

(68.2) の第2項は，do について積分するとゼロになるような形に書かれている．したがって，全有効放射は $\kappa=A/c^3$ である．放射の角度分布が，散乱中心を通り粒子の流れに垂直な平面に関して対称であることに注意しよう．——表式 (68.2) は，θ を $\pi-\theta$ でおきかえても不変である．この性質は，双極放射に特有のことであり，v/c についてもっと高い近似に移れば失われてしまう．

散乱にともなう放射の強度は，2つの部分——x 軸と $\boldsymbol{n}$ 方向とによってきまる平面（この平面を xy 面に選ぶ）内に偏光した放射およびそれに垂直な平面内に偏光した放射——に分離することができる．

電場のベクトルは，ベクトル

$$(\ddot{\boldsymbol{d}}\times\boldsymbol{n})\times\boldsymbol{n}=\boldsymbol{n}(\boldsymbol{n}\ddot{\boldsymbol{d}})-\ddot{\boldsymbol{d}}$$

の方向をもっている（(67.6) をみよ）．このベクトルの xy 平面に垂直な方向の成分は，$-\ddot{d}_z$ であり，その xy 平面への射影は $\sin\theta\ddot{d}_x-\cos\theta\ddot{d}_y$ である（後者は，磁場の z 成分に等しく，それによってもっと簡単にきめられる．磁場は $\ddot{\boldsymbol{d}}\times\boldsymbol{n}$ の方向をもつ）．

$\boldsymbol{E}$ を2乗し，yz 平面におけるベクトル $\ddot{\boldsymbol{d}}$ のあらゆる方向について平均すると，まず第1に xy 平面への場の射影とそれに垂直な平面への射影との積が消えることがわかる．このことは，強度を2つの独立な部分——2つのたがいに垂直な平面内に偏光した放射の強度——の和として表わすことが実際可能であることを意味する．

xy 平面内に電場のベクトルをもつ放射の強度は，2乗平均 $\overline{\ddot{d}_z^2}=\frac{1}{2}(\ddot{\boldsymbol{d}}^2-\ddot{d}_x^2)$ によって定められる．有効放射のうち対応する部分に対して

$$d\kappa_{\boldsymbol{n}}^{\perp}=\frac{do}{4\pi c^3}\frac{1}{2}\int_0^{\infty}\int_{-\infty}^{+\infty}(\ddot{\boldsymbol{d}}^2-\ddot{d}_x^2)dt2\pi\rho d\rho \tag{68.4}$$

という表式が得られる．放射のこの部分は等方であることを注意しておく．ビームの軸とベクトル $\boldsymbol{n}$ とに垂直なxy平面内に電場ベクトルをもつ有効放射に対する表式は，明らかに

$$d\kappa_{\boldsymbol{n}}^{\perp}+d\kappa_{\boldsymbol{n}}^{\parallel}=d\kappa_{\boldsymbol{n}}$$

であるから，あらためて与える必要はない．

同様にして，与えられた振動数区間 $d\omega$ 内の有効放射の角分布に対する表式を求めることができる：

$$d\kappa_{n\omega}=\frac{do}{2\pi c^3}\left[A(\omega)+B(\omega)\frac{3\cos^2\theta-1}{2}\right]\frac{d\omega}{2\pi}, \tag{68.5}$$

ただし，

$$A(\omega)=\frac{2\omega^4}{3}\int_0^\infty \boldsymbol{d}_\omega^2 2\pi\rho d\rho, \qquad B(\omega)=\frac{\omega^4}{3}\int_0^\infty(\boldsymbol{d}_\omega^2-3d_{x\omega}^2)2\pi\rho d\rho. \tag{68.6}$$

§69. 低振動数の制動放射

制動放射のスペクトル分解で，低振動数の"すそ"を考察しよう．すなわち，放射の主要部分が集中している領域の振動数（それを ω_0 とする）にくらべて小さい振動数の領域である：

$$\omega\ll\omega_0. \tag{69.1}$$

その際，前の節でやったように，衝突する粒子の速度が光速度にくらべて小さいという仮定はおかない．以下の公式は任意の速度に対して正しい．非相対論的な場合には，τ を衝突の続く時間の大きさの程度として，$\omega_0\sim 1/\tau$ である．また超相対論的な場合には，ω_0 は放射する粒子のエネルギーの2乗に比例する（§77をみよ）．

積分

$$\boldsymbol{H}_\omega=\int_{-\infty}^{+\infty}\boldsymbol{H}e^{i\omega t}dt$$

において，放射場 $\boldsymbol{H}$ がゼロからいちじるしく異なるのは，ただ $1/\omega_0$ 程度の時間のあいだだけである．したがって条件（69.1）にしたがい，被積分項で $\omega t\ll 1$ と仮定することができる．それゆえ $e^{i\omega t}$ を1とおくことができる：このとき

$$\boldsymbol{H}_\omega=\int_{-\infty}^{+\infty}\boldsymbol{H}dt.$$

これに $\boldsymbol{H}=\frac{1}{c}\dot{\boldsymbol{A}}\times\boldsymbol{n}$ を代入して，時間積分をおこなうと

$$\boldsymbol{H}_\omega=\frac{1}{c}(\boldsymbol{A}_2-\boldsymbol{A}_1)\times\boldsymbol{n} \tag{69.2}$$

が得られる．ただし $\boldsymbol{A}_2-\boldsymbol{A}_1$ は，衝突する粒子がつくる場のベクトル・ポテンシャルの衝突時間のあいだにおける変化である．

公式(69.2)を（66.9）に代入すると，衝突のあいだの（振動数 ω の）全放射が得られる：

$$d\mathscr{E}_{n\omega}=\frac{R_0^2}{4c\pi^2}[(\boldsymbol{A}_2-\boldsymbol{A}_1)\times\boldsymbol{n}]^2 do d\omega. \tag{69.3}$$

ベクトル・ポテンシャルに対しては，リエナール-ヴィーヒェルト形（66.4）の表式を使うことができ

$$d\mathscr{E}_{n\omega}=\frac{1}{4\pi^2c^3}\left\{\sum e\left(\frac{\boldsymbol{v}_2\times\boldsymbol{n}}{1-\frac{1}{c}\boldsymbol{n}\boldsymbol{v}_2}-\frac{\boldsymbol{v}_1\times\boldsymbol{n}}{1-\frac{1}{c}\boldsymbol{n}\boldsymbol{v}_1}\right)\right\}^2 do\,d\omega \tag{69.4}$$

が得られる．ここで $\boldsymbol{v}_1$ および $\boldsymbol{v}_2$ は衝突の前後の粒子の速度であり，和は2つの衝突する粒子についてとられる．$d\omega$ の係数が振動数によらないことに注意しよう．いいかえると，低い振動数に対しては（条件（69.1）），放射のスペクトル分解が振動数によらない．つまり $d\mathscr{E}_{n\omega}/d\omega$ は $\omega\to0$ において一定の極限値に近づくのである[1]．

もし衝突する粒子の速度が光速度にくらべて小さいならば，（69.4）は

$$d\mathscr{E}_{n\omega}=\frac{1}{4\pi^2c^3}\left[\sum e(\boldsymbol{v}_2-\boldsymbol{v}_1)\times\boldsymbol{n}\right]^2 do\,d\omega \tag{69.5}$$

となる．この表式は，ベクトル・ポテンシャルが公式（67.4）で与えられる双極放射に相当している．

得られた公式の適用される興味深い例は，新しい荷電粒子の発生（たとえば核からの β 粒子の放出）にともなって放出される放射である．この過程においては，粒子の速度がゼロから与えられた値まで瞬間的に変化すると考えなければならない（公式（69.5）は，$\boldsymbol{v}_1$ と $\boldsymbol{v}_2$ との置き換えに関して対称であるから，この過程で発生する放射は，反対の過程，つまり粒子が瞬間的に停止する過程にともなう放射に一致する）．肝心なことは，この過程の“時間”が $\tau\to0$ であるから，条件（69.1）は事実どんな振動数に対してもみたされていることである[2]．

問　題

速度 v で運動する荷電粒子の放出にともなう全放射のスペクトル分解を求めよ．

解　公式（69.4）によって（そこで $\boldsymbol{v}_2=\boldsymbol{v},\boldsymbol{v}_1=0$ とおいて）

$$d\mathscr{E}_{\omega}=d\omega\frac{e^2v^2}{4\pi^2c^3}\int_0^{\pi}\frac{\sin^2\theta}{\left(1-\frac{v}{c}\cos\theta\right)^2}2\pi\sin\theta\,d\theta$$

1） 衝突径数について積分することによっても，粒子ビームの散乱の際の有効放射に対して同様な結果を得ることができる．しかし，この結果は，衝突する粒子がクーロン相互作用をする場合の有効放射に対しては成り立たないことを憶えておく必要がある．それは，この場合 $d\rho$ についての積分が大きな ρ に対して（対数的に）発散するからである．次節で，この場合には低い振動数における有効放射が対数的に振動数に依存し，一定にとどまらないことをみるであろう．

2） しかし，この公式の適用性は，粒子の全運動エネルギーにくらべて $\hbar\omega$ が小さいという量子力学的条件によって制限されている．

が得られる．積分を計算すると，つぎの結果が得られる[1]：

$$d\mathscr{E}_\omega=\frac{e^2}{\pi c}\left(\frac{c}{v}\ln\frac{c+v}{c-v}-2\right)d\omega. \tag{1}$$

$v\ll c$ の場合には，この公式は

$$d\mathscr{E}_\omega=\frac{2e^2v^2}{3\pi c^3}d\omega$$

となる．これは (69.5) からただちに求められる．

§ 70.　クーロン相互作用がある場合の放射

この節では，参考のために2つの荷電粒子の系の双極放射に関する一連の公式を与えよう：粒子の速度が光速度にくらべて小さいことを仮定する．

全体としての系の一様な運動（つまり質量中心の運動は），放射を起こさないから興味がない．したがって粒子の相対運動だけを考察すればよい．座標原点を質量中心にとろう．そうすると，系の双極モーメント $\boldsymbol{d}=e_1\boldsymbol{r}_1+e_2\boldsymbol{r}_2$ は

$$\boldsymbol{d}=\frac{e_1m_2-e_2m_1}{m_1+m_2}\boldsymbol{r}=\mu\left(\frac{e_1}{m_1}-\frac{e_2}{m_2}\right)\boldsymbol{r} \tag{70.1}$$

という形をとる．ここで添字1および2は2つの粒子を指し，$\boldsymbol{r}=\boldsymbol{r}_1-\boldsymbol{r}_2$ は両者のあいだの動径ベクトルであり，$\mu=\dfrac{m_1m_2}{m_1+m_2}$ は換算質量である．

まず，クーロンの法測にしたがって互いに引力をおよぼしあっている2つの粒子の楕円運動にともなう放射から始めよう． 力学で知られているように（第1巻『力学』§15を参照)，この運動は質量 μ をもつ粒子の楕円軌道上の運動として表わされる，その楕円の方程式は極座標で

$$1+\varepsilon\cos\varphi=\frac{a(1-\varepsilon^2)}{r} \tag{70.2}$$

である．ここで長半径 a および離心率 ε は

$$a=\frac{\alpha}{2|\mathscr{E}|},\qquad \varepsilon=\sqrt{1-\frac{2|\mathscr{E}|M^2}{\mu\alpha^2}} \tag{70.3}$$

で与えられる． ここで $\mathscr{E}$ は全粒子の全エネルギーであり（静止質量を含まない!)，有限運動に対しては負である．$M=\mu r^2\dot{\varphi}$ は角運動量，そして α はクーロンの法則における定数

$$\alpha=|e_1e_2|$$

1）すでに述べたように，過程が“瞬間的である”ために条件 (69.1) はすべての振動数に対してみたされるけれども，表式 (1) を $d\omega$ で積分して放射の全エネルギーを求めることは許されない． 積分は大きな振動数のところで発散するのである． 大きな振動数で古典論の条件がやぶれることをはなれても，この場合， 粒子が最初の瞬間に無限大の加速度をもつとした古典的な問題の設定自体の正しくないことに発散の原因があることを注意しておこう．

である．座標の時間的変化はパラメター方程式

$$r=a(1-\varepsilon\cos\xi),\qquad t=\sqrt{\frac{\mu a^3}{\alpha}}(\xi-\varepsilon\sin\xi) \tag{70.4}$$

によって表わすことができる．楕円軌道上を完全に一周することは，ξ の0から 2π までの変化に対応する；運動の周期は

$$T=2\pi\sqrt{\frac{\mu a^3}{\alpha}}.$$

双極モーメントのフーリエ成分を計算しよう．運動は周期的であるから，フーリエ級数に展開する．双極モーメントは動径ベクトル $\boldsymbol{r}$ に比例するから，問題は座標 $x=r\cos\varphi$, $y=r\sin\varphi$ のフーリエ成分の計算に帰着する．x および y の時間的変化はパラメター方程式

$$x=a(\cos\xi-\varepsilon),\qquad y=a\sqrt{1-\varepsilon^2}\sin\xi,$$
$$\omega_0 t=\xi-\varepsilon\sin\xi \tag{70.5}$$

によって与えられる．ここで振動数

$$\omega_0=\frac{2\pi}{T}=\sqrt{\frac{\alpha}{\mu a^3}}=\frac{(2|\mathscr{E}|)^{3/2}}{\alpha\mu^{1/2}}$$

を導入した．

座標のフーリエ成分のかわりに，$\dot{x}_n=-i\omega_0 n x_n$；$\dot{y}_n=-i\omega_0 n y_n$ という事実を使って速度のフーリエ成分を計算するほうが便利である．われわれは

$$x_n=\frac{\dot{x}_n}{-i\omega_0 n}=\frac{i}{\omega_0 nT}\int_0^T e^{i\omega_0 nt}\dot{x}\,dt$$

を得る．ところで $\dot{x}\,dt=dx=-a\sin\xi d\xi$；$dt$ についての積分から $d\xi$ についての積分に変形して

$$x_n=-\frac{ia}{2\pi n}\int_0^{2\pi} e^{in(\xi-\varepsilon\sin\xi)}\sin\xi d\xi$$

が得られる．同様にして

$$y_n=\frac{ia\sqrt{1-\varepsilon^2}}{2\pi n}\int_0^{2\pi} e^{in(\xi-\varepsilon\sin\xi)}\cos\xi d\xi=\frac{ia\sqrt{1-\varepsilon^2}}{2\pi n\varepsilon}\int_0^{2\pi} e^{in(\xi-\varepsilon\sin\xi)}d\xi$$

が見いだされる（第1から第2の積分へ移る際，被積分関数を $\cos\xi\equiv(\cos\xi-1/\varepsilon)+1/\varepsilon$ と書く：そうすると $(\cos\xi-1/\varepsilon)$ のほうの積分は実行できて，恒等的にゼロを与える）．最後に，ベッセル関数の理論の公式を使って

$$\frac{1}{2\pi}\int_0^{2\pi} e^{i(n\xi-x\sin\xi)}d\xi=\frac{1}{\pi}\int_0^{\pi}\cos(n\xi-x\sin\xi)d\xi=J_n(x) \tag{70.6}$$

を得る．ただし $J_n(x)$ は整数 n 次のベッセル関数である．最後の結果として，求めるフーリエ成分に対してつぎの表式が得られる：

$$x_n = \frac{a}{n} J'_n(n\varepsilon), \qquad y_n = \frac{ia\sqrt{1-\varepsilon^2}}{n\varepsilon} J_n(n\varepsilon) \tag{70.7}$$

(ベッセル関数の上のダッシュはその引数に関する微分を表わす).

放射の単色成分の強度に対する表式は，x_n および y_n を公式

$$I_n = \frac{4\omega_0^4 n^4}{3c^3} \mu^2 \left(\frac{e_1}{m_1} - \frac{e_2}{m^2} \right)^2 (|x_n|^2 + |y_n|^2)$$

((67.11) をみよ)に代入して求められる．ここで a および ω_0 を粒子を特徴づける量で表わすと，結局

$$I_n = \frac{64 n^2 \mathscr{E}^4}{3c^3 \alpha^2} \left(\frac{e_1}{m_1} - \frac{e_2}{m^2} \right)^2 \left[J'^2_n(n\varepsilon) + \frac{1-\varepsilon^2}{\varepsilon^2} J_n^2(n\varepsilon) \right] \tag{70.8}$$

得られる．

とくに，双曲線に近い軌道（ε が 1 に近い）を運動する際の非常に大きな高調波（大きな n）の強度に対する漸近公式を与えよう．そのために漸近公式

$$J_n(n\varepsilon) \cong \frac{1}{\sqrt{\pi}} \left(\frac{2}{n} \right)^{1/3} \Phi\left[\left(\frac{n}{2} \right)^{2/3} (1-\varepsilon^2) \right], \qquad n \gg 1, \quad 1-\varepsilon \ll 1 \tag{70.9}$$

を利用する（Φ はエアリーの関数である．168 ページの脚注をみよ）[1]．(70.8)に代入して

$$I_n = \frac{64 \cdot 2^{2/3}}{3\pi} \frac{n^{4/3} \mathscr{E}^4}{c^3 \alpha^2} \left(\frac{e_1}{m_1} - \frac{e_2}{m_2} \right)^2 \left\{ (1-\varepsilon^2) \Phi^2 \left[\left(\frac{n}{2} \right)^{2/3} (1-\varepsilon^2) \right] \right.$$
$$\left. + \left(\frac{2}{n} \right)^{2/3} \Phi'^2 \left[\left(\frac{n}{2} \right)^{2/3} (1-\varepsilon^2) \right] \right\}. \tag{70.10}$$

この結果は，マクドナルド関数 K_ν を用いて表わすこともできる：

$$I_n = \frac{64}{9\pi^2} \frac{n^2 \mathscr{E}^4}{c^3 \alpha^2} \left(\frac{e_1}{m_1} - \frac{e_2}{m_2} \right)^2 \left\{ K_{1/3}^2 \left[\frac{n}{3} (1-\varepsilon^2)^{3/2} \right] \right.$$
$$\left. + K_{2/3}^2 \left[\frac{n}{3} (1-\varepsilon^2)^{3/2} \right] \right\} (1-\varepsilon^2)^2$$

(これに必要な公式は，225 ページの注にある).

つぎに，2つの引力をおよぼしあう荷電粒子の衝突を考察しよう．その相対運動は，質量 μ をもつ粒子の双曲線

---

1) $n \gg 1$ のとき積分

$$J_n(n\varepsilon) = \frac{1}{\pi} \int_0^\pi \cos[n(\xi - \varepsilon \sin \xi)] d\xi$$

において，小さな ξ が重要である（小さくない ξ に対しては被積分関数がはげしく振動する).
これに応じて，cos の変数を ξ のベキに展開する：

$$J_n(n\varepsilon) = \frac{1}{\pi} \int_0^\infty \cos\left[n \left(\frac{1-\varepsilon^2}{2} \xi + \frac{\xi^3}{6} \right) \right] d\xi.$$

積分が急速に収束することを考えて，上限を ∞ にした．1次の項に小さな係数 $1-\varepsilon \cong \frac{1-\varepsilon^2}{2}$ があるために，ξ^3 の項を含めなければならない．得られた積分で，明白な置換をやると，(70.9)の形になる．

$$1+\varepsilon\cos\phi=\frac{a(\varepsilon^2-1)}{r} \tag{70.11}$$

のうえの運動として記述される．ここで

$$a=\frac{\alpha}{2\mathscr{E}},\qquad \varepsilon=\sqrt{1+\frac{2\mathscr{E}M^2}{\mu\alpha^2}} \tag{70.12}$$

(こんどは $\mathscr{E}>0$)．r の時間的変化はパラメター方程式

$$r=a(\varepsilon\cosh\xi-1),\qquad t=\sqrt{\frac{\mu a^3}{\alpha}}(\varepsilon\sinh\xi-\xi) \tag{70.13}$$

で与られる．ただし，パラメター ξ は $-\infty$ から $+\infty$ の値をすべてとる．座標 x,y に対して

$$x=a(\varepsilon-\cosh\xi),\qquad y=a\sqrt{\varepsilon^2-1}\sinh\xi \tag{70.14}$$

を得る．

フーリエ成分（こんどはフーリエ積分に展開する）の計算は，まえの場合とまったく同様にしておこなわれる．つぎの結果が得られる：

$$x_\omega=\frac{\pi a}{\omega}H_{i\nu}^{(1)\prime}(i\nu\varepsilon),\qquad y_\omega=-\frac{\pi a\sqrt{\varepsilon^2-1}}{\omega\varepsilon}H_{i\nu}^{(1)}(i\nu\varepsilon). \tag{70.15}$$

ここで $H_{i\nu}^{(1)}$ は，$i\nu$ 次の第1種ハンケル関数であり，記号

$$\nu=\frac{\omega}{\sqrt{\frac{\alpha}{\mu a^3}}}=\frac{\omega\alpha}{\mu v_0^3} \tag{70.16}$$

を導入した（v_0 は無限遠における粒子の相対速度である[1]；エネルギーは $\mathscr{E}=\mu v_0^2/2$)．この計算において，よく知られた公式

$$\int_{-\infty}^{+\infty}e^{p\xi-ix\sinh\xi}d\xi=i\pi H_p^{(1)}(ix) \tag{70.17}$$

を使った．(70.15) を公式

$$d\mathscr{E}_\omega=\frac{4\omega^4\mu^2}{3c^3}\left(\frac{e_1}{m_1}-\frac{e_2}{m_2}\right)^2(|x_\omega|^2+|y_\omega|^2)\frac{d\omega}{2\pi}$$

に代入して（(67.10) をみよ)，つぎの結果が得られる：

$$d\mathscr{E}_\omega=\frac{\pi\mu^2\alpha^2\omega^2}{6c^3\mathscr{E}^2}\left(\frac{e_1}{m_1}-\frac{e_2}{m_2}\right)^2\left\{[H_{i\nu}^{(1)\prime}(i\nu\varepsilon)]^2-\frac{\varepsilon^2-1}{\varepsilon^2}[H_{i\nu}^{(1)}(i\nu\varepsilon)]^2\right\}d\omega. \tag{70.18}$$

とくに興味のある量は，粒子の平行なビームの散乱にともなう放射を特徴づける“有効放射”である（§68をみよ)，それを計算するのに，$d\mathscr{E}_\omega$ に $2\pi\rho d\rho$ をかけ，ゼロから無限大までのすべての ρ について積分する．$d\rho$ についての積分は．$2\pi\rho d\rho=2\pi a^2\varepsilon d\varepsilon$ を利用して，$d\varepsilon$ についての（1から ∞ までの）積分になる；この関係は定義 (70.12) から導かれる．そこで角運動量 M およびエネルギー $\mathscr{E}$ は

$$M=\mu\rho v_0,\qquad \mathscr{E}=\mu\frac{v_0^2}{2}$$

1) 関数 $H_{i\nu}^{(1)}(i\nu\varepsilon)$ は純虚数であり，その導関数 $H_{i\nu}^{(1)\prime}(i\nu\varepsilon)$ は実であることに注意する．

によって衝突径数 ρ と無限遠における粒子の速度 v_0 とに関係づけられる．こうして得られる積分は公式

$$z\left[Z_p'^2+\left(\frac{p^2}{z^2}-1\right)Z_p^2\right]=\frac{d}{dz}(zZ_pZ_p')$$

のたすけをかりて直接積分することができる．ただし，ここで $Z_p(z)$ は p 次のベッセル方程式の任意の解である[1]．$\varepsilon\to\infty$ のときハンケル関数 $H_{i\nu}^{(1)}(i\nu\varepsilon)$ がゼロに向かうことに留意して，結局つぎの公式が得られる：

$$d\kappa_\omega=\frac{4\pi^2}{3c^3}\frac{\alpha^3\omega}{\mu v_0^3}\left(\frac{e_1}{m_1}-\frac{e_2}{m_2}\right)^2|H_{i\nu}^{(1)}(i\nu)|H_{i\nu}^{(1)\prime}(i\nu)d\omega. \qquad (70.19)$$

低い振動数および高い振動数の極限の場合を考察しよう．ハンケル関数を定義する積分

$$\int_{-\infty}^{+\infty}e^{i\nu(\xi-\sinh\xi)}d\xi=i\pi H_{i\nu}^{(1)}(i\nu) \qquad (70.20)$$

において，積分変数 ξ の変わりうる範囲のうち重要なのは，指数が 1 の程度の大きさになる領域だけである．低い振動数（$\nu\ll1$）に対しては，大きな ξ の領域だけが重要である．ところが大きな ξ に対しては，$\sinh\xi\gg\xi$ であり，したがって近似的に

$$H_{i\nu}^{(1)}(i\nu)\cong-\frac{i}{\pi}\int_{-\infty}^{+\infty}e^{-i\nu\sinh\xi}d\xi=H_0^{(1)}(i\nu)$$

となる．同様に

$$H_{i\nu}^{(1)\prime}(i\nu)\cong H_0^{(1)\prime}(i\nu)$$

が得られる．ベッセル関数の理論による（小さな x に対する）近似的な表式

$$iH_0^{(1)}(ix)\cong\frac{2}{\pi}\ln\frac{2}{\gamma x}$$

（$\gamma=e^C$，ここで C はオイラーの定数；$\gamma=1.781\cdots$）を使って，低い振動数の有効放射に対して，つぎのような表式を得る：

$$d\kappa_\omega=\frac{16\alpha^2}{3v_0^2c^3}\left(\frac{e_1}{m_1}-\frac{e_2}{m_2}\right)^2\ln\left(\frac{2\mu v_0^3}{\gamma\omega\alpha}\right)d\omega, \qquad \omega\ll\frac{\mu v_0^3}{\alpha}\ \text{のとき}. \qquad (70.21)$$

これは振動数に対数的に依存する．

他方，高い振動数（$\nu\gg1$）に対しては小さな ξ の領域が積分（70.20）で重要である．このことに応じて，被積分関数の指数を ξ のベキに展開する．そうすると近似的に

$$H_{i\nu}^{(1)}(i\nu)\cong-\frac{i}{\pi}\int_{-\infty}^{+\infty}e^{-\frac{i\nu}{6}\xi^3}d\xi=-\frac{2i}{\pi}\mathrm{Re}\left(\int_0^\infty e^{-\frac{i\nu}{6}\xi^3}d\xi\right)$$

が得られる．$i\nu\xi^3/6=\eta$ という代入によって，積分は Γ 関数に移行し，その結果つぎが得られる：

$$H_{i\nu}^{(1)}(i\nu)\cong-\frac{i}{\pi\sqrt{3}}\left(\frac{6}{\nu}\right)^{1/3}\Gamma\left(\frac{1}{3}\right).$$

---

1)　この公式はベッセル方程式

$$Z''+\frac{1}{z}Z'+\left(1-\frac{p^2}{z^2}\right)Z=0$$

からの直接の帰結である．

同様にして

$$H_{i\nu}^{(1)\prime}(i\nu)\cong\frac{1}{\pi\sqrt{3}}\left(\frac{6}{\nu}\right)^{2/3}\Gamma\left(\frac{2}{3}\right)$$

が得られる．つぎに，Γ 関数の理論の公式

$$\Gamma(x)\Gamma(1-x)=\frac{\pi}{\sin\pi x}$$

を用いて，高い振動数における有効放射に対して

$$d\kappa_\omega=\frac{16\pi\alpha^2}{3^{3/2}v_0^2c^3}\left(\frac{e_1}{m_1}-\frac{e_2}{m_2}\right)^2d\omega,\qquad \omega\gg\frac{\mu v_0^3}{|\alpha|}\text{ のとき，}\tag{70.22}$$

すなわち，振動数に無関係な表式を得る．

つぎに，クーロンの法則 $U=\frac{\alpha}{r}(\alpha>0)$ にしたがってたがいに反発しあう2つの粒子の衝突にともなう放射の問題に進もう．運動は

$$-1+\varepsilon\cos\phi=\frac{a(\varepsilon^2-1)}{r}\tag{70.23}$$

という双曲線上でおこなわれる．時間的変化はパラメター方程式

$$x=a(\varepsilon+\cosh\xi),\qquad y=a\sqrt{\varepsilon^2-1}\sinh\xi,$$
$$t=\sqrt{\frac{\mu a^3}{\alpha}}(\varepsilon\sinh\xi+\xi)\tag{70.24}$$

（a および ε は (70.12) と同じ）によって与えられる．この場合に対するすべての計算はただちにうえに与えた計算に帰着するから，それをここに示す必要はない．つまり，座標 x のフーリエ成分に対する積分

$$x_\omega=\frac{ia}{\omega}\int_{-\infty}^{+\infty}e^{i\nu(\varepsilon\sinh\xi+\xi)}\sinh\xi d\xi$$

は，$\xi\to i\pi-\xi$ という代入をおこなうと，引力の場合の積分に $e^{-\pi\nu}$ をかけたものに帰するのである；y_ω に対しても同様である．

このように，反発力の場合のフーリエ成分 x_ω, y_ω に対する表式は，引力の場合の対応する表式と因子 $e^{-\pi\nu}$ だけ異なっている．だから放射に対する公式の違いはただ $e^{-2\pi\nu}$ という因子だけである．とりわけ，低い振動数に対してはまえの公式 (70.21) を得る（なぜなら，$\nu\ll1$ に対して $e^{-2\pi\nu}\cong1$ であるから）．高い振動数に対しては，有効放射は

$$d\kappa_\omega=\frac{16\pi\alpha^2}{3^{3/2}v_0^2c^3}\left(\frac{e_1}{m_1}-\frac{e_2}{m_2}\right)^2\exp\left(-\frac{2\pi\omega\alpha}{\mu v^3}\right)dw,\qquad \omega\gg\frac{\mu v_0^3}{\alpha}\tag{70.25}$$

という形をもつ．これは振動数が大きくなるにつれて指数関数的に減少する．

問　　題

1.　2つの引力を及ぼしあう粒子が楕円運動をする際の放射の平均全強度を計算せよ．

解　双極モーメントに対する表式 (70.1) から，放射の全強度として

$$I=\frac{2\mu^2}{3c^3}\left(\frac{e_1}{m_1}-\frac{e_2}{m_2}\right)^2\ddot{\boldsymbol{r}}^2=\frac{2\alpha^2}{3c^3}\left(\frac{e_1}{m_1}-\frac{e_2}{m_2}\right)^2\frac{1}{r^4}$$

を得る．その際運動方程式 $\mu\ddot{\boldsymbol{r}}=-\frac{\alpha}{r^3}\boldsymbol{r}$ を用いた．軌道の方程式 (70.2) によって r を φ で表わし，つぎに等式 $dt=\mu r^2d\varphi/M$ を用いて，時間積分を角度 φ についての0から 2π までの積分でおきかえる．その結果，平均の強度に対してつぎの表式を得る：

$$\overline{I}=\frac{1}{T}\int_0^T Idt=\frac{2^{3/2}}{3c^3}\left(\frac{e_1}{m_1}-\frac{e_2}{m_2}\right)^2\mu^{5/2}\frac{\alpha^3|\mathscr{E}|^{3/2}}{M^5}\left(3-\frac{2|\mathscr{E}|M^2}{\mu\alpha^2}\right).$$

2.　2つの荷電粒子の衝突による全放射 $\Delta\mathscr{E}$ を計算せよ．

解　引力の場合，軌道は双曲線 (70.11)，反発力の場合には (70.23) である．双曲線の漸近線とその軸とのあいだの角度は，$\cos\varphi_0=1/\varepsilon$ からきまる φ_0 であり，(質量中心が静止している座標系での) 粒子が曲げられる角度は $|\chi=\pi-2\varphi_0|$ である．計算は問題1と同様におこなわれる (φ についての積分は極限 $-\varphi_0$ および $+\varphi_0$ のあいだにわたる)．引力の場合に対する結果は

$$\Delta\mathscr{E}=\frac{\mu^3v_0^5}{3c^3\alpha}\tan^3\frac{\chi}{2}\left\{(\pi+\chi)\left(1+3\tan^2\frac{\chi}{2}\right)+6\tan\frac{\chi}{2}\right\}\left(\frac{e_1}{m_1}-\frac{e_2}{m_2}\right)^2,$$

また反発力の場合に対しては

$$\Delta\mathscr{E}=\frac{\mu^3v_0^5}{3c^3\alpha}\tan^3\frac{\chi}{2}\left\{(\pi-\chi)\left(1+3\tan^2\frac{\chi}{2}\right)-6\tan\frac{\chi}{2}\right\}\left(\frac{e_1}{m_1}-\frac{e_2}{m_1}\right)^2.$$

どちらの場合にも，χ は

$$\cot\frac{\chi}{2}=\frac{\mu v_0^2\rho}{\alpha}$$

という関係からきまる正の角度とする．

したがって，たがいに反発する電荷の“正面”衝突に対しては $\rho\to0,\chi\to\pi$ の極限がつぎの式を与える：

$$\Delta\mathscr{E}=\frac{8\mu^3v_0^5}{45c^3\alpha}\left(\frac{e_1}{m_1}-\frac{e_2}{m_2}\right)^2.$$

3.　粒子のビームが反発力のクーロン場によって散乱される際の全有効放射を求めよ．

解　求める量は

$$\kappa=\int_0^\infty\int_{-\infty}^{+\infty}Idt2\pi\rho d\rho=\frac{2\alpha^2}{3c^3}\left(\frac{e_1}{m_1}-\frac{e_2}{m_2}\right)^2 2\pi\int_0^\infty\int_{-\infty}^{+\infty}\frac{1}{r^4}dt\rho d\rho$$

である．時間積分を，$dt=dr/v_r$ と書いて，電荷の軌道にそった dr についての積分でおきかえよう．ただし，動径方向の速度 $v_r=\dot{r}$ は公式

$$v_r=\sqrt{\frac{2}{\mu}\left[\mathscr{E}-\frac{M^2}{2\mu r^2}-U(r)\right]}=\sqrt{v_0^2-\frac{\rho^2v_0^2}{r^2}-\frac{2\alpha}{\mu r}}$$

によって r で表わされる．dr についての積分は ∞ からもっとも接近したときの距離 $r_0=r_0(\rho)$ ($v_r=0$ となる点) までのあいだでおこなわれ，ついでもう一度 r_0 から ∞ までおこなわれる：これは r_0 から ∞ までの積分を二度やることに帰着する．この2重積分の計算は，積分の順序を変えること——最初 $d\rho$ について積分し，それから dr について積分する——によって，都合よくおこなわれる．計算の結果は

$$\kappa=\frac{8\pi}{9}\frac{\alpha\mu v_0}{c^3}\left(\frac{e_1}{m_1}-\frac{e_2}{m_2}\right)^2.$$

4. 1つの電荷が他の電荷の近くを通過するとき放出される全放射の角分布を計算せよ．ただしその速度が非常に大きく（光速度にくらべればまだ小さいけれども），したがって，直線運動からのずれを小さいとみなすことができるとする．

解 運動エネルギー $\mu v^2/2$ が α/ρ 程度の大きさの位置エネルギーにくらべて大きいならば（$\mu v^2\gg\alpha/\rho$），運動方向の変化する角度は小さい．運動平面を xy 平面に選び原点を質量中心にとり，x 軸を速度の方向にとろう．第1近似では軌道は $x=vt$, $y=\rho$ で与えられる．つぎの近似に進むと，運動方程式は

$$\mu\ddot{x}=\frac{\alpha}{r^2}\frac{x}{r}\cong\frac{\alpha vt}{r^3},\qquad \mu\ddot{y}=\frac{\alpha}{r^2}\frac{y}{r}\cong\frac{\alpha\rho}{r^3}$$

を与える．ただし，ここで r に対して

$$r=\sqrt{x^2+y^2}\cong\sqrt{\rho^2+v^2t^2}$$

と書くことができる．

公式 (67.7) を使って，つぎの式が得られる：

$$d\mathscr{E}_{\boldsymbol{n}}=do\frac{\mu^2}{4\pi c^3}\left(\frac{e_1}{m_1}-\frac{e_2}{m_2}\right)^2\int_{-\infty}^{+\infty}[\ddot{x}^2+\ddot{y}^2-(\ddot{x}n_x+\ddot{y}n_y)^2]dt.$$

ここで $\boldsymbol{n}$ は do の方向の単位ベクトルである．被積分関数を t で表わして，積分すると

$$d\mathscr{E}_{\boldsymbol{n}}=\frac{\alpha^2}{32vc^3\rho^3}\left(\frac{e_1}{m_1}-\frac{e_2}{m_2}\right)^2(4-n_x^2-3n_y^2)do$$

が得られる．

§ 71. 4重極放射および磁気双極放射

こんどは，系の大きさと波長との比 a/λ のベキにベクトル・ポテンシャルを展開したときの後続の項に関連した放射を考察する．この比はいままでどおり小さいものとみなされる．一般には，これらの項は第1項（双極放射）にくらべて小さいけれども，電荷の系の双極モーメントがゼロで，したがって双極放射が起こらないような場合には，これらの項が重要になる．

(66.2)，すなわち

$$\boldsymbol{A}=\frac{1}{cR_0}\int\boldsymbol{j}_{t'+\boldsymbol{rn}/c}dV$$

の積分下の表式を $\boldsymbol{rn}/c$ のベキに展開し，今度は最初の2項までとると，つぎの式が得られる：

$$\boldsymbol{A}=\frac{1}{cR_0}\int\boldsymbol{j}_{t'}dV+\frac{1}{c^2R_0}\frac{\partial}{\partial t'}\int(\boldsymbol{rn})\boldsymbol{j}_{t'}dV.$$

$\boldsymbol{j}=\rho\boldsymbol{v}$ を代入して，点電荷に移ると

$$\boldsymbol{A}=\frac{\sum e\boldsymbol{v}}{cR_0}+\frac{1}{c^2R_0}\frac{\partial}{\partial t}\sum e\boldsymbol{v}(\boldsymbol{rn}) \qquad (71.1)$$

が得られる．§67と同様これから先では等式の右辺のすべての量で指標 t' を省略する．

右辺の第2項において

$$\boldsymbol{v}(\boldsymbol{rn})=\frac{1}{2}\frac{\partial}{\partial t}\boldsymbol{r}(\boldsymbol{nr})+\frac{1}{2}\boldsymbol{v}(\boldsymbol{nr})-\frac{1}{2}\boldsymbol{r}(\boldsymbol{nv})=\frac{1}{2}\frac{\partial}{\partial t}\boldsymbol{r}(\boldsymbol{nr})+\frac{1}{2}(\boldsymbol{r}\times\boldsymbol{v})\times\boldsymbol{n}$$

と書くことができる．そうすると，$\boldsymbol{A}$ に対して

$$\boldsymbol{A}=\frac{\dot{\boldsymbol{d}}}{cR_0}+\frac{1}{2c^2R_0}\frac{\partial^2}{\partial t^2}\sum e\boldsymbol{r}(\boldsymbol{nr})+\frac{1}{cR_0}(\dot{\mathfrak{m}}\times\boldsymbol{n}) \tag{71.2}$$

という表式が得られる．ただし，$\boldsymbol{d}$ は系の双極モーメントであり，また $\mathfrak{m}=\frac{1}{2c}\sum e\boldsymbol{r}\times\boldsymbol{v}$ はその磁気モーメントである．これをさらに変形するために，場を変えることなしに $\boldsymbol{n}$ に比例する任意のベクトルを $\boldsymbol{A}$ に加えることができることに注意しよう．それは，公式 (66.3) によると $\boldsymbol{H}$ および $\boldsymbol{E}$ はこれによって変化を受けないからである．この理由から，(71.2) のかわりに，それと同等な形

$$\boldsymbol{A}=\frac{\dot{\boldsymbol{d}}}{cR_0}+\frac{1}{6c^2R_0}\frac{\partial^2}{\partial t^2}\sum e[3\boldsymbol{r}(\boldsymbol{nr})-\boldsymbol{n}r^2]+\frac{1}{cR_0}\dot{\mathfrak{m}}\times\boldsymbol{n}$$

に書くことができる．ところが，記号 $\partial^2/\partial t^2$ のもとにある表式は，ベクトル $\boldsymbol{n}$ と4重極モーメント・テンソル $D_{\alpha\beta}=\sum e(3x_\alpha x_\beta-\delta_{\alpha\beta}r^2)$ との積 $n_\beta D_{\alpha\beta}$ にほかならない（§41をみよ）．成分 $D_\alpha=D_{\alpha\beta}n_\beta$ をもつベクトル $\boldsymbol{D}$ を導入し，ベクトル・ポテンシャルに対する最終表式として

$$\boldsymbol{A}=\frac{\dot{\boldsymbol{d}}}{cR_0}+\frac{1}{6c^2R_0}\ddot{\boldsymbol{D}}+\frac{1}{cR_0}\dot{\mathfrak{m}}\times\boldsymbol{n} \tag{71.3}$$

を得る．

$\boldsymbol{A}$ を知れば，放射の場 $\boldsymbol{H}$ および $\boldsymbol{E}$ を定めることができる．一般公式 (66.3) を用いて，つぎの結果が見いだされる：

$$\begin{aligned}\boldsymbol{H}&=\frac{1}{c^2R_0}\left\{\ddot{\boldsymbol{d}}\times\boldsymbol{n}+\frac{1}{6c}\dddot{\boldsymbol{D}}\times\boldsymbol{n}+(\ddot{\mathfrak{m}}\times\boldsymbol{n})\times\boldsymbol{n}\right\},\\ \boldsymbol{E}&=\frac{1}{c^2R_0}\left\{(\ddot{\boldsymbol{d}}\times\boldsymbol{n})\times\boldsymbol{n}+\frac{1}{6c}(\dddot{\boldsymbol{D}}\times\boldsymbol{n})\times\boldsymbol{n}+\boldsymbol{n}\times\ddot{\mathfrak{m}}\right\}.\end{aligned} \tag{71.4}$$

立体角 do 内の放射の強度 dI は一般式 (66.6) によって与えられる．ここでは，全放射，つまり単位時間にあらゆる方向へ系が放射するエネルギーを計算する．このために，dI を $\boldsymbol{n}$ のあらゆる方向について平均する：全放射はこの平均に 4π をかけたものに等しい．磁場の2乗を平均すると，$\boldsymbol{H}$ を表わす3つの項のうち異なったものどうしをかけた積は消え，結局3つの項の2乗平均だけが残る．簡単な計算で I に対するつぎの結果が得られる[1)]：

1)　単位ベクトルの成分の積を平均するための便利な方法を与えておこう．$\boldsymbol{n}$ は単位ベクトルであるから，対称テンソルである $\overline{n_\alpha n_\beta}$ を単位テンソル $\delta_{\alpha\beta}$ で表わすことができる．またその縮約は1であるから，

$$\overline{n_\alpha n_\beta}=\frac{1}{3}\delta_{\alpha\beta}$$

↗

$$I=\frac{2}{3c^3}\ddot{\boldsymbol{d}}^2+\frac{1}{180c^5}\dddot{D}_{\alpha\beta}^2+\frac{2}{3c^3}\ddot{\mathfrak{m}}^2. \quad (71.5)$$

このように，全放射は3つの独立な部分からなっている：それらは，それぞれ**双極放射，4重極放射，磁気双極放射**とよばれる．

実際には多くの系において，磁気双極放射は存在しないことを注意しておく．たとえば電荷対質量の比が運動するすべての粒子に対して同一であるような系においては，それは現われない（この場合，すでに§67で示したように，双極放射も消える）．すなわち，このような系に対して磁気モーメントは角運動量に比例し（§44をみよ），したがって，後者が保存されるから，$\dot{\mathfrak{m}}=0$ である．同じ理由から，磁気双極放射は，2つの粒子だけからなる系では生じない（§44の問題をみよ．この場合，双極放射に関してはどんな結論もくだすことができない）．

問　題

1. 荷電粒子のビームがそれと同種の粒子によって散乱されるときの全有効放射を計算せよ．

解　同種粒子の衝突では，双極放射（そしてまた磁気双極放射）は生じないから，4重極放射を計算しなければならない．2つの同種粒子の系の4重極モーメント・テンソル（それらの質量中心に関する）は

$$D_{\alpha\beta}=\frac{e}{2}(3x_\alpha x_\beta-r^2\delta_{\alpha\beta}).$$

ただし，x_α は粒子間の動径ベクトル $\boldsymbol{r}$ の成分である．$D_{\alpha\beta}$ を3回微分したのち，x_α の時間に関する1階，2階および3階導関数を粒子の相対速度 v_α によってつぎのように表わす：

$$\dot{x}_\alpha=v_\alpha, \qquad \mu\ddot{x}_\alpha=\frac{m}{2}\ddot{x}_\alpha=\frac{e^2x_\alpha}{r^3}, \qquad \frac{m}{2}\dddot{x}_\alpha=e^2\frac{v_\alpha r-3x_\alpha v_r}{r^4}.$$

ここで $v_r=\boldsymbol{vr}/r$ は速度の動径成分である（第2の等式は電荷の運動方程式であり，第3は第2を微分して得られる）．こうして計算すると強度に対するつぎの表式に到達する：

$$I=\frac{1}{180c^5}\dddot{D}_{\alpha\beta}^2=\frac{2e^6}{15m^2c^5}\frac{1}{r^4}(v^2+11v_\varphi^2)$$

$(v^2=v_r^2+v_\varphi^2)$：v および v_φ は，等式

$$v^2=v_0^2-\frac{4e^2}{mr}, \qquad v_\varphi=\frac{\rho v_0}{r}$$

によって r で表わされる．§70の問題3でやったと同様に，時間についての積分を dr についての積分でおきかえる．すなわち

↘ が得られる．

4個の成分の積の平均値は，同様に

$$\overline{n_\alpha n_\beta n_\gamma n_\delta}=\frac{1}{15}(\delta_{\alpha\beta}\delta_{\gamma\delta}+\delta_{\alpha\gamma}\delta_{\beta\delta}+\delta_{\alpha\delta}\delta_{\beta\gamma})$$

と書かれる．右辺は，すべての添字について対称な4階のテンソルとして，単位テンソルからつくられる．全体の係数は，添字の対2つについて縮約したとき，1になるようにきめる．

$$dt=\frac{dr}{v_r}=\frac{dr}{\sqrt{v_0^2-\frac{\rho^2 v_0^2}{r^2}-\frac{4e^2}{mr}}}$$

と書く．2重積分（$d\rho$ および dr についての）において，最初に $d\rho$ についての積分をおこない，それから dr について積分する．計算の結果は：

$$\kappa=\frac{4\pi}{9}\frac{e^4 v_0^3}{mc^5}.$$

2. 定常的な有限運動をおこなって放射している粒子系に働く反跳力を求めよ．

解 求める力 $\boldsymbol{F}$ は，単位時間における系の運動量の損失，すなわち，放射する系から電磁波のもち去る運動量の流れとして計算される：

$$F_\alpha=-\oint\sigma_{\alpha\beta}df_\beta=-\int\sigma_{\alpha\beta}n_\beta R_0^2 do.$$

積分は，大きな半径 R_0 の球面上でおこなわれる．ストレス・テンソルは公式（33.3）で与えられ，また場 $\boldsymbol{E}$ および $\boldsymbol{H}$ は（71.4）を入れる．これらの場が横波であることから，積分は

$$\boldsymbol{F}=-\frac{1}{8\pi}\int 2H^2\boldsymbol{n}R_0^2 do$$

となる．$\boldsymbol{n}$ の方向についての平均は，211 ページの注に与えた公式でおこなわれる（$\boldsymbol{n}$ の成分の奇数個の積は平均すると消える）．結局，

$$F_\alpha=-\frac{1}{\pi c^4}\left\{\frac{1}{15c}\dddot{D}_{\alpha\beta}\ddot{d}_\beta+\frac{2}{3}(\ddot{\boldsymbol{d}}\times\ddot{\mathfrak{m}})_\alpha\right\}$$

が得られる[1]．

§ 72. 近距離における放射の場

われわれは，波長にくらべて大きな（したがってまた放射をだす系の大きさにくらべるとよりいっそう大きな）距離における場に対して，双極放射の公式を導いた．この節ではまえのように波長が系の大きさにくらべて大きいことは仮定するが，しかし波長にくらべれば大きくなくむしろそれと同じ程度の距離における場を考察する．

ベクトル・ポテンシャルに対する公式（67.4）

$$\boldsymbol{A}=\frac{1}{cR_0}\dot{\boldsymbol{d}} \tag{72.1}$$

はここでも正しい．なぜならそれを導く際，R_0 が系の大きさにくらべて大きいという事実だけしか使っていないからである．しかし，こんどは小さな領域内でも場を平面波とみなすことはできない．したがって，電場および磁場に対する公式（67.5）および（67.6）はもはや適用できない．それゆえ，場を計算するためには最初に $\boldsymbol{A}$ および ϕ の両者を決定しなければならない．

---

1) この力が，ローレンツのまさつ力（§75）よりも $1/c$ のはるかに高いべきであることに注意．後者は，全反跳力には寄与しない．電気的に中性な系の粒子に働く（75.5）の力の和は，ゼロに等しい．

スカラー・ポテンシャルに対する公式は，ポテンシャルに課せられた一般的な条件(62.1)

$$\mathrm{div}\,\boldsymbol{A}+\frac{1}{c}\frac{\partial\phi}{\partial t}=0$$

を使って，$\boldsymbol{A}$ に対する式から直接求めることができる．(72.1) をこれに代入し，時間について積分すると

$$\phi=-\mathrm{div}\frac{\boldsymbol{d}}{R_0} \tag{72.2}$$

が得られる．ポテンシャルの変化する部分のみが問題になるから，積分定数（座標の任意の関数は省略する． 公式 (72.2) においても，(72.1) におけると同様，$\boldsymbol{d}$ の値は時刻 $t'=t-\frac{R_0}{c}$ におけるものをとらなければならないことに注意する[1]．

ここまでくれば電場および磁場を計算するのはもはやむつかしくない．$\boldsymbol{E}$ および $\boldsymbol{H}$ をポテンシャルに関係づける通常の公式から

$$\boldsymbol{H}=\frac{1}{c}\mathrm{rot}\frac{\dot{\boldsymbol{d}}}{R_0}, \tag{72.3}$$

$$\boldsymbol{E}=\mathrm{grad}\,\mathrm{div}\frac{\boldsymbol{d}}{R_0}-\frac{1}{c^2}\frac{\ddot{\boldsymbol{d}}}{R_0}. \tag{72.4}$$

$\frac{\boldsymbol{d}_{t'}}{R_0}$ が $\frac{1}{R_0}f\left(t-\frac{R_0}{c}\right)$ という形の座標および時間のすべての関数と同様にダランベール方程式

$$\frac{1}{c^2}\frac{\partial^2}{\partial t^2}\left(\frac{\boldsymbol{d}}{R_0}\right)=\Delta\left(\frac{\boldsymbol{d}}{R_0}\right)$$

をみたすことに注意すれば，$\boldsymbol{E}$ の表式を他の形に書きなおすことができる．ベクトル解析の公式

$$\mathrm{rot}\,\mathrm{rot}\,\boldsymbol{a}=\mathrm{grad}\,\mathrm{div}\,\boldsymbol{a}-\Delta\boldsymbol{a}$$

を用いて

$$\boldsymbol{E}=\mathrm{rot}\,\mathrm{rot}\frac{\boldsymbol{d}}{R_0} \tag{72.5}$$

が得られる．

この結果は，波長程度の距離における場を定める．これらの公式すべてにおいて，$1/R_0$ を微分記号の外にとり出すことは許されないことを理解しなければならない．というのは $1/R_0^2$ を含む項の $1/R_0$ をもつ項に対する比は，ちょうど λ/R_0 と同じ程度であるからである．

---

1) ときには

$$\boldsymbol{Z}=-\frac{1}{R_0}\boldsymbol{d}\left(t-\frac{R_0}{c}\right)$$

で定義される，いわゆるヘルツ・ベクトルを導入する．そうすると

$$\boldsymbol{A}=-\frac{1}{c}\dot{\boldsymbol{Z}},\qquad \phi=\mathrm{div}\,\boldsymbol{Z}.$$

最後に，場のフーリエ成分に対する公式を与えよう．$\boldsymbol{H}_\omega$ を定めるために，(72.3) において $\boldsymbol{H}$ および $\boldsymbol{d}$ にそれぞれそれらの単色成分 $\boldsymbol{H}_\omega e^{-i\omega t}$ および $\boldsymbol{d}_\omega e^{-i\omega t}$ を代入する．しかしながら，方程式 (72.1) から (72.5) の右辺の量は時間 $t'=t-R_0/c$ に関するものであることを忘れてはならない．したがって，$\boldsymbol{d}$ に表式

$$\boldsymbol{d}_\omega e^{-i\omega\left(t-\frac{R_0}{c}\right)}=\boldsymbol{d}_\omega e^{-i\omega t+ikR_0}$$

を代入しなければならない．この代入をおこない，$e^{-i\omega t}$ でわると

$$\boldsymbol{H}_\omega=-ik\,\mathrm{rot}\left(\boldsymbol{d}_\omega\frac{e^{ikR_0}}{R_0}\right)=ik\boldsymbol{d}_\omega\times\nabla\frac{e^{ikR_0}}{R_0}$$

あるいは，微分をおこなって

$$\boldsymbol{H}_\omega=ik(\boldsymbol{d}_\omega\times\boldsymbol{n})\left(\frac{ik}{R_0}-\frac{1}{R_0^2}\right)e^{ikR_0} \qquad (72.6)$$

が得られる．ここで$\boldsymbol{n}$は，$\boldsymbol{R}_0$ の方向の単位ベクトルである．

同様に，(72.4) から

$$\boldsymbol{E}_\omega=k^2\boldsymbol{d}_\omega\frac{e^{ikR_0}}{R_0}+(\boldsymbol{d}_\omega\nabla)\nabla\frac{e^{ikR_0}}{R_0}$$

あるいは，微分をおこなって

$$\boldsymbol{E}_\omega=\boldsymbol{d}_\omega\left(\frac{k^2}{R_0}+\frac{ik}{R_0^2}-\frac{1}{R_0^3}\right)e^{ikR_0}+\boldsymbol{n}(\boldsymbol{n}\boldsymbol{d}_\omega)\left(-\frac{k^2}{R_0}-\frac{3ik}{R_0^2}+\frac{3}{R_0^3}\right)e^{ikR_0} \qquad (72.7)$$

が求められる．

波長にくらべて大きな距離 ($kR_0\gg1$) においては，公式 (72.6) および (72.7) で $1/R$ および $1/R_0^3$ の項を無視することができ，“波動帯”の場

$$\boldsymbol{E}_\omega=\frac{k^2}{R_0}[\boldsymbol{n}\times(\boldsymbol{d}_\omega\times\boldsymbol{n})]e^{ikR_0},\qquad \boldsymbol{H}_\omega=-\frac{k^2}{R_0}(\boldsymbol{d}_\omega\times\boldsymbol{n})e^{ikR_0}$$

にもどる．波長にくらべて小さい距離 ($kR_0\ll1$) においては，$1/R_0$ および $1/R_0^2$ の項を無視し，$e^{ikR_0}\cong1$ とおく，そうすると

$$\boldsymbol{E}_\omega=\frac{1}{R_0^3}\{3\boldsymbol{n}(\boldsymbol{d}_\omega\boldsymbol{n})-\boldsymbol{d}_\omega\}$$

となり，これは時間的に不変な双極子の電場に対応している (§ 40)．この近似では磁場は当然存在しない．

問　題

1. 近距離における 4 重極放射および磁気双極放射の場を計算せよ．

解　簡単のために双極放射がないと仮定すると (§ 71 でおこなった計算をみよ)

$$\boldsymbol{A}=\frac{1}{c}\int\boldsymbol{j}_{t-R/c}\frac{dV}{R}\cong-\frac{1}{c}\int(\boldsymbol{r}\nabla)\frac{\boldsymbol{j}_{t-R_0/c}}{R_0}dV$$

である．ここで積分のなかの表式の展開は $\boldsymbol{r}=\boldsymbol{R}_0-\boldsymbol{R}$ のベキについておこなった．§ 71

とは異なり，ここでは因子 $1/R_0$ を微分記号の外にとり出すことはできない．微分記号を積分の外にとり出し，積分をテンソル形に書きなおそう：

$$A_\alpha=-\frac{1}{c}\frac{\partial}{\partial X_\beta}\int\frac{x_\beta j_\alpha}{R_0}dV$$

(X_β は動径ベクトル $\boldsymbol{R}_0$ の成分である)．積分を電荷についての和に変形し

$$A_\alpha=-\frac{1}{c}\frac{\partial}{\partial X_\beta}\frac{(\sum ev_\alpha x_\beta)_{t'}}{R_0}$$

が得られる．§71における と同じやり方で，この表式は4重極の部分と磁気双極子の部分とに分けられる．対応するスカラー・ポテンシャルは，本文と同じ方法でベクトル・ポテンシャルから計算される．結局，4重極放射に対して

$$A_\alpha=-\frac{1}{6c}\frac{\partial}{\partial X_\beta}\frac{\dot{D}_{\alpha\beta}}{R_0},\qquad \phi=\frac{1}{6}\frac{\partial^2}{\partial X_\alpha X_\beta}\frac{D_{\alpha\beta}}{R_0}.$$

また磁気双極放射に対して

$$\boldsymbol{A}=\mathrm{rot}\frac{\mathfrak{m}}{R_0},\qquad \phi=0$$

が得られる（方程式の右辺の量はすべて時刻 $t'=t-\frac{R_0}{c}$ に関するものである)．

磁気双極放射の場の強さは

$$\boldsymbol{E}=-\frac{1}{c}\mathrm{rot}\frac{\dot{\mathfrak{m}}}{R_0},\qquad \boldsymbol{H}=\mathrm{rot\,rot}\frac{\mathfrak{m}}{R_0}.$$

(72.3)，(72.4) とくらべると，磁気双極子の場合の $\boldsymbol{H}$ と $\boldsymbol{E}$ は，電気双極子の場合に $\boldsymbol{E}$ と $-\boldsymbol{H}$ が $\boldsymbol{d}$ で表わされると同じように，$\mathfrak{m}$ でもって表わされることがわかる．

4重極放射のポテンシャルのスペクトル成分は

$$A_\alpha^{(\omega)}=\frac{ik}{6}D_{\alpha\beta}^{(\omega)}\frac{\partial}{\partial X_\beta}\frac{e^{ikR_0}}{R_0},\qquad \phi^{(\omega)}=\frac{1}{6}D_{\alpha\beta}^{(\omega)}\frac{\partial^2}{\partial X_\alpha\partial X_\beta}\frac{e^{ikR_0}}{R_0}.$$

場に対する表式は，簡単でないからここでは書かない，

2.　電磁場の双極子放射における電荷の系の角運動量の減衰速度を求めよ．

解　(32.9) によると，電磁場の角運動量密度は，4元テンソル $x^iT^{kl}-x^kT^{il}$ の空間成分で与えられる．3次元形式に移り，成分 $\frac{1}{2}e_{\alpha\beta\gamma}M^{\beta\gamma}$ をもつ3次元の角運動量ベクトルを導入する．その流れの密度は3次元テンソル

$$\frac{1}{2}e_{\alpha\beta\gamma}(x_\beta\sigma_{\gamma\delta}-x_\gamma\sigma_{\beta\delta})=e_{\alpha\beta\gamma}x_\beta\sigma_{\gamma\delta}$$

で与えられる．ここで $\sigma_{\alpha\beta}\equiv T^{\alpha\beta}$ は3次元のマクスウェルの応力テンソルである（3次元形式にしたがってすべて添字は下につける)．系が単位時間に失う全角運動量は，半径 R_0 の球面を通過する放射の場の角運動量の流れに等しい：

$$-\frac{dM_\alpha}{dt}=\oint e_{\alpha\beta\gamma}x_\beta\sigma_{\gamma\delta}n_\delta df.$$

ただし，$df=R_0^2do$，$\boldsymbol{n}$ は $\boldsymbol{R}_0$ の方向の単位ベクトルである．(33.3) のテンソル $\sigma_{\alpha\beta}$ を使って，

$$\frac{d\boldsymbol{M}}{dt}=\frac{R_0^3}{4\pi}\int\{(\boldsymbol{n}\times\boldsymbol{E})\boldsymbol{nE}+(\boldsymbol{n}\times\boldsymbol{H})\boldsymbol{nH}\}\,do.\qquad(1)$$

この公式を系から十分はなれたところでの放射の場に適用するが，$1/R_0$ に比例する項だけに限ってはいけない．その近似では $\boldsymbol{nE}=\boldsymbol{nH}=0$ となり，したがって被積分関数が

消えてしまう．これらの項（(67.5) と (67.6) で与えられる）は，積 ($\boldsymbol{n}\times\boldsymbol{E}$) および ($\boldsymbol{n}\times\boldsymbol{H}$) を求めるのにだけは十分である．場の縦成分 $\boldsymbol{nE}$ および $\boldsymbol{nH}$ は $\sim 1/R_0^2$ の項に現われる．(その結果，(1) 式の被積分項は $\sim 1/R_0^3$ となり，距離 R_0 は当然のことながら答から消えるのである.) 双極子近似では波長は $\lambda\gg a$ であり，((67.5, 6) にくらべて) 余分に λ/R_0 あるいは a/R_0 に比例する因子をもつ項を区別しなければならない．前者だけを残せば十分である．まさにそのような項を (72.3) と (72.5) から求めることができる．$1/R_0$ について2次まで正しい計算は

$$\boldsymbol{En}=\frac{2}{cR_0^2}\boldsymbol{n}\dot{\boldsymbol{d}}, \qquad \boldsymbol{Hn}=0 \tag{2}$$

を与える[1]．(2) および (67.6) を (1) に代入して，

$$\frac{d\boldsymbol{M}}{dc}=-\frac{1}{2\pi c^3}\int(\boldsymbol{n}\times\dot{\boldsymbol{d}})\boldsymbol{n}\ddot{\boldsymbol{d}}\,do$$

が得られる．最後に，積分のなかの表式を $e_{\alpha\beta\gamma}n_\beta\ddot{d}_\gamma n_\delta\dot{d}_\delta$ という形に書いて，$\boldsymbol{n}$ についての平均をとると，結局

$$\frac{d\boldsymbol{M}}{dt}=-\frac{2}{3c^3}(\dot{\boldsymbol{d}}\times\ddot{\boldsymbol{d}}) \tag{3}$$

となる．

直線振動子 ($\boldsymbol{d}=\boldsymbol{d}_0\cos\omega t$ で，振幅 $\boldsymbol{d}_0$ が実数) に対しては，(3) 式はゼロになることに注意する．放射で角運動量の減少は起こらない．

§ 73. 高速度で運動する電荷からの放射

ここでは，光速度にくらべて小さくない速度でもって運動する荷電粒子を考察しよう．

$v\ll c$ という仮定のもとに導いた§67の公式は，そのままこの場合にあてはめるわけにはゆかない．しかし，与えられた瞬間に粒子が静止しているような基準系をとってこの粒子を考察することができる．この基準系ではうえにふれた公式はもちろん有効である（これは1個の運動する粒子の場合にだけできるということに注意しよう；いくつかの粒子の系に対しては，すべての粒子が同時に静止しているような基準系は明らかに存在しない).

したがって，この特定の基準系では dt 時間に粒子は（公式 (67.9) による）とエネルギー

$$d\mathscr{E}=\frac{2e^2}{3c^3}w^2dt \tag{73.1}$$

を放射する．ただし w はこの基準系における粒子の加速度である．粒子による放射の“運動量”は，考えている基準系ではゼロに等しい：

$$d\boldsymbol{P}=0. \tag{73.2}$$

実際，放射される運動量は，粒子をかこむ閉曲面のうえで放射場の運動量の流れの密度を積分することによって与えられる．ところで，双極放射の対称性のために，反対方向に運ばれる運動量は，絶対値が等しく方向が反対である：したがって考えている積分は恒等的

1) ゼロでない $\boldsymbol{Hn}$ の値が得られるのは，a/R_0 のもっと高い次数の項を考えたときである．

にゼロになる．

任意の基準系に移行するためには，公式 (73.1) および (73.2) を4次元形式に書きなおそう．たやすくわかるように，“放射される4元運動量” dP^i は

$$dP^i=-\frac{2e^2}{3c}\frac{du^k}{ds}\frac{du_k}{ds}dx^i=-\frac{2e^2}{3c}\frac{du^k}{ds}\frac{du_k}{ds}u^i ds \tag{73.3}$$

のように書かれるはずである．実際，粒子が静止しているような基準系では，4元速度 u^i の空間成分はゼロに等しく $\frac{du^k}{ds}\frac{du_k}{ds}=-\frac{w^2}{c^4}$ である．したがって dP^i の空間成分はゼロとなり，時間成分が (73.1) の等式を与える．

与えられた電磁場を粒子が通過するあいだの4元運動量の全放射は (73.3) の積分，すなわち

$$\varDelta P^i=-\frac{2e^2}{3c}\int\frac{du^k}{ds}\frac{du_k}{ds}dx^i \tag{73.4}$$

に等しい．運動方程式 (23.4)

$$m^2\frac{du_k}{ds}=\frac{e}{c}F_{kl}u^l$$

を使って4元加速度 du^i/ds を電磁場のテンソルで表わすことによって，この公式を別の形に書きなおす．結果は

$$\varDelta P^i=-\frac{2e^4}{3m^2c^5}(F_{kl}u^l)(F^{km}u_m)dx^i \tag{73.5}$$

となる．

方程式 (73.4) あるいは (73.5) の時間成分は，放射された全エネルギー $\varDelta\mathscr{E}$ を与える．4次元的な量をすべてその3次元的な量による表式でおきかえると

$$\varDelta\mathscr{E}=\frac{2e^2}{3c^3}\int_{-\infty}^{+\infty}\frac{w^2-\frac{(\boldsymbol{v}\times\boldsymbol{w})^2}{c^2}}{\left(1-\frac{v^2}{c^2}\right)^3}dt \tag{73.6}$$

($\boldsymbol{w}=\dot{\boldsymbol{v}}$ は粒子の加速度)，あるいは，与えられた外部の電場および磁場で表わすと

$$\varDelta\mathscr{E}=\int_{-\infty}^{\infty}Idt,\qquad I=\frac{2e^4}{3m^2c^3}\frac{\left\{\boldsymbol{E}+\frac{1}{c^2}\boldsymbol{v}\times\boldsymbol{H}\right\}^2-\frac{1}{c^2}(\boldsymbol{E}\boldsymbol{v})^2}{1-\frac{v^2}{c^2}} \tag{73.7}$$

が得られる．放射された全運動量に対する表式は，積分記号のなかに $\boldsymbol{v}$ がかかっているというちがいがあるだけである．

公式 (73.7) から，光速度に近い速度に対しては，単位時間に放射される全エネルギーは実質的には $\left(1-\frac{v^2}{c^2}\right)^{-1}$ のように速度に依存する．つまり，運動する粒子のエネルギーの2乗に比例することは明らかである．唯一の例外は，電場のなかで場の方向にそって運動する場合である．このとき分母にある因子 $\left(1-\frac{v^2}{c^2}\right)$ は分子の同じ因子で消去され，放射は

粒子のエネルギーに依存しなくなる.

最後に，高速度で運動する粒子からの放射の角分布という問題がある．この問題を解くには，場に対するリエナール－ヴィーヒェルトの表式，(63.8)および(63.9)を用いるのが便利である．遠距離では，$1/R$ のもっとも低い次数の項だけとればよい（(68.8) の第2項）．放射の方向の単位ベクトル $\boldsymbol{n}$ を導入すると ($\boldsymbol{R}=\boldsymbol{n}R$)，電荷のつくる場に対して公式

$$\boldsymbol{E}=\frac{e}{c^2R}\frac{\boldsymbol{n}\times\left\{\left(\boldsymbol{n}-\frac{\boldsymbol{v}}{c}\right)\times\boldsymbol{w}\right\}}{\left(1-\frac{\boldsymbol{nv}}{c}\right)^3},\qquad \boldsymbol{H}=\boldsymbol{n}\times\boldsymbol{E} \tag{73.8}$$

が得られる．ただしこの方程式の右辺にある量はすべて遅延時刻 $t'=t-\frac{R}{c}$ に関するものである.

立体角 do 内に放射される強度は $dI=\frac{c}{4\pi}E^2R^2do$ である．E^2 を展開して

$$dI=\frac{e^2}{4\pi c^3}\left\{\frac{2(\boldsymbol{nw})(\boldsymbol{vw})}{c\left(1-\frac{\boldsymbol{vn}}{c}\right)^5}+\frac{\boldsymbol{w}^2}{\left(1-\frac{\boldsymbol{vn}}{c}\right)^4}-\frac{\left(1-\frac{v^2}{c^2}\right)(\boldsymbol{nw})^2}{\left(1-\frac{\boldsymbol{vn}}{c}\right)^6}\right\}do \tag{73.9}$$

が得られる.

粒子の全運動を通じて放出される全放射の角分布を求めようと思えば，強度を時間について積分しなければならない．これをおこなうとき，被積分項が t' の関数であることを忘れないことが肝要である．したがって，われわれは

$$dt=\frac{\partial t}{\partial t'}dt'=\left(1-\frac{\boldsymbol{nv}}{c}\right)dt' \tag{73.10}$$

と書かなければならない（(63.6) をみよ）．こうすると積分が dt' について直接おこなわれる．こうして，立体角 do への全放射に対してつぎのような表式を得る：

$$d\mathscr{E}_{\boldsymbol{n}}=\frac{e^2}{4\pi c^3}do\int\left\{\frac{2(\boldsymbol{nw})(\boldsymbol{vw})}{c\left(1-\frac{\boldsymbol{vn}}{c}\right)^4}+\frac{\boldsymbol{w}^2}{\left(1-\frac{\boldsymbol{vn}}{c}\right)^3}-\frac{\left(1-\frac{v^2}{c^2}\right)(\boldsymbol{nw})^2}{\left(1-\frac{\boldsymbol{nv}}{c}\right)^5}\right\}dt'. \tag{73.11}$$

(73.9) からわかるように，放射の角度分布は一般にはかなり複雑である．超相対論的な場合 ($1-v/c\ll1$) には，角度分布は，この表式の各々の分母に差 $1-\frac{\boldsymbol{vn}}{c}$ の高いベキがあることに関した特徴的な性質をもっている．すなわち，強度は，差 $1-\frac{\boldsymbol{vn}}{c}$ が小さいようなせまい角度の領域内で大きい．θ でもって $\boldsymbol{n}$ と $\boldsymbol{v}$ とのあいだの小さな角度を表わすと

$$1-\frac{v}{c}\cos\theta\cong1-\frac{v}{c}+\frac{\theta^2}{2}$$

である：この差は，$\theta\sim\sqrt{1-\frac{v}{c}}$ のとき，あるいは同じことだが

$$\theta\sim\sqrt{1-\frac{v^2}{c^2}} \tag{73.12}$$

のときには小さい $\left(\sim 1-\frac{v}{c}\right)$. したがって，超相対論的な粒子は，主としてその運動方向に，速度の方向のまわりの角度領域 (73.12) のなかに放射する.

さらに，粒子の速度および加速度が任意であっても，放射の強度がゼロになる2つの方向がつねにあることを示そう．それは，ベクトル $\boldsymbol{n}-\frac{\boldsymbol{v}}{c}$ がベクトル $\boldsymbol{w}$ と平行であり，したがって場 (73.8) がゼロになる方向である（この節の終わりの問題2をみよ).

最後に，2つの特別な場合には (73.9) がもっと簡単になるから，それを書き下そう.

もし粒子の速度と加速度とが平行であれば

$$\boldsymbol{H}=\frac{e}{c^2R}\frac{\boldsymbol{w}\times\boldsymbol{n}}{\left(1-\frac{\boldsymbol{nv}}{c}\right)^3}$$

であり，強度は

$$dI=\frac{e^2}{4\pi c^3}\frac{w^2\sin^2\theta}{\left(1-\frac{v}{c}\cos\theta\right)^6}do \tag{73.13}$$

となる．当然これは $\boldsymbol{v}$ および $\boldsymbol{w}$ の共通の方向のまわりに対称であり，速度の方向 ($\theta=0$) および反対方向 ($\theta=\pi$) でゼロになる．超相対論的な場合には，θ の関数としての強度は (73.12) の領域で $\theta=0$ でゼロとなる“谷”をはさむ2つのするどい極大をもつ.

もしまた速度と加速度とがたがいに垂直であれば，(73.9) から

$$dI=\frac{e^2w^2}{4\pi c^3}\left\{\frac{1}{\left(1-\frac{v}{c}\cos\theta\right)^4}-\frac{\left(1-\frac{v^2}{c^2}\right)\sin^2\theta\cos^2\varphi}{\left(1-\frac{v}{c}\cos\theta\right)^6}\right\}do \tag{73.14}$$

が得られる．ただし θ は，まえと同じく $\boldsymbol{n}$ と $\boldsymbol{v}$ とのあいだの角度であり，φ は，$\boldsymbol{v}$ と $\boldsymbol{w}$ とを含む平面とベクトル $\boldsymbol{n}$ の方位角である．この強度は，$\boldsymbol{v},\boldsymbol{w}$ の平面に関してのみ対称であり，この平面内で速度と角度 $\theta=\cos^{-1}(v/c)$ をなす2つの方向でゼロとなる.

問　題

1. 電荷 e_1 をもつ相対論的粒子が，固定中心のクーロン場（ポテンシャル $\phi=e_2/r$）を衝突径数 ρ でもって通過する際の全放射を求めよ.

解　場を通過する際，電荷はほとんど曲げられない[1]．したがって，(73.7) において速度 $\boldsymbol{v}$ を一定とみなすことができるから，粒子のある点における場は

---

1) $v\sim c$ の場合，角度がかなり傾くのは，衝突径数が $\rho\sim\frac{e^2}{mc^2}$ のときだけであり，そうなると一般には古典的な考察はゆるされない.

$$\boldsymbol{E}=e_2\frac{\boldsymbol{r}}{r^3}\approx\frac{e_2\boldsymbol{r}}{(\rho^2+v^2t^2)^{3/2}},\qquad x=vt,\qquad y=\rho.$$

(73.7) を時間について積分し，全放射に対して

$$\Delta\mathscr{E}=\frac{\pi e_1^4 e_2^2}{12m^2c^3\rho^3 v}\frac{4c^2-v^2}{c^2-v^2}$$

を得る．

2.　運動する粒子の放射強度がゼロとなる方向を求めよ．

解　幾何学的な作図（図 15）から，求める方向 $\boldsymbol{n}$ は，$\boldsymbol{v}$ と $\boldsymbol{w}$ とを含む平面内にあり，$\boldsymbol{w}$ の方向に対して関係

$$\sin\chi=\frac{v}{c}\sin\alpha$$

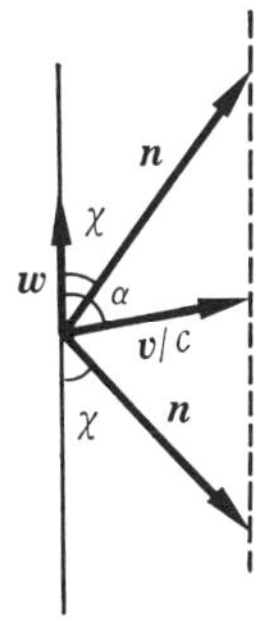

図　15

からきまる角度 χ をもつことがわかる．ただし α は，$\boldsymbol{v}$ と $\boldsymbol{w}$ とのあいだの角度である．

3.　円偏光している平面波の電磁波中で定常運動している荷電粒子の放射強度を求めよ．

解　§48 の問題 3 の結果によると，粒子は円運動をおこない，その速度はつねに場 $\boldsymbol{H}$ に平行で $\boldsymbol{E}$ に垂直である．その運動エネルギーは

$$\frac{mc^2}{\sqrt{1-\dfrac{v^2}{c^2}}}=c\sqrt{p^2+m^2c^2}=c\gamma$$

（記号は前の問題にしたがう）．公式（73.7）から放射強度は

$$I=\frac{2e^4}{3m^2c^3}\frac{\boldsymbol{E}^2}{1-\dfrac{v^2}{c^2}}=\frac{2e^4E_0^2}{3m^2c^3}\left[1+\left(\frac{eE_0}{mc\omega}\right)^2\right].$$

4.　直線偏光している波について上と同じ問題．

解　§48 の問題 2 の結果によると，運動は，波の伝播方向（x 軸）と場 $\boldsymbol{E}$ の方向（y 軸）を含む xy 平面内でおこる．場 $\boldsymbol{H}$ は z 軸の方向であるとする（このとき $H_z=E_y$），(73.7) から，

$$I=\frac{2e^4E^2}{3m^2c^3}\frac{\left(1-\dfrac{v_x}{c}\right)^2}{1-\dfrac{v^2}{c^2}}$$

が得られる．

前の問題でパラメター表示で与えた運動の周期について平均すると，

$$\overline{I}=\frac{e^4E_0^2}{3m^2c^3}\left[1+\frac{3}{8}\left(\frac{eE_0}{mc\omega}\right)^2\right]$$

が得られる．

§ 74.　磁気制動放射

時間的に一定でかつ一様な磁場のなかを任意の速度で円運動している電荷からの放射を考察しよう．この放射は，**磁気制動放射**とよばれる*)．

*)　シンクロトロン放射とよばれることが多い（訳者）．

軌道の半径 r および運動の角振動数 ω_H は，場の強さ H および粒子の速度 v によって公式

$$r=\frac{mcv}{eH\sqrt{1-\frac{v^2}{c^2}}},\qquad \omega_H=\frac{v}{r}=\frac{eH}{mc}\sqrt{1-\frac{v^2}{c^2}} \tag{74.1}$$

で表わされる（§21をみよ）．

あらゆる方向に放出される放射全強度は，(73.7) によりただちに与えられる．ただし，$\boldsymbol{E}=0$ および $\boldsymbol{H}\perp\boldsymbol{v}$ とおかなければならない：

$$I=\frac{2e^4H^2v^2}{3m^2c^5\left(1-\frac{v^2}{c^2}\right)}. \tag{74.2}$$

全強度が粒子の運動量の2乗に比例することがわかる．

もし放射の角分布が問題であれば，公式 (73.11) を使わなければならない．興味ある量の1つは，運動の1周期のあいだの平均強度である．これを求めるために，粒子が円を1周する時間にわたって (73.11) を積分し，その結果を周期 $T=2\pi/\omega_H$ でわる．

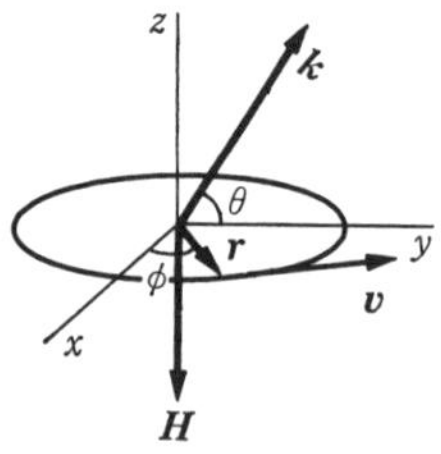

図　16

軌道平面は xy 平面に選び（原点は円の中心にとる），yz 平面は放射の方向 $\boldsymbol{k}$ を含むようにとろう（図16）．磁場は z 軸の負の方向に向いている(図16に描いた運動の方向は，正の電荷 e をもつ粒子のものである)．さらに，θ を放射の方向 $\boldsymbol{k}$ と y 軸とのあいだの角度とし，$\varphi=\omega_H t$ を粒子の動径ベクトルと x 軸とのあいだの角度としよう．そうすると，$\boldsymbol{k}$ と速度 $\boldsymbol{v}$ とのあいだの角度の余弦は $\cos\theta\cos\varphi$ である（ベクトル $\boldsymbol{v}$ は xy 平面にあり，各瞬間においてつねに粒子の動径ベクトルに垂直である）．粒子の加速度 $\boldsymbol{w}$ を運動方程式によって場 $\boldsymbol{H}$ および速度 $\boldsymbol{v}$ で表わす（(21.1) をみよ）：

$$\boldsymbol{w}=\frac{e}{mc}\sqrt{1-\frac{v^2}{c^2}}\,\boldsymbol{v}\times\boldsymbol{H}.$$

簡単な計算ののち；

$$dI=do\frac{e^4H^2v^2}{8\pi^2m^2c^5}\left(1-\frac{v^2}{c^2}\right)\int_0^{2\pi}\frac{\left(1-\frac{v^2}{c^2}\right)\sin^2\theta+\left(\frac{v}{c}-\cos\theta\cos\varphi\right)^2}{\left(1-\frac{v}{c}\cos\theta\cos\varphi\right)^5}d\varphi \tag{74.3}$$

が得られる（時間積分を $d\varphi=\omega_H dt$ についての積分に変換した）．積分は長たらしいが，初等的である．結果としてつぎの公式が得られる：

$$dI=do\frac{e^4H^2v^2\left(1-\frac{v^2}{c^2}\right)}{8\pi m^2c^5}\left\{\frac{2-\cos^2\theta-\frac{v^2}{4c^2}\left(1+\frac{3v^2}{c^2}\right)\cos^4\theta}{\left(1-\frac{v^2}{c^2}\cos^2\theta\right)^{7/2}}\right\}. \tag{74.4}$$

$\theta=\pi/2$ に対する（軌道面に垂直な）放射の強度と $\theta=0$ に対する（軌道面内の）放射強

度との比は

$$\frac{\left(\frac{dI}{do}\right)_0}{\left(\frac{dI}{do}\right)_{\pi/2}}=\frac{4+3\frac{v^2}{c^2}}{8\left(1-\frac{v^2}{c^2}\right)^{5/2}} \tag{74.5}$$

である. $v\to 0$ のとき，この比は 1/2 に近づくが，光速度に近い速度に対しては，非常に大きくなる．あとでこの問題にもう一度もどることにする．

つぎに放射のスペクトル分布を考察しよう．電荷の運動が周期的であるから，フーリエ級数へと展開することができる．計算はベクトル・ポテンシャルから始めるのが便利である．ベクトル・ポテンシャルのフーリエ成分についてわれわれはつぎの公式をもっている((66.12) をみよ).

$$\boldsymbol{A}_n=e\frac{e^{ikR_0}}{cR_0T}\oint e^{i(\omega_H nt-\boldsymbol{kr})}d\boldsymbol{r}.$$

ただし積分は粒子の軌跡（円）にそっておこなう．粒子の座標に対しては $x=r\cos\omega_H t$, $y=r\sin\omega_H t$ である．積分変数として角度 $\varphi=\omega_H t$ を選ぶ．

$$\boldsymbol{kr}=kr\cos\theta\sin\varphi=\frac{nv}{c}\cos\theta\sin\varphi$$

$(k=n\omega_H/c=nv/cr)$ に注意すれば，ベクトル・ポテンシャルの x 成分のフーリエ成分として

$$A_{xn}=-\frac{ev}{2\pi cR_0}e^{ikR_0}\int_0^{2\pi}e^{in\left(\varphi-\frac{v}{c}\cos\theta\sin\varphi\right)}\sin\varphi d\varphi$$

が得られる．われわれはすでに§70 でこのような積分を扱わなければならなかった．それはベッセル関数の導関数によって表わすことができる：

$$A_{xn}=-\frac{iev}{cR_0}e^{ikR_0}J_n'\left(\frac{nv}{c}\cos\theta\right). \tag{74.6}$$

同様に A_{yn} を計算する：

$$A_{yn}=\frac{e}{R_0\sin\theta}e^{ikR_0}J_n\left(\frac{nv}{c}\cos\theta\right). \tag{74.7}$$

明らかに z 軸方向の成分は消える．

§66 の公式から，振動数 $\omega=n\omega_H$ をもち，立体角要素 do へ放出される放射の強度は

$$dI_n=\frac{c}{2\pi}|\boldsymbol{H}_n|^2R_2^0do=\frac{c}{2\pi}|\boldsymbol{k}\times\boldsymbol{A}_n|^2R_0^2do$$

で与えられる．

$$|\boldsymbol{A}\times\boldsymbol{k}|^2=A_x^2k^2+A_y^2k^2\sin^2\theta$$

であることに注意し，(74.6) および (74.7) を代入すると，放射強度に対してつぎの公式が得られる (G. A. Schott, 1912)：

$$dI_n=\frac{n^2e^4H^2}{2\pi c^3m^2}\left(1-\frac{v^2}{c^2}\right)\left[\tan^2\theta J_n^2\left(\frac{nv}{c}\cos\theta\right)+\frac{v^2}{c^2}J_n'^2\left(\frac{nv}{c}\cos\theta\right)\right]do. \qquad (74.8)$$

振動数 $\omega=n\omega_H$ をもつ放射のすべての方向についての全強度を定めるには，この表式をすべての角度について積分しなければならない．しかしながら，この積分は閉じた形では遂行できない．ベッセル関数の理論からのある関係を使って，一連の変換をおこなうことにより求める積分をつぎのような形に書くことができる：

$$I_n=\frac{2e^4H^2\left(1-\frac{v^2}{c^2}\right)}{m^2c^2v}\left[\frac{nv^2}{c^2}J_{2n}'\left(\frac{2nv}{c}\right)-n^2\left(1-\frac{v^2}{c^2}\right)\int_0^{v/c}J_{2n}(2n\xi)d\xi\right]. \qquad (74.9)$$

粒子の運動が光速度に近いような場合を，さらに詳しく考察しよう．

公式 (74.2) の分子で $v=c$ とおくと，超相対論的な場合の磁気制動放射の全強度が粒子のエネルギー $\mathscr{E}$ の2乗に比例することがわかる：

$$I=\frac{2e^4H^2}{3m^2c^3}\left(\frac{\mathscr{E}}{mc^2}\right)^2. \qquad (74.10)$$

この場合，放射の角度分布はきわめて非等方的である．それは主に軌道面に集中する．放射の大部分がそのなかに含まれるような角度の幅 $\Delta\theta$ は，条件 $1-\frac{v^2}{c^2}\cos^2\theta\sim1-\frac{v^2}{c^2}$ からたやすく評価できる．明らかに

$$\Delta\theta\sim\sqrt{1-\frac{v^2}{c^2}}=\frac{mc^2}{\mathscr{E}} \qquad (74.11)$$

である（もちろん，この結果は，前節で考察した瞬間的な強度の角度分布と対応している．(73.12) をみよ[1]）．

超相対論的な場合には，放射のスペクトル分布も特徴的な性格をもつ(L. A. Arzimovich および I. Ya. Pomeranchuk, 1945).

この場合には大きな n をもつ振動数が放射で主役は演ずることが，以下でわかるだろう．このために，漸近公式 (70.9) を使うことができる．それによると

$$J_{2n}(2n\xi)\cong\frac{1}{\sqrt{\pi}\,n^{1/3}}\Phi[n^{2/3}(1-\xi^2)]. \qquad (74.12)$$

これを (74.9) に代入すると，n の大きな値に対する放射のスペクトル分布としてつぎの公式が得られる[2]：

$$I_n=\frac{2e^4H^2}{\sqrt{\pi}\,m^2c^3}\frac{mc^2}{\mathscr{E}}\sqrt{u}\left\{-\Phi'(u)-\frac{u}{2}\int_u^\infty\Phi(u)du\right\}, \qquad (74.13)$$

---

1) しかし，この節の角度 θ と§73における $\boldsymbol{n}$ と $\boldsymbol{v}$ とのあいだの角度 θ とを混同してはならない！

2) 代入ののち，求めている精度では，積分の限界 ($n^{2/3}$) を無限大でおきかえ，また可能なところではすべて $v=c$ とおく．(74.9) の積分には，1に近くない ξ の値もはいってくるけれども，積分が下限の方で急速に収束するから，公式 (74.12) を使うことが許される．

$$u=n^{2/3}\left(\frac{mc^2}{\mathscr{E}}\right)^2.$$

$u\to 0$ のときまがった括弧のなかの関数は定数の極限 $\Phi'(0)=-0.4587\cdots$ に近づく[1]. したがって $u\ll 1$ に対して

$$I_n=0.52\frac{e^4H^2}{m^2c^3}\left(\frac{mc^2}{\mathscr{E}}\right)n^{1/3},\qquad 1\ll n\ll\left(\frac{\mathscr{E}}{mc^2}\right)^3 \tag{74.14}$$

が得られる.

$u\gg 1$ に対しては，エアリー関数に対する漸近表式を使うことができ (168 ページの脚注をみよ)，つぎの結果が得られる：

$$I_n=\frac{e^4H^2n^{1/2}}{2\sqrt{\pi}\,m^2c^3}\left(\frac{mc^2}{\mathscr{E}}\right)^{5/2}\exp\left\{-\frac{2}{3}n\left(\frac{mc^2}{\mathscr{E}}\right)^3\right\},\qquad n\gg\left(\frac{\mathscr{E}}{mc^2}\right)^3 \tag{74.15}$$

すなわち，大きな n に対して，強度は指数関数的に減少する.

したがって，スペクトルは $n\sim\left(\frac{\mathscr{E}}{mc^2}\right)^3$ に対して極大をもち，放射の大部分は

$$\omega\sim\omega_H\left(\frac{\mathscr{E}}{mc^2}\right)^3=\frac{eH}{mc}\left(\frac{\mathscr{E}}{mc^2}\right)^2 \tag{74.16}$$

であるような振動数の領域に集中している．これらの振動数は，隣り合う振動数のあいだの間隔 ω_H にくらべて非常に大きい．いいかえると，このスペクトルは，非常に多くの近隣した線からできていて，準連続的な性格のものである．したがって，分布関数 I_n の代わりに，連続な振動数 $\omega=n\omega_H$ についての分布を，

$$dI=I_ndn=I_n\frac{d\omega}{\omega_H}$$

とおいて導入することができる.

数値計算にはこの分布をマクドナルド関数 K_ν で表わしておけばよい[2]. (74.13) 式の簡単な変形をすると，

$$dI=d\omega\frac{\sqrt{3}}{2\pi}\frac{e^3H}{mc^2}F\left(\frac{\omega}{\omega_c}\right),\qquad F(\xi)=\xi\int_\xi^\infty K_{5/3}(\xi)d\xi \tag{74.17}$$

という形に表わされる．ここで

---

1) エアリー関数の定義によって

$$\Phi'(0)=-\frac{1}{\sqrt{\pi}}\int_0^\infty\xi\sin\frac{\xi^3}{3}d\xi=-\frac{1}{\sqrt{\pi}\,3^{1/3}}\int_0^\infty x^{-1/3}\sin x\,dx=-\frac{3^{1/6}}{2}\frac{\Gamma(2/3)}{\sqrt{\pi}}$$

が得られる.

2) エアリー関数と $K_{1/3}$ との関係は，168 ページの注の (4) 式で与えられる．さらに変形するときには，関係

$$K_{\nu-1}(x)-K_{\nu+1}(x)=-\frac{2\nu}{x}K_\nu,\qquad 2K'_\nu(x)=-K_{\nu-1}(x)-K_{\nu+1}(x)$$

を使う．ここで $K_{-\nu}(x)=K_\nu(x)$．とくに

$$\Phi'(t)=-\frac{t}{\sqrt{3\pi}}K_{2/3}\left(\frac{2}{3}t^{3/2}\right)$$

が容易にわかる.

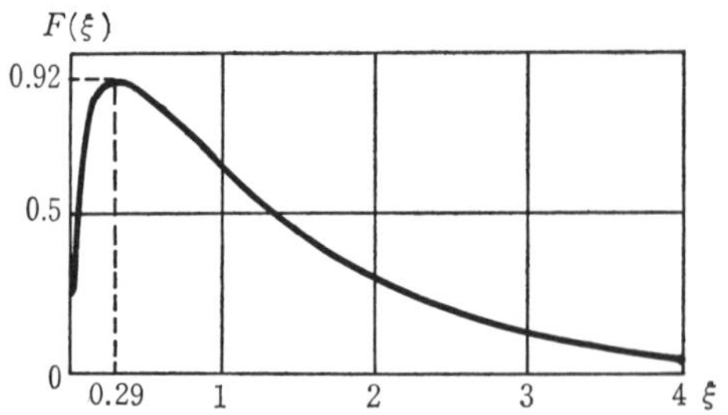

図　17

$$\omega_c=\frac{3eH}{2mc}\left(\frac{\mathscr{E}}{mc^2}\right)^2. \qquad (74.18)$$

図17に関数 $F(\xi)$ のグラフが描いてある．

最後に，粒子が平面上で円軌道を運動するのではなく，らせん軌道を描く，すなわち，(場に関して) 縦方向の速度成分 $v_{\|}=v\cos\chi$ (χ は $\boldsymbol{H}$ と $\boldsymbol{v}$ のあいだの角) をもつ場合について，若干の注意をしておく．回転運動の振動数は同じ (74.1) 式で与えられるが，ベクトル $\boldsymbol{v}$ は円ではなく，$\boldsymbol{H}$ を軸とし頂角 2χ の円錐面を描く．放射の全強度 (粒子のエネルギーの単位時間あたりの減衰と了解する) は，(74.2) と H を $H_{\perp}=H\sin\chi$ と置かえるところで異なるだけであろう．

超相対論的な場合，放射は“速度の円錐”の近くの方向に集中する．スペクトル分布および全強度 (同じ意味にとる) は，(74.17) および (74.10) で $H\to H_{\perp}$ のおきかえをすれば求められる．もし遠方にいる固定した観測者によって指定した方向に観測される強度が問題ならば，観測者に (円運動する粒子が) 近づく，あるいはそれから遠ざかることによる因子をこれらの公式に掛けなくてはならない．この因子は，間隔 dt で源から発せられた信号を観測者が受取るときの時間間隔を dt_{ob} とすると．dt/dt_{ob} で与えられる．明らかに

$$dt_{\mathrm{ob}}=dt\left(1-\frac{1}{c}v_{\|}\cos\vartheta\right)$$

である．ここで ϑ は $\boldsymbol{k}$ と $\boldsymbol{H}$ の方向のあいだの角である (後者は速度 $v_{\|}$ の正の方向にとる)．超相対論的な場合，$\boldsymbol{k}$ 方向は $\boldsymbol{v}$ の方向に近く，$\vartheta\approx\chi$ とおけるから，

$$\frac{dt}{dt_{\mathrm{ob}}}=\left(1-\frac{v_{\|}}{c}\cos\chi\right)^{-1}\approx\frac{1}{\sin^2\chi} \qquad (74.19)$$

である．

問　　題

1. 一定かつ一様な磁場のなかで円軌道上を運動しており，放射によってエネルギーを失う粒子に対して，エネルギーの時間的変化の法則を見いだせ．

解　(74.2) によると，単位時間あたりのエネルギー損失は

$$-\frac{d\mathscr{E}}{dt}=\frac{2e^4H^2}{3m^4c^7}(\mathscr{E}^2-m^2c^4)$$

である ($\mathscr{E}$ は粒子のエネルギー)．これから

$$\frac{\mathscr{E}}{mc^2}=\coth\left(\frac{2e^4H^2}{3m^3c^5}t+\text{const}\right)$$

が得られる．$t\to\infty$ のときエネルギーが減少し漸近的に $\mathscr{E}=mc^2$ という（粒子がまったく静止したときの）値に近づくことがわかる．

2. 光速度に近くない速度で円運動する粒子について，n の大きな値の放射のスペクトル分布に対する漸近式を求めよ．

解　ベッセル関数の理論でよく知られた公式を使う：

$$J_n(n\varepsilon)=\frac{1}{\sqrt{2\pi n}(1-\varepsilon^2)^{1/4}}\left[\frac{\varepsilon}{1+\sqrt{1-\varepsilon^2}}e^{\sqrt{1-\varepsilon^2}}\right]^n,$$

これは $n(1-\varepsilon^2)^{3/2}\gg1$ のとき正しい．これによって (74.9) から

$$I_n=\frac{e^4H^2\sqrt{n}}{2\sqrt{\pi}m^2c^3}\left(1-\frac{v^2}{c^2}\right)^{5/4}\left[\frac{v/c}{1+\sqrt{1-\frac{v^2}{c^2}}}e^{\sqrt{1-v^2/c^2}}\right]^{2n}$$

が得られる．この式は $n(1-v^2/c^2)^{3/2}\gg1$ のときに使える．もし $1-v^2/c^2$ も小さいならば，この式は (74.15) になる．

3. 磁気制動放射の偏光性を求めよ．

解　電場 $\boldsymbol{E}_n$ は，(74.6,7) のベクトル・ポテンシャル $\boldsymbol{A}_n$ から

$$\boldsymbol{E}_n=\frac{i}{k}((\boldsymbol{k}\times\boldsymbol{A}_n)\times\boldsymbol{k})=-\frac{i}{k}\boldsymbol{k}(\boldsymbol{k}\boldsymbol{A}_n)+ik\boldsymbol{A}_n$$

という式で計算される．$\boldsymbol{e}_1$ および $\boldsymbol{e}_2$ を，$\boldsymbol{k}$ に垂直な平面内の単位ベクトルとし，$\boldsymbol{e}_1$ を x 軸の方向にとり，$\boldsymbol{e}_2$ は yz 面にあるようにする（それらの成分は，$\boldsymbol{e}_1=(1,0,0)$, $\boldsymbol{e}_2=(0,\sin\theta,-\cos\theta)$ である．ベクトル $\boldsymbol{e}_1,\boldsymbol{e}_2,\boldsymbol{k}$ は右手系をつくる．このとき電場は

$$\boldsymbol{E}_n=ikA_{xn}\boldsymbol{e}_1+ik\sin\theta A_{yn}\boldsymbol{e}_2$$

となる．全体にかかる本質的でない係数を取り去ると

$$\boldsymbol{E}_n\propto\frac{v}{c}J_n'\left(\frac{nv}{c}\cos\theta\right)\boldsymbol{e}_1+\tan\theta J_n\left(\frac{nv}{c}\cos\theta\right)i\boldsymbol{e}_2.$$

波は楕円偏光している（§48をみよ）．

超相対論的な場合，大きな n および小さな角 θ に対して J_n および J_n' は $K_{1/3}$ および $K_{2/3}$ で表わされ，それらの引数では

$$1-\frac{v^2}{c^2}\cos^2\theta\approx1-\frac{v^2}{c^2}+\theta^2=\left(\frac{mc^2}{\mathscr{E}}\right)^2+\theta^2$$

とおく．その結果

$$\boldsymbol{E}_n=\boldsymbol{e}_1\psi K_{2/3}\left(\frac{n}{3}\psi^3\right)+i\boldsymbol{e}_2\theta K_{1/3}\left(\frac{n}{3}\psi^3\right),\qquad\psi=\sqrt{\left(\frac{mc^2}{\mathscr{E}}\right)^2+\theta^2}$$

が得られる．$\theta=0$ のときには，楕円偏光が $\boldsymbol{e}_1$ にそう直線偏光になる．大きな $\theta(|\theta|\gg mc^2/\mathscr{E},\ n\theta^3\gg1)$ に対しては $K_{1/3}(x)\approx K_{2/3}(x)\approx\sqrt{\pi/2x}e^{-x}$ とおけて，偏光は円偏光に近づく：$\boldsymbol{E}_n\propto\boldsymbol{e}_1\pm i\boldsymbol{e}_2$．しかし放射強度はこのとき指数関数的に小さくなる．中間の角度領域では，楕円の短軸は $\boldsymbol{e}_2$ の方向，長軸は $\boldsymbol{e}_1$ の方向に向く．回転の方向は角 θ の符号による（図16からわかるように，$\boldsymbol{H}$ と $\boldsymbol{k}$ の方向が軌道面の相異なる側にあるとき，$\theta>0$）．

§ 75. 放 射 減 衰

§65でわれわれは，電荷の系がつくる場のポテンシャルを v/c のベキに展開すると，第

2次近似で電荷の運動を（この近似において）完全に記述するラグランジアンが得られることを示した．今度は場の展開をさらに高次の項まで進め，これらの項のもたらす効果を議論しよう．

スカラー・ポテンシャル

$$\phi=\int\frac{1}{R}\rho_{t-R/c}dV$$

の展開において，$1/c$ の3次の項は

$$\phi^{(3)}=-\frac{1}{6c^3}\frac{\partial^3}{\partial t^3}\int R^2\rho dV \tag{75.1}$$

である．(65.3) につづく個所での議論と同じ理由から，ベクトル・ポテンシャルの展開においては $1/c$ の2次の項だけをとればよい．すなわち

$$\boldsymbol{A}^{(2)}=-\frac{1}{c^2}\frac{\partial}{\partial t}\int\boldsymbol{j}dV. \tag{75.2}$$

ポテンシャルにつぎの変換をほどこす：

$$\phi'=\phi-\frac{1}{c}\frac{\partial f}{\partial t},\qquad \boldsymbol{A}'=\boldsymbol{A}+\mathrm{grad}\,f.$$

ここで関数 f をスカラー・ポテンシャル $\phi^{(3)}$ がゼロになるように選ぶ．このためには，明らかに

$$f=-\frac{1}{6c^2}\frac{\partial^2}{\partial t^2}\int R^2\rho dV$$

であることが必要である．そうすると，新しいベクトル・ポテンシャルは

$$\begin{aligned}\boldsymbol{A}'^{(2)}&=-\frac{1}{c^2}\frac{\partial}{\partial t}\int\boldsymbol{j}dV-\frac{1}{6c^2}\frac{\partial^2}{\partial t^2}\nabla\int R^2\rho dV\\&=-\frac{1}{c^2}\frac{\partial}{\partial t}\int\boldsymbol{j}dV-\frac{1}{3c^2}\frac{\partial^2}{\partial t^2}\int\boldsymbol{R}\rho dV\end{aligned}$$

に等しい．積分からいくつかの電荷についての和にうつると，右辺の第1項に対して $-\frac{1}{c^2}\sum e\boldsymbol{v}$ という表式が得られる．第2項において，$\boldsymbol{R}=\boldsymbol{R}_0-\boldsymbol{r}$ と書く．ただし，$\boldsymbol{R}_0$ および $\boldsymbol{r}$ はいつもの意味をもつ（§66をみよ）；そうすると，$\dot{\boldsymbol{R}}=-\dot{\boldsymbol{r}}=-\boldsymbol{v}$ で，第2項は $\frac{1}{3c^2}\sum e\dot{\boldsymbol{v}}$ という形をとる．こうして

$$\boldsymbol{A}'^{(2)}=-\frac{2}{3c^2}\sum e\dot{\boldsymbol{v}}. \tag{75.3}$$

このポテンシャルに対応する磁場は，$\boldsymbol{A}'^{(2)}$ が座標をあからさまに含まないから，ゼロである（$\boldsymbol{H}=\mathrm{rot}\,\boldsymbol{A}'^{(2)}=0$）．電場 $\boldsymbol{E}=-\frac{1}{c}\dot{\boldsymbol{A}}'^{(2)}$ は

$$\boldsymbol{E}=\frac{2}{3c^3}\dddot{\boldsymbol{d}} \tag{75.4}$$

である．ただし，$\boldsymbol{d}$ は系の双極モーメントである．

このように場の展開における第3次の項は，電荷に働く，ラグランジアン (65.7) には

含まれないある付加的な力に導く：この力は電荷の加速度の時間導関数に依存する．

定常運動[1]をおこなっている電荷の系を考察し，単位時間に場（75.4）によってなされる平均の仕事を計算しよう．各電荷 e に働く力は $\boldsymbol{f}=e\boldsymbol{E}$，すなわち

$$\boldsymbol{f}=\frac{2e}{3c^3}\dddot{\boldsymbol{d}} \tag{75.5}$$

である．単位時間にこの力によってなされる仕事は $\boldsymbol{fv}$ であり，したがって，すべての電荷に対しておこなわれる全仕事は，すべての電荷についてとった和に等しい：

$$\sum \boldsymbol{fv}=\frac{2}{3c^3}\dddot{\boldsymbol{d}}\cdot\sum e\boldsymbol{v}=\frac{2}{3c^3}\dddot{\boldsymbol{d}}\dot{\boldsymbol{d}}=\frac{2}{3c^3}\frac{d}{dt}(\dot{\boldsymbol{d}}\ddot{\boldsymbol{d}})-\frac{2}{3c^3}\ddot{\boldsymbol{d}}^2.$$

時間について平均すると，第１項は消えるから，平均の仕事は

$$\sum \overline{\boldsymbol{fv}}=-\frac{2}{3c^3}\overline{\ddot{\boldsymbol{d}}^2} \tag{75.6}$$

に等しい．右辺の表式は（符号の逆転を除いて）まさに単位時間に放射する平均エネルギーにほかならない（(67.8) をみよ）．したがって第３次近似で現われる力（75.5）は電荷に対する放射の反作用を記述する．このような力は**放射減衰**あるいは**ローレンツまさつ力**とよばれる．

放射する電荷の系がエネルギーを失うと同時に，ある大きさの角運動量の損失も生ずる．単位時間あたりの角運動量の減少 $d\boldsymbol{M}/dt$ は減衰力の式を使ってたやすく計算される．角運動量 $\boldsymbol{M}=\sum \boldsymbol{r}\times\boldsymbol{p}$ の時間微分をとると，$\sum \dot{\boldsymbol{r}}\times\boldsymbol{p}=\sum m(\boldsymbol{v}\times\boldsymbol{v})\equiv 0$ であるから，$\dot{\boldsymbol{M}}=\sum \boldsymbol{r}\times\dot{\boldsymbol{p}}$ が得られる．粒子の運動量の時間導関数をそれに働く減衰力（75.5）でおきかえて

$$\dot{\boldsymbol{M}}=\sum \boldsymbol{r}\times\boldsymbol{f}=\frac{2}{3c^2}\sum e\boldsymbol{r}\times\dddot{\boldsymbol{d}}=\frac{2}{3c^3}\boldsymbol{d}\times\dddot{\boldsymbol{d}}$$

となる．まえにエネルギー損失の時間平均を考察したのと同様に，われわれは定常運動に対する角運動量の損失の時間平均に関心をもつ．

$$\boldsymbol{d}\times\dddot{\boldsymbol{d}}=\frac{d}{dt}(\boldsymbol{d}\times\ddot{\boldsymbol{d}})-\dot{\boldsymbol{d}}\times\ddot{\boldsymbol{d}}$$

と書き，平均に際し時間導関数（第１項）が消えることに注意して，結局放射する系の角運動量の平均損失としてつぎの式が得られる[2]：

$$\overline{\frac{d\boldsymbol{M}}{dt}}=-\frac{2}{3c^3}\overline{\dot{\boldsymbol{d}}\times\ddot{\boldsymbol{d}}}. \tag{75.7}$$

放射減衰は外場のなかを運動する１個の電荷の場合にも起こる．それは

$$\boldsymbol{f}=\frac{2e^2}{3c^3}\ddot{\boldsymbol{v}} \tag{75.8}$$

---

1) もっと正確には，もし放射を無視すれば定常であるけれども，実際には連続的に減衰してゆくような運動である．

2) §72 の問題２で得られた結果（3）と一致する．

に等しい．１個の電荷の場合には，与えられた瞬間にその電荷が座標原点に静止しているような基準系を選ぶことがつねに可能である．この基準系において電荷がつくる場の展開におけるより高次の項を計算すれば，それらの項は，電荷から場の点への動径ベクトル $\boldsymbol{R}$ がゼロに近づくとき，すべてゼロになることがたやすく証明される．このように，１個の電荷の場合には，公式（75.8）は電荷が静止しているような基準系における放射の反作用に対する，正確な式になっているのである．

しかしながら，減衰力を使って電荷のそれ自身への作用を記述することは一般に満足すべきものではなく，またそれは矛盾を含んでいることを忘れてはならない．外場が存在していなくて，ただ（75.8）という力だけが働いている電荷の運動方程式は

$$m\dot{\boldsymbol{v}}=\frac{2e^2}{3c^3}\ddot{\boldsymbol{v}}$$

という形をもつ．この方程式は，$\boldsymbol{v}$＝定数というつまらぬ解のほかに，加速度 $\dot{\boldsymbol{v}}$ が exp $(3mc^3t/2e^2)$ に比例する，つまり時間とともに無限に増大するようなもう１つの解をもつ．これは，たとえば，任意の場を通りぬける電荷が，その場から外にぬけでると無限に“自己加速”されつづけることを意味する．この結果の馬鹿らしさは，（75.8）式の適用可能性に限界のある証拠である．

自由電荷がそのエネルギーを限りなく増大するという不合理な結果を，どうしてエネルギー保存則をみたす電気力学が導くことがありうるのか，という質問を提出することができよう．実はこの困難の根元は，素粒子の無限大の電磁的“固有質量”に関する以前の注意（§37）のなかにある．運動方程式のなかに電荷に対して有限の質量を書くとき，われわれはそうすることによって実質的に，非電磁的な性質の無限大の負の“固有質量”を形式的に電荷に付与しているのである．それと電磁質量とをあわせると粒子の有限な質量が与えられるというわけである．けれども，１つの無限大からもう１つの無限大を引くことは，数学的にいって完全に正しい操作ではないのだから，これはさらに一連の困難を導きいれる．ここであげた困難はその１つなのである．

粒子の速度が小さいような座標系において，運動方程式は放射減衰を含めると

$$m\dot{\boldsymbol{v}}=e\boldsymbol{E}+\frac{e}{c}\boldsymbol{v}\times\boldsymbol{H}+\frac{2}{3}\frac{e^2}{c^3}\ddot{\boldsymbol{v}} \tag{75.9}$$

という形をとる．われわれの議論からすると，この方程式は，外場が電荷におよぼす力にくらべて減衰力が小さいような範囲に限ってだけ適用することができる．

この条件の物理的な意味を明らかにするために，つぎのように話を進めよう．与えられた瞬間に電荷が静止しているような基準系において，速度の時間に関する２階導関数は，減衰力を無視すれば

$$\ddot{\boldsymbol{v}}=\frac{e}{m}\dot{\boldsymbol{E}}+\frac{e}{mc}\dot{\boldsymbol{v}}\times\boldsymbol{H}$$

に等しい．第2項に（同じ正確さの程度で）$\dot{\boldsymbol{v}}=\frac{e}{m}\boldsymbol{E}$ を代入して

$$\ddot{\boldsymbol{v}}=\frac{e}{m}\dot{\boldsymbol{E}}+\frac{e^2}{m^2c}\boldsymbol{E}\times\boldsymbol{H}$$

が得られる．これによると，減衰力は2つの項からなる：

$$\boldsymbol{f}=\frac{2e^3}{3mc^3}\dot{\boldsymbol{E}}+\frac{2e^4}{3m^2c^4}\boldsymbol{E}\times\boldsymbol{H}. \tag{75.10}$$

ω が運動の振動数であれば，$\dot{\boldsymbol{E}}$ は $\omega\boldsymbol{E}$ に比例し，したがって，第1項は $\frac{e^3\omega}{mc^3}E$ 程度の大きさである：第2項は $\frac{e^4}{m^2c^4}EH$ の大きさである．したがって，外場が電荷におよぼす力 eE にくらべて減衰力が小さいという条件は，まず第1に

$$\frac{e^2}{mc^3}\omega\ll 1,$$

あるいは，波長 $\lambda\sim c/\omega$ を導入して

$$\lambda\gg\frac{e^2}{mc^2} \tag{75.11}$$

を与える．

このように，放射減衰の式（75.8）は，電荷に入射する放射の波長が電荷の“半径” e^2/mc^2 にくらべて大きい場合にのみ適用できるのである．電気力学が内部矛盾をきたす限界として，ふたたび e^2/mc^2 程度の距離が現われていることに注意しよう（§37をみよ）．

第2に減衰力の第2項を力 eE とくらべて

$$H\ll\frac{m^2c^4}{e^3} \tag{75.12}$$

という条件が得られる（あるいは，$c/\omega_H\gg e^2/mc^2$，ここで $\omega_H=eH/mc$）．したがって場それ自身が余り大きくないということも必要なのである．m^2c^4/e^3 程度の大きさの場も，古典電気力学が内部矛盾を起こす限界を表わしている．またここで，実際には量子効果のために電気力学がそれよりかなり小さい場に対してすでに適用可能でないことも忘れてはならない[1]．

誤解をさけるために，（75.11）の波長および（75.12）の場の量は，与えられた瞬間に粒子が静止しているような基準系に関するものであることを注意しておこう．

問　題

1. 楕円運動を（光速度にくらべて小さい速度で）している，2つの引力をおよぼしあ

1）$m^2c^3/\hbar e$ 程度の大きさの場に対してすなわち，$\hbar\omega_H\sim mc^2$ のとき．この限界は，$\hbar c/e^2=137$ だけ（75.12）の条件による限界より小さい．

う電荷が，放射によってエネルギーを失い，たがいに相手に向かって“落ちこむ”までの時間を計算せよ．

解　1回転のあいだのエネルギーの損失は小さいと仮定すると，エネルギーの時間についての導関数を（§70の問題1で求められた），平均の放射強度に等しいとおくことができる：

$$\frac{d|\mathscr{E}|}{dt}=\frac{(2|\mathscr{E}|)^{3/2}\mu^{5/2}\alpha^3}{3c^3M^5}\left(\frac{e_1}{m_1}-\frac{e_2}{m_2}\right)^2\left(3-\frac{2|\mathscr{E}|M^2}{\mu\alpha^2}\right) \tag{1}$$

である．ただし $\alpha=|e_1e_2|$．粒子の角運動量はエネルギーとともに減少する．単位時間当りの角運動量の損失は公式（75.7）で与えられている；$\boldsymbol{d}$ の表式（70.1）を代入し，$\mu\ddot{\boldsymbol{r}}=-\alpha\boldsymbol{r}/r^3$ および $\boldsymbol{M}=\mu\boldsymbol{r}\times\boldsymbol{v}$ に注意して

$$\frac{d\boldsymbol{M}}{dt}=-\frac{2\alpha}{3c^3}\left(\frac{e_1}{m_1}-\frac{e_2}{m_2}\right)^2\frac{\boldsymbol{M}}{r^3}$$

が得られる．この表式を運動の1周期にわたって平均しよう．$\boldsymbol{M}$ の変化がゆっくりしていることを考えると，右辺で r^{-3} だけの平均をとればよい．r^{-3} の平均値は，§70の問題1で r^{-4} の平均を計算したのと同様にして計算することができる．単位時間当りの角運動量の平均損失として，つぎの式が見いだされる：

$$\frac{dM}{dt}=-\frac{2\alpha(2\mu|\mathscr{E}|)^{3/2}}{3c^3M^2}\left(\frac{e_1}{m_1}-\frac{e_2}{m_2}\right)^2 \tag{2}$$

（方程式(1)におけると同様，平均の記号を省略した）．(1) を (2) でわると，微分方程式

$$\frac{d|\mathscr{E}|}{dM}=-\frac{\mu\alpha^2}{2M^3}\left(3-2\frac{|\mathscr{E}|M^2}{\mu\alpha^2}\right)$$

が得られ，これを積分して

$$|\mathscr{E}|=\frac{\mu\alpha^2}{2M^2}\left(1-\frac{M^3}{M_0^3}\right)+\frac{|\mathscr{E}_0|}{M_0}M \tag{3}$$

が求められる．積分定数は，$M=M_0$ のとき $\mathscr{E}=\mathscr{E}_0$ であるように選んである．ただし，M_0 および $\mathscr{E}_0$ は粒子の角運動量とエネルギーの初期値である．

粒子がたがいに相手に“落ちこむ”ことは，$M\to0$ に対応する．(3) から明らかにこのとき $\mathscr{E}\to-\infty$ である．

積 $|\mathscr{E}|M^2$ が $\frac{1}{2}\mu\alpha^2$ に近づくことに注意しよう．したがって (70.3) から明らかなように，離心率 $\varepsilon\to0$ となる．すなわち，粒子がたがいに接近すると，軌道は円に近づいてゆくのである．(3)を (2) に代入して，導関数 dt/dM を M の関数として定める．それを dM に関して限界 M_0 および0のあいだで積分すると，ただちに落下の時間が与えられる．

$$t_{\text{fall}}=\frac{c^3M_0^5}{\alpha\sqrt{2|\mathscr{E}_0|\mu^3}}\left(\frac{e_1}{m_1}-\frac{e_2}{m_2}\right)^{-2}(\sqrt{\mu\alpha^2}+\sqrt{2M_0^2|\mathscr{E}_0|})^{-2}.$$

2.　2つの同じ荷電粒子からなる系のラグランジアンを4次の項までの精度で求めよ[1]（Ya. A. Smorodinskii および V. N. Golubenkov, 1956).

解　計算は，§65で用いたのとは少しちがったやり方でおこなうのが都合がよい．粒子とそれのつくる場とに対するラグランジアンの表式

---

1)　186ページの注をみよ．3次の項はラグランジアンから自動的に脱落する：粒子によってつくられる場における対応する次数の項は，双極モーメントの時間導関数できめられるが（(75.3)をみよ），双極モーメントはこの場合保存される．

$$L=\int\left\{\frac{1}{8\pi}(\boldsymbol{E}^2-\boldsymbol{H}^2)+\frac{1}{c}\boldsymbol{jA}-\rho\phi\right\}dV-\sum_a m_a c^2\sqrt{1-\frac{v_a^2}{c^2}}$$

から出発する．ここで

$$\boldsymbol{E}^2-\boldsymbol{H}^2=\boldsymbol{E}\left(-\frac{1}{c}\frac{\partial \boldsymbol{A}}{\partial t}-\nabla\phi\right)-\boldsymbol{H}\,\mathrm{rot}\,\boldsymbol{A}$$

と書き，部分積分をおこなうと

$$\frac{1}{8\pi}\int(\boldsymbol{E}^2-\boldsymbol{H}^2)dV=-\frac{1}{8\pi}\oint\{\boldsymbol{E}\phi+\boldsymbol{A}\times\boldsymbol{H}\}d\boldsymbol{f}$$
$$-\frac{1}{8\pi c}\frac{d}{dt}\int\boldsymbol{EA}dV-\frac{1}{2}\int\left(\frac{1}{c}\boldsymbol{jA}-\rho\phi\right)dV$$

となる．双極放射をしない系に対しては，無限遠の面積分は $1/c^4$ の次数の項に寄与しない．また時間について完全微分になっている項は，一般にラグランジアンからおとすことができる．したがって，ラグランジアンにおける求める4次の項は，表式

$$L=\frac{1}{2}\int\left(\frac{1}{c}\boldsymbol{jA}-\rho\phi\right)dV-\sum_a m_a c^2\sqrt{1-\frac{v_a^2}{c^2}}$$

に含まれる．

§65でおこなった展開をつづけることによって，電荷1が電荷2のある点につくる場のポテンシャル（ϕ および $\boldsymbol{A}/c$）の4次の項を見いだそう：

$$\phi_1(2)=\frac{e}{24c^4}\frac{\partial^4 R^3}{\partial t^4},\qquad \frac{1}{c}\boldsymbol{A}_1(2)=\frac{e}{2c^4}\frac{\partial^2}{\partial t^2}(R\boldsymbol{v}_1).$$

適当な関数 f でもって変換（18.3）をおこなうと，これらのポテンシャルを

$$\phi_1(2)=0,\qquad \frac{1}{c}\boldsymbol{A}_1(2)=\frac{e}{2c^4}\left[\frac{\partial^2}{\partial t^2}(R\boldsymbol{v}_1)+\frac{1}{12}\frac{\partial^3}{\partial t^3}(\nabla R^3)\right]\qquad(1)$$

という同等な形にもってくることができる（微分 $\partial/\partial t$ は，観測点，すなわち点2を固定しておこなう：微分 ∇ は観測点の座標についておこなう）．

ラグランジアンの4次の項はつぎの表式で与えられることになる[1]：

$$L^{(4)}=\frac{e}{2c}[\boldsymbol{A}_1(2)\boldsymbol{v}_2+\boldsymbol{A}_2(1)\boldsymbol{v}_1]+\frac{m}{16c^4}(v_1^6+v_2^6).\qquad(2)$$

(1) で微分の1部をおこなって，$\boldsymbol{A}_1(2)$ を

$$\frac{1}{c}\boldsymbol{A}_1(2)=\frac{e}{8c^4}\frac{\partial \boldsymbol{F}_1}{\partial t},\qquad \boldsymbol{F}_1=\frac{\partial}{\partial t}[3R\boldsymbol{v}_1-R\boldsymbol{n}(\boldsymbol{nv}_1)]$$

という形に表わす（ここで $\boldsymbol{n}$ は，点1から点2に向かう方向の単位ベクトル）．計算を進めるまえに，速度の時間についての1階以上の導関数をふくむ項を $L^{(4)}$ からまとめて取り去るのが便利である．そのために

$$\frac{1}{c}\boldsymbol{A}_1(2)\boldsymbol{v}_2=\frac{e}{8c^4}\boldsymbol{v}_2\frac{\partial \boldsymbol{F}_1}{\partial t}=\frac{e}{8c^4}\left\{\frac{d}{dt}(\boldsymbol{v}_2\boldsymbol{F}_1)-(\boldsymbol{v}_2\nabla)(\boldsymbol{v}_2\boldsymbol{F}_1)-\boldsymbol{F}_1\dot{\boldsymbol{v}}_2\right\}$$

であることに注意する．ここで

$$\frac{d}{dt}(\boldsymbol{v}_2\boldsymbol{F}_1)=\frac{\partial}{\partial t}(\boldsymbol{v}_2\boldsymbol{F}_1)+(\boldsymbol{v}_2\nabla)(\boldsymbol{v}_2\boldsymbol{F}_1)$$

は，時間についての全微分であり（ベクトル $\boldsymbol{R}$ の両端についての微分!），ラグランジア

---

1) ここで粒子自身の場の粒子に対する作用に関係した無限大の項はおとした．この手つづきは，ラグランジアンにあらわれる質量の“くりこみ”に対応する（102ページの注をみよ）．

ンから落すことができる．また，第１近似の運動方程式 $m\dot{\boldsymbol{v}}_1=-e^2\boldsymbol{n}/R^2$，$m\dot{\boldsymbol{v}}_2=e^2\boldsymbol{n}/R^2$ を使って，得られた表式から加速度を消去する．かなり長い計算ののち，結局次式を得る：

$$L^{(4)}=\frac{e^2}{8c^4R}\Big\{[-v_1^2v_2^2+2(\boldsymbol{v}_1\boldsymbol{v}_2)^2-3(\boldsymbol{n}\boldsymbol{v}_1)^2(\boldsymbol{n}\boldsymbol{v}_2)^2+(\boldsymbol{n}\boldsymbol{v}_1)^2v_2^2+(\boldsymbol{n}\boldsymbol{v}_2)^2v_1^2]$$
$$+\frac{e^2}{mR}[-v_1^2-v_2^2+3(\boldsymbol{n}\boldsymbol{v}_1)^2+3(\boldsymbol{n}\boldsymbol{v}_2)^2]+\frac{2e^4}{m^2R^2}\Big\}+\frac{m}{16c^4}(v_1^6+v_2^6).$$

２つの同種粒子について対称であることから，あきらかに慣性中心が静止しているような基準系では，$\boldsymbol{v}_1=-\boldsymbol{v}_2$ となる．したがって，ラグランジアンの４次の項は

$$L^{(4)}=\frac{e^2}{8c^4R}\Big\{\frac{1}{16}[v^4-3(\boldsymbol{n}\boldsymbol{v})^4+2(\boldsymbol{n}\boldsymbol{v})^2v^2]+\frac{e^2}{2mR}[3(\boldsymbol{n}\boldsymbol{v})^2-v^2]+\frac{2e^4}{m^2R^2}\Big\}+\frac{mv^6}{2^9c^4}$$

となる．ただし $\boldsymbol{v}=\boldsymbol{v}_2-\boldsymbol{v}_1$.[1)]

§ 76. 相対論的な場合の放射減衰

光速度と比較されるような速度をもつ運動にもあてはめられるような（１個の電荷に対する），放射減衰の相対論的表式を導こう．この力は，こんどは４元ベクトル g^i であって，４次元形式に書かれた電荷の運動方程式に含めなければならないものである：

$$mc\frac{du^i}{ds}=\frac{e}{c}F^{ik}u_k+g^i. \tag{76.1}$$

g^i を定めるために，$v\ll c$ のときその３つの空間成分がベクトル $\boldsymbol{f}/c$ (75.8) の成分に移行しなければならないことに注意しよう．ベクトル $\dfrac{2e^2}{3c}\dfrac{d^2u^i}{ds^2}$ がこの性質をそなえていることはたやすくわかる．しかしながらそれは，任意の力の４元ベクトルに対して成り立つ恒等式 $g^iu_i=0$ をみたさない．この条件を満足させるために，４元速度 u^i とその導関数とからつくられた，ある補助的な４元ベクトルを与えられた表式に付加しなければならない．$\boldsymbol{v}=0$ という極限の場合に，$\dfrac{2e^2}{3c}\dfrac{d^2u^i}{ds^2}$ によってすでに与えられている $\boldsymbol{f}$ の正しい値を変えないためには，このベクトルの３つの空間成分はゼロにならなければならない．４元ベクトル u^i はこの性質をもっており，したがって求める補助的な項は αu^i という形をもつ．スカラー α は，補助条件 $g^iu_i=0$ をみたすように選ばなければならない．結果は

$$g^i=\frac{2e^2}{3c}\left(\frac{d^2u^i}{ds^2}-u^iu^k\frac{d^2u_k}{ds^2}\right) \tag{76.2}$$

運動方程式によると，d^2u^i/ds^2 を粒子に働く外部の場のテンソルで直接表わすことにより，この表式を他の形に書くことができる：

$$\frac{du^i}{ds}=\frac{e}{mc^2}F^{ik}u_k,\qquad \frac{d^2u^i}{ds^2}=\frac{e}{mc^2}\frac{\partial F^{ik}}{\partial x^l}u_ku^l+\frac{e^2}{m^2c^4}F^{ik}F_{kl}u^l.$$

代入をおこなう際，添字 i,k について反対称なテンソル $\partial F^{ik}/\partial x_l$ と対称テンソル u_iu_k との積は恒等的にゼロとなることに注意しなければならない．このようにして

---

1) ここで示した加速度を消去する方法は正しくない．正しい方法は次の論文で与えられた：B.M. Barker, R.F. O'Connell, *Canad. J. Phys.* 58, 1659 (1980).

$$g^i = \frac{2e^3}{3mc^3}\frac{\partial F^{ik}}{\partial x^l}u_k u^l - \frac{2e^4}{3m^2c^5}F^{il}F_{kl}u^k - \frac{2e^4}{3m^2c^5}(F_{kl}u^l)(F^{km}u_m)u^i. \quad (76.3)$$

与えられた場のなかを通過する電荷の運動の世界線にそって4元力 g^i を積分したものは，電荷からの放射の全4元運動量 ΔP^i と（符号が逆であるのを除いて）一致するはずである（それはちょうど非相対論的な場合に力 $\boldsymbol{f}$ の仕事の平均値が，双極放射の強度と一致するのと同様である（75.6）をみよ）．実際そうなっていることは容易に確かめられる．(76.2) の第1項は無限遠で粒子が加速度をもたない，すなわち $du^i/ds=0$ であるから，積分したときゼロになる．第2項を部分積分すると

$$-\int g^i ds = \frac{2e^2}{3c}\int u^i u^k \frac{d^2u_k}{ds^2}ds = -\frac{2e^2}{3c}\int \frac{du_k}{ds}\frac{du^k}{ds}dx^i$$

が得られるが，これは正確に（73.4）と一致する．

もし粒子の速度が光速度に近づくならば，4元ベクトル（76.3）の空間成分のうち，4元速度の成分の3重積を含む項からくる部分が，もっとも急速に増大する．したがって，(76.3) のこの項だけをとり，4元ベクトル g^i の空間成分と3次元的な力 $\boldsymbol{f}$ とのあいだの関係（9.18）を考えにいれると，$\boldsymbol{f}$ に対して $\boldsymbol{n}$ を $\boldsymbol{v}$ の方向の単位ベクトルとして，

$$\boldsymbol{f} = -\frac{2e^4}{3m^2c^5}(F_{kl}u^l)(F^{km}u_m)\boldsymbol{n}$$

が得られる．したがって，この場合，力 $\boldsymbol{f}$ は粒子の速度の方向と反対の向きをもつ．速度の方向を x 軸に選び，4次元的表式をほどくと

$$f_x = -\frac{2e^4}{3m^2c^4}\frac{(E_y-H_z)^2+(E_z+H_y)^2}{\left(1-\dfrac{v^2}{c^2}\right)} \quad (76.4)$$

となる（分母をのぞいて，可能な個所ではすべて v を c に等しいとおいた）．超相対論的な粒子に対しては，放射減衰がそのエネルギーの2乗に比例することがわかる．

つぎのような興味ある事情に注意を向けよう．以前に，放射減衰に対して求めた表式は粒子が静止している基準系（K_0）において，m^2c^4/e^3 にくらべて小さい場にだけ適用可能であることを指摘した．粒子が速度 v で動いているような基準系 K における外場の大きさの程度を F としよう．そうすると K_0 系においては場は $F/\sqrt{1-v^2/c^2}$ 程度の大きさである（§24の変換式をみよ）．したがって，F は条件

$$\frac{e^3F}{m^2c^4\sqrt{1-\dfrac{v^2}{c^2}}} \ll 1 \quad (76.5)$$

をみたさなければならない．他方，減衰力（76.4）の外場の力（$\sim eF$）に対する比は

$$\frac{e^3F}{m^2c^4\left(1-\dfrac{v^2}{c^2}\right)}$$

程度の大きさであり，したがって，たとえば減衰力 f 自身が（粒子のエネルギーが十分大

きいときに）電磁場のなかで電荷に働く普通のローレンツ力にくらべて大きくても，条件(76.5)は成立しうることがわかる[1]．したがって，超相対論的な粒子においては，放射減衰がその粒子に働く主要な力であるような場合がありうるのである．

このような場合には，径路の単位長さあたりの粒子の（運動）エネルギーの損失は減衰力 f_x だけに等しいとおくことができる；後者が粒子のエネルギーの2乗に比例することに留意して

$$-\frac{d\mathscr{E}_{\mathrm{kin}}}{dx}=k(x)\mathscr{E}_{\mathrm{kin}}^2$$

と書く．ただしここで $k(x)$ は，x 座標に依存し，(76.4)によって場の垂直成分で表わされる係数である．この微分方程式を積分すると

$$\frac{1}{\mathscr{E}_{\mathrm{kin}}}=\frac{1}{\mathscr{E}_0}+\int_{-\infty}^{x}k(x)dx$$

が得られる．ここで $\mathscr{E}_0$ は粒子のエネルギーの初期値（$x\to-\infty$ のときのエネルギー）を表わす．とりわけ，粒子の最終のエネルギー（粒子が場を通過したのちの）は

$$\frac{1}{\mathscr{E}_1}=\frac{1}{\mathscr{E}_0}+\int_{-\infty}^{+\infty}k(x)dx$$

という式で与えられる．$\mathscr{E}_0\to\infty$ のとき最終エネルギー $\mathscr{E}_1$ が $\mathscr{E}_0$ に無関係な一定の極限に近づくことがわかる（I. Ya. Pomeranchuk 1939）．いいかえると，場のなかを通過したのち，粒子のエネルギーは，方程式

$$\frac{1}{\mathscr{E}_{\mathrm{crit}}}=\int_{-\infty}^{+\infty}k(x)dx,$$

あるいは，$k(x)$ に対する表式を代入した

$$\frac{1}{\mathscr{E}_{\mathrm{crit}}}=\frac{2}{3m^2c^4}\left(\frac{e^2}{mc^2}\right)^2\int_{-\infty}^{+\infty}[(E_y-H_z)^2+(E_z+H_y)^2]dx \qquad (76.6)$$

によって定義されるエネルギー $\mathscr{E}_{\mathrm{crit}}$ をこえることはできないのである．

問　　題

1.　磁気双極子 $\mathbf{m}$ のつくる場のなかを通過したのちに粒子がもつことができる極限のエネルギーを計算せよ．ただし，ベクトル $\mathbf{m}$ と運動の方向とは同一平面内にある．

解　ベクトル $\mathbf{m}$ と運動方向とを含む平面を xz 平面に選び，粒子は x 軸から距離 ρ の所を軸に平行に運動するとする．磁気双極子のつくる場の垂直成分は（(44.4)をみよ）

1)　もちろんこの結果は，4元力 $(e/c)F^{ik}u_k$ にくらべてそれが“小さい”と仮定してうえでおこなった，4元力 g^i に対する相対論的な表式の導出にいささかも矛盾するものではないことを強調しておこう．たとえ1つの基準系においてであっても，一方の4元ベクトルの成分が他のものにくらべて小さいという条件がみたされれば，それで十分である：相対論的な不変性のために，この仮定のもとに得られた4次元的な公式は，他のあらゆる基準系においても自動的に正しいであろう．

$$H_y=0,$$

$$H_z=\frac{3(\mathfrak{m}\boldsymbol{r})z-\mathfrak{m}_z r^2}{r^5}=\frac{\mathfrak{m}}{(\rho^2+x^2)^{5/2}}[3(\rho\cos\varphi+x\sin\varphi)\rho-(\rho^2+x^2)\cos\varphi]$$

(φ は $\mathfrak{m}$ と z 軸とのあいだの角度). (76.6) に代入して積分をおこなうと

$$\frac{1}{\mathscr{E}_{\rm crit}}=\frac{\mathfrak{m}^2\pi}{64m^2c^4\rho^5}\left(\frac{e^2}{mc^2}\right)^2(15+26\cos^2\varphi).$$

2. 相対論的な場合における減衰力の3次元的な表式を書け.

解 4元ベクトル (76.3) の空間成分を計算すると

$$\boldsymbol{f}=\frac{2e^3}{3mc^3}\left(1-\frac{v^2}{c^2}\right)^{-1/2}\left\{\left(\frac{\partial}{\partial t}+\boldsymbol{v}\nabla\right)\boldsymbol{E}+\frac{1}{c}\boldsymbol{v}\times\left(\frac{\partial}{\partial t}+\boldsymbol{v}\nabla\right)\boldsymbol{H}\right\}$$
$$-\frac{2e^4}{3m^2c^4}\left\{\boldsymbol{E}\times\boldsymbol{H}+\frac{1}{c}\boldsymbol{H}\times(\boldsymbol{H}\times\boldsymbol{v})+\frac{1}{c}\boldsymbol{E}(\boldsymbol{v}\boldsymbol{E})\right\}$$
$$-\frac{2e^4}{3m^2c^5\left(1-\frac{v^2}{c^2}\right)}\boldsymbol{v}\left\{\left(\boldsymbol{E}+\frac{1}{c}\boldsymbol{v}\times\boldsymbol{H}\right)^2-\frac{1}{c^2}(\boldsymbol{E}\boldsymbol{v})^2\right\}$$

が得られる.

§ 77. 超相対論的な場合における放射のスペクトル分解

まえに (§73), 超相対論的な粒子からの放射は, 主として前方に, 粒子の速度にそって放出されることを示した. それは, ほとんどすべて $\boldsymbol{v}$ の方向のまわりのせまい角度の範囲

$$\Delta\theta\sim\sqrt{1-\frac{v^2}{c^2}}$$

にふくまれている.

放射のスペクトル分解を求める際には, 角度の幅 $\Delta\theta$ の大きさと外部電磁場のなかを通過するときの散乱角 α とのあいだの関係が本質的である.

角度 α はつぎのようにして計算することができる. 粒子の (運動方向に) 垂直な運動量の変化は, 垂直方向の力 eF[1] と場を通過する時間 $t\sim a/v\cong a/c$ (ここで a は, それ以下では場がいちじるしく0と異なるような距離) との積の程度の大きさをもつ. この変化と運動量

$$p=\frac{mv}{\sqrt{1-\frac{v^2}{c^2}}}\cong\frac{mc}{\sqrt{1-\frac{v^2}{c^2}}}$$

との比が, 角度 α の大きさの程度を定める:

$$\alpha\sim\frac{eFa}{mc^2}\sqrt{1-\frac{v^2}{c^2}}.$$

これを $\Delta\theta$ でわると

1) x 軸を粒子の運動方向に選ぶと, $(eF)^2$ はローレンツ力 $e\boldsymbol{E}+\frac{e}{c}\boldsymbol{v}\times\boldsymbol{H}$ の y および z 成分の2乗の和であり, ここでは $v\cong c$ とおくことができる:

$$F^2=(E_y-H_z)^2+(E_z+H_y)^2.$$

$$\frac{\alpha}{\Delta\theta} \sim \frac{eFa}{mc^2} \tag{77.1}$$

である．これが粒子の速度に依存せず，外場自身の性質によって完全にきまることに注意を向けよう．

われわれはまず

$$eFa \gg mc^2, \tag{77.2}$$

すなわち，粒子の運動方向の全変化が $\Delta\theta$ にくらべて大きいと仮定する．このときには，与えられた方向への放射は主として，粒子の速度がほとんどその方向と平行になるような(そこでの速度が与えられた方向と $\Delta\theta$ 以内の角度をなす）軌道の部分から生じ，またこの線分の長さは a にくらべて小さい，ということができる．場 F はこの線分内では一定とみなすことができ，また曲線の小部分は円の弧とみなすことができるから，§74 で求めた円周上の一様な運動の際の放射に対する結果を（H を F でおきかえて）適用することができる．とりわけ，放射の大部分は振動数領域

$$\omega \sim \frac{eF}{mc\left(1-\dfrac{v^2}{c^2}\right)} \tag{77.3}$$

のなかに集中しているということができる（(74.16) をみよ).

逆の極限の場合

$$eFa \ll mc^2 \tag{77.4}$$

においては，粒子の曲げられる全角度は $\Delta\theta$ にくらべて小さい．この場合には，放射は主として運動方向のまわりのせまい角度範囲 $\Delta\theta$ 内の方向に発射されるが，与えられた点に達する放射は軌道全体からくる．

この場合の放射のスペクトル分解を見いだすために，波動帯における場に対するリエナール - ヴィーヒェルトの式 (73.8) を用い，そのフーリエ成分を計算しよう：

$$\boldsymbol{E}_\omega = \int_{-\infty}^{+\infty} \boldsymbol{E} e^{i\omega t} dt.$$

公式 (73.8) の右辺の表式は，条件 $t'=t-R(t')/c$ できめられるおくれた時刻 t' の関数である．ほとんど一定の速度 $\boldsymbol{v}$ で運動している粒子から大きな距離のところでは

$$t' \cong t - \frac{R_0}{c} + \frac{1}{c}\boldsymbol{nr}(t') \cong t - \frac{R_0}{c} + \frac{1}{c}\boldsymbol{nv}t'$$

となる ($\boldsymbol{r}=\boldsymbol{r}(t)\cong \boldsymbol{v}t$ は粒子の動径ベクトル)．あるいは

$$t = t'\left(1-\frac{\boldsymbol{nv}}{c}\right) + \frac{R_0}{c}.$$

dt についての積分から，

$$dt = \left(1-\frac{\boldsymbol{nv}}{c}\right)dt'$$

と書いて，dt' についての積分に移る．結果は：

$$\boldsymbol{E}_\omega=\frac{e}{c^2}\frac{e^{ikR_0}}{R_0\left(1-\frac{\boldsymbol{n}\boldsymbol{v}}{c}\right)^2}\int_{-\infty}^{+\infty}\boldsymbol{n}\times\left\{\left(\boldsymbol{n}-\frac{\boldsymbol{v}}{c}\right)\times\boldsymbol{w}(t')\right\}e^{i\omega t'\left(1-\frac{\boldsymbol{n}\boldsymbol{v}}{c}\right)}dt'.$$

ここで速度 $\boldsymbol{v}$ はいたるところで一定とみなされる；ただ加速度 $\boldsymbol{w}(t')$ のみが変化する．

$$\omega'=\omega\left(1-\frac{\boldsymbol{n}\boldsymbol{v}}{c}\right) \tag{77.5}$$

という記号およびこの振動数に対応する加速度のフーリエ成分を導入して，$\boldsymbol{E}_\omega$ を

$$\boldsymbol{E}_\omega=\frac{e}{c^2}\frac{e^{ikR_0}}{R_0}\left(\frac{\omega}{\omega'}\right)^2\left[\boldsymbol{n}\times\left\{\left(\boldsymbol{n}-\frac{\boldsymbol{v}}{c}\right)\times\boldsymbol{w}_{\omega'}\right\}\right]$$

という形に書こう．最後に，(66.9) にしたがって，$d\omega$ のなかの振動数をもち立体角 do に放射されるエネルギーに対して

$$d\mathscr{E}_{\boldsymbol{n}\omega}=\frac{e^2}{2\pi c^3}\left(\frac{\omega}{\omega'}\right)^4\left|\boldsymbol{n}\times\left\{\left(\boldsymbol{n}-\frac{\boldsymbol{v}}{c}\right)\times\boldsymbol{w}_{\omega'}\right\}\right|^2do\frac{d\omega}{2\pi} \tag{77.6}$$

が得られる．(77.4) の場合に放射がおもに集中しているような振動数領域の大きさの程度を評価するのは，つぎのことに注意すればたやすくできる．フーリエ成分 $\boldsymbol{w}_{\omega'}$ がゼロからかなり異なるのは，時間 $1/\omega'$，あるいは同じことだが

$$\frac{1}{\omega\left(1-\frac{v^2}{c^2}\right)}$$

が，粒子の加速度のいちじるしく変化する時間 $a/v\sim a/c$ と同じ程度であるときだけである．したがって

$$\omega\sim\frac{c}{a\left(1-\frac{v^2}{c^2}\right)} \tag{77.7}$$

が得られる．この振動数とエネルギーとの関係は，(77.3) におけると同様だが，係数がちがっている．

うえでおこなった（2つの場合 (77.2) および (77.4) に対する）考察では，粒子が場を通過する際の全エネルギー損失は比較的小さいものとしていた．ここで，全エネルギー損失がその最初のエネルギーと同じくらいであるような超相対論的な粒子の放射についての問題も，考察された第1の場合に帰着することを示そう．

場のなかでの粒子のエネルギー損失は，ローレンツのまさつ力のする仕事として定められる．力 (76.4) の径路 $\sim a$ にわたっての仕事は

$$af\sim\frac{e^4F^2a}{m^2c^4\left(1-\frac{v^2}{c^2}\right)}$$

程度の大きさである．これが，粒子の全エネルギー $mc^2/\sqrt{1-\frac{v^2}{c^2}}$ と同程度であるためには，場は

$$a\sim\frac{m^3c^6}{e^4F^2}\sqrt{1-\frac{v^2}{c^2}}$$

の距離にわたって存在しなければならない．しかし，そうすると条件（77.2）は自動的にみたされている：

$$aeF\sim\frac{m^3c^6}{e^3F}\sqrt{1-\frac{v^2}{c^2}}\gg mc^2.$$

なぜかというと，場Fはいかなる場合にも条件（76.5）をみたさなければならないからである．この条件がなければ，一般に普通の電気力学を使うことはできない．

問　題

1. 条件（77.2）の場合における（すべての方向にわたる）全放射のスペクトル分布を決定せよ．

解　軌道の長さの各要素に対して，放射は（74.13）によって定められる．この式でわれわれはHを，与えられた点での垂直方向の力Fの値によっておきかえなければならないし，またそのうえ，離散的な振動数スペクトルから連続スペクトルへ移らなければならない．この変換は形式的にdnをかけ

$$I_n dn=I_n\frac{dn}{d\omega}d\omega=I_n\frac{d\omega}{\omega_0}$$

というおきかえをすれば達せられる．つぎに，全時間にわたって積分して，つぎのような形の全放射のスペクトル分布が得られる：

$$d\mathscr{E}_\omega=-d\omega\frac{2e^2\omega}{\sqrt{\pi}c}\left(1-\frac{v^2}{c^2}\right)\int_{-\infty}^{+\infty}\left[\frac{1}{u}\Phi'(u)+\frac{1}{2}\int_u^\infty\Phi(u)du\right]dt,$$

ここで $\Phi(u)$ は変数

$$u=\left[\frac{mc\omega}{eF}\left(1-\frac{v^2}{c^2}\right)\right]^{2/3}$$

のエアリー関数である．被積分関数は積分変数tに量uを通して陰に依存する（F，したがって，uは粒子の軌道にそって変化する：与えられた運動に対しては，この変化を時間への依存とみなすことができる）．

2. 条件（77.4）における（すべての方向にわたる）全放射のスペクトル分布を決定せよ．

解　運動方向に小さな角度θをなすような放射が主役を演ずることを心にとめて：

$$\omega'=\omega\left(1-\frac{v}{c}\cos\theta\right)\cong\omega\left(1-\frac{v}{c}+\frac{\theta^2}{2}\right)\cong\frac{\omega}{2}\left(1-\frac{v^2}{c^2}+\theta^2\right).$$

表式（77.6）の角度 $do=\sin\theta d\theta d\varphi\cong\theta d\theta d\varphi$ についての積分を，$d\varphi d\omega'/\omega$ についての積分でおきかえる．(77.6）で2重のベクトル積の2乗を計算する際，つぎのことを考えに入れよう；超相対論的な場合には加速度の縦成分は横成分にくらべて（比 $1-v^2/c^2$ だけ）小さく，いまの場合には十分な精度でもって $\boldsymbol{w}$ と $\boldsymbol{v}$ とをたがいに垂直とみなすことができる．結果として，全放射のスペクトル分解にたいしてつぎの式が得られる：

$$d\mathscr{E}_\omega=\frac{e^2\omega d\omega}{2\pi c^3}\int_{\frac{\omega}{2}\left(1-\frac{v^2}{c^2}\right)}^\infty\frac{|\boldsymbol{w}_{\omega'}|^2}{\omega'^2}\left[1-\frac{\omega}{\omega'}\left(1-\frac{v^2}{c^2}\right)+\frac{\omega^2}{2\omega'^2}\left(1-\frac{v^2}{c^2}\right)^2\right]d\omega'.$$

§ 78. 自由電荷による散乱

電磁波が電荷の系に出会うと，その作用のもとに電荷は運動を始める．この電荷の運動が，こんどはすべての方向に放射をだす；このようにして，もとの波のいわゆる**散乱**が起こる．

散乱は，散乱する系によって単位時間に与えられた方向へ放出されるエネルギー量と，入射する放射のエネルギー流の密度との比によって特徴づけるのがもっとも便利である．この比は明らかに面積のディメンションをもち，**散乱有効断面積**（あるいは単に**断面積**）とよばれる．

ポインティング・ベクトル $\boldsymbol{S}$ をもって入射する波に対して，単位時間に立体角 do 内へ系から放射されるエネルギーを dI としよう．このとき（立体角 do への）散乱の有効断面積は

$$d\sigma=\frac{\overline{dI}}{\overline{S}} \tag{78.1}$$

である(記号のうえの横線は時間平均を意味する)．すべての方向についての $d\sigma$ の積分は，散乱の全有効断面積である．

静止している自由電荷によって生ずる散乱を考察しよう．この電荷に直線偏光した単色平面波が入射するとしよう．その電場は

$$\boldsymbol{E}=\boldsymbol{E}_0\cos(\boldsymbol{kr}-\omega t+\alpha)$$

という形に書くことができる．

入射波の影響で電荷が得る速度は光速度にくらべて小さいと仮定しよう．実際にはいつもそうである．そうすると電荷に働く力は $e\boldsymbol{E}$ であるとみなすことができ，磁場による力 $\frac{e}{c}\boldsymbol{v}\times\boldsymbol{H}$ は無視することができる．この場合，場の作用によって電荷が振動するための電荷の変位の効果も無視することができる．電荷が座標原点のまわりに振動するものとすれば，電荷に働く場はつねに原点におけるものと同じである．すなわち

$$\boldsymbol{E}=\boldsymbol{E}_0\cos(\omega t-\alpha)$$

と仮定することができる．

電荷の運動方程式は

$$m\ddot{\boldsymbol{r}}=e\boldsymbol{E}$$

であり，その双極子モーメントは $\boldsymbol{d}=e\boldsymbol{r}$ であるから

$$\ddot{\boldsymbol{d}}=\frac{e^2}{m}\boldsymbol{E}. \tag{78.2}$$

散乱された放射を計算するために，双極放射に対する公式 (67.7) を用いる．電荷が入射波の作用で得る速度は光速度にくらべて小さいから，これは正当である．また，電荷によって放射される（すなわち，それによって散乱される）波の振動数は明らかに入射波の

振動数と同じであることを注意しておこう.

(78.2) を (67.7) に代入して

$$dI=\frac{e^4}{4\pi m^2c^3}(\boldsymbol{E}\times\boldsymbol{n}')^2do \tag{78.3}$$

が得られる. $\boldsymbol{n}'$ は散乱方向の単位ベクトルである. 他方, 入射波のポインティング・ベクトルは

$$S=\frac{c}{4\pi}E^2$$

である. これから, 立体角 do 内への散乱の有効断面積として

$$d\sigma=\left(\frac{e^2}{mc^2}\right)^2\sin^2\theta do \tag{78.4}$$

が得られる. ただしここで θ は散乱の方向と入射波の電場 $\boldsymbol{E}$ の方向とのあいだの角度である. 自由電荷の有効散乱断面積は振動数に無関係であることがわかる.

全有効断面積 σ を求めよう. そのために, 電荷の位置に原点をもち, $\boldsymbol{E}$ の方向に極軸をもつ極座標を導入する. そうすると $do=\sin\theta d\theta d\varphi$；これを代入し, $d\theta$ について0から π まで, $d\varphi$ について0から 2π まで積分すると

$$\sigma=\frac{8\pi}{3}\left(\frac{e^2}{mc^2}\right)^2 \tag{78.5}$$

が得られる (**トムソンの公式**とよばれる).

おしまいに, 入射波が偏光していない場合 (自然光) における有効断面積 $d\sigma$ を計算しよう. このためには, 入射波の伝播方向 (波動ベクトル $\boldsymbol{k}$ の方向) に垂直な平面内でベクトル $\boldsymbol{E}$ のあらゆる方向について (78.4) を平均しなければならない. $\boldsymbol{E}$ の方向の単位ベクトルを $\boldsymbol{e}$ で表わし,

$$\overline{\sin^2\theta}=1-\overline{(\boldsymbol{n}'\boldsymbol{e})^2}=1-n'_\alpha n'_\beta\overline{e_\alpha e_\beta}$$

と書く. 平均は

$$\overline{e_\alpha e_\beta}=\frac{1}{2}\left(\delta_{\alpha\beta}-\frac{k_\alpha k_\beta}{k^2}\right) \tag{78.6}$$

であり[1],

$$\overline{\sin^2\theta}=\frac{1}{2}\left(1+\frac{(\boldsymbol{n}'\boldsymbol{k})^2}{k^2}\right)=\frac{1}{2}(1+\cos^2\vartheta)$$

を与える. ここで ϑ は入射波と散乱波の方向のあいだの角 (散乱角) である. このようにして自由電荷による偏光していない光の散乱に対する有効断面積として

$$d\sigma=\frac{1}{2}\left(\frac{e^2}{mc^2}\right)^2(1+\cos^2\vartheta)do \tag{78.7}$$

---

1) 実際, $\overline{e_\alpha e_\beta}$ は対角和が1に等しい対称テンソルであり, また $\boldsymbol{e}$ と $\boldsymbol{k}$ とが直交するから k_α をかけるとゼロになる. これらの条件を上に書いた表式が満足する.

が得られる.

散乱が生ずることの結果として，とくに，散乱する粒子に働くある種の力が現われる. このことはつぎのような考察によって確かめることができる. 平均して，単位時間に，粒子に入射する波はエネルギー $c\overline{W}\sigma$ を失う. ここで $\overline{W}$ は平均のエネルギー密度であり，σ は全有効断面積である. 場の運動量は光速度でそのエネルギーをわったものであるから，入射波は絶対値が $\overline{W}\sigma$ に等しい運動量を失う. 他方，電荷が力 $e\boldsymbol{E}$ の作用のもとに小さな振動のみをおこない，かつその速度が小さいような基準系においては，散乱波の全運動量の流れは，v/c の高次の項を除いてゼロである（§ 73 で，$v=0$ であるような基準系では粒子による運動量の放射は起こらないことが示された). したがって，入射波の失うすべての運動量は散乱する粒子によって"吸収"される. 粒子に働く平均の力 $\bar{\boldsymbol{f}}$ は単位時間当り吸収された平均の運動量に等しい. すなわち

$$\bar{\boldsymbol{f}}=\sigma\overline{W}\boldsymbol{n} \tag{78.8}$$

（$\boldsymbol{n}$ は入射波の伝播方向の単位ベクトル). "瞬間的な"力（その主要部分は $e\boldsymbol{E}$）が入射波の場に関し1次の量であるのに反して，平均の力が場の2次の量であることに注意しよう.

公式（78.8）はまた，減衰力（75.10）を平均することによってもただちに求めることができる. $\dot{\boldsymbol{E}}$ に比例する第1項は（もとの力 $e\boldsymbol{E}$ の平均値と同様）平均するとゼロになる. 第2項は

$$\bar{\boldsymbol{f}}=\frac{2e^4}{3m^2c^4}\overline{E^2}\boldsymbol{n}=\frac{8\pi}{3}\left(\frac{e^2}{mc^2}\right)^2\frac{\overline{E^2}}{4\pi}\boldsymbol{n}$$

を与え，これは（78.5）を用いると（78.8）と一致する.

問　　題

1. 楕円偏光した波の自由電荷による散乱の有効断面積を定めよ.

解　波の場は

$$\boldsymbol{E}=\boldsymbol{A}\cos(\omega t+\alpha)+\boldsymbol{B}\sin(\omega t+\alpha)$$

という形をもつ. ただし $\boldsymbol{A}$ および $\boldsymbol{B}$ はたがいに直交するベクトル（§ 48 をみよ). 本文におけると同様の計算によって，つぎの結果が得られる.

$$d\sigma=\left(\frac{e^2}{mc^2}\right)^2\frac{(\boldsymbol{A}\times\boldsymbol{n}')^2+(\boldsymbol{B}\times\boldsymbol{n}')^2}{A^2+B^2}do.$$

2. 弾性力の作用のもとに小さな振動をおこなう電荷（振動子）による直線偏光波の散乱に対する有効断面積を求めよ.

解　入射場 $\boldsymbol{E}=\boldsymbol{E}_0\cos(\omega t+\alpha)$ のなかでのこの電荷の運動方程式は

$$\ddot{\boldsymbol{r}}+\omega_0^2\boldsymbol{r}=\frac{e}{m}\boldsymbol{E}_0\cos(\omega t+\alpha)$$

である. ただし，ω_0 はその自由振動の振動数，それで強制振動として

$$\boldsymbol{r}=\frac{e\boldsymbol{E}_0\cos(\omega t+\alpha)}{m(\omega_0^2-\omega^2)}$$

が得られる．これから $\ddot{\boldsymbol{d}}$ を計算して

$$d\sigma=\left(\frac{e^2}{mc^2}\right)^2\frac{\omega^4}{(\omega_0^2-\omega^2)^2}\sin^2\theta do$$

が得られる（θ は $\boldsymbol{E}$ と $\boldsymbol{n}'$ とのあいだの角度）．

3.　力学的には回転体であるような電気的双極子による光の散乱の全有効断面積を求めよ．波の振動数 ω は，回転体の自由回転の振動数 Ω_0 にくらべて大きいと仮定する．

解　$\omega\gg\Omega_0$ という条件があるから，回転体の固有の回転は無視できて，散乱される光の方がそれにおよぼす力のモーメント $\boldsymbol{d}\times\boldsymbol{E}$ による強制的な回転だけを考えればよい．この運動の方程式は $J\dot{\boldsymbol{\Omega}}=\boldsymbol{d}\times\boldsymbol{E}$，ただし J は回転体の慣性モーメント，$\boldsymbol{\Omega}$ は回転の角速度である．双極モーメントのベクトルがその絶対値を変えないで回転するとき，その変化は公式 $\dot{\boldsymbol{d}}=\boldsymbol{\Omega}\times\boldsymbol{d}$ で与えられる．これら2つの方程式から（小さな量 $\boldsymbol{\Omega}$ について2乗の項までとって）

$$\ddot{\boldsymbol{d}}=\frac{1}{J}[(\boldsymbol{d}\times\boldsymbol{E})\times\boldsymbol{d}]=\frac{1}{J}[\boldsymbol{E}d^2-(\boldsymbol{E}\boldsymbol{d})\boldsymbol{d}]$$

が得られる．

双極子の空間的な方向はすべて等確率だと仮定し，$\ddot{\boldsymbol{d}}^2$ をそれについて平均すると，全有効断面積が

$$\sigma=\frac{16\pi d^4}{9c^4J^2}$$

という形に求められる．

4.　自由な電荷によって，かたよっていない光が散乱されるときの消偏度を求めよ．

解　対称性から考えて，散乱された光の2つの非干渉性の成分はともに平面偏光していることはあきらかである（§50をみよ）；一方は散乱平面（入射および散乱光線できまる平面），他方はそれに垂直な平面に偏光している．これらの成分の強度は，入射波の散乱面内の成分（$\boldsymbol{E}_\parallel$）およびそれに垂直な成分（$\boldsymbol{E}_\perp$）によって定められ，(78.3) によると，それぞれ $(\boldsymbol{E}_\parallel\times\boldsymbol{n}')^2=E_\parallel^2\cos^2\vartheta$ および $(\boldsymbol{E}_\perp\times\boldsymbol{n}')^2=E_\perp^2$ に比例する（ϑ は散乱角）．かたよっていない入射光に対しては $\overline{E_\parallel^2}=\overline{E_\perp^2}$ であるから，消偏度は

$$\rho=\cos^2\vartheta$$

である（(50.9) の定義をみよ）．

5.　運動している電荷によって散乱された光の振動数 ω' を決定せよ．

解　電荷が静止している座標系では，散乱によって光の振動数は変わらない（$\omega=\omega'$）．この関係を不変形に書くと

$$k_i'u'^i=k_iu^i$$

となる．ただし，u^i は電荷の4元速度である．これから難なく

$$\omega'\left(1-\frac{v}{c}\cos\theta'\right)=\omega\left(1-\frac{v}{c}\cos\theta\right)$$

が得られる．ここに，θ および θ' は，入射波および散乱波が運動の方向となす角度である（v は電荷の速度）．

6.　速度 v で波の伝播方向に運動する電荷から散乱される直線偏光の角分布を求めよ．

解 粒子の速度 $\boldsymbol{v}$ は入射波の場 $\boldsymbol{E}$ と $\boldsymbol{H}$ とに，したがってまた，粒子の得る加速度 $\boldsymbol{w}$ に垂直である．散乱された光の強さは (73.14) で与えられる．ただし，そこで粒子の加速度 $\boldsymbol{w}$ は，§17 の問題において得た式によって入射波の場 $\boldsymbol{E}$ および $\boldsymbol{H}$ によって表わさなければならない．この強さ dI を入射波のポインティング・ベクトルでわって，有効散乱断面積としてつぎの表現が得られる：

$$d\sigma=\left(\frac{e^2}{mc^2}\right)^2\frac{\left(1-\frac{v^2}{c^2}\right)\left(1-\frac{v}{c}\right)^2}{\left(1-\frac{v}{c}\sin\theta\cos\varphi\right)^6}\left[\left(1-\frac{v}{c}\sin\theta\cos\varphi\right)^2-\left(1-\frac{v^2}{c^2}\right)\cos^2\theta\right]do.$$

ここに，θ および φ は，$\boldsymbol{E}$ に平行な z 軸と $\boldsymbol{v}$ に平行な x 軸をもつ座標における方向 $\boldsymbol{n}'$ の天頂角および方位角である ($\cos(\boldsymbol{n}',\boldsymbol{E})=\cos\theta$；$\cos(\boldsymbol{n}',\boldsymbol{v})=\sin\theta\cos\varphi$).

7. 波が電荷によって散乱されるとき，散乱された波がおよぼす平均の力の作用をうけてその電荷がおこなう運動を計算せよ．

解 (78.8) の力，したがってまた考える運動の方向は入射波の伝播方向 (x 軸) を向いている．粒子が静止している補助の基準系 K_0 で（われわれは小さな振動の周期にわたって平均した運動を扱っていることを思い起こそう），電荷に働く力は $\sigma\overline{W}_0$ であり．この力によって電荷の得る加速度は

$$w_0=\frac{\sigma}{m}\overline{W}_0$$

である（添字の 0 は基準系 K_0 での量であることを示す）．もとの基準系 K（そこでは電荷は速度 v で動く）における加速度 w と波のエネルギー密度 W とは，§7 の問題で得た公式および (47.7) 式によって w_0 および W_0 に関係づけられる．この変換をおこなうと

$$\frac{d}{dt}\frac{v}{\sqrt{1-\frac{v^2}{c^2}}}=\frac{1}{\left(1-\frac{v^2}{c^2}\right)^{3/2}}\frac{dv}{dt}=\frac{\overline{W}\sigma}{m}\frac{1-\frac{v}{c}}{1+\frac{v}{c}}$$

が得られる．これを積分して

$$\frac{\overline{W}\sigma}{mc}t=\frac{1}{3}\sqrt{\frac{1+\frac{v}{c}}{1-\frac{v}{c}}}\cdot\frac{2-\frac{v}{c}}{1-\frac{v}{c}}-\frac{2}{3}$$

が見いだされる．これによって，$v=dx/dt$ が時間の陰関数として求まる（積分定数は，$t=0$ で $v=0$ となるように選んである）.

8. 振動子による直線偏光の有効散乱断面積を，放射減衰を考慮にいれて計算せよ．

解 入射場のなかでの電荷の運動方程式を

$$\ddot{\boldsymbol{r}}+\omega_0^2\boldsymbol{r}=\frac{e}{m}\boldsymbol{E}_0e^{-i\omega t}+\frac{2e^2}{3mc^3}\dddot{\boldsymbol{r}}$$

の形に書く．減衰力の項で，近似的に $\dddot{\boldsymbol{r}}=-\omega_0^2\dot{\boldsymbol{r}}$ を代入することができて

$$\ddot{\boldsymbol{r}}+\gamma\dot{\boldsymbol{r}}+\omega_0^2\boldsymbol{r}=\frac{e}{m}\boldsymbol{E}_0e^{-i\omega t}$$

となる．ここに $\gamma=\frac{2e^2}{3mc^3}\omega_0^2$．これから

$$\boldsymbol{r}=\frac{e}{m}\boldsymbol{E}_0\frac{e^{-i\omega t}}{\omega_0^2-\omega^2-i\omega\gamma}$$

を得る．有効断面積は

$$\sigma=\frac{8\pi}{3}\left(\frac{e^2}{mc^2}\right)^2\frac{\omega^4}{(\omega_0^2-\omega^2)^2+\omega^2\gamma^2}$$

となる．

§ 79.　低振動数の波の散乱

いくつかの電荷からなる系による波の散乱は，（静止している）1個の電荷による散乱とは異なっている．まず第1に，系の電荷の内部運動があるために，散乱された放射の振動数が入射波の振動数とちがったものになることがあり得る．すなわち，散乱された波をスペクトル分解すると，入射波の振動数ωのほかに散乱をおこす系の運動の任意の固有振動数だけωから異なった振動数ω'が現われるのである．振動数の変化しない**干渉性散乱**に対して，振動数の変化する散乱を**非干渉性**（あるいは**結合**）散乱とよぶ．

入射波の場が弱いと仮定して，電流密度を$\boldsymbol{j}=\boldsymbol{j}_0+\boldsymbol{j}'$の形に書く．ただし，$\boldsymbol{j}_0$は外部の場がないときの電流密度，$\boldsymbol{j}'$は入射波の影響による電流密度の変化である．これに応じて，系のつくる場のベクトル・ポテンシャル（およびその他の量）も$\boldsymbol{A}=\boldsymbol{A}_0+\boldsymbol{A}'$の形になる．ここに，$\boldsymbol{A}_0, \boldsymbol{A}'$はそれぞれ電流$\boldsymbol{j}_0, \boldsymbol{j}'$によって定められる．$\boldsymbol{A}'$は系によって散乱された波を記述する．

振動数ωが，系のあらゆる内部振動数にくらべて小さいような波の散乱を考察しよう．散乱は干渉性の部分と非干渉性の部分とからなるであろうが，ここでは干渉性散乱だけを考えることにする．

散乱された波の場を計算するのに，十分低い振動数ωに対しては，系の粒子の速度が光の速度にくらべて小さくないときでも，§67および§71で示した遅延ポテンシャルの展開を利用することができる．つまり，積分

$$\boldsymbol{A}'=\frac{1}{cR_0}\int \boldsymbol{j}'_{t-\frac{R_0}{c}+\frac{\boldsymbol{rn}'}{c}}dV \tag{79.1}$$

の展開が意味をもつためには，時間$\boldsymbol{rn}'/c\sim a/c$が，電荷分布がめだって変化するあいだの時間$1/\omega$にくらべて小さいということだけが必要なのであって，十分低い振動数$(\omega\ll c/a)$に対しては，この条件は系の粒子の速度と無関係にみたされるのである．

展開のはじめのほうの項は

$$\boldsymbol{H}'=\frac{1}{c^2R_0}[\ddot{\boldsymbol{d}}'\times\boldsymbol{n}'+(\ddot{\mathfrak{m}}'\times\boldsymbol{n}')\times\boldsymbol{n}]$$

を与える．ただし，$\boldsymbol{d}', \mathfrak{m}'$は系にあたる放射によって生ずる系の双極子モーメントと磁気モーメントである．これにつづく項は2階以上の時間導関数を含んでおり，省略される．

散乱波の場のスペクトル分解の成分のうち，入射波と同じ振動数をもつ$\boldsymbol{H}'_\omega$は，うえの式においてすべての量にそのフーリエ成分$\ddot{\boldsymbol{d}}'_\omega=-\omega^2\boldsymbol{d}'_\omega$，$\ddot{\mathfrak{m}}'_\omega=-\omega^2\mathfrak{m}'_\omega$を代入すれば得ら

れる．すなわち

$$\boldsymbol{H}'_\omega=\frac{\omega^2}{c^2R_0}[\boldsymbol{n}'\times\boldsymbol{d}'_\omega+\boldsymbol{n}'\times(\mathfrak{m}'_\omega\times\boldsymbol{n}')]. \tag{79.2}$$

場の展開のこれ以後の項は，小さな振動数のより高い次数に比例する量を与える．系のすべての粒子の速度が小さければ（$v\ll c$)，磁気モーメントは比 v/c を含んでいるから，(79.2) において第1項にくらべて第2項を省略することができる．そうすると

$$\boldsymbol{H}'_\omega=\frac{1}{c^2R_0}\omega^2\boldsymbol{n}'\times\boldsymbol{d}'_\omega. \tag{79.3}$$

系の電荷の総量がゼロならば，$\omega\to 0$ に対して $\boldsymbol{d}'_\omega$ および $\mathfrak{m}'_\omega$ は定数の極限に近づく（電荷の総和がゼロと異なれば，$\omega=0$ すなわち不変な場に対して，系は全体として運動し始めるであろう)．したがって，低い振動数 ($\omega\ll v/c$) に対しては，$\boldsymbol{d}'_\omega$ および $\mathfrak{m}'_\omega$ を振動数に無関係とみなすことができる．このことから，散乱された波は振動数の2乗に比例することがわかる．したがって，その強度は ω^4 に比例する．こうして，低振動数の波の散乱では，（干渉性）散乱の有効断面積は入射波の振動数の4乗に比例する[1]．

§ 80. 高振動数の波の散乱

波の振動数が電荷の系の基本固有振動数にくらべて大きいという仮定のもとに，その系による波の散乱を考察しよう．系の基本固有振動数の大きさは $\omega_0\sim v/a$ の程度であるから，ω は

$$\omega\gg\omega_0\sim\frac{v}{a} \tag{80.1}$$

という条件をみたさなければならない．さらに，系の電荷の速度が小さい ($v\ll c$) ことを仮定する．

条件 (80.1) によれば，系の電荷の運動の周期は波の周期にくらべて大きい．したがって，波の周期の程度の時間区間のあいだでは，系の電荷の運動は一様とみなすことができる．これは，短い波長の波の散乱を考察するとき，系の電荷どうしの相互作用は考慮しなくてよい，すなわち，それらの電荷を自由とみなしてよいということを意味する．

こうして，入射波の場のなかの粒子が得る速度 $\boldsymbol{v}'$ を計算するのに，系のなかの各粒子を別々に考えて，そのおのおのに対して運動方程式を

$$m\frac{d\boldsymbol{v}'}{dt}=e\boldsymbol{E}=e\boldsymbol{E}_0e^{-i(\omega t-\boldsymbol{kr})}$$

の形に書くことができる．ただし，$\boldsymbol{k}=\frac{\omega}{c}\boldsymbol{n}$ は入射波の波動ベクトルである．電荷の動径ベクトルは，もちろん，時間の関数である．この方程式の右辺の指数において，第1項の

1) このことは，光のイオンによる散乱にも中性原子による散乱と同じようにあてはまる．原子核の大きな質量のために，イオンの全体としての運動にゆらいする散乱は無視できるからである．

時間的変化の割合は，第2項のそれにくらべて大きい（前者はωであるのに対して，後者は$kv\sim v\frac{\omega}{c}\ll\omega$ の程度である）．したがって，運動方程式を積分するのに，$\boldsymbol{r}$は定数とみなすことができる．すると

$$\boldsymbol{v}'=-\frac{e}{i\omega m}\boldsymbol{E}_0e^{-i(\omega t-\boldsymbol{kr})} \tag{80.2}$$

が得られる．散乱された波のベクトル・ポテンシャルとして（系から大きな距離のところで），一般公式（79.1）から

$$\boldsymbol{A}'=\frac{1}{cR_0}\sum(e\boldsymbol{v}')_{t-\frac{R_0}{c}+\frac{\boldsymbol{rn}'}{c}}$$

が得られる．ここで和は系の全電荷にわたってとる．$\boldsymbol{n}'$は散乱の方向の単位ベクトルである．(80.2) を代入して

$$\boldsymbol{A}'=-\frac{1}{icR_0\omega}e^{-i\omega\left(t-\frac{R_0}{c}\right)}\boldsymbol{E}_0\sum\frac{e^2}{m}e^{-i\boldsymbol{qr}} \tag{80.3}$$

が見いだされる．ただし，$\boldsymbol{q}=\boldsymbol{k}'-\boldsymbol{k}$ は散乱波の波動ベクトル $\boldsymbol{k}'=\omega\boldsymbol{n}'/c$ と入射波の波動ベクトル $\boldsymbol{k}=\omega\boldsymbol{n}/c$ との差である[1]．(80.3) の和は時刻 $t'=t-\frac{R_0}{c}$ においてとらねばならない（簡単にするために，いつものように$\boldsymbol{r}$につける指標t'をはぶく）．時間$\boldsymbol{rn}'/c$のあいだの$\boldsymbol{r}$の変化は，粒子の速度が小さいというわれわれの仮定のために省略することができる．ベクトル$\boldsymbol{q}$の絶対値は，ϑを散乱角として

$$q=2\frac{\omega}{c}\sin\frac{\vartheta}{2} \tag{80.4}$$

に等しい．

原子（あるいは分子）による散乱においては，核の質量は電子の質量にくらべて大きいから，(80.3) の和において核に対応する項を無視することができる．以下でわれわれはこの場合を考えることにし，乗数e^2/mを和の記号からはずし，eおよびmは電子の電荷と質量とみなすことにする．

散乱された波の場$\boldsymbol{H}'$に対して，(66.3) から

$$\boldsymbol{H}'=\frac{\boldsymbol{E}_0\times\boldsymbol{n}'}{c^2R_0}e^{-i\omega\left(t-\frac{R_0}{c}\right)}\frac{e^2}{m}\sum e^{-i\boldsymbol{qr}} \tag{80.5}$$

が見いだされる．$\boldsymbol{n}'$方向の立体角要素のなかのエネルギー流は

$$\frac{c|\boldsymbol{H}'|^2}{8\pi}R_0^2do=\frac{e^4}{8\pi c^3m^2}(\boldsymbol{n}'\times\boldsymbol{E}_0)^2\left|\sum e^{-i\boldsymbol{qr}}\right|^2do$$

である．これを入射波のエネルギー流 $\frac{c}{8\pi}|\boldsymbol{E}_0|^2$ でわり，入射波の場$\boldsymbol{E}$の方向と散乱方向とのあいだの角度θを導入して，有効散乱断面積は結局

1) 厳密にいえば，波動ベクトル$\boldsymbol{k}'$は$\frac{\omega'}{c}\boldsymbol{n}'$であって，散乱波の振動数$\omega'$は$\omega$と異なることがありうる．けれども，差$\omega'-\omega\sim\omega_0$は，考えているような振動数の大きな場合には無視することができる．

$$d\sigma=\left(\frac{e^2}{mc^2}\right)^2\overline{|\sum e^{-i\boldsymbol{qr}}|^2}\sin^2\theta do \qquad (80.6)$$

となる．うえの横線は時間平均，すなわち，系の電荷の運動にわたっての平均を意味する．この平均をとるのは，散乱を観測するには系の電荷の運動周期にくらべて長い時間間隔が必要とされるからである．

入射波の波長に対して，条件（80.1）から不等式 $\lambda\ll ac/v$ が得られる．λ と a の相対的な大きさについていえば，$\lambda\gg a$ と $\lambda\ll a$ の極限のどちらもが可能である．どちらの場合にも，一般公式（80.6）はいちじるしく簡単になる．

$\lambda\gg a$ の場合には，$q\sim 1/\lambda$ で，r は a の程度であるから，表式(80.6)において $\boldsymbol{qr}\ll 1$ となる．これに応じて $e^{i\boldsymbol{qr}}$ を1でおきかえると

$$d\sigma=Z^2\left(\frac{e^2}{mc^2}\right)^2\sin^2\theta do \qquad (80.7)$$

が得られる．すなわち，散乱は原子のなかの電子の数 Z の2乗に比例する．

つぎに $\lambda\ll a$ の場合に移ろう．(80.6) に和の平方が現われるが，それによって，各項の絶対値の平方に加えて $e^{i\boldsymbol{q}(\boldsymbol{r}_1-\boldsymbol{r}_2)}$ という形の積が生ずる．電荷の運動にわたって平均をとることは，電荷相互の距離について平均をとることと同じで，その際 $\boldsymbol{r}_1-\boldsymbol{r}_2$ は a の程度の区間のあらゆる値をとる．$q\sim 1/\lambda, \lambda\ll a$ であるから，この区間で指数関数 $e^{i\boldsymbol{q}(\boldsymbol{r}_1-\boldsymbol{r}_2)}$ ははげしく振動する関数であり，その平均値は消える．こうして，$\lambda\ll a$ に対する有効散乱断面積は

$$d\sigma=Z\left(\frac{e^2}{mc^2}\right)^2\sin^2\theta do \qquad (80.8)$$

となる．すなわち，散乱は原子番号の1乗に比例する．この公式は小さな散乱角（$\vartheta\sim\lambda/a$）に対しては適用できないことに注意しよう．というのは，このとき $q\sim\vartheta/\lambda\sim 1/a$ で指数 $\boldsymbol{qr}$ が1とくらべて大きいといえなくなるからである．

干渉性散乱の有効断面積を求めるには，散乱波の場から振動数 ω をもつ部分をとりださなければならない．場に対する表式（80.5）は $e^{-i\omega t}$ という因数をとおして時間に依存するとともに，和 $\sum e^{-i\boldsymbol{qr}}$ のなかにも時間を含んでいる．このあとの時間依存のために，散乱された波の場のなかに，振動数 ω のほかに（ω には近いが）他の振動数が現われるのである．振動数 ω をもつ（すなわち，因数 $e^{-i\omega t}$ をとおしてのみ時間に依存する）場の部分は，$\sum e^{-i\boldsymbol{qr}}$ を時間について（すなわち，電荷の運動にわたって）平均をとれば，求められる．これに対応して，干渉性散乱の有効断面積 $d\sigma_{\mathrm{coh}}$ に対する表式は，和の絶対値の2乗の平均値のかわりに和の平均値の絶対値の2乗が現われるところが，全断面積 $d\sigma$ と異なっている：

$$d\sigma_{\text{coh}}=\left(\frac{e^2}{mc^2}\right)^2\overline{|\sum\ e^{-i\boldsymbol{qr}}|^2}\sin\theta do. \tag{80.9}$$

この和の平均値が（係数だけをのぞいて），原子のなかの電荷密度 $\rho(\boldsymbol{r})$ の平均の分布のフーリエ成分

$$e\overline{\sum\ e^{-i\boldsymbol{qr}}}=\int\rho(\boldsymbol{r})e^{-i\boldsymbol{qr}}dV=\rho_{\boldsymbol{q}} \tag{80.10}$$

にほかならないことに注意しておくのは必要である．

$\lambda\gg a$ の場合には，ふたたび $e^{-i\boldsymbol{qr}}$ を1でおきかえることができて

$$d\sigma_{\text{coh}}=Z^2\left(\frac{e^2}{mc^2}\right)^2\sin^2\theta do \tag{80.11}$$

となる．これを全有効断面積（80.7）と比較して，$d\sigma_{\text{coh}}=d\sigma$，すなわち，すべての散乱が干渉性であることがわかる．

$\lambda\ll a$ ならば，（80.9）で平均をとると和の各項は（時間のはげしく振動する関数であるために）すべて消え，$d\sigma_{\text{coh}}=0$ となる．したがって，この場合の散乱は完全に非干渉性である．

第10章　重力場のなかの粒子

§ 81. 非相対論的力学における重力場

重力場（あるいは**万有引力**の場）の基本的な特徴は，そのなかでは（初期条件さえ同じならば）すべての物体がその質量や電荷にかかわりなく同じように運動するということである．

たとえば，地球の重力場における自由落下の法則は，すべての物体に対して同一である．物体はその質量のいかんにかかわらず，すべて同一の加速度を得るのである．

重力場のこの特質のために，重力場のなかでの物体の運動と，どんな外部の場のなかにもおかれていない物体の非慣性基準系からみた運動とのあいだに本質的な類比を求めることが可能となる．つまり，慣性基準系では，すべての物体の自由運動は一様な直線運動であり，たとえばそれらの最初の速度が同じであったとすれば，以後ずっとそうである．そこで，この自由運動をある非慣性基準系からみるならば，この基準系に対してもすべての物体が同じように運動することになるのは明らかである．

このように，非慣性系における運動のようすは，重力場の存在する慣性系における運動のようすと同じである．いいかえれば，非慣性基準系は適当な重力場に同等である．この事情を**等価原理**とよぶ．

例として，一様に加速されている基準系における運動を考えてみよう．任意の質量の物体がそういう基準系のなかで自由に動くとすれば，物体はこの系に対して，系自身の加速度と大きさ等しく，方向反対の加速度をもつことは明らかである．一様な不変の重力場，たとえば地球の重力の場（場が一様とみなせる程度の小さい範囲で）のなかでの運動についても，同じことがいえる．したがって，一様に加速された基準系は，一様な不変の外部の場に同等である．同じ意味で，一様でない加速度で並進する基準系は一様ではあるが変化する重力場に同等である．

しかしながら，非慣性基準系に同等な場というものは，慣性系においても生ずる“真の”重力場に完全には同等でない．両者のあいだには，無限遠におけるようすにきわめて本質的な差があるからである．“真の”場は，それを生ずる物体から無限に離れた点でつねにゼロに向かう．これに反して，非慣性系に同等な場は，無限遠において限りなく増大するか，あるいは特別な場合に有限の値にとどまる．たとえば，回転している基準系において現われる遠心力は，回転軸から遠ざかるにつれて限りなく増大する．直線加速度運動をしている基準系に同等な場は全空間にわたって，無限遠においても，同じ大きさである．

非慣性系に同等な場は，慣性系へ移るやいなや消える．これと反対に，“真の”重力場（慣性基準系においても存在する）は，どのように基準系を選んでも消去してしまうことができない．このことはうえに述べた，“真の”重力場と非慣性系に同等な重力場との無限遠での条件の差からして，すでに明らかである．後者は無限遠においてゼロに近づかないから，基準系をどう選んでも，無限遠においてゼロになる現実の重力場を消去することが不可能なのは明らかである．

基準系の適当な選択によって達成できることは，場を一様とみなしてもよいくらいに小さな空間の与えられた領域のなかで，重力場を消去することだけである．それには，考えている領域の場のなかにおかれた粒子に生ずる加速度に等しい加速度で運動している基準系を選べばよい．

非相対論的力学では，重力場のなかでの粒子の運動は，（慣性基準系で）つぎの形をもつラグランジアンによって決定される：

$$L=\frac{mv^2}{2}-m\phi. \tag{81.1}$$

ここにϕは，場を特徴づける座標および時間の関数で，**重力ポテンシャル**とよばれる[1]．これから導かれる粒子の運動方程式は

$$\dot{\boldsymbol{v}}=-\mathrm{grad}\,\phi \tag{81.2}$$

である．これには，質量その他の粒子の特性を表わすような定数は含まれていない；このことが重力場の基本的な性質を表現している．

§ 82. 相対論的力学における重力場

前節で指摘した重力場の基本的性質，すなわち，そのなかではすべての物体が同じように運動するということは，相対論的な力学においてもそのまま成り立つ．したがって，重力場と非慣性基準系との類比もやはり成り立つ．だから，相対論的力学における重力場の性質を研究するのに，この類比から出発するのが自然である．

慣性基準系では，デカルト座標を使ったとき，世界間隔 ds はつぎの関係で与えられる：

$$ds^2=c^2dt^2-dx^2-dy^2-dz^2.$$

他のどんな慣性系に移っても（すなわちローレンツ変換），世界間隔はすでに知っている

1）以下では，電磁ポテンシャルはめったに使用する必要がないから，重力ポテンシャルを同じ記号で表わしても誤解の生ずるおそれはない．

とおり形を変えない．しかし，非慣性基準系へ移るならば，ds^2 はもはや4つの座標の微分の2乗の和ではなくなる．

そこで，たとえば一様に回転している座標系へ変換すれば

$$x=x'\cos\Omega t-y'\sin\Omega t,\qquad y=x'\sin\Omega t+y'\cos\Omega t,\qquad z=z'$$

となって（Ωは回転の角速度で，z軸の方向を向いているとする），世界間隔は

$$ds^2=[c^2-\Omega^2(x'^2+y'^2)]dt^2-dx'^2-dy'^2-dz'^2+2\Omega y'dx'dt-2\Omega x'dy'dt$$

という形になる．時間座標の変換則がどうあろうとも，この表式を，座標の微分の2乗の和で表わすことは不可能である．

このように，非慣性基準系においては，世界間隔は座標の微分についてもっと一般的な2次形式となるのである．すなわち，それは

$$ds^2=g_{ik}dx^i dx^k \tag{82.1}$$

という形をとる．ここに g_{ik} は，空間座標 x^1, x^2, x^3 および時間座標 x^0 のある関数である．したがって，非慣性系を用いるときには，4次元座標系 x^0, x^1, x^2, x^3 は曲線座標である．各曲線座標のすべての幾何学的性質を決定する g_{ik} という量を，空間・時間の**計量**という．

g_{ik} という量は明らかに，添字 i と k とについて対称（$g_{ik}=g_{ki}$）とみなすことができる．なぜなら，それらは，g_{ik} と g_{ki} とが同一の積 $dx^i dx^k$ の係数としてはいっている対称な形（82.1）によって定義されているからである．一般の場合には，g_{ik} のうち異なったものは10個ある——うち4個は2つの添字が等しく，$4\cdot3/2=6$ 個は添字が異なる．慣性基準系では，空間座標 $x^{1,2,3}=x, y, z$ および時間 $x^0=ct$ を使うとき，g_{ik} は

$$g_{00}=1,\qquad g_{11}=g_{22}=g_{33}=-1,$$
$$i\neq k \text{ に対しては } g_{ik}=0 \tag{82.2}$$

である．g_{ik} がこれらの値をとるような4次元座標系を**ガリレイ的**とよぶことにしよう．

われわれは前節で非慣性基準系はある力の場に同等であることを示した．そしていま，相対論的力学では，これらの場は g_{ik} という量で決定されることを知った．

同じことが，“真の” 重力場にもあてはまる．あらゆる重力場は空間・時間の計量の変化にほかならず，したがって，それは g_{ik} という量によって決定される．この重要な事実が意味するのは，空間・時間の幾何学的性質（その計量）は，物理的現象によってきまるものであって，空間および時間の固定した性質ではない，ということである．

相対性理論にもとづいてつくられた重力場の理論は，**一般相対性理論**とよばれる．それはアインシュタインによって確立され（1916年かれによって最終的に定式化された），あらゆる現存の物理学理論のなかで，おそらくもっとも美しい理論である．さらに注目すべきは，それがアインシュタインによって純粋に演繹的なやり方で建設され，のちになって

初めて天文学的観測による確証を得たということである．

非相対論的力学の場合と同じく，“真の” 重力場と，非慣性基準系に同等な場とのあいだには，根本的な差異がある．非慣性基準系に移ると，2次形式は（82.1）の形になる．すなわち，g_{ik} という量はガリレイ的な値（82.2）から座標変換によって得られるものである．したがって，それらは逆の変換によって全空間にわたってガリレイ的な値をもつようにすることができる．そのような形がきわめて特殊なものだということは，4個の座標の単なる変換によって，10個の量 g_{ik} をあらかじめ指定した形になおすことは不可能だという事実からして明らかである．

“真の” 重力場は，いかなる座標変換によっても消去することはできない．いいかえると，重力場が存在するときの時間・空間は，どのような座標変換をほどこしても，それの計量をきめる量 g_{ik} が全空間にわたってガリレイ的な値をもつようにすることができないようなものである．そのような空間・時間は，そういう変換が可能な**平坦な**空間から区別して，**曲がっている**といわれる．

しかしながら，適当な座標変換をおこなうことによって，非ガリレイ的な空間・時間の任意の1点における g_{ik} をガリレイ的な形にすることができる．それはつまり，定数係数（与えられた点における g_{ik} の値）をもつ対角線形の2次形式に変換することである．そのような座標系を与えられた点において**ガリレイ的**とよぶことにしよう[1)]．

与えられた点で対角線化されたとき，量 g_{ik} のつくる行列は1個は正の，3個は負の主値をもつことに注意しよう（それらの符号の全体をテンソルの**符号系**（signature）とよぶ）．このことからとくに，量 g_{ik} のつくる行列式 g は現実の空間・時間ではつねに負であるということがわかる：

$$g<0. \tag{82.3}$$

空間・時間の計量の変更はまた，純空間的な計量の変更をも意味する．平坦な空間・時間におけるガリレイ的な g_{ik} は空間のユークリッド幾何学に対応している．重力場のなかでは，空間の幾何学は非ユークリッド的になる．このことは，空間・時間が “曲がって” いる “真の” 重力場にも，また，基準系が非慣性的であることのみから生じ，空間・時間の平坦さをそこなわない場にも，同じようにあてはまる．

重力場における空間の幾何学については，§84でさらにくわしく考察する．ここでは，非慣性基準系へ移ると空間が非ユークリッド的になることは，不可避であることを一目瞭

1）しかし，誤解をさけるために注意しておくが，そのような座標系を選んだというだけではまだ，その点の近くの無限小4次元体積要素において重力場を消去したことを意味しない．等価原理によってそのような消去はつねに可能であるが，それは もう少し多くのものを意味するのである（§87をみよ）．

然に例示してくれる簡単な考察を引用しておくのがよいであろう．2つの基準系を考えて，その一方（K）は慣性系，もう1つ（K'）はKに対してz軸のまわりに一様に回転している系とする．系Kのxy面内の円（中心は座標の原点）は系K'の$x'y'$面内の円とみなすこともできる．系Kで物指しを使って円周と直径とを計れば，それらの値の比はπとなって，慣性基準系におけるユークリッド幾何学に合致するであろう．つぎにK'に対して静止している物指しによって測定をおこなうとしよう．その過程を系Kからみると，円周にそう方向におかれた物指しはローレンツ短縮をこうむるが，直径方向におかれた物指しは変化しない．したがって，そのような測定の結果として得られる円周と直径の比がπよりも大きくなることは明らかである．

一般的な，変化する任意の重力場の場合には，空間の計量は非ユークリッド的であるだけでなく，また時間的にも変化する．このことの意味は，さまざまの幾何学的距離のあいだの関係が時間とともに変わるということである．その結果，場のなかにさし入れられた"探索粒子"どうしの相互配置は，いかなる座標系においても不変にとどまることはできない[1]．たとえば，粒子が任意の円周およびその円の直径にそって分布しているとすると，円周の長さと直径との比はπに等しくなく，時間とともに変化するから，直径にそっての粒子どうしの距離が一定にたもたれるとすれば，円周にそっての粒子間の距離が変化しなければならないこと（およびその逆）は明らかである．このように，一般相対性理論においては，一般的にいって，いくつかの物体からなる系における相互の不動性ということは不可能なのである．

一般相対性理論においては，以上のような事情のために基準系の概念が特殊相対性理論におけるのと本質的に異なってくる．特殊相対性理論では，基準系とは，たがいに静止している，相対的な配置が不変に保たれた物体の集積のことと考えられていた．変化する重力場が存在するときには，そのような物体の系はありえないし，多くの粒子の空間的配置を正確にきめるためには，厳密にいうと，全空間をみたすだけの無限個の物体の集まり，つまり，何か"媒質"のようなものを使用することが必要である．そのような物体の系と，それらの物体のおのおのに結びつけられた任意の進み方をする時計とを合わせたものが，一般相対性理論における基準系を構成するのである．

基準系の選び方が任意であることに関連して，自然の諸法則も一般相対性理論においては，任意の4次元座標系において役に立つような形式（あるいは，いわゆる"共変形"）に

---

1) 厳密にいうと，粒子の数は4個より多くなければならない．6個の線分からはつねに4面体をつくることができるから，基準系をしかるべく定めることによっていつでも，4個の粒子系がその基準系において，不変な4面体をつくるようにすることが可能である．まして，3個あるいは2個の粒子からなる系においては，粒子が相互に不動であるように基準系をきめることができる．

書かれねばならない．しかし，このことは言うまでもなく，それらの基準系のすべてが物理的に同等であること（ちょうど特殊相対性理論において，すべての慣性系が物理的に同等であったように）を意味するものではない．反対に，物体の運動のようすをはじめとする具体的な物理現象の形態は，すべての基準系においてそれぞれ異なるのである．

§ 83. 曲 線 座 標

さきに知ったように，重力場を研究するときには，曲線座標系において現象を考察する必要に直面する．このことに関連して，任意の曲線座標における 4 次元幾何学を展開しておくことが必要である．§83, 85, 86 をそのためにあてる．

1つの座標系 x^0, x^1, x^2, x^3 から他の座標系 x'^0, x'^1, x'^2, x'^3 への変換

$$x^i = f^i(x'^0, x'^1, x'^2, x'^3)$$

を考える．ただし f^i は適当な関数である．座標を変換すれば，座標の微分は

$$dx^i = \frac{\partial x^i}{\partial x'^k} dx'^k \tag{83.1}$$

という関係にしたがって変換される．

座標変換に際して座標の微分と同じように変換される 4 個の量 A^i をまとめて**反変 4 元ベクトル**とよぶ：

$$A^i = \frac{\partial x^i}{\partial x'^k} A'^k. \tag{83.2}$$

ϕ をあるスカラーとする．座標変換に際して 4 つの量 $\partial\phi/\partial x^i$ は，公式

$$\frac{\partial \phi}{\partial x^i} = \frac{\partial \phi}{\partial x'^k} \frac{\partial x'^k}{\partial x^i} \tag{83.3}$$

にしたがって変換される．この公式は (83.2) と異なっている．座標変換に際して，スカラー導関数と同じように変換される 4 個の量 A_i をまとめて**共変 4 元ベクトル**とよぶ．すなわち，座標変換によって

$$A_i = \frac{\partial x'^k}{\partial x^i} A'_k \tag{83.4}$$

となる．

同様に，いろいろな階数のテンソルを定義する．たとえば，2 個の反変ベクトルの成分の積のように，つまり

$$A^{ik} = \frac{\partial x^i}{\partial x'^l} \frac{\partial x^k}{\partial x'^m} A'^{lm} \tag{83.5}$$

という法則にしたがって変換される 16 個の量 A^{ik} をまとめて 2 階の反変テンソルという．

2 階の共変テンソル A_{ik} は

$$A_{ik}=\frac{\partial x'^l}{\partial x^i}\frac{\partial x'^m}{\partial x^k}A'_{lm} \tag{83.6}$$

にしたがって変換する．また，混合テンソルはつぎのように変換する：

$$A^i{}_k=\frac{\partial x^i}{\partial x'^l}\frac{\partial x'^m}{\partial x^k}A'^l{}_m. \tag{83.7}$$

上に与えた定義は，ガリレイ座標における4元ベクトルと4元テンソルの定義（§6）の自然な一般化である．その定義によっても微分 dx^i が反変4元ベクトル，$\partial\phi/\partial x^i$ が共変4元ベクトルをつくる[1]．

積による4元テンソルの構成あるいは他の4元テンソルとの積の縮約の規則は，曲線座標でもガリレイ座標のときと同じである．たとえば，変換則（83.2）と（83.4）のために2つの4元ベクトルのスカラー積 A^iB_i がたしかに不変であることは，たやすく証明される：

$$A^iB_i=\frac{\partial x^i}{\partial x'^l}\frac{\partial x'^m}{\partial x^i}A'^lB'_m=\frac{\partial x'^m}{\partial x'^l}A'^lB'_m=A'^lB'_l.$$

曲線座標に移るとき，4元単位テンソル δ^i_k の定義は変わらない．それの成分は，$i\neq k$ に対して $\delta^i_k=0$，$i=k$ に対して1である．A^k をベクトルとすれば，これに δ^i_k をかけて

$$A^k\delta^i_k=A^i,$$

すなわち，ふたたび同じベクトルを得る．このこともまた，δ^i_k がテンソルであることを示している．

線要素の2乗 ds^2 は微分 dx^i の2次関数である．すなわち

$$ds^2=g_{ik}dx^idx^k, \tag{83.8}$$

ここに，g_{ik} は座標の関数である．また，それは添字 i と k について対称である：

$$g_{ik}=g_{ki}. \tag{83.9}$$

g_{ik} と反変テンソル dx^idx^k との（縮約された）積がスカラーであるから，g_{ik} は共変テンソルである．テンソル g_{ik} を**計量テンソル**とよぶ．

2個のテンソル A_{ik} と B^{ik} とは

$$A_{ik}B^{kl}=\delta^l_i$$

のとき，たがいに逆であるという．とくに，テンソル g_{ik} の逆テンソル g^{ik} は**反変計量テンソル**とよばれる．すなわち

$$g_{ik}g^{kl}=\delta^l_i \tag{83.10}$$

である．

同一のベクトルの物理量を，反変成分としても共変成分としても表わすことができる．

1）ガリレイ座標では（その微分だけでなく）座標 x^i 自身も4元ベクトルをつくるが，曲線座標ではもちろんそんなことは起こらない．

両者のあいだの関係を与えることのできる量は，計量テンソルだけであることは明らかである．この関係は，

$$A^i = g^{ik} A_k, \qquad A_i = g_{ik} A^k \tag{83.11}$$

という公式で与えられる．

ガリレイ座標系では，計量テンソルはつぎの成分をもつ：

$$g_{ik}^{(0)} = g^{ik(0)} = \begin{pmatrix} 1 & 0 & 0 & 0 \\ 0 & -1 & 0 & 0 \\ 0 & 0 & -1 & 0 \\ 0 & 0 & 0 & -1 \end{pmatrix}. \tag{83.12}$$

このとき，公式（83.11）はよく知られた関係 $A^0 = A_0$，$A^{1,2,3} = -A_{1,2,3}$ を与える[1)]．

以上に述べたことは，テンソルにもあてはまる．同一の物理的テンソルの異なった形のあいだの変換は，計量テンソルを使って公式

$$A^i{}_k = g^{il} A_{lk}, \qquad A^{ik} = g^{il} g^{km} A_{lm},$$

等々によりおこなうことができる．

われわれは§6で，（ガリレイ座標系において）完全に反対称な単位擬テンソル e^{iklm} を定義した．これを任意の曲線座標に変換しよう．いまそれを E^{iklm} と表わす．記号 e^{iklm} は，いままでどおり $e^{0123}=1$（あるいは $e_{0123}=-1$）という値で定義される量のためにとっておくことにする．

いま x'^i をガリレイ座標，x^i を任意の曲線座標とする．テンソルの変換の一般則にしたがって，

$$E^{iklm} = \frac{\partial x^i}{\partial x'^p} \frac{\partial x^k}{\partial x'^r} \frac{\partial x^l}{\partial x'^s} \frac{\partial x^m}{\partial x'^t} e^{prst},$$

あるいは

$$E^{iklm} = J e^{iklm}$$

が得られる．ここで J は導関数 $\partial x^i / \partial x'^p$ からできる行列式，すなわち，ガリレイ座標から曲線座標への変換のヤコビアンにほかならない：

$$J = \frac{\partial(x^0, x^1, x^2, x^3)}{\partial(x'^0, x'^1, x'^2, x'^3)}.$$

このヤコビアンを，計量テンソル g_{ik}（x^i 系での）の行列式で表わすことができる．そのために計量テンソルの変換式

$$g^{ik} = \frac{\partial x^i}{\partial x'^l} \frac{\partial x^k}{\partial x'^m} g^{lm(0)}$$

---

1) 類推のためにガリレイ座標系を使うときにはいつも，そのような座標系が選べるのは平坦な4次元空間の場合だけであることに留意しなければならない．曲がった4次元空間の場合には，与えられた微小な4次元体積のなかでガリレイ的な座標系を考えなければならない．それはいつでも可能である．すべての結論はこのただし書きによって変わらない．

を書き，この式の両辺に現われる量からできる行列式をくらべる．逆テンソルの行列式は，$|g^{ik}|=1/g$ である．また $|g^{lm(0)}|=-1$．したがって，$1/g=-J^2$ が得られ，これから，$J=1/\sqrt{-g}$ となる．

したがって，曲線座標では4階の反対称単位テンソルは

$$E^{iklm}=\frac{1}{\sqrt{-g}}e^{iklm} \tag{83.13}$$

と定義しなければならない．このテンソルの添字をおろすには，

$$e^{prst}g_{ip}g_{kr}g_{ls}g_{mt}=-ge_{iklm}$$

という公式を使う．それゆえ共変成分は

$$E_{iklm}=\sqrt{-g}e_{iklm} \tag{83.14}$$

となる．

ガリレイ座標系 x'^i では，1つのスカラーの $d\Omega'=dx'^0dx'^1dx'^2dx'^3$ についての積分はやはりスカラーである．すなわち，$d\Omega'$ は積分において不変量のようにふるまうのである（§6参照）．曲線座標 x^i に移ると，積分要素 $d\Omega'$ は

$$d\Omega'\to\frac{1}{J}d\Omega=\sqrt{-g}d\Omega$$

に変換される．したがって，曲線座標系では，4次元空間の任意の領域にわたって積分するとき，$\sqrt{-g}d\Omega$ が不変量としてふるまう[1]．

超曲面，面，線のうえでの積分要素について§6の終わりに述べたことは，対偶テンソルの定義をわずかに変更することをのぞいて，曲線座標に対してもすべてそのまま成り立つ．3つの無限小変位からつくられた超曲面の"面積"要素は，反変反対称テンソル dS^{ikl} である．これに対偶なベクトルは，テンソル $\sqrt{-g}e_{iklm}$ を乗ずることによって得られる．すなわち，それは

$$\sqrt{-g}dS_i=-\frac{1}{6}e_{iklm}dS^{klm}\sqrt{-g} \tag{83.15}$$

に等しい．

同様に，2つの無限小変位によってつくられる（2次元の）面要素を df^{ik} とすれば，これに対偶なテンソルは

$$\sqrt{-g}df^*_{ik}=\frac{1}{2}\sqrt{-g}e_{iklm}df^{lm} \tag{83.16}$$

1) ϕ をスカラーとすれば，$\sqrt{-g}\phi$ という量は，$d\Omega$ のうえで積分すれば不変量を与えるので，ときに**スカラー密度**とよばれる．同様に，$\sqrt{-g}A^i$，$\sqrt{-g}A^{ik}$ などを**ベクトル密度**，**テンソル密度**等々という．これらの量に無限小の4次元体積要素 $d\Omega$ を乗ずれば，ベクトルやテンソルを与える（有限の領域にわたっての積分 $\int A^i\sqrt{-g}d\Omega$ は，一般的にいって，ベクトルではありえない．というのは，ベクトル A^i の変換法則は異なった点においては異なるからである）．

で与えられる[1]．ここで dS_i および df_{ik}^* という記号は，前同様それぞれ $\frac{1}{6}e_{klmi}S^{klm}$ および $\frac{1}{2}e_{iklm}df^{lm}$ を（それらと $\sqrt{-g}$ との積でなく）表わしている．種々の積分相互のあいだの変換を表わす規則(6.14)ないし(6.19)は，導き方がまったく形式的で，それぞれの量のテンソルとしての性質には依存していないから，ここでも同じように成り立つ．それらのうちとくに必要なのは，超曲面のうえでの積分を体積積分に変換する規則（ガウスの定理）である．それは

$$dS_i \to d\Omega\frac{\partial}{\partial x^i} \tag{83.17}$$

というおきかえによって実行される．

§ 84. 距離と時間間隔

すでに述べたように，一般相対性理論では座標系の選択になんの制限もない．3つの空間座標 x^1, x^2, x^3 は，物体の空間内の位置をきめる量ならなんでもよいし，時間座標 x_0 はどんな動き方をする時計によっても定義できる．そこで，x^0, x^1, x^2, x^3 の値からどのようにすれば実際の距離と時間間隔とを知ることができるか，ということが問題になる．

まず第1に，真の時間——以下ではこれを τ で表わす——と座標 x^0 の関係を求めよう．そのために，空間の同一点で生じた限りなく近い2つの事象を考える．すると，この2つの事象のあいだの世界間隔 ds^2 は $cd\tau$ にほかならない．ただし，$d\tau$ は2つの事象のあいだの（真の）時間間隔である．したがって，一般的な表現 $ds^2=g_{ik}dx^idx^k$ において $dx^1=dx^2=dx^3=0$ とおけば

$$ds^2=c^2d\tau^2=g_{00}(dx^0)^2$$

これから

$$d\tau=\frac{1}{c}\sqrt{g_{00}}dx^0 \tag{84.1}$$

を得る．あるいは，空間の同一点で生ずる任意の2個の事象のあいだの時間として

$$\tau=\frac{1}{c}\int\sqrt{g_{00}}dx^0 \tag{84.2}$$

を得る．

この関係によって，座標 x^0 が変化するときの真の時間間隔（あるいは，空間の与えら

---

1) 要素 dS^{klm} および df^{ik} は，座標 x^i の幾何学的意味がどうであっても，§6で定義されたと同様の仕方で無限小変位 dx^i, dx'^i, dx''^i からつくられるものとする．そうすると，要素 dS_i, df_{ik}^* の形式的な意味は前のままに保たれる．とくに，前のとおり $dS_0=dx^1dx^2dx^3=dV$. 以下でも3つの空間座標の微分の積に対して前と同じ記号 dV を使う．しかし，曲線座標では幾何学的な空間の体積要素は dV 自体ではなく，積 $\sqrt{\gamma}dV$ で与えられる．ただし γ は，空間の計量テンソル（これは次節で定義される）の行列式である．

れた点におけるいわゆる**固有時間**）が求められる．なお，これらの式からわかるとおり，g_{00} いう量は正であることに注意しよう：

$$g_{00}>0. \tag{84.3}$$

条件 (84.3) の意味と，テンソル g_{ik} の一定の符号系（主値の符号）に対する条件 (§82) の意味との違いを強調しておく必要がある．後者の条件をみたさないテンソル g_{ik} は，一般にどんな現実の重力場にも対応することができない．すなわち，現実の空間・時間の計量になりえない．しかし，条件 (84.3) が満足されないということは，その基準系を現実の物体によって実現することができないということを意味するにすぎない；主値についての条件がみたされていれば，適当な座標変換によって g_{00} を正にすることができるのである（そのような系の例として，回転している座標系がある．§89 参照）．

さてつぎに，**空間距離**の要素 dl を求めよう．特殊相対性理論では，dl を同一時刻に生じた無限小だけへだたった2つの事象のあいだの世界間隔と定義することができる．一般相対性理論ではこのようなやり方は通常不可能である．すなわち，ds において単に $dx^0=0$ とおくだけで dl を求めることは不可能である．このことは，重力場のなかでは，有時間の座標 x^0 への依存のしかたが空間内の異なる点では違っているという事情に関係している．

dl を見いだすためには以下のようにする．

光の信号が空間の点 B（座標 $x^\alpha+dx^\alpha$）から，それに限りなく近い点 A（座標 x^α）へ向けて発射され，ついで同じ道筋にそって逆進すると考えよう．このために要する時間（同じ点 B からみた）は明らかに，c をかければ2つの点のあいだの距離の2倍を与える．

空間座標と時間座標とを分離して世界間隔を書きおろすと

$$ds^2=g_{\alpha\beta}dx^\alpha dx^\beta+2g_{0\alpha}dx^0dx^\alpha+g_{00}(dx^0)^2 \tag{84.4}$$

となる．ここで，重複しているギリシア添字については1から3まで和をとるものとする．1つの点から光の信号が発射されることと，それがもう1つの点へ到着することとを表わす2つの事象のあいだの世界間隔はゼロである．方程式 $ds^2=0$ を dx^0 について解くと，A と B のあいだをたがいに逆向きに信号が伝わることに対応する2つの根

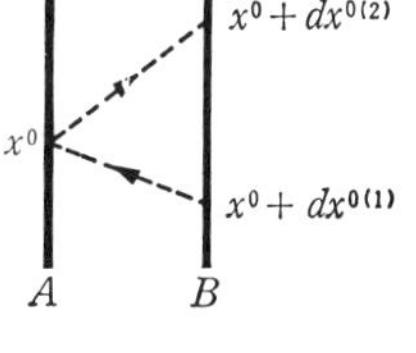

図 18

$$\begin{aligned} dx^{0(1)}&=\frac{1}{g_{00}}\{-g_{0\alpha}dx^\alpha-\sqrt{(g_{0\alpha}g_{0\beta}-g_{\alpha\beta}g_{00})dx^\alpha dx^\beta}\},\\ dx^{0(2)}&=\frac{1}{g_{00}}\{-g_{0\alpha}dx^\alpha+\sqrt{(g_{0\alpha}g_{0\beta}-g_{\alpha\beta}g_{00})dx^\alpha dx^\beta}\} \end{aligned} \tag{84.5}$$

が得られる．信号が A に到達する時刻を x^0 とすれば，それが B を発する時刻および B にもどってくる時刻はそれぞれ $x^0+dx^{0(1)}$ および $x^0+dx^{0(2)}$ である．図式的に示すと，図

18 において実線は与えられた座標 x^α と $x^\alpha+dx^\alpha$ に対応する世界線，点線は信号の世界線である[1]，ある点から信号が発せられ，ふたたびそこへもどってくるまでの“時間”間隔は明らかに

$$dx^{0(2)}-dx^{0(1)}=\frac{2}{g_{00}}\sqrt{(g_{0\alpha}g_{0\beta}-g_{\alpha\beta}g_{00})dx^\alpha dx^\beta}$$

に等しい．

これに対応する真の時間の長さは，(84.1) によって $\sqrt{g_{00}}/c$ をこれにかければ得られる．そして，2つの点のあいだの距離 dl はそれにさらに $c/2$ をかければ得られる．その結果は

$$dl^2=\left(-g_{\alpha\beta}+\frac{g_{0\alpha}g_{0\beta}}{g_{00}}\right)dx^\alpha dx^\beta$$

である．

これが探していた，空間座標の要素によって距離を定める式である．これを書きなおして

$$dl^2=\gamma_{\alpha\beta}dx^\alpha dx^\beta \tag{84.6}$$

という形におく．ここに

$$\gamma_{\alpha\beta}=-g_{\alpha\beta}+\frac{g_{0\alpha}g_{0\beta}}{g_{00}} \tag{84.7}$$

は空間の計量，すなわち空間の幾何学的性質をきめる3次元計量テンソルである．(84.7) は，実際の空間の計量と4次元の時間・空間の計量のあいだの関係を定めるものである[2]．

しかしながら，g_{ik} は一般に x^0 に依存するから，空間の計量 (84.6) も時間とともに変化するということを忘れてはならない．この事情のために，dl を積分することは無意味で

---

1) 図18では，$dx^{0(2)}>0$，$dx^{0(1)}<0$ と仮定してあるが，これはなんら必然的なものではない．$dx^{0(1)}$ と $dx^{0(2)}$ が同じ符号をもつことも可能である．このような場合に信号が A に達する時刻 $x^0(A)$ の値が，信号が B を発した時刻 $x^0(B)$ の値よりも小さいことがありうるという事実は，なんら矛盾した事態ではない．というのは空間の異なる点の時計の進み方はたがいに全然同期化されていないからである．

2) 2次形式 (84.6) は明らかに正確定でなければならない．そのためには，よく知られているように，その係数がつぎの条件をみたさなければならない：

$$\gamma_{11}>0,\qquad \begin{vmatrix}\gamma_{11} & \gamma_{12}\\ \gamma_{21} & \gamma_{22}\end{vmatrix}>0,\qquad \begin{vmatrix}\gamma_{11} & \gamma_{12} & \gamma_{13}\\ \gamma_{21} & \gamma_{22} & \gamma_{23}\\ \gamma_{31} & \gamma_{32} & \gamma_{33}\end{vmatrix}>0.$$

$\gamma_{\alpha\beta}$ を g_{ik} で表わせば，たやすく示されるように，うえの条件はつぎの形をとる：

$$\begin{vmatrix}g_{00} & g_{01}\\ g_{10} & g_{11}\end{vmatrix}<0,\qquad \begin{vmatrix}g_{00} & g_{01} & g_{02}\\ g_{10} & g_{11} & g_{12}\\ g_{20} & g_{21} & g_{22}\end{vmatrix}>0,\qquad g<0.$$

現実の物体を用いて実現できるすべての基準系の計量テンソルの成分は，条件 (84.3) とともにこれらの条件をみたさなければならない．

ある．そういう積分は空間の2つの点を結ぶ世界線の選び方に依存するのである．このように，一般相対性理論では物体間の定まった距離という概念は，一般的にいって意味を失い，ただ無限小の距離に対してのみ妥当するにすぎない．空間の有限な領域に対しても距離を定義できる唯一の場合は，g_{ik} が時間に関係せず，したがって，空間曲線にそっての積分 $\int dl$ がきまった意味をもつときである．

テンソル $\gamma_{\alpha\beta}$ は3次元反変テンソル $g^{\alpha\beta}$ の逆であることに注意することは有益である．実際，$g^{ik}g_{kl}=\delta_l^i$ を成分にわけて書くと，

$$g^{\alpha\beta}g_{\beta\gamma}+g^{\alpha0}g_{0\gamma}=\delta_\gamma^\alpha, \qquad g^{\alpha\beta}g_{\beta0}+g^{\alpha0}g_{00}=0, \qquad g^{0\beta}g_{\beta0}+g^{00}g_{00}=1$$

が得られる．第2の式から $g^{\alpha0}$ を求めて第1の式に代入すると

$$-g^{\alpha\beta}\gamma_{\beta\gamma}=\delta_\gamma^\alpha \tag{84.8}$$

が得られる．これで証明された．この結果を表わすのに，$g^{\alpha\beta}$ という量が，(84.6) の計量に対応する3次元の計量反変テンソルをつくるということができる：

$$\gamma^{\alpha\beta}=-g^{\alpha\beta}. \tag{84.9}$$

また，g_{ik} および $\gamma_{\alpha\beta}$ からつくられる行列式 g と γ のあいだには

$$-g=g_{00}\gamma \tag{84.10}$$

という関係があることを述べておこう．

以下での一連の応用では，その共変成分が

$$g_\alpha=-\frac{g_{0\alpha}}{g_{00}} \tag{84.11}$$

で定義される3次元ベクトル $\boldsymbol{g}$ を導入するのが便利である．$\boldsymbol{g}$ を (84.6) の計量をもつ空間でのベクトルとみなすから，その反変成分は $g^\alpha=\gamma^{\alpha\beta}g_\beta$ と定義されなければならない．(84.9) および等式 (84.8) の第2式を使うと，すぐ

$$g^\alpha=\gamma^{\alpha\beta}g_\beta=-g^{0\alpha} \tag{84.12}$$

であることがわかる．また，等式 (84.8) の第3から

$$g^{00}=\frac{1}{g_{00}}-g_\alpha g^\alpha \tag{84.13}$$

という式が導かれることを注意する．

こんどは，一般相対性理論における同時性の概念の定義に移ろう．いいかえれば，空間のいくつかの異なった点に置かれた時計を合わせる問題，すなわち，それらの時計の読みのあいだの対応づけの問題を論ずるのである．

このような同期化をするには，明らかに2つの点のあいだで光の信号をやりとりすることが必要である．ふたたび，図18に示した無限に近い2つの点 A と B のあいだを信号が伝わる過程を考えよう．点 A における瞬間 x^0 と同時刻とみなされるべき点 B に置かれた時計の読みは，信号がこの点から発射される瞬間とこの点に帰着する瞬間とのあいだのあ

る瞬間，すなわち

$$x^0+\Delta x^0=x^0+\frac{1}{2}(dx^{0(2)}+dx^{0(1)})$$

でなければならない．こうして，(84.5) をこれに代入することによって，無限小だけへだたった点で生ずる２つの同時刻の事象に対する“時刻” x^0 の値の差は

$$\Delta x^0=-\frac{g_{0\alpha}dx^\alpha}{g_{00}}\equiv g_\alpha dx^\alpha \tag{84.14}$$

と書くことができる．この関係式によって，任意の無限小体積の空間内にある時計を合わせることができる．点 B からさらに同様の操作をすすめてゆけば，任意の開いた曲線にそって時計を合わせること，すなわち，事象の同時刻性を定義することができる[1]．

しかし，閉じた径路にそって時計を合わせてゆくことは一般に不可能である．実際，出発点から径路にそって進んでいってはじめの点に帰ってくると，一般にゼロと異なる Δx^0 の値が得られるであろう．したがって，全空間にわたって時計を一義的に合わせるということはなおさら不可能である．例外をなすのは，すべての $g_{0\alpha}$ がゼロに等しいような基準系だけである[2]．

すべての時計を同期化することが不可能であることは，まさに任意の基準系の性質であって，空間・時間それ自体の性質ではないことを強調しておかねばならない．どんな重力場においても，３つの量 $g_{0\alpha}$ が恒等的にゼロになり，そのことによって，時計を完全に合わせることが可能になるような基準系を選ぶことが（しかも，無限に多くのやり方で）できるのである（§97をみよ）．

特殊相対性理論においてすでに，たがいに相対的に運動している時計に対しては真の時間の流れ方が異なっていた．一般相対性理論においては，同一の基準系においてさえ空間の異なる点では真の時間の流れ方が異なるのである．このことは，空間のある点で生ずる２つの事象のあいだの固有時間の間隔と，空間の他の点におけるそれらと同時刻の２つの事象のあいだの時間間隔とは，一般的にはたがいに異なるということを意味している．

§85. 共 変 微 分

ガリレイ座標系では[3]，ベクトル A_i の微分 dA_i はベクトルで，ベクトルの成分の座標についての導関数 $\partial A_i/\partial x^k$ はテンソルである．曲線座標系ではそうはならない．dA_i は

1) (84.14) 式に g_{00} をかけ，２つの項を片方の辺にまとめると，同時性の条件は $dx_0=g_{0i}dx^i=0$ の形に書くことができる．すなわち，２つの無限小だけへだたった同時刻の事象のあいだの“共変座標の微分” がゼロに等しくなければならない

2) 空間座標をきめるために使われる物体の系の選び方にはふれないで，単なる時間座標の変換によって $g_{0\alpha}$ をゼロにすることができる場合もここに含められる．

3) 一般に，量 g_{ik} が定数の場合にはいつでも．

ベクトルでなく，$\partial A_i/\partial x^k$ はテンソルでない．それは，dA_i が空間の（無限小だけへだたった）異なる点に位置するベクトルの差だということによる．すなわち，変換公式(83.2)および（83.4）の係数が座標の関数であるために，空間の異なる点のベクトルは異なった変換のしかたをするからである．

いま述べたことを直接証明することも容易である．そのために，曲線座標における微分 dA_i に対する変換公式を求める．共変ベクトルは公式

$$A_i=\frac{\partial x'^k}{\partial x^i}A'_k$$

にしたがって変換されるから

$$dA_i=\frac{\partial x'^k}{\partial x^i}dA'_k+A'_k d\frac{\partial x'^k}{\partial x^i}=\frac{\partial x'^k}{\partial x^i}dA'_k+A'_k\frac{\partial^2 x'^k}{\partial x^i\partial x^l}dx^l.$$

このように dA_i はぜんぜんベクトルのようには変換しない（反変ベクトルの微分に対しても，もちろん同じことがいえる）．2階の導関数 $\partial^2 x'^k/\partial x^i\partial x^l=0$ のとき，すなわち，x'^k が x^k の1次関数のときにのみ，変換公式が

$$dA_i=\frac{\partial x'^k}{\partial x^i}dA'_k$$

という形になって，dA_i はベクトルのように変換される．

そこで，曲線座標において，ガリレイ座標における $\partial A_i/\partial x^k$ と同じ役割をはたすテンソルを定義することにしよう．いいかえれば，$\partial A_i/\partial x^k$ をガリレイ座標系から曲線座標系へ変換するのである．

曲線座標でベクトルのようにふるまうベクトルの微分を求めようとすれば，たがいに差引くべき2つのベクトルが空間の同一点に位置している必要がある．いいかえると，一方のベクトルを第2のベクトル（これらはたがいに無限小だけはなれている）が位置している点まで，なんとかして“移動”させなければならない．そののちに，いまや空間の同一点にある2つのベクトルの差をとるのである．この移動の操作そのものは，うえのようにして得られる差がガリレイ座標系ではふつうの微分 dA_i に一致するように定めねばならない．dA_i は2個の無限小だけへだたったベクトルの成分の差にほかならないから，このことは，ガリレイ座標を使うときにベクトル成分が移動の操作によって変化してはいけないということを意味する．ところで，そういう移動はまさにベクトル自身に平行な移動である．**平行移動**の際，ガリレイ座標におけるベクトルの成分は変化しない．他方，曲線座標を使うときには，一般にベクトルの成分は平行移動によって変化する．したがって曲線座標では，2つのベクトルの一方を他方の位置する点まで移動させたのちのそれらの成分の差は，移動のまえのそれらの差（すなわち，微分 dA_i）と一致しない．

こうして，2つの無限にわずかへだたったベクトルをくらべるためには，それらの一方

を他方の位置する点まで平行移動させなければならないのである．任意の反変ベクトルを考えよう．点 x^i におけるそれの値を A^i とすれば，近くの点 x^i+dx^i においてはそれは A^i+dA^i に等しい．ベクトル A^i を点 x^i+dx^i まで無限小平行移動させる．その結果生ずるベクトルの変化を δA^i と書く．すると，いまや同一点にある2つのベクトルの差 DA^i は

$$DA^i=dA^i-\delta A^i \tag{85.1}$$

である．

無限小の平行移動をしたときのベクトル成分の変化 δA^i は，成分そのものの大きさに依存するが，明らかにそのあいだの関係は線形である．このことは，2つのベクトルの和はおのおののベクトルと同一の法則にしたがって変換しなければならないということからただちにわかる．こうして δA^i は

$$\delta A^i=-\Gamma^i_{kl}A^k dx^l \tag{85.2}$$

という形に書ける．ここで Γ^i_{kl} は座標の関数であって，その形はいうまでもなく座標系のとり方に依存する．ガリレイ座標においては，すべて $\Gamma^i_{kl}=0$ である．

このことだけからも，Γ^i_{kl} はテンソルでないことが明らかである．なぜなら，1つの座標系でゼロに等しいテンソルは，その他のどんな座標系でもゼロに等しいからである．非ユークリッド空間ではどのように座標系を選んでもすべての Γ^i_{kl} を全空間にわたってゼロにすることはもちろん不可能である．しかし，与えられた無限小の領域内で Γ^i_{kl} がゼロになるような座標系を選ぶことはできる（この節の最後をみよ）[1]．量 Γ^i_{kl} は**クリストッフェル記号**とよばれる．以下では $\Gamma_{i,kl}$ という量も使われるが[2]，それはつぎのように定義される：

$$\Gamma_{i,kl}=g_{im}\Gamma^m_{kl}. \tag{85.3}$$

逆に

$$\Gamma^i_{kl}=g^{im}\Gamma_{m,kl} \tag{85.4}$$

となることは明らかである．

平行移動によって生ずる共変ベクトルの成分の変化をクリストッフェル記号に関係づけることも容易である．それをおこなうために，平行移動によってスカラーは変化しないことに注目する．とくに，2つのベクトルのスカラー積は平行移動によって変化しない．

A_i および B^i を任意の共変ベクトルおよび反変ベクトルとする．すると $\delta(A_iB^i)=0$

---

1) 簡単のために単に"ガリレイ的な"座標系というときには，つねにそのような座標系のことを考えている．そうすることによって，あらゆる証明がユークリッド空間にも非ユークリッド空間にも妥当する．

2) Γ^i_{kl} および $\Gamma_{i,kl}$ のかわりに，$\left\{ {kl \atop i} \right\}$ および $\left[{kl \atop i} \right]$ という記号が使われることがある．

から

$$B^i\delta A_i=-A_i\delta B^i=\Gamma^i_{kl}B^kA_idx^l,$$

または，添字をとりかえて

$$B^i\delta A_i=\Gamma^k_{il}A_kB^idx^l$$

となる．ここで B^i は任意であることを考慮すると

$$\delta A_i=\Gamma^k_{il}A_kdx^l. \tag{85.5}$$

これによって，平行移動による共変ベクトルの変化が与えられる．

(85.2) および $dA^i=\dfrac{\partial A^i}{\partial x^l}dx^l$ を (85.1) に代入して

$$DA^i=\left(\frac{\partial A^i}{\partial x^l}+\Gamma^i_{kl}A^k\right)dx^l \tag{85.6}$$

を得る．同様にして，共変ベクトルに対しては

$$DA_i=\left(\frac{\partial A_i}{\partial x^l}-\Gamma^k_{il}A_k\right)dx^l. \tag{85.7}$$

(85.6) と (85.7) の括弧のなかの量は，ベクトル dx^l をかけてベクトルを生ずるのだから，テンソルである．これは明らかにベクトルの導関数の概念の求めようとしてきた一般化である．これらのテンソルを，それぞれ A^i および A_i の**共変導関数**とよび，$A^i{}_{;k}$ および $A_{i;k}$ で表わすことにする．こうして

$$DA^i=A^i{}_{;l}dx^l,\qquad DA_i=A_{i;l}dx^l \tag{85.8}$$

共変導関数そのものは

$$A^i{}_{;l}=\frac{\partial A^i}{\partial x^l}+\Gamma^i_{kl}A^k, \tag{85.9}$$

$$A_{i;l}=\frac{\partial A_i}{\partial x^l}-\Gamma^k_{il}A_k \tag{85.10}$$

である．ガリレイ座標では $\Gamma^i_{kl}=0$ であり，共変導関数はふつうの導関数と同じものになる．

テンソルの共変導関数を求めることも容易にできる．そのためには，無限小平行移動によるテンソルの変化を求めなければならない．たとえば，2つの反変ベクトルの積 A^iB^k として表現できる任意の反変テンソルを考えよう．平行移動をおこなうと

$$\delta(A^iB^k)=A^i\delta B^k+B^k\delta A^i=-A^i\Gamma^k_{lm}B^ldx^m-B^k\Gamma^i_{lm}A^ldx^m.$$

この変換は線形であるから，任意のテンソル A^{ik} に対しても

$$\delta A^{ik}=-(A^{im}\Gamma^k_{ml}+A^{mk}\Gamma^i_{ml})dx^l \tag{85.11}$$

とならなければならない．これを

$$DA^{ik}=dA^{ik}-\delta A^{ik}\equiv A^{ik}{}_{;l}dx^l$$

に代入してテンソル A^{ik} の共変導関数としてつぎの形が得られる：

$$A^{ik}{}_{;l}=\frac{\partial A^{ik}}{\partial x^l}+\Gamma^i_{ml}A^{mk}+\Gamma^k_{ml}A^{im}. \tag{85.12}$$

まったく同様のやり方で，混合テンソルおよび共変テンソルの共変導関数がつぎの形に得られる：

$$A^i_{k;l}=\frac{\partial A^i_k}{\partial x^l}-\Gamma^m_{kl}A^i_m+\Gamma^i_{ml}A^m_k, \tag{85.13}$$

$$A_{ik;l}=\frac{\partial A_{ik}}{\partial x^l}-\Gamma^m_{il}A_{mk}-\Gamma^m_{kl}A_{im}. \tag{85.14}$$

任意の階数のテンソルの共変導関数も同様にして求めることができる．実際にそれをやってみると，つぎの共変微分の規則が得られる．テンソル $A^{\cdots}_{\cdots}$ の x^l についての共変導関数を求めるには，ふつうの導関数 $\partial A^{\cdots}_{\cdots}/\partial x^l$ に，各共変添字 i $(A^{\cdot\cdot}_{\cdot i\cdot})$ について $-\Gamma^k_{il}A^{\cdot\cdot}_{\cdot k\cdot}$ という項を，また各反変添字 i $(A^{\cdot i\cdot}_{\cdot\cdot})$ について $+\Gamma^i_{kl}A^{\cdot k\cdot}_{\cdot\cdot}$ という項を加えればよい．

たやすく証明できるように，積の共変導関数はふつうの積の導関数と同じ規則によって見いだすことができる．それをおこなうときに，スカラー ϕ に対しては $\delta\phi=0$，すなわち $D\phi=d\phi$ であるから，スカラーの共変導関数はふつうの導関数，つまりベクトル $\phi_k=\partial\phi/\partial x^k$ に等しいとしなければならない．たとえば，積 A_iB_k の共変導関数は

$$(A_iB_k)_{;l}=A_{i;l}B_k+A_iB_{k;l}$$

である．

共変導関数において，微分を表わす添字をあげると，いわゆる**反変導関数**が得られる．すなわち

$$A_i{}^{;k}=g^{kl}A_{i;l},\qquad A^{i;k}=g^{kl}A^i{}_{;l}.$$

クリストッフェル記号 Γ^i_{kl} は下つきの添字について対称であることを示そう．ベクトルの共変導関数 $A_{i;k}$ はテンソルだから，差 $A_{i;k}-A_{k;i}$ もテンソルである．ベクトル A_i がスカラーのグラジエント，すなわち $A_i=\partial\phi/\partial x^i$ であるとする．すると

$$\frac{\partial A_i}{\partial x^k}=\frac{\partial^2\phi}{\partial x^i\partial x^k}=\frac{\partial A_k}{\partial x^i}$$

であるから，$A_{i;k}$ に対する (85.10) を使って

$$A_{k;i}-A_{i;k}=(\Gamma^l_{ik}-\Gamma^l_{ki})\frac{\partial\phi}{\partial x^l}$$

が得られる．ガリレイ座標系では共変導関数はふつうの導関数と同じものとなり，したがって，上式の左辺はゼロになる．ところが $A_{k;i}-A_{i;k}$ はテンソルであるから，ある座標系でゼロならば他の任意の座標系でもゼロでなければならない．こうして

$$\Gamma^i_{kl}=\Gamma^i_{lk}. \tag{85.15}$$

また，明らかに

$$\Gamma_{i,kl}=\Gamma_{i,lk}. \tag{85.16}$$

一般に，量 Γ^i_{kl} には全部で40個の異なったものがある．なぜなら，添字 i の4個の値のおのおのに対して，添字 k と l の値の対には10通りの異なったものがあるから（k と l とを交換して得られる2つの対は1つと数える）．

この節を終るまえに，クリストッフェル記号を1つの座標系から他の座標系へ変換する公式を導いておこう．それらの公式は，共変導関数を定義する式の両辺の変換法則を比較し，それらが両辺で等しいことを要求することによって得られる．簡単な計算の結果

$$\Gamma^i_{kl}=\Gamma'^m_{np}\frac{\partial x^i}{\partial x'^m}\frac{\partial x'^n}{\partial x^k}\frac{\partial x'^p}{\partial x^l}+\frac{\partial^2 x'^m}{\partial x^k\partial x^l}\frac{\partial x^i}{\partial x'^m} \tag{85.17}$$

が得られる．この公式からわかるように，Γ^i_{kl} は線形変換の場合にのみ（そのとき（85.17）の第2項は消える）テンソルのようにふるまう．

さきに，あらかじめ与えられた任意の点においてすべての Γ^i_{kl} がゼロになるような座標系（**局所慣性系**あるいは**局所測地系**とよばれる．§87をみよ）を選ぶことができるということを述べたが，公式（85.17）によればそれを容易に証明することができる[1]．

実際，与えられた点を座標の原点に選び，そこで Γ^i_{kl} ははじめ（座標 x^i で）$(\Gamma^i_{kl})_0$ という値をもっていたとしよう．この点の近くで

$$x'^i=x^i+\frac{1}{2}(\Gamma^i_{kl})_0x^kx^l \tag{85.18}$$

という変換をおこなおう．そうすると

$$\left(\frac{\partial^2 x'^m}{\partial x^k\partial x^l}\frac{\partial x^i}{\partial x'^m}\right)_0=(\Gamma^i_{kl})_0$$

となり，（85.17）によってすべての Γ'^m_{np} はゼロになる．変換（85.18）に対しては

$$\left(\frac{\partial x'^i}{\partial x^k}\right)_0=\delta^i_k$$

であることに注意しよう．そのために，この変換は与えられた点における任意のテンソルの（なかんずくテンソル g_{ik} の）値を変えないから，クリストッフェル記号をゼロにすることと，g_{ik} をガリレイ形にすることは同時におこなうことができる．

§ 86. クリストッフェル記号と計量テンソルの関係

計量テンソル g_{ik} の共変導関数はゼロであることを示そう．そのために，あらゆるベクトルと同様 DA_i というベクトルにも

$$DA_i=g_{ik}DA^k$$

という関係があてはまることに注目する．他方，$A_i=g_{ik}A^k$ であるから

1）さらに，座標系を適当に選ぶならば，単に与えられた点においてだけでなく，与えられた曲線にそってすべての Γ^i_{kl} をゼロにすることができるということも，容易に示される（この証明は，P. K. Rashevskii，リーマン幾何学とテンソル解析，《Hayka》，1964，§ 91 にみられる）．

$$DA_i=D(g_{ik}A^k)=g_{ik}DA^k+A^kDg_{ik}.$$

ベクトル A_i は任意であることを念頭において，$DA_i=g_{ik}DA^k$ とこれとを比較すれば

$$Dg_{ik}=0.$$

したがって，共変導関数も

$$g_{ik;l}=0. \tag{86.1}$$

このように，g_{ik} は共変微分をおこなう際定数とみなしてよい．

式 $g_{ik;l}=0$ を使えば，クリストッフェル記号 Γ^i_{kl} を計量テンソル g_{ik} によって表わすことができる．そのために，テンソルの共変導関数の一般的定義 (85.14) にしたがって

$$g_{ik;l}=\frac{\partial g_{ik}}{\partial x^l}-g_{mk}\Gamma^m_{il}-g_{im}\Gamma^m_{kl}$$

$$=\frac{\partial g_{ik}}{\partial x^l}-\Gamma_{k,il}-\Gamma_{i,kl}=0$$

と書く．こうして，g_{ik} の導関数がクリストッフェル記号によって表わされる[1]．添字 i, k, l を順にいれかえたときの g_{ik} 導関数の値を書く：

$$\frac{\partial g_{ik}}{\partial x^l}=\Gamma_{k,il}+\Gamma_{i,kl},$$

$$\frac{\partial g_{li}}{\partial x^k}=\Gamma_{i,kl}+\Gamma_{l,ik},$$

$$-\frac{\partial g_{kl}}{\partial x^i}=-\Gamma_{l,ki}-\Gamma_{k,li}.$$

これらの式を加え合わせて，その2分の1をとると（$\Gamma_{i,kl}=\Gamma_{i,lk}$ であることに注意して）

$$\Gamma_{i,kl}=\frac{1}{2}\left(\frac{\partial g_{ik}}{\partial x^l}+\frac{\partial g_{il}}{\partial x^k}-\frac{\partial g_{kl}}{\partial x^i}\right) \tag{86.2}$$

が得られる．これから $\Gamma^i_{kl}=g^{im}\Gamma_{m,kl}$ に対しては

$$\Gamma^i_{kl}=\frac{1}{2}g^{im}\left(\frac{\partial g_{mk}}{\partial x^l}+\frac{\partial g_{ml}}{\partial x^k}-\frac{\partial g_{kl}}{\partial x^m}\right) \tag{86.3}$$

となる．これらの式が，求める計量テンソルによるクリストッフェル記号の表現を与える．

ここで，のちに重要になる縮約されたクリストッフェル記号 Γ^i_{ki} の表現を導いておこう．そのために，テンソル g_{ik} からつくられる行列式の微分 dg を計算する．dg を得るには，テンソル g_{ik} の成分のおのおのの微分をとり，それに行列式におけるおのおのの係数，すなわち対応する小行列式をかければよい．他方，g_{ik} の逆テンソル g^{ik} の成分は，g_{ik} の小行列式を行列式でわったものに等しい．したがって行列式 g の小行列式は gg^{ik} に等しい．ゆえに

$$dg=gg^{ik}dg_{ik}=-gg_{ik}dg^{ik} \tag{86.4}$$

---

1) したがって，局所測地的な座標系を選ぶということは，与えられた点で計量テンソルの成分のすべての1階導関数をゼロにすることを意味する．

($g_{ik}g^{ik}=\delta^i_i=4$, $g^{ik}dg_{ik}=-g_{ik}dg^{ik}$ だから).

(86.3) から

$$\Gamma^i_{ki}=\frac{1}{2}g^{im}\left(\frac{\partial g_{mk}}{\partial x^i}+\frac{\partial g_{mi}}{\partial x^k}-\frac{\partial g_{ki}}{\partial x^m}\right)$$

である. 括弧のなかの第1項と第3項で添字mとiとの位置をいれかえれば, これらの項はたがいに打ち消しあうから

$$\Gamma^i_{ki}=\frac{1}{2}g^{im}\frac{\partial g_{im}}{\partial x^k}$$

あるいは, (86.4) によって

$$\Gamma^i_{ki}=\frac{1}{2g}\frac{\partial g}{\partial x^k}=\frac{\partial \ln\sqrt{-g}}{\partial x^k} \tag{86.5}$$

となる.

また, $g^{kl}\Gamma^i_{kl}$ の表現に注意することも有益である.

$$g^{kl}\Gamma^i_{kl}=\frac{1}{2}g^{kl}g^{im}\left(\frac{\partial g_{mk}}{\partial x^l}+\frac{\partial g_{lm}}{\partial x^k}-\frac{\partial g_{kl}}{\partial x^m}\right)$$

$$=g^{kl}g^{im}\left(\frac{\partial g_{mk}}{\partial x^l}-\frac{1}{2}\frac{\partial g_{kl}}{\partial x^m}\right)$$

であるが, (86.4) のたすけをかりれば, これは

$$g^{kl}\Gamma^i_{kl}=-\frac{1}{\sqrt{-g}}\frac{\partial(\sqrt{-g}\,g^{ik})}{\partial x^k} \tag{86.6}$$

と変形することができる.

さまざまな計算のためには, 反変テンソル g^{ik} の導関数が g_{ik} の導関数と

$$g_{il}\frac{\partial g^{lk}}{\partial x^m}=-g^{lk}\frac{\partial g_{il}}{\partial x^m} \tag{86.7}$$

という関係によって結びつけられている（これは等式 $g_{il}g^{lk}=\delta^k_i$ を微分することによって得られる）ことを覚えておくと重宝である. 最後に, g^{ik} の導関数は Γ^i_{kl} によって表現することもできることを指摘しておこう. すなわち, 恒等式 $g^{ik}{}_{;l}=0$ からただちに

$$\frac{\partial g^{ik}}{\partial x^l}=-\Gamma^i_{ml}g^{mk}-\Gamma^k_{ml}g^{im} \tag{86.8}$$

がでてくる.

うえに得たいくつかの公式を使って, $A^i{}_{;i}$ すなわち, 曲線座標におけるベクトルの一般化された発散を便利な形に表現することができる. (86.5) を利用して

$$A^i{}_{;i}=\frac{\partial A^i}{\partial x^i}+\Gamma^i_{li}A^l=\frac{\partial A^i}{\partial x^i}+A^l\frac{\partial \ln\sqrt{-g}}{\partial x^l}$$

あるいは

$$A^i{}_{;i}=\frac{1}{\sqrt{-g}}\frac{\partial(\sqrt{-g}\,A^i)}{\partial x^i}. \tag{86.9}$$

反対称テンソル A^{ik} の発散に対しても類似の表式を導くことができる．(85.12) から

$$A^{ik}{}_{;k}=\frac{\partial A^{ik}}{\partial x^k}+\Gamma^i_{mk}A^{mk}+\Gamma^k_{mk}A^{im}$$

である．しかるに $A^{mk}=-A^{km}$ であるから

$$\Gamma^i_{mk}A^{mk}=-\Gamma^i_{km}A^{km}=0.$$

Γ^k_{mk} の表現 (86.5) を代入して，つぎの結果を得る：

$$A^{ik}_{;k}=\frac{1}{\sqrt{-g}}\frac{\partial(\sqrt{-g}A^{ik})}{\partial x^k}. \tag{86.10}$$

こんどは，A_{ik} を対称テンソルとする．そうして，それの混合成分に対する $A^k_{i;k}$ を計算する：

$$A^k_{i;k}=\frac{\partial A^k_i}{\partial x^k}+\Gamma^k_{lk}A^l_i-\Gamma^l_{ik}A^k_l=\frac{1}{\sqrt{-g}}\frac{\partial(A^k_i\sqrt{-g})}{\partial x^k}-\Gamma^l_{ki}A^k_l$$

であるが，この最後の項は

$$-\frac{1}{2}\left(\frac{\partial g_{il}}{\partial x^k}+\frac{\partial g_{kl}}{\partial x^i}-\frac{\partial g_{ik}}{\partial x^l}\right)A^{kl}$$

に等しい．テンソル A^{kl} が対称であるから，括弧のなかの２つの項はうち消しあい

$$A^k_{i;k}=\frac{1}{\sqrt{-g}}\frac{\partial(\sqrt{-g}A^k_i)}{\partial x^k}-\frac{1}{2}\frac{\partial g_{kl}}{\partial x^i}A^{kl} \tag{86.11}$$

がのこる．

デカルト座標系では，$\partial A_i/\partial x^k-\partial A_k/\partial x^i$ は反対称テンソルである．曲線座標ではこのテンソルは $A_{i;k}-A_{k;i}$ となる．しかし，$A_{i;k}$ の表式を用い，$\Gamma^i_{kl}=\Gamma^i_{lk}$ に注目すれば

$$A_{i;k}-A_{k;i}=\frac{\partial A_i}{\partial x^k}-\frac{\partial A_k}{\partial x^i} \tag{86.12}$$

となる．

最後に，スカラー ϕ の２階導関数の和 $\partial^2\phi/\partial x^{i2}$ を曲線座標に変換しよう．曲線座標ではこれが $\phi_{;i}^{;i}$ へ移行することは明らかである．ところが，スカラーの共変微分はふつうの微分に帰着するから $\phi_{;i}=\partial\phi/\partial x^i$ である．添字 i をあげると

$$\phi^{;i}=g^{ik}\frac{\partial\phi}{\partial x^k}.$$

公式 (86.9) を使って

$$\phi_{;i}^{;i}=\frac{1}{\sqrt{-g}}\frac{\partial}{\partial x^i}\left(\sqrt{-g}\,g^{ik}\frac{\partial\phi}{\partial x^k}\right) \tag{86.13}$$

が得られる．

超曲面のうえでのベクトルの積分を４次元の体積積分に変換するためのガウスの定理は (86.9) を考慮すれば

$$\oint A^i\sqrt{-g}\,dS_i=\int A^i_{;i}\sqrt{-g}\,d\Omega \tag{86.14}$$

と書くことができることに注意するのは有益である.

§ 87. 重力場のなかでの粒子の運動

特殊相対性理論では，自由な物質粒子の運動は最小作用の原理

$$\delta S=-mc\delta\int ds=0 \tag{87.1}$$

によってきまる．この原理によれば，粒子はその世界線が与えられた世界点を結ぶ停留曲線——いまの場合直線で，これは通常の3次元空間では一様な直線運動に対応する——になるように運動する.

重力場とは4次元空間の計量の変化——それは，dx^i による ds の表式に生ずる変化によって表現される——にほかならないのだから，重力場のなかでの粒子の運動は，(87.1) と同じ形の最小作用の原理によって決定されるはずである．したがって，重力場のなかの粒子は，その世界点が停留曲線，あるいは4次元空間 x^0, x^1, x^2, x^3 におけるいわゆる**測地線**を描くような運動をする；といっても，重力場が存在するときには空間が非ユークリッドになるから，この線はもはや“直線”でなく，現実の粒子の運動は一様でもまっすぐでもない.

重力場における粒子の運動を見いだすには，あらためて直接に最小作用の原理から出発するかわりに（この節の問題を参照），特殊相対性理論の，すなわち，4次元ガリレイ座標系における自由粒子の運動の微分方程式を一般化するという方法をとるほうが簡単である．この方程式は $du^i/ds=0$，あるいは $du^i=0$ である．ただし，$u^i=dx^i/ds$ は4元速度である．曲線座標では，この方程式は明らかに

$$Du^i=0 \tag{87.2}$$

という方程式に一般化される．ベクトルの共変微分を表わす (85.6) を使うと，これは

$$du^i+\Gamma^i_{kl}u^k dx^l=0$$

となる．この方程式を ds でわると

$$\frac{d^2x^i}{ds^2}+\Gamma^i_{kl}\frac{dx^k}{ds}\frac{dx^l}{ds}=0 \tag{87.3}$$

が得られる.

これが求める運動方程式である．重力場のなかでの粒子の運動は Γ^i_{kl} という量によってきまることがわかる．導関数 d^2x^i/ds^2 は粒子の4元加速度であるから，$-m\Gamma^i_{kl}u^k u^l$ という量は，重力場のなかの粒子に働く“4元力”とよぶことができる．ここでテンソル g_{ik} は重力場の“ポテンシャル”の役をしている——それの導関数が場の“強さ” Γ^i_{kl} を決定

する[1]．

§85で，座標系を適当に選ぶことによって，すべての Γ^i_{kl} を空間・時間の任意の与えられた点でゼロにすることができることを示したが，そのような局所慣性基準系を選ぶことは，与えられた無限小の空間・時間要素において重力場を消去することを意味することがわかる．そのような選択が可能であることが，相対論的な重力理論における等価原理の表現になっているのである[2]．

重力場のなかでの粒子の4元運動量は，従来どおり

$$p^i = mcu^i \tag{87.4}$$

と定義され，その2乗は

$$p_i p^i = m^2c^2 \tag{87.5}$$

に等しい．

p^i のかわりに $\partial S/\partial x^i$ を書けば，重力場のなかの粒子に対するハミルトン-ヤコビ方程式

$$g^{ik}\frac{\partial S}{\partial x^i}\frac{\partial S}{\partial x^k} - m^2c^2 = 0 \tag{87.6}$$

が得られる．

(87.3) の形の測地線の方程式は，光の伝播に対しては適用できない．なぜかといえば，よく知られているように，光線の伝播の世界線にそう ds がゼロであるために，方程式 (87.3) のすべての項は無限大になるからである．運動方程式をこの場合に必要となる形に直すために，幾何光学における光線の伝播の方向は，光線に接する波動ベクトルによってきまるということを利用する．4次元の波動ベクトルは，λ をあるパラメターとして $k^i = dx^i/d\lambda$ の形に書くことができる．特殊相対性理論では，真空中を伝わる光の波動ベクトルは径路にそって変化しない．すなわち $dk^i = 0$ である（§53参照）．重力場のなかでは，この方程式は明らかに $Dk^i = 0$，あるいは

$$\frac{dk^i}{d\lambda} + \Gamma^i_{kl}k^k k^l = 0 \tag{87.7}$$

に変わる（これらの方程式はパラメター λ も決定する）[3]．

---

1)　4元加速度の共変成分で表わした運動方程式の形も記しておく．条件 $Du_i = 0$ から，

$$\frac{du_i}{ds} - \Gamma_{k,il}u^k u^l = 0$$

が得られる．(86.2) の $\Gamma_{k,il}$ を代入すると，2項は打消しあい，

$$\frac{du_i}{ds} - \frac{1}{2}\frac{\partial g_{kl}}{\partial x^i}u^k u^l = 0 \tag{87.3a}$$

が残る．

2)　269ページの注で，"与えられた世界線にそって慣性的な" 基準系を選ぶことが可能であることを注意した．とくに，その世界線が時間座標の線（それにそって $x^1, x^2, x^3 = \mathrm{const}$）であれば，重力場は全時間にわたってこの与えられた体積要素から除去されるであろう．

3)　それにそって $ds = 0$ であるような測地線は，ゼロ測地線あるいは等方的測地線とよばれる．

4 元波動ベクトルの 2 乗はゼロに等しい（§ 48 参照）．すなわち

$$k_i k^i = 0. \tag{87.8}$$

k_i のかわりに $\partial\psi/\partial x^i$ を代入して（ψ はアイコナールである），重力場におけるアイコナール方程式

$$g^{ik}\frac{\partial\psi}{\partial x^i}\frac{\partial\psi}{\partial x^k} = 0 \tag{87.9}$$

が見いだされる．

速度の小さい極限においては，重力場のなかの粒子の相対論的運動方程式は，それに対応する非相対論的方程式に移行しなければならない．そのとき，速度が小さいという仮定から，また重力場自身が小さいという条件がでてくることに留意しなければならない．そうでない場合には，その場のなかにおかれた粒子は大きな速度に達してしまうであろう．

このような極限の場合に，場を決定する計量テンソル g_{ik} が重力場の非相対論的ポテンシャル ϕ とどのような関係にあるかを調べてみよう．

非相対論的力学では，重力場のなかの粒子の運動はラグランジアン（81.1）によってきまる．いま，そのラグランジアンに定数 $-mc^2$ を加えて

$$L = -mc^2 + \frac{mv^2}{2} - m\phi \tag{87.10}$$

と書く[1]．これは，場のないときの非相対論的ラグランジアン $L = -mc^2 + mv^2/2$ が，対応する相対論的関数 $L = -mc^2\sqrt{1 - v^2/c^2}$ の $v/c \to 0$ ときの極限形とちょうど同じになるようにするためである．

こうすれば，重力場のなかの粒子に対する非相対論的作用関数 S は

$$S = \int L dt = -mc\int\left(c - \frac{v^2}{2c} + \frac{\phi}{c}\right)dt$$

となる．これを表式 $S = -mc\int ds$ とくらべてみれば，考えている極限の場合には

$$ds = \left(c - \frac{v^2}{2c} + \frac{\phi}{c}\right)dt$$

であることがわかる．両辺を 2 乗して，$c \to \infty$ でゼロになる項をおとせば

$$ds^2 = (c^2 + 2\phi)dt^2 - d\boldsymbol{r}^2 \tag{87.11}$$

が得られる．ただし $\boldsymbol{v}dt = d\boldsymbol{r}$ を使った．

こうして，極限の場合，計量テンソルの成分 g_{00} は

$$g_{00} = 1 + \frac{2\phi}{c^2} \tag{87.12}$$

である．

1）ポテンシャル ϕ は任意定数の付加項をのぞいて定義されている．場をつくっている物体から遠いところでポテンシャルが消えるように，この定数を選ぶのが自然であろう．

他の成分は，(87.11) から $g_{\alpha\beta}=\delta_{\alpha\beta}$，$g_{0\alpha}=0$ である．しかし実際には，一般的にいってこれらの成分への補正は g_{00} への補正と同じ程度の大きさなのである（これについては，とくに§106を参照）．その補正をうえのような方法で見いだすことができないのは，$g_{\alpha\beta}$ への補正が g_{00} への補正と同じ大きさの程度であっても，それによってラグランジアンのなかに生ずる項はずっと次数の高い微小量でしかない（なぜなら，ds^2 の表現のなかで，g_{00} には c^2 がかかるのに $g_{\alpha\beta}$ にはかからないから）という事実に関係している．

問　題

運動方程式 (87.3) を最小作用の原理 (87.1) から導け．

解

$$\delta ds^2=2ds\delta ds=\delta(g_{ik}dx^i dx^k)$$
$$=dx^i dx^k\frac{\partial g_{ik}}{\partial x^l}\delta x^l+2g_{ik}dx^i d\delta x^k$$

であるから

$$\delta S=-mc\int\left\{\frac{1}{2}\frac{dx^i}{ds}\frac{dx^k}{ds}\frac{\partial g_{ik}}{\partial x^l}\delta x^l+g_{ik}\frac{dx^i}{ds}\frac{d\delta x^k}{ds}\right\}ds$$
$$=-mc\int\left\{\frac{1}{2}\frac{dx^i}{ds}\frac{dx^k}{ds}\frac{\partial g_{ik}}{\partial x^l}\delta x^l-\frac{d}{ds}\left(g_{ik}\frac{dx^i}{ds}\right)\delta x^k\right\}ds$$

となる（部分積分をおこなうとき，その限界では $\delta x^k=0$ であることを使う）．積分記号内の第2項で添字を l にかえると，任意の変分 δx^l の係数をゼロとおくことによって

$$\frac{1}{2}u^i u^k\frac{\partial g_{ik}}{\partial x^l}-\frac{d}{ds}(g_{il}u^i)=\frac{1}{2}u^i u^k\frac{\partial g_{ik}}{\partial x^l}-g_{il}\frac{du^i}{ds}-u^i u^k\frac{\partial g_{il}}{\partial x^k}=0.$$

第3項は

$$-\frac{1}{2}u^i u^k\left(\frac{\partial g_{il}}{\partial x^k}+\frac{\partial g_{kl}}{\partial x^i}\right)$$

という形に書けることに注意し，(86.2) によってクリストッフェル記号 $\Gamma_{l,ik}$ を導入すると

$$g_{il}\frac{du^i}{ds}+\Gamma_{l,ik}u^i u^k=0$$

が得られる．この式で添字 l を上げれば，方程式 (87.3) に到達する．

§88.　不変な重力場

計量テンソルのすべての成分が時間座標 x^0 に依存しないように座標系を選ぶことができるとき，重力場は**不変**であるといわれる．そのような場合の x^0 は**世界時間**とよばれる．

世界時間の選び方は完全には一義的でない．すなわち x^0 に空間座標の任意の関数をつけ加えても，すべての g_{ik} は前と同様 x^0 を含まないであろう．この変換は，空間の各点における時間座標の原点を任意に選ぶことができるということに対応している[1]．そのう

1)　この変換の際に，空間の計量が当然のことながら，一般には変化しないということは容易にわかる．実際，任意の関数 $f(x^1,x^2,x^3)$ で

$$x^0\to x^0+f(x^1,x^2,x^3)$$
↗

え，いうまでもなく，世界時間には任意の定数をかけることができる．すなわち，それを計る単位を任意に選ぶことができる．

厳密にいえば，1個の物体がつくりだす場のみが不変でありうる．いくつかの物体からなる系では，それら相互の重力の作用によって運動が生じ，その結果としてそれらのつくる場は不変でありえなくなるのである．

場を誘起する物体が静止していれば（g_{ik} が x^0 に依存しない基準系で），時間の2つの向きは同等である．この場合，空間のすべての点における時間の原点をしかるべく選ぶと世界間隔 ds は x^0 の符号を変えたときにも変化しないはずであり，したがって，計量テンソルの $g_{0\alpha}$ という形の成分はすべて恒等的に0に等しくならねばならない．不変な重力場のうちそのようなものを**静的**な場とよぶことにしよう．

しかしながら，物体のつくりだす場が不変であるためには，その物体が静止していることは必ずしも必要な条件でない．たとえば，自分自身の軸のまわりに一様に回転している軸対称な物体の場も不変であろう．しかしこの場合には，時間の2つの向きはもはやけっして等価でない．時間の符号を逆にすると回転の角速度の符号が変わるからである．したがって，そのような不変な重力場（それを**定常な**場とよぶことにしよう）では，計量テンソルの $g_{0\alpha}$ という成分は一般にゼロと異なる値をもつ．

不変な重力場における世界時間というものの意味は，空間のある点で生ずる2つの事象のあいだに経過する世界時間が，この一対の事象のそれぞれと（§84で説明した意味で）同時刻に他の任意の点で生ずる2つの事象のあいだの世界時間の長さに等しいということのなかに含まれている．しかし，世界時間 x^0 の同じ長さの間隔も，異なった点においては異なる固有時間の長さに対応する．2つの時間のあいだの関係（84.1）は，どんな有限の時間間隔にも適用できる形に書くことができる：

$$\tau=\frac{1}{c}\sqrt{g_{00}}\,x^0. \tag{88.1}$$

弱い重力場では，近似的な表現（87.11）を使うことができて，（88.1）は同じ近似で

$$\tau=\frac{x^0}{c}\left(1+\frac{\phi}{c^2}\right) \tag{88.2}$$

となる．このように，時間の与えられた点の重力ポテンシャルが小さいほど，すなわち，その絶対値が大きいほど（のちに§99で，ポテンシャルは負であることが示される），固有時間はゆっくり経過する．2つのまったく同じ時計の一方を重力場のなかにしばらく置

↘ と変換すると，g_{ik} の成分は

$$g_{\alpha\beta}\longrightarrow g_{\alpha\beta}+g_{00}f_{,\alpha}f_{,\beta}+g_{0\alpha}f_{,\beta}+g_{\alpha\beta}f_{,\alpha},$$
$$g_{0\alpha}\longrightarrow g_{0\alpha}+g_{00}f_{,\alpha},\qquad g_{00}\longrightarrow g_{00}$$

のように変換される．ここで $f_{,\alpha}=\partial f/\partial x^\alpha$．このとき，3次元テンソル（84.7）はあきらかに変化しない．

くと，そののちその時計は遅れを示すであろう．

すでに指摘したように，静重力場のなかでは計量テンソルの成分 $g_{0\alpha}$ はゼロである．§84の結果によれば，このことは，そういう場のなかでは全空間にわたって時計を合わせることが可能であることを意味する．また，空間距離の要素は，静的な場のなかでは単に

$$dl^2=-g_{\alpha\beta}dx^\alpha dx^\beta \tag{88.3}$$

で与えられることに注意する．

定常な場のなかでは，$g_{0\alpha}$ がゼロと異なり，全時間にわたって時計を合わせることは不可能である．g_{ik} は x^0 に依存しないから，空間の異なる点で生ずる2つの同時刻の事象に対する世界時間の値の差を与える(84.14)式は，それにそって時計を合わせてゆく線のうえの任意の2つの点に対して適用できる

$$\Delta x^0=-\int\frac{g_{0\alpha}dx^\alpha}{g_{00}} \tag{88.4}$$

という形に書ける．閉じた道筋にそって時計を合わせる場合，出発点にもどってきたときに記録される世界時間の値のくい違いは，この閉じた道筋にそってとった積分

$$\Delta x^0=-\oint\frac{g_{0\alpha}dx^\alpha}{g_{00}} \tag{88.5}$$

に等しい[1)]．

不変な重力場のなかでの光線の伝播を調べよう．§53で知ったように，光の振動数はアイコナール ψ の時間についての導関数である（符号は逆）．したがって，世界時間 x^0/c で表わした振動数は $\omega_0=-c\dfrac{\partial\psi}{\partial x^0}$ である．不変な場におけるアイコナール方程式(87.9)は x^0 をあらわに含まないから，光線が伝播してゆくあいだ ω_0 は一定である．固有時間で計った振動数は $\omega=-\dfrac{\partial\psi}{\partial\tau}$ である；この振動数は，空間の異なる点では異なる値をもつ．

$$\frac{\partial\psi}{\partial\tau}=\frac{\partial\psi}{\partial x^0}\frac{\partial x^0}{\partial\tau}=\frac{\partial\psi}{\partial x^0}\frac{c}{\sqrt{g_{00}}}$$

という関係から

$$\omega=\frac{\omega_0}{\sqrt{g_{00}}} \tag{88.6}$$

を得る．

弱い重力場のなかでは，この式から近似的に

$$\omega=\omega_0\left(1-\frac{\phi}{c^2}\right) \tag{88.7}$$

が得られる．光の振動数は，重力場のポテンシャルの絶対値が増大するとともに，すなわ

1) 和 $g_{0\alpha}dx^\alpha/g_{00}$ が空間座標のある関数の完全微分であれば，積分(88.5)は恒等的にゼロに等しい．しかし，そのような場合は，実際には場が静的であって，$x^0\to x^0+f(x^\alpha)$ という形の変換によってすべての $g_{0\alpha}$ をゼロにすることができるということを表わしているにすぎない．

ち，場を生ずる物体に近づくにつれて大きくなることがわかる．逆に光がこれらの物体から遠ざかると，振動数は減少する．重力ポテンシャルが ϕ_1 の点で放出された光線がその点で ω という振動数をもつとすれば，ポテンシャルが ϕ_2 の点に到着したときの振動数（その点での固有時間で計った）は

$$\frac{\omega}{1-\dfrac{\phi_1}{c^2}}\left(1-\frac{\phi_2}{c^2}\right)=\omega\left(1+\frac{\phi_1-\phi_2}{c^2}\right)$$

に等しくなる．

たとえば太陽のうえの原子から放出される線スペクトルをその場所でみると，地球のうえで同じ原子が放出する線スペクトルをみたときと同じように見える．ところが，太陽上の原子から発せられたスペクトルを地球上でみると，うえに述べたことから結論されるように，その線は地球上で発せられた同じスペクトル線にくらべてずれてみえる．すなわち，振動数 ω の線は公式

$$\Delta\omega=\frac{\phi_1-\phi_2}{c^2}\omega \tag{88.8}$$

で与えられる $\Delta\omega$ だけずれるのである．ただし，ϕ_1 および ϕ_2 は，それぞれスペクトルの放出および観測がおこなわれる点の重力場のポテンシャルとする．地球上で，太陽あるいは星のうえで放出されたスペクトルを観測するとすれば，$|\phi_1|>|\phi_2|$ で，(88.8) から $\Delta\omega<0$ である．すなわち，ずれは振動数が減少する向きに生ずる．このような現象を**赤方偏移**とよぶ．

この現象が生ずることは，世界時間についてうえで述べたことをもとにして直接説明することができる．すべての量が x^0 によらないから，光波のなかの1つの振動が空間の与えられた点から他の点まで伝播するのに要する世界時間の長さは，x^0 によらない．したがって，世界時間の単位長さのあいだにおこなわれる振動の数は，光の伝わる線上のすべての点で同一である．しかし，同じ世界時間の長さに対応する固有時間の長さは，場を生ずる物体から遠ざかれば遠ざかるほど大きくなる．したがって，単位固有時間あたりの振動の数にほかならぬ振動数は，光がそれらの物体から遠ざかるほど減少するのである．

不変な重力場のなかで粒子が運動するとき，作用の世界時間についての導関数 $\left(-c\dfrac{\partial S}{\partial x^0}\right)$ として定義される粒子のエネルギーは保存される．このことは，たとえば，ハミルトン－ヤコビ方程式のなかに x^0 があらわにはいっていないことから導かれる．このように定義されるエネルギーは4元運動量の共変ベクトル $p_k=mcu_k=mcg_{ki}u^i$ の時間成分である．静的な場では $ds^2=g_{00}(dx^0)^2-dl^2$ となり，エネルギーを $\mathscr{E}_0$ で表わすことにすれば

$$\mathscr{E}_0=mc^2g_{00}\frac{dx^0}{ds}=mc^2g_{00}\frac{dx^0}{\sqrt{g_{00}(dx^0)^2-dl^2}}$$

を得る．

固有時間で計った，すなわち，与えられた点にいる観測者の測定した粒子の速度

$$v=\frac{dl}{d\tau}=\frac{cdl}{\sqrt{g_{00}}\,dx^0}$$

を導入すると，エネルギーとして

$$\mathscr{E}_0=\frac{mc^2\sqrt{g_{00}}}{\sqrt{1-\frac{v^2}{c^2}}} \tag{88.9}$$

を得る．これが粒子の運動のあいだ保存される量である．

エネルギーを表わす式 (88.9) は，粒子の道筋にそって合わせてある時計によってきまる固有時間によって速度 v を計ることにさえすれば，定常な場の場合にも成り立つことが容易に示される．粒子が世界時間の x^0 という瞬間に点 A を発して，瞬間 x^0+dx^0 に限りなく近い点 B に達するとすれば，いまの場合，速度を求めるには $(x^0+dx^0)-x^0=dx^0$ という時間の長さでなく，x^0+dx^0 と，点Bにおいて点Aの x^0 と同時刻の $x^0-\frac{g_{0\alpha}}{g_{00}}dx^\alpha$ という瞬間との差

$$(x^0+dx^0)-\left(x^0-\frac{g_{0\alpha}}{g_{00}}dx^\alpha\right)=dx^0+\frac{g_{0\alpha}}{g_{00}}dx^\alpha$$

をとらねばならない．これに $\sqrt{g_{00}}/c$ をかけて対応する固有時間を得るから，速度は

$$v^\alpha=\frac{cdx^\alpha}{\sqrt{h}\,(dx^0-g_\alpha dx^\alpha)} \tag{88.10}$$

となる．ただし，３次元ベクトル $\boldsymbol{g}$（すでに§84に出てきた）および３次元スカラー g_{00} に対し

$$g_\alpha=-\frac{g_{0\alpha}}{g_{00}},\qquad h=g_{00} \tag{88.11}$$

という記号を導入した．計量 $\gamma_{\alpha\beta}$ をもつ空間における３次元ベクトルとしての速度 $\boldsymbol{v}$ の共変成分および対応するこのベクトルの２乗は

$$v_\alpha=\gamma_{\alpha\beta}v^\beta,\qquad v^2=v_\alpha v^\alpha \tag{88.12}$$

と考えなければならない[1]．このように定義すると，世界間隔 ds を速度で表わす式が，普通の形になる：

1）４元ベクトルおよび４元テソンルのほかに，計量 $\gamma_{\alpha\beta}$ をもつ空間で定義された３次元ベクトルおよびテンソルを以下でたびたび導入することがある．すでに導入したベクトル $\boldsymbol{g}$ および $\boldsymbol{v}$ はその例である．４次元の場合にテンソル演算（とりわけ添字の上げ下げ）は，計量テンソル g_{ik} を用いておこなわれるのと同様，この場合にはそれは計量 $\gamma_{\alpha\beta}$ を用いておこなわれる．これに関して起こりうる誤解をさけるために，３次元の量を表わすのには４次元の量を表わすために使わない記号を用いることにする．

$$ds^2=g_{00}(dx^0)^2+2g_{0\alpha}dx^0dx^\alpha+g_{\alpha\beta}dx^\alpha dx^\beta$$
$$=h(dx^0-g_\alpha dx^\alpha)^2-dl^2$$
$$=h(dx^0-g_\alpha dx^\alpha)^2\left(1-\frac{v^2}{c^2}\right). \tag{88.13}$$

4元速度 $u^i=dx^i/ds$ の成分は

$$u^\alpha=\frac{v^\alpha}{c\sqrt{1-\frac{v^2}{c^2}}},\qquad u^0=\frac{1}{\sqrt{h}\sqrt{1-\frac{v^2}{c^2}}}+\frac{g_\alpha v^\alpha}{c\sqrt{1-\frac{v^2}{c^2}}} \tag{88.14}$$

に等しい．エネルギーは

$$\mathscr{E}_0=mc^2g_{0i}u^i=mc^2h(u^0-g_\alpha u^\alpha)$$

であって，これに (88.14) を代入すれば (88.9) の形になる．

重力場が弱く，速度が小さいという極限の場合には，$g_{00}=1+\frac{2\phi}{c^2}$ を (88.9) に代入して近似的に

$$\mathscr{E}_0=mc^2+\frac{mv^2}{2}+m\phi \tag{88.15}$$

を得る．ただし $m\phi$ は重力場における粒子のポテンシャル・エネルギーである．この結果はラグランジアン (87.10) に照応している．

問　題

1. 不変な重力場のなかの粒子に働く力を求めよ．

解 われわれに必要な Γ^i_{kl} の成分は，つぎのように求められる：

$$\Gamma^\alpha_{00}=\frac{1}{2}h^{;\alpha},$$
$$\Gamma^\alpha_{0\beta}=\frac{h}{2}(g^\alpha_{;\beta}-g^{;\alpha}_\beta)-\frac{1}{2}g_\beta h^{;\alpha}, \tag{1}$$
$$\Gamma^\alpha_{\beta\gamma}=\lambda^\alpha_{\beta\gamma}+\frac{h}{2}[g_\beta(g^{;\alpha}_\gamma-g^\alpha_{;\gamma})+g_\gamma(g^{;\alpha}_\beta-g^\alpha_{;\beta})]+\frac{1}{2}g_\beta g_\gamma h^{;\alpha}.$$

これらの表式において，テンソルの算法（共変微分，添字の上げ，下げ）はすべて $\gamma_{\alpha\beta}$ を計量テンソルとする3次元空間においておこない， 3次元ベクトル g^α および3次元スカラー h は (88.11) のとおりとする．$\lambda^\alpha_{\beta\gamma}$ は，テンソル g_{ik} から Γ^i_{kl} をつくるのと同じようにテンソル $\gamma_{\alpha\beta}$ からつくられる3次元のクリストッフェル記号である．計算をおこなう際には公式 (84.9〜12) を利用する．

(1) を運動方程式

$$\frac{du^\alpha}{ds}=-\Gamma^\alpha_{00}(u^0)^2-2\Gamma^\alpha_{0\beta}u^0u^\beta-\Gamma^\alpha_{\beta\gamma}u^\beta u^\gamma$$

に代入し，4元速度の成分の表式 (88.14) を使うと，簡単な変形ののちに

$$\frac{d}{ds}\frac{v^\alpha}{c\sqrt{1-\frac{v^2}{c^2}}}=-\frac{h^{;\alpha}}{2h\left(1-\frac{v^2}{c^2}\right)}-\frac{\sqrt{h}\,(g^\alpha_{;\beta}-g^{;\alpha}_\beta)v^\beta}{c\left(1-\frac{v^2}{c^2}\right)}-\frac{\lambda^\alpha_{\beta\gamma}v^\beta v^\gamma}{c^2\left(1-\frac{v^2}{c^2}\right)} \tag{2}$$

を得る．

粒子に働く力 $\boldsymbol{f}$ は，粒子の運動量 $\boldsymbol{p}$ の（同期化された）固有時間についての導関数であって，3次元の共変微分の助けをかりて

$$f^\alpha = c\sqrt{1-\frac{v^2}{c^2}}\frac{Dp^\alpha}{ds} = c\sqrt{1-\frac{v^2}{c^2}}\frac{d}{ds}\frac{mv^\alpha}{\sqrt{1-\frac{v^2}{c^2}}} + \lambda^\alpha_{\beta\gamma}\frac{mv^\beta v^\gamma}{\sqrt{1-\frac{v^2}{c^2}}}$$

と求められる．したがって，(2) から（便宜のため添字 α を下げる）

$$f_\alpha = \frac{mc^2}{\sqrt{1-\frac{v^2}{c^2}}}\left\{-\frac{\partial}{\partial x^\alpha}\ln\sqrt{h} + \sqrt{h}\left(\frac{\partial g_\beta}{\partial x^\alpha} - \frac{\partial g_\alpha}{\partial x^\beta}\right)\frac{v^\beta}{c}\right\}$$

あるいは，通常の3次元的なベクトル記法を使うと

$$\boldsymbol{f} = \frac{mc^2}{\sqrt{1-\frac{v^2}{c^2}}}\left\{-\mathrm{grad}\ \ln\sqrt{h} + \sqrt{h}\frac{\boldsymbol{v}}{c}\times\mathrm{rot}\,\boldsymbol{g}\right\} \qquad (3)$$

となる[1)]．

粒子が静止しておれば，それに働く力（(3) の第1項）はポテンシャルをもつということに注意しよう．速度が小さいときには (3) の第2項は $mc\sqrt{h}\boldsymbol{v}\times\mathrm{rot}\,\boldsymbol{g}$ という形になり，

$$\boldsymbol{\Omega} = \frac{c}{2}\sqrt{h}\ \mathrm{rot}\,\boldsymbol{g}$$

という角速度で回転している座標系において（場が存在しないときに）生ずるコリオリ力に類似のものとなる．

2. 不変な重力場における光の伝播に対するフェルマーの原理を導け．

---

1) 3次元曲線座標における反対称の単位テンソルは

$$\eta_{\alpha\beta\gamma} = \sqrt{\gamma}\,e_{\alpha\beta\gamma}, \qquad \eta^{\alpha\beta\gamma} = \frac{1}{\sqrt{\gamma}}e^{\alpha\beta\gamma}$$

と定義される．ここで $e_{123}=e^{123}=1$ で，2つの添字を入れかえると符号が変わる（(83.13～14) をみよ）．これに対応して，ベクトル $\boldsymbol{c}=\boldsymbol{a}\times\boldsymbol{b}$ は，反対称テンソル $c_{\beta\gamma}=a_\beta b_\gamma - a_\gamma b_\beta$ に対偶なベクトルとして定義され，成分

$$c_\alpha = \frac{1}{2}\sqrt{\gamma}\,e_{\alpha\beta\gamma}c^{\beta\gamma} = \sqrt{\gamma}\,e_{\alpha\beta\gamma}a^\beta b^\gamma,$$

$$c^\alpha = \frac{1}{2\sqrt{\gamma}}e^{\alpha\beta\gamma}c_{\beta\gamma} = \frac{1}{\sqrt{\gamma}}e^{\alpha\beta\gamma}a_\beta b_\gamma$$

をもつ．逆に

$$c_{\alpha\beta} = \sqrt{\gamma}\,e_{\alpha\beta\gamma}c^\gamma, \qquad c^{\alpha\beta} = \frac{1}{\sqrt{\gamma}}e^{\alpha\beta\gamma}c_\gamma.$$

とくに，$\mathrm{rot}\,\boldsymbol{a}$ はこの意味でテンソル $a_{\beta;\alpha}-a_{\alpha;\beta}=\frac{\partial a_\beta}{\partial x^\alpha}-\frac{\partial a_\alpha}{\partial x^\beta}$ に対偶なベクトルと理解しなければならず，したがってその反変成分は

$$(\mathrm{rot}\,\boldsymbol{a})^\alpha = \frac{1}{2\sqrt{\gamma}}e^{\alpha\beta\gamma}\left(\frac{\partial a_\gamma}{\partial x^\beta} - \frac{\partial a_\beta}{\partial x^\gamma}\right)$$

である．これに関連して，3次元の発散のベクトルは

$$\mathrm{div}\,\boldsymbol{a} = \frac{1}{\sqrt{\gamma}}\frac{\partial}{\partial x^\alpha}(\sqrt{\gamma}\,a^\alpha)$$

であることもくり返しておこう（(86.9) をみよ）．

直交曲線座標における3次元ベクトル演算でしばしば使われる公式（たとえば“連続体の電気力学”の）と比較する際の誤解をさけるために，これらの公式ではベクトルの成分は $\sqrt{g_{11}}A^1$ $(=\sqrt{A_1A^1})$, $\sqrt{g_{22}}A^2$, $\sqrt{g_{33}}A^3$ という量であると理解していることを注意しておく．

解　フェルマーの原理（§53をみよ）は

$$\delta\int k_\alpha dx^\alpha=0$$

を主張する．この積分は光線にそっておこない，積分記号下の表式は，光線にそって一定の振動数 ω_0 と座標の微分とによって表わさねばならない．

$$k_0=-\frac{\partial\psi}{\partial x^0}=\frac{\omega_0}{c}$$

に注意して

$$\frac{\omega_0}{c}=k_0=g_{0i}k^i=g_{00}k^0+g_{0\alpha}k^\alpha=h(k^0-g_\alpha k^\alpha)$$

と書く．関係式 $k_ik^i=g_{ik}k^ik^k=0$ を

$$h(k^0-g_\alpha k^\alpha)^2-\gamma_{\alpha\beta}k^\alpha k^\beta=0$$

という形に書いて，いまの結果を代入すると

$$\frac{1}{h}\left(\frac{\omega_0}{c}\right)^2-\gamma_{\alpha\beta}k^\alpha k^\beta=0$$

を得る．ベクトル k^α はベクトル dx^α の方向を向かねばならないことを考慮すると，これから

$$k^\alpha=\frac{\omega_0}{c\sqrt{h}}\frac{dx^\alpha}{dl}$$

が得られる．ただし，dl (84.6) は光線にそっての空間的な距離の要素である．k_α 式の表を得るために

$$k^\alpha=g^{\alpha i}k_i=g^{\alpha 0}k_0+g^{\alpha\beta}k_\beta=-g^\alpha\frac{\omega_0}{c}-\gamma^{\alpha\beta}k_\beta$$

と書くと，これから

$$k_\alpha=-\gamma_{\alpha\beta}\left(k^\beta+\frac{\omega_0}{c}g^\beta\right)=-\frac{\omega_0}{c}\left(\frac{\gamma_{\alpha\beta}}{\sqrt{h}}\frac{dx^\beta}{dl}+g_\alpha\right)$$

となる．最後に，これに dx^α をかけてフェルマーの原理が

$$\delta\int\left(\frac{dl}{\sqrt{h}}+g_\alpha dx^\alpha\right)=0$$

という形に得られる（定数係数 ω_0/c はおとした）．静的な場では単に

$$\delta\int\frac{dl}{\sqrt{h}}=0$$

となる．重力場のなかでは光線は空間の最短線にそって伝播するのではないことに注意しよう．というのは，最短線は $\delta\int dl=0$ という式によってきまるからである．

§ 89.　回　　転

定常な重力場の特別の場合は，一様な回転運動をしている基準系へ移るときに生ずる場である．

ds を求めるために，静止（慣性）系から一様に回転している系への変換を行なう．静止している座標系 r',φ',z',t（われわれは円筒座標 r',φ',z' を使う）では，ds の形は

$$ds^2=c^2dt^2-dr'^2-r'^2d\varphi'^2-dz'^2 \tag{89.1}$$

となる．回転系の円筒座標を r, φ, z とする．回転軸が軸 z および z' に一致しておれば，Ω を回転の角速度として，$r'=r,\ z'=z,\ \varphi'=\varphi+\Omega t$ である．これを (89.1) に代入すれば，求める回転基準系における ds^2 の表現が見いだされる：

$$ds^2=(c^2-\Omega^2r^2)dt^2-2\Omega r^2 d\varphi dt-dz^2-r^2d\varphi^2-dr^2. \tag{89.2}$$

回転基準系は c/Ω 以下の距離に対してしか使用できないということに注意する必要がある．実際，(89.2) から $r>c/\Omega$ に対しては g_{00} が負になるが，これは許されないことである．大きな距離には回転基準系が適用できないということは，そのような距離では回転の速度が光速度よりも大きくなり，したがって，そういう系を現実の物体からつくりあげることはできないという事実に関係している．

定常な場のなかではつねにそうであるが，回転物体のうえの時計をすべての点について一意的に同期化することはできない．任意の閉じた曲線にそって時計を合わせてゆくと，出発点にもどってきたときに見いだされる時刻は，はじめの値から

$$\Delta t=-\frac{1}{c}\oint\frac{g_{0\alpha}}{g_{00}}dx^\alpha=\frac{1}{c^2}\oint\frac{\Omega r^2 d\varphi}{1-\dfrac{\Omega^2r^2}{c^2}}$$

だけずれている ((88.5) をみよ)．あるいは，$\Omega r/c\ll 1$ すなわち，回転の速度が光の速度にくらべて小さい) と仮定すれば

$$\Delta t=\frac{\Omega}{c^2}\int r^2d\varphi=\pm\frac{2\Omega}{c^2}S. \tag{89.3}$$

ただし S は，回転軸に垂直な平面へ積分路を射影した面積を表わす (積分路を回転の向きに進むか，反対の向きに進むかに応じて，＋ または － の符号をとる)．

光線がある閉じた径路にそって伝播すると仮定する．光線が発せられてからはじめの点にもどってくるまでの時間 t を，v/c の程度の項まで計算しよう．時計が与えられた閉曲線にそって合わせてあり，各点で固有時間を用いるものとすれば，光の速度は定義によってつねに c である．固有時間と世界時間との差は v^2/c^2 の程度であるから，求める時間間隔 t を v/c の程度の項までしか計算しないときには，この差を無視することができる．したがって，L を径路の長さとして

$$t=\frac{L}{c}\pm\frac{2\Omega}{c^2}S$$

である．これに対応して，比 L/t として測られる光の速度は

$$c\pm 2\Omega\frac{S}{L} \tag{89.4}$$

に等しい．この公式は，ドップラー効果の第1近似と同じく，純粋に古典的な方法によってもたやすく導くことができる．

問　題

回転座標系における空間距離の要素を求めよ．

解　(84.6) および (84.7) によって

$$dl^2=dr^2+dz^2+\frac{r^2d\varphi^2}{1-\Omega^2\dfrac{r^2}{c^2}}$$

となり，これが回転基準系における空間の幾何学を決定する．平面 $z=\text{const}$ のうえの円(中心は回転軸のうえにある) の周とその半径 r との比が

$$\frac{2\pi}{\sqrt{1-\dfrac{\Omega^2r^2}{c^2}}}>2\pi$$

に等しいことに注目しよう．

§ 90. 重力場が存在する場合の電気力学の方程式

特殊相対性理論の電磁場の方程式を任意の曲線座標系においても，すなわち，重力場の存在する場合にも適用できるように一般化することは容易にできる．

特殊相対性理論において，電磁場のテンソルは $F_{ik}=(\partial A_k/\partial x^i)-(\partial A_i/\partial x^k)$ と定義される．これに対応して，ここでは $F_{ik}=A_{k;i}-A_{i;k}$ と定義しなければならないことは明らかである．しかし (86.12) のために

$$F_{ik}=A_{k;i}-A_{i;k}=\frac{\partial A_k}{\partial x^i}-\frac{\partial A_i}{\partial x^k} \tag{90.1}$$

であるから，F_{ik} とポテンシャル A_k との関係は変わらない．したがって，マクスウェル方程式 (26.5) の第1の組も形を変えない[1]．

$$\frac{\partial F_{ik}}{\partial x^l}+\frac{\partial F_{li}}{\partial x^k}+\frac{\partial F_{kl}}{\partial x^i}=0. \tag{90.2}$$

マクスウェル方程式の第2の組を書くためには，まず曲線座標における4元電流ベクトルを求めなければならない．それは§28とまったく同じやり方で求められる．空間座標の要素 dx^1, dx^2, dx^3 でつくられる空間体積要素は $\sqrt{\gamma}\,dV$ である．ただし γ は空間の計量テンソル (84.7) の行列式，また $dV=dx^1dx^2dx^3$ である (260ページの注をみよ)．体積要素 $\sqrt{\gamma}\,dV$ のなかにある電荷 de は，$de=\rho\sqrt{\gamma}\,dV$ という形に書ける．この両辺に dx^i をかけて

$$de\,dx^i=\rho dx^i\sqrt{\gamma}\,dx^1dx^2dx^3=\frac{\rho}{\sqrt{g_{00}}}\sqrt{-g}\,d\Omega\frac{dx^i}{dx^0}$$

(公式 $g=-\gamma g_{00}$ (84.10) を使った)．積 $\sqrt{-g}\,d\Omega$ は4次元体積の不変な要素であるから，4元電流ベクトルは

1)　この方程式がまた

$$F_{ik;l}+F_{li;k}+F_{kl;i}=0$$

という形にも書けることはすぐわかる．これからその共変性は明らかである．

$$j^i=\frac{\rho c}{\sqrt{g_{00}}}\frac{dx^i}{dx^0} \tag{90.3}$$

に等しい（ここに dx^i/dx^0 は“時間” x^0 で計った座標の変化する速さであり，4元ベクトルではない）．4元電流ベクトルの成分 j^0 に $\sqrt{g_{00}}/c$ をかけたものは，電荷の空間密度である．

点電荷に対しては密度 ρ は，(28.1) 式と同様に δ-関数の和で表わされる．しかしこのとき，曲線座標におけるこの関数の定義に注意しなければならない．われわれは，座標 x^1, x^2, x^3 の幾何学的な意味に無関係に，$\delta(\boldsymbol{r})$ をふたたび積 $\delta(x^1)\delta(x^2)\delta(x^3)$ と考えることにする．そうすると，dV についての積分（$\sqrt{\gamma}\,dV$ ではない）は1に等しい：$\int\delta(\boldsymbol{r})dV=1$．このように δ-関数を定義すると電荷密度は

$$\rho=\sum_a\frac{e_a}{\sqrt{\gamma}}\delta(\boldsymbol{r}-\boldsymbol{r}_a),$$

そして4元電流ベクトルは

$$j^i=\sum_a\frac{e_a c}{\sqrt{-g}}\delta(\boldsymbol{r}-\boldsymbol{r}_a)\frac{dx^i}{dx^0} \tag{90.4}$$

となる．電荷の保存は連続の方程式で表わされる．それが (29.4) と異なるのは，普通の微分を共変微分でおきかえるところだけである：

$$j^i{}_{;i}=\frac{1}{\sqrt{-g}}\frac{\partial}{\partial x^i}(\sqrt{-g}\,j^i)=0 \tag{90.5}$$

（公式 (86.9) を使った）．

同様なやり方でマックスウェル方程式の第2の組 (30.2) も一般化される；そこで通常の微分を共変微分でおきかえて

$$F^{ik}{}_{;k}=\frac{1}{\sqrt{-g}}\frac{\partial}{\partial x^k}(\sqrt{-g}F^{ik})=-\frac{4\pi}{c}j^i \tag{90.6}$$

が得られる（公式 (86.10) を使った）．

最後に，重力場と電磁場とが同時に存在する場合の荷電粒子の運動方程式は，単に方程式 (23.4) を曲線座標の場合に一般化することによって得られる．そこに現われる du^i/ds のかわりに Du^i/ds と書くと次式を得る．

$$mc\frac{Du^i}{ds}=mc\left(\frac{du^i}{ds}+\Gamma^i_{kl}u^k u^l\right)=\frac{e}{c}F^{ik}u_k. \tag{90.7}$$

問　題

与えられた重力場のなかのマックスウェル方程式を，3元ベクトル $\boldsymbol{E}, \boldsymbol{D}$ および反対称3元テンソル $B_{\alpha\beta}$ と $H_{\alpha\beta}$ を定義

$$E_\alpha=F_{0\alpha},\qquad B_{\alpha\beta}=F_{\alpha\beta},$$
$$D^\alpha=-\sqrt{g_{00}}F^{0\alpha},\qquad H^{\alpha\beta}=\sqrt{g_{00}}F^{\alpha\beta} \tag{1}$$

にしたがって導入して，3次元形式（計量 $\gamma_{\alpha\beta}$ をもつ3次元空間における）に書きなおせ.

解　上のように定義した量はたがいに独立ではない.

等式

$$F_{0\alpha}=g_{0l}g_{\alpha m}F^{lm}, \qquad F^{\alpha\beta}=g^{\alpha l}g^{\beta m}F_{lm}$$

を，3次元計量テンソル $\gamma_{\alpha\beta}=-g_{\alpha\beta}+hg_{\alpha}g_{\beta}$（$g$ および h は（88.11）より）を導入し，公式（84.9）および（84.12）を使って書きなおすと，

$$D_{\alpha}=\frac{E_{\alpha}}{\sqrt{h}}+g^{\beta}H_{\alpha\beta}, \qquad B^{\alpha\beta}=\frac{H^{\alpha\beta}}{\sqrt{h}}+g^{\beta}E^{\alpha}-g^{\alpha}E^{\beta} \tag{2}$$

が得られる．テンソル $B_{\alpha\beta}$ と $H_{\alpha\beta}$ に対偶なベクトル $\boldsymbol{B}$ および $\boldsymbol{H}$ を，定義

$$B^{\alpha}=-\frac{1}{2\sqrt{\gamma}}e^{\alpha\beta\gamma}B_{\beta\gamma}, \qquad H_{\alpha}=-\frac{1}{2}\sqrt{\gamma}\,e_{\alpha\beta\gamma}H^{\beta\gamma} \tag{3}$$

にしたがって導入する（282ページの注をみよ；負の符号は，ガリレイ座標でベクトル $\boldsymbol{H}$ と $\boldsymbol{B}$ が通常の磁場の強さに一致するようにつけた）．そうすると（2）は

$$\boldsymbol{D}=\frac{\boldsymbol{E}}{\sqrt{h}}+\boldsymbol{H}\times\boldsymbol{g}, \qquad \boldsymbol{B}=\frac{\boldsymbol{H}}{\sqrt{h}}+\boldsymbol{g}\times\boldsymbol{E} \tag{4}$$

という形に書ける.

定義（1）を（90.2）に代入して，方程式

$$\frac{\partial B_{\alpha\beta}}{\partial x^{\gamma}}+\frac{\partial B_{\gamma\alpha}}{\partial x^{\beta}}+\frac{\partial B_{\beta\gamma}}{\partial x^{\alpha}}=0,$$

$$\frac{\partial B_{\alpha\beta}}{\partial x^{0}}+\frac{\partial E_{\alpha}}{\partial x^{\beta}}-\frac{\partial E_{\beta}}{\partial x^{\alpha}}=0$$

が得られる．あるいは，双対な量（3）に移ると

$$\operatorname{div}\boldsymbol{B}=0, \qquad \operatorname{rot}\boldsymbol{E}=-\frac{1}{c\sqrt{\gamma}}\frac{\partial}{\partial t}(\sqrt{\gamma}\boldsymbol{B}) \tag{5}$$

（$x^0=ct$；演算 rot および div の定義は，282ページに注にある）．同様にして（90.6）から方程式

$$\frac{1}{\sqrt{\gamma}}\frac{\partial}{\partial x^{\alpha}}(\sqrt{\gamma}D^{\alpha})=4\pi\rho,$$

$$\frac{1}{\sqrt{\gamma}}\frac{\partial}{\partial x^{\beta}}(\sqrt{\gamma}H^{\alpha\beta})+\frac{1}{\sqrt{\gamma}}\frac{\partial}{\partial x^{0}}(\sqrt{\gamma}D^{\alpha})=-4\pi\rho\frac{dx^{\alpha}}{dx^{0}}$$

あるいは3次元のベクトルで表わして

$$\operatorname{div}\boldsymbol{D}=4\pi\rho, \qquad \operatorname{rot}\boldsymbol{H}=\frac{1}{c\sqrt{\gamma}}\frac{\partial}{\partial t}(\sqrt{\gamma}\boldsymbol{D})+\frac{4\pi}{c}\boldsymbol{s} \tag{6}$$

が得られる．ここで $\boldsymbol{s}$ は成分 $s^{\alpha}=\rho dx^{\alpha}/dt$ のベクトルである.

完全のために連続の方程式（90.5）も3次元形式に書いておく：

$$\frac{1}{\sqrt{\gamma}}\frac{\partial}{\partial t}(\sqrt{\gamma}\rho)+\operatorname{div}\boldsymbol{s}=0. \tag{7}$$

方程式（5）および（6）と物質の媒質のなかの電磁場に対するマックスウェル方程式との類似（もちろん，まったく形式的な）に注意しよう．とくに，静的な重力場中では時間についての微分の項で $\sqrt{\gamma}$ が消え，関係（4）は $\boldsymbol{D}=\boldsymbol{E}/\sqrt{h}$, $\boldsymbol{B}=\boldsymbol{H}/\sqrt{h}$ となる．静的な重力場は，その電磁場に対する影響に関しては，誘電率および透磁率が $\varepsilon=\mu=1/\sqrt{h}$ であるような媒質の役をすると言うことができる.

第11章　重力場の方程式

§ 91.　曲率テンソル

もう一度ベクトルの平行移動という概念にたちかえろう．§85で述べたように，非ユークリッド空間の一般の場合には，ベクトルの微小平行移動とは，与えられた無限小体積要素のなかでガリレイ的であるような座標系において，ベクトルの成分が変化しないような変位であると定義される．

ある曲線のパラメター方程式を $x^i = x^i(s)$ とすれば（sはある点から計った弧の長さ），ベクトル $u^i = dx^i/ds$ は曲線に接する単位ベクトルである．われわれの考えている曲線が測地線であれば，それにそって $Du^i=0$ である．これはベクトル u^i に，測地線上の点から同じ曲線上の点 x^i+dx^i までの平行移動をほどこしてやると，点 x^i+dx^i において曲線に接するベクトル u^i+du^i に一致することを意味する．このように，測地線への接線がこの測地線にそって動けば，接線は自身に平行に移動することになる．

他方，2つのベクトルに平行移動をほどこすと，それらのベクトルのあいだの“角度”は明らかに平行移動のあいだ変化しない．したがって，任意のベクトルを測地線にそって平行移動させるあいだ，そのベクトルと測地線への接線とのあいだの角度は不変である．いいかえると，ベクトルの平行移動のあいだ，ベクトルの測地線に平行な成分は径路上すべての点で不変でなければならない．

ここに非常に重要な結果は，非ユークリッド空間では，与えられた点からもう1つの与えられた点までの平行移動が，移動のおこなわれる径路によって異なった結果を与えるということである．このことからとくに，閉じた径路にそって1つのベクトルをそれ自身に平行に移動させてゆくと，出発点にもどってきたときにははじめのベクトルと一致しなくなるということがわかる．

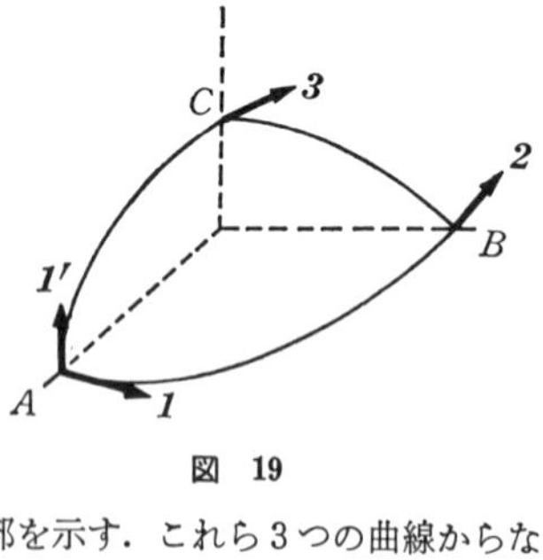

図　19

このことをはっきりさせるために，2次元の非ユークリッド空間，すなわち，曲面を考えよう．図19は，3つの測地線で限られたそのような面の一部を示す．これら3つの曲線からなる径路にそってベクトル**1**を平行移動させる．曲線

AB にそって動くあいだ，ベクトルはこの曲線と一定の角度をたもちつつ，最後にベクトル **2** となる．同様に，ベクトル **2** は BC にそって移動して **3** になる．最後に，曲線 CA と一定の角度をたもちながら，CA にそって C から A まで動いて，考えているベクトルは **1′** に移る．これはベクトル **1** と一致しない．

任意の無限に小さい閉じた径路をまわって平行移動をしたあとでベクトルに生ずる変化を表わす一般的な式を導こう．この変化 ΔA_k は明らかに，$\oint \delta A_k$ という形に書ける．ただし，積分はこの径路にそってとる．δA_k に表式 (85.5) を代入すれば

$$\Delta A_k = \oint \Gamma^i_{kl} A_i dx^l \qquad (91.1)$$

となる．積分記号下のベクトル A_i は，径路にそっての移動によって変化する．

この積分をさらに変形するためには，つぎのことに注意することが必要である．積分径路の内部の点におけるベクトル A_i の値は一意的でなく，その点まで達するのにどういう道筋をとるかに依存する．しかし，以下で得られる結果からわかるように，この差異は実は2次の微小量である．したがって，式の変形にとって十分な1次の微小量までの精度では，無限小積分路の内部の点におけるベクトルの成分 A_i は，その積分路上の値から $\delta A_i = \Gamma^n_{il} A_n dx^l$ という式によって，すなわち，導関数

$$\frac{\partial A_i}{\partial x^l} = \Gamma^n_{il} A_n \qquad (91.2)$$

によってきまるものとみてよい．

そこで積分 (91.1) にストークスの定理 (6.19) を適用し，考えている積分路に囲まれた面の面積を無限小の量 Δf^{lm} とすると，

$$\Delta A_k = \frac{1}{2}\left[\frac{\partial(\Gamma^i_{km} A_i)}{\partial x^l} - \frac{\partial(\Gamma^i_{kl} A_i)}{\partial x^m}\right]\Delta f^{lm}$$

$$= \frac{1}{2}\left[\frac{\partial \Gamma^i_{km}}{\partial x^l} A_i - \frac{\partial \Gamma^i_{kl}}{\partial x^m} A_i + \Gamma^i_{km}\frac{\partial A_i}{\partial x^l} - \Gamma^i_{kl}\frac{\partial A_i}{\partial x^m}\right]\Delta f^{lm}$$

が得られる．

これに (91.2) の導関数の値を代入すると，結局

$$\Delta A_k = \frac{1}{2} R^i{}_{klm} A_i \Delta f^{lm} \qquad (91.3)$$

となる．ここに $R^i{}_{klm}$ は4階のテンソル

$$R^i{}_{klm} = \frac{\partial \Gamma^i_{km}}{\partial x^l} - \frac{\partial \Gamma^i_{kl}}{\partial x^m} + \Gamma^i_{nl}\Gamma^n_{km} - \Gamma^i_{nm}\Gamma^n_{kl} \qquad (91.4)$$

である．R^i_{klm} がテンソルであることは，(91.3) の左辺がベクトル——同一の点におけるベクトルの差 ΔA^k——であることから明らかである．テンソル $R^i{}_{klm}$ を**曲率テンソル**または**リーマン-クリストッフェル・テンソル**とよぶ．

反変ベクトル A^k に対する同様の式を求めることも容易である．それを求めるために，

平行移動によってスカラーは変化しないから，B_k を任意の共変ベクトルとして $\Delta(A^kB_k)=0$ であることに注目する．そうすると (91.3) を使って

$$\Delta(A^kB_k)=A^k\Delta B_k+B_k\Delta A^k=\frac{1}{2}A^kB_iR^i{}_{klm}\Delta f^{lm}+B_k\Delta A^k$$

$$=B_k\left(\Delta A^k+\frac{1}{2}A^iR^k{}_{ilm}\Delta f^{lm}\right)=0$$

となる．あるいは，B_k が任意であることを考慮すれば

$$\Delta A^k=-\frac{1}{2}R^k{}_{ilm}A^i\Delta f^{lm}. \tag{91.5}$$

ベクトル A_i を x^k および x^l について２回共変的に微分すれば，その結果は，ふつうの微分の場合とは違って，一般に微分をおこなう順序に依存する．その差 $A_{i;k;l}-A_{i;l;k}$ は，うえに導入したのと同じ曲率テンソルで与えられる．すなわち

$$A_{i;k;l}-A_{i;l;k}=A_mR^m{}_{ikl}. \tag{91.6}$$

これは局所測地的な座標系において直接計算すれば容易に証明される．同様に反変ベクトルに対しては[1)]

$$A^i{}_{;k;l}-A^i{}_{;l;k}=-A^mR^i{}_{mkl}. \tag{91.7}$$

最後に，テンソルの２階の導関数に対して同様の式を求めることも容易である（それを求めるもっとも容易なやり方は，たとえば，A_iB_k という形のテンソルに対して公式 (91.6) および (91.7) を使うことである．こうして得られる公式は線形であるから，任意のテンソル A_{ik} にもそのまま使える）．結果は

$$A_{ik;l;m}-A_{ik;m;l}=A_{in}R^n{}_{klm}+A_{nk}R^n{}_{ilm}. \tag{91.8}$$

ユークリッド空間では，曲率テンソルは明らかにゼロである．なぜなら，ユークリッド空間では，全空間にわたってすべての $\Gamma^i{}_{kl}=0$，したがってまた，$R^i{}_{klm}=0$ であるように座標を選ぶことができるからである．$R^i{}_{klm}$ はテンソルであるために，それは他の座標系においてもやはりゼロである．このことは，ユークリッド空間では平行移動は一意的な操作であって，閉じた径路をひとまわりしてもベクトルが変化しない，ということに関連している．

逆の定理もまた成り立つ：$R^i{}_{klm}=0$ ならばその空間はユークリッド的である．実際どんな空間においても，与えられた無限小領域内で，ガリレイ座標系を選ぶことができるが，もし $R^i{}_{klm}=0$ ならば，平行移動が一意的な操作になり，与えられた無限小領域内のガリレイ座標をそこから残りの全空間にまで平行移動させることによって，全空間にわたってガリレイ座標をつくりあげることができる．すなわち，空間はユークリッド的だということ

---

1) (91.7) 式は直接 (91.6) 式から，添字 i を上げ，テンソル R_{iklm} の対称性を使うことによって導くこともできる (§92).

になる.

このように，曲率テンソルがゼロになるかならないかは空間がユークリッド的か否かをきめるための判定条件である.

非ユークリッド空間においても，与えられた点で局所測地的であるような座標系を選ぶことはできる．しかし注意しなければならないのは，曲率テンソルはこの点でゼロにならない（Γ^i_{kl} の導関数は，Γ^i_{kl} とともにゼロになりはしないから）ということである.

問　題

無限に近い測地世界線を運動する2つの粒子の相対4元加速度を求めよ.

解　あるパラメターvの値が異なっている測地線の族を考えよう．いいかえると，世界点の座標が $x^i=x^i(s,v)$ という形の関数で表わされ，各 $v=\text{const}$ に対してこれが測地線の方程式になるものとする（このとき，s はある与えられた超曲面と測地線との交点から線にそって測った間隔の長さである)．無限に近い測地線（パラメターの値 v と $v+\delta v$ に対応する）上の同一の s の値をもつ点を結ぶ4元ベクトル

$$\eta^i=\frac{\partial x^i}{\partial v}\delta v\equiv v^i\delta v$$

を導入する.

共変微分の定義および等式 $\partial u^i/\partial v=\partial v^i/\partial s$ ($u^i=\partial x^i/\partial s$) から,

$$u^i{}_{;k}v^k=v^i{}_{;k}u^k. \tag{1}$$

さて2階微分

$$\frac{D^2v^i}{ds^2}\equiv(v^i{}_{;k}u^k)_{;l}u^l=(u^i{}_{;k}v^k)_{;l}u^l=u^i{}_{;k;l}v^ku^l+u^i{}_{;k}v^k{}_{;l}u^l$$

を考えよう．ふたたび (1) を第2項に適用し，第1項で共変微分の順序を (91.7) によって入れかえると,

$$\frac{D^2v^i}{ds^2}=(u^i{}_{;l}u^l)_{;k}v^k+u^mR^i{}_{mkl}u^kv^l$$

が得られる．測地線にそって $u^i{}_{;l}u^l=0$ であるから，第1項はゼロに等しい．定数因子 δv をかけて，最終的な式

$$\frac{D^2\eta^i}{ds^2}=R^i{}_{klm}u^ku^l\eta^m \tag{2}$$

が求められる（これは，測地線の偏差の方程式とよばれる).

§ 92. 曲率テンソルの性質

曲率テンソルは対称性をもっているが，それを完全に明らかにするためには，混合曲率テンソル $R^i{}_{klm}$ から，共変曲率テンソル

$$R_{iklm}=g_{in}R^n_{klm}$$

に移らなければならない．簡単な変形をおこなうことによって，R_{iklm} に対するつぎの表式が容易に得られる：

$$R_{iklm}=\frac{1}{2}\left(\frac{\partial^2 g_{im}}{\partial x^k \partial x^l}+\frac{\partial^2 g_{kl}}{\partial x^i \partial x^m}-\frac{\partial^2 g_{il}}{\partial x^k \partial x^m}-\frac{\partial^2 g_{km}}{\partial x^i \partial x^l}\right)+g_{np}(\Gamma^n_{kl}\Gamma^p_{im}-\Gamma^n_{km}\Gamma^p_{il}). \tag{92.1}$$

この表式からただちに，つぎの対称性が認められる：

$$R_{iklm}=-R_{kilm}=-R_{ikml}, \tag{92.2}$$

$$R_{iklm}=R_{lmik} \tag{92.3}$$

すなわち，このテンソルは添字の対 ik および lm のおのおのについて反対称であり，またこれらの対の入れかえに対しては対称である．とくに，$i=k$ あるいは $l=m$ であるようなすべての成分 R_{iklm} はゼロである．

さらに，R_{iklm} の任意の3つの添字を巡回置換し，そうして得られる3つの成分を加え合わせると，結果はゼロになることがわかる．たとえば，

$$R_{iklm}+R_{imkl}+R_{ilmk}=0 \tag{92.4}$$

（この形の関係式の残りは，(92.2〜3) の性質のために (92.4) から自動的に得られる）．

おわりに，つぎの**ビアンキの恒等式**を証明しよう：

$$R^n{}_{ikl;m}+R^n{}_{imk;l}+R^n{}_{ilm;k}=0. \tag{92.5}$$

これは，局所測地的な座標系を使って証明するのが便利である．そうやって証明された関係 (92.5) は，テンソル性のためにどんな座標系でも成立することになる．(91.4) 式を微分して，それに $\Gamma^i_{kl}=0$ を代入すれば，考えている点において

$$R^n{}_{ikl;m}=\frac{\partial R^n_{ikl}}{\partial x^m}=\frac{\partial^2 \Gamma^n_{il}}{\partial x^m \partial x^k}-\frac{\partial^2 \Gamma^n_{ik}}{\partial x^m \partial x^l}$$

が見いだされる．この表式を使えば，(92.5) がじっさい成立することは容易に証明される．

曲率テンソルから縮約によって2階のテンソルをつくることができる．この縮約はただひと通りの方法でしかおこなうことができない．というのは，R_{iklm} は添字 i と k あるいは l と m について反対称であるために，これらの対について縮約すればゼロとなり，他の2つの対についての縮約は，符号を別とすればまったく同じ結果を与えるからである．テンソル R_{ik}（**リッチ・テンソル**とよばれる）を

$$R_{ik}=g^{lm}R_{limk}=R^l_{ilk} \tag{92.6}$$

のように定義する[1]．(91.4) によれば

$$R_{ik}=\frac{\partial \Gamma^l_{ik}}{\partial x^l}-\frac{\partial \Gamma^l_{il}}{\partial x^k}+\Gamma^l_{ik}\Gamma^m_{lm}-\Gamma^m_{il}\Gamma^l_{km} \tag{92.7}$$

である．このテンソルは明らかに対称である：

---

1) 文献によっては，R_{iklm} の最初と最後の添字を縮約してテンソル R_{ik} を定義することもある．この定義は，われわれの用いる定義と符号だけ異なる．

$$R_{ik}=R_{ki}. \tag{92.8}$$

最後に，R_{ik} を縮約して不変量

$$R=g^{ik}R_{ik}=g^{il}g^{km}R_{iklm} \tag{92.9}$$

が得られる．これを空間の**スカラー曲率**という．

テンソル R_{ik} の成分は，ビアンキの恒等式 (92.5) を添字の対 ik および ln について縮約して得られる微分恒等式を満足する：

$$R^l{}_{m;l}=\frac{1}{2}\frac{\partial R}{\partial x^m}. \tag{92.10}$$

(92.2)～(92.4) の関係があるために，曲率テンソルの成分のすべてが独立ではない．独立な成分の数を求めよう．

上述の公式によって与えられる曲率テンソルの定義は任意の次元数の空間に適用される．まず最初に，2次元空間，すなわち普通の曲面の場合を考察しよう．この場合（4次元量と区別するため）曲率テンソルを P_{abcd} で，計量テンソルを γ_{ab} で表わし，添字 $a,b,$ …は 1,2 の値をとるものとする．対 ab および cd のおのおので2つの添字は異なった値をとらなければならないから，明らかに，曲率テンソルのゼロと異なる成分はたがいに等しいか，符号が違うだけである．したがって，この場合ただ1つだけ独立な成分，たとえば P_{1212} がある．このとき，スカラー曲率が

$$P=\frac{2P_{1212}}{\gamma}, \qquad \gamma\equiv|\gamma_{ab}|=\gamma_{11}\gamma_{22}-(\gamma_{12})^2 \tag{92.11}$$

に等しいことはたやすく示される．$P/2$ という量は，曲面のいわゆるガウスの曲率 K にほかならない：

$$\frac{P}{2}=K=\frac{1}{\rho_1\rho_2}. \tag{92.12}$$

ここで ρ_1,ρ_2 は，曲面の与えられた点での主曲率半径である（ρ_1 および ρ_2 は，対応する曲率中心が曲面の同じ側にあるとき同一符号，異なる側にあるとき逆符号をもつものとする．したがって前の場合 $K>0$，後の場合 $K<0$ である[1])．

次に3次元空間の曲率テンソルに移ろう．それを $P_{\alpha\beta\gamma\delta}$ で，また計量テンソルを $\gamma_{\alpha\beta}$ で表わそう．添字 $\alpha,\beta,\cdots$ は 1,2,3 という値をとる．添字の対 $\alpha\beta$ と $\gamma\delta$ は，3つの実質

1) 公式 (92.12) は，与えられた点の近くでの曲面の方程式を $z=\frac{x^2}{2\rho_1}+\frac{y^2}{2\rho_2}$ という形に書けばたやすく求められる．そうすると面上の線要素の2乗は

$$dl^2=\left(1+\frac{x^2}{\rho_1^2}\right)dx^2+\left(1+\frac{y^2}{\rho_2^2}\right)dy^2+2\frac{xy}{\rho_1\rho_2}dxdy$$

となる．点 $x=y=0$ における P_{1212} を公式 (92.1) によって計算すると（そのとき $\gamma_{\alpha\beta}$ の2階微分の項だけが必要である），(92.12) が得られる．

的に異なる値の組 23, 31, 12 をとる（対の添字の入れかえは，テンソルの成分の符号を変えるだけである）．テンソル $P_{\alpha\beta\gamma\delta}$ はこれらの対の入れかえについて対称であるから，異なる対をもつ独立な成分は全部で 3·2/2=3 個あり，同じ対をもつものが 3 個ある．恒等式（92.4）は，これらの制限に何もつけ加えない．したがって，3 次元空間における曲率テンソルは 6 個の独立成分をもつ．対称テンソル $P_{\alpha\beta}$ も同じ数の成分をもつ．それゆえ，線形の関係式 $P_{\alpha\beta}=\gamma^{\gamma\delta}P_{\gamma\alpha\delta\beta}$ によってテンソル $P_{\alpha\beta\gamma\delta}$ のすべての成分を $P_{\alpha\beta}$ および計量テンソル $\gamma_{\alpha\beta}$ で表わすことができる（問題 1 をみよ）．与えられた点でデカルト的である座標を選べば，適当な回転によってテンソル $P_{\alpha\beta}$ を主軸にもたらすことができる[1]．このようにして，3 次元空間の各点における曲率テンソルは 3 つの量で定められることになる[2]．

最後に 4 次元空間に移ろう．添字の対 ik および lm はこの場合 6 個の異なる値の組，01, 02, 03, 23, 31, 12 をとる．したがって，同じ添字の対をもつ R_{iklm} の成分が 6 個，異なる対をもつ成分が 6·5/2=15 個ある．しかし，後者はすべてたがいに独立ではない．4 つの添字全部が異なる 3 つの成分は（92.4）により恒等式

$$R_{0123}+R_{0312}+R_{0231}=0 \tag{92.13}$$

で関係している．こうして，4 次元空間の曲率テンソルは全部で 20 個の独立成分をもつ．

与えられた点でガリレイ的である座標系を選び，この座標系を回転させる変換（したがって与えられた点で g_{ik} の値を変えないような変換）を考えれば，曲率テンソルの成分のうち 6 個がゼロとなるように調整できる（6 というのは，4 次元座標系の独立な回転の数である）．こうして，4 次元空間の各点の曲率は，14 個の量によってきめられる．

もし $R_{ik}=0$ [3] ならば，任意の座標系において曲率テンソルは全部で 10 個の独立成分をもつ．このとき，適当な変換によって（4 次元空間の与えられた点における）テンソル R_{iklm} を正準形にすることができる．この形ではその成分は一般に 4 つの独立な量によって表わされる．特殊な場合にはこの数はもっと小さい．

もし $R_{ik}\neq 0$ であっても，曲率テンソルから成分 R_{ik} で表わされる特定の部分を引き去

---

1)　実際にテンソル $P_{\alpha\beta}$ の主値を計算するのには，与えられた点でデカルト的な座標系に変換する必要はない．その値は，方程式 $|P_{\sigma\beta}-\lambda\gamma_{\alpha\beta}|=0$ の根 λ として定められる．

2)　テンソル $P_{\alpha\beta\gamma\delta}$ を知れば，空間の任意の曲面のガウスの曲率 K を求めることができる．ここでは，x^1, x^2, x^3 を直交座標としたとき，

$$K=\frac{P_{1212}}{\gamma_{11}\gamma_{22}-(\gamma_{12})^2}$$

が，（与えられた点で）x^3 軸に垂直な“平面”のガウスの曲率であることだけを記しておく．ここで“平面”というのは，測地線でつくられる面のことである．

3)　あとで（§95），真空中の重力場に対する曲率テンソルがこの性質をもつことを見るであろう．

っておけば，同じことが言える．すなわち，つぎのテンソルを構成する[1]：

$$C_{iklm}=R_{iklm}-\frac{1}{2}R_{il}g_{km}+\frac{1}{2}R_{im}g_{kl}+\frac{1}{2}R_{kl}g_{im}$$
$$-\frac{1}{2}R_{km}g_{il}+\frac{1}{6}R(g_{il}g_{km}-g_{im}g_{kl}). \qquad (92.14)$$

このテンソルが，テンソル R_{iklm} の対称性をすべてそなえており，しかも添字の対（il あるいは km）について縮約するとゼロになることはたやすくわかる．

$R_{ik}=0$ のとき曲率テンソルの正準形の可能な型をどのように分類するかを示そう（A. Z. Petrov，1950).

4次元空間の与えられた点での計量がガリレイ形であると仮定しよう．テンソル R_{iklm} の20個の独立成分の全体を，つぎのように定義した3つの3元テンソルの組とみなすことができる：

$$A_{\alpha\beta}=R_{0\alpha0\beta}, \qquad C_{\alpha\beta}=\frac{1}{4}e_{\alpha\gamma\delta}e_{\beta\lambda\mu}R_{\gamma\delta\lambda\mu}, \qquad B_{\alpha\beta}=\frac{1}{2}e_{\alpha\gamma\delta}R_{0\beta\gamma\delta} \qquad (92.15)$$

（$e_{\alpha\beta\gamma}$ は，単位反対称テンソルである．3次元の計量はデカルト的であるから，和をとるとき上と下の添字の区別をする必要はない)．テンソル $A_{\alpha\beta}$ および $C_{\alpha\beta}$は定義によって対称である．テンソル $B_{\alpha\beta}$ は対称でも反対称でもないが，(92.13) のためにその縮約はゼロに等しい．定義 (92.15) から，たとえば，

$$B_{11}=R_{0123}, \qquad B_{21}=R_{0131}, \qquad B_{31}=R_{0112}, \qquad C_{11}=R_{2323}, \qquad \cdots.$$

条件 $R_{km}=g^{il}R_{iklm}=0$ が，(92.15)のテンソル成分のあいだのつぎの条件に等価であることはたやすくわかる．

$$A_{\alpha\alpha}=0, \qquad B_{\alpha\beta}=B_{\beta\alpha}, \qquad A_{\alpha\beta}=-C_{\alpha\beta}. \qquad (92.16)$$

さらに対称な複素テンソル

$$D_{\alpha\beta}=\frac{1}{2}(A_{\alpha\beta}+2iB_{\alpha\beta}-C_{\alpha\beta})=A_{\alpha\beta}+iB_{\alpha\beta} \qquad (92.17)$$

を導入する．2つの実数の3元テンソル $A_{\alpha\beta}$ と $B_{\alpha\beta}$ を1つの複素テンソルにまとめるのは，ちょうど (§25で) ベクトル $\boldsymbol{E}$ と $\boldsymbol{H}$ を複素ベクトル $\boldsymbol{F}$ にまとめたのに対応しているし，その結果得られる $D_{\alpha\beta}$ と4元テンソル R_{iklm} とのあいだの関係は，$\boldsymbol{F}$ と4元テンソル F_{ik} とのあいだの関係に相当する．このことから，テンソル R_{iklm} の4次元的変換は，テンソル $D_{\alpha\beta}$ に対しておこなう3次元の複素回転に等価であることが結論される．

---

1) この複雑な表式をもっと簡潔な形に書くことができる：

$$C_{iklm}=R_{iklm}-R_{l[i}g_{k]m}+R_{m[i}g_{k]l}+\frac{1}{3}Rg_{l[i}g_{k]m}.$$

ここで四角の括弧は，それに含まれる添字の反対称化を意味する：

$$A_{[ik]}=\frac{1}{2}(A_{ik}-A_{ki}).$$

テンソル (92.14) はワイル (Weyl) のテンソルとよばれる．

この回転に関して固有値 $\lambda=\lambda'+i\lambda''$ および固有ベクトル n_α（一般には複素）を，連立方程式

$$D_{\alpha\beta}n_\beta=\lambda n_\alpha \tag{92.18}$$

の解として定めることができる．量 λ は，曲率テンソルの不変量である．縮約 $D_{\alpha\alpha}=0$ であるから，(92.18) 式の根の和もゼロに等しい：

$$\lambda^{(1)}+\lambda^{(2)}+\lambda^{(3)}=0.$$

独立な固有ベクトル n_α の数に応じて，曲率テンソルの還元化における可能な場合を以下のように**ペトロフの正準形** I - III に分類することができる．

I） 3つの独立な固有ベクトルがある．このとき，それらの自乗 $n_\alpha n^\alpha$ はゼロと異なり，適当な回転によってテンソル $D_{\alpha\beta}$，したがって $A_{\alpha\beta}$ および $B_{\alpha\beta}$ は対角形にされる：

$$A_{\alpha\beta}=\begin{pmatrix}\lambda^{(1)\prime} & 0 & 0\\ 0 & \lambda^{(2)\prime} & 0\\ 0 & 0 & -\lambda^{(1)\prime}-\lambda^{(2)\prime}\end{pmatrix},$$

$$B_{\alpha\beta}=\begin{pmatrix}\lambda^{(1)\prime\prime} & 0 & 0\\ 0 & \lambda^{(2)\prime\prime} & 0\\ 0 & 0 & -\lambda^{(1)\prime\prime}-\lambda^{(2)\prime\prime}\end{pmatrix}. \tag{92.19}$$

この場合，曲率テンソルは4個の独立な不変量をもつ[1]．

複素不変量 $\lambda^{(1)}$，$\lambda^{(2)}$ は，複素スカラー

$$I_1=\frac{1}{48}(R_{iklm}R^{iklm}-iR_{iklm}\overset{*}{R}{}^{iklm}),$$

$$I_2=\frac{1}{96}(R_{iklm}R^{lmpr}R_{pr}{}^{ik}+iR_{iklm}R^{lmpr}\overset{*}{R}{}_{pr}{}^{ik}) \tag{92.20}$$

によって代数的に表わされる．ここで記号の上の星印は対偶テンソルを意味する：

$$\overset{*}{R}_{iklm}=\frac{1}{2}E_{ikpr}R^{pr}{}_{lm}.$$

(92.19) を使って I_1, I_2 を計算すると

$$I_1=\frac{1}{3}(\lambda^{(1)2}+\lambda^{(2)2}+\lambda^{(1)}\lambda^{(2)}),\qquad I_2=\frac{1}{2}\lambda^{(1)}\lambda^{(2)}(\lambda^{(1)}+\lambda^{(2)}) \tag{92.21}$$

が得られる．この式により，任意の基準系における R_{iklm} の値から出発して $\lambda^{(1)}$，$\lambda^{(2)}$ を計算することができる．

II） 独立な固有ベクトルが2個存在する．このとき固有ベクトルのうち1個は平方がゼロであり，そのため，座標軸の方向にとることができない．しかし，それが平面 x^1, x^2 のなかにあるようにすることはできる．そのとき $n_2=in_1$，$n_3=0$．これに対応して方程式 (92.18) は

1） $\lambda^{(1)\prime}=\lambda^{(2)\prime}$，$\lambda^{(1)\prime\prime}=\lambda^{(2)\prime\prime}$ である縮退した場合は，D 形とよばれる．

$$D_{11}+iD_{12}=\lambda, \qquad D_{22}-iD_{12}=\lambda$$

となり，これから

$$D_{11}=\lambda-i\mu, \qquad D_{22}=\lambda+i\mu, \qquad D_{12}=\mu.$$

$\lambda=\lambda'+i\lambda''$ という複素量はスカラーであって，値を変えるわけにいかないが，μ という量は，さまざまな複素回転によって任意の（ゼロと異なる）値をとらせることができる．したがって，一般性を制限せずに μ を実数とみなすことができる．結局，実テンソル $A_{\alpha\beta}$, $B_{\alpha\beta}$ の正準形としてつぎのものが得られる：

$$A_{\alpha\beta}=\begin{pmatrix}\lambda' & \mu & 0\\ \mu & \lambda' & 0\\ 0 & 0 & -2\lambda'\end{pmatrix}, \qquad B_{\alpha\beta}=\begin{pmatrix}\lambda''-\mu & 0 & 0\\ 0 & \lambda''+\mu & 0\\ 0 & 0 & -2\lambda''\end{pmatrix}. \tag{92.22}$$

この場合には，全部で2個の不変量 λ' と λ'' とがある．このとき（92.21）によって $I_1=\lambda^2$, $I_2=\lambda^3$，それゆえ $I_1^3=I_2^2$ である．

III）平方がゼロに等しいただ1個の固有ベクトルが存在する．このとき，すべての固有値 λ は一致し，それゆえゼロに等しい．方程式（92.18）の解は $D_{11}=D_{22}=D_{12}=0$, $D_{13}=\mu$, $D_{23}=i\mu$ という形にすることができ，したがって

$$A_{\alpha\beta}=\begin{pmatrix}0 & 0 & \mu\\ 0 & 0 & 0\\ \mu & 0 & 0\end{pmatrix}, \qquad B_{\alpha\beta}=\begin{pmatrix}0 & 0 & 0\\ 0 & 0 & \mu\\ 0 & \mu & 0\end{pmatrix} \tag{92.23}$$

となる．この場合には，曲率テンソルはまったく不変量をもたず，状況は特異なものとなる．すなわち，4次元空間は曲がってはいるが，その曲がり方の測度ともなるべき不変量が存在しないのである[1]．

問　題

1.　3次元空間の4階の曲率テンソル $P_{\alpha\beta\gamma\delta}$ を2階のテンソル $P_{\alpha\beta}$ によって表わせ．

解　$P_{\alpha\beta\gamma\delta}$ が対称性の条件をみたすように，それを

$$P_{\alpha\beta\gamma\delta}=A_{\alpha\gamma}\gamma_{\beta\delta}-A_{\alpha\delta}\gamma_{\beta\gamma}+A_{\beta\delta}\gamma_{\alpha\gamma}-A_{\beta\gamma}\gamma_{\alpha\gamma}$$

の形に求めよう．ここに $A_{\alpha\beta}$ は対称テンソルであって，それと $P_{\alpha\beta}$ との関係は，この表式を添字 α, γ について縮約することによってきまる．そのようにすると

$$P_{\alpha\beta}=A\gamma_{\alpha\beta}+A_{\alpha\beta}, \qquad A_{\alpha\beta}=P_{\alpha\beta}-\frac{1}{4}P\gamma_{\alpha\beta}$$

となり，結局

$$P_{\alpha\beta\gamma\delta}=P_{\alpha\gamma}\gamma_{\beta\gamma}-P_{\alpha\delta}\gamma_{\beta\gamma}+P_{\beta\delta}\gamma_{\alpha\gamma}-P_{\beta\gamma}\gamma_{\alpha\delta}+\frac{P}{2}(\gamma_{\alpha\delta}\gamma_{\beta\gamma}-\gamma_{\alpha\gamma}\gamma_{\beta\delta})$$

が得られる．

2.　テンソル g_{ik} が対角形であるような計量に対するテンソル R_{iklm} および R_{ik} の成分

1）II）の縮退した場合，$\lambda'=\lambda''=0$ のときに同様の状況が生ずる（それは N 形とよばれる）．

を計算せよ．

解　ゼロと異なる計量テンソルの成分を

$$g_{ii}=e_i e^{2F_i},\qquad e_0=1,\qquad e_\alpha=-1$$

という形に表わそう．公式（92.1）によって計算すると，曲率テンソルのゼロと異なる成分に対してつぎの表式が得られる：

$$R_{ilik}=e_l e^{2F_l}(F_{l,k}F_{k,i}+F_{i,k}F_{l,i}-F_{l,i}F_{l,k}-F_{l,i,k}),\qquad i\neq k\neq l,$$

$$R_{ilil}=e_l e^{2F_l}(F_{i,i}F_{l,i}-F_{l,i}^2-F_{l,i,i})+e_i e^{2F_i}(F_{l,l}F_{i,l}-F_{i,l}^2-F_{i,l,l})$$
$$-e_l e^{2F_l}\sum_{m\neq i,l}e_i e_m e^{2(F_i-F_m)}F_{i,m}F_{l,m},\qquad i\neq l$$

（同じ添字についての和はとらない！）．コンマのあとにくる添字は，それに対応する座標についての単なる微分を表わす．

このテンソルの２つの添字について縮約して，

$$R_{ik}=\sum_{l\neq i,k}(F_{l,k}F_{k,i}+F_{i,k}F_{l,i}-F_{l,i}F_{l,k}-F_{l,i,k}),\qquad i\neq k,$$

$$R_{ii}=\sum_{l\neq i}[F_{i,i}F_{l,i}-F_{l,i}^2-F_{l,i,i}$$
$$+e_i e_l e^{2(F_i-F_l)}(F_{l,l}F_{i,l}-F_{i,l}^2-F_{i,l,l}-F_{i,l}\sum_{m\neq i,l}F_{m,l})]$$

が得られる．

§ 93.　重力場に対する作用関数

重力場を規定する方程式を見いだすためには，まず，重力場に対する作用関数 S_g を求めることが必要である．それが得られれば，つぎに場の作用と物質粒子の作用との和の変分をとることによって，求める方程式が得られる．

電磁場と同じく，作用 S_g は，全空間および，時間座標 x^0 の与えられた２つの値のあいだにわたってとったスカラー積分

$$\int G\sqrt{-g}\,d\Omega$$

の形に表わされるはずである．このスカラーをきめる出発点として，重力場の方程式は場の“ポテンシャル”の２階より高い導関数を含んではならない（ちょうど電磁場の場合がそうだったように）という事実をとる．場の方程式は作用の変分をとることによって得られるから，スカラー G は，g_{ik} の１階より高い導関数を含まないことが必要である．したがって，G はテンソル g_{ik} と量 Γ^i_{kl} だけを含むことになる．

しかしながら，g_{ik} および Γ^i_{kl} だけから不変量をつくることは不可能である．このことは座標系を適当に選ぶことによっていつでも，すべての Γ^i_{kl} を与えられた点でゼロにすることができるという事実からしてただちに明らかである．ところがここに R（４次元空間の曲率）というスカラーがあって，これは g_{ik} とその１階導関数のほかに g_{ik} の２階の導関数をも含んでいるけれども，ただ，２階導関数については線形である．そのために，積分 $\int R\sqrt{-g}\,d\Omega$ という不変量は，ガウスの定理によって２階導関数を含まぬ積分に変

換することができる．すなわち，それはつぎの形に表わすことができる：

$$\int R\sqrt{-g}d\Omega=\int G\sqrt{-g}d\Omega+\int\frac{\partial(\sqrt{-g}w^i)}{\partial x^i}d\Omega.$$

ここに G はテンソル g_{ik} とその1階導関数だけを含み，2番目の積分の被積分関数はある w^i という量の発散の形をしている（くわしい計算はこの節の終わりのほうでおこなう）．この2番目の積分はガウスの定理によって，他の2つの積分がおこなわれる4次元体積をとりかこむ超曲面のうえの積分に変換することができる．変分をとるときには，最小作用の原理では積分領域の限界における場の変分がゼロとされるから，右辺の第2項の変分は消える．こうして

$$\delta\int R\sqrt{-g}d\Omega=\delta\int G\sqrt{-g}d\Omega$$

と書くことができる．左辺はスカラーである：したがって，右辺の表現もスカラーである（G という量それ自身はもちろんスカラーでない）．

G という量は，g_{ik} とその1階導関数しか含まないから，うえに要請した条件をみたしている．このようにして，

$$\delta S_g=-\frac{c^3}{16\pi k}\delta\int G\sqrt{-g}\,d\Omega=-\frac{c^3}{16\pi k}\delta\int R\sqrt{-g}d\Omega \qquad (93.1)$$

と書くことができる．ただし k は新しい普遍定数である．§27で電磁場の作用関数についてやったようにして，定数 k は正でなければならないことがわかる（この節の終わりをみよ）．

定数 k は**万有引力定数**とよばれる．k のディメンションは (93.1) からただちに求められる．作用のディメンションは $\mathrm{g\,cm^2\,sec^{-1}}$ である．座標はすべて cm のディメンションをもち，g_{ik} はディメンションなしだから，R は $\mathrm{cm^{-2}}$ のディメンションをもつ．こうして k のディメンションは $\mathrm{cm^3\,g^{-1}\,sec^{-2}}$ であることがわかる．その数値は

$$k=6.67\times10^{-8}\,\mathrm{cm^3\,g^{-1}\,sec^{-2}} \qquad (93.2)$$

である．

k を1（あるいはその他任意のディメンションなしの定数）に等しいとおくこともできるということに注意しよう．しかし，そうすれば，質量を測る単位がきまってしまうことになろう[1]．

最後に (93.1) の G を計算しよう．R_{ik} に対する表式 (92.7) から

1) もし $k=c^2$ とおくならば質量は cm で計られることになり，$1\,\mathrm{cm}=1.35\times10^{28}\,\mathrm{g}$ である．k のかわりに

$$\kappa=\frac{8\pi k}{c^2}=1.86\times10^{-27}\,\mathrm{cm\,g^{-1}}$$

という量を使うこともある．これはアインシュタインの重力定数とよばれる．

$$\sqrt{-g}R=\sqrt{-g}g^{ik}R_{ik}$$
$$=\sqrt{-g}\left\{g^{ik}\frac{\partial\Gamma^l_{ik}}{\partial x^l}-g^{ik}\frac{\partial\Gamma^l_{il}}{\partial x^k}+g^{ik}\Gamma^l_{ik}\Gamma^m_{lm}-g^{ik}\Gamma^m_{il}\Gamma^l_{km}\right\}.$$

右辺のはじめの2つの項は

$$\sqrt{-g}g^{ik}\frac{\partial\Gamma^l_{ik}}{\partial x^l}=\frac{\partial}{\partial x^l}(\sqrt{-g}g^{ik}\Gamma^l_{ik})-\Gamma^l_{ik}\frac{\partial}{\partial x^l}(\sqrt{-g}g^{ik}),$$

$$\sqrt{-g}g^{ik}\frac{\partial\Gamma^l_{il}}{\partial x^k}=\frac{\partial}{\partial x^k}(\sqrt{-g}g^{ik}\Gamma^l_{il})-\Gamma^l_{il}\frac{\partial}{\partial x^k}(\sqrt{-g}g^{ik})$$

と書ける．完全導関数の部分をおとして

$$\sqrt{-g}G=\Gamma^m_{im}\frac{\partial}{\partial x^k}(\sqrt{-g}g^{ik})-\Gamma^l_{ik}\frac{\partial}{\partial x^l}(\sqrt{-g}g^{ik})$$
$$-(\Gamma^m_{il}\Gamma^l_{km}-\Gamma^l_{ik}\Gamma^m_{lm})g^{ik}\sqrt{-g}.$$

公式 (86.5)〜(86.8) のたすけをかりると，右辺の最初の2つの項は

$$2\Gamma^l_{ik}\Gamma^i_{lm}g^{mk}-\Gamma^m_{im}\Gamma^i_{kl}g^{kl}-\Gamma^l_{ik}\Gamma^m_{lm}g^{ik}$$
$$=g^{ik}(2\Gamma^l_{mk}\Gamma^m_{li}-\Gamma^m_{lm}\Gamma^l_{ik}-\Gamma^l_{ik}\Gamma^m_{lm})=2g^{ik}(\Gamma^m_{il}\Gamma^l_{km}-\Gamma^l_{ik}\Gamma^m_{lm})$$

に $\sqrt{-g}$ をかけたものに等しい．結局

$$G=g^{ik}(\Gamma^m_{il}\Gamma^l_{km}-\Gamma^l_{ik}\Gamma^m_{lm}) \tag{93.3}$$

を得る．

重力場を決定する量は計量テンソルの諸成分である．したがって，重力場に対する最小作用の原理において，変分をとるべき量は g_{ik} である．しかし，ここでつぎの基本的な留保をしておくことが必要である．すなわち，実際に実現される場において，g_{ik} のすべての可能な変分に対して作用積分が極小値（ただの極値でなく）をもつことを，いまここで主張することはできないのである．このことは，g_{ik} の変化のすべてが，空間・時間の計量の，すなわち重力場の，実際の変化に結びついているわけでないということに関連している．成分 g_{ik} は，同一の空間・時間におけるある座標系から他の座標系への単なる変換によっても変化する．そういう座標変換は，一般的にいって，4つの独立な変換のあつまりである．計量の変化と結びついていない g_{ik} の変化をとりのぞくためには，4つの補助条件をおいて，変分の際にそれらの条件がみたされるべきことを要求すればよい．このように，重力場に適用された最小作用の原理については，g_{ik} に4つの補助条件を課して，それらがみたされたときに，作用が g_{ik} の変分に関して極小値をもつと主張できるだけである[1]．

1) しかし，いま述べたすべてのことは，最小作用の原理から場の方程式を導くことにはなんの影響ももたないことを強調しておかねばならない（§95）．場の方程式は，作用がはっきり極小とならなくとも，極値をとる（すなわち，1階の変分が消える）ことだけを要求すれば，その結果として得られる．したがって，場の方程式を導く際には，g^{ik} の変分をすべて独立なものとして扱うことができる．

これらの注意を心にとどめて，万有引力定数は正でなければならないことを示そう．いまいった4つの補助条件として，3個の成分 $g_{0\alpha}$ がゼロになること，および，成分 $g_{\alpha\beta}$ からつくられる行列式 $|g_{\alpha\beta}|$ が定数であること：

$$g_{0\alpha}=0, \quad |g_{\alpha\beta}|=\text{const}$$

を要求する．この最後の条件から

$$g^{\alpha\beta}\frac{\partial g_{\alpha\beta}}{\partial x^0}=\frac{\partial}{\partial x^0}|g_{\alpha\beta}|=0$$

を得る．ここでわれわれに興味があるのは，作用の表式の被積分関数のなかで，g_{ik} の x^0 についての導関数を含む項である（77ページ参照）．(93.3) を使えば，簡単な計算によって，G のなかのそういう項は

$$\frac{1}{4}g^{00}g^{\alpha\beta}g^{\gamma\delta}\frac{\partial g_{\alpha\gamma}}{\partial x^0}\frac{\partial g_{\beta\delta}}{\partial x^0}$$

であることが示される．この量は本質的に負であることが容易にわかる．実際，与えられた点で与えられた瞬間にデカルト的であるような空間座標系を選べば（したがって $g_{\alpha\beta}=g^{\alpha\beta}=-\delta_{\alpha\beta}$），

$$-\frac{1}{4}g^{00}(\partial g_{\alpha\beta}/\partial x^0)^2$$

が得られ $g^{00}=1/g_{00}>0$ であるから，この量の符号は明らかである．

したがって，$g_{\alpha\beta}$ が時間 x^0 とともに十分速やかに変化するとすれば（dx^0 の積分限界のあいだの時間間隔のうちで），Gをいくらでも大きくすることができる．定数 k が負であれば，作用は限りなく減少し（限りなく大きな絶対値をもつ負数），したがって，極小は存在しえないことになる．

§ 94. エネルギー・運動量テンソル

§32では，物理系の作用関数が4次元空間についての積分の形（32.1）で与えられたときに，その系のエネルギー・運動量テンソルを計算するための一般的規則を与えた．曲線座標ではこの積分は

$$S=\frac{1}{c}\int \Lambda\sqrt{-g}\,d\Omega \tag{94.1}$$

という形に書かれるはずである（ガリレイ座標では $g=-1$ で，Sは $\int \Lambda dVdt$ となる）．積分は3次元の空間全体および与えられた2つの時刻のあいだの時間にわたっておこなわれる．すなわち，積分領域は，2つの超曲面のあいだに含まれる4次元空間の無限領域である．

§32で論じたように，公式（32.5）によってきまるエネルギー・運動量テンソルは，当然のことながら，一般に対称でない．それを対称化するには，(32.5) に $\frac{\partial}{\partial x^l}\psi_{ikl}$ という

形をした適当な項を加えなければならなかった．ここで $\psi_{ikl}=-\psi_{ilk}$.

ここではエネルギー・運動量テンソルの別の計算法を与えよう．これは，ただちに対称な表現に導くという長所をもっている．

(94.1) で，座標 x^i から座標 $x'^i=x^i+\xi^i$ への変換をする．ただし，ξ^i は小さな量とする．この変換で，g^{ik} は公式

$$g'^{ik}(x'^l)=g^{lm}(x^l)\frac{\partial x'^i}{\partial x^l}\frac{\partial x'^k}{\partial x^m}=g^{lm}\left(\delta^i_l+\frac{\partial \xi^i}{\partial x^l}\right)\left(\delta^k_m+\frac{\partial \xi^k}{\partial x^m}\right)$$

$$\approx g^{ik}(x^l)+g^{im}\frac{\partial \xi^k}{\partial x^m}+g^{kl}\frac{\partial \xi^i}{\partial x^l}$$

にしたがって変換される．この式で，テンソル g^{ik} が座標 x^l の関数であるのに対して，テンソル g'^{ik} は x'^l の関数として表わされる．すべての項を同一の変数の関数として表わすために，$g'^{ik}(x^l+\xi^l)$ を ξ^l のベキに展開する．さらに，ξ^l の高次の項を省略することにすれば，ξ^l を含むすべての項において g'^{ik} のかわりに g^{ik} と書くことができる．こうして

$$g'^{ik}(x^l)=g^{ik}(x^l)-\xi^l\frac{\partial g^{ik}}{\partial x^l}+g^{il}\frac{\partial \xi^k}{\partial x^l}+g^{kl}\frac{\partial \xi^i}{\partial x^l}.$$

直接やってみれば容易にわかるように，右辺の最後の3つの項は ξ^i の反変導関数の和の形 $\xi^{i;k}+\xi^{k;i}$ に書ける．こうして結局，g^{ik} の変換は

$$g'^{ik}=g^{ik}+\delta g^{ik},\qquad \delta g^{ik}=\xi^{i;k}+\xi^{k;i} \tag{94.2}$$

の形に得られる．このとき共変成分については

$$g'_{ik}=g_{ik}+\delta g_{ik},\qquad \delta g_{ik}=-\xi_{i;k}-\xi_{k;i} \tag{94.3}$$

となる（したがって，1次の微小量までの精度で $g'_{il}g'^{kl}=\delta^k_i$ という条件が守られる[1]）．

作用 S はスカラーであるから，座標変換によって変化しない．他方，座標変換による作用の変化 δS は形式的につぎのように書ける．§32 でやったように，作用 S が表わしている物理系を規定する量を q と書く．座標変換によって量 q は δq だけ変化する．δS を計算するのに，q の変化を含むような項を書く必要はない．それらの項はすべて，物理系の“運動方程式”のおかげでたがいにうち消しあう．なぜなら，運動方程式というのは，S の量 q についての変分をゼロに等しいとおいて得られるものであるから．かくして，g^{ik} の変化に関連する項だけを書けば十分である．ガウスの定理を使い，積分限界において $\delta g^{ik}=0$ とおけば，δS として

---

1) 方程式

$$\xi_{i;k}+\xi_{k;i}=0$$

は，与えられた計量を変化させないような無限小座標変換を定めることに注意しよう．文献ではしばしばこれはキリング方程式とよばれる．

$$\delta S=\frac{1}{c}\int\left\{\frac{\partial\sqrt{-g}\Lambda}{\partial g^{ik}}\delta g^{ik}+\frac{\partial\sqrt{-g}\Lambda}{\partial\frac{\partial g^{ik}}{\partial x^l}}\delta\frac{\partial g^{ik}}{\partial x^l}\right\}d\Omega$$

$$=\frac{1}{c}\int\left\{\frac{\partial\sqrt{-g}\Lambda}{\partial g^{ik}}-\frac{\partial}{\partial x^l}\frac{\partial\sqrt{-g}\Lambda}{\partial\frac{\partial g^{ik}}{\partial x^l}}\right\}\delta g^{ik}d\Omega$$

が得られる[1]．ここで

$$\frac{1}{2}\sqrt{-g}T_{ik}=\frac{\partial\sqrt{-g}\Lambda}{\partial g^{ik}}-\frac{\partial}{\partial x^l}\frac{\partial\sqrt{-g}\Lambda}{\partial\frac{\partial g^{ik}}{\partial x^l}}\tag{94.4}$$

という記法を導入する．そうすると δS はつぎの形になる[2]：

$$\delta S=\frac{1}{2c}\int T_{ik}\delta g^{ik}\sqrt{-g}d\Omega=-\frac{1}{2c}\int T^{ik}\delta g_{ik}\sqrt{-g}d\Omega\tag{94.5}$$

($g^{ik}\delta g_{ik}=-g_{ik}\delta g^{ik}$，したがって，$T^{ik}\delta g_{ik}=-T_{ik}\delta g^{ik}$ であることに注意)．δg^{ik} に表式 (94.2) を代入し，T_{ik} が対称であることを利用すると

$$\delta S=\frac{1}{2c}\int T_{ik}(\xi^{i;k}+\xi^{k;i})\sqrt{-g}d\Omega=\frac{1}{c}\int T_{ik}\xi^{i;k}\sqrt{-g}d\Omega$$

となる．さらにこれを，つぎのように変形する：

$$\delta S=\frac{1}{c}\int(T_i^k\xi^i)_{;k}\sqrt{-g}d\Omega-\frac{1}{c}\int T^k_{i;k}\xi^i\sqrt{-g}d\Omega.\tag{94.6}$$

(86.9) を使うと，第1の積分は

$$\frac{1}{c}\int\frac{\partial}{\partial x^k}(\sqrt{-g}T_i^k\xi^i)d\Omega$$

と書くことができて，これは超曲面上の積分に変換される．その積分は，ξ^i が積分限界でゼロとなるから，消えておちる．

こうして，δS をゼロに等しいとおいて

$$\delta S=-\frac{1}{c}\int T^k_{i;k}\xi^i\sqrt{-g}d\Omega=0.$$

すると，ξ^i が任意であることから

$$T^k_{i;k}=0\tag{94.7}$$

1) ここで導入した，対称テンソル g^{ik} の成分についての微分の記号は，ある意味で象徴的なものだということに注意する必要がある．すなわち，導関数 $\partial F/\partial g_{ik}$ (F は g_{ik} のある関数）の実際の意味は，$dF=\frac{\partial F}{\partial g_{ik}}dg_{ik}$ であるということの表現にすぎない．しかし，和 $\frac{\partial F}{\partial g_{ik}}dg_{ik}$ のなかに，対称テンソルの $i\neq k$ の成分の微分 dg_{ik} は2度現われる．したがって，F の実際の表式を $i\neq k$ であるような任意の成分 g_{ik} について微分すれば，われわれが $\partial F/\partial g_{ik}$ で表わしている量の2倍の大きさをもった量が得られる．$\partial F/\partial g_{ik}$ のでてくる式で，添字 i,k にきまった値をふりあてるときに，いまの注意を忘れてはならない．

2) いま考えている場合，たった4個しかない座標の変換の結果である10個の量 δg_{ik} はたがいに独立でないことに注意しよう．そういう理由で，δS がゼロになるということから $T_{ik}=0$ はでてこない．

が得られる．これを，ガリレイ座標で成り立つ方程式（32.4）$\partial T_{ik}/\partial x^k=0$ とくらべて，公式（94.4）で定義されるテンソル T_{ik} はエネルギー・運動量テンソルそのもの——少なくとも，定数因子をのぞいて——でなければならないことがわかる．たとえば電磁場

$$\Lambda=-\frac{1}{16\pi}F_{ik}F^{ik}=-\frac{1}{16\pi}F_{ik}F_{lm}g^{il}g^{km}$$

に対して公式（94.4）による計算を実行してみれば，この定数因子は1に等しいことが容易にわかる．

このように，公式（94.4）を使えば，関数 Λ を計量テンソルの成分（およびその導関数）について微分することによってエネルギー・運動量テンソルを計算することができる．このときテンソル T_{ik} は明らさまに対称な形で即座に得られる．公式（94.4）は，重力場が存在する場合だけでなく，それがない場合でも，エネルギー・運動量テンソルを計算するのに便利である．このあとの場合には，計量テンソルは独立の意味をもたず，曲線座標への移行も，T_{ik} の計算の中間段階として形式的におこなわれるにすぎない．

電磁場のエネルギー・運動量テンソルに対する表式（33.1）は，曲線座標では

$$T_{ik}=\frac{1}{4\pi}\left(-F_{il}F_k{}^l+\frac{1}{4}F_{lm}F^{lm}g_{ik}\right) \tag{94.8}$$

という形になるはずである．同様に，巨視的な物体のエネルギー・運動量テンソル(35.2)の共変成分は

$$T_{ik}=(p+\varepsilon)u_iu_k-pg_{ik} \tag{94.9}$$

である．量 T_{00} はつねに正であることに注意しよう[1)]：

$$T_{00}\geqslant 0 \tag{94.10}$$

（混合成分 T^0_0 は，一般に定まった符号をもたない）．

問　　題

2階対称テンソルの正準形への変換の可能な型への分類を考察せよ．

解　対称テンソル A_{ik} の主軸変換とは

$$A_{ik}n^k=\lambda n_i \tag{1}$$

の成り立つような“固有ベクトル” n^i を見いだすことである．これらに対応する主値（あるいは“固有値”）λ は，4次方程式

$$|A_{ik}-\lambda g_{ik}|=0 \tag{2}$$

1)　実際，$T_{00}=\varepsilon u_0^2+p(u_0^2-g_{00})$．第1項はつねに正である．第2項において

$$u_0=g_{00}u^0+g_{0\alpha}u^\alpha=\frac{g_{00}dx^0+g_{0\alpha}dx^\alpha}{ds}$$

と書き，簡単な変形をすれば，$g_{00}p(dl/ds)^2$ を得る．ここに dl は空間距離の要素（84.6）である．これから T_{00} の第2項も正であることがわかる．同じことは（94.8）についても容易に確認される．

の根として得られ，テンソルの不変量である．量 λ も，それらに対応する固有ベクトルも複素数でありうる（テンソル A_{ik} そのものの成分は，いうまでもなく，実数と仮定されている）．

方程式（1）から，通例のやり方によって，2つの異なった主値 $\lambda^{(1)}, \lambda^{(2)}$ に対応する2つのベクトル $n_i^{(1)}, n_i^{(2)}$ はたがいに直交することが容易に示される：

$$n_i^{(1)}n^{(2)i}=0. \tag{3}$$

とくに，方程式（2）が，複素共役なベクトル n_i および n_i^* に対応する複素共役な2根 λ, λ^* をもてば

$$n_in^{i*}=0 \tag{4}$$

でなければならない．

テンソル A_{ik} は，自分の主値とそれらに対応する固有ベクトルとによって

$$A_{ik}=\sum\lambda\frac{n_in_k}{n_ln^l} \tag{5}$$

のように表わされる（いずれの n_ln^l もゼロに等しくさえなければよい．以下を見よ）．

方程式（2）の根の性格にしたがって，つぎの3つの異なる場合が可能である．

I）　4個の主値 λ がすべて実数である．このときベクトル n^i も実数であるが，これらはすべてたがいに直交するから，そのうち3個は空間的な方向を，1個は時間的な方向をもたねばならない（これらは，それぞれ $n_ln^l=1$ および $n_ln^l=-1$ という条件によって規格化することができる）．座標軸をこれらのベクトルの方向にとって，テンソル A_{ik} を

$$A_{ik}=\begin{pmatrix}\lambda^{(0)} & 0 & 0 & 0\\ 0 & -\lambda^{(1)} & 0 & 0\\ 0 & 0 & -\lambda^{(2)} & 0\\ 0 & 0 & 0 & -\lambda^{(3)}\end{pmatrix} \tag{6}$$

という形に直す．

II）　方程式（2）が2個の実根（$\lambda^{(2)}, \lambda^{(3)}$）と2個の複素根（$\lambda'\pm i\lambda''$）をもつ．後者の根に対応するたがいに複素共役なベクトル n_i, n_i^* を $a_i\pm ib_i$ という形に書こう．これらは任意の複素乗数を除いてしか決定されないから，$n_in^i=n_i^*n^{i*}=1$ という条件によって規格化することができる．（4）という関係をも考慮すると，実ベクトル a_i, b_i に対しては

$$a_ia^i+b_ib^i=0, \qquad a_ib^i=0, \qquad a_ia^i-b_ib^i=1$$

という条件が見いだされる．これから $a_ia^i=1/2, b_ib^i=-1/2$，すなわち，これらのベクトルの1つは空間的な方向を，他の1つは時間的な方向をもたねばならないことがわかる[1]．座標軸をベクトル $a^i, b^i. n^{(2)i}, n^{(3)i}$ の方向にとって，テンソル A_{ik} を（公式（5）にしたがって）変換すると

$$A_{ik}=\begin{pmatrix}\lambda' & \lambda'' & 0 & 0\\ \lambda'' & -\lambda' & 0 & 0\\ 0 & 0 & -\lambda^{(2)} & 0\\ 0 & 0 & 0 & -\lambda^{(3)}\end{pmatrix} \tag{7}$$

という形になる．

1）　時間的な方向をもつベクトルは1個しかありえないから，このことから方程式（2）は，複素共役な根を2組もつことはできないことがわかる．

III）ベクトル n^i のうちの１つの平方がゼロに等しければ（$n_l n^l=0$），このベクトルを座標軸の方向としてとることはできない．しかし平面 x^0x^α の１つを，ベクトル n^i がそのうえに横たわるように選ぶことはできる．それを x^0x^1 面としよう．そのとき $n_l n^l=0$ から $n^0=n^1$ が得られ，方程式（1）から

$$A_{00}+A_{01}=\lambda,\qquad A_{10}+A_{11}=-\lambda,$$

これから

$$A_{00}=\lambda+\mu,\qquad A_{11}=-\lambda+\mu,\qquad A_{01}=-\mu$$

となる．ここに μ という量は不変でなく，平面 x^0x^1 のなかでの回転に際して変化する．それはつねに，適当な回転によって実数にすることができる．x^2, x^3 軸を他の２つの（空間的な）ベクトル $n^{(2)i}, n^{(3)i}$ にそってとり，テンソル A_{ik} を

$$A_{ik}=\begin{pmatrix}\lambda+\mu & -\mu & 0 & 0\\ -\mu & -\lambda+\mu & 0 & 0\\ 0 & 0 & -\lambda^{(2)} & 0\\ 0 & 0 & 0 & -\lambda^{(3)}\end{pmatrix}\qquad(8)$$

という形に変換する．これは，方程式（2）の２つの根（$\lambda^{(0)}, \lambda^{(1)}$）が等根である場合に対応する．

光の速度よりも小さい速度で運動している物質のエネルギー・運動量を表わす物理的なテンソル T_{ik} に対しては，第１の場合だけが可能であるということに注意しよう．このことは，そこでは物質のエネルギーの流れ，すなわち成分 $T_{\alpha 0}$ がゼロに等しくなるような基準系がつねに存在しなければならない，ということに関連している．電磁波のエネルギー・運動量テンソルは第３の場合となるが，$\lambda=\lambda^{(2)}=\lambda^{(3)}=0$ である(92ページをみよ)．逆の場合には，エネルギーの流れがその密度の c 倍よりも大きくなるような基準系が存在することを証明することができる．

§ 95.　アインシュタインの方程式

これでわれわれは，重力場の方程式を求めることに進むことができる．この方程式は最小作用の原理 $\delta(S_m+S_g)=0$ から得られる．ただし，S_g, S_m はそれぞれ重力場および物質の作用関数である．そこで，重力場，すなわち量 g_{ik} に変分をほどこそう．

変分 δS_g を計算すると

$$\delta\int R\sqrt{-g}\,d\Omega=\delta\int g^{ik}R_{ik}\sqrt{-g}\,d\Omega$$

$$=\int(R_{ik}\sqrt{-g}\,\delta g^{ik}+R_{ik}g^{ik}\delta\sqrt{-g}+g^{ik}\sqrt{-g}\,\delta R_{ik})\,d\Omega.$$

(86.4) によって

$$\delta\sqrt{-g}=-\frac{1}{2\sqrt{-g}}\delta g=-\frac{1}{2}\sqrt{-g}\,g_{ik}\delta g^{ik}$$

となる．これを代入して

$$\delta\int R\sqrt{-g}\,d\Omega=\int\left(R_{ik}-\frac{1}{2}g_{ik}R\right)\delta g^{ik}\sqrt{-g}\,d\Omega+\int g^{ik}\delta R_{ik}\sqrt{-g}\,d\Omega\qquad(95.1)$$

を得る.

δR_{ik} を計算するために, Γ^i_{kl} という量はテンソルでないけれども, 変分 $\delta\Gamma^i_{kl}$ はテンソルであることに注意する. 実際, $\Gamma^k_{il}A_k dx^l$ はある点 P からそれに無限に近い点 P' への平行移動によるベクトルの変化である ((85.5) をみよ). したがって, $\delta\Gamma^k_{il}A_k dx^l$ は点 P から同一の点 P' への2つの平行移動 (1つは Γ^i_{kl} を変えずに, 1つは変えて) の結果得られる2つのベクトルの差である. そして, 同一の点での2個のベクトルの差はベクトルであるから, $\delta\Gamma^i_{kl}$ はテンソルである.

与えられた点で局所測地的な座標系を使う. そうするとその点では, すべての $\Gamma^i_{kl}=0$. R_{ik} に対する表式 (92.7) を使って

$$g^{ik}\delta R_{ik}=g^{ik}\left\{\frac{\partial}{\partial x^l}\delta\Gamma^l_{ik}-\frac{\partial}{\partial x^k}\delta\Gamma^l_{il}\right\}=g^{ik}\frac{\partial}{\partial x^l}\delta\Gamma^l_{ik}-g^{il}\frac{\partial}{\partial x^l}\delta\Gamma^k_{ik}=\frac{\partial w^l}{\partial x^l}$$

が得られる (いまの場合 g^{ik} の1階導関数はゼロであることに注意する). ただし

$$w^l=g^{ik}\delta\Gamma^l_{ik}-g^{il}\delta\Gamma^k_{ik}$$

である. w^l はベクトルであるから, 任意の座標系ではいま得た関係式を

$$g^{ik}\delta R_{ik}=\frac{1}{\sqrt{-g}}\frac{\partial}{\partial x^l}(\sqrt{-g}w^l)$$

と書くことができる ($\partial w^l/\partial x^l$ を $w^l{}_{;l}$ でおきかえ, (86.9) を使う). その結果, (95.1) の右辺の第2の積分は

$$\int g^{ik}\delta R_{ik}\sqrt{-g}\,d\Omega=\int\frac{\partial(\sqrt{-g}w^l)}{\partial x^l}d\Omega$$

に等しく, これはガウスの定理によって, 4次元の体積全部をとりかこむ超曲面のうえの積分に交換される. 積分限界では場の変分はゼロであるから, この項はおちてしまう. こうして変分 δS_g は

$$\delta S_g=-\frac{c^3}{16\pi k}\int\left(R_{ik}-\frac{1}{2}g_{ik}R\right)\delta g^{ik}\sqrt{-g}\,d\Omega \tag{95.2}$$

に等しい[1].

場の作用として

$$S_g=-\frac{c^3}{16\pi k}\int G\sqrt{-g}\,d\Omega$$

という表現をとって計算を始めれば, 容易にたしかめられるように

$$\delta S_g=-\frac{c^3}{16\pi k}\int\left\{\frac{\partial(G\sqrt{-g})}{\partial g^{ik}}-\frac{\partial}{\partial x^l}\frac{\partial(G\sqrt{-g})}{\partial\frac{\partial g^{ik}}{\partial x^l}}\right\}\delta g^{ik}d\Omega$$

---

1) ここでつぎの奇妙な事実に注目しよう. (92.7) で与えられる R_{ik} を用いて変分 $\delta\int R\sqrt{-g}\,d\Omega$ を計算するのに, Γ^i_{kl} を独立変数, g_{ik} を定数とみなし, Γ^i_{kl} に対して表式 (86.3) を使えば, 容易にわかるように恒等的にゼロとなる. 逆に, この変分が消えることを要求すれば, Γ^i_{kl} と計量テンソルのあいだの関係を求めることができる.

が得られることに注意しよう．これを (95.2) とくらべてつぎの関係が得られる：

$$R_{ik}-\frac{1}{2}g_{ik}R=\frac{1}{\sqrt{-g}}\left\{\frac{\partial(G\sqrt{-g})}{\partial g^{ik}}-\frac{\partial}{\partial x^l}\frac{\partial(G\sqrt{-g})}{\partial\frac{\partial g^{ik}}{\partial x^l}}\right\}. \qquad (95.3)$$

物質の作用関数の変分に対しては，(94.5) によって

$$\delta S_m=\frac{1}{2c}\int T_{ik}\delta g^{ik}\sqrt{-g}d\Omega \qquad (95.4)$$

と書ける．ここに T_{ik} は，物質（電磁場を含めて）のエネルギー・運動量テンソルである．重力的相互作用は，十分大きな質量をもつ物体に対してのみ効くものであり（万有引力定数が小さいために），したがって，重力場を研究するにあたっては巨視的物体を扱うのがふつうである．これに応じて，ふつう T_{ik} に対しては表式 (94.9) を用いねばならない．

このようにして，最小作用の原理 $\delta S_m+\delta S_g=0$ から，

$$-\frac{c^3}{16\pi k}\int\left(R_{ik}-\frac{1}{2}g_{ik}R-\frac{8\pi k}{c^4}T_{ik}\right)\delta g^{ik}\sqrt{-g}d\Omega=0$$

となり，δg^{ik} が任意であることを考慮すると，これから

$$R_{ik}-\frac{1}{2}g_{ik}R=\frac{8\pi k}{c^4}T_{ik} \qquad (95.5)$$

が見いだされる．あるいは，混合成分で書くと

$$R_i^k-\frac{1}{2}\delta_i^kR=\frac{8\pi k}{c^4}T_i^k. \qquad (95.6)$$

これが，求める**重力場の方程式**——一般相対性理論の基礎方程式である．それは，**アインシュタインの方程式**とよばれる．

(95.6) を添字 i と k について縮約すると

$$R=-\frac{8\pi k}{c^4}T \qquad (95.7)$$

が見いだされる ($T=T_i^i$)．したがって，場の方程式はつぎの形にも書ける：

$$R_{ik}=\frac{8\pi k}{c^4}\left(T_{ik}-\frac{1}{2}g_{ik}T\right). \qquad (95.8)$$

注意しなければならないのは，重力場の方程式が非線形だということである．そのために特殊相対性理論における電磁場の場合とちがって，重力場に対しては重ね合わせの原理が成り立たない．この原理が成り立つのは，アインシュタイン方程式の線形化が許されるような弱い場（とくに，古典的なニュートン近似における重力場がそうである——§99をみよ）に対してだけである．

からっぽの空間では $T_{ik}=0$ であり，重力場の方程式は

$$R_{ik}=0 \qquad (95.9)$$

となる．しかし，これはけっして空間・時間が平坦なことを意味するものでないことを思いおこそう．平坦であるためには $R_{iklm}=0$ でなければならないのである．

電磁場のエネルギー・運動量テンソルには，$T_i^i=0$ という性質がある((33.2) をみよ)．(95.7) を考慮すると，このことから，質量がなくて電磁場だけがあるときには，空間・時間のスカラー曲率はゼロであることがわかる．

すでに知っているように，エネルギー運動量テンソルの発散はゼロである：

$$T^k_{i;k}=0. \tag{95.10}$$

それゆえ，(95.6) 式の左辺の発散もまたゼロでなければならない．事実，恒等式 (92.10) のためにそうなる．

したがって，(95.10) 式は，場の方程式 (95.6) のなかに本質的に含まれているのである．他方，エネルギーおよび運動量の保存の法則を表わす方程式 (95.10) には，そのエネルギー・運動量テンソルが関係している物理系の運動方程式（すなわち，物質粒子の運動方程式，あるいはマクスウェル方程式の第2の組）が含まれている．こうして，重力場の方程式は，この場を生ずるところの物質に対する運動方程式をも含んでいることになる．したがって，重力場では，それを生ずる物質の分布と運動をかってに指定することはできない．反対に，それらは，この同じ物質が生みだす場と同時に（与えられた初期条件で場の方程式を解くことによって）決定されねばならないのである．

この事情と電磁場の場合の事情とのあいだにある原理的な相異に注意しよう．電磁場の方程式（マクスウェル方程式）は全電荷の保存の式（連続方程式）だけを含み，電荷の運動方程式は含んでいない．したがって，全電荷が一定にたもたれているかぎり，電荷の分布と運動を任意に指定することができる．電荷分布をきめれば，マクスウェル方程式によってその電荷のつくる電磁場が決定される．

しかしながら，重力場の場合にアインシュタインの方程式によって物質の分布と運動とを完全に決定するには（明らかにそれには含まれていない）物質の状態方程式，すなわち，その圧力と密度とを関係づける方程式を付け加えなければならないことに注意する必要がある．状態方程式は，場の方程式とは別に与えねばならない[1]．

4つの座標 x^i には任意の変換をほどこすことができる．そういう変換によって，テンソル g_{ik} の10個の成分のうち4個を任意に選ぶことができるから，独立な量としての g_{ik} は6個しかない．また，物質のエネルギー・運動量テンソルにはいってくる4元速度 u^i の

1) 状態方程式は実際には2個でなく，3個の熱力学的量，たとえば物質の圧力，密度，温度のあいだの関係を与える．しかし，重力理論へ応用するときには，このことはふつう本質的な重要性をもたない．というのは，ここで使われた状態方程式の近似は事実上温度に依存しないからである（たとえば稀薄な物質に対する $p=0$ という式，強く圧縮された物質に対する超相対論的な極限の式 $p=\varepsilon/3$ などのように）．

成分は，$u_iu^i=1$ によって関係づけられており，そのため独立な成分は3個である．こうして，10個ある場の方程式（95.5）は実際に10個の未知量，すなわち，g_{ik} の6個の成分，u^i の3個の成分，それに物質の密度 ε/c^2（またはその圧力 p）を決定するのである．真空中の重力場に対しては全部で6個の未知量（g_{ik} の成分）があり，独立な場の方程式の数もそれに応じて少なくなる；10個の方程式 $R_{ik}=0$ が4つの恒等式（92.10）で関係づけられる．

アインシュタイン方程式の構造のいくつかの特殊性を注意しておこう．それは，2階の偏微分方程式系である．しかし，それらの方程式には g_{ik} の10個の成分の時間導関数がすべて現われてはいないのである．実際，表式（92.1）から直接わかるように，時間についての2階導関数は曲率テンソルの $R_{0\alpha0\beta}$ という成分に，$-\frac{1}{2}\ddot{g}_{\alpha\beta}$（点は x^0 による微分を表わす）という形の項としてはいっているだけである． 計量テンソルの $g_{0\alpha}$ および g_{00} という成分の2階導関数はまったく欠けている．したがって，曲率テンソルの縮約によって得られるテンソル R_{ik}，およびそれとともに方程式（95.5）もまた，6個の空間成分 $g_{\alpha\beta}$ についてのみ時間に関する2階導関数を含むことは明らかである．

また，これらの導関数が（95.6）の ${}_{\alpha}^{\beta}$-方程式，すなわち，方程式

$$R_{\alpha}^{\beta}-\frac{1}{2}\delta_{\alpha}^{\beta}R=\frac{8\pi k}{c^4}T_{\alpha}^{\beta} \tag{95.11}$$

にだけ入ってくることもたやすくわかる．その ${}_{0}^{0}$-および ${}_{\alpha}^{0}$-方程式，すなわち，方程式

$$R_0^0-\frac{1}{2}R=\frac{8\pi k}{c^4}T_0^0, \qquad R_\alpha^0=\frac{8\pi k}{c^4}T_\alpha^0 \tag{95.12}$$

は，時間について1階の導関数しか含んでいない．このことを確かめるには，R_{iklm} から縮約によって R_α^0 と $R_0^0-\frac{1}{2}R=\frac{1}{2}(R_0^0-R_\alpha^\alpha)$ という量をつくる際に $R_{0\alpha0\beta}$ という形の成分は実際に脱落することを見ればよい．これは，恒等式（92.10）を

$$\left(R_i^0-\frac{1}{2}\delta_i^0R\right)_{;0}=-\left(R_i^\alpha-\frac{1}{2}\delta_i^\alpha R\right)_{;\alpha} \tag{95.13}$$

$(i=0,1,2,3)$ という形に書けば，もっと簡単にわかる．この方程式の右辺に現われる時間についての最高階の導関数は，（量 R_i^α と R にある）2階導関数である．式（95.13）は恒等式だから，左辺もまた2階以上の時間導関数を含んではならない．ところが，時間についての微分が1度は明らさまに現われている．したがって，表式 $R_i^0-\frac{1}{2}\delta_i^0R$ 自体は，1階以上の導関数を含むことはありえない．

さらに，（95.12）式の左辺は1階の導関数 $\dot{g}_{0\alpha}$ および $\dot{g}_{00}$ も含んでいない（導関数 $\dot{g}_{\alpha\beta}$ だけを含む）．事実，すべての $\Gamma_{i,kl}$ のうちこれらの導関数を含むのは $\Gamma_{\alpha,00}$ と $\Gamma_{0,00}$ だけであるが，これらの量は $R_{0\alpha0\beta}$ という形の曲率テンソルの成分にだけに現われ，それが，（95.12）式の左辺をつくるときに落ちることはすでに見たとおりである．

もし与えられた（時間についての）初期条件のもとでのアインシュタイン方程式の解に興味があるならば，初期の空間分布を自由に指定できる量がいくつあるかという問題が生じる．

2階の方程式系に対する初期条件は，微分される量自身の初期分布だけでなく，それらの時間についての1階導関数の分布も含まなければならない．ところが，今の場合，方程式が6個の $g_{\alpha\beta}$ だけの2階導関数を含んでいるから，初期条件ですべての g_{ik} と $\dot{g}_{ik}$ を任意に与えることは許されない．したがって，（物質の速度と密度に加えて）関数 $g_{\alpha\beta}$ と $\dot{g}_{\alpha\beta}$ の初期値を与えることができるが，それらを与えると（95.12）の4つの方程式が，$g_{0\alpha}$ と g_{00} の許される初期値を決定することになる．そして（95.11）式では $\dot{g}_{0\alpha}$ の初期値がなお自由に残るのである．

しかしこのようにして指定された初期条件のなかには，単に4次元座標系の選び方にある任意性に関連して任意であるにすぎない関数がある．基準系をどのように選んでももはやそれ以上減らすことのできない"物理的に異なった"任意な関数の数だけが実在的な物理的意味をもつ．物理的考察から容易にその数は8個であることがわかる．すなわち初期条件は，物質の密度の分布と速度の3つの成分とのほかになお，自由な（物質と結びついていない）重力場を特徴づける4個の量を与えるものでなければならない（§107をみよ）．真空中の自由な重力場の場合には，あとの4つの量だけを初期条件で定めればよい．

問　題

空間座標に関するすべての微分演算を，計量 $\gamma_{\alpha\beta}$（84.7）をもつ空間における共変微分として表わし，不変な重力場に対する方程式を書け．

解　（88.11）の記号 $g_{00}=h$，$g_{0\alpha}=-hg_{\alpha}$ および3次元の速度 v^{α}（88.10）を導入する．以下では，添字の上げ下げおよび共変微分の操作を3次元のベクトル g_{α}, v^{α} およびスカラー h にほどこすときは，つねに $\gamma_{\alpha\beta}$ を計量とする3次元空間においておこなうものとする．

求める方程式は，場の定常性を破らない変換

$$x^{\alpha}\to x^{\alpha},\qquad x^{0}\to x^{0}+f(x^{\alpha})\tag{1}$$

に対して不変でなければならないが，容易にたしかめられるように（276ページの脚注をみよ）そういう変換に際して $g_{\alpha}\to g_{\alpha}-\dfrac{\partial f}{\partial x^{\alpha}}$ であり，またスカラー h とテンソル $\gamma_{\alpha\beta}=-g_{\alpha\beta}+hg_{\alpha}g_{\beta}$ は不変である．したがって，$\gamma_{\alpha\beta}, h, g_{\alpha}$ によって表わされる求める方程式は，うえの変換に対して不変な3次元反対称テンソルを構成するような導関数の組合わせ

$$f_{\alpha\beta}=g_{\beta;\alpha}-g_{\alpha;\beta}=\frac{\partial g_{\beta}}{\partial x^{\alpha}}-\frac{\partial g_{\alpha}}{\partial x^{\beta}}\tag{2}$$

という形でしか g_{α} を含むことができないことは明白である．このことを考慮にいれると，（R_{ik} にはいってくるすべての導関数を計算したあとで）$g_{\alpha}=0$，$g_{\alpha;\beta}+g_{\beta;\alpha}=0$ とおくこ

とによって計算をいちじるしく簡単化できる[1].

クリストッフェル記号はつぎのようになる：

$$\Gamma^0_{00}=\frac{1}{2}g^\alpha h_{;\alpha},\qquad \Gamma^\alpha_{00}=\frac{1}{2}h^{;\alpha},$$

$$\Gamma^0_{\alpha 0}=\frac{1}{2h}h_{;\alpha}+\frac{1}{2}g^\beta f_{\alpha\beta}+\cdots,\ \Gamma^\alpha_{0\beta}=\frac{1}{2}f^\alpha_\beta-\frac{1}{2}g_\beta h^{;\alpha},$$

$$\Gamma^0_{\alpha\beta}=-\frac{1}{2}\left(\frac{\partial g_\alpha}{\partial x^\beta}+\frac{\partial g_\beta}{\partial x^\alpha}\right)-\frac{1}{2h}(g_\alpha h_{;\beta}+g_\beta h_{;\alpha})+g_\gamma\lambda^\gamma_{\alpha\beta}+\cdots,$$

$$\Gamma^\alpha_{\beta\gamma}=\lambda^\alpha_{\beta\gamma}-\frac{h}{2}(g_\beta f^\alpha_\gamma+g_\gamma f^\alpha_\beta)+\cdots.$$

ここで省略した（…で表わした）項は，ベクトル g_α の成分について2次である．これらの項は，R_{ik} (92.7) における微分をおこなったあとで $g_\alpha=0$ とおくと，落ちてしまう．計算には公式 (84.9)，(84.12〜13) を用いる．また $\lambda^\alpha_{\beta\gamma}$ は，計量 $\gamma_{\alpha\beta}$ からつくった3次元的クリストッフェル記号である．

テンソル T_{ik} は，(88.14) の u^i を用いて (94.9) 式から計算される（やはり $g_\alpha=0$ とおく）．

計算の結果，(95.8) 式からつぎの方程式が得られる．

$$\frac{1}{h}R_{00}=\frac{1}{\sqrt{h}}(\sqrt{h})^{;\alpha}_{;\alpha}+\frac{h}{4}f_{\alpha\beta}f^{\alpha\beta}=\frac{8\pi k}{c^4}\left(\frac{\varepsilon+p}{1-\frac{v^2}{c^2}}-\frac{\varepsilon-p}{2}\right), \tag{3}$$

$$\frac{1}{\sqrt{h}}R^\alpha_0=-\frac{\sqrt{h}}{2}f^{\alpha\beta}{}_{;\beta}-\frac{3}{2}f^{\alpha\beta}(\sqrt{h})_{;\beta}=\frac{8\pi k}{c^4}\frac{p+\varepsilon}{1-\frac{v^2}{c^2}}\frac{v^\alpha}{c}, \tag{4}$$

$$\begin{aligned}R^{\alpha\beta}&=P^{\alpha\beta}+\frac{h}{2}f^{\alpha\gamma}f^\beta{}_\gamma-\frac{1}{\sqrt{h}}(\sqrt{h})^{;\alpha;\beta}\\&=\frac{8\pi k}{c^4}\left[\frac{(p+\varepsilon)v^\alpha v^\beta}{c^2\left(1-\frac{v^2}{c^2}\right)}+\frac{\varepsilon-p}{2}\gamma^{\alpha\beta}\right].\end{aligned} \tag{5}$$

ここで $P^{\alpha\beta}$ は，R^{ik} が g_{ik} から構成されるのと同じ仕方で $\gamma_{\alpha\beta}$ からつくった3次元テンソルである[2]．

§ 96. エネルギー・運動量の擬テンソル

重力場が存在しないときには，物質（および電磁場）のエネルギーおよび運動量の保存則は方程式

$$\partial T^{ik}/\partial x^k=0$$

---

1) しかし，誤解をさけるために，正しい場の方程式を与えるこの簡単化された計算法は，テンソル R_{ik} 自身の任意の成分の計算には使えないことを強調しておく．それらは変換 (1) に対して不変ではないからである．方程式 (3)—(5) の左辺には，実際その右辺に示された表式に等しいようなリッチ・テンソルの成分が与えてある．これらの成分は変換 (1) に対して不変である．

2) 時間に依存する計量という一般の場合にもアインシュタイン方程式を同様な形に書くことができる．それは，空間微分だけでなく，$\gamma_{\alpha\beta}, g_\alpha, h$ の時間についての微分を含む．A. L. Zel'manov, ДАН СССР〔*Doklady. Acad. Sci.* U.S.S.R〕**107**, 815 (1956) 参照．

で表わされる．これを重力場の存在する場合に一般化したのが（94.7）式である：

$$T^k_{i;k}=\frac{1}{\sqrt{-g}}\frac{\partial(T^k_i\sqrt{-g})}{\partial x^k}-\frac{1}{2}\frac{\partial g_{kl}}{\partial x^i}T^{kl}=0. \qquad (96.1)$$

しかしながら，この形ではこの方程式は一般的にはどんな保存則をも表わすものでないのである[1]．このことは，重力場のなかでは，物質だけの4元運動量が保存されることはなく，保存されるのは物質プラス重力場の4元運動量であるということに関連している．重力場の4元運動量は T^k_i のなかに含まれていないのである．

重力場とそのなかにある物質との保存される全4元運動量を求めるために，以下のようにする（L. D. Landau, E. M. Lifshitz, 1947)[2]．空間・時間のある特定の点で g_{ik} のすべての1階導関数がゼロになるように，座標系を選ぶ（そのためには，g_{ik} がガリレイ的な値をとる必要はない)．そうすると，その点では，（96.1）式の第2項が消え，第1項では $\sqrt{-g}$ を導関数の記号の外へだすことができて

$$\frac{\partial}{\partial x^k}T^k_i=0$$

あるいは，反変成分で書くと

$$\frac{\partial}{\partial x^k}T^{ik}=0$$

が残る．この式を恒等的にみたす T^{ik} は

$$T^{ik}=\frac{\partial}{\partial x^l}\eta^{ikl}$$

という形に書ける．ここに η^{ikl} は，添字 k, l について反対称な量である：

$$\eta^{ikl}=-\eta^{ilk}.$$

実際，T^{ik} をこの形にすることは難しくはない．それをおこなうために，場の方程式

$$T^{ik}=\frac{c^4}{8\pi k}\left(R^{ik}-\frac{1}{2}g^{ik}R\right)$$

から出発する．R^{ik} は（92.1）にしたがえば

---

1) なぜなら，$\int T^k_i\sqrt{-g}dS_k$ が保存されるのは，$\frac{\partial\sqrt{-g}T^k_i}{\partial x^k}=0$ という条件がみたされるときだけであって，（96.1）が満足されるときではない．このことは§29でガリレイ座標においておこなった計算を，曲線座標においてやってみれば容易に証明される．それも，ただつぎのことに注意するのみで十分である．すなわち，その計算は純粋に形式的なもので，曲線座標でもデカルト座標でも同じ形（83.17）をもつガウスの定理の証明のように，特定のテンソルの性質を利用してはいないということである．

2) （94.4）式において $\Lambda=-\frac{c^4}{16\pi k}G$ とおいたものを重力場に適用するという考えが生まれるかもしれない．しかしながら，この公式は g_{ik} とは異なる量 q によって記述される物理系にのみ適用されるということを強調する必要がある．したがって，g_{ik} 自身によってきまる重力場にはそれは適用できないのである．それはともかく，（94.4）で Λ のかわりに G を代入すると，得られるのは単にゼロであることに注意しよう．このことは，関係（95.3）と真空中の場の方程式とからただちに明らかである．

$$R^{ik}=\frac{1}{2}g^{im}g^{kp}g^{ln}\left\{\frac{\partial^2 g_{lp}}{\partial x^m\partial x^n}+\frac{\partial^2 g_{mn}}{\partial x^l\partial x^p}-\frac{\partial^2 g_{ln}}{\partial x^m\partial x^p}-\frac{\partial^2 g_{mp}}{\partial x^l\partial x^n}\right\}$$

である（考えている点では，すべての $\Gamma^i_{kl}=0$ であることを想い起こそう）．簡単な変形ののち，テンソル T^{ik} は

$$T^{ik}=\frac{\partial}{\partial x^l}\left\{\frac{c^4}{16\pi k}\frac{1}{(-g)}\frac{\partial}{\partial x^m}[(-g)(g^{ik}g^{lm}-g^{il}g^{km})]\right\}$$

の形にもってゆくことができる．

曲がった括弧のなかの量は k と l について反対称であって，うえに η^{ikl} と記した量になっている．g_{ik} の1階導関数は考えている点でゼロであるから，因数 $1/(-g)$ は微分記号 $\partial/\partial x^l$ の外へだすことができる．ここで

$$h^{ikl}=\frac{\partial}{\partial x^m}\lambda^{iklm}, \tag{96.2}$$

$$\lambda^{iklm}=\frac{c^4}{16\pi k}(-g)(g^{ik}g^{lm}-g^{il}g^{km}) \tag{96.3}$$

という記号を導入しよう．この量 h^{ikl} は k と l について反対称である：

$$h^{ikl}=-h^{ilk}. \tag{96.4}$$

そうすれば

$$\frac{\partial h^{ikl}}{\partial x^l}=(-g)T^{ik}$$

と書くことができる．

$\partial g_{ik}/\partial x^l=0$ という仮定のもとに導いたこの関係は，任意の座標系に移ってもやはり成り立つ．一般の場合には，差 $\partial h^{ikl}/\partial x^l-(-g)T^{ik}$ はゼロにならない．その差を，$(-g)t^{ik}$ と記そう．そうすれば定義によって

$$(-g)(T^{ik}+t^{ik})=\frac{\partial h^{ikl}}{\partial x^l}. \tag{96.5}$$

t^{ik} という量は i と k について対称である：

$$t^{ik}=t^{ki}. \tag{96.6}$$

これはその定義からただちに明らかである．なぜなら，テンソル T^{ik} と同じく，導関数 $\partial h^{ikl}/\partial x^l$ も対称な量である[1]．アインシュタイン方程式にしたがって T^{ik} を R^{ik} で表わすと，恒等式

$$(-g)\left\{\frac{c^4}{8\pi k}\left(R^{ik}-\frac{1}{2}g^{ik}R\right)+t^{ik}\right\}=\frac{\partial h^{ikl}}{\partial x^l} \tag{96.7}$$

が得られ，これからかなり長い計算ののちに，t^{ik} に対するつぎの表現が見いだされる：

---

1) まさにこのために，T^{ik} の表式において $(-g)$ を x^l についての微分記号の外へとりだしたのである．もしそうしなければ，$\partial h^{ikl}/\partial x^l$，したがってまた t^{ik} が i と k について対称でなくなるであろう．

$$t^{ik}=\frac{c^4}{16\pi k}\{(2\Gamma^n_{lm}\Gamma^p_{np}-\Gamma^n_{lp}\Gamma^p_{mn}-\Gamma^n_{ln}\Gamma^p_{mp})(g^{il}g^{km}-g^{ik}g^{lm})$$
$$+g^{il}g^{mn}(\Gamma^k_{lp}\Gamma^p_{mn}+\Gamma^k_{mn}\Gamma^p_{lp}-\Gamma^k_{np}\Gamma^p_{lm}-\Gamma^k_{lm}\Gamma^p_{np})$$
$$+g^{kl}g^{mn}(\Gamma^i_{lp}\Gamma^p_{mn}+\Gamma^i_{mn}\Gamma^p_{lp}-\Gamma^i_{np}\Gamma^p_{lm}-\Gamma^i_{lm}\Gamma^p_{np})$$
$$+g^{lm}g^{np}(\Gamma^i_{ln}\Gamma^k_{mp}-\Gamma^i_{lm}\Gamma^k_{np})\} \tag{96.8}$$

あるいは，じかに計量テンソルの成分の導関数によって表わすと

$$(-g)t^{ik}=\frac{c^4}{16\pi k}\Big\{\mathfrak{g}^{ik},{}_l\mathfrak{g}^{lm},{}_m-\mathfrak{g}^{il},{}_l\mathfrak{g}^{km},{}_m+\frac{1}{2}g^{ik}g_{lm}\mathfrak{g}^{ln},{}_p\mathfrak{g}^{pm},{}_n$$
$$-(g^{il}g_{mn}\mathfrak{g}^{kn},{}_p\mathfrak{g}^{mp},{}_l+g^{kl}g_{mn}\mathfrak{g}^{in},{}_p\mathfrak{g}^{mp},{}_l)+g_{lm}g^{np}\mathfrak{g}^{il},{}_n\mathfrak{g}^{km},{}_p$$
$$+\frac{1}{8}(2g^{il}g^{km}-g^{ik}g^{lm})(2g_{np}g_{qr}-g_{pq}g_{nr})\mathfrak{g}^{nr},{}_l\mathfrak{g}^{pq},{}_m\Big\} \tag{96.9}$$

となる．ここに $\mathfrak{g}^{ik}=\sqrt{-g}g^{ik}$ で，“$,i$”という添字は x^i についてふつうの微分をおこなうことを表わす．

t^{ik} の大切な性質は，それがテンソルをつくらないということである．それは，$\partial h^{ikl}/\partial x^l$ において現われるのが共変導関数でなく，ふつうの導関数だということからたやすく示される．しかし，t^{ik} は Γ^i_{kl} によって表わすことができ，Γ^i_{kl} は座標の1次変換に対してはテンソルのようにふるまうから（§85を参照），t^{ik} についても同じことがいえる．

定義 (96.5) から，和 $T^{ik}+t^{ik}$ については式

$$\frac{\partial}{\partial x^k}(-g)(T^{ik}+t^{ik})=0 \tag{96.10}$$

が恒等的にみたされる．これは

$$P^i=\frac{1}{c}\int(-g)(T^{ik}+t^{ik})dS_k \tag{96.11}$$

という量に対して保存法則が成り立つことを意味する．

重力場の存在しないガリレイ座標系では $t^{ik}=0$ で，うえに書いた積分は $\frac{1}{c}\int T^{ik}dS_k$，すなわち，物質の4元運動量に移行する．したがって，(96.11) という量は，物質プラス重力場の総4元運動量とみなされるべきである．t^{ik} という量のあつまりを，重力場の**エネルギー・運動量擬テンソル**とよぶ．

(96.11) の積分は，全3次元空間を包むものでさえあれば，任意の無限超曲面のうえでおこなってよい．それで，$x^0=\mathrm{const}$ の超平面をとると，P^i は3次元の空間積分の形に書ける：

$$P^i=\frac{1}{c}\int(-g)(T^{i0}+t^{i0})dV. \tag{96.12}$$

物質プラス場の全4元運動量が，添字 i,k について対称な $(-g)(T^{ik}+t^{ik})$ という量の積分として表わされうるというこの事実はきわめて重要である．それは，

$$M^{ik}=\int(x^i dP^k-x^k dP^i)=\frac{1}{c}\int\{x^i(T^{kl}+t^{kl})-x^k(T^{il}+t^{il})\}(-g)dS_l \qquad (96.13)$$

で定義される角運動量（§32参照）に対して保存法則が成り立つことを意味するのである[1]．

このように，一般相対性理論においても，重力をおよぼす物体からなる閉じた系では全角運動量が保存され，それだけでなく，以前と同様，等速運動をおこなう慣性中心の定義を与えることができる．このことは成分 $M^{0\alpha}$ が保存されることに関連しているが（§14をみよ），それは

$$x^0\int(T^{\alpha 0}+t^{\alpha 0})(-g)dV-\int x^\alpha(T^{00}+t^{00})(-g)dV=\text{const}$$

によって表わされる．したがって，慣性中心の座標は

$$X^\alpha=\frac{\int x^\alpha(T^{00}+t^{00})(-g)dV}{\int(T^{00}+t^{00})(-g)dV} \qquad (96.14)$$

で与えられる．

与えられた体積要素内で慣性系になっている座標系を選ぶことによって，任意の世界点ですべての t^{ik} をゼロにすることができる（その要素内ではすべての Γ^i_{kl} が消えるから）．他方，平坦な空間のなかで，すなわち，重力場がないときに，デカルト座標のかわりに曲線座標を使うというだけのことで，t^{ik} のゼロと異なる値を得ることができる．このように，重力場のエネルギーの空間内での特定の局在化ということを考えるのは，いずれにしても無意味である．ある世界点でテンソル T^{ik} がゼロならば，このことはどんな基準系についてもいえるから，この点には物質あるいは電磁場が存在しないといってよい．それに反して，1つの基準系において擬テンソルがある点でゼロになったからといって，他の基準系においてもそうだとはけっしていえない．したがって，ある与えられた場所に重力エネルギーがあるかないかを語ることは無意味である．このことは，座標系の適当な選択によって，与えられた体積要素内の重力場を“消去”できるということに完全に照応している．そのようなときには，うえにいったことから，擬テンソル t^{ik} もこの体積要素内でゼロになるのである．

---

1) 物質プラス場の4元運動量としてわれわれの得た表現は，けっして唯一の可能なものというわけでないことに注意する必要がある．それどころか，場がないときには T^{ik} に帰着し，dS_k について積分すればなんらかの保存する量を与えるような表式は，無限に多くの方法でつくることができるのである（たとえば，本節の問題をみよ）．しかしながら，われわれの選んだ表式のみが，g^{ik} の1階導関数だけを含む（それ以上高階のものは含まない．これは物理的観点からみてまったく自然な条件である）対称な場のエネルギー・運動量擬テンソルを与え，したがって，角運動量の保存の法則の定式化を可能にするような唯一のものなのである．

P^i という量（場プラス物質の４元運動量）は完全に確定した意味をもっており，物理的考察からちょうど必要とされるだけの程度まで，基準系のとり方から独立している．

考えている質量のまわりに，その外側では重力場が存在しないといえるだけの大きさの空間領域を描いたとしよう．時間がたつとともに，この領域は４次元の空間・時間のなかに“溝”を掘って進むが，この“溝”の外側では場が存在せず，したがって４次元空間は平坦である．だから場のエネルギーと運動量を計算するときには，“溝”の外側ではガリレイ的になって，すべての t^{ik} がゼロとなるような４次元座標系を選ばなければならない．

もちろん，この要求によって基準系が一意的にきまるわけではない——溝の内部ではまだ任意に選ぶことができる．けれども P^i は，その物理的意味に完全に合致して，“溝”の内部の座標系の選び方にはまったく無関係であることがわかる．“溝”の内部では異なり，外部では同一のガリレイ系に帰着するような２つの座標系を考え，これら２つの系における４元運動量 P^i および P'^i のあるきまった瞬間 x^0 および x'^0 の値を比較する．“溝”の内部では，瞬間 x^0 に第１の系と一致し，瞬間 x'^0 には第２の系と一致するとともに，外部ではガリレイ的であるような第３の座標系を導入しよう．さて，エネルギーと運動量の保存法則のために，P^i は一定である（$dP^i/dx^0=0$）．このことは，はじめの２つの座標系にも第３の座標系にも妥当するから，$P^i=P'^i$ が結論される．これが証明すべきことであった．

まえに t^{ik} という量が，座標の１次変換に関してテンソルのようにふるまうということを述べた．したがって，P^i は１次変換，とりわけ，無限遠において１つのガリレイ基準系を他のガリレイ系へ変換するローレンツ変換に関してベクトルをつくる[1)]．

４元運動量 P^i は，“全空間”を包む遠方の３次元超曲面のうえの積分の形に表わすこともできる．(96.5) を (96.11) に代入すると

$$P^i=\frac{1}{c}\int\frac{\partial h^{ikl}}{\partial x^l}dS_k$$

となる．この積分は，(6.17) を利用してふつうの表面積分に変形できる：

$$P^i=\frac{1}{2c}\oint h^{ikl}df^*_{kl}. \tag{96.15}$$

(96.11) の積分面として $x^0=\mathrm{const}$ という超曲面を選ぶと，(96.15) の積分面は純空間的な面となる[2)]．

---

1)　厳密にいうと，(96.11) という定義で P^i は，その行列式が１に等しいような１次変換に関してのみベクトルである．唯一の物理的に興味のある変換であるローレンツ変換は，そのような変換になっている．行列式が１に等しくない変換も許すとすれば，P^i の定義において g の無限遠での値を導入して，(96.11) の左辺を P^i のかわりに $\sqrt{-g_\infty}P^i$ と書かねばならない．

2)　df^*_{kl} という量は，面要素への“法線”であって，“接線”要素 df^{ik} とは (6.11)：$df^*_{ik}=\frac{1}{2}e_{iklm}df^{lm}$ によって結びつけられる．x^0 軸に垂直な超平面の限界を画する面上では，df^{lm}↗

$$P^i=\frac{1}{c}\oint h^{i0\alpha}df_\alpha. \tag{96.16}$$

角運動量に対する類似の式を導くために，(96.5) 式を (96.13) に代入し，h^{ikl} を (96.2) の形に書く，そして部分積分をおこなうと，

$$M^{ik}=\frac{1}{c}\int\left(x^i\frac{\partial^2\lambda^{klmn}}{\partial x^m\partial x^n}-x^k\frac{\partial^2\lambda^{ilmn}}{\partial x^m\partial x^n}\right)dS_l$$
$$=\frac{1}{2c}\int\left(x^i\frac{\partial\lambda^{klmn}}{\partial x^n}-x^k\frac{\partial\lambda^{ilmn}}{\partial x^n}\right)df^*_{lm}$$
$$-\frac{1}{c}\int\left(\delta^i_m\frac{\partial\lambda^{klmn}}{\partial x^n}-\delta^k_m\frac{\partial\lambda^{ilmn}}{\partial x^n}\right)dS_l$$
$$=\frac{1}{2c}\int(x^ih^{klm}-x^kh^{ilm})df^*_{lm}-\frac{1}{c}\int\frac{\partial}{\partial x^n}(\lambda^{klin}-\lambda^{ilkn})dS_l$$

が得られる．λ^{iklm} の定義から

$$\lambda^{ilkn}-\lambda^{klin}=\lambda^{ilnk}$$

であることが容易にわかる．したがって，dS_l についての積分は

$$\frac{1}{c}\int\frac{\partial\lambda^{ilnk}}{\partial x^n}dS_l=\frac{1}{2c}\int\lambda^{ilnk}df^*_{ln}$$

に等しい．最後にふたたび純空間的な積分面を選んで結局

$$M^{ik}=\frac{1}{c}\int(x^ih^{k0\alpha}-x^kh^{i0\alpha}+\lambda^{i0\alpha k})df_\alpha \tag{96.17}$$

を得る．

問 題

(32.5) 式を使って，物質プラス重力場の全4元運動量に対する表式を見いだせ．

解 曲線座標では (32.1) のかわりに

$$S=\int\Lambda\sqrt{-g}dVdt$$

であるから，保存する量を得るためには，(32.5) において Λ のかわりに $\Lambda\sqrt{-g}$ と書かねばならない．そうすると，4元運動量は

$$P_i=\frac{1}{c}\int\left\{-\Lambda\sqrt{-g}\delta^k_i+\sum\frac{\partial q^{(l)}}{\partial x^i}\frac{\partial(\sqrt{-g}\Lambda)}{\partial\dfrac{\partial q^{(l)}}{\partial x^k}}\right\}dS_k$$

となる．物質に対しては，量 $q^{(l)}$ は g_{ik} と異なる．この式を物質にあてはめるとき，$\sqrt{-g}$ は微分記号の外にとりだすことができて，被積分関数は $\sqrt{-g}T^k_i$ に等しいことになる．ただし，T^k_i は物質のエネルギー・運動量テンソルである．同じくこの式を重力場にあてはめるときには，$\Lambda=-\dfrac{c^4}{16\pi k}G$ とおかねばならず，量 $q^{(l)}$ は計量テンソルの成分 g_{ik} である．こうして，場プラス物質の総4元運動量は

↘ のゼロでない成分は $l, m=1,2,3$ のものであり，したがって，df^*_{ik} は，i と k の1つが0であるような成分だけをもつ．成分 $df^*_{0\alpha}$ はちょうど，3次元的なふつうの面要素の成分であって，それを df_α と記すことにする．

$$P_i=\frac{1}{c}\int T_i^k\sqrt{-g}dS_k+\frac{c^3}{16\pi k}\int\left[G\sqrt{-g}\delta_i^k-\frac{\partial g^{lm}}{\partial x^i}\frac{\partial(G\sqrt{-g})}{\partial\frac{\partial g^{lm}}{\partial x^k}}\right]dS_k$$

に等しい．G に対する表式 (93.3) を使ってこれを書きなおせば

$$P_i=\frac{1}{c}\int\left\{T_i^k\sqrt{-g}+\frac{c^4}{16\pi k}\left[G\sqrt{-g}\delta_i^k+\Gamma^k_{lm}\frac{\partial(g^{lm}\sqrt{-g})}{\partial x^i}\right.\right.$$
$$\left.\left.-\Gamma^l_{ml}\frac{\partial(g^{mk}\sqrt{-g})}{\partial x^i}\right]\right\}dS_k$$

となる．曲がった括弧のなかの第2項は，物質がないときの重力場の4元運動量を与える．被積分関数は添字 i, k について対称でないから，角運動量の保存法則を定式化することはできない．

§ 97.　同期化された基準系

§84で知ったように，空間のさまざまな点における時計の歩みを同期化することが許されるための条件は，計量テンソルの成分 $g_{0\alpha}$ がゼロに等しいということである．そのうえ $g_{00}=1$ であれば，時間座標 $x^0=t$ 自身が空間の各点における固有時間になっている[1]．

$$g_{00}=1, \qquad g_{0\alpha}=0 \tag{97.1}$$

という条件をみたしている座標系を，**同期化された**基準系とよぶことにしよう．そのような系における世界間隔の要素は

$$ds^2=dt^2-\gamma_{\alpha\beta}dx^\alpha dx^\beta \tag{97.2}$$

で与えられる．ここで空間の計量テンソルの成分は（符号を除いて）成分 $g_{\alpha\beta}$ と一致する：

$$\gamma_{\alpha\beta}=-g_{\alpha\beta}. \tag{97.3}$$

同期化された基準系では，時間線が4次元空間の測地線である．実際，世界線 x^1, x^2, x^3 $=$const に接する4元ベクトル $u^i=dx^i/ds$ は $u^\alpha=0$, $u^0=1$ という成分をもち，自動的に測地線の方程式

$$\frac{du^i}{ds}+\Gamma^i_{kl}u^ku^l=\Gamma^i_{00}=0$$

をみたす．なぜなら，(97.1) という条件のもとでは，クリストッフェル記号 $\Gamma^\alpha_{00}, \Gamma^0_{00}$ が恒等的にゼロに等しいから．

また，そのような線が超平面 $t=$const の法線をなすことも容易にわかる．実際，そのような面への法線の4元ベクトル $n_i=\frac{\partial t}{\partial x^i}$ の共変成分は，$n_\alpha=0$, $n_0=1$ である．これに対応する反変成分は，条件 (97.1) のもとでは $n^\alpha=0$, $n^0=1$ であり，時間線に接する4元ベクトル u^i の成分に一致する．

逆に，任意の時空において同期化された基準系を幾何的に構成するのに，これらの性質

1) この節では $c=1$ とおく．

を利用することができる．そのためには，何かある空間的な超曲面，すなわち，そのうえの各点における法線が時間的な方向をもつ（それらの点を頂点とする光すいの内部にある）ような超曲面から出発する．そのような超曲面のうえの世界間隔の要素はすべて空間的である．そこで，この超曲面への法線をなすような測地線の族をつくる．つぎに，これらの線を時間座標を表わす線にとり，はじめの超曲面から計った測地線の長さ s を時間座標 t と定義してやれば，同期化された基準系が得られたことになる．

そのような構成，したがってまた，同期化された基準系の選定が，原理的にはつねに可能であることは明らかである．それだけでなく，そのような選定はひと通りに限られない．(97.2) の形の計量は，時間にはふれない空間座標の変換や，さらに，うえに示した幾何的構成の出発点としてとった超曲面の選び方の任意性に対応する変換を許容する．

同期化された基準系への解析的な変換は，原理的には，ハミルトン－ヤコビの方程式を利用しておこなうことができる．この方法は，重力場のなかの粒子の軌道がちょうど測地線になるということにもとづいている．

重力場のなかの粒子（その質量は1とする）に対するハミルトン－ヤコビ方程式は

$$g^{ik}\frac{d\tau}{dx^i}\frac{d\tau}{dx^k}=1 \tag{97.4}$$

である（ここでは，作用を τ で表わした）．これの完全解は

$$\tau=f(\xi^\alpha, x^i)+A(\xi^\alpha) \tag{97.5}$$

という形をもつ．ここで，f は4つの座標 x^i と3つのパラメター ξ^α の関数である．4番目のパラメーター A は3つの ξ^α の任意関数とみなされる．τ がこのように表わされるとき，粒子の軌道の方程式は，導関数 $\partial\tau/\partial\xi^\alpha$ をゼロに等しいとおくことによって得られる．すなわち

$$\frac{\partial f}{\partial\xi^\alpha}=-\frac{\partial A}{\partial\xi^\alpha} \tag{97.6}$$

となる．

パラメター ξ^α の値を与えると，それに応じて(97.6)式の右辺はきまった定数値をとり，これらの方程式によってきまる世界線は粒子の可能な軌道の1つを与える．軌道にそって一定の量 ξ^α を新しい空間座標にとり，量 τ を新しい時間座標にとると同期化された基準系が得られる．その際，(97.5) と (97.6) の両式が古い座標から新しい座標への変換を決定する．実際，この変換に際して，時間線が測地的であることは自動的に保障されており，それらの線は超曲面 $\tau=\mathrm{const}$ への法線になる．このあとのことは，力学的な類推から明らかである．超曲面への法線の4元ベクトル $-\partial\tau/\partial x^i$ は，力学では粒子の4元運動量に一致し，それゆえ，その4元速度 u^i，すなわち粒子の軌道に接する4元ベクトルと同

じ方向をもつ．最後に，条件 $g_{00}=1$ がみたされることは，軌道にそっての作用の導関数 $-d\tau/ds$ は粒子の質量に等しいが，われわれはそれを１に等しくとったから $\left|\frac{d\tau}{ds}\right|=1$ である，ということから明らかである．

空間および時間微分の演算を分離して，同期化された基準系におけるアインシュタインの方程式を書こう．

３次元の計量テンソルの時間導関数を

$$\kappa_{\alpha\beta}=\frac{\partial\gamma_{\alpha\beta}}{\partial t} \tag{97.7}$$

で表わそう．これらの量自身も３次元テンソルである．３次元テンソル $\kappa_{\alpha\beta}$ の添字の上げ下げおよびその共変微分という演算はすべて計量 $\gamma_{\alpha\beta}$ をもつ３次元空間でおこなわれる[1]．和 κ_α^α は，行列式 $\gamma\equiv|\gamma_{\alpha\beta}|=-g$ の対数微分になっていることに注意しよう：

$$\kappa_\alpha^\alpha=\gamma^{\alpha\beta}\frac{\partial\gamma_{\alpha\beta}}{\partial t}=\frac{\partial}{\partial t}\ln\gamma. \tag{97.8}$$

クリストッフェル記号に対してはつぎの表式が得られる：

$$\Gamma_{00}^0=\Gamma_{00}^\alpha=\Gamma_{0\alpha}^0=0,$$

$$\Gamma_{\alpha\beta}^0=\frac{1}{2}\kappa_{\alpha\beta},\qquad \Gamma_{0\beta}^\alpha=\frac{1}{2}\kappa_\beta^\alpha,\qquad \Gamma_{\beta\gamma}^\alpha=\lambda_{\beta\gamma}^\alpha. \tag{97.9}$$

ここで $\lambda_{\beta\gamma}^\alpha$ は，テンソル $\gamma_{\alpha\beta}$ からつくられた３次元のクリストッフェル記号である．公式 (92.7) にしたがって計算すると，R_{ik} の成分に対しつぎの式が得られる：

$$\begin{aligned}R_{00}&=-\frac{1}{2}\frac{\partial}{\partial t}\kappa_\alpha^\alpha-\frac{1}{4}\kappa_\alpha^\beta\kappa_\beta^\alpha,\qquad R_{0\alpha}=\frac{1}{2}(\kappa_{\alpha;\beta}^\beta-\kappa_{\beta;\alpha}^\beta),\\ R_{\alpha\beta}&=P_{\alpha\beta}+\frac{1}{2}\frac{\partial}{\partial t}\kappa_{\alpha\beta}+\frac{1}{4}(\kappa_{\alpha\beta}\kappa_\gamma^\gamma-2\kappa_\alpha^\gamma\kappa_{\beta\gamma}).\end{aligned} \tag{97.10}$$

ここで $P_{\alpha\beta}$ は，R_{ik} が g_{ik} からつくられたと同様にして $\gamma_{\alpha\beta}$ からつくった３次元のリッチ・テンソルである．以下で添字を上げる演算はやはり３次元計量テンソル $\gamma_{\alpha\beta}$ を用いておこなわれる．

アインシュタイン方程式を混合成分の形で書こう：

$$R_0^0=-\frac{1}{2}\frac{\partial}{\partial t}\kappa_\alpha^\alpha-\frac{1}{4}\kappa_\alpha^\beta\kappa_\beta^\alpha=8\pi k\left(T_0^0-\frac{1}{2}T\right), \tag{97.11}$$

$$R_\alpha^0=\frac{1}{2}(\kappa_{\alpha;\beta}^\beta-\kappa_{\beta;\alpha}^\beta)=8\pi kT_\alpha^0, \tag{97.12}$$

$$R_\alpha^\beta=-P_\alpha^\beta-\frac{1}{2\sqrt{\gamma}}\frac{\partial}{\partial t}(\sqrt{\gamma}\kappa_\alpha^\beta)=8\pi k\left(T_\alpha^\beta-\frac{1}{2}\delta_\alpha^\beta T\right). \tag{97.13}$$

---

1)　もちろん，これは４元テンソル R_{ik}, T_{ik} の空間成分における添字の上げ下げにはあてはまらない（280 ページの注をみよ）．したがって T_α^β は以前と同様，$g^{\beta\gamma}T_{\gamma\alpha}+g^{\beta 0}T_{0\alpha}$ と思わなければならない．それはいまの場合，$g^{\beta\gamma}T_{\gamma\alpha}$ になり，$\gamma^{\beta\gamma}T_{\gamma\alpha}$ と符号が異なる．

同期化された基準系の特徴は，その非定常性である．このような系では重力場は一定ではありえない．実際，一定な場では $\kappa_{\alpha\beta}=0$ となる．しかし物質が存在するときすべての $\kappa_{\alpha\beta}$ が消えることは，(97.11) 式と矛盾する（その右辺はゼロと異なるから）．からっぽの空間の場合には (97.13) 式から，すべての $P_{\alpha\beta}$，したがってまた3次元曲率テンソル $P_{\alpha\beta\gamma\delta}$ のすべての成分も消える，すなわち場がまったく消滅することになる（同期化された系でユークリッド的空間計量をもつとき時空は平坦である）．

同時に，空間をみたす物質は一般に，同期化された基準系では静止していることはありえない．それは，圧力がその間に働く物質粒子は一般に測地線にそっては運動しないことから明らかである．静止している粒子の世界線は時間線であり，したがって同期化された基準系では測地線である．例外は，"塵状" の物質の場合である ($p=0$)．その粒子は，たがいに作用をおよぼさないから，測地線にそって運動する．それゆえ，この場合には同期化された基準系の条件は，それが物質と**共動** (co-moving) 運動するという条件と矛盾しない[1]．それ以外の状態方程式のときに同じ状況が現われるのは，すべての方向もしくはある方向に圧力のグラジエントがないという特別な場合にだけ可能である．

方程式 (97.11) から，同期化された基準系での計量テンソルの行列式 $-g=\gamma$ は，必ず有限の時間でゼロにならなければならないことがわかる．

それを見るには，この方程式の右辺の表式は物質の任意の分布に対して正であることに注意する．実際，同期化された基準系ではエネルギー運動量テンソル (94.9) として

$$T_0^0-\frac{1}{2}T=\frac{1}{2}(\varepsilon+3p)+\frac{(p+\varepsilon)v^2}{1-v^2}$$

が得られる（4元速度の成分は (88.14) にある）．この量が正であるのは明らかである．同じことは電磁場のエネルギー運動量テンソルに対しても成立つ ($T=0$，T_0^0 は場のエネルギー密度で正)．こうして (97.11) から

$$-R_0^0=\frac{1}{2}\frac{\partial}{\partial t}\kappa_\alpha^\alpha+\frac{1}{4}\kappa_\alpha^\beta\kappa_\beta^\alpha\leqslant 0 \tag{97.14}$$

が得られる（等号は空の空間のときに成り立つ）．

---

1) この場合にも，"同期的に共動運動する" 基準系を選ぶことができるためには，物質が "回転なしに" 運動しなければならない．共動基準系では4元速度の反変成分は $u^0=1, u^\alpha=0$ である．この基準系が同時に同期化されているならば，共変成分も $u_0=1$，$u_\alpha=0$ であり，したがってその4元回転は

$$u_{i;k}-u_{k;i}=\frac{\partial u_i}{\partial x^k}-\frac{\partial u_k}{\partial x^i}=0$$

となる．しかしこのテンソル方程式は任意の基準系でも成立するはずである．したがって，同期化されているが共動運動していない基準系で，3次元速度 $\boldsymbol{v}$ に対し $\mathrm{rot}\,\boldsymbol{v}=0$ という条件が得られる．

代数的不等式[1]

$$\kappa_\beta^\alpha \kappa_\alpha^\beta \geqslant \frac{1}{3}(\kappa_\alpha^\alpha)^2$$

により，(97.14) を

$$\frac{\partial}{\partial t}\kappa_\alpha^\alpha + \frac{1}{6}(\kappa_\alpha^\alpha)^2 \leqslant 0$$

あるいは

$$\frac{\partial}{\partial t}\frac{1}{\kappa_\alpha^\alpha} \geqslant \frac{1}{6} \qquad (97.15)$$

という形に書くことができる．

ある瞬間にたとえば $\kappa_\alpha^\alpha > 0$ であるとしよう．そうすると t が減少するときに $1/\kappa_\alpha^\alpha$ という量は有限の（ゼロでない）微係数でもって減少するから，それは有限時間内に（正の側から）ゼロにならなければならない．いいかえると，κ_α^α は $+\infty$ になり，$\kappa_\alpha^\alpha = \partial \ln \gamma / \partial t$ であるから，これは行列式 γ がゼロになることを意味する（不等式 (97.15) により t^6 よりは速くない仕方で）．もし最初 $\kappa_\alpha^\alpha < 0$ ならば，同じことが増大する時間に対して言える．

しかしながらこの結果は，計量が真の物理的な特異点を必然的にもつということを証明するものではない．物理的な特異点は，時間空間それ自身に固有のものであって，選ばれた基準系の性質には無関係である（このような物理的特異点は，物質の密度とか曲率テンソルの不変量などのスカラー量が無限大になることで特徴づけられるべきものである）．同期化された基準系では特異点が必然的に現われることを上で示したが，それは実は一般にみかけのもので，他の（同期化されていない）基準系に移行することで消滅する．その原因は，簡単な幾何学的考察から明らかになる．

同期化された基準系を構成するには，任意の空間的な超曲面に直交する測地線の族をつくればよいことを上で見た．ところである任意の族をつくる測地線は，一般にある包絡超曲面——幾何光学での火面の4次元的類推——上でたがいに交わる．座標線の交差はもちろんその特定の座標系での計量の特異点を生み出す．このように，特異点の出現には同期化された系に特有の性質に結びついた幾何学的な意味があり，したがって，物理的性格のものではない．一般に，4次元空間の任意の計量は，交差しない時間的な測地線族の存在を許す．同期化された基準系で行列式 γ が不可避的にゼロになるということは，場の方程式で許される現実の（平坦でない）空間・時間の曲率の性質（不等式 $R_0^0 \geqslant 0$ で表わされる）が，このような族の存在する可能性を除外しており，したがってすべての同期化され

---

1)　これが正しいことは，テンソル κ_α^β を（任意の瞬間に）対角形にすることでただちにわかる．

た基準系で時間線が必ずたがいに交差することを意味する[1]．

前に，塵状の物質に対しては同期化された基準系がまた共動運動することもできることを述べた．この場合，物質密度はたんに時間線と一致する粒子の世界線が交差するということの結果，火面上で無限大になる．しかしながら，この密度の特異点は，いくらでも小さいがゼロと異なる物質の圧力を導入すれば消去することができ，したがってこの意味で物理的な性格のものではない．

問　題

1. 真空中の重力場の方程式の解の，時間について特異点でない，正則な点の近傍での展開形を求めよ．

解 考えている時間点を時間の原点にとるという約束で，

$$\gamma_{\alpha\beta}=a_{\alpha\beta}+tb_{\alpha\beta}+t^2c_{\alpha\beta}+\cdots \tag{1}$$

という形で $\gamma_{\alpha\beta}$ を求めよう．ただし $a_{\alpha\beta}, b_{\alpha\beta}, c_{\alpha\beta}$ は空間座標の関数である．同じ近似で逆テンソルは

$$\gamma^{\alpha\beta}=a^{\alpha\beta}-tb^{\alpha\beta}+t^2(b^{\alpha\gamma}b_{\gamma}^{\beta}-c^{\alpha\beta})$$

である．ここで $a^{\alpha\beta}$ は $a_{\alpha\beta}$ の逆テンソルであり，他のテンソルの添字を上げるときには $a^{\alpha\beta}$ を用いる．さらに，

$$\kappa_{\alpha\beta}=b_{\alpha\beta}+2tc_{\alpha\beta},\qquad \kappa_{\alpha}^{\beta}=b_{\alpha}^{\beta}+t(2c_{\alpha}^{\beta}-b_{\alpha\gamma}b^{\beta\gamma})$$

が得られる．アインシュタイン方程式（97.11—13）からつぎの関係が導かれる：

$$R_0^0=-c+\frac{1}{4}b_{\alpha}^{\beta}b_{\beta}^{\alpha}=0, \tag{2}$$

$$R_{\alpha}^0=\frac{1}{2}(b_{\alpha;\beta}^{\beta}-b_{;\alpha})+t\left[-c_{;\alpha}+\frac{3}{8}(b_{\beta}^{\gamma}b_{\gamma}^{\beta})_{;\alpha}+c_{\alpha;\beta}^{\beta}+\frac{1}{4}b_{\alpha}^{\beta}b_{;\beta}-\frac{1}{2}(b_{\alpha}^{\gamma}b_{\gamma}^{\beta})_{;\beta}\right]=0, \tag{3}$$

$$R_{\alpha}^{\beta}=-P_{\alpha}^{\beta}-\frac{1}{4}b_{\alpha}^{\beta}b+\frac{1}{2}b_{\alpha}^{\gamma}b_{\gamma}^{\beta}-c_{\alpha}^{\beta}=0 \tag{4}$$

($b\equiv b_{\alpha}^{\alpha}$, $c\equiv c_{\alpha}^{\alpha}$)．ここで共変微分の演算は計量 $a_{\alpha\beta}$ をもつ３次元空間でおこなわれる．テンソル $P_{\alpha\beta}$ も同じ計量で定義される．

(4) 式から係数 $c_{\alpha\beta}$ は，係数 $a_{\alpha\beta}$ および $b_{\alpha\beta}$ でもって完全に決定される．そうすると

---

1) 同期化された基準系におけるみかけの特異点の近傍で計量を解析的に構成することについては，E. M. Lifshitz, V. V. Sudakov, I. M. Khalatnikov, ЖЭТФ **40**, 1847 (1961)〔*Sov. Phys. JETP* **13**, 1298 (1961)〕をみよ．この計量の一般的な性質は，幾何学的考察から明らかである．いずれにせよ火超曲面は時間的間隔（火面に接する点での測地的時間線の要素）を含むから，それは空間的ではない．さらに，火面に接する点でたがいに交差する２つの隣接する測地線のあいだの距離 (δ) がゼロになるのに対応して，火面の上で計量テンソル $\gamma_{\alpha\beta}$ の主値の１つがゼロになる．量 δ は交差点への距離 l の１次に比例してゼロに向かう．したがって計量テンソルの主値，そしてそれにともなって行列式 γ も l^2 のようにゼロになる．

同期化された基準系はまた，超曲面より次元の低い点集合，すなわち対応する測地線族の焦点面と呼んでよい２次元の曲面の上で時間線が交差するような仕方でもつくられる．このような計量の解析的構成は，V. A. Belinskii, I. M. Khalatnikov, ЖЭТФ **49**, 1000 (1965)〔*Sov. Phys. JETP* **22**, 694 (1966)〕に与えられている．

(2) 式は

$$P+\frac{1}{4}b^2-\frac{1}{4}b_\alpha^\beta b_\beta^\alpha=0 \tag{5}$$

という関係を与える. (3) 式の0次の項から

$$b_{\alpha;\beta}^\beta=b_{;\alpha} \tag{6}$$

が得られる. この式の t に比例する項は, (5) と (6) (および恒等式 $P_{\alpha;\beta}^\beta=\frac{1}{2}P_{;\alpha}$; (92.10) をみよ) を用いると, 恒等的にゼロになる.

このようにして, 12個の量 $a_{\alpha\beta}$, $b_{\alpha\beta}$ はたがいに1つの関係式 (5) と3つの関係式 (6) とで関係づけられており, したがって3つの空間座標の任意関数が8個残ることになる. このうち3つは, 3つの空間座標の任意の変換の可能性に結びついており, 1つは, 同期化された基準系をつくるための最初の超曲面の選び方にある任意性に関係している. したがって, そうなるべきように (§95の終わりをみよ), 4つの“物理的に異なる”任意関数が残ることになる.

2. 同期化された基準系で曲率テンソル R_{iklm} の成分を計算せよ.

解 クリストッフェル記号 (97.9) を用いて, 公式 (92.1) からつぎが得られる:

$$R_{\alpha\beta\gamma\delta}=-P_{\alpha\beta\gamma\delta}+\frac{1}{4}(\kappa_{\alpha\delta}\kappa_{\beta\gamma}-\kappa_{\alpha\gamma}\kappa_{\beta\delta}),$$

$$R_{0\alpha\beta\gamma}=\frac{1}{2}(\kappa_{\alpha\gamma;\beta}-\kappa_{\alpha\beta;\gamma}),$$

$$R_{0\alpha0\beta}=\frac{1}{2}\frac{\partial}{\partial t}\kappa_{\alpha\beta}-\frac{1}{4}\kappa_{\alpha\gamma}\kappa_\beta^\gamma.$$

ここで $P_{\alpha\beta\gamma\delta}$ は, 3次元計量 $\gamma_{\alpha\beta}$ に対応する3次元の曲率テンソルである.

3. 同期化された基準系どうしのあいだの無限小変換の一般的な形を見いだせ.

解 変換は, ϕ, ξ^α を小さな量として

$$t\to t+\phi(x^1,x^2,x^3), \qquad x^\alpha\to x^\alpha+\xi^\alpha(x^1,x^2,x^3,t)$$

という形になる. 条件 $g_{00}=1$ がみたされることは, ϕ が t によらないことによって保障されるが, 条件 $g_{0\alpha}=0$ がみたされるためには

$$\gamma_{\alpha\beta}\frac{\partial\xi^\beta}{\partial t}=\frac{\partial\phi}{\partial x^\alpha}$$

という方程式が満足されねばならない. これから

$$\xi^\alpha=\frac{\partial\phi}{\partial x^\beta}\int\gamma^{\alpha\beta}dt+f^\alpha(x^1,x^2,x^3), \tag{1}$$

ただし f^α はふたたび小さな量である (3次元ベクトル $\boldsymbol{f}$ をつくる). 空間的計量テンソル $\gamma_{\alpha\beta}$ は

$$\gamma_{\alpha\beta}\to\gamma_{\alpha\beta}+\xi_{\alpha;\beta}+\xi_{\beta;\alpha}-\phi\kappa_{\alpha\beta} \tag{2}$$

でおきかえられる (これは (94.3) を使ってたやすく確かめられる).

このように, 変換は空間座標の (微小な) 任意関数を4個 (ϕ, f^α) 含むのである.

§ 98. アインシュタイン方程式のテトラード表現

あれこれの特別な計量に対してリッチ・テンソルを決定する (そしてそれによってアインシュタイン方程式を設定する) には, 一般に非常に複雑な計算を必要とする. したがっ

てある場合にはこれらの計算を簡単化し，結果をより見やすい形にすることを可能にするいろいろな公式が重要になる．このような公式に数えられるのは，曲率テンソルのいわゆるテトラード形の表現である．

4つの線形独立な**基本**（**標構**）4元ベクトル $e^i_{(a)}$（添字 a で番号づけられる）の組を導入する．これらのベクトルは，η_{ab} を符号系 $+---$ をもつ与えられた一定の対称行列として，

$$e^i_{(a)}e_{(b)i}=\eta_{ab} \tag{98.1}$$

という要請だけをみたすものとする．行列 η_{ab} の逆行列を η^{ab} で表わそう（$\eta^{ac}\eta_{cb}=\delta^a_b$）[1]．ベクトル $e^i_{(a)}$ の4つ組（テトラード）とともに，それらに**相反**であるベクトルの4つ組 $e^{(a)i}$ を導入する（上つきの標構添字で番号づける）．それは条件

$$e^{(a)}_i e^i_{(b)}=\delta^a_b \tag{98.2}$$

で定義され，したがってベクトル $e^{(a)}_i$ のおのおのは，$b\neq a$ である3つのベクトル $e^i_{(b)}$ と直交する．等式 (98.2) に $e^k_{(a)}$ をかけると，$(e^k_{(a)}e^{(a)}_i)e^i_{(b)}=e^k_{(b)}$ が得られるから，(98.2) と同時に等式

$$e^{(a)}_i e^k_{(a)}=\delta^k_i \tag{98.3}$$

も自動的に満足されることがわかる．

等式 $e^i_{(a)}e_{(c)i}=\eta_{ac}$ の両辺に η^{bc} をかけると

$$e^i_{(a)}(\eta^{bc}e_{(c)i})=\delta^b_a$$

となる．(98.2) とくらべて

$$e^{(b)}_i=\eta^{bc}e_{(c)i}, \qquad e_{(b)i}=\eta_{bc}e^{(c)}_i \tag{98.4}$$

であることがわかる．このように基本ベクトルの添字の上げ下げは，行列 η^{bc} および η_{bc} によっておこなわれる．

このようにして導入した基本ベクトルの意義は，それによって計量テンソルを表わすことができるところにある．実際，4元ベクトルの共変と反変成分とのあいだの関係の定義から，$e^{(a)}_i=g_{il}e^{(a)l}$ であり，この式に $e_{(a)k}$ をかけ，(98.3) と (98.4) を用いると

$$g_{ik}=e_{(a)i}e^{(a)}_k=\eta_{ab}e^{(a)}_i e^{(b)}_k \tag{98.5}$$

となる．計量テンソル (98.5) のもとで線要素の2乗は

1）この節では，始めのほうのラテン文字 $a, b, c, \cdots$ を基本ベクトルを番号づける添字に使う．4元テンソルの添字は前と同様 $i, k, l, \cdots$ で表わす．文献ではふつう基本ベクトルの添字は括弧つきの（文字あるいは数字）で表わされている．しかし，式を書くとき余りに繁雑になるのをさけるため，ここでは基本ベクトルの添字がテンソルの添字と同時に（あるいは並んで）現われるときにだけ括弧に入れ，定義によって基本ベクトルの添字だけをもつような量（たとえば η_{ab} あるいはあとに出てくる $\gamma_{abc}, \lambda_{abc}$ など）に対しては括弧を省略する．基本ベクトルの添字が2度くり返して現われるときには（テンソルと同様に）それについて和をとるものとする．

$$ds^2=\eta_{ab}(e_i^{(a)}dx^i)(e_k^{(b)}dx^k) \tag{98.6}$$

という形をとる．

任意に与えられる行列 η_{ab} としては，“ガリレイ的” な形（すなわち要素 $1, -1, -1, -1$ をもつ対角行列）に選ぶのがもっとも自然である．このとき，(98.1) によって基本ベクトルはたがいに直交し，そのうちの１つが時間的，他の３つが空間的である[1]．しかしながら，この選び方はけっして必然的ではなく，いろいろな理由で（たとえば，計量の対称性）直交しないテトラードを選ぶほうが都合がよい状況があることを強調しておく[2]．

４元ベクトル A^i（および同様に任意の階数の４元テンソルに対しても）のテトラード成分は，基本ベクトルへのその “射影” によって定義される：

$$A_{(a)}=e_{(a)}^i A_i, \qquad A^{(a)}=e_i^{(a)}A^i=\eta^{ab}A_{(b)}. \tag{98.7}$$

逆に

$$A_i=e_i^{(a)}A_{(a)}, \qquad A^i=e_{(a)}^i A^{(a)}. \tag{98.8}$$

同様にして “a の方向に沿う” 微分演算を定義する：

$$\phi_{,a}=e_{(a)}^i\frac{\partial\phi}{\partial x^i}.$$

以下で必要となる量[3]

$$\gamma_{abc}=e_{(a)i;k}e_{(b)}^i e_{(c)}^k \tag{98.9}$$

およびその１次結合

$$\begin{aligned}\lambda_{abc}&=\gamma_{abc}-\gamma_{acb}\\&=(e_{(a)i;k}-e_{(a)k;i})e_{(b)}^i e_{(c)}^k=(e_{(a)i,k}-e_{(a)k,i})e_{(b)}^i e_{(c)}^k\end{aligned} \tag{98.10}$$

を導入しよう．(98.10) の最後の等号は (86.12) から導かれる．λ_{abc} が基本ベクトルの単なる微分によって計算されることに注意する．逆に γ_{abc} を λ_{abc} で表わすと，

$$\gamma_{abc}=\frac{1}{2}(\lambda_{abc}+\lambda_{bca}-\lambda_{cab}). \tag{98.11}$$

これらの量はつぎの対称性をもつ：

$$\gamma_{abc}=-\gamma_{bac}, \qquad \lambda_{abc}=-\lambda_{acb}. \tag{98.12}$$

---

1) 与えられた４元空間の要素において，座標軸の切片として線形形式 $dx^{(a)}=e_i^{(a)}dx^i$ を選ぶ（そして“ガリレイ的”な η_{ab} をとる）ことで，この要素のなかで計量をガリレイ的な形にするのである．形式 $dx^{(a)}$ が一般に座標のいかなる関数の全微分でもないということをもう一度強調しておく．

2) テトラードの好都合な選び方は，あらかじめ ds^2 を (98.6) の形にしておくことで強制されることがある．たとえば，(88.13) の形の ds^2 の表式は，基本ベクトル

$$e_i^{(0)}=(\sqrt{h}, -\sqrt{h}\,\boldsymbol{g}), \qquad e_i^{(a)}=(0, \boldsymbol{e}^{(a)})$$

に対応する．ここで $\boldsymbol{e}^{(a)}$ の選択は空間部分の形 dl^2 に依存する．

3) 量 γ_{abc} は，リッチの回転係数とよばれる．

われわれの目的は，曲率テンソルのテトラード成分を決定することである．そのために定義 (91.6) を基本ベクトルの共変微分に適用することから始めなければならない：

$$e_{(a)i;k;l}-e_{(a)i;l;k}=e^{m}_{(a)}R_{mikl}$$

あるいは

$$R_{(a)(b)(c)(d)}=(e_{(a)i;k;l}-e_{(a)i;l;k})e^{i}_{(b)}e^{k}_{(c)}e^{l}_{(d)}.$$

この表式は容易に γ_{abc} という量で表わされる．

$$e_{(a)i;k}=\gamma_{abc}e^{(b)}_{i}e^{(c)}_{k}$$

と書き，さらに共変微分をおこなったのち，基本ベクトルの微分を再度同じ仕方で表わす．この際スカラー量 γ_{abc} の共変微分はその単なる微分と一致する[1]．その結果，

$$R_{(a)(b)(c)(d)}=\gamma_{abc,d}-\gamma_{abd,c}+\gamma_{abf}(\gamma^{f}_{cd}-\gamma^{f}_{dc})+\gamma_{afc}\gamma^{f}_{bd}-\gamma_{afd}\gamma^{f}_{bc} \tag{98.13}$$

が得られる．ただし一般則にしたがって $\gamma^{a}_{bc}=\eta^{ad}\gamma_{dbc}$ 等々である．

このテンソルを添字の対 a,c について縮約したものが，求めるリッチ・テンソルのテトラード成分を与える．それを λ_{abc} という量で表わした形を与えておく：

$$R_{(a)(b)}=-\frac{1}{2}(\lambda_{ab}{}^{c}{}_{,c}+\lambda_{ba}{}^{c}{}_{,c}+\lambda^{c}{}_{ca,b}+\lambda^{c}{}_{cb,a}$$
$$+\lambda^{cd}{}_{b}\lambda_{cda}+\lambda^{cd}{}_{b}\lambda_{dca}-\frac{1}{2}\lambda_{b}{}^{cd}\lambda_{acd}+\lambda^{c}{}_{cd}\lambda_{ab}{}^{d}+\lambda^{c}{}_{cd}\lambda_{ba}{}^{d}). \tag{98.14}$$

最後に，ここで述べた構成はなにも4次元計量に限られるものではまったくないことを注意したい．したがって，得られた結果は，3次元計量における3次元リーマンおよびリッチ・テンソルの計算に応用できる．そのときには，当然，基本ベクトルの4つ組（テトラード）のかわりに3次元ベクトルの3つ組を扱わなければならないし，また行列 η_{ab} は符号系 $+++$ をもたなければならない（このような応用を§116で扱うであろう）．

---

1) 参考のために，任意の4元ベクトルと4元テンソルの共変微分を同様に変換した表現を与えておく：

$$A_{i;k}e^{i}_{(a)}e^{k}_{(b)}=A_{(a),(b)}+A^{(d)}\gamma_{dab},$$
$$A_{ik;l}e^{i}_{(a)}e^{k}_{(b)}e^{l}_{(c)}=A_{(a)(b)(c)}+A^{(d)}_{(b)}\gamma_{dac}+A_{(a)}{}^{(d)}\gamma_{abc}$$

等々．

第12章　物体の重力場

§99.　ニュートンの法則

アインシュタインの場の方程式において，非相対論的力学への極限移行をおこなおう．§87で述べたように，すべての粒子の速度が小さいという仮定は，同時に重力場が弱いことをも要求する．

いま考えている極限の場合に対して，計量テンソルの成分 g_{00}（われわれに必要な唯一の成分）は，§87でつぎのように見いだされた：

$$g_{00}=1+\frac{2\phi}{c^2}.$$

また，エネルギー・運動量テンソルの成分としては表式（35.4）$T_i^k=\mu c^2 u_i u^k$ を使うことができる．ここに μ は物体の質量密度（単位体積内の粒子の質量の和．μ につける添字0は簡単のためはぶいた）である．4元速度 u^i については，巨視的な運動も遅いとみなされるから，空間成分はすべてはぶいて時間成分だけを残さねばならない．すなわち $u^\alpha=0$, $u^0=u_0=1$ とおかねばならない．こうして，T_i^k の成分のうち残るのは

$$T_0^0=\mu c^2 \tag{99.1}$$

だけである．スカラー $T=T_i^i$ の値はこれと同じ μc^2 に等しくなる．

場の方程式を（95.8）の形に書く：

$$R_i^k=\frac{8\pi k}{c^4}\left(T_i^k-\frac{1}{2}\delta_i^k T\right):$$

$i=k=0$ に対しては

$$R_0^0=\frac{4\pi k}{c^2}\mu.$$

いま考えている近似では，他のすべての方程式は恒等的にゼロになることが容易に示される．

一般的な式（92.7）から R_0^0 を計算するにあたって，Γ_{kl}^i の導関数を含む項はいつの場合も ϕ について2次の量であることに注意する．$x^0=ct$ についての導関数を含む項は，$1/c$ の余分のベキを含んでいるから，座標 x^α についての導関数を含む項にくらべて小さい．その結果，$R_0^0=R_{00}=\partial\Gamma_{00}^\alpha/\partial x^\alpha$ が残る．

$$\Gamma^{\alpha}_{00} \cong -\frac{1}{2} g^{\alpha\beta} \frac{\partial g_{00}}{\partial x^{\beta}} = \frac{1}{c^2} \frac{\partial \phi}{\partial x^{\alpha}}$$

を代入して

$$R^0_0 = \frac{1}{c^2} \frac{\partial^2 \phi}{\partial x^{\alpha 2}} \equiv \frac{1}{c^2} \Delta\phi.$$

こうして，場の方程式はつぎの式に帰着される：

$$\Delta\phi = 4\pi k\mu. \tag{99.2}$$

この方程式が，非相対論的力学における重力場の方程式である．これは電気ポテンシャルに対するポアッソン方程式（36.4）に完全に類似していることに注意を払おう．そこでの電荷密度のかわりに，ここには質量密度に $-k$ をかけたものがある．したがって，方程式（99.2）の一般解は，（36.8）からの類推によってただちに

$$\phi = -k \int \frac{\mu dV}{R} \tag{99.3}$$

と書ける．この式によって，非相対論的近似における（任意の質量分布）の重力場のポテンシャルを求めることができる．

とくに，質量 m の１個の粒子の場のポテンシャルは

$$\phi = -\frac{km}{R} \tag{99.4}$$

となり，したがって，この場のなかで他の粒子（質量 m'）に働く力 $F = -m' \frac{\partial \phi}{\partial R}$ は

$$F = -\frac{kmm'}{R^2} \tag{99.5}$$

に等しい．これはよく知られた**ニュートンの万有引力の法則**である．

重力場のなかの粒子のポテンシャル・エネルギーは，電場のなかのポテンシャル・エネルギーが電荷と場のポテンシャルとの積に等しいのと同様，その粒子の質量に場のポテンシャルをかけたものに等しい．したがって，（37.1）と類推から任意の質量分布によるポテンシャル・エネルギーを表わす式として

$$U = \frac{1}{2} \int \mu\phi dV \tag{99.6}$$

と書くことができる．

不変な重力場の，それを生ずる質量から遠距離の点におけるニュートン・ポテンシャルに対して，§§40～41で電磁場に対して得たのと類似の展開をすることができる．質量中心に一致するよう座標原点を選ぶと，電荷の系の双極子モーメントに相当する積分 $\int \mu \boldsymbol{r} dV$ は恒等的に消える．このように，電磁場の場合と違って，重力場の場合にはつねに“双極子の項”をとりのぞくことができる．したがって，ポテンシャル ϕ の展開はつぎの形をもつ：

$$\phi=-k\left\{\frac{M}{R_0}+\frac{1}{6}D_{\alpha\beta}\frac{\partial^2}{\partial X_\alpha \partial X_\beta}\frac{1}{R_0}+\cdots\right\}. \tag{99.7}$$

ここに $M=\int\mu dV$ は系の全質量で,

$$D_{\alpha\beta}=\int\mu(3x_\alpha x_\beta-r^2\delta_{\alpha\beta})dV \tag{99.8}$$

という量は, **質量4重極モーメント・テンソル**とよぶことができる[1]. これは明らかに通常の**慣性モーメント・テンソル**

$$J_{\alpha\beta}=\int\mu(r^2\delta_{\alpha\beta}-x_\alpha x_\beta)dV$$

と

$$D_{\alpha\beta}=J_{\gamma\gamma}\delta_{\alpha\beta}-3J_{\alpha\beta} \tag{99.9}$$

という関係によって結びつけられる.

質量の分布が与えられたときにニュートン・ポテンシャルを求めることは, 数理物理学の1つの主題をなしている. そのさまざまな方法を説明することはこの書物の課題ではない. ここではただ参考のために, 一様な楕円体のつくりだす重力場のポテンシャルに対する式を引用するにとどめよう.

楕円体の表面を与える方程式を

$$\frac{x^2}{a^2}+\frac{y^2}{b^2}+\frac{z^2}{c^2}=1, \qquad a>b>c \tag{99.10}$$

とすると, 物体の外部の任意の点 x, y, z における場のポテンシャルはつぎの式で与えられる:

$$\phi=-\pi\mu abck\int_\xi^\infty\left(1-\frac{x^2}{a^2+s}-\frac{y^2}{b^2+s}-\frac{z^2}{c^2+s}\right)\frac{ds}{R_s}, \tag{99.11}$$

$$R_s=\sqrt{(a^2+s)(b^2+s)(c^2+s)}.$$

ここに ξ は方程式

$$\frac{x^2}{a^2+\xi}+\frac{y^2}{b^2+\xi}+\frac{z^2}{c^2+\xi}=1 \tag{99.12}$$

の正の根である. 楕円体の内部の場のポテンシャルは

$$\phi=-\pi\mu abck\int_0^\infty\left(1-\frac{x^2}{a^2+s}-\frac{y^2}{b^2+s}-\frac{z^2}{c^2+s}\right)\frac{ds}{R_s} \tag{99.13}$$

という式によって求められる. この式が (99.11) と異なるところは, 積分の下限がゼロになっていることである. この式が, 座標 x, y, z についての2次式であることに注意しよう.

(99.6) によれば, 物体の重力エネルギーは表式 (99.13) を楕円体の全体積にわたって

---

1) ここでは, すべての演算が通常のニュートン (ユークリッド) 空間でおこなわれることに応じて, 共変成分と反変成分とを区別せず, すべての添字 α, β を下つきに書いてある.

積分することによって得られる．この積分は初等的におこなえて[1]

$$U=\frac{3km^2}{8}\int_0^\infty\left[\frac{1}{5}\left(\frac{a^2}{a^2+s}+\frac{b^2}{b^2+s}+\frac{c^2}{c^2+s}\right)-1\right]\frac{ds}{R_s}$$

$$=\frac{3km^2}{8}\int_0^\infty\left[\frac{2}{5}sd\left(\frac{1}{R_s}\right)-\frac{2}{5}\frac{ds}{R_s}\right]$$

を与える $\left(m=\frac{4\pi}{3}abc\mu\right.$ は物体の全質量$\left.\right)$．第1項を部分積分して，結局

$$U=-\frac{3km^2}{10}\int_0^\infty\frac{ds}{R_s}. \tag{99.14}$$

(99.11)～(99.14) の式に現われる積分はいずれも，第1種および第2種の楕円積分に帰する．回転楕円体の場合には，これらの積分は初等関数によって表わされる．とくに，扁平な回転楕円体（$a=b>c$）の重力エネルギーは

$$U=-\frac{3km^2}{5\sqrt{a^2-c^2}}\cos^{-1}\frac{c}{a} \tag{99.15}$$

であり，縦長の回転楕円体（$a>b=c$）に対しては

$$U=-\frac{3km^2}{5\sqrt{a^2-c^2}}\cosh^{-1}\frac{a}{c} \tag{99.16}$$

である．球（$a=c$）に対しては，どちらの式も $U=-3km^2/5a$ という値を与えるが，これはいうまでもなく初等的なやり方で得ることができる[2]．

問　　題

全体として等角速度で回転している，重力をおよぼすことのできる一様な液体の塊のつり合いの形を求めよ．

解　つり合いの条件は，重力ポテンシャルと遠心力のポテンシャルとの和が物体の表面にそって定数であるという条件によって与えられる：

$$\phi-\frac{\Omega^2}{2}(x^2+y^2)=\text{const}$$

（Ωは回転の角速度，回転軸は z 軸にとる）．求める形は，扁平な回転楕円体である．その大きさをきめるパラメターを求めるために，(99.13) をつり合いの条件に代入し，(99.10) を使って z^2 を消去する．結果は

$$(x^2+y^2)\left[\int_0^\infty\frac{ds}{(a^2+s)^2\sqrt{c^2+s}}-\frac{\Omega^2}{2\pi\mu ka^2c}-\frac{c^2}{a^2}\int_0^\infty\frac{ds}{(a^2+s)(c^2+s)^{3/2}}\right]=\text{const}$$

で，これから，角括弧のなかの表式がゼロにならなければならないことが結論される．積分をおこなって

---

1)　平方 x^2, y^2, z^2 の積分は，$x=ax', b=by', z=cz'$ というおきかえによって，楕円体についての積分を単位半径の円の体積についての積分に変換しておこなうのが簡単である．

2)　半径 a の一様な球の内部の場のポテンシャルは

$$\phi=-2\pi k\mu\left(a^2-\frac{r^2}{3}\right)$$

である．

$$\frac{(a^2+2c^2)c}{(a^2-c^2)^{3/2}}\cos^{-1}\frac{c}{a}-\frac{3c^2}{a^2-c^2}=\frac{\Omega^2}{2\pi k\mu}=\frac{25}{6}\left(\frac{4\pi}{3}\right)^{1/3}\frac{M^2\mu^{1/3}}{m^{10/3}k}\left(\frac{c}{a}\right)^{4/3}$$

が得られ $\left(M=\dfrac{2}{5}ma^2\Omega\right.$ は z 軸についての物体の角運動量$\left.\right)$，これによって半軸の比 c/a が，与えられた Ω または M で表わされる．比 c/a が M に依存するようすは一義的である．c/a は M の増大とともに単調に減少する．

しかしながら，見いだされた対称な形は，M があまり大きくない場合にのみ安定（小さな攪乱に対して）であるにすぎないことが示される．すなわち，その安定性は $M=0.24k^{1/2}m^{5/3}\mu^{-1/6}$ でやぶれる（そのときの $c/a=0.58$）．M がこれ以上に大きくなると，安定な形は3軸の長さの異なる楕円体となり，b/a および c/a の値はだんだん減少してゆく（それぞれ1および0.58から）．この形自体がまた，$M=0.31k^{1/2}m^{5/3}\mu^{-1/6}$ において（そのとき $a:b:c=1:0.43:0.34$）不安定になる[1)]．

§ 100.　中心対称な重力場

中心対称な重力場を調べよう．中心対称の重力場は，任意の中心対称な分布をした物質によって生じうる．もちろんそのためには，物質の分布だけでなく，物質の運動も中心対称でなければならない．すなわち，各点における速度が半径方向に向かっていなければならない．

場が中心対称であることは，空間・時間の計量，いいかえれば世界間隔 ds の表式が，中心から等距離にあるすべての点に対して同じでなければならないということを意味する．ユークリッド空間では，この距離は動径ベクトルの長さに等しい．重力場が存在するときのように，非ユークリッド空間では，ユークリッド的な動径ベクトルの性質（たとえば，その長さが中心からの距離，および円周の長さの 2π 分の1の両方に等しい）をすべてそなえた量は存在しない．したがって，ここでは“動径ベクトル”の選び方は任意である．

“球面”空間座標 r,θ,φ を使うことにすれば，ds^2 に対するもっとも一般的な中心対称な表現は

$$ds^2=h(r,t)dr^2+k(r,t)(\sin^2\theta d\varphi^2+d\theta^2)+l(r,t)dt^2+a(r,t)drdt \qquad (100.1)$$

である．ただし，a,h,k,l は“動径ベクトル” r と“時間” t のある関数とする．ところで，一般相対性理論では基準系を任意に選ぶことができることを考慮すれば，ds^2 の中心対称性をこわさずに，さらに座標変換をおこなうことができる．ということは，座標 r および t を

$$r=f_1(r',t'),\qquad t=f_2(r',t')$$

という式によって変換できるということである．ただし，f_1,f_2 は新しい座標 r',t' の任

1)　この問題を扱った文献は，H. Lamb : *Hydrodynamics*, 6th ed., Cambridge, 1932, chap. 12〔邦訳：ラム『流体力学』全3巻，今井功・橋本英典訳，東京図書〕に示してある．

意の関数である．

この可能性を利用して，第1に ds^2 の表式中の $drdt$ の係数 $a(r,t)$ が消え，つぎに係数 $k(r,t)$ が単に $-r^2$ に等しくなるように[1]，座標 r および時間 t を選ぶ．このあとの条件は，座標原点を中心とする円周が $2\pi r$ に等しい（$\theta=\pi/2$ の平面内の円弧の要素は $dl=rd\varphi$ に等しい）ように動径ベクトルを定義することをも含んでいる．h および l という量は，λ,ν を r と t のある関数として，それぞれ $-e^{\lambda}$ および c^2e^{ν} と指数関数の形に書くのが便利である．こうして，つぎの ds^2 の表式が得られる：

$$ds^2=e^{\nu}c^2dt^2-r^2(d\theta^2+\sin^2\theta d\varphi^2)-e^{\lambda}dr^2. \qquad (100.2)$$

x^0,x^1,x^2,x^3 がそれぞれ座標 ct,r,θ,φ を表わすとすれば，計量テンソルのゼロでない成分として

$$g_{00}=e^{\nu},\qquad g_{11}=-e^{\lambda},\qquad g_{22}=-r^2,\qquad g_{33}=-r^2\sin^2\theta$$

を得る．明らかに

$$g^{00}=e^{-\nu},\qquad g^{11}=-e^{-\lambda},\qquad g^{22}=-r^{-2},\qquad g^{33}=-r^{-2}\sin^{-2}\theta$$

である．

これらの値を使って，(86.3) から Γ^i_{kl} が容易に計算される．その結果はつぎのようになる(ダッシュは r についての微分，記号のうえのドットは ct についての微分を表わす)：

$$\begin{aligned}
&\Gamma^1_{11}=\frac{\lambda'}{2}, && \Gamma^0_{10}=\frac{\nu'}{2}, && \Gamma^2_{33}=-\sin\theta\cos\theta,\\
&\Gamma^0_{11}=\frac{\dot\lambda}{2}e^{\lambda-\nu}, && \Gamma^1_{22}=-re^{-\lambda}, && \Gamma^1_{00}=\frac{\nu'}{2}e^{\nu-\lambda},\\
&\Gamma^2_{12}=\Gamma^3_{13}=\frac{1}{r}, && \Gamma^3_{23}=\cot\theta, && \Gamma^0_{00}=\frac{\dot\nu}{2},\\
&\Gamma^1_{10}=\frac{\dot\lambda}{2}, && \Gamma^1_{33}=-r\sin^2\theta e^{-\lambda}.
\end{aligned} \qquad (100.3)$$

他のすべての成分 Γ^i_{kl}（いま書いた成分の添字 k と l をいれかえただけのものをのぞいて）はゼロである．

重力場の方程式を得るためには，公式 (92.7) によってテンソル R^i_k の成分を計算しなければならない．単純な計算の結果としてつぎの方程式が得られる：

$$\frac{8\pi k}{c^4}T^1_1=-e^{-\lambda}\left(\frac{\nu'}{r}+\frac{1}{r^2}\right)+\frac{1}{r^2}, \qquad (100.4)$$

$$\frac{8\pi k}{c^4}T^2_2=\frac{8\pi\kappa}{c^4}T^3_3=-\frac{1}{2}e^{-\lambda}\left(\nu''+\frac{\nu'^2}{2}+\frac{\nu'-\lambda'}{r}-\frac{\nu'\lambda'}{2}\right)+\frac{1}{2}e^{-\nu}\left(\ddot\lambda+\frac{\dot\lambda^2}{2}-\frac{\dot\lambda\dot\nu}{2}\right), \qquad (100.5)$$

$$\frac{8\pi k}{c^4}T^0_0=-e^{-\lambda}\left(\frac{1}{r^2}-\frac{\lambda'}{r}\right)+\frac{1}{r^2}, \qquad (100.6)$$

---

1) これらの条件は時間座標の選び方を一意的に決定するものでないことに注意すべきである．時間はさらに，r を含まない任意の変換 $t=f(t')$ をおこなうことができる．

$$\frac{8\pi k}{c^4}T_0^1=-e^{-\lambda}\frac{\dot{\lambda}}{r} \tag{100.7}$$

(方程式 (95.6) の他の成分は恒等的にゼロになる). エネルギー・運動量テンソルの成分は(94.9) を使って物質のエネルギー密度 ε, その圧力 p および動径速度 v で表わされる.

方程式 (100.4〜7) は, 真空中, すなわち, 場を生ずる質量の外側での中心対称な場という非常に重要な場合には, 正確に積分することができる. エネルギー・運動量テンソルをゼロに等しいとおいて, 方程式

$$e^{-\lambda}\left(\frac{\nu'}{r}+\frac{1}{r^2}\right)-\frac{1}{r^2}=0, \tag{100.8}$$

$$e^{-\lambda}\left(\frac{\lambda'}{r}-\frac{1}{r^2}\right)+\frac{1}{r^2}=0, \tag{100.9}$$

$$\dot{\lambda}=0 \tag{100.10}$$

が得られる (4番目の方程式, すなわち (100.5) 式は他の3つから導かれるから, ここに記さない).

(100.10) から, λ は時間によらないことがただちにわかる. さらに, (100.8) と (100.9) とを加えあわせて, $\lambda'+\nu'=0$, すなわち $f(t)$ を時間だけの関数として

$$\lambda+\nu=f(t) \tag{100.11}$$

である. しかし, 間隔 ds^2 を (100.2) の形に選んでも, なお時間に $t=f(t')$ という形の任意の変換をほどこす可能性が残っていた. そのような変換は, ν に任意の時間の関数を加えることと同等であり, このことを利用すればいつでも (100.11) の $f(t)$ をゼロにすることができる. そうすれば, 一般性を少しも失わずに $\lambda+\nu=0$ とおくことができる. 真空中の中心対称な重力場はこのことから自動的に静的な場となることに注意しよう.

方程式 (100.9) は容易に積分できて

$$e^{-\lambda}=e^{\nu}=1+\frac{\text{const}}{r} \tag{100.12}$$

を与える. 当然のことながら, 無限遠 ($r\to\infty$) では $e^{-\lambda}=e^{\nu}=1$, すなわち, 重力をおよぼす物体からはるか離れたところでは, 計量が自動的にガリレイ的となる. 上の式の定数は, 場の弱い遠方ではニュートンの法則が成立すべきことを要求すれば, 容易に質量によって表わすことができる[1]. すなわち, $g_{00}=1+\frac{2\phi}{c^2}$ となって, ポテンシャル ϕ がニュートンの値 (99.4) $\phi=-\frac{km}{r}$ (m は場を生ずる物体の全質量である) をもたねばならない. これから, $\text{const}=-\frac{2km}{c^2}$ となることは明白である. この量は長さの次元をもつ. それは

1) 中心対称な質量分布をもつ中空の球の内部の場に対しては const=0 でなければならない. そうでなければ, 計量が $r=0$ に特異点をもつことになるからである. このように, そういう中空体の内部では計量は自動的にガリレイ的になる, すなわち(ニュートンの理論におけると同様) この空洞の内部に重力場はない.

物体の**重力半径** r_g とよばれる：

$$r_g=\frac{2km}{c^2}. \tag{100.13}$$

こうして，世界間隔 ds に対して結局

$$ds^2=\left(1-\frac{r_g}{r}\right)c^2dt^2-r^2(\sin^2\theta d\varphi^2+d\theta^2)-\frac{dr^2}{1-\frac{r_g}{r}} \tag{100.14}$$

が得られる．アインシュタイン方程式のこの解は**シュヴァルツシルト解**とよばれる（K. Schwarzschild, 1916）．この式が，任意の中心対称な分布をした質量によって生ずる真空中の重力場を完全に定める．この解は，静止している質量に対してだけでなく，動いている質量に対しても，その運動が中心についての対称性をもちさえすれば（たとえば，中心対称な振動）成り立つということを強調しておこう．ニュートン力学の同じ問題におけると同様，計量（100.14）が重力をおよぼす物体の全質量にだけ依存することに注意する．

空間的計量は，空間的距離の要素に対する表式

$$dl^2=\frac{dr^2}{1-\frac{r_g}{r}}+r^2(\sin^2\theta d\varphi^2+d\theta^2) \tag{100.15}$$

からきまる．座標 r の幾何学的な意味は，計量（100.15）において場の中心を中心とする円の円周が $2\pi r$ に等しいことで与えられる．同じ半径上の2点 r_1 および r_2 の間の距離は積分

$$\int_{r_1}^{r_2}\frac{dr}{\sqrt{1-\frac{r_g}{r}}}>r_2-r_1 \tag{100.16}$$

で与えられる．

さらに，$g_{00}\leqslant 1$ であることもわかる．これと真の時間をきめる式（84.1）$d\tau=\sqrt{g_{00}}dt$ とを結びつけると

$$d\tau\leqslant dt \tag{100.17}$$

となる．等号は無限遠でのみ成り立つ．そこでは t と真の時間とが一致する．このように質量から有限距離のところでは，無限遠における時間にくらべて，時間の“遅れ”が生ずるのである．

最後に，座標原点から遠く離れたところでの ds^2 に対する近似式を示す：

$$ds^2=ds_0^2-\frac{2km}{c^2r}(dr^2+c^2dt^2). \tag{100.18}$$

この第2項は，ガリレイの計量 ds_0^2 への小さな補正を表わす．場を生ずる質量から遠距離のところでは，すべての場が中心対称のようになる．したがって，（100.18）は，任意の物体系から遠く離れた場所での計量を与えるのである．

中心対称な重力場の重力をおよぼす質量の内部でのようすに関しても，ある程度一般的

なことがいえる．(100.6) 式から，$r \to 0$ に対して λ も少なくとも r^2 と同じようにゼロに向かうことがわかる．もしそうでないとしたら，この式の右辺が $r \to 0$ に対して無限大すなわち，T_0^0 が $r=0$ に特異点をもつことになる．(100.6) を $\lambda|_{r=0}=0$ という境界条件で形式的に積分すると

$$\lambda = -\ln\left\{1-\frac{8\pi k}{c^4 r}\int_0^r T_0^0 r^2 dr\right\} \tag{100.19}$$

が得られる．(94.10) のために $T_0^0=e^{-\nu}T_{00}\geqslant 0$ だから，$\lambda\geqslant 0$ であることは明らかである．すなわち

$$e^\lambda \geqslant 1. \tag{100.20}$$

さらに，(100.4) の両辺をそれぞれ (100.6) の両辺から引いて

$$\frac{e^{-\lambda}}{r}(\nu'+\lambda') = \frac{8\pi k}{c^4}(T_0^0 - T_1^1) = \frac{(\varepsilon+p)\left(1+\frac{v^2}{c^2}\right)}{1-\frac{v^2}{c^2}} \geqslant 0$$

を得る．すなわち $\nu'+\lambda'\geqslant 0$. しかるに，$r\to\infty$ で（質量から遠く離れると）計量はガリレイ的になる，すなわち $\nu\to 0, \lambda\to 0$. したがって，$\nu'+\lambda'\geqslant 0$ から，全空間にわたって

$$\nu+\lambda\leqslant 0 \tag{100.21}$$

であることがいえる．$\lambda\geqslant 0$ であるから，$\nu\leqslant 0$ である．すなわち

$$e^\nu \leqslant 1. \tag{100.22}$$

ここに得られた不等式は，さきに述べた真空中における中心対称な場のなかでの空間的計量の性質および時計のふるまい (100.16) と (100.17) とが，重力を生ずる質量の内部の場においても同じようにみられることを示している．

重力場が“半径” a の球形の物体によって生じたとすれば，$r>a$ に対しては $T_0^0=0$ である．したがって，$r>a$ の点に対しては (100.19) 式は

$$\lambda = -\ln\left\{1-\frac{8\pi k}{c^4 r}\int_0^a T_0^0 r^2 dr\right\}$$

を与える．他方，この点では真空に対する表式 (100.14) を適用することができ，それによれば

$$\lambda = -\ln\left(1-\frac{2km}{c^2 r}\right)$$

である．2つの表現を等しいとおいて，物体の総質量をそのエネルギー・運動量テンソルで表わす式

$$m = \frac{4\pi}{c^2}\int_0^a T_0^0 r^2 dr \tag{100.23}$$

が得られる．特に，物体中の物質分布が静的であれば，$T_0^0=\varepsilon$ であるから

$$m=\frac{4\pi}{c^2}\int_0^a \varepsilon r^2 dr \tag{100.24}$$

となる． 積分は $4\pi r^2 dr$ でおこなわれるが， 計量（100.2）に対する空間の体積要素は $dV=4\pi r^2 e^{\lambda/2}dr$ であることに注目しよう．(100.20) によって $e^{\lambda/2}>1$ である．この差は物体の重力的質量欠損を表わしている．

問 題

1. シュヴァルツシルト計量（100.14）に対する曲率テンソルの不変量を求めよ．

解 (100.3) の Γ^i_{kl} を用いて（92.1）による（あるいは§92の問題2で得られた公式による）計算で，ゼロと異なる曲率テンソルの成分に対しつぎの値が求められる：

$$R_{0101}=\frac{r_g}{r^3},\quad R_{0202}=\frac{R_{0303}}{\sin^2\theta}=-\frac{r_g(r-r_g)}{2r^2},$$

$$R_{1212}=\frac{R_{1313}}{\sin^2\theta}=\frac{r_g}{2(r-r_g)},\qquad R_{2323}=-rr_g\sin^2\theta.$$

(92.20) の不変量 I_1 および I_2 は，

$$I_1=\left(\frac{r_g}{2r^3}\right)^2,\qquad I_2=-\left(\frac{r_g}{2r^3}\right)^3$$

となる（双対テンソル $\overset{*}{R}_{iklm}$ を含む積は恒等的にゼロに等しい）． この曲率テンソルは，ペトロフの分類の D 型に属する（実数の不変量 $\lambda^{(1)}=\lambda^{(2)}=-r_g/2r^3$ をもつ）． 曲率の不変量が，点 $r=0$ でだけ特異点をもち，$r=r_g$ ではもたないことに注意する．

2. 同じ計量に対し空間的曲率を定めよ．

解 空間的曲率テンソル $P_{\alpha\beta\gamma\delta}$ は， テンソル $P_{\alpha\beta}$（およびテンソル $\gamma_{\alpha\beta}$）の成分で表わすことができるから， $P_{\alpha\beta}$ を計算すれば十分である（§92の問題1を見よ）． テンソル $P_{\alpha\beta}$ は，R_{ik} が g_{ik} で表わされるのとまったく同様に，$\gamma_{\alpha\beta}$ で表わされる．(100.15) から得た $\gamma_{\alpha\beta}$ の値を使って計算すれば，テンソルの成分の値として

$$P^\theta_\theta=P^\varphi_\varphi=\frac{r_g}{2r^3},\qquad P^r_r=-\frac{r_g}{r^3}$$

および，$\alpha\neq\beta$ に対して $P^\beta_\alpha=0$ を得る．$P^\theta_\theta, P^\varphi_\varphi>0, P^r_r<0$，しかし $P\equiv P^\alpha_\alpha=0$ であることに注意．

§92の問題1で得た公式によって

$$P_{r\theta r\theta}=(P^r_r+P^\theta_\theta)\gamma_{rr}\gamma_{\theta\theta}=-P^\varphi_\varphi\gamma_{rr}\gamma_{\theta\theta},$$

$$P_{r\varphi r\varphi}=-P^\theta_\theta\gamma_{rr}\gamma_{\varphi\varphi},\qquad P_{\theta\varphi\theta\varphi}=-P^r_r\gamma_{\theta\theta}\gamma_{\varphi\varphi}$$

が求められる．これから（294ページの脚注をみよ），動径ベクトルに垂直な“平面”に対してガウス曲率が

$$K=\frac{P_{\theta\varphi\theta\varphi}}{\gamma_{\theta\theta}\gamma_{\varphi\varphi}}=-P^r_r>0$$

であることがわかる（このことは，この平面上に，それに垂直な半径との交点の近傍に描かれた小さな3角形の内角の和は π よりも大きいということを意味する）．中心を通る“平面”に対してはガウス曲率は $K<0$ である．このことは，このような平面上の小さな3角

形の内角の和はπより小さいことを意味する（ただし，これは原点を取りかこむ３角形にはあてはまらない．このような３角形の角の和はπよりも大きい）．

3.　真空中の中心対称な重力場のなかの原点を通る“平面”のうえの幾何学と同じ幾何学が，そのうえで成り立つような回転曲面の形を決定せよ．

解　回転面 $z=z(r)$ のうえの幾何学は，（円筒座標で）長さの要素

$$dl^2=dr^2+dz^2+r^2d\varphi^2=dr^2(1+z'^2)+r^2d\varphi^2$$

によってきまる．“平面” $\theta=\pi/2$ のうえの長さの要素（100.15）

$$dl^2=r^2d\phi^2+\frac{dr^2}{1-\dfrac{r_g}{r}}$$

に比較して

$$1+z'^2=\left(1-\frac{r_g}{r}\right)^{-1}.$$

これから

$$z=2\sqrt{r_g(r-r_g)}.$$

この関数は$r=r_g$で特異点をもつ（分岐点）．このことは，空間時間の計量（100.14）と反対に，空間的計量（100.15）が実際に $r=r_g$ で特異性をもつことと関係している．前の問題で述べた，中心を通る“平面”上の幾何学の一般的性質は，ここに与えた直観的なモデルにおける曲率を考察することによって得られる．

4.　世界間隔（100.14）を座標変換して，空間的な長さの要素 dl がユークリッド表示に比例するようにせよ．

解

$$r=\rho\left(1+\frac{r_g}{4\rho}\right)^2$$

とおけば，（100.14）から

$$ds^2=\left(\frac{1-\dfrac{r_g}{4\rho}}{1+\dfrac{r_g}{4\rho}}\right)^2c^2dt^2-\left(1+\frac{r_g}{4\rho}\right)^4(d\rho^2+\rho^2d\theta^2+\rho^2\sin^2\theta d\varphi^2)$$

を得る．座標 ρ,θ,φ は等方球面座標とよばれる．そのかわりに，等方的ガリレイ座標 x,y,z をとることもできる．とくに遠方（$\rho\gg r_g$）では近似的に

$$ds^2=\left(1-\frac{r_g}{\rho}\right)c^2dt^2-\left(1+\frac{r_g}{\rho}\right)(dx^2+dy^2+dz^2)$$

となる．

5.　物質中の中心対称な重力場の方程式を，共動基準系で求めよ．

解　世界間隔の要素（100.1）において，２つの可能な r,t の座標変換を利用する．第１は，$drdt$ の係数 $a(r,t)$ をゼロにするもの，第２は，物質の動径速度 $\dot{r}$ をすべての点でゼロにするため（速度のそれ以外の成分は，中心対称のためにゼロである）のものである．２つの変換をおこなったのちも，座標 r および t は，なお $r=r(r')$, $t=t(t')$ の形の任意の変換を受けることができる．

そのように選んだ動径座標と時間をRとτで，またh,k,lをそれぞれ $-e^\lambda$, $-e^\mu$, e^ν で表わすと（λ,μ,ν はRとτの関数），世界間隔の表式が

$$ds^2=c^2e^{\nu}d\tau^2-e^{\lambda}dR^2-e^{\mu}(d\theta^2+\sin^2\theta d\varphi^2) \qquad (1)$$

となる．共動基準系ではエネルギー・運動量テンソルの成分は

$$T_0^0=\varepsilon, \qquad T_1^1=T_2^2=T_3^3=-p$$

である．計算のすえ，つぎの重力方程式が得られる[1]．

$$-\frac{8\pi k}{c^4}T_1^1=\frac{8\pi k}{c^4}p=\frac{1}{2}e^{-\lambda}\left(\frac{\mu'^2}{2}+\mu'\nu'\right)-e^{-\nu}\left(\ddot{\mu}-\frac{1}{2}\dot{\mu}\dot{\nu}+\frac{3}{4}\dot{\mu}^2\right)-e^{-\mu}, \qquad (2)$$

$$-\frac{8\pi k}{c^4}T_2^2=\frac{8\pi k}{c^4}p=\frac{1}{4}e^{-\lambda}(2\nu''+\nu'^2+2\mu''+\mu'^2-\mu'\lambda'-\nu'\lambda'+\mu'\nu')$$
$$+\frac{1}{4}e^{-\nu}(\dot{\lambda}\dot{\nu}+\dot{\mu}\dot{\nu}-\dot{\lambda}\dot{\mu}-2\ddot{\lambda}-\dot{\lambda}^2-2\ddot{\mu}-\dot{\mu}^2), \qquad (3)$$

$$\frac{8\pi k}{c^4}T_0^0=\frac{8\pi k}{c^4}\varepsilon=-e^{-\lambda}\left(\mu''+\frac{3}{4}\mu'^2-\frac{\mu'\lambda'}{2}\right)+\frac{1}{2}e^{-\nu}\left(\dot{\lambda}\dot{\mu}+\frac{\dot{\mu}^2}{2}\right)+e^{-\mu}, \qquad (4)$$

$$\frac{8\pi k}{c^4}T_0^1=0=\frac{1}{2}e^{-\lambda}(2\dot{\mu}'+\dot{\mu}\mu'-\dot{\lambda}\mu'-\nu'\dot{\mu}) \qquad (5)$$

(ダッシュはRで微分することを，ドットは$c\tau$で微分することを表わす)．

重力方程式に含まれている方程式 $T^k_{i;k}=0$ から出発すれば，λ, μ, ν に対するいくつかの一般的関係が容易に得られる．公式 (86.11) を使ってつぎの2つの方程式

$$\dot{\lambda}+2\dot{\mu}=-\frac{2\dot{\varepsilon}}{p+\varepsilon}, \qquad \nu'=-\frac{2p'}{p+\varepsilon} \qquad (6)$$

を得る．p がエネルギー ε の定まった関数であれば，方程式 (6) はつぎの形に積分される：

$$\lambda+2\mu=-2\int\frac{d\varepsilon}{p+\varepsilon}+f_1(R), \qquad \nu=-2\int\frac{dp}{p+\varepsilon}+f_2(\tau). \qquad (7)$$

ここに関数 $f_1(R)$ および $f_2(\tau)$ は，うえに述べた $R=R(R')$, $\tau=\tau(\tau')$ という形の任意の変換が可能であることから，どのように選ぶこともできる．

6. 静止している軸対称な物体のまわりの真空中の静重力場を定める方程式を求めよ (H. Weyl, 1917)．

解 円柱空間座標 $x^1=\varphi$, $x^2=\rho$, $x^3=z$ における静的な世界間隔の要素を

$$ds^2=e^{\nu}c^2dt^2-e^{\omega}d\varphi^2-e^{\mu}(d\rho^2+dz^2)$$

という形に求める．ただし ν, ω, μ は ρ と z の関数である．この表示は，2次形式 $d\rho^2+dz^2$ に単に共通因子を乗じるような変換 $\rho=\rho(\rho', z')$, $z=z(\rho', z')$ を除いて，座標を決定する．

方程式

$$R_0^0=\frac{1}{4}e^{-\mu}[2\nu_{,\rho,\rho}+\nu_{,\rho}(\nu_{,\rho}+\omega_{,\rho})+2\nu_{,z,z}+\nu_{,z}(\nu_{,z}+\omega_{,z})]=0,$$

$$R_1^1=\frac{1}{4}e^{-\mu}[2\omega_{,\rho,\rho}+\omega_{,\rho}(\nu_{,\rho}+\omega_{,\rho})+2\omega_{,z,z}+\omega_{,z}(\nu_{,z}+\omega_{,z})]=0$$

(ここで添字 $,\rho$ および $,z$ は ρ と z による微分を表わす) から，その和をとって

$$\rho'_{,\rho,\rho}+\rho'_{,z,z}=0$$

が得られる．ただし

---

1) R_{ik} の成分は，本文でおこなったように直接計算することも，§92 の問題2で得た公式を使って計算することもできる．

$$\rho'(\rho, z) = e^{\frac{\nu+\omega}{2}}.$$

したがって $\rho'(\rho, z)$ は，変数 ρ と z の調和関数である．このような関数のよく知られた性質によると，f を複素変数 $\rho+iz$ の解析関数として，$\rho'+iz'=f(\rho+iz)$ となるような共役な調和関数 $z'(\rho, z)$ が存在する．そこで ρ', z' を新しい変数に選ぶと，変換 $\rho, z \rightarrow \rho', z'$ の等角性のために，

$$e^{\mu}(d\rho^2+dz^2) = e^{\mu'}(d\rho'^2+dz'^2)$$

となるであろう．ここで $\mu'(\rho', z')$ はある新しい関数である．同時に，$e^{\omega}=\rho'^2 e^{-\nu}$．$\omega+\nu=\gamma$ と表わし，以下ではダッシュを省略して書くと，ds^2 として

$$ds^2 = e^{\nu}c^2dt^2 - \rho^2 e^{-\nu}d\varphi^2 - e^{\gamma-\nu}(d\rho^2+dz^2) \tag{1}$$

の形が求まる．この計量に対して方程式 $R_0^0=0$, $R_3^3-R_2^2=0$, $R_2^3=0$ をつくると，

$$\frac{1}{\rho}\frac{\partial}{\partial\rho}\left(\rho\frac{\partial\nu}{\partial\rho}\right)+\frac{\partial^2\nu}{\partial z^2}=0, \tag{2}$$

$$\frac{\partial\gamma}{\partial z}=\rho\frac{\partial\nu}{\partial\rho}\frac{\partial\nu}{\partial z}, \qquad \frac{\partial\gamma}{\partial\rho}=\frac{\rho}{2}\left[\left(\frac{\partial\nu}{\partial\rho}\right)^2-\left(\frac{\partial\nu}{\partial z}\right)^2\right] \tag{3}$$

が得られる．(2) が円柱座標での（φ に依存しない関数に対する）ラプラス方程式の形をしていることに注意する．この方程式をとけば，関数 $\gamma(\rho, z)$ は (2—3) 式によって完全に決定される．場をつくっている物体から遠いところでは，関数 ν および γ はゼロにならなければならない．

§ 101.　中心対称な重力場のなかでの運動

中心対称な重力場のなかでの物体の運動を調べよう．すべての中心対称な場のなかの運動がそうであるように，運動は原点を通る単一の“平面”のなかで起こる．この平面を $\theta=\pi/2$ の面に選ぶ．

物体の軌道を定めるためにハミルトン−ヤコビ方程式を使う：

$$g^{ik}\frac{\partial S}{\partial x^i}\frac{\partial S}{\partial x^k}-m^2c^2=0.$$

ここで m は粒子の質量である（中心になる物体の質量は m' で表わす）．計量テンソル (100.14) を使うとこの方程式は

$$\left(1-\frac{r_g}{r}\right)^{-1}\left(\frac{\partial S}{c\partial t}\right)^2-\left(1-\frac{r_g}{r}\right)\left(\frac{\partial S}{\partial r}\right)^2-\frac{1}{r^2}\left(\frac{\partial S}{\partial\varphi}\right)^2-m^2c^2=0 \tag{101.1}$$

という形になる．ただし $r_g=2m'k/c^2$ は，中心物体の重力半径である．ハミルトン−ヤコビ方程式をとく一般的手法にしたがって，S を一定のエネルギー $\mathscr{E}_0$，運動量 M によって

$$S=-\mathscr{E}_0 t+M\varphi+S_r(r) \tag{101.2}$$

の形に求める．これを (101.1) に代入して導関数 dS_r/dr を求め，それから

$$S_r=\int\left[\frac{\mathscr{E}_0^2}{c^2}\left(1-\frac{r_g}{r}\right)^{-2}-\left(m^2c^2+\frac{M^2}{r^2}\right)\left(1-\frac{r_g}{r}\right)^{-1}\right]^{1/2}dr. \tag{101.3}$$

よく知られているように（第1巻『力学』§ 47 をみよ）．$r=r(t)$ の依存性は $\partial S/\partial\mathscr{E}_0=$

const からきまる．これから，

$$ct=\frac{\mathscr{E}_0}{mc^2}\int\frac{dr}{\left(1-\frac{r_g}{r}\right)\left[\left(\frac{\mathscr{E}_0}{mc^2}\right)^2-\left(1+\frac{M^2}{m^2c^2r^2}\right)\left(1-\frac{r_g}{r}\right)\right]^{1/2}}. \tag{101.4}$$

軌道は，方程式 $\partial S/\partial M=\text{const}$ からきまるから，

$$\varphi=\int\frac{M\,dr}{r^2\sqrt{\frac{\mathscr{E}_0^2}{c^2}-\left(m^2c^2+\frac{M^2}{r^2}\right)\left(1-\frac{r_g}{r}\right)}}. \tag{101.5}$$

これは楕円積分に帰する．

太陽の引力の場のなかの遊星の運動に対しては，遊星の速度が光の速度にくらべて小さいから，ニュートンの理論とくらべて相対性理論はほんの小さな補正を与えるにすぎない．このことは，軌道の式（101.5）の被積分関数において比 r_g/r が小さいということに対応している．ただし r_g は太陽の重力半径である[1]．

軌道に対する相対論的補正をしらべるには，Mについての微分をおこなうときまで，作用関数の動径部分（101.3）をもとにして話を進めてよい．

$$r(r-r_g)=r'^2,\quad \text{すなわち，}\quad r-\frac{r_g}{2}\cong r'$$

というおきかえによって積分変数を変換すると，根号のなかの第２項は M^2/r'^2 という形に変わる．第１項を r_g/r' のベキに展開して，要求される精度では

$$S_r=\int\left[\left(2\mathscr{E}'m+\frac{\mathscr{E}'^2}{c^2}\right)+\frac{1}{r}(2m^2m'k+4\mathscr{E}'mr_g)-\frac{1}{r^2}\left(M^2-\frac{3m^2c^2r_g^2}{2}\right)\right]^{1/2}dr \tag{101.6}$$

が得られる．ここで簡単のために，r' のダッシュをはぶき非相対論的なエネルギー $\mathscr{E}'$（静止エネルギーを含まない）を導入した．

根号のなかのはじめの２つの項の係数に現われる補正は，粒子のエネルギーおよび角運動量とそのニュートン軌道（楕円）のパラメターとのあいだの関係の基本的な興味のない変更に反映されるだけである．しかし，$1/r^2$ の係数の変更は，はるかに本質的な効果，すなわち，軌道の近日点の系統的な（**永年**）移動をもたらす．

軌道は $\varphi+\frac{\partial S_r}{\partial M}=\text{const}$ という式できまるから，惑星が軌道をひとまわりする時間のあいだの角度 φ の変化は

$$\Delta\varphi=-\frac{\partial}{\partial M}\Delta S_r$$

である．ただし，ΔS_r はそのあいだの S_r の変化である．S_r を，$1/r^2$ の係数に現われる小さな補正のベキに展開して

$$\Delta S_r=\Delta S_r^{(0)}-\frac{3m^2c^2r_g^2}{4M}\frac{\partial\Delta S_r^{(0)}}{\partial M}$$

1）太陽に対しては，$r_g=3\,\text{km}$；地球の場合は，$r_g=0.9\,\text{cm}$.

を得る．ここに $\Delta S_r^{(0)}$ は，近日点移動のない閉じた楕円をえがく運動に対応している．この関係式を M について微分して

$$-\frac{\partial}{\partial M}\Delta S_r^{(0)}=\Delta\varphi^{(0)}=2\pi$$

に注意すれば

$$\Delta\varphi=2\pi+\frac{3\pi m^2c^2r_g^2}{2M^2}=2\pi+\frac{6\pi k^2m^2m'^2}{c^2M^2}$$

が見いだされる．この第2項が，1回転ののちの求めるニュートン軌道の角度のずれ，すなわち，軌道の近日点移動 $\delta\varphi$ を表している．よく知られた公式 $M^2/km'm^2=a(1-e^2)$ によって，それを楕円の長半軸 a と離心率 e で表わしてやると

$$\delta\varphi=\frac{6\pi km'}{c^2a(1-e^2)} \qquad (101.7)$$

が得られる[1]．

つぎに，中心対称な重力場における光線の径路を調べる．径路はアイコナール方程式(87.9)

$$g^{ik}\frac{\partial\psi}{\partial x^i}\frac{\partial\psi}{\partial x^k}=0$$

によってきまる．これは，ハミルトン－ヤコビ方程式とくらべて，$m=0$ とおかねばならないだけの違いである．したがって，光線の径路は (101.5) 式において $m=0$ とおけば得られる．なお，そこでは粒子のエネルギー $\mathscr{E}_0=-\partial S/\partial t$ のかわりに光の振動数 $\omega_0=-\partial\psi/\partial t$ を書かねばならない．また，定数 M のかわりに $\rho=cM/\omega_0$ によって ρ という定数を導入して

$$\varphi=\int\frac{dr}{r^2\sqrt{\frac{1}{\rho^2}-\frac{1}{r^2}\left(1-\frac{r_g}{r}\right)}} \qquad (101.8)$$

を得る．

相対論的な補正を無視すると ($r_g\to0$)，この式は $r=\rho/\cos\varphi$，すなわち，座標の原点から距離 ρ の点を通る直線を表わす．相対論的な補正をしらべるために，さきほどの場合と同じようなやり方をする．

アイコナールの動径部分として

$$\psi_r(r)=\frac{\omega_0}{c}\int\sqrt{\frac{r^2}{(r-r_g)^2}-\frac{\rho^2}{r(r-r_g)}}dr$$

を得る ((101.3) をみよ)．(101.3) から (101.6) へ移るのに使ったのと同様の変換をおこなって

---

1) (101.7) 式から計算された移動の数値は，水星と地球とに対して1世紀につきそれぞれ 43.0″ および 3.8″ である．

$$\psi_r(r)=\frac{\omega_0}{c}\int\sqrt{1+\frac{2r_g}{r}-\frac{\rho^2}{r^2}}dr$$

を得る．つぎに，被積分関数を r_g/r のベキに展開して

$$\psi_r=\psi_r^{(0)}+\frac{r_g\omega_0}{c}\int\frac{dr}{\sqrt{r^2-\rho^2}}=\psi_r^{(0)}+\frac{r_g\omega_0}{c}\cosh^{-1}\frac{r}{\rho}$$

となる．ここに $\psi_r^{(0)}$ は，古典的なまっすぐな光線に対応する．

光線が非常に大きな距離 R のところから中心に近い点 $r=\rho$ まできて，ふたたび距離 R まで去るあいだの ψ_r の全変化は

$$\Delta\psi_r=\Delta\psi_r^{(0)}+2\frac{r_g\omega_0}{c}\cosh^{-1}\frac{R}{\rho}$$

である．光線にそっての極角 φ のこれに対応する変化は，これを $M=\rho\omega_0/c$ で微分すれば見いだされる：

$$\Delta\varphi=-\frac{\partial\Delta\psi_r}{\partial M}=-\frac{\partial\Delta\psi_r^{(0)}}{\partial M}+\frac{2r_gR}{\rho\sqrt{R^2-\rho^2}}.$$

最後に，$R\to\infty$ の極限をとり，直線には $\Delta\varphi=\pi$ が対応することに注意すると

$$\Delta\varphi=\pi+\frac{2r_g}{\rho}$$

が得られる．

この結果は，重力場の影響のもとでは光線が曲がることを意味する．光の径路は中心へ向かってへこんだ曲線になり（光線は中心へ“引っぱりこまれる”），その２本の漸近線のあいだの角度は π から

$$\delta\varphi=\frac{2r_g}{\rho}=\frac{4km'}{c^2\rho} \tag{101.9}$$

だけ異なる．いいかえると，中心から距離 ρ のところを通る光線は角度 $\delta\varphi$ だけ屈曲するのである[1]．

§ 102. 球状物体の重力崩壊

シュヴァルツシルト計量（100.14）では，$r=r_g$（シュヴァルツシルト球の上）で g_{00} はゼロとなり，g_{11} は無限大になる．このことは，空間・時間計量に特異性が存在すること，したがって（与えられた質量の）物体が重力半径よりも小さい“半径”をもって存在できないと結論する根拠を与えるかもしれない．しかし実際にはこのような結論は正しくないのである．それは，$r=r_g$ で行列式 $g=-r^4\sin^2\theta$ が特異性をもたず，したがって $g<0$（82.3）という条件は破られていないことからすでに明らかである．以下でわかるように ここで問題になっているのは実際には単に $r<r_g$ では剛体的な基準系が設定できないとい

1) ちょうど太陽のふちをかすめる光線に対しては，$\delta\varphi=1.75''$ である．

うことである.

この領域における空間・時間計量の真の性格を明らかにするために，つぎのような座標変換をおこなう[1]：

$$c\tau=\pm ct\pm\int\frac{f(r)dr}{1-\frac{r_g}{r}},\qquad R=ct+\int\frac{dr}{\left(1-\frac{r_g}{r}\right)f(r)}.\qquad (102.1)$$

このとき

$$ds^2=\frac{1-\frac{r_g}{r}}{1-f^2}(c^2d\tau^2-f^2dR^2)-r^2(d\theta^2+\sin^2\theta d\varphi^2).$$

関数 $f(r)$ を，$f(r_g)=1$ となるように選ぶと，$r=r_g$ における特異性は消去される．もし $f(r)=\sqrt{r_g/r}$ とおくと，新しい座標系はまた同期化されたものになる ($g_{\tau\tau}=1$)．まず最初，(102.1) で上の符号を選ぶと

$$R-c\tau=\int\frac{(1-f^2)dr}{\left(1-\frac{r_g}{r}\right)f}=\int\sqrt{\frac{r}{r_g}}dr=\frac{2}{3}\frac{r^{3/2}}{r_g^{1/2}}$$

あるいは

$$r=\left[\frac{3}{2}(R-c\tau)\right]^{2/3}r_g^{1/3}\qquad (102.2)$$

が得られる（時間 τ の原点に依存する積分定数はゼロとおいた）．世界間隔の要素は

$$ds^2=c^2d\tau^2-\frac{dR^2}{\left[\frac{3}{2r_g}(R-c\tau)\right]^{2/3}}-\left[\frac{3}{2}(R-c\tau)\right]^{4/3}r_g^{2/3}(d\theta^2+\sin^2\theta d\varphi^2)\qquad (102.3)$$

となる．

この座標系ではシュヴァルツシルト球上（ここでは $\frac{3}{2}(R-c\tau)=r_g$ という等式に対応する)の特異性は現われない．座標Rはいたるところ空間的であり，τは時間的である．計量 (102.3) は定常的ではない．すべての同期化された基準系におけるように，それにおける時間線は測地線である．いいかえると，この基準系で静止している“探測”粒子は，与えられた場のなかを自由に運動する粒子である．

与えられたrの値に世界線 $R-c\tau=\text{const}$ が対応する（図20の傾いた直線)．基準系に対して静止している粒子の世界線は，この図では垂直な線で示される．この線にそって運動して粒子は有限の固有時間で計量の真の特異点である場の中心 ($r=0$) に“落下”する．

動径方向の光の信号の伝播を考察しよう．方程式 $ds^2=0$ ($\theta,\varphi=\text{const}$ として) は，光線

1) シュヴァルツシルト特異性の物理的な意味は，最初フィンケルシュタイン (D. Finkelstein, 1958) により異なった変換を用いて明らかにされた．計量 (102.3) は，ルメートル (G. Lemaitre, 1938) によってもっと前に見いだされた．

にそう導関数 $d\tau/dR$ に対して

$$c\frac{d\tau}{dR}=\pm\left[\frac{3}{2r_g}(R-c\tau)\right]^{-1/3}=\pm\sqrt{\frac{r_g}{r}} \qquad (102.4)$$

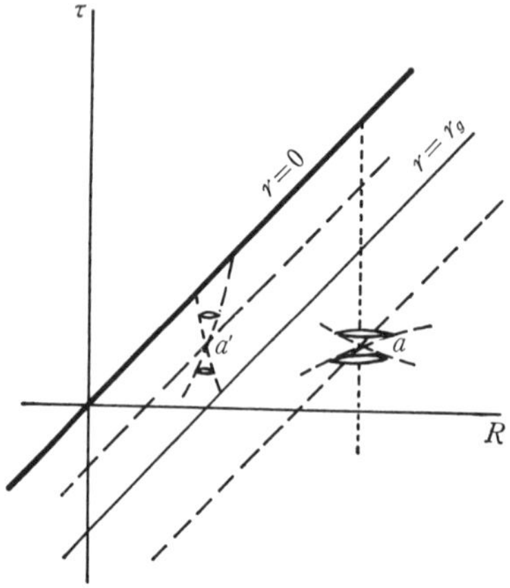

図　20

を与える．ここで2つの符号は，与えられた世界点を頂点とする2つの光“円錐”の面に対応する．$r>r_g$ のとき（図20の点 a）には，この面の傾斜は $|cd\tau/dR|<1$ であり，それゆえ $r=\text{const}$ という直線（それにそっては $(cd\tau/dR=1$ である）は円錐の中にある．$r<r_g$ という領域（a' という点）では，$|cd\tau/dR|>1$ であるから，（場の中心に対して）静止している粒子の世界線である $r=\text{const}$ という直線は，円錐の外にある．円錐の2つの境界は有限の距離で直線 $r=0$ に垂直に近づいて交差する．因果的に関連している事象はけっして光円錐の外にある世界線上にあることはないから，$r<r_g$ という領域内ではいかなる粒子も静止することはありえない．いかなる相互作用も信号もここでは中心に向かって伝播し，有限な時間 τ ののちにそれに到達する．

同様に，変換（102.1）で下の符号を選ぶと，(102.3) と τ の前の符号だけが異なる計量をもつ“膨張する”基準系がえられるであろう．それは，前と同じく（$r<r_g$ 領域で）静止は不可能であるが，すべての信号が中心から外に向かって伝播するという空間・時間に対応する．

上に述べた結果を，一般相対論において質量をもつ物体がどのように振舞うかという問題に応用することができる．

球状物体の平衡に対する相対論的条件の研究から，十分大きな質量をもつ物体では静的状態での平衡は可能でないことが示された（第5巻『統計物理学』§111を見よ）．明らかにこのような物体は限りなく収縮しなければならない（いわゆる**重力崩壊**）[1]．

物体に結びつけられていないで，遠方ではガリレイ的な基準系では（計量（100.14）），球状物体の半径は r_g より小さくはならない．このことは，遠方の観側者の時計 t によると収縮する物体の半径は，$t\to\infty$ で漸近的に重力半径に近づくだけであることを意味する．この接近の仕方の極限的な形は容易に明らかにされる．

1）この現象の基本的な性質は最初にオッペンハイマーとスナイダーによって明らかにされた(J. R. Oppenheimer, H.Snyder, 1939).

収縮しつつある物体の表面にある粒子は，つねに物体の全質量に等しい一定の質量mによる重力場の中にある．この引力は$r \to r_g$のとき非常に大きくなるが，物体の密度は（したがってまた圧力も）有限にとどまる．この理由のために圧力を無視して，物体の半径の時間依存の決定を質量mの場のなかにおける探測粒子の自由落下の考察に簡単化する．

シュヴァルツシルト場のなかの落下に対する関係$r(t)$は（101.4）の積分で与えられるが，そこで完全に半径方向の運動に対しては角運動量$M=0$とおけばよい．それでもし落下がある時刻t_0に中心より“距離”r_0の所から速度0で始まったとすると，粒子のエネルギーは$\mathscr{E}_0=mc^2\sqrt{1-r_g/r_0}$であり，それが“距離”$r$に到達する時間$t$に対して

$$c(t-t_0)=\sqrt{1-\frac{r_g}{r_0}}\int_r^{r_0}\frac{dr}{\left(1-\frac{r_g}{r}\right)\sqrt{\frac{r_g}{r}-\frac{r_g}{r_0}}} \tag{102.5}$$

が得られる．この積分は$r \to r_g$のとき$-r_g\ln(r-r_g)$のように発散する．これからrがr_gに向かう漸近形は

$$r-r_g=\text{const}\,e^{-ct/r_g} \tag{102.6}$$

となる．このように，崩壊する物体が重力半径に近づく最終段階は，きわめて短い特徴的な時間$\sim r_g/c$をもつ指数関数の形で進むのである．

外から観測された収縮の速度は漸近的に0になるが，落下する粒子の，その固有時間で測った速度vは，反対に増大し光の速度に近づく．事実，定義（88.10）にしたがって

$$v^2=\left(\frac{\sqrt{-g_{11}}dr}{\sqrt{g_{00}}dt}\right)^2.$$

g_{11}とg_{00}を（100.14）から，dr/dtを（102.5）から求めて

$$1-\frac{v^2}{c^2}=\frac{1-r_g/r}{1-r_g/r_0} \tag{102.7}$$

が得られる．

重力半径への接近は，外部の観測者の時計によると無限大の時間を要するが，固有時間（共動基準系の時間）では有限の時間間隔しかかからない．これは上に説明した一般的分析からすでに明らかであるが，直接に固有時間τを不変な積分

$$c\tau=\int ds=\int\left[c^2g_{00}\left(\frac{dt}{dr}\right)^2+g_{11}\right]^{1/2}dr$$

として計算することによって証明される．（102.5）からdr/dtを代入すると，点r_0からrまでの落下の固有時間として

$$\tau-\tau_0=\frac{1}{c}\int_{r_0}^{r}\left(\frac{r_g}{r}-\frac{r_g}{r_0}\right)^{-1/2}dr \tag{102.8}$$

が求められる．この間隔は$r \to r_g$のとき収束する．

重力半径に（固有時間で）到達したあと，物体は収縮をつづけ，そしてそのすべての粒子

は有限の固有時間内に中心に達する．物質の各部分が中心に陥没する瞬間は，空間・時間計量の真の特異点となる．しかしながら，シュヴァルツシルト球のなかへ物体が収縮する過程はすべて外部の基準系からは観測されない．物体の表面がこの球を通過する瞬間は時間 $t=\infty$ に対応する．シュヴァルツシルト球を過ぎたあとの崩壊のあらゆる過程は，遠方の観測者にとって“時間無限大”のあとで起こるといってもよい．これこそ時間の経過の相対性の極端な例である．この描像にはもちろんなんら論理的矛盾はない．上に述べた収縮する基準系の性質はこれと完全に対応している．すなわちこの基準系ではいかなる信号もシュヴァルツシルト球から外へ伝わらないのである．粒子も光線も（共動基準系で）この球を一方向，すなわち内に向かってだけ横切ることができるのであり，一度そこを通過するとけっして外へ出ることはない．“一方向きの弁”であるこのような面は，**事象の地平線**（event horizon）とよばれる．

外部観測者にとっては重力半径への収縮は，“物体の自閉”をともなう．物体から送られる信号の伝播時間は無限大になる．実際，光の信号の場合には $ds^2=0$ であり，シュヴァルツシルト系では $cdt=dr/(1-r_g/r)$ が得られるから，r からある $r_0>r$ までの伝播時間は積分

$$c\Delta t=\int_r^{r_0}\frac{dr}{1-r_g/r}=r_0-r+r_g\ln\frac{r_0-r_g}{r-r_g} \tag{102.9}$$

で与えられ，これは（積分（102.5）と同様）$r\to r_g$ のとき発散する．

物体の表面における固有時間の間隔は，無限に遠くにいる観測者の時間間隔 t にくらべて

$$\sqrt{g_{00}}=\sqrt{1-\frac{r_g}{r}}$$

という比だけ短くなる．その結果 $r\to r_g$ のとき，物体上のあらゆる過程は外部の観測者にとって“凍結”することになる．

物体上で放射され外部の観測者によって受けられるスペクトル線の振動数は減少するがこれは単に重力による赤方変位の効果だけではなく，球の表面とともに中心に向かって落ちこむ放射源の運動によるドップラー変位の効果にもよるのである．球の半径がすでに r_g に近いとき（したがって落下の速度がすでに光速度に近いとき），この効果は振動数を

$$\sqrt{1-\frac{v^2}{c^2}}\Big/\left(1+\frac{v}{c}\right)\approx\frac{1}{2}\sqrt{1-\frac{v^2}{c^2}}$$

という比だけ小さくする．それゆえ両方の効果を考えると観測される振動数は，$r\to r_g$ のとき

$$\omega=\mathrm{const}\left(1-\frac{r_g}{r}\right) \tag{102.10}$$

という形で0になる.

このように遠方の観測者にとっては重力崩壊は，周囲の空間にいかなる信号も送らないで，外部世界とはただその静重力場によってだけ相互作用をするという“凍結した”物体の出現に導くのである. このような構造は**ブラックホール** (black hole) あるいは**コラプサー** (collapser) とよばれる.

終わりになお一つ方法論的性格の注意をしておこう. 無限大で慣性的な“外部観測者の系”は真空中の中心場に対しては完全でないことを見た. すなわちシュヴァルツシルト球の内部で運動する粒子の世界線のための場所はこの基準系にはないのである. 計量 (102.3) はシュヴァルツシルト球の内部でも適用できるが，この基準系もある意味で完全ではない. 実際, 中心から離れるほうに半径方向の運動をする粒子をこの系で考察してみよう. その世界線は $\tau\to\infty$ で無限大に向かうが，$\tau\to-\infty$ のときには漸近的に $r=r_g$ に近づかなければならない. というのはこの計量ではシュヴァルツシルト球のなかでの運動は中心に向かう方向にだけ可能であるからである. 一方，$r=r_g$ から任意の点 $r>r_g$ までの粒子の運動は有限の固有時間間隔で起こる. したがって固有時間では粒子は，シュヴァルツシルト球の外に運動し始める前に，内側からこの球に近づくはずである. しかし粒子の歴史のこの部分は問題の基準系では記述されないのである[1].

しかしながら，この不完全性は，質点でつくられる場の計量の形式的な取扱いにおいてだけ現われるということを強調しよう. 大きさのある物体の崩壊というような現実の物理的問題では不完全性は現われない. 計量 (102.3) を物質内部の解と継ぐことで求められる解はもちろん完全であり，粒子のあらゆる可能な運動のすべての歴史を記述するであろう (中心から離れる方向に $r>r_g$ の領域で運動する粒子の世界線はこのとき必ず，球がシュヴァルツシルト球まで収縮する以前に球の表面から出発する).

問　　題

1. ブラックホールの場のなかの粒子に対して円軌道の半径を求めよ (S. A. Kaplan, 1949).

解　シュヴァルツシルト場のなかを運動する粒子に対する関係 $r(t)$ は (101.4) 式あるいはその微分形

$$\frac{1}{1-r_g/r}\frac{dr}{cdt}=\frac{1}{\mathscr{E}_0}[\mathscr{E}_0^2-U^2(r)]^{1/2} \tag{1}$$

で与えられる. ここで

$$U(r)=mc^2\left[\left(1-\frac{r_g}{r}\right)\left(1+\frac{M^2}{m^2c^2r^2}\right)\right]^{1/2}$$

---

1)　このような不完全性をもたない基準系の構成は，次節の終わりで考察される.

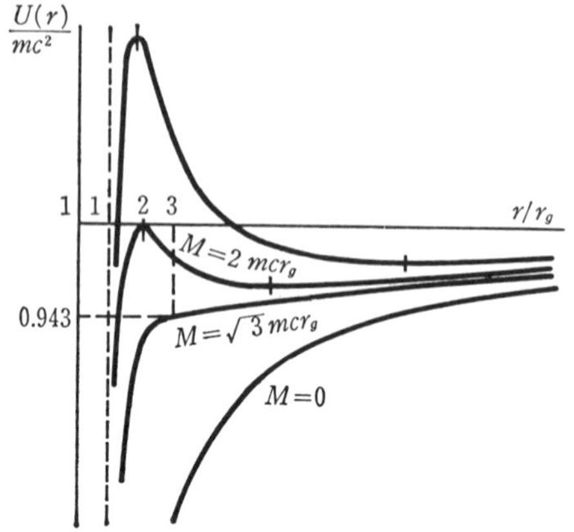

図 21

であり，m は粒子の質量，$r_g=2km'/c^2$ は質量 m' をもつ球状物体の重力半径である．関数 $U(r)$ は，条件 $\mathscr{E}_0 \geqslant U(r)$ が（非相対論におけると同様）許される運動の領域をきめるという意味で，“有効ポテンシャルエネルギー”の役目をする．図21に，粒子の角運動量 M のいろいろな値に対する $U(r)$ の曲線が示してある．

円軌道の半径と対応する $\mathscr{E}_0$ と M の値は，関数 $U(r)$ の極値で定められる．極小は安定軌道に，極大は不安定軌道に相当する．連立方程式 $U(r)=\mathscr{E}_0$ と $U'(r)=0$ の解は

$$\frac{r}{r_g}=\frac{M^2}{m^2c^2r_g^2}\left[1\pm\sqrt{1-\frac{3m^2c^2r_g^2}{M^2}}\right],$$

$$\mathscr{E}_0=Mc\sqrt{\frac{2}{rr_g}}\left(1-\frac{r_g}{r}\right)$$

を与える．ただし上の符号は安定，下の符号は不安定軌道の場合である．中心にもっとも近い安定円軌道は

$$r=3r_g,\qquad M=\sqrt{3}\,mcr_g,\qquad \mathscr{E}_0=\sqrt{\frac{8}{9}}mc^2$$

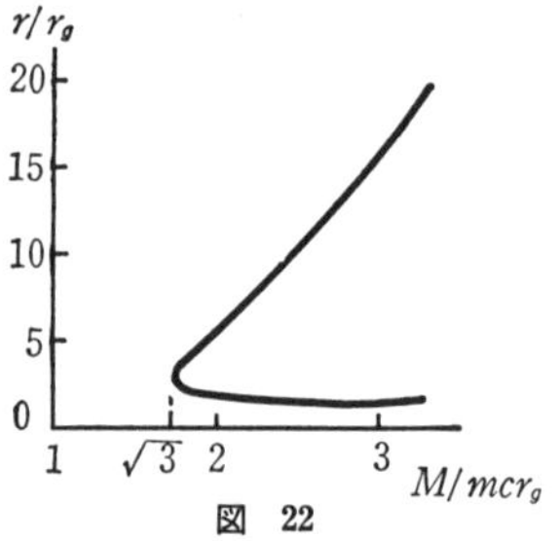

図 22

というパラメターをもつ．不安定軌道の最小の半径は $3r_g/2$ に等しく，$M\to\infty$，$\mathscr{E}_0\to\infty$ の極限で到達される．図22は，r/r_g の M/mcr_g への依存性を示す曲線である．その上の分枝は安定軌道の，下は不安定軌道の半径を与える[1)]．

2. 同じ場のなかの運動で，無限大からくる a) 非相対論的な，b) 超相対論的な粒子の重力捕獲の断面積を求めよ（Ya. B. Zel'dovich, I. D. Novikov, 1964).

解 a) 非相対論的な速度（無限大における）v_∞ に対しては粒子のエネルギーは $\mathscr{E}_0\approx mc^2$ である．図21から直線 $\mathscr{E}_0=mc^2$ は，角運動量が $M<2mcr_g$ である，すなわち衝突径数が $\rho<2cr_g/v_\infty$ であるすべてのポテンシャル曲線の上に位置している．このような ρ をもつ粒子はすべて重力捕獲される．粒子はシュヴァルツシルト球に（$t\to\infty$ で漸近的に）到達し，ふたたび無限大に出てくることはない，捕獲の断面積は

$$\sigma=4\pi r_g^2\left(\frac{c}{v_\infty}\right)^2$$

1) 比較のために，ニュートン的な場では円軌道は中心からの任意の距離で可能（そして安定）であったことを思い出そう（半径と角運動量との関係は $r=M^2/km'm^2$).

である．

b)　問題1の方程式(1)で超相対論的な粒子（あるいは光線）の極限は $m \to 0$ とおけば達せられる．また衝突径数 $\rho = cM/\mathscr{E}_0$ を導入すると，

$$\frac{1}{1-r_g/r}\frac{dr}{cdt}=\sqrt{1-\frac{\rho^2}{r^2}+\frac{\rho^2 r_g}{r^3}}$$

が得られる．

r の運動の限界（転回点）は，根号のなかの表式を0とおいて求められる．それを ρ の関数として表わした曲線が図23に示してある．斜線のひいてない領域が可能な運動に対応する．曲線は

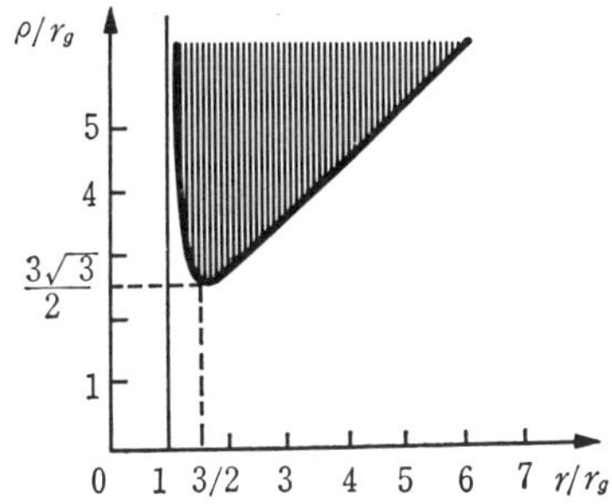

図　23

$$\rho=\frac{3\sqrt{3}}{2}r_g,\qquad r=\frac{3}{2}r_g$$

という点で最小をもつ，衝突径数がこれより小さい粒子は転回点に到達しない．すなわちシュヴァルツシルト球に向かう．これから捕獲断面積は

$$\sigma=\frac{27}{4}\pi r_g^2$$

となる．

§ 103.　塵状物質の球の重力崩壊

崩壊する物体の内部状態が変化する経過（それがシュヴァルツシルト球内に収縮する過程も含めて）を理解するには，物質媒体中の重力場に対するアインシュタイン方程式の解が要求される．中心対称な場合には，物質の圧力を無視すれば，すなわち“塵状”物質の状態方程式 $p=0$ に対しては場の方程式を一般的な形で解くことができる（R. Tolman, 1934）．現実の状況では圧力を無視することは普通許されないが，この問題の一般的な解にはいちじるしい方法論的興味がある．

§97で示したように，塵状媒質の場合には同期化されしかも同時に共動的な基準系を選ぶことが許される[1]．このように選んだ時間と動径座標を τ および R で表わし，球対称な間隔の要素を

$$ds^2=d\tau^2-e^{\lambda(\tau,R)}dR^2-r^2(\tau,R)(d\theta^2+\sin^2\theta d\varphi^2). \tag{103.1}$$

という形に書く[2]．関数 $r(\tau,R)$ は，$2\pi r$ が（座標原点を中心とする）円周の長さとなるように定義した“半径”である．(103.1)の形は τ の選び方を一意的に定めるが，動径座

1)　これには，物質が“回転なし”に運動することが必要である（322ページの脚注をみよ）．球対称性は物質の純粋に動径方向の運動だけに限るから，この条件は，いまの場合たしかにみたされている．

2)　この節では $c=1$ とおく．

標の $R=R(R')$ という形の任意の変換を許している.

この計量に対するリッチ・テンソルを計算すると，つぎのアインシュタイン方程式系が求められる[1)]：

$$-e^{-\lambda}r'^2+2r\ddot{r}+\dot{r}^2+1=0, \tag{103.2}$$

$$-\frac{e^{-\lambda}}{r}(2r''-r'\lambda')+\frac{\dot{r}\dot{\lambda}}{r}+\ddot{\lambda}+\frac{\dot{\lambda}^2}{2}+\frac{2\ddot{r}}{r}=0, \tag{103.3}$$

$$-\frac{e^{-\lambda}}{r^2}(2rr''+r'^2-rr'\lambda')+\frac{1}{r^2}(r\dot{r}\dot{\lambda}+\dot{r}^2+1)=8\pi k\varepsilon, \tag{103.4}$$

$$2\dot{r}'-\dot{\lambda}r'=0. \tag{103.5}$$

ただしダッシュはRによる微分を表わし，ドットはτによる微分を表わす.

方程式 (103.5) はただちに時間について積分され,

$$e^{\lambda}=\frac{r'^2}{1+f(R)} \tag{103.6}$$

を与える. ここで $f(R)$ は，$1+f>0$ という条件だけをみたす任意の関数である. この表式を (103.2) に代入すると

$$2r\ddot{r}+\dot{r}^2-f=0$$

が得られる((103.3)に代入しても新しい結果は得られない). この式の第1積分は，$F(R)$をもう1つの任意関数として,

$$\dot{r}^2=f(R)+\frac{F(R)}{r} \tag{103.7}$$

となる. これから

$$\tau=\pm\int\frac{dr}{\sqrt{f+\frac{F}{r}}}$$

となる. 積分して得られる関係 $r(\tau,R)$ は，パラメター表示の形に書くことができる：

$$r=\frac{F}{2f}(\cosh\eta-1),\quad \tau_0(R)-\tau=\frac{F}{2f^{3/2}}(\sinh\eta-\eta),\qquad f>0 \text{ のとき}, \tag{103.8}$$

$$r=\frac{F}{-2f}(1-\cos\eta),\quad \tau_0(R)-\tau=\frac{F}{2(-f)^{3/2}}(\eta-\sin\eta),\qquad f<0 \text{ のとき}. \tag{103.9}$$

ここで $\tau_0(R)$ は新しい任意関数である. もし $f=0$ ならば,

$$r=\left(\frac{9F}{4}\right)^{1/3}[\tau_0(R)-\tau]^{2/3} \tag{103.10}$$

---

1) §100の問題5をみよ. 方程式 (103.2—5) はそれぞれこの問題の (2)—(5) から，$\nu=0$, $e^{\mu}=r^2$, $p=0$ とおいて求められる. 同じ問題の (6) 式の2番目は，$p=0$ のとき $\nu'=0$, すなわち $\nu=\nu(\tau)$ を与えることに注意しよう. したがって (1) に残っていたτの選び方の任意性は，νをゼロとおくことを許す. このことによって，同期化された共動基準系を導入する可能性があらためて証明される.

となる．どの場合にも，(103.6) を (103.4) に代入し，fを (103.7) を使って消去すると，物質の密度に対しつぎの表式が得られる[1]：

$$8\pi k\varepsilon=\frac{F'}{r'r^2}. \tag{103.11}$$

方程式 (103.6—11) が求める一般解を決定する[2]．それがただ2個の“物理的に異なる”任意関数に依存することに注意しよう．すなわちそれは f, F および τ_0 という3つの関数を含むが，座標Rになお任意の変換 $R=R(R')$ をおこなうことができるのである．この数はちょうど，物質のもっとも一般的な球対称な分布が2つの関数（密度分布と物質の動径方向の速度）によって与えられるということ，そして球対称性をもつ自由な重力場は一般に存在しないという事情に対応している．

この基準系は物質とともに動くから，物質の各粒子にはRの一定の値が対応する．このRの値における関数 $r(\tau, R)$ はその粒子の運動則を与え，導関数 $\dot{r}$ はその動径速度になる．求められた解の重要な性質は，それに現われる任意関数を0からある R_0 までの領域で定めると，この半径の球のふるまいが完全に決定されるということである．それは，これらの関数が $R>R_0$ でどのように与えられるかに依存しない．そのために任意の有限な球に対して内部の問題の解が自動的に得られる．球の全質量は，(100.23) にしたがって積分

$$m=4\pi\int_0^{r(\tau,R_0)}\varepsilon r^2dr=4\pi\int_0^{R_0}\varepsilon r^2r'dR$$

で与えられる．これに (103.11) を代入し，$F(0)=0$ ($R=0$ ではまた $r=0$ でなければならない) に注意すると

$$m=\frac{F(R_0)}{2k}, \qquad r_g=F(R_0) \tag{103.12}$$

が求められる (r_g は球の重力半径)．

$F=\text{const}\neq0$ のときには (103.11) から，$\varepsilon=0$ となり，したがってこの解は真空の場合にあたる，すなわち（計量の真の特異点である中心に位置する）質点の場を記述する．それで $F=r_g$, $f=0$, $\tau_0=R$ とおくと，計量 (102.3) が得られる[3]．

方程式 (103.8—10) は，(パラメーターηのとる値の領域に応じて) 球の収縮も膨張も記

---

1) 関数 F, f, τ_0 は，e^λ, r および ε が正であることを保証する条件だけを満足すればよい．すでに注意した条件 $1+f>0$ のほかに，これからまた $F>0$ が得られる．さらに $F'>0$, $r'>0$ としよう：これによって，物質の層が動径方向の運動で分離するような場合が除外される．

2) しかしながらこの解のなかには，$r=r(\tau)$ であって R に依存しないため，(103.5) が無意味な恒等式になるという特別な場合が含まれていない：V. A. Ruban, ЖЭТФ **56**, 1914 (1969)〔*Sov. Phys. JETP*, **29**, 1027 (1969)〕を参照．しかしこの場合は有限な物体の崩壊という問題の条件には対応しない．

3) $F=0$ という場合（そのときには (103.7) から $r=\sqrt{f}(\tau-\tau_0)$）は場のないときに当たる．変数を適当に変換すると計量をガリレイ的にすることができる．

述する．どちらも等しく場の方程式によって許されるのである．質量をもつ不安定な物体のふるまいという現実の問題は収縮，すなわち重力崩壊に相当する．解（103.8—10）は，τ が増大して τ_0 に向かうときに収縮が起こるような形になっている．$\tau=\tau_0(R)$ という瞬間は，与えられた動径座標 R（そこでは $\tau_0'>0$ でなければならない）をもつ物質が中心に到達するときに当たる．

球内部の計量の $\tau\to\tau_0(R)$ における極限的な性質は，3つの場合（103.8—10）すべてに共通である：

$$r\approx\left(\frac{9F}{4}\right)^{1/3}(\tau_0-\tau)^{2/3},\quad e^{\lambda/2}\approx\left(\frac{2F}{3}\right)^{1/3}\frac{\tau_0'}{\sqrt{1+f}}(\tau_0-\tau)^{-1/3}. \tag{103.13}$$

これは，（考えている共動基準系では）すべての動径方向の距離が無限大になり，接線方向の距離は0に（$(\tau-\tau_0)^{2/3}$ のように）なることを意味する[1]．それに応じて物質密度は際限なく増大する[2]：

$$8\pi k\varepsilon\approx\frac{2F'}{3F\tau_0'(\tau_0-\tau)}. \tag{103.14}$$

このようにして，§102で述べたとおり，物質の分布はすべて中心に向かって陥没するのである[3]．

$\tau_0(R)=\text{const}$ という特別の場合（すなわち，すべての粒子が同時に中心に到達する場合）には，収縮する球の内部の計量は異なった性格をもつ．この場合

$$r\approx\left(\frac{9F}{3}\right)^{1/3}(\tau_0-\tau)^{2/3},\quad e^{\lambda/2}\approx\left(\frac{2}{3}\right)^{1/3}\frac{F'}{2F^{2/3}\sqrt{1+f}}(\tau_0-\tau)^{2/3},$$

$$8\pi k\varepsilon\approx\frac{4}{3(\tau_0-\tau)^2}. \tag{103.15}$$

すなわち $\tau\to\tau_0$ のときあらゆる距離——接線方向も動径方向も——が同じ形$\sim(\tau_0-\tau)^{2/3}$ でもって0に向かう．物質密度は $(\tau_0-\tau)^{-2}$ のように無限大になり，極限ではその分布は一様になる．

どの場合にも，崩壊する球の表面がシュヴァルツシルト球（$r(\tau,R_0)=r_g$）を通過する時間は，（共動基準系での計量で記述される）内部の動力学にとって何の意味もないことに留意しよう．しかし，各瞬間に球の一定部分がすでに“その事象の地平線”の下に落ち

1）このとき，中心を通る“平面”上の幾何は，時間の経過とともにその母線方向に伸び，同時にその円周方向に縮むような円錐面上の幾何である．

2）考察している解では任意の質量の球で崩壊が生じるという事実は，圧力を無視したことの自然な結果である．言うまでもなく，$\varepsilon\to\infty$ のときには物質が塵状であるという仮定は物理的見地からはどんなときにも許されず，超相対論的な状態方程式 $p=\varepsilon/3$ を使わなければならない．しかし，収縮の極限的な形の一般的性格はかなりの程度，状態方程式に依存しないようである（E. M. Lifshitz, I. M. Khalatnikov, ЖЭТФ **39**, 149 (1960)〔*Sov. Phys. JETP*, **12**, 108 (1961)〕を参照）．

3）$\tau_0=\text{const}$ という場合は，とりわけまったく一様な球の崩壊を含む．問題をみよ．

ているのである．$F(R_0)$ が (103.12) によって球全体の重力半径を定めるのと同様に，R の任意の値に対する $F(R)$ は，$R=\mathrm{const}$ という球面内にある部分の重力半径である．したがって球のこの部分は，時間 τ の各瞬間に条件 $r(\tau, R)\leqslant F(R)$ で指定される．

最後に，このようにして得られた公式は，§102の終わりで提出した問題，すなわち質点の場に対するもっとも完全な基準系を構成するという問題の解決に適用できることを示そう[1]．

この目的を達するために，収縮および膨張する空間時間領域を両方とも含んでいるような真空中の計量から出発しなければならない．表式(103.8)はそのような解であり，そこで $F=\mathrm{const}=r_g$ とおかなければならない．また

$$f=-\frac{1}{(R/r_g)^2+1},\qquad \tau_0=\frac{\pi}{2}r_g(-f)^{-3/2}$$

のように選ぶと，

$$\frac{r}{r_g}=\frac{1}{2}\left(\frac{R^2}{r_g^2}+1\right)(1-\cos\eta),$$
$$\frac{\tau}{r_g}=\frac{1}{2}\left(\frac{R^2}{r_g^2}+1\right)^{3/2}(\pi-\eta+\sin\eta) \qquad (103.16)$$

が得られる．パラメーター η が 2π から0までの値をとるとき，時間 τ は（Rが与えられたとき）単調減少し，また r は0から増大し極大を通り，ふたたび0になる．

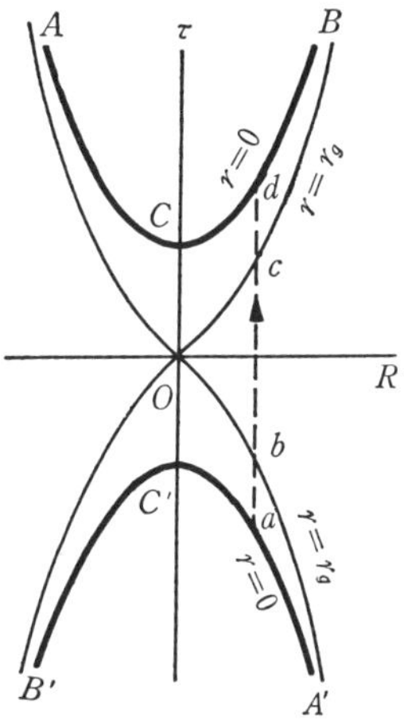

図 24

図24で曲線 ACB および $A'C'B'$ は点 $r=0$ （パラメーターの値 $\eta=2\pi$ と $\eta=0$ にあたる）に相当する．曲線 AOA' と BOB' はシュヴァルツシルト球 $r=r_g$ に対応する．$A'C'B'$ と $A'OB'$ のあいだは，中心から外向きの運動だけが可能な空間・時間領域，ACB と AOB のあいだは，中心に向かう運動だけが可能な領域で占められる．

この基準系に対して静止している粒子の世界線は垂直な直線（$R=\mathrm{const}$）である．それは $r=0$ （点 a ）から始まり，シュヴァルツシルト球を点 b で横切り，$\tau=0$ という瞬間にもっとも遠方に達し $(r=r_g(R/r_g^2+1))$，そのあと粒子はふたたびシュヴァルツシルト球に向かって落下し，それを点 c で横切り，もう一度 $r=0$ （点 d ）に時刻

$$\tau=r_g\frac{\pi}{2}\left(\frac{R^2}{r_g^2}+1\right)^{3/2}$$

に到達する．

---

1) このような基準系は最初にクルスカルによって他の変数を用いて発見された (M. Kruskal, *Phys, Rev.* **119**, 1743 (1960))．基準系が同期化されているここで与えた形の解は，I. D. Novikov (1963) による．

求められた基準系は完全である．場のなかを運動するすべての粒子の世界線の両端は，真の特異点 $r=0$ にあるか，あるいは無限遠に行ってしまう．不完全な計量（102.3）は，曲線 AOA' の右側（あるいは BOB' の左側）の領域だけを記述し，一方，"膨張する"基準系が BOB' の右（あるいは AOA' の左）の領域をおおう．計量（100.14）をもつシュヴァルツシルト基準系はどうかと言うと，それは BOA' の右の領域（あるいは AOB' の左）だけをおおうのである．

問　題

一様な塵状の球の重力崩壊における内部問題の解を求めよ．ただし物質は始め静止しているとする．

解

$$\tau_0=\text{const},\qquad f=-\sin^2 R,\qquad F=2a_0\sin^3 R$$

とおくと，

$$r=a_0\sin R(1-\cos\eta),\qquad \tau_0-\tau=a_0(\eta-\sin\eta)\tag{1}$$

（ここでは動径座標 R は無次元の量で，0から 2π までの値をとる）．このとき密度は

$$8\pi k\varepsilon=\frac{6}{a_0^2(1-\cos\eta)^3}\tag{2}$$

となり，与えられた τ に対して R によらない．すなわち球は一様である．計量（103.1）で（1）の r をもつものは，

$$ds^2=d\tau^2-a^2(\tau)[dR^2+\sin^2 R(d\theta^2+\sin^2\theta d\varphi^2)],\tag{3}$$
$$a=a_0(1-\cos\eta)$$

という形に表わすことができる．これが，一様な塵状物質で完全にうめられた宇宙の計量に対するフリードマン解と一致することに注意しよう（§112）．一様な物質の分布から切出された球は球対称性をもつから，これはまったく自然な結果である[1]．

課せられた初期条件は，定数 a_0,τ_0 の一定の選び方で解（1）が満足することができる．便宜上　パラメターの定義をここで変え（$\eta\to\pi-\eta$），解を

$$r=\frac{r_0}{2}\frac{\sin R}{\sin R_0}(1+\cos\eta),\qquad \tau=\frac{r_0}{2\sin R_0}(\eta+\sin\eta)\tag{4}$$

の形に書く．ここで球の重力半径は（(103.12) により）$r_g=r_0\sin^2 R_0$ である．初期には（$\tau=0$, $\eta=0$）物質は静止しており（$\dot r=0$），また $2\pi r_0=2\pi r(0,R_0)$ が球の周の長さの初期値である．時刻 $\tau=\pi r_0/2\sin R_0$ に物質が全部中心に落下する．

遠方の観測者の基準系（シュヴァルツシルト系）の時間 t は球上の固有時間 τ と方程式

$$d\tau^2=\left(1-\frac{r_g}{r}\right)dt^2-\frac{dr^2}{1-\dfrac{r_g}{r}}$$

で関連している．ただし，r は球の表面に相当する値 $r(\tau,R_0)$ と考えなければならない．この式を積分すると，同じパラメター η の関数として表わしたつぎのような t の表式が得

1) 計量（3）は，一定の正の曲率をもつ空間に対応する．同様に，$f=\sinh^2 R$, $F=2a_0\sinh^3 R$ とおくと，一定の負の曲率をもつ空間に対応する解が得られる（§113）．

られる：

$$\frac{t}{r_g}=\ln\frac{\cot R_0+\tan\frac{\eta}{2}}{\cot R_0-\tan\frac{\eta}{2}}+\cot R_0\left[\eta+\frac{1}{2\sin^2 R_0}(\eta+\sin\eta)\right] \qquad (5)$$

(ここで $t=0$ という時刻は $\tau=0$ に対応する)．球面がシュヴァルツシルト球を通過するのは，等式

$$\cos^2\frac{\eta}{2}=\frac{r_g}{r_0}=\sin^2 R_0$$

できめられるパラメーター η の値に相当する．この値に近づくとき時間は，§102 で述べたとおり，無限大になる，$t\to\infty$[1]．

§ 104. 非球状および回転物体の重力崩壊

前2節で述べたことはすべてそのままの形では厳密に球対称な物体にだけあてはまる．しかしながら，簡単な議論から，球対称からのずれが小さい物体に対しても重力崩壊の定性的な描像は同じであることが示される（A. G. Doroshkevich, Ya. B. Zeli'dovich, I. D. Novikov, 1965)．

最初に，物体の球対称からのずれがそのなかでの物質の分布に関係していて，全体としての回転によるものでない場合を議論する．

もし質量をもつ球対称な物体が重力的に不安定であれば，この不安定性は対称性の小さな破れがあったときにも存続し，したがってこのような物体は崩壊することは明らかである．弱い非対称性を小さな乱れとみなして，物体の収縮の間にそれがどのように発展するかを(共動基準系で)調べることができる．乱れは一般に物体の密度の増大とともに成長する．しかしかりに乱れが収縮の始めに十分小さければ，それは物体が重力半径に達する瞬間にもやはり小さいままであろう：§103 で，この瞬間が収縮する物体の内部の動力学にとって何も特別なものではなく，またその密度ももちろんまだ有限であることを注意した[2]．

物体内部の乱れが小さいため，それによってつくられた外部の球対称な重力場の乱れもまた小さい．このことは，“事象の地平線” の面，つまりシュヴァルツシルト球もまたほとんど変化しないで，崩壊する物体が（共動基準系で）それを横切ることをさまたげるものは何もないことを意味する．

物体内部のそれ以後の乱れの成長については，事象の地平線のかなたからは何の信号も

1) (4) 式で定められる関数 $r(\tau, R_0)$ は，外部の計量で計算され，積分 (102.8) で与えられる関数にもちろん一致する．同じことは，(4) および (5) 式で定められる関数 $t(r)$ について言える．それは積分 (102.5) で与えられるものと一致する．

2) 物質の非定常な無限の一様分布における乱れの成長は，§115 で考察される（そこで得られた公式は収縮のときにも膨張のときにも同様に適用される)．乱れのない分布の非一様性や物体の有限性によってもそこの結論は変わらない．

出てこないから，外部の観測者には何の情報も伝わらない．すなわち，この過程はすべて外部観測者の“時間無限大”にとり残されるのである．このことから今度は，外部の基準系にとっては崩壊する物体の重力場は，物体が重力半径に漸近的に近づくとき，定常的にならなければならないことが結論される．この接近の特徴的な時間は，きわめて短い（$\sim r_g/c$）ので，その間にはすでにそれ以前に生じた球対称性の乱れだけが外部空間にあると考えてよい．しかし，変化する乱れはすべて時間の経過とともに重力波として空間に放散され，無限遠に去らなければ（あるいは地平線を通過しなければ）ならない．

時間によらない静的な乱れもまた，生まれつつあるブラックホールの外部重力場に存続することはできない．この結論は，真空中のシュヴァルツシルト場に加えられた静的な乱れの分析から得られる．この分析が示すのは，静的な場合には（無限遠で消える）すべての乱れが，乱れのない問題のシュヴァルツシルト球に近づくとき無限に成長するということである[1)]．ところが，この場合に外部の場に大きな乱れが生じる理由は，すでに述べたようにまったくないのである．

物体の密度分布の球対称からのずれは，この分布の4重極およびそれ以上の多重極モーメントで記述される．そのおのおのが外部の重力場に寄与する．上におこなった主張は，これらの乱れがすべて（外部観測者にとっては）崩壊の最終段階で減衰してしまうことを意味する[2)]．ブラックホールの重力場の落着く先はふたたび，物体の全質量だけできまる球対称なシュヴァルツシルト場となる．

崩壊において事象の地平線をこえた（外部基準系からは観測されない）物体の最終的な運命は完全に明らかになっていない．ここでも崩壊は空間・時間計量の真の特異点で終結すると主張できるようであるが，この特異点は球対称の場合とは異なった型のものである．しかしながらこの問題は現在まだ最終的に明らかでない．

球対称性からの弱いずれが密度分布にではなく，物体の全体としての回転に関係している場合に考察を向けよう．球対称性からのずれが小さいという仮定はこの場合，回転が十分遅いことを意味する．上で述べたことは，ただ1つの例外を除いてすべてここでも有効である．始めから明らかなのは，物体の全角運動量 $\boldsymbol{M}$ の保存から，ブラックホールの場がこの場合ただ全質量だけに依存することはありえないことである．これに対応して，球

---

1) T. Regge, J.A. Wheeler, *Phys, Rev.* **108**, 1063(1957) を参照．問題にしている乱れは物体自身から生じるものであることを強調しておく．無限大で課する条件は，静的な乱れが外部の源から生じる場合を除外する．このような場合には小さい乱れはシュヴァルツシルト球をわずかに変形させるが，その定性的な性質を変えないし，またその上の空間時間の真の特異点をつくり出すこともない．

2) この減衰の法則については，R. H. Price, *Phys. Rev.* **D 5**, 2419, 2439 (1972) を参照．外部の重力場に始めにあった静的な l 重極の乱れは，崩壊の際 $1/t^{2l+2}$ のように減衰する．

対称な重力場の時間によらない定常的（しかし静的ではない）な乱れのなかに，$r \to r_g$ の際無限に増大しないものが存在するという事情がある．この乱れはまさに物体の回転に関係するもので，シュヴァルツシルトの計量テンソル g_{ik}（座標 $x^0=t, x^1=r, x^2=\theta, x^3=\varphi$ における）に小さな非対角成分を加えることで記述される[1]：

$$g_{03}=\frac{2kM}{r}\sin^2\theta \tag{104.1}$$

（§105 の問題をみよ）．この表式は，物体が重力半径に近づくときでも（外部空間で）有効であり，したがって，ゆっくり回転しているブラックホールの重力場は，（小さな角運動量 M についての第1近似では）小さな補正（104.1）をもつ球対称なシュヴァルツシルト場である．この場はもはや静的ではなく，ただ定常的なのである．

もし重力崩壊が小さな球対称性からの乱れのときに可能ならば，球対称性からのはずれがある有限な範囲の大きさのときにも同じ性格の（物体が事象の地平線をこえる）崩壊が可能であるだろう．この範囲をきめる諸条件は現在のところ確立されていない．これらの条件とはかかわりなくつぎのように断定することが可能であると思われる．すなわち，この崩壊の結果生じる構造（回転しているブラックホール）の性質は，外部観測者の見地からは，その全質量 m と角運動量 M とだけを除いて，始めにあった物体の個々の特性には依存しないということである[2]．もし物体が全体として回転していなければ（$M=0$），ブラックホールの外部重力場は球対称なシュヴァルツシルト場である[3]．

回転しているブラックホールの重力場はつぎのような軸対称で定常的な**カー（Kerr）計量**によって与えられる[4]：

$$ds^2=\left(1-\frac{r_g r}{\rho^2}\right)dt^2-\frac{\rho^2}{\Delta}dr^2-\rho^2 d\theta^2$$

1）この節では $c=1$ とおく．

2）誤解をさけるために，全体として相殺しあわない電荷をもつ物体は扱っていないことを注意しよう．

3）この主張は，イスラエルによるつぎの定理によって本質的に支持される．無限大でガリレイ的であり，閉じた単連結の空間的な面 $g_{00}=\mathrm{const}$，$t=\mathrm{const}$ をもつアインシュタイン方程式のすべての静的な解のなかで，シュヴァルツシルトの解だけが，その上に空間・時間計量の特異点のない地平線（$g_{00}=0$）をもつただ1つのものである（この定理の証明は，W. Israel, *Phys, Rev.* **164**, 1776 (1967) を参照）．

4）アインシュタイン方程式のこの形は，カーによって異なった形で発見され（R. Kerr, 1963），ボイアーとリンドクイストによって（104.2）の形に導かれた（R. H. Boyer, R. W. Lindquist, 1967）．その物理的意味に適切な，この解の構成的解析的な導き方は文献に見あたらない．アインシュタイン方程式のこの解を直接験算することでさえ，面倒な計算を要する．カー計量が回転ブラックホールの場としてただ1つのものであるという主張は，上述のシュヴァルツシルト場に対するイスラエルの定理に類似した定理によって支持される（B. Carter, *Phys. Rev. Lett.* **26**, 331, (1971)）．

$$-\left(r^2+a^2+\frac{r_g r a^2}{\rho^2}\sin^2\theta\right)\sin^2\theta d\varphi^2+\frac{2r_g r a}{\rho^2}\sin^2\theta d\varphi dt, \qquad (104.2)$$

ここで r_g は前のとおり $r_g=2mk$ であり，また

$$\Delta=r^2-r_g r+a^2, \qquad \rho^2=r^2+a^2\cos^2\theta \qquad (104.3)$$

という記号を導入した．この計量は２つの定数のパラメター，m および a に依存する．それらの意味は大きな距離 r における計量の極限形から明らかである．すなわち $\sim 1/r$ の項までとると

$$g_{00}\approx 1-\frac{r_g}{r}, \qquad g_{03}\approx\frac{r_g a}{r}\sin^2\theta$$

が得られ，第１式と（100.18)，第２式と（104.1）の比較から，m は物体の質量，パラメター a は

$$M=ma \qquad (104.4)$$

という関係で角運動量 M に関係していることがわかる（通常の単位では $M=mac$)．$a=0$ のとき計量は，標準形におけるシュヴァルツシルト計量(100.14)になる[1]．また，(104.2) の形は時間反転に対する対称性をはっきり表わしていることに注意しよう：この変換（$t\to -t$）は回転の方向，すなわち角運動量の符号も変えるから（$a\to -a$)，ds^2 は不変である．

(104.2) の計量テンソルの行列式は

$$-g=\rho^4\sin^2\theta. \qquad (104.5)$$

４元グラジエント演算子の２乗に対するつぎの表式で，反変成分 g^{ik} も導入しよう：

$$g^{ik}\frac{\partial}{\partial x^i}\frac{\partial}{\partial x^k}=\frac{1}{\Delta}\left(r^2+a^2+\frac{r_g r a^2}{\rho^2}\sin^2\theta\right)\left(\frac{\partial}{\partial t}\right)^2-\frac{\Delta}{\rho^2}\left(\frac{\partial}{\partial r}\right)^2$$
$$-\frac{1}{\rho^2}\left(\frac{\partial}{\partial\theta}\right)^2-\frac{1}{\Delta\sin^2\theta}\left(1-\frac{r_g r}{\rho^2}\right)\left(\frac{\partial}{\partial\varphi}\right)^2+\frac{2r_g r a}{\rho^2\Delta}\frac{\partial}{\partial\varphi}\frac{\partial}{\partial t}. \qquad (104.6)$$

重力をおよぼす質量が存在しない，$m=0$ のとき，計量（104.2）はガリレイ的になるはずである．実際，表式

$$ds^2=dt^2-\frac{\rho^2}{r^2+a^2}dr^2-\rho^2 d\theta^2-(r^2+a^2)\sin^2\theta d\varphi^2 \qquad (104.7)$$

は，扁平スフェロイド（oblate spheroidal）空間座標で書いたガリレイ計量

$$ds^2=dt^2-dx^2-dy^2-dz^2$$

である．この座標からデカルト座標への変換は

$$x=\sqrt{r^2+a^2}\,\sin\theta\cos\varphi,$$

---

1) $a\ll 1$ のとき，a について１次の項までの精度で，計量（104.2）はシュヴァルツシルト計量と$(2r_g a/r)\sin^2\theta d\varphi dt$ という項だけ異なる．これは，球対称性からの弱いずれがある場合について前に述べたことと合致している．

$$y=\sqrt{r^2+a^2}\sin\theta\sin\varphi,$$
$$z=r\cos\theta$$

でおこなわれる．曲面 $r=\text{const}$ は扁平回転楕円体である：

$$\frac{x^2+y^2}{r^2+a^2}+\frac{z^2}{r^2}=1.$$

計量 (104.2) は，ちょうどシュヴァルツシルト計量 (100.14) が $r=r_g$ に仮空の特異性をもつのと同様に，仮空の特異性をもつ．しかし，シュヴァルツシルトの場合には $r=r_g$ の面上で同時に g_{00} が 0 になりまた g_{11} が無限大になるのに反し，カー計量ではこの 2 つの面は異なる．等式 $g_{00}=0$ は $\rho^2=rr_g$ のときに成り立つ．この 2 次方程式の 2 つの根の大きいほうは

$$r_0=\frac{r_g}{2}+\sqrt{\left(\frac{r_g}{2}\right)^2-a^2\cos^2\theta}\qquad(g_{00}=0)\tag{104.8}$$

である．g_{11} が無限大になるのは，$\Delta=0$ のときである．この式の 2 つの根のうちの大きいほうは

$$r_{\text{hor}}=\frac{r_g}{2}+\sqrt{\left(\frac{r_g}{2}\right)^2-a^2}\qquad(g_{11}=\infty)\tag{104.9}$$

である．簡略のため曲面 $r=r_0$ と $r=r_{\text{hor}}$ を記号 S_0 と S_{hor} で表わそう．それらの物理的な意味は以下で明らかになる．曲面 S_{hor} は球であるが，S_0 は扁平回転体である．そして S_{hor} は S_0 のなかに含まれ，2 つの曲面は極 ($\theta=0$ と $\theta=\pi$) でたがいに接する．

(104.8—9) からわかるように，曲面 S_0 と S_{hor} は $a\leqslant r_g/2$ のときにだけ存在する．$a>r_g/2$ のときには計量 (104.2) の性格は根本的に変わり，物理的に許されない因果律に矛盾する性質が現われる[1]．

カー計量が $a>r_g/2$ のとき意味を失うことは，

$$a_{\max}=\frac{r_g}{2},\qquad M_{\max}=\frac{mr_g}{2}\tag{104.10}$$

という値がブラックホールの可能な角運動量の値の上限を与えることを意味する．明らかに，この値は任意にそれに近づくことができるという極限値とみなされるべきで，厳密な等式 $a=a_{\max}$ は不可能である．それに対応する曲面 S_0 と S_{hor} の半径の値は

$$r_0=\frac{r_g}{2}(1+\sin\theta),\qquad r_{\text{hor}}=\frac{r_g}{2}\tag{104.11}$$

---

1) この破たんは，閉じた時間的な世界線の出現に表わされる．これは過去に向かって出発してしかも未来にもどってくることを可能にするであろう．同時につぎのことを注意しておく．すなわち $a<r_g/2$ であっても，もしカー計量を S_{hor} の内部に延長すると同じ破たんが生じるということで，これはこの計量が S_{hor} の内部では物理的に適用できないことを示している（この事情にはあとでもう一度ふれる）．同じ理由で 2 次式 $g_{00}=0$ と $1/g_{11}=0$ の小さいほうの根で定義される S_{hor} の中にある面には物理的興味がない：B. Carter, *Phys. Rev.* **174**, 1559(1968) を参照．

である.

$S_{\rm hor}$ という面は，運動している粒子や光線が一方向，すなわち内部に向かってだけ通過できる事象の地平線であることを示そう.

始めにより一般的な見地から，運動する粒子の世界線が一方向に通過するという性質はすべてのゼロ超曲面（すなわちその上の任意の点における法線がゼロ４元ベクトルであるような超曲面）に共通することを示そう．超曲面が方程式 $f(x^0, x^1, x^2, x^3)=\text{const}$ で与えられるとしよう．その法線の方向は４元グラジエント $n_i=\partial f/\partial x^i$ にそっているから，ゼロ超曲面では $n_i n^i=0$ である．このことは言いかえると，法線方向がこの超曲面上にあることを意味する．つまり超曲面にそって $df=n_i dx^i=0$ であり，この式は，４元ベクトル dx^i と n^i の方向が一致するときにみたされる．同じ性質 $n_i n^i=0$ から，超曲面上のこの方向の線要素は $ds=0$ である．いいかえると，この方向にそって超曲面はこの点でつくられた光円錐に接するのである．このようにして，ゼロ超曲面上の各点でつくった（たとえば未来の側の）光円錐は，まったくその曲面の一方の側にあって，しかも（この点で）円錐の１つの母線にそって超曲面に接する．ところでこのことはまさしく，粒子あるいは光の（未来に向かう）世界線が超曲面を一方向にだけ横切ることができることを意味する.

ゼロ超曲面のいま述べた性質は，通常は物理的に自明なことである．それを一方向に通過することは，単に光速度以上の速度の運動が不可能であることを表わしているにすぎない（この種のもっとも簡単な例は，平坦な空間時間における超曲面 $x=t$ である)．あたりまえでない新しい物理的な状況は，ゼロ超曲面が空間の無限遠に達していないで，その $t=\text{const}$ という断面が空間での閉じた曲面になっている場合に生じる．この曲面は，中心対称な重力場におけるシュヴァルツシルト球がそうであったと同じ意味で，事象の地平線である.

カー場における曲面 $S_{\rm hor}$ もこのような曲面である．実際，カー場における $f(r,\theta)=\text{const}$ という形の超曲面に対する条件 $n_i n^i=0$ は，

$$g^{11}\left(\frac{\partial f}{\partial r}\right)^2+g^{22}\left(\frac{\partial f}{\partial \theta}\right)^2=\frac{1}{\rho^2}\left[\Delta\left(\frac{\partial f}{\partial r}\right)^2+\left(\frac{\partial f}{\partial \theta}\right)^2\right]=0 \qquad (104.12)$$

となる（g^{ik} は（104.6）から求める)．この式は S_0 上ではみたされないが，$S_{\rm hor}$（$\partial f/\partial\theta=0$，$\Delta=0$ である）の上では成り立つ.

カー計量を事象の地平線の内部に延長することは（シュヴァルツシルト計量のときに，§102, 103 でおこなったと同様な)，物理的な意味をもたない．このような延長は $S_{\rm hor}$ の外部の場と同じ２つのパラメター（m と a）だけにしか依存しないであろうが，そのことからすでに，地平線をこえた崩壊する物体の運命という物理的問題にそれが関係のないこ

とは明らかである．共動基準系での球対称からのずれの効果はけっして減衰することはなく，反対に物体がさらに収縮するとき増大するはずである．したがって，地平線をこえた場が物体の全質量と角運動量だけで定められると期待される理由はなにもないのである[1]．

曲面 S_0 およびそれと地平線とのあいだにある空間(カー場のこの領域は**エルゴ層**(ergosphere) とよばれる) の性質に考察を向けよう．

エルゴ層の基本的性質は，そこではいかなる粒子も遠方の観測者の基準系に対して静止することはできないというところにある．すなわち $r, \theta, \varphi=\text{const}$ のとき $ds^2<0$ となり，この間隔は粒子の世界線ならそうなるべきように時間的ではない．変数 t は時間的性格を失っているのである．このように，剛性の基準系を無限遠からエルゴ層の内部に延長することはできない．またこの意味で曲面 S_0 を定常性の極限とよぶことができる．

エルゴ層のなかで粒子がおこなうべき運動の性格は，シュヴァルツシルト場の地平線の下でのそれとは本質的に異なる．後者の場合にも粒子は外部基準系に対して静止することはできなかったが，そのときには粒子に対し $r=\text{const}$ が不可能であった．すなわちすべての粒子は中心に向かって動径方向に運動しなければならない．カー場のエルゴ層のなかでは粒子に対し $\varphi=\text{const}$ が不可能 (粒子は必然的に場の対称軸のまわりを回転しなければならない) であるが，$r=\text{const}$ は許されるのである．さらに，粒子 (そして光線) は，r が減小するほうにも増大するほうにも運動できて，エルゴ層から外部空間に出てくることができる．この事情に対応して，外部空間からきた粒子がエルゴ層に到達することもまた可能である．遠方の観測者の時計で測ったこの粒子 (あるいは光線) が S_0 に達する時間は，S_0 が S_{hor} に接する両極だけを除いて S_0 のすべての点で有限である．両極に到達する時間は，S_{hor} のあらゆる点に対してと同様，もちろん無限大である[2]．

エルゴ層では粒子の回転がさけられないから，この領域での計量を表わす自然な形は

$$ds^2=\left(g_{00}-\frac{g_{03}^2}{g_{33}}\right)dt^2+g_{11}dr^2+g_{22}d\theta^2+g_{33}\left(d\phi+\frac{g_{03}}{g_{33}}dt\right)^2 \qquad (104.13)$$

である．dt^2 の前の係数

$$g_{00}-\frac{g_{03}^2}{g_{33}}=\frac{\Delta}{r^2+a^2+r_g ra^2\sin^2\theta/\rho^2}$$

は S_{hor} の外ではいたるところ正である (また S_0 で 0 にならない)．$r=\text{const}$, $\theta=\text{const}$, $d\varphi=-(g_{03}/g_{33})dt$ における間隔 ds は時間的である．つぎの量,

---

1) 数学的にはこの状況は，カー計量を S_{hor} の内部に延長したとき生じる上記の因果律の破たんとなって現われる．

2) S_0 上には特別な点があり，エネルギーと角運動量の特別な値のときそこで粒子の動径方向の速度が 0 になる．この特殊な場合にも S_0 のこの例外的な点に到達する時間は無限大となることがわかる．

$$-\frac{g_{03}}{g_{33}}=\frac{r_g ar}{\rho^2(r^2+a^2)+r_g ra^2\sin^2\theta} \tag{104.14}$$

は，外部基準系に対する“エルゴ層の回転角速度”の役割を演じる（この回転の方向は，中心にある物体の回転方向と一致する）[1].

軌道にそって同期化された粒子の固有時間 τ による作用の微分 $-\partial S/\partial\tau$ として定義した粒子のエネルギーは，いたるところで正である（§88をみよ）．しかし，§88で説明したように，変数 t によらない場のなかの粒子の運動では，微分 $-\partial S/\partial t$ と定義したエネルギー $\mathscr{E}_0$ が保存される．この量は，4元運動量の共変成分 $p_0=mu_0=mg_{0i}dx^i$（mは粒子の質量）と一致する．変数 t（遠方の観測者の時計による時間）がエルゴ層のなかで時間的性格をもたないという事実は，奇妙な状況をもたらす．すなわち，この領域では $g_{00}<0$ であり，したがって

$$\mathscr{E}_0=m(g_{00}u^0+g_{03}u^3)=m\left(g_{00}\frac{dt}{ds}+g_{03}\frac{d\varphi}{ds}\right)$$

という量は負になることが可能である．外部空間では t が時間でありエネルギー $\mathscr{E}_0$ は負になることはできないから，$\mathscr{E}_0<0$ の粒子が外からエルゴ層に落ちてくることはない．このような粒子が生じる可能な起源としては，エルゴ層に飛びこむ粒子がたとえば2つの部分に分裂し，その1つが“負のエネルギー”の軌道にとらえられる過程がある．この部分はもはやエルゴ層から出てくることはなく，最終的には地平線の下にとらえられてしまう．もう1つの部分はふたたび外部空間に出ることができる．$\mathscr{E}_0$ が加算的な保存量であるから，この部分のエネルギーはこのとき最初の物体のエネルギーよりも大きい．すなわち，回転しているブラックホールからのエネルギーの抽出がおこなわれる（R. Penrose, 1969).

最後に，曲面 S_0 は空間・時間計量にとっては特異ではないが，純粋に空間的な計量(基準系（104.2）における）はそこで特異性をもつことを注意する．変数 t が時間の性格をもつ S_0 の外では，空間計量テンソルは（84.7）で計算され，空間の距離の要素は

$$dl^2=\frac{\rho^2}{\Delta}dr^2+\rho^2 d\theta^2+\frac{\Delta\sin^2\theta}{1-rr_g/\rho^2}d\varphi^2 \tag{104.15}$$

という形をとる．S_0 の近くでは平行線（θ=const, r=const）の長さは，$2\pi a\sin^2\theta/\sqrt{g_{00}}$ にしたがって無限大になる．同様に，この閉じた等高線にそって同期化された時計（(88.5)

1）エルゴ層の境界にそって運動する粒子に対する固有時間間隔は，g_{00} とともにゼロにはならないことに注意しよう．この意味で S_0 は“無限大の赤方変位”の曲面ではないのである：運動している源（ここでは一般に光源は静止できない）によってそこから発せられそして遠方の観測者が観測する光の信号の振動数はゼロにならない．中心対称な場におけるシュヴァルツシルト球の上には静止している光源も運動している光源も存在しないことを思い起こそう（ゼロ超曲面は時間的な世界線を含むことはできないのである)．この場合“無限大の赤方変位”は，基準系に静止している時計で測った固有時間間隔 $d\tau=\sqrt{g_{00}}dt$（与えられた dt に対する）が，$r\longrightarrow r_g$ のときゼロに向かうことから生じた．

をみよ）の読みの差もここで無限大になる．

問　題

1.　カー場のなかで運動する粒子に対するハミルトン－ヤコビ方程式の変数分離をおこなうこと（B. Carter, 1968).

解　ハミルトン－ヤコビ方程式

$$g^{ik}\frac{\partial S}{\partial x^i}\frac{\partial S}{\partial x^k}-m^2=0$$

（mは粒子の質量で，中心物体の質量と混同しないこと）で，(104.6) の g^{ik} を用いると，時間 t と角度 φ が循環座標である．したがって作用 S のなかにそれらは $-\mathscr{E}_0t+L\varphi$ という形で現われる．ここで $\mathscr{E}_0$ は保存されるエネルギーであり，L は場の対称軸のまわりの粒子の角運動量成分を表わす．変数 θ と r も分離されることがわかる．Sを

$$S=-\mathscr{E}_0t+L\varphi+S_r(r)+S_\theta(\theta) \tag{1}$$

という形に表わし，ハミルトン－ヤコビ方程式を２つの常微分方程式にもたらそう（第１巻『力学』§48 を参照）：

$$\left(\frac{dS_\theta}{d\theta}\right)^2+\left(a\mathscr{E}_0\sin\theta-\frac{L}{\sin\theta}\right)^2+a^2m^2\cos^2\theta=K,$$

$$\left(\frac{dS_r}{dr}\right)^2-\frac{1}{\varDelta}[(r^2+a^2)\mathscr{E}_0-aL]^2+m^2r^2=-K \tag{2}$$

ここでK（変数分離の定数）は，新しい任意定数である．これから簡単な求積法によって関数 S_θ と S_r が定められる．

粒子の４元運動量は

$$p^i=m\frac{dx^i}{ds}=g^{ik}p_k=-g^{ik}\frac{\partial S}{\partial x^k}.$$

この等式の右辺を (1) と (2) によって計算すると，つぎの方程式が得られる：

$$m\frac{dt}{ds}=-\frac{r_g ra}{\rho^2\varDelta}L+\frac{\mathscr{E}_0}{\varDelta}\left(r^2+a^2+\frac{r_g ra^2}{\rho^2}\sin^2\theta\right), \tag{3}$$

$$m\frac{d\varphi}{ds}=\frac{L}{\varDelta\sin^2\theta}\left(1-\frac{r_g r}{\rho^2}\right)+\frac{r_g ra}{\rho^2\varDelta}\mathscr{E}_0, \tag{4}$$

$$m^2\left(\frac{dr}{ds}\right)^2=\frac{1}{\rho^4}[(r^2+a^2)\mathscr{E}_0-aL]^2-\frac{\varDelta}{\rho^4}(K+m^2r^2), \tag{5}$$

$$m^2\left(\frac{d\theta}{ds}\right)^2=\frac{1}{\rho^4}(K-a^2m^2\cos^2\theta)-\frac{1}{\rho^4}\left(a\mathscr{E}_0\sin\theta-\frac{L}{\sin\theta}\right)^2. \tag{6}$$

これらの式は，運動方程式（測地線の方程式）の第１積分である．軌道方程式および軌道にそっての座標の時間依存性は，(3)—(6) からも，方程式

$$\partial S/\partial\mathscr{E}_0=\text{const},\qquad \partial S/\partial L=\text{const},\qquad \partial S/\partial K=\text{const}$$

からも求められる．

光線の場合には方程式 (3)—(6) の右辺で $m=0$ とおき，$\mathscr{E}_0$ のかわりに ω_0 としなければならない（§101 をみよ）．また，微分 md/ds のかわりに，光線にそって変化するパラメーター λ での微分 $d/d\lambda$ を用いなければならない（§87 の終わりをみよ）．

方程式 (4)—(6) によると純粋に動径方向の運動は，物体の回転軸にそってだけ許される．これは対称性の考察から明らかである．同じ考察から，１つの“平面”上の運動は，

この平面が赤道面であるときにだけ可能であることも明らかである．このとき，$\theta=\pi/2$ とおき，$d\theta/ds=0$ という条件から K を $\mathscr{E}_0$ と L で表わすと，運動方程式が

$$m\frac{dt}{ds}=-\frac{r_g a}{r\Delta}L+\frac{\mathscr{E}_0}{\Delta}\left(r^2+a^2+\frac{r_g a^2}{r}\right), \tag{7}$$

$$m\frac{d\varphi}{ds}=\frac{M}{\Delta}\left(1-\frac{r_g}{r}\right)+\frac{r_g a}{r\Delta}\mathscr{E}_0, \tag{8}$$

$$m^2\left(\frac{dr}{ds}\right)^2=\frac{1}{r^4}[(r^2+a^2)\mathscr{E}_0-aL]^2-\frac{\Delta}{r^4}[(a\mathscr{E}_0-L)^2+m^2r^2] \tag{9}$$

という形に求められる．

2.　極限の（$a\to r_g/2$）カー場の赤道面上で運動する粒子の安定な円軌道で，もっとも中心に近いものの半径を求めよ（R. Ruffini, J. A. Wheeler, 1969)．

解　§102 の問題 1 の解と同様な手続きで，

$$\{(r^2+a^2)U(r)-aL\}^2-\Delta[(aU(r)-L)^2+r^2m^2]=0$$

によって定められる“有効ポテンシャルエネルギー” $U(r)$ を導入する（$\mathscr{E}_0=U$ のとき (9) 式の右辺がゼロになる）．安定軌道の半径は，関数 $U(r)$ の極小，すなわち方程式 $U(r)=\mathscr{E}_0$，$U'(r)=0$ の $U''(r)>0$ である解によってきめられる．中心にもっとも近い軌道は，$U''(r_{\min})=0$ に対応する：$r<r_{\min}$ に対しては関数 $U(r)$ は極小をもたない．その結果，運動のパラメターに対しつぎの値が得られる．

a）$L<0$ のとき，すなわち，ブラックホールの回転方向と反対の方向に粒子が運動するとき，

$$\frac{r_{\min}}{r_g}=\frac{9}{2},\qquad \frac{\mathscr{E}_0}{m}=\frac{5}{3\sqrt{3}},\qquad \frac{L}{mr_g}=\frac{11}{3\sqrt{3}}.$$

b）$L>0$ のとき（ブラックホールの回転方向の運動），$a\to r_g/2$ のとき半径 $r_{\min}$ は，地平線の半径に近づく．$a=\frac{r_g}{2}(1-\delta)$ とおくと，$\delta\to 0$ のとき

$$\frac{r_{\rm hor}}{r_g}=\frac{1}{2}(1+\sqrt{2\delta}),\qquad \frac{r_{\min}}{r_g}=\frac{1}{2}[1+(4\delta)^{1/3}]$$

が得られる．このとき

$$\frac{\mathscr{E}_0}{m}=\frac{L}{mr_g}=\frac{1}{\sqrt{3}}[1+(4\delta)^{1/3}].$$

つねに $r_{\min}/r_{\rm hor}>1$，すなわち，軌道は地平線の外にあることに注意しよう．そうでなくてはならない．というのは地平線は，ゼロ超曲面であって，運動粒子の時間的な世界線がその上にあることはできないのである．

§ 105.　物体から離れた場所での重力場

重力場を誘起している物体からの距離 r が大きいところでの定常な場をしらべて，それを $1/r$ のベキに展開したときの最初の項を求めよう．

物体から遠いところでの場は弱い．ということは，空間・時間の計量がそこではほとんどガリレイ的である，すなわち，計量テンソルがほとんどガリレイ的な値に等しくなるような基準系を選ぶことができることを意味する：

$$g_{00}^{(0)}=1,\qquad g_{0\alpha}^{(0)}=0,\qquad g^{(0)}{}_{\alpha\beta}=-\delta_{\alpha\beta}. \tag{105.1}$$

したがって，g_{ik} を

$$g_{ik}=g_{ik}^{(0)}+h_{ik} \tag{105.2}$$

という形に表わそう．ここで h_{ik} は，重力場で定められる小さな補正である．

テンソル h_{ik} の演算で，その添字の上げ下げは“乱れのない”計量でもっておこなわれるものとしよう：$h_i^k=g^{(0)kl}h_{il}$，等々．この際，h^{ik} と計量テンソルの反変成分 g^{ik} の補正とを区別しなければならない．後者は方程式

$$g_{il}g^{lk}=(g_{il}^{(0)}+h_{il})g^{lk}=\delta_i^k$$

の解として定められるから，2次の量までの正確さで

$$g^{ik}=g^{ik(0)}-h^{ik}+h_l^i h^{lk} \tag{105.3}$$

となる．同じ正確さで計量テンソルの行列式は，$h\equiv h_i^i$ として，

$$g=g^{(0)}\left(1+h+\frac{1}{2}h^2-\frac{1}{2}h_k^i h_i^k\right) \tag{105.4}$$

である．

h_{ik}が小さいという条件はけっして基準系の選択を一意的に決定しないことを強調しよう．ある系でこの条件がみたされたとすると，ξ^i が小さな量であれば任意の変換 $x'^i=x^i+\xi^i$ のあとでもこの条件はみたされる．このとき，(94.3) によってテンソル h_{ik} は

$$h'_{ik}=h_{ik}-\frac{\partial\xi_i}{\partial x^k}-\frac{\partial\xi_k}{\partial x^i} \tag{105.5}$$

に変換される．ここで $\xi_i=g_{ik}^{(0)}\xi^k$ ($g_{ik}^{(0)}$ が定数であるから，(94.3) における共変微分はこの場合，普通の微分になる)[1]．

$1/r$ の次数まで正確な第1近似では，ガリレイ的計量への小さな補正は，中心対称なシュヴァルツシルトの計量の展開における対応する項で与えられる．上に述べた（無限遠でガリレイ的な）基準系の選び方にある不定性のために，h_{ik} の具体的な形は動径座標 r の定義の仕方に依存する．それで，もしシュヴァルツシルト計量を (100.14) の形に表わすと，大きな r におけるその展開の第1項は，(100.18) の表式で与えられる．そこで空間の球座標からデカルト座標に移ると（そのためには，$\boldsymbol{n}$ を $\boldsymbol{r}$ 方向の単位ベクトルとして，$dr=n_\alpha dx^\alpha$ と表わさなければならない)，つぎの値が得られる：

$$h_{00}^{(1)}=-\frac{r_g}{r},\qquad h_{\alpha\beta}^{(1)}=-\frac{r_g}{r}n_\alpha n_\beta,\qquad h_{0\alpha}^{(1)}=0. \tag{105.6}$$

---

1) 定常的な場のときには，g_{ik} が時間によらないことを変えないような変換だけを許すのが自然である：つまり ξ^i は空間座標だけの関数でなければならない．

ただし $r_g=2km/c^2$[1].

$1/r^2$ に比例する2次の項には，その起源からいって2種類ある．第1のものは1次の項から，アインシュタイン方程式の非線形性の結果として生じる．1次の項は物体の全質量だけできまる（他のいかなる性質にも依存しない）から，そのような2次の項もまた全質量だけに依存する．したがって，これらの項がシュヴァルツシルト計量の展開によって得られることは明らかである．同じ座標で

$$h_{00}^{(2)}=0, \qquad h_{\alpha\beta}^{(2)}=-\left(\frac{r_g}{r}\right)^2 n_\alpha n_\beta \tag{105.7}$$

が見いだされる．

残りの2次の項は，線形化された場の方程式の対応する解として生ずる．あとの応用も考慮して，最初はここで必要な形よりも，もっと一般的な形に公式を書き，方程式の線形化をおこなうことにする．それで場の定常性を始めから考えに入れることはしない．

h_{ik} が小さいとき，その導関数で表わされる量 Γ^i_{kl} もまた小さい．1次より高いベキを無視し，曲率テンソル（92.1）で最初の括弧のなかの項だけを残すことができる：

$$R_{iklm}=\frac{1}{2}\left(\frac{\partial^2 h_{im}}{\partial x^k \partial x^l}+\frac{\partial^2 h_{kl}}{\partial x^i \partial x^m}-\frac{\partial^2 h_{km}}{\partial x^i \partial x^l}-\frac{\partial^2 h_{il}}{\partial x^k \partial x^m}\right). \tag{105.8}$$

同じ正確さでリッチ・テンソルに対して

$$R_{ik}=g^{lm}R_{limk}\approx g^{lm(0)}R_{limk}$$

あるいは

$$R_{ik}=\frac{1}{2}\left(-g^{lm(0)}\frac{\partial^2 h_{ik}}{\partial x^l \partial x^m}+\frac{\partial^2 h_i^l}{\partial x^k \partial x^l}+\frac{\partial^2 h_k^l}{\partial x^i \partial x^l}-\frac{\partial^2 h}{\partial x^i \partial x^k}\right) \tag{105.9}$$

が求められる．

表式（105.9）は，基準系の選択に残っている任意性を利用して簡単化することができる．すなわち，h_{ik} に4個（任意関数 ξ^i の数）の補助条件

$$\frac{\partial \psi_i^k}{\partial x^k}=0, \qquad \psi_i^k=h_i^k-\frac{1}{2}\delta_i^k h \tag{105.10}$$

を課する．そうすると（105.9）のあとの3項はたがいに打消しあって

$$R_{ik}=-\frac{1}{2}g^{lm(0)}\frac{\partial^2 h_{ik}}{\partial x^l \partial x^m} \tag{105.11}$$

が残る．

1）等方的な空間座標でのシュヴァルツシルト計量から出発すると（§100の問題4をみよ），

$$h_{00}^{(1)}=-\frac{r_g}{r}, \qquad h_{\alpha\beta}^{(1)}=-\frac{r_g}{r}\delta_{\alpha\beta}, \qquad h_{0\alpha}^{(1)}=0 \tag{105.6a}$$

が得られるであろう．（105.6）から（105.6a）への移行は，

$$\xi^0=0, \qquad \xi^\alpha=-\frac{r_g x^\alpha}{2r}$$

とおいた変換（105.5）でおこなわれる．

ここで問題にしている定常的な場合には，h_{ik} は時間によらないから，表式 (105.11) は，$R_{ik}=\frac{1}{2}\Delta h_{ik}$ となる．ここで Δ は，3つの空間座標によるラプラス演算子である．真空中の場に対するアインシュタイン方程式は，こうしてラプラス方程式

$$\Delta h_{ik}=0 \tag{105.12}$$

と，

$$\frac{\partial}{\partial x^\beta}\left(h_\alpha^\beta-\frac{1}{2}h\delta_\alpha^\beta\right)=0, \tag{105.13}$$

$$\frac{\partial}{\partial x^\beta}h_0^\beta=0 \tag{105.14}$$

という形になる補助条件 (105.10) とに帰着される．これらの条件がまだ基準系の一意的な選択を完全におこなわないことに注意しよう．もし h_{ik} が条件 (105.13—14) を満足するとすると，(105.5) の h'_{ik} も，ξ^i が方程式

$$\Delta\xi^i=0 \tag{105.15}$$

をみたしさえすれば，同じ条件を満足することは容易にわかる．

h_{00} という成分は，3次元のラプラス方程式のスカラーの解で与えられるはずである．$1/r^2$ に比例するそのような解はよく知られているように，$\boldsymbol{a}\nabla\frac{1}{r}$ という形をもつ，ここに $\boldsymbol{a}$ は不変のベクトルである．しかし，h_{00} のこのような形の項はつねに，座標の原点をずらせるだけで，$1/r$ について1次の項のなかに解消させることができる．したがって h_{00} にそのような項が含まれるということは，座標原点の選び方が不適切であることを示すだけで，興味をそそるものではない．

$h_{0\alpha}$ という成分は，ラプラス方程式のベクトルの解で与えられる．すなわち，$\lambda_{\alpha\beta}$ を不変のテンソルとして

$$h_{0\alpha}=\lambda_{\alpha\beta}\frac{\partial}{\partial x^\beta}\frac{1}{r}$$

という形をもつはずである．条件 (105.14) は

$$\lambda_{\alpha\beta}\frac{\partial^2}{\partial x^\alpha\partial x^\beta}\frac{1}{r}=0$$

を与えるが，これから $\lambda_{\alpha\beta}$ は，$a_{\alpha\beta}$ を反対称なテンソルとして，$a_{\alpha\beta}+\lambda\delta_{\alpha\beta}$ という形でなければならないことがわかる．しかし，$\lambda\frac{\partial}{\partial x^\alpha}\frac{1}{r}$ という形の解は，$\xi^0=\lambda/r$, $\xi^\alpha=0$ (条件 (105.15) を満足する) とした変換 (105.5) で消去できる．したがって真に意味をもつのは，

$$h_{0\alpha}=a_{\alpha\beta}\frac{\partial}{\partial x^\beta}\frac{1}{r}$$

という解だけである．

最後に，もっと面倒だが同様な考察によって，ラプラス方程式のテンソルの解で与えら

れる $h_{\alpha\beta}$（α と β について対称）という量は，適当な空間座標の変換によっていつでも消去できることが示される．

テンソル $a_{\alpha\beta}$ については，それが全角運動量テンソル $M_{\alpha\beta}$ に関係していることがわかり，$h_{0\alpha}$ に対する最終的な表式は，

$$h_{0\alpha}^{(2)}=\frac{2k}{c^3}M_{\alpha\beta}\frac{\partial}{\partial x^\beta}\frac{1}{r}=-\frac{2k}{c^3}M_{\alpha\beta}\frac{n_\beta}{r^2} \tag{105.16}$$

という形になる．積分（96.17）の計算によってこのことを示そう．

角運動量 $M_{\alpha\beta}$ は $h_{0\alpha}$ にだけ関係しているから，この計算では残りのすべての成分 h_{ik} は存在しないとみなすことができる．(96.2—3) から，$h_{0\alpha}$ の1次の項までの正確さで（$g^{\alpha 0}=-h^{\alpha 0}=h_{\alpha 0}$ および $-g$ は2次の大きさの量でだけ1と異なることに注意して）

$$h^{\alpha 0\beta}=\frac{c^4}{16\pi k}\frac{\partial}{\partial x^\gamma}(g^{\alpha 0}g^{\beta\gamma}-g^{\gamma 0}g^{\alpha\beta})=-\frac{c^4}{16\pi k}\frac{\partial}{\partial x^\gamma}(h_{\alpha 0}\delta_{\beta\gamma}-h_{\gamma 0}\delta_{\alpha\beta})$$

が得られる．これに（105.16）を代入したとき，微分記号の中の第2項は消え，第1項は

$$h^{\alpha 0\beta}=-\frac{c}{8\pi}M_{\alpha\gamma}\frac{\partial^2}{\partial x^\beta\partial x^\gamma}\frac{1}{r}=-\frac{c}{8\pi}M_{\alpha\gamma}\frac{3n_\beta n_\gamma-\delta_{\beta\gamma}}{r^3}$$

を与える．この式を使って，(96.17) の積分を半径 r の球面上でおこなうと（$df_\gamma=n_\gamma r^2do$），

$$\frac{1}{c}\int(x^\alpha h^{\beta 0\gamma}-x^\beta h^{\alpha 0\gamma})df_\gamma=-\frac{1}{4\pi}\int(n_\alpha n_\gamma M_{\beta\gamma}-n_\beta n_\gamma M_{\alpha\gamma})do$$

$$=-\frac{1}{3}(\delta_{\alpha\gamma}M_{\beta\gamma}-\delta_{\beta\gamma}M_{\alpha\gamma})=\frac{2}{3}M_{\alpha\beta}$$

が見いだされる．同様な計算で

$$\frac{1}{c}\int\lambda^{\alpha 0\gamma\beta}df_\gamma=-\frac{c^3}{16\pi k}\int(h_{\alpha 0}df_\beta-h_{\beta 0}df_\alpha)=\frac{1}{3}M_{\alpha\beta}$$

が得られる．両者を加えると，求める $M_{\alpha\beta}$ の値が得られる．

物体の近くの場がかならずしも弱くない一般の場合には，$M_{\alpha\beta}$ は物体ならびに重力場の角運動量であるということを強調しておこう．角運動量に対する場からの寄与を無視できるのは，すべての距離にわたって場が弱いときだけである[1]．

公式（105.6—7）および（105.16）は，$1/r^2$ の項までの精度でわれわれの問題の解を与える[2]．計量テンソルの共変成分は

$$g_{ik}=g_{ik}^{(0)}+h_{ik}^{(1)}+h_{ik}^{(2)} \tag{105.17}$$

---

1)　もし回転している物体が球形であれば，$\boldsymbol{M}$ の方向だけが，物体の外の全空間における場に対してもただ1つの特別な方向である．もし場がいたるところで（物体から遠く離れたところだけでなく）弱いならば，(105.16) 式は物体の外の全空間で成立する．場の中心対称な部分はいたるところで弱くないが，球状物体が十分ゆっくりと回転している場合にも，この公式はいたるところで有効である．問題1をみよ．

2)　$\xi^0=0$，$\xi^\alpha=\xi^\alpha(x^1,x^2,x^3)$ とした変換（105.5）は $h_{0\alpha}$ を変えない．したがって，(105.16) 式は座標 r の選び方によらない．

となる．このとき，(105.3) によると，同じ精度で反変成分は

$$g^{ik}=g^{ik(0)}-h^{ik(1)}-h^{ik(2)}+h_l^{i(1)}h^{lk(1)} \qquad (105.18)$$

に等しい．

(105.16) 式はベクトルの形に書き直すことができる[1]：

$$\boldsymbol{g}=\frac{2k}{c^3r^2}[\boldsymbol{nM}]. \qquad (105.19)$$

ここで $\boldsymbol{M}$ は物体の全角運動量ベクトルである．§88 の問題 1 で，定常的な重力場のなかでは，角速度

$$\boldsymbol{\Omega}=\frac{c}{2}\sqrt{g_{00}}\operatorname{rot}\boldsymbol{g}$$

で回転している基準系で粒子に働くのとちょうど同じ"コリオリ力"が粒子に働くことが示された．したがって，回転している物体のつくりだす場のなかでは，物体から遠くはなれたところにある粒子に対して，角速度

$$\Omega\cong\frac{c}{2}\operatorname{rot}\boldsymbol{g}=\frac{k}{c^2r^3}[\boldsymbol{M}-3\boldsymbol{n}(\boldsymbol{Mn})] \qquad (105.20)$$

で回転するときに現われるコリオリ力に同等の力が働くということができる．

最後に，重力場をつくっている物体の (96.16) で与えられる全エネルギーの計算に表式(105.6) を応用しよう．必要な成分 h^{ikl} を公式 (96.2—3) で計算すると，求めている精度で ($\sim 1/r^2$ の項を残す)

$$h^{\alpha 0\beta}=0\cdots,$$

$$h^{00\alpha}=\frac{c^4}{16\pi k}\frac{\partial}{\partial x^\beta}(g^{00}g^{\alpha\beta})=\frac{mc^2}{8\pi}\frac{\partial}{\partial x^\beta}\left(-\frac{\delta^{\alpha\beta}}{r}+\frac{x^\alpha x^\beta}{r^3}\right)=\frac{mc^2}{4\pi}\frac{n^\alpha}{r^2}$$

が得られる．そして (96.16) で半径 r の球上の積分をおこなうと，最後に

$$P^\alpha=0, \qquad P^0=mc \qquad (105.21)$$

が見いだされる．この結果は，当然期待されるものであった．それは，いわゆる"重力"質量と"慣性"質量とが等しいという事実の表現である（"重力"質量とよばれるものは，物体がつくる重力場をきめる質量であって，重力場における計量テンソル，あるいは，とくにニュートンの法則にでてくる質量である；"慣性"質量は，物体の運動量とエネルギーとの関係をきめるもので，とくに静止している物体のエネルギーは，この質量に c^2 をかけたものに等しい）．

不変な重力場の場合には，物質と場の全エネルギーを物質が占めている空間についてだけの積分という形で表わす簡単な式を導くことができる．それを求めるには，たとえば，

1) いま考えている精度では，ベクトル $g_\alpha=-g_{0\alpha}/g_{00}\approx -g_{0\alpha}$ である．同じ理由でベクトル積および rot の定義（282 ページの脚注をみよ）において $\gamma=1$ とおかなければならない．したがって，デカルト的ベクトルに対する通常の意味でそれらを考えればよい．

あらゆる量が x^0 に依存しないときに成り立つつぎの表式から出発すればよい[1].

$$R_0^0=\frac{1}{\sqrt{-g}}\frac{\partial}{\partial x^\alpha}(\sqrt{-g}\,g^{i0}\Gamma_{0i}^\alpha). \tag{105.22}$$

$R_0^0\sqrt{-g}$ を（3次元）空間で積分し，3次元のガウスの定理を使うと，

$$\int R_0^0\sqrt{-g}dV=\oint\sqrt{-g}\,g^{i0}\Gamma_{0i}^\alpha df_\alpha$$

が求められる．十分遠方に積分する曲面をとり，そのうえで g_{ik} に対する（105.6）式を用いると，簡単な計算ののち，

$$\int R_0^0\sqrt{-g}dV=\frac{4\pi k}{c^2}m=\frac{4\pi k}{c^3}P^0$$

が得られる．また，場の方程式によると

$$R_0^0=\frac{8\pi k}{c^4}\left(T_0^0-\frac{1}{2}T\right)=\frac{4\pi k}{c^4}(T_0^0-T_1^1-T_2^2-T_3^3)$$

であることに注意すると，求める公式

$$P^0=mc=\frac{1}{c}\int(T_0^0-T_1^1-T_2^2-T_3^3)\sqrt{-g}dV \tag{105.23}$$

に到達する．この公式は，物質と不変な重力場との全エネルギー（すなわち，物体の全質量）を，物質だけのエネルギー運動量テンソルで表わす（R. Tolman, 1930）．中心対称な場のときには，同じ量に対しもう1つの表式，すなわち（100.23）式があったことを思い起こそう．

問　題

1. 回転がゆっくりであるという条件（角運動量 $M\ll cmr_g$）があれば，場の中心対称な部分が弱いということを要求しなくても，公式（105.16）が回転している球状物体の外部空間のどこでも有効であることを示せ（A. G. Doroshkevich, Ya. B. Zel'dovich, I. D. Novikov, 1965）．

解 空間の極座標（$x^1=r$, $x^2=\theta$, $x^3=\varphi$）では（105.16）式は

$$h_{03}=\frac{2kM}{rc^2}\sin^2\theta \tag{1}$$

のように書かれる．この量をシュヴァルツシルト計量（100.14）への小さな補正とみなして，h_{03} について線形化した方程式 $R_{03}=0$ がみたされていることを証明しなければならない（残りの場の方程式では補正項は恒等的に消えてしまう）．R_{03} は，§95 の問題の(4)

1)（92.7）から

$$R_0^0=g^{0i}R_{i0}=g^{0i}\left(\frac{\partial\Gamma_{i0}^l}{\partial x^l}+\Gamma_{i0}^l\Gamma_{lm}^m-\Gamma_{il}^m\Gamma_{0m}^l\right)$$

が得られ，（86.5）と（86.8）を使うと，この式が

$$R_0^0=\frac{1}{\sqrt{-g}}\frac{\partial}{\partial x^l}(\sqrt{-g}g^{0i}\Gamma_{i0}^l)+g^{im}\Gamma_{ml}^0\Gamma_{i0}^l$$

のように書けることがわかる．同じ関係(86.8)により右辺の第2項が恒等的に $-\frac{1}{2}\Gamma_{lm}^0\frac{\partial g^{lm}}{\partial x^0}$ であり，すべての量が x^0 によらないからゼロになることが容易に示される．最後に，同じ理由から第1項で l についての和を α についての和におきかえると，（105.22）が得られる．

式で計算されるが，そこで，線形化は，3次元テンソル演算が“乱されていない”計量(100.15)を用いておこなわれるべきであることを意味する．その結果

$$\left(1-\frac{r_g}{r}\right)\frac{\partial^2 h_{03}}{\partial r^2}+\frac{2r_g}{r^3}h_{03}+\frac{\sin\theta}{r^2}\frac{\partial}{\partial\theta}\left(\frac{1}{\sin\theta}\frac{\partial h_{03}}{\partial\theta}\right)=0$$

という方程式が得られ，表式 (1) は事実この式を満足する．

2.　中心物体の場のなかで運動する粒子の軌道の，中心物体が回転することによって生ずる系統的な（**永年**）移動を求めよ (J. Lense, H. Thirring, 1918).

解　すべての相対論的効果が小さいことを考慮すると，それらはたがいに重ね合わせることができるから，中心物体の回転から生ずる効果を計算するときには，§101で考察した，中心対称な力の場が非ニュートン的であることから生ずる影響を無視することができる．いいかえると，すべての h_{ik} のうち $h_{0\alpha}$ だけがゼロと異なるとみなして計算をおこなうことができる．

古典的な粒子の軌道の向きは，2つの保存されるベクトルによってきまる．それは粒子の角運動量 $\boldsymbol{M}=\boldsymbol{r}\times\boldsymbol{p}$ と

$$\boldsymbol{A}=\left[\frac{\boldsymbol{p}}{m}\times\boldsymbol{M}\right]-\frac{kmm'\boldsymbol{r}}{r}$$

というベクトルとであって，後者が保存されるのは，ニュートンの重力場 $\phi=-km'/r$ に特有のことである (m' は中心物体の質量，mは粒子の質量)(第1巻『力学』§15をみよ)．ベクトル $\boldsymbol{M}$ は軌道面に垂直であり，ベクトル $\boldsymbol{A}$ は楕円の半長軸にそって近日点の方を向いている（その長さは，軌道の離心率を e とすると，$kmm'e$ に等しい)．求める軌道の永年移動は，これらのベクトルの方向の変化として表わすことができる．

(105.19) という場のなかで運動している粒子のラグランジアンは

$$L=-mc\frac{ds}{dt}=L_0+\delta L,\qquad \delta L=mc\boldsymbol{g}\boldsymbol{v}=\frac{2km}{c^2r^3}\boldsymbol{M}'(\boldsymbol{v}\times\boldsymbol{r}) \tag{1}$$

である（ここでは，粒子の角運動量 $\boldsymbol{M}$ から区別するために，中心物体の角運動量を $\boldsymbol{M}'$ で表わした)．これからハミルトニアンは（第1巻『力学』§40をみよ）

$$\mathscr{H}=\mathscr{H}_0+\delta\mathscr{H},\qquad \delta\mathscr{H}=\frac{2k}{c^2r^3}\boldsymbol{M}'(\boldsymbol{r}\times\boldsymbol{p})$$

となる．

ハミルトン方程式 $\dot{\boldsymbol{r}}=\dfrac{\partial\mathscr{H}}{\partial\boldsymbol{p}}$,　$\dot{\boldsymbol{p}}=-\dfrac{\partial\mathscr{H}}{\partial\boldsymbol{r}}$ によって導関数 $\dot{\boldsymbol{M}}=\dot{\boldsymbol{r}}\times\boldsymbol{p}+\boldsymbol{r}\times\dot{\boldsymbol{p}}$ を計算すると

$$\dot{\boldsymbol{M}}=\frac{2k}{c^2r^3}\boldsymbol{M}'\times\boldsymbol{M} \tag{2}$$

が得られる．興味があるのは $\boldsymbol{M}$ の永年変化であるから，この表現を粒子の回転の周期 T にわたって平均しなければならない．この平均をおこなうには，楕円軌道にそって運動する粒子の r と時間のあいだの関係をパラメター的に表示するのが便利である．それはつぎの形で与えられる(楕円の半長軸および離心率を a, e とする．第1巻『力学』§15をみよ)．

$$r=a(1-e\cos\xi),\qquad t=\frac{T}{2\pi}(\xi-e\sin\xi),$$

$$\overline{r^{-3}}=\frac{1}{T}\int_0^T\frac{dt}{r^3}=\frac{1}{2\pi a^3}\int_0^{2\pi}\frac{d\xi}{(1-e\cos\xi)^2}=\frac{1}{a^3(1-e^2)^{3/2}}.$$

こうして，$\boldsymbol{M}$ の永年変化は

$$\frac{d\boldsymbol{M}}{dt}=\frac{2k\boldsymbol{M}'\times\boldsymbol{M}}{c^2a^3(1-e^2)^{3/2}} \qquad (3)$$

で与えられる．すなわち，ベクトル $\boldsymbol{M}$ は大きさは不変のまま，中心物体の回転軸のまわりに回転するのである．

ベクトル $\boldsymbol{A}$ について同様の計算をおこなうと

$$\dot{\boldsymbol{A}}=\frac{2k}{c^2r^3}\boldsymbol{M}'\times\boldsymbol{A}+\frac{6k}{c^2mr^5}(\boldsymbol{M}\boldsymbol{M}')\boldsymbol{r}\times\boldsymbol{M}$$

が得られる．この表式の平均は，うえでおこなったのと同様のやり方でおこなわれる．その際，対称性の考察からあらかじめ明白なように，平均されたベクトル $\overline{\boldsymbol{r}/r^5}$ は楕円の長軸の方向，すなわち，ベクトル $\boldsymbol{A}$ の方向を向いている．計算を遂行すると，ベクトル $\boldsymbol{A}$ の永年変化としてつぎの表現が導かれる：

$$\frac{d\boldsymbol{A}}{dt}=\boldsymbol{\Omega}\times\boldsymbol{A}. \qquad \boldsymbol{\Omega}=\frac{2kM'}{c^2a^3(1-e^2)^{3/2}}\{\boldsymbol{n}'-3\boldsymbol{n}(\boldsymbol{n}\boldsymbol{n}')\} \qquad (4)$$

($\boldsymbol{n}, \boldsymbol{n}'$ は $\boldsymbol{M}$ および $\boldsymbol{M}'$ の方向の単位ベクトル)，すなわちベクトル $\boldsymbol{A}$ は，一定の大きさを保ったまま角速度 $\boldsymbol{\Omega}$ で回転する．$\boldsymbol{A}$ の大きさが不変だということは，軌道の離心率が永年変化をこうむらないことを意味している．

(3) 式は (4) と同じ $\boldsymbol{\Omega}$ を使って

$$\frac{d\boldsymbol{M}}{dt}=\boldsymbol{\Omega}\times\boldsymbol{M}$$

の形に書くことができる．いいかえると，$\boldsymbol{\Omega}$ は楕円の“全体としての”回転の角速度なのである．この回転は軌道の近日点の付加的な (§101 で考察したものに加えて) 移動と物体の軸のまわりの軌道面の永年回転とからなっている (軌道面が中心物体の赤道面に一致すれば，後者は消える)．

比較のために，§101 で考察した効果では

$$\boldsymbol{\Omega}=\frac{6\pi km'}{c^2a(1-e^2)T}\boldsymbol{n}$$

となることを述べておこう．

§ 106. 物体系の運動方程式の 2 次近似

あとで見るように (§110)，運動している物体系は重力波を放射し，それによってエネルギーを失う．しかしこの損失は $1/c$ について 5 次の近似においてはじめて現われるのである．最初の第 4 近似までは，系のエネルギーは一定である．このことから，電磁場が存在しないときは，重力をおよぼす物体の系はラグランジアンによって $1/c^4$ の程度の項まで正確に記述されうるということがわかる．電磁場においては，一般にラグランジアンは 2 次の項までしか正確でない(§65)．この節では，物体系のラグランジアンを 2 次の項まで正確に導こう．それによって，ニュートンの運動方程式のつぎの近似では，物体系の運動方程式がどうなるかが見いだされるであろう．

その際，物体の大きさと内部構造は無視して，それを“点状”のものとみなす．いいかえると，物体の大きさ a と物体相互間の距離 l との比のベキに展開したときの 0 次の項だ

けに限るのである．

うえの問題を解決するためには，まず，物体の拡がりにくらべれば大きいが，同時に，物体系の放射する重力波の波長 λ よりは小さい距離における（$a \ll r \ll \lambda \sim lc/v$），物体系によって誘起された弱い重力場を必要な正確さで求めなければならない．

$1/c^2$ の大きさの量までの精度では，物体から遠いところでの場は，前節で $h_{ik}^{(1)}$ で表わしたもので，そこで求めた表式で与えられる．ここでは，(105.6a) の形に書かれたこれらの表式を利用する．§105 では，場はいつも（原点にある）１つの物体でつくられるものと仮定した．しかし，場 $h_{ik}^{(1)}$ は線形化されたアインシュタイン方程式の解であるから，それに対しては重ね合わせの原理が成り立つ．したがって，物体系から遠方での場は，系のおのおのからの場の単なる和で与えられる．それをつぎの形に書こう：

$$h_\alpha^\beta = \frac{2}{c^2}\phi\delta_\alpha^\beta, \tag{106.1}$$

$$h_0^0 = \frac{2}{c^2}\phi, \qquad h_0^\alpha = 0, \tag{106.2}$$

ここで

$$\phi(\boldsymbol{r}) = -k\sum_a \frac{m_a}{|\boldsymbol{r}-\boldsymbol{r}_a|}$$

は，点状物体の系のニュートンの重力ポテンシャルである（$\boldsymbol{r}_a$ は，質量 m_a の物体の動径ベクトルである）．計量テンソル (106.1—2) をもつ世界間隔はつぎのようになる：

$$ds^2 = \left(1+\frac{2}{c^2}\phi\right)c^2dt^2 - \left(1-\frac{2}{c^2}\phi\right)(dx^2+dy^2+dz^2). \tag{106.3}$$

ϕ について１次の項は，g_{00} だけでなく $g_{\alpha\beta}$ にも含まれていることに注意しよう．すでに §87 で示したように，粒子の運動方程式では，$g_{\alpha\beta}$ の補正項にゆらいする量は，g_{00} からくる項よりも高次の微小量である．ニュートンの運動方程式と比較することによっては g_{00} しか決定できなかったのは，このことに関連している．

あとで述べることから明らかになるように，求める運動方程式を得るには，(106.1) の精度（$\sim 1/c^2$）をもつ空間成分 $h_{\alpha\beta}$ を知れば十分である．混合成分（$1/c^2$ の近似では欠けている）は，$1/c^3$ の項まで正確であることを要求するときには考慮しなければならない．時間成分 h_{00} は $1/c^4$ までの精度で必要になる．それらを計算するために，もういちど，一般的な重力方程式にたちかえって，それぞれの大きさの程度の項に着目する．

物質のエネルギー・運動量テンソルは，物体の巨視的な拡がりを無視して，(33.4)，(33.5) のように書かねばならない，曲線座標系では，この表式は

$$T^{ik} = \sum_a \frac{m_a c}{\sqrt{-g}}\frac{dx^i}{ds}\frac{dx^k}{dt}\delta(\boldsymbol{r}-\boldsymbol{r}_a) \tag{106.4}$$

のように書かれる（$1/\sqrt{-g}$ が乗ぜられることについては，(90.4) における同様の事情を

参照). 和は, 系の全物体についてとる.

$$T_{00}=\sum_a \frac{m_a c^3}{\sqrt{-g}} g_{00}^2 \frac{dt}{ds}\delta(\boldsymbol{r}-\boldsymbol{r}_a)$$

という成分は, 第1近似 (ガリレイ的な g_{ik}) では $\sum_a m_a c^2 \delta(\boldsymbol{r}-\boldsymbol{r}_a)$ に等しい. つぎの近似では, (106.3) の g_{ik} の値を代入して簡単な計算をおこなうと

$$T_{00}=\sum_a m_a c^2\left(1+\frac{5\phi_a}{c^2}+\frac{v_a^2}{2c^2}\right)\delta(\boldsymbol{r}-\boldsymbol{r}_a) \tag{106.5}$$

が得られる. ここに $\boldsymbol{v}$ はふつうの3次元の速度 ($v^\alpha=dx^\alpha/dt$), ϕ_a は点 $\boldsymbol{r}_a$ における場のポテンシャルである (ϕ_a に無限大の部分——粒子 m_a の自己場のポテンシャル——が含まれることについては, さしあたって留意しない. この問題については以下をみよ).

エネルギー・運動量テンソルの成分 $T_{\alpha\beta}, T_{0\alpha}$ については, 表式 (106.4) の展開の最初の項を残すだけで同じ近似のためには十分である:

$$T_{\alpha\beta}=\sum_a m_a v_{a\alpha} v_{a\beta}\delta(\boldsymbol{r}-\boldsymbol{r}_a),$$
$$T_{0\alpha}=-\sum_a m_a c v_{a\alpha}\delta(\boldsymbol{r}-\boldsymbol{r}_a). \tag{106.6}$$

つぎに, テンソル R_{ik} の成分の計算に移ろう, 計算は, (92.1) からとった R_{limk} を使って公式 $R_{ik}=g^{lm}R_{limk}$ によっておこなうのが便利である. そのとき, $h_{\alpha\beta}$ および h_{00} という量は $1/c^2$ より低次でない項だけを含み, $h_{0\alpha}$ は $1/c^3$ より低次でない項だけを含むことをおもいだす必要がある. $x^0=ct$ で微分すると, こんどは微小量の次数が1だけあがる.

R_{00} の主要な項は $1/c^2$ の程度である. それらの項とともに, そのつぎの消えない項——$1/c^4$ の程度——をも残しておかねばならない. 簡単な計算によってつぎの結果が得られる:

$$R_{00}=\frac{1}{c}\frac{\partial}{\partial t}\left(\frac{\partial h_0^\alpha}{\partial x^\alpha}-\frac{1}{2c}\frac{\partial h_\alpha^\alpha}{\partial t}\right)+\frac{1}{2}\Delta h_{00}+\frac{1}{2}h^{\alpha\beta}\frac{\partial^2 h_{00}}{\partial x^\alpha \partial x^\beta}$$
$$-\frac{1}{4}\left(\frac{\partial h_{00}}{\partial x^\alpha}\right)^2-\frac{1}{4}\frac{\partial h_{00}}{\partial x^\beta}\left(2\frac{\partial h_\beta^\alpha}{\partial x^\alpha}-\frac{\partial h_\alpha^\alpha}{\partial x^\beta}\right).$$

この計算では, h_{ik} に対する付加条件はまだ何ひとつ使っていない. そこで, この自由度を利用して h_{ik} に

$$\frac{\partial h_0^\alpha}{\partial x^\alpha}-\frac{1}{2c}\frac{\partial h_\alpha}{\partial t}=0 \tag{106.7}$$

という条件を課すると, R_{00} から成分 $h_{0\alpha}$ を含む項が完全におちてしまう. 残った項に

$$h_\alpha^\beta=\frac{2}{c^2}\phi\delta_\alpha^\beta, \qquad h_{00}=\frac{2}{c^2}\phi+O\left(\frac{1}{c^4}\right)$$

を代入すると, 要求されている精度で

$$R_{00}=\frac{1}{2}\Delta h_{00}+\frac{2}{c^4}\phi\Delta\phi-\frac{2}{c^4}(\nabla\phi)^2 \tag{106.8}$$

を得る．ただし，3次元の記法に書き直した．

成分 $R_{0\alpha}$ を計算するときには，最初のゼロでない次数 $1/c^3$ の項だけを残せば十分である．同様のやり方で

$$R_{0\alpha}=\frac{1}{2c}\frac{\partial^2 h_\alpha^\beta}{\partial t\partial x^\beta}+\frac{1}{2}\frac{\partial^2 h_0^\beta}{\partial x^\alpha\partial x^\beta}-\frac{1}{2c}\frac{\partial^2 h_\beta^\beta}{\partial t\partial x^\alpha}+\frac{1}{2}\Delta h_{0\alpha}$$

を得，ついで条件（106.7）を考慮すると

$$R_{0\alpha}=\frac{1}{2}\Delta h_{0\alpha}+\frac{1}{2c^3}\frac{\partial^2\phi}{\partial t\partial x^\alpha} \tag{106.9}$$

となる．

そこで，うえに得た表式（106.5)～(106.9）を使ってアインシュタイン方程式

$$R_{ik}=\frac{8\pi k}{c^4}\left(T_{ik}-\frac{1}{2}g_{ik}T\right) \tag{106.10}$$

を書きおろそう．

方程式（106.10）の時間成分は

$$\Delta h_{00}+\frac{4}{c^4}\phi\Delta\phi-\frac{4}{c^4}(\nabla\phi)^2=\frac{8\pi k}{c^4}\sum_a m_a c^2\left(1+\frac{5\phi_a}{c^2}+\frac{3v_a^2}{2c^2}\right)\delta(\boldsymbol{r}-\boldsymbol{r}_a)$$

となる．この方程式を，恒等式

$$4(\nabla\phi)^2=2\Delta(\phi^2)-4\phi\Delta\phi$$

およびニュートン・ポテンシャルの方程式

$$\Delta\phi=4\pi k\sum_a m_a\delta(\boldsymbol{r}-\boldsymbol{r}_a) \tag{106.11}$$

の助けをかりてつぎのように書きなおす：

$$\Delta\left(h_{00}-\frac{2}{c^4}\phi^2\right)=\frac{8\pi k}{c^2}\sum_a m_a\left(1+\frac{\phi_a'}{c^2}+\frac{3v_a^2}{2c^2}\right)\delta(\boldsymbol{r}-\boldsymbol{r}_a). \tag{106.12}$$

すべての計算をおこなったのちに，方程式（106.12）の右辺の ϕ_a を

$$\phi_a'=-k\sum_b{}'\frac{m_b}{|\boldsymbol{r}_a-\boldsymbol{r}_b|}$$

すなわち，m_a をのぞくすべての粒子によってつくられる場の点 $\boldsymbol{r}_a$ におけるポテンシャルでおきかえた．粒子の（ここで採用している，粒子を点とみなす方法では）無限大の自己ポテンシャルをとりのぞくことは，粒子の質量の“くりこみ”に対応する．その結果として，粒子自身のつくる場を考慮にいれた正しい値が得られる[1]．

方程式（106.12）の解は，よく知られた（36.9）という関係

$$\Delta\frac{1}{r}=-4\pi\delta(\boldsymbol{r})$$

---

1) 実際，静止している粒子が1個だけあるとすると，方程式の右辺は単に

$$(8\pi k/c^2)m_a\delta(\boldsymbol{r}-\boldsymbol{r}_a)$$

となり，この方程式は，粒子のつくりだす場を正しく（第2近似まで）決定する．

を考慮すればただちに書きおろすことができる．このようにして

$$h_{00}=\frac{2\phi}{c^2}+\frac{2\phi^2}{c^4}-\frac{2k}{c^4}\sum_a\frac{m_a\phi'_a}{|\boldsymbol{r}-\boldsymbol{r}_a|}-\frac{3k}{c^4}\sum_a\frac{m_av_a^2}{|\boldsymbol{r}-\boldsymbol{r}_a|} \tag{106.13}$$

が見いだされる．

方程式（106.10）の混合成分は

$$\Delta h_{0\alpha}=-\frac{16\pi k}{c^3}\sum_a m_av_{a\alpha}\delta(\boldsymbol{r}-\boldsymbol{r}_a)-\frac{1}{c^3}\frac{\partial^2\phi}{\partial t\partial x^\alpha} \tag{106.14}$$

である．この線形方程式の解は

$$h_{0\alpha}=\frac{4k}{c^3}\sum_a\frac{m_av_{a\alpha}}{|\boldsymbol{r}-\boldsymbol{r}_a|}-\frac{1}{c^3}\frac{\partial^2 f}{\partial t\partial x^\alpha}$$

である[1]．ここに f は，補助方程式

$$\Delta f=\phi=-\sum\frac{km_a}{|\boldsymbol{r}-\boldsymbol{r}_a|}$$

の解である．$\Delta r=2/r$ という関係を思い起こすと

$$f=-\frac{k}{2}\sum_a m_a|\boldsymbol{r}-\boldsymbol{r}_a|$$

が得られる．そうして，簡単な計算によって結局

$$h_{0\alpha}=\frac{k}{2c^3}\sum_a\frac{m_a}{|\boldsymbol{r}-\boldsymbol{r}_a|}[7v_{a\alpha}+(\boldsymbol{v}_a\boldsymbol{n}_a)n_{a\alpha}] \tag{106.15}$$

を得る．ただし，$\boldsymbol{n}_a$ はベクトル $\boldsymbol{r}-\boldsymbol{r}_a$ の方向の単位ベクトルである．

求めるラグランジアンを２次の項まで正しく計算するには，(106.1)，(106.13)．(106.15) があれば十分である．

他の粒子によってつくられる重力場——それはあらかじめ与えられたものとみなす——のなかの１個の粒子のラグランジアンは

$$L_a=-m_ac\frac{ds}{dt}=-m_ac^2\left(1+h_{00}+2h_{0\alpha}\frac{v_a^\alpha}{c}-\frac{v_a^2}{c^2}+h_{\alpha\beta}\frac{v_a^\alpha v_a^\beta}{c^2}\right)^{1/2}$$

である．平方根を展開し，本質的でない定数 $-m_ac^2$ をおとして，この表現を要求されている正確さで

$$L_a=\frac{m_av_a^2}{2}+\frac{m_av_a^4}{8c^2}-m_ac^2\left(\frac{h_{00}}{2}+h_{0\alpha}\frac{v_a^\alpha}{c}+\frac{1}{2c^2}h_{\alpha\beta}v_a^\alpha v_a^\beta-\frac{h_{00}^2}{8}+\frac{h_{00}}{4c^2}v_a^2\right) \tag{106.16}$$

---

1) 定常的な場合には，方程式 (106.14) の右辺の第２項がおちる．系からの距離が大きなところでは，それの解は，方程式 (43.4) の解 (44.3) からの類推によってただちに書きおろすことができる：

$$h_{0\alpha}=-\frac{2k}{c^3r^2}(\boldsymbol{n}\times\boldsymbol{M})_\alpha$$

（ここに $\boldsymbol{M}=\int\boldsymbol{r}\times\mu\boldsymbol{v}dV=\sum m_a\boldsymbol{r}_a\times\boldsymbol{v}_a$ は系の角運動量）．これは (105.19) 式に対応している．

と書きなおす．ここで h_{ik} の値は，すべて点 $\boldsymbol{r}_a$ におけるものをとる．このときにもやはり，無限大になる項はおとす．これは，L_a の係数としてはいっている質量 m_a の“くりこみ”をおこなうことに相当する．

これから先の計算はつぎのように進められる．系全体のラグランジアンLは，いうまでもなく，個々の物体に対するラグランジアン L_a の和には等しくない．全体のラグランジアンは，ほかの粒子の運動を与えたとき，粒子の各々に働く力 $\boldsymbol{f}_a$ の正しい値に導くように構成されねばならない．そのために，ラグランジアン L_a を微分することによって力 $\boldsymbol{f}_a$ を計算する：

$$\boldsymbol{f}_a=\left(\frac{\partial L_a}{\partial \boldsymbol{r}}\right)_{\boldsymbol{r}=\boldsymbol{r}_a}$$

(h_{ik} の表式における微分は，“観測点”の流通座標 $\boldsymbol{r}$ についておこなう)．そのあとでは，力 $\boldsymbol{f}_a$ を偏導関数 $\partial L/\partial \boldsymbol{r}_a$ によって与えるような全体のラグランジアン Lをつくることは容易である．

単純な途中の計算にはたちいらないで，ただちにラグランジアンの最終的な形を書こう[1)]：

$$L=\sum_a\frac{m_av_a^2}{2}+\sum_a\sum_b{}'\frac{3km_am_bv_a^2}{2c^2r_{ab}}+\sum_a\frac{m_av_a^4}{8c^2}+\sum_a\sum_b{}'\frac{k^2m_am_b}{2r_{ab}}$$
$$-\sum_a\sum_b{}'\frac{km_am_b}{4c^2r_{ab}}[7(\boldsymbol{v}_a\boldsymbol{v}_b)+(\boldsymbol{v}_a\boldsymbol{n}_{ab})(\boldsymbol{v}_b\boldsymbol{n}_{ab})]-\sum_a\sum_b{}'\sum_c{}'\frac{k^2m_am_bm_c}{2c^2r_{ab}r_{ac}}. \tag{106.17}$$

ここに $r_{ab}=|\boldsymbol{r}-\boldsymbol{r}_a|$，$\boldsymbol{n}_{ab}$ は $\boldsymbol{r}_a-\boldsymbol{r}_b$ の方向の単位ベクトルで，和記号につけたダッシュは，$b=a$ あるいは $c=a$ の項はおとすということを表わす．

問　題

1. 重力場の作用関数のニュートン近似を求めよ．

解　(106.3) 式からとった g_{ik} を使うと，公式 (93.3) によって $G=-\frac{2}{c^4}(\nabla\phi)^2$．したがって，場の作用関数は

$$S_g=-\frac{1}{8\pi k}\iint(\nabla\phi)^2dVdt$$

である．密度μで空間に分布している質量と場とを合わせた全作用関数は

$$S=\iiint\left[\frac{\mu v^2}{2}-\mu\phi-\frac{1}{8\pi k}(\nabla\phi)^2\right]dVdt \tag{1}$$

となる．容易に確認できるように，Sのϕについての変分をとると，当然の結果として，ポアッソン方程式 (99.2) が導かれる．

1) このラグランジアンに対応する運動方程式は，A. Einstein, L. Infeld と B. Hoffman (1938) および A. Eddington と G. L. Clark (1938) によってはじめて求められた．

エネルギーの密度は，ラグランジアンの密度 Λ((1) の被積分関数) から，一般公式 (32.5) によって求められる．いまの場合，(Λ には ϕ の時間についての導関数が含まれないから) その結果は Λ の第2項および第3項の符号を変えることに帰着する．エネルギー密度を空間について積分する．その際，第2項では $\mu\phi=\frac{1}{4\pi k}\phi\Delta\phi$ というおき換えをし，部分積分をおこなうと，場と物質を合わせた全エネルギーとして，結局

$$\int\left[\frac{\mu v^2}{2}-\frac{1}{8\pi k}(\nabla\phi)^2\right]dV$$

が得られる．したがって，ニュートン理論における重力場のエネルギー密度は $W=-\frac{1}{8\pi k}(\nabla\phi)^2$ である[1]．

2. 重力をおよぼす物体の系の慣性中心の座標を第2近似まで求めよ．

解 重力的相互作用に対するニュートンの法則と静電気的相互作用に対するクーロンの法則とがまったく類似の形をもつことを考えると，慣性中心の座標は，§65の問題1で得たのと類似の公式

$$\boldsymbol{R}=\frac{1}{\mathscr{E}}\sum_a \boldsymbol{r}_a\left(m_a c^2+\frac{p_a^2}{2m_a}-\frac{km_a}{2}\sum_b{}'\frac{m_b}{r_{ab}}\right),$$

$$\mathscr{E}=\sum_a\left(m_a c^2+\frac{p_a^2}{2m_a}-\frac{km_a}{2}\sum_b{}'\frac{m_b}{r_{ab}}\right)$$

によって与えられる．

3. 2個の等しい質量をもつ重力をおよぼす物体の軌道の近日点の永年移動を求めよ (H. Robertson, 1938).

解 2個の物体からなる系のラグランジアンは

$$L=\frac{m_1v_1^2}{2}+\frac{m_2v_2^2}{2}+\frac{km_1m_2}{r}+\frac{1}{8c^2}(m_1v_1^4+m_2v_2^4)$$
$$+\frac{km_1m_2}{2c^2r}[3(v_1^2+v_2^2)-7(\boldsymbol{v}_1\boldsymbol{v}_2)-(\boldsymbol{v}_1\boldsymbol{n})(\boldsymbol{v}_2\boldsymbol{n})]-\frac{k^2m_1m_2(m_1+m_2)}{2c^2r^2}$$

である．ハミルトン関数を求め，慣性中心の運動をそれから消去すると (§65の問題2をみよ)

$$\mathscr{H}=\frac{p^2}{2}\left(\frac{1}{m_1}+\frac{1}{m_2}\right)-\frac{km_1m_2}{r}-\frac{p^4}{8c^2}\left(\frac{1}{m_1^3}+\frac{1}{m_2^3}\right)$$
$$-\frac{k}{2c^2r}\left[3p^2\left(\frac{m_2}{m_1}+\frac{m_1}{m_2}\right)+7p^2+(\boldsymbol{pn})^2\right]+\frac{k^2m_1m_2(m_1+m_2)}{2c^2r^2} \qquad (1)$$

となる．ただし，$\boldsymbol{p}$ は相対運動の運動量である．

運動量の動径成分 p_r を変数 r およびパラメター M (角運動量) と $\mathscr{E}$ (エネルギー) の関数として求める．それは，$\mathscr{H}=\mathscr{E}$ という式によってきまる (このとき2次の項では，p^2 をその第0近似からとった値でおきかえねばならない)：

$$\mathscr{E}=\frac{1}{2}\left(\frac{1}{m_1}+\frac{1}{m_2}\right)\left(p_r^2+\frac{M^2}{r^2}\right)-\frac{km_1m_2}{r}$$
$$-\frac{1}{8c^2}\left(\frac{1}{m_1^3}+\frac{1}{m_2^3}\right)\left(\frac{2m_1m_2}{m_1+m_2}\right)^2\left(\mathscr{E}+\frac{km_1m_2}{r}\right)^2$$

---

1) 生じうる誤解をさけるために，この表現は，((106.3) からとった g_{ik} で計算した) エネルギー・運動量の擬テンソルの成分 $(-g)t_{00}$ に一致しないということを指摘しておこう．W への寄与もやはり $(-g)T_{ik}$ からくるのである．

$$-\frac{k}{2c^2r}\left[3\left(\frac{m_2}{m_1}+\frac{m_1}{m_2}\right)+7\right]\frac{2m_1m_2}{m_1+m_2}\left(\mathscr{E}+\frac{km_1m_2}{r}\right)$$
$$-\frac{k}{2c^2r}p_r^2+\frac{k^2m_1m_2(m_1+m_2)}{2c^2r^2}.$$

これから先の計算の進め方は，§101でおこなったのと類似している．うえに書いた代数方程式から p_r を求め，積分

$$S_r=\int p_r dr$$

において，M^2 を含む項を M^2/r^2 という形に変えるような変数 r の変換をおこなう．つぎに，根号下の表現を小さな相対論的補正について展開して

$$S_r=\int\sqrt{A+\frac{B}{r}-\left(M^2-\frac{6k^2m_1^2m_2^2}{c^2}\right)\frac{1}{r^2}}dr$$

を得る((101.6) をみよ)．ここに A, B は定数係数であるが，それを明からさまに計算することは必要でない．

以上の結果から，相対運動の軌道の近日点移動として

$$\delta\phi=\frac{6\pi k^2m_1^2m_2^2}{c^2M^2}=\frac{6\pi k(m_1+m_2)}{c^2a(1-e^2)}$$

が得られる．これを (101.7) とくらべて，軌道の形と大きさとが与えられたとき，近日点移動は，1個の物体が質量 m_1+m_2 の不動の中心のつくる場のなかで運動する場合のものと同じであることがわかる．

4. 自分の軸のまわりに回転している中心物体がつくる重力場のなかで球状のコマが軌道運動をするとき，その歳差運動の振動数を求めよ．

解 第1近似では求める効果は，独立な2つの部分の和である．その1つは，中心対称な場の非ニュートン性に関係し (H. Weyl, 1923)，もう1つは，中心物体の回転にかかるものである (L. Schiff. 1960)．第1の部分は，コマのラグランジアンにおける，(106.17) の第2項に対応する付加項によって記述される．コマの各部分（質量 dm）の速度を $\boldsymbol{v}=\boldsymbol{V}+\boldsymbol{\omega}\times\boldsymbol{r}$ という形に書く．ここで $\boldsymbol{V}$ はコマの軌道運動の速度で，$\boldsymbol{\omega}$ は角速度，$\boldsymbol{r}$ はコマの重心からの要素 dm の動径ベクトルである（したがってコマの体積についての積分 $\int\boldsymbol{r}dm=0$ である)．$\boldsymbol{\omega}$ によらない項を落とし，また $\boldsymbol{\omega}$ の2次の項は無視すると，

$$\delta^{(1)}L=\frac{3km'}{2c^2}\int\frac{2\boldsymbol{V}(\boldsymbol{\omega}\times\boldsymbol{r})}{R}dm$$

が得られる．ただし，m' は中心物体の質量，$\boldsymbol{R}_0$ をコマの重心の動径ベクトルとして $R=|\boldsymbol{R}_0+\boldsymbol{r}|$ は場の中心から要素 dm までの距離である．展開 $1/R\approx1/R_0-\boldsymbol{nr}/R_0^2(\boldsymbol{n}=\boldsymbol{R}_0/R_0)$ で，第1項の積分はゼロになり，第2項の積分は，I をコマの慣性能率として，公式

$$\int x_\alpha x_\beta dm=\frac{1}{2}I\delta_{\alpha\beta}$$

を使っておこなわれる．結局，$\boldsymbol{M}=I\boldsymbol{\omega}$ をコマの回転の角運動量として，

$$\delta^{(1)}L=\frac{3km'}{2c^2R_0^2}\boldsymbol{M}(\boldsymbol{V}\times\boldsymbol{n})$$

が見いだされる．

中心物体の回転に関係するラグランジアンの付加項は，やはり (106.17) から求めることができるが，§105の問題2の中の (1) 式を使って計算するのがもっと簡単である：

$$\delta^{(2)}L=\frac{2k}{c^2}\int\frac{\boldsymbol{M}'((\boldsymbol{\omega}\times\boldsymbol{r})\times\boldsymbol{R})}{R^3}dm.$$

ここで $\boldsymbol{M}'$ は，中心物体の角運動量である．展開

$$\frac{\boldsymbol{R}}{R^3}\simeq\frac{\boldsymbol{n}}{R_0^2}+\frac{1}{R_0^3}[\boldsymbol{r}-3\boldsymbol{n}(\boldsymbol{nr})]$$

をおこない，積分をすると

$$\delta^{(2)}L=\frac{k}{c^2R_0^3}\{\boldsymbol{MM}'-3(\boldsymbol{nM})(\boldsymbol{nM}')\}$$

が得られる．

このようにして，ラグランジアンへの全付加項は，

$$\delta L=-\boldsymbol{M\Omega},\qquad \boldsymbol{\Omega}=\frac{3km'}{2c^2R_0^2}\boldsymbol{n}\times\boldsymbol{V}+\frac{k}{c^2R_0^3}\{3\boldsymbol{n}(\boldsymbol{nM}')-\boldsymbol{M}'\}$$

となる．この関数には運動方程式

$$\frac{d\boldsymbol{M}}{dt}=\boldsymbol{\Omega}\times\boldsymbol{M}$$

が対応する（§105 の問題 2 の (2) をみよ）．このことは，コマの角運動量 $\boldsymbol{M}$ が，その大きさを一定に保ちながら角速度 $\boldsymbol{\Omega}$ で歳差運動することを意味する．

第13章 重　力　波

§ 107. 弱い重力波

相互作用の伝播速度が有限であることは，電気力学におけると同様，重力の相対性理論においても，物体に関係のない自由な重力場，すなわち重力波の存在の可能性を与える．

真空中の弱い自由重力場を考察する．§105 におけるように，ガリレイ計量の弱い乱れを記述するテンソル h_{ik} を導入する：

$$g_{ik}=g_{ik}^{(0)}+h_{ik}. \tag{107.1}$$

このとき，h_{ik} について1次の量までの精度で，反変計量テンソルは，

$$g^{ik}=g^{ik(0)}-h^{ik} \tag{107.2}$$

であり，テンソル g_{ik} の行列式は，$h\equiv h_i^i$ として

$$g=g^{(0)}(1+h) \tag{107.3}$$

となる．テンソル添字の上げ下げの演算はすべて乱れのない計量 $g_{ik}^{(0)}$ でおこなわれる．

すでに§105 で示したように，h_{ik} が小さいという条件は，ξ^i が小さいとして $x'^i=x^i+\xi^i$ という形の基準系の任意変換を許す．そのとき

$$h'_{ik}=h_{ik}-\frac{\partial\xi_i}{\partial x^k}-\frac{\partial\xi_k}{\partial x^i}. \tag{107.4}$$

テンソル h_{ik} のゲージ（この関係でそう呼ぶ）にあるこの任意性を利用して，h_{ik} に補助条件

$$\frac{\partial\psi_i^k}{\partial x^k}=0,\qquad \psi_i^k=h_i^k-\frac{1}{2}\delta_i^k h \tag{107.5}$$

を課する．そうすると，リッチ・テンソルは簡単な形（105.11）をとる：

$$R_{ik}=\frac{1}{2}\Box h_{ik}. \tag{107.6}$$

ここで $\Box$ はダランベール演算子

$$\Box=-g^{lm(0)}\frac{\partial^2}{\partial x^l\partial x^m}=\Delta-\frac{1}{c^2}\frac{\partial^2}{\partial t^2}$$

である．条件（107.5）はまだ基準系の選択を一意的にきめない．もしある h_{ik} がこれらの条件をみたしたとすると，ξ^i が方程式

$$\Box\xi^i=0 \tag{107.7}$$

の解でありさえすれば，（107.4）の h_{ik} もまたこの条件を満足する．

表式 (107.6) をゼロとおいて，真空中の重力場の方程式が

$$\Box h_i^k=0 \tag{107.8}$$

という形をとる．これは通常の波動方程式である．したがって，重力場は，電磁場と同じように，真空中を光の速度で伝播するのである．

平面重力波を考えよう．そういう波のなかでは，場は空間の1つの方向にそってのみ変化する．この方向を $x^1=x$ 軸にとる．すると，(107.8) 式は

$$\left(\frac{\partial^2}{\partial x^2}-\frac{1}{c^2}\frac{\partial^2}{\partial t^2}\right)h_i^k=0 \tag{107.9}$$

となる．これの解は，$t\pm x/c$ の任意の関数である (§47).

x 軸にそって正の向きに伝播する波を考える．そのとき，すべての h_i^k は $t-x/c$ の関数である．この場合，補助条件 (107.5) は $\dot{\psi}_i^1-\dot{\psi}_i^0=0$ を与える．ここでドットは t についての微分を表わす．この方程式は，微分のしるしをおとすだけで積分できる——いまわれわれに興味があるのは，（電磁波の場合と同じく）場の変化する部分であるから，積分定数は0に等しいとおくことができる．こうして，ψ_i^k の個々の成分のあいだに

$$\psi_1^1=\psi_1^0,\qquad \psi_2^1=\psi_2^0,\qquad \psi_3^1=\psi_3^0,\qquad \psi_0^1=\psi_0^0 \tag{107.10}$$

という関係が得られる．

前に指摘したように，(107.5) はまだ基準系を一意的に決定しない．さらに $x'^i=x^i+\xi^i(t-x/c)$ という形の座標変換をおこなうことができる．この変換を利用して，4つの量 ψ_1^0, ψ_2^0, ψ_3^0, $\psi_2^2+\psi_3^3$ をゼロにすることができる．すると，(107.10) から成分 ψ_1^1, ψ_2^1, ψ_3^1, ψ_0^0 もまた消える．残る成分 ψ_2^3, $\psi_2^2-\psi_3^3$ は，基準系をどう選んでもゼロにすることができない．それは，(107.4) から明らかなように，これらの成分は変換 $\xi_i=\xi_i(t-x/c)$ によって変化しないからである．$\psi\equiv\psi_i^i$ も消え，したがって $\psi_i^k=h_i^k$ であることに注意しよう．

こうして，平面重力波は2つの量 h_{23} と $h_{22}=-h_{33}$ とによってきまる．いいかえると，重力波は横波であって，そのかたよりは，yz 平面内の2階の対称テンソルによって定まる．このテンソルの対角和 $h_{22}+h_{33}$ はゼロである．2つの独立なかたよりとして，h_{23} と $\frac{1}{2}(h_{22}-h_{33})$ のどちらかがゼロと異なる場合をとることができる．この2つのかたよりは，yz 平面における $\pi/4$ の回転でおたがいに区別される．

平面重力波のエネルギー運動量の擬テンソルを計算しよう．成分 t^{ik} は2次の量である．それより高次の項は無視して計算しなければならない．$h=0$ のとき行列式 g は，$g^{(0)}=-1$ から2次の量でだけ異なるから，一般式 (96.9) で $\mathfrak{g}^{ik}{}_{,l}\approx g^{ik}{}_{,l}\approx -h^{ik}{}_{,l}$ とおいてよい．平面波に対しては t^{ik} のゼロと異なる項はすべて (96.9) の大括弧のなかの

$$\frac{1}{2}g^{il}g^{km}g_{np}g_{qr}g^{nr}{}_{,l}\,g^{pq}{}_{,m}=\frac{1}{2}h_q^{n,i}\,h_n^{q,k}$$

という項に含まれている（このことは，ガリレイ基準系の1つの軸を波の伝播方向に選べば容易に示される）．こうして，

$$t^{ik}=\frac{c^4}{32\pi k}h_q^{n,i}h_n^{q,k}. \tag{107.11}$$

波のエネルギーの流れは，$-cgt^{0\alpha}\approx ct^{0\alpha}$ という量で与えられる．x^1 軸方向に伝播する平面波では，ゼロと異なる h_{23} と $h_{22}=-h_{33}$ は差 $t-x/c$ にだけ依存するから，この流れもやはり x^1 軸にそっており，

$$ct^{01}=\frac{c^3}{16\pi k}\left[\dot{h}_{23}^2+\frac{1}{4}(\dot{h}_{22}-\dot{h}_{33})^2\right] \tag{107.12}$$

に等しい．

任意の重力波の場に対する初期条件は，4個の任意関数（座標の）によって与えられる．重力波は横波であるから独立な成分 $h_{\alpha\beta}$ は2個で，これに加えて，それらの時間についての1階の導関数を与えなければならない．ここでは，弱い重力場の性質から出発してこの勘定をおこなったのであるが，その結果である4という数は，その前提に依存することはあり得ない．それは，任意の自由な重力場，すなわち重力をおよぼす質量に結びついていない場に対して妥当するものである．

問　題

弱い平面重力波における曲率テンソルを求めよ．

解　R_{iklm} を公式(105.8)によって計算すると，つぎのゼロと異なる成分が求められる：

$$-R_{0202}=R_{0303}=-R_{1212}=R_{0212}=R_{0331}=R_{3131}=\sigma,$$
$$R_{0203}=-R_{1231}=-R_{0312}=R_{0231}=\mu.$$

ここで $\sigma=-\frac{1}{2}\ddot{h}_{33}=\frac{1}{2}\ddot{h}_{22}$, $\mu=-\frac{1}{2}\ddot{h}_{23}$ という記号を使った．(92.15) で導入した3次元テンソル $A_{\alpha\beta}$ と $B_{\alpha\beta}$ で表わすと，

$$A_{\alpha\beta}=\begin{pmatrix}0&0&0\\0&-\sigma&\mu\\0&\mu&\sigma\end{pmatrix},\qquad B_{\alpha\beta}=\begin{pmatrix}0&0&0\\0&\mu&\sigma\\0&\sigma&-\mu\end{pmatrix}.$$

軸 x^2, x^3 の回転をおこなうことにより（4次元空間の与えられた点で），σ と μ のどちらかをゼロにすることができる．量 σ をゼロにすると，曲率テンソルが縮退したペトロフの第II形（N形）に帰着される．

§ 108.　曲がった空間・時間における重力波

平坦な空間・時間を“背景として”重力波の伝播を考察したが，それと同様に，任意の（非ガリレイ的）“乱れのない”計量 $g_{ik}^{(0)}$ に対する小さな乱れの伝播を考察することができる．他の応用の可能性も考えに入れて，ここで必要な公式をもっとも一般的な形に書こ

う.

あらためて g_{ik} を (107.1) の形に書き，クリストッフェル記号への1次の補正が，乱れ h_{ik} で

$$\Gamma^{i(1)}_{kl}=\frac{1}{2}(h^i_{k;l}+h^i_{l;k}-h_{kl}{}^{;i}) \qquad (108.1)$$

と表わされることがわかる．これは直接計算することで確かめられる（ここでもまた以下でも，すべてのテンソルの演算，すなわち添字の上げ下げ，共変微分は，非ガリレイ的計量 $g^{(0)}_{ik}$ でおこなわれる)．曲率テンソルへの補正は，

$$R^{i(1)}_{klm}=\frac{1}{2}(h^i_{k;m;l}+h^i_{m;k;l}-h_{km}{}^{;i}{}_{;l}-h^i_{k;l;m}-h^i_{l;k;m}+h_{kl}{}^{;i}{}_{;m}) \qquad (108.2)$$

となる．これからリッチ・テンソルへの補正は

$$R^{(1)}_{ik}=R^{l(1)}_{ilk}=\frac{1}{2}(h^l_{i;k;l}+h^l_{k;i;l}-h_{ik}{}^{;l}{}_{;l}-h_{;i;k}). \qquad (108.3)$$

混合リッチ・テンソルへの補正は，関係

$$R^{k(0)}_i+R^{k(1)}_i=(R^{(0)}_{il}+R^{(1)}_{il})(g^{kl(0)}-h^{kl})$$

から求められ，

$$R^{k(1)}_i=g^{kl(0)}R^{(1)}_{il}-h^{kl}R^{(0)}_{il} \qquad (108.4)$$

となる．

真空中の正確な計量は，正確なアインシュタイン方程式 $R_{ik}=0$ を満足する．乱れのない計量 $g^{(0)}_{ik}$ が方程式 $R^{(0)}_{ik}=0$ をみたすから，乱れに対しても等式 $R^{(1)}_{ik}=0$，すなわち，

$$h^l_{i;k;l}+h^l_{k;i;l}-h_{ik}{}^{;l}{}_{;l}-h_{;i;k}=0 \qquad (108.5)$$

が得られる．

任意の重力波という一般的な場合には，(107.8) のような形にこの方程式を単純化することはできない．しかし，大きな振動数の波という重要な場合にはこれが可能である．すなわち，“背景の場”が変化するめやすである特徴的な距離 L と特徴的な時間 L/c にくらべて，波長 λ と振動の周期 λ/c が小さいときである．乱れのない計量 $g^{(0)}_{ik}$ の微分にくらべて，成分 h_{ik} を微分するごとに比 L/λ の次数が高くなる．最高次の2つの項 ($(L/\lambda)^2$ と (L/λ)) だけに限る精度では，(108.5) で微分の順序をかえることができる．実際，差

$$h^l_{i;k;l}-h^l_{i;l;k}\approx h^l_m R^{m(0)}_{ikl}-h^m_i R^{l\,(0)}_{mkl}$$

は $(L/\lambda)^0$ の大きさであるが，$h^l_{i;k;l}$ と $h^l_{i;l;k}$ の各々は，2つの最高次の項を含んでいる．いま h_{ik} に付加条件 ((107.5) と同様な)

$$\psi^k_{i;k}=0 \qquad (108.6)$$

を課すると，(107.8) 式を一般化した方程式

$$h_{ik}{}^{;l}{}_{;l}=0 \qquad (108.7)$$

が求まる.

§107で示した理由により，条件 (108.6) は座標の選択を一意的に定めない．それはまだ変数 $x'^i=x^i+\xi^i$ を許す．ただし小さな量 ξ^i は，方程式 $\xi^{i;k}{}_{;k}=0$ をみたす．とくにこの変換を利用して，h_{ik} にさらに $h\equiv h_i^i=0$ という条件を課することができる．そうすると $\psi_i^k=h_i^k$ であり，したがって h_i^k は条件

$$h_{i;k}^k=0, \qquad h=0 \tag{108.8}$$

にしたがう．このあと，なお許される変換は，$\xi^i{}_{;i}=0$ という要求で制限される．

一般に擬テンソル t^{ik} は，乱れのない部分 $t^{ik(0)}$ に加えて，h_{ik} のいろいろな次数の項を含む．もし λ にくらべて大きく，L にくらべて小さい大きさの4次元空間の領域にわたって平均した t_{ik} を考えると，(107.11) に類似した表式が導かれる．このような平均（以下では角カッコ $\langle\cdots\rangle$ で表わす）によって $g_{ik}^{(0)}$ は変化しないが，急激に振動する量 h_{ik} の1次の量はすべてゼロになる．2次の項のうち，$1/\lambda$ の最高次（2次）の項だけを残す．それらは，微分 $h_{ik;l}\equiv\partial h_{ik}/\partial x^l$ の2次の項である．

この精度では，t^{ik} のなかで4次元の発散として表わされるすべての項を落とすことができる．事実，このような項の4次元空間（平均をとる領域）での積分はガウスの定理によって変形され，その結果 $1/\lambda$ の次数が1だけ下がるのである．そのほか，部分積分のあとで (108.7) と (108.8) のためにゼロになる項が落ちる．このように，部分積分をし，4元発散の積分を落として，

$$\langle h^{ln}{}_{,p}h^p_{l,n}\rangle\equiv-\langle h^{ln}h^p_{l,p,n}\rangle=0,$$

$$\langle h^{il}{}_{,n}h^{k,n}_l\rangle=-\langle h^{il}h^{k,n}_{l,n}\rangle=0$$

が得られる．その結果，2次の項のうち

$$\langle t^{ik(2)}\rangle=\frac{c^4}{32\pi k}\langle h^{n,i}_q h^{q,k}_n\rangle \tag{108.9}$$

だけが残る．ここで，同じ精度で $\langle t_i^{i(2)}\rangle=0$ であることに注意しよう．

重力波は，一定のエネルギーをもつから，それ自身なんらかの付加的な重力場の源になる．それをつくるエネルギーと同様，この場は量 h_{ik} の2次の効果である．しかし大きな振動数の重力波の場合には，この効果は顕著に強められる．擬テンソル t^{ik} が h_{ik} の微分について2次である事実は，それに大きな乗数 λ^{-2} の次数を加えることになる．このような場合には，波自身がそれの伝播する背景の場をつくり出すということができる．上に述べたような λ にくらべて大きな4次元空間の領域についての平均をとることによって，この場は適切に考察される．この平均は，短波長の“さざなみ”をなめらかにし，ゆっくり変化する背景の計量を残すのである (R. A. Isaacson, 1968).

この計量を定める方程式を導くには，R_{ik} の展開で h_{ik} について1次だけでなく2次

の項も考えなければならない：$R_{ik}=R^{(0)}_{ik}+R^{(1)}_{ik}+R^{(2)}_{ik}$．すでに述べたように，平均は０次の項に影響しない．したがって，平均をとった場の方程式 $\langle R_{ik}\rangle=0$ は

$$R^{(0)}_{ik}=-\langle R^{(2)}_{ik}\rangle \tag{108.10}$$

という形をとる．ここで $R^{(2)}_{ik}$ には $1/\lambda$ の２次の項だけを残さなければならない．それは，恒等式 (96.7) から容易に見いだされる．この恒等式の右辺に現われる h_{ik} について２次の項は，４元発散の形をとり，平均すると（いま考えている精度では）消えるから，

$$\left\langle\left(R^{ik}-\frac{1}{2}g^{ik}R\right)^{(2)}\right\rangle=-\frac{8\pi k}{c^4}\langle t^{ik(2)}\rangle$$

あるいは，$\langle t^{i(2)}_i\rangle=0$ であるから，同じ精度で，

$$\langle R^{(2)}_{ik}\rangle=-\frac{8\pi k}{c^4}\langle t^{(2)}_{ik}\rangle.$$

最後に，(108.9) を用いると，(108.10) 式を

$$R^{(0)}_{ik}=\frac{1}{4}\langle h^n_{q,i}\,h^q_{n,k}\rangle \tag{108.11}$$

という形に求められる．

もし“背景”がまったく波自体によってつくられるのであれば，方程式 (108.11) と (108.7) とを同時に解かなければならない．方程式 (108.11) の両辺の表式を評価すると，この場合，背景の計量の曲率半径は L の大きさの程度であるが，それが波長 λ およびその場の大きさの程度 h と，$L^{-2}\sim h^2/\lambda^2$ すなわち $\lambda/L\sim h$ のように関係していることがわかる．

§109.　強い重力波

この節では，平坦な空間・時間のなかの弱い平面重力波の一般化を表わすような，アインシュタイン方程式の解を考察しよう (I. Robinson, H. Bondi, 1957).

適当に基準系を選ぶと，計量テンソルのすべての成分がただ１つの変数の関数になるような解を求めよう．その変数を x^0 とよぶ（ただしその性格はあらかじめ定めない）．この条件はなお，ϕ^0, ϕ^α を任意関数として，

$$x^\alpha\to x^\alpha+\phi^\alpha(x^0), \tag{109.1}$$

$$x^0\to\phi^0(x^0) \tag{109.2}$$

の形の座標変換を許す．

解の性質は，３つの変換 (109.1) ですべての $g_{0\alpha}$ をゼロにできるかどうかに本質的に依存する．もし行列式 $|g_{\alpha\beta}|\neq0$ であれば，これが可能である．実際，変換 (109.1) で，$g_{0\alpha}\to g_{0\alpha}+g_{\alpha\beta}\dot{\phi}^\beta$（ドットは x^0 による微分を表わす）．$|g_{\alpha\beta}|\neq0$ であれば，連立方程式

$$g_{0\alpha}+g_{\alpha\beta}\dot{\phi}^\beta=0$$

が，求める変換を定める $\phi^{\beta}(x^0)$ を与える．このような場合は§117で考察する．ここでわれわれに興味があるのは，

$$|g_{\alpha\beta}|=0 \tag{109.3}$$

となる解である．

この場合には，すべての $g_{0\alpha}=0$ となるような基準系は存在しない．しかし，そのかわり4つの変換（109.1—2）で

$$g_{01}=1, \qquad g_{00}=g_{02}=g_{03}=0 \tag{109.4}$$

とすることができる．このとき変数 x^0 は“光的な”性格をもつ．すなわち，$dx^\alpha=0$，$dx^0\neq0$ のとき間隔 $ds=0$ となる．このように選んだ変数 x^0 を，以下では $x^0=\eta$ と表わすことにする．条件（109.4）の下での間隔要素は

$$ds^2=2dx^1d\eta+g_{ab}(dx^a+g^a dx^1)(dx^b+g^b dx^1) \tag{109.5}$$

の形に表わされる．ここで，そして以下この節では添字 a，b，c，… は値 2，3 をとる．$g_{ab}(\eta)$ は2次元テンソル，2つの量 $g^a(\eta)$ は2次元ベクトルの成分とみなすことができる．R_{ab} を計算すると，つぎの場の方程式が導かれる：

$$R_{ab}=-\frac{1}{2}g_{ac}\,\dot{g}^c\,g_{bd}\,\dot{g}^d=0.$$

これから，$g_{ac}\,\dot{g}^c=0$ あるいは $\dot{g}^c=0$，すなわち $g^c=\text{const}$ がわかる．したがって，変換 $x^a+g^a x^1\to x^a$ によって問題の計量を

$$ds^2=2dx^1d\eta+g_{ab}(\eta)dx^a dx^b \tag{109.6}$$

という形にすることができる．

この計量の行列式 g は，行列式 $|g_{ab}|$ と一致し，クリストッフェル記号のうちゼロと異なるのは

$$\Gamma^a_{b0}=\frac{1}{2}\kappa^a_b, \qquad \Gamma^1_{ab}=-\frac{1}{2}\kappa_{ab}$$

だけである．ここで2次元テンソル $\kappa_{ab}=\dot{g}_{ab}$，$\kappa^b_a=g^{bc}\kappa_{ac}$ を導入した．リッチ・テンソルのすべての成分のうち，恒等的にゼロにならないのは R_{00} だけであり，したがって方程式

$$R_{00}=-\frac{1}{2}\dot{\kappa}^a_a-\frac{1}{4}\kappa^b_a\kappa^a_b=0 \tag{109.7}$$

が得られる．

このようにして，3つの関数 $g_{22}(\eta)$，$g_{23}(\eta)$，$g_{33}(\eta)$ はただ1つの方程式をみたせばよい．したがって，そのうちの2つは任意に与えることができる．g_{ab} を

$$g_{ab}=-\chi^2\gamma_{ab}, \qquad |\gamma_{ab}|=1 \tag{109.8}$$

という形に書き，（109.7）式を書きかえると便利である．行列式は $-g=|g_{ab}|=\chi^4$ で，

(109.7) に代入し，簡単な変換をすると

$$\ddot{\chi}+\frac{1}{8}(\dot{\gamma}_{ac}\gamma^{bc})(\dot{\gamma}_{bd}\gamma^{ad})\chi=0 \tag{109.9}$$

となる (γ^{ab} は，γ_{ab} に共役な 2 次元テンソルである)．任意関数 $\gamma_{ab}(\eta)$ を与えたとすると ($|\gamma_{ab}|=1$ でおたがいに関連している)，この式で関数 $\chi(\eta)$ が決定される．

こうして，2つの任意関数を含む解に到達する．それが，§107 で考察した弱い平面重力波（1方向に伝播する）の一般化になっていることは容易にわかる[1]．変換

$$\eta=\frac{t+x}{\sqrt{2}}, \qquad x^1=\frac{t-x}{\sqrt{2}}$$

をおこない，$\gamma_{ab}=\delta_{ab}+h_{ab}(\eta)$ (h_{ab} は条件 $h_{22}+h_{33}=0$ をみたす小さい量) および $\chi=1$ とおくと，弱い平面重力波になる．定数の χ は，2次の小さな項を無視すれば，(109.9) 式をみたすのである．

空間の任意の点 x を，有限のひろがりをもつ弱い重力波（"波束"）が通過するとしよう．通過する前までは $h_{ab}=0$, $\chi=1$ である．通過し終わったあとではふたたび $h_{ab}=0$, $\partial^2\chi/\partial t^2=0$ となるが，(109.9) 式で2次の項を考えに入れると，ゼロと異なる負の値の $\partial\chi/\partial t$ が現われる：

$$\frac{\partial\chi}{\partial t}\approx-\frac{1}{8}\int\left(\frac{\partial h_{ab}}{\partial t}\right)^2 dt<0$$

(積分は，波の通過する時間にわたっておこなう)．したがって，波の通過後には $\chi=1-\text{const}\cdot t$ となり，有限の時間がたつと χ は符号を変える．ところが，χ がゼロになることは，計量の行列式 g がゼロになること，すなわち，計量の特異性である．しかしながら，この特異性は，物理的性格のものではない．それは，通過する重力波によって"スポイル"された基準系の欠点だけにかかわるものであり，適当な変換によって消去される．実際には，波の通過後，空間・時間はふたたび平坦になる．

このことは直接たしかめられる．変数 η を，特異点に対応する値から測るとすると，$\chi=\eta$ であり，したがって

$$ds^2=2d\eta dx^1-\eta^2[(dx^2)^2+(dx^3)^2].$$

変換

$$\eta x^2=y, \qquad \eta x^3=z, \qquad x^1=\xi-\frac{y^2+z^2}{2\eta}$$

をおこなうと

$$ds^2=2d\eta d\xi-dy^2-dz^2$$

となり，$\eta=(t+x)/\sqrt{2}$，$\xi=(t-x)/\sqrt{2}$ を代入すると計量がガリレイ的にもたらされ

1) より多くの変数による同種の解については，I. Robinson, A. Trautman, *Phys. Rev. Lett* **4**, 431 (1960)；*Proc, Roy. Soc.* **A265**, 463 (1962) を参照.

る.

重力波のこの性質，すなわち仮想的特異性をつくりだすことは，もちろんそれが弱いことによっているのではなく，方程式（109.7）の一般的な解にもあてはまる：いま考えた例におけると同様に，特異性の近傍では，$\chi\sim\eta$，すなわち $-g\sim\eta^4$ である[1].

問　題

真空中の場に対するアインシュタイン方程式の厳密解に，

$$ds^2=dt^2-dx^2-dy^2-dz^2+f(t-x,y,z)(dt-dx)^2$$

という形の計量がなるための条件を求めよ（A. Peres, 1960).

解　リッチ・テンソルは，座標 $u=(t-x)/\sqrt{2}$，$v=(t+x)/\sqrt{2},y,z$ でもっとも簡単に計算される．この座標では

$$ds^2=-dy^2-dz^2+2dudv+2f(u,y,z)du^2.$$

$g_{22}=g_{33}=-1$ のほかにゼロと異なる計量テンソルの成分は，$g_{uu}=2f$，$g_{uv}=1$ だけである．このとき $g^{vv}=-2f$，$g^{uv}=1$ で，行列式は $g=-1$ である．(92.1）によって直接計算すると，曲率テンソルのゼロでない成分は，

$$R_{yuyu}=-\frac{\partial^2 f}{\partial y^2},\qquad R_{zuzu}=-\frac{\partial^2 f}{\partial z^2},\qquad R_{yuzu}=-\frac{\partial^2 f}{\partial y\partial z}.$$

リッチ・テンソルのゼロでない唯一の成分は，$\varDelta$ を座標 y,z についてのラプラス演算子として，$R_{uu}=\varDelta f$．したがって，アインシュタイン方程式は $\varDelta f=0$，すなわち関数 $f(t-x,y,z)$ は，変数 y，z の調和関数でなければならない.

もし関数 f が，y，z に依存しないか，あるいはそれらの変数について1次であれば，場は存在せず，空間・時間は平坦である（曲率テンソルがゼロになる). y，z の2次関数

$$f(u,y,z)=yzf_1(u)+\frac{1}{2}(y^2-z^2)f_2(u)$$

は，x 軸の正の方向に伝播する平面波に対応する．実際，この場の曲率テンソルは，$t-x$ だけに依存する：

$$R_{yuzu}=-f_1(u),\qquad R_{yuyu}=-R_{zuzu}=-f_2(u).$$

波の2つの可能なかたよりに対応して，計量はこの場合2つの任意関数 $f_1(u)$ と $f_2(u)$ を含む.

§ 110. 重力波の放射

光速度にくらべて小さな速度で運動している物体によってつくりだされる弱い重力場を考えよう.

物質が存在するために，重力場の方程式は（107.8）の $\Box h_i^k=0$ という形の単なる波動方程式ではなくなる．その違いは，右辺に物質のエネルギー・運動量テンソルにゆらいす

1）これは，§97で同期化された基準系における3次元の同様な方程式に対しておこなったとまったく同じ仕方で，(109.7) 式を使って示すことができる．そこでと同様に，仮想的特異性の出現は，座標曲線の交差に関係している.

る項が現われるということである．それらの方程式を

$$\frac{1}{2}\Box\psi_i^k=\frac{8\pi k}{c^4}\tau_i^k \tag{110.1}$$

の形に書こう．ここで h_i^k のかわりに，いまの場合それよりも便利な

$$\psi_i^k=h_i^k-\frac{1}{2}\delta_i^k h$$

という量を導入した．τ_i^k は，厳密な重力方程式から，いま考えている弱い場の近似へ移るときに得られる補助的な量である．容易に示されるように，τ_0^0 および τ_α^0 という成分は，T_i^k の対応する成分からわれわれに興味のある大きさの程度の量だけをとりだすことによって，ただちに得られる．τ_β^α という成分は，T_β^α から得られる項とともに，$R_i^k-\frac{1}{2}\delta_i^k R$ からくる2次の微小量の項をも含んでいる[1]．

ψ_i^k という量は (107.5) の条件 $\partial\psi_i^k/\partial x^k=0$ を満足する．(110.1) から，τ_i^k に対しても同じ式が成り立つことがわかる：

$$\frac{\partial\tau_i^k}{\partial x^k}=0. \tag{110.2}$$

この式はいまの場合，一般的な関係 $T_{i;k}^k=0$ に代わるものである．

運動する物体から重力波の形で放射されるエネルギーを，うえに書きおろした方程式の助けをかりて論じよう．この問題の解決のためには，“波動帯”，すなわち，放射される波の波長にくらべて大きな距離のところの重力場を決定することが必要である．

原理的には，すべての計算は，電磁場に対しておこなったのと完全に類似である．弱い重力場に対する方程式 (110.1) の形は，遅延ポテンシャルの方程式 (§62) に一致している．したがって，その一般解はただちにつぎの形に書ける：

$$\psi_i^k=-\frac{4k}{c^4}\int(\tau_i^k)_{t-\frac{R}{c}}\frac{dV}{R}. \tag{110.3}$$

系のすべての物体の速度が小さいから，系から遠距離の場に対しては (§66 および §67 を参照)

$$\psi_i^k=-\frac{4k}{c^4R_0}\int(\tau_i^k)_{t-\frac{R_0}{c}}dV \tag{110.4}$$

と書くことができる．ここに R_0 は，系の内部の任意の点にとった原点からの距離である．以下では簡単のために，被積分関数の指標 $t-\frac{R_0}{c}$ をはぶくことにする．

---

1) 物体から離れたところでの弱い不変な場に対する §106 で使った公式 (106.1—2)を，(110.1) 式からあらためて導くことができる．第1近似では，時間について2階微分の項 ($1/c^2$ を含む) を無視すると，τ_i^k のすべての成分のうち，$\tau_0^0=\mu c^2$ だけが残る．方程式 $\Delta\psi_\alpha^\beta=0$, $\Delta\psi_0^\alpha=0$, $\Delta\psi_0^0=16\pi k\mu/c^2$ の無限遠でゼロになるような解は，ϕ をニュートンの重力ポテンシャルとして，$\psi_\alpha^\beta=0$, $\psi_0^\alpha=0$, $\psi_0^0=4\phi/c^2$ である：(99.2)とくらべよ．これから，テンソル $h_i^k=\psi_i^k-\frac{1}{2}\psi\delta_i^k$ に対し (106.1—2) の値が得られる．

これらの積分を計算するのに，(110.2) 式を利用する．τ_i^k の上つき添字を下げ，空間成分と時間成分とを分けて，(110.2) をつぎの形に書く：

$$\frac{\partial \tau_{\alpha\gamma}}{\partial x^\gamma}-\frac{\partial \tau_{\alpha 0}}{\partial x^0}=0, \qquad \frac{\partial \tau_{0\gamma}}{\partial x^\gamma}-\frac{\partial \tau_{00}}{\partial x^0}=0. \tag{110.5}$$

第1の式に x^β をかけて全空間にわたって積分すれば

$$\frac{\partial}{\partial x^0}\int \tau_{\alpha 0}x^\beta dV=\int\frac{\partial \tau_{\alpha\gamma}}{\partial x^\gamma}x^\beta dV=\int\frac{\partial(\tau_{\alpha\gamma}x^\beta)}{\partial x^\gamma}dV-\int\tau_{\alpha\beta}dV$$

となる．無限遠では $\tau_{ik}=0$ だから，右辺の第1の積分は，ガウスの定理によって変形すると消える．残った式と，その式で添字を置換したものとの和の半分をとれば

$$\int\tau_{\alpha\beta}dV=-\frac{1}{2}\frac{\partial}{\partial x^0}\int(\tau_{\alpha 0}x^\beta+\tau_{\beta 0}x^\alpha)dV.$$

つぎに，(110.5) の第2の式に $x^\alpha x^\beta$ をかけ，ふたたび全空間にわたって積分する．そして同様の変形によって

$$\frac{\partial}{\partial x^0}\int\tau_{00}x^\alpha x^\beta dV=-\int(\tau_{\alpha 0}x^\beta+\tau_{\beta 0}x^\alpha)dV$$

を得る．2つの結果を比較して

$$\int\tau_{\alpha\beta}dV=\frac{1}{2}\frac{\partial^2}{\partial x_0^2}\int\tau_{00}x^\alpha x^\beta dV \tag{110.6}$$

が見いだされる．

このようにして，すべての $\tau_{\alpha\beta}$ の積分は，成分 τ_{00} だけしか含まぬ積分によって表現される．しかるに，この成分はうえで示したように，単にテンソル T_{ik} の対応する成分 T_{00} に等しく，十分な近似度で ((99.1) を参照)

$$\tau_{00}=\mu c^2 \tag{110.7}$$

となる．これを (110.6) に代入し，時間 $t=x^0/c$ を導入すると，(110.4) は

$$\psi_{\alpha\beta}=-\frac{2k}{c^4R_0}\frac{\partial^2}{\partial t^2}\int\mu x^\alpha x^\beta dV \tag{110.8}$$

と書かれる．

物体系から遠距離のところでは，波は（あまり大きすぎない空間の領域にわたって）平面波とみなすことができる．したがって，系から，たとえば x^1 軸の方向に放射されたエネルギーの流れを，公式 (107.12) によって計算することができる．この式には，成分 $h_{23}=\psi_{23}$ および $h_{22}-h_{33}=\psi_{22}-\psi_{33}$ がはいってくるが，それらに対しては (110.8) から

$$h_{23}=-\frac{2k}{3c^4R_0}\ddot{D}_{23}, \qquad h_{22}-h_{33}=-\frac{2k}{3c^4R_0}(\ddot{D}_{22}-\ddot{D}_{33}) \tag{110.9}$$

という表現が見いだされる[1]（ドットは時間についての微分）．ここにわれわれは，質量の

---

1) テンソル (110.8) は，公式 (107.12) を導いた際の条件を満足しない．しかし，要求するゲージに h_{ik} をもたらす基準系の変換は，ここで使われる成分の値 (110.9) を変化させない．

“4重極モーメント”テンソル (99.8)

$$D_{\alpha\beta}=\int\mu(3x^\alpha x^\beta-r^2\delta_{\alpha\beta})dV \tag{110.10}$$

を導入した．結局，x^1 軸にそうエネルギーの流れとして

$$ct^{10}=\frac{k}{36\pi c^5R_0^2}\left[\left(\frac{\dddot{D}_{22}-\dddot{D}_{33}}{2}\right)^2+\dddot{D}_{23}^2\right] \tag{110.11}$$

が得られる．ある方向の立体角要素へのエネルギーの流れは，これに R_0^2do をかければ求まる．

この表式のなかの2つの項は，2つの独立な偏りの波の放射に対応する．それらを不変な（放射方向の選び方によらない）形に書くために，平面重力波の偏りの3次元単位テンソル $e_{\alpha\beta}$ を導入しよう．これは，成分 $h_{\alpha\beta}$ のうちどれがゼロでないかを定める（$h_{0\alpha}=h_{00}=h=0$ となるゲージで）．偏りのテンソルは対称であり，$\boldsymbol{n}$ を波の伝播方向の単位ベクトルとしたとき，条件

$$e_{\alpha\alpha}=0,\qquad e_{\alpha\beta}n_\beta=0,\qquad e_{\alpha\beta}e_{\alpha\beta}=1 \tag{110.12}$$

をみたす．始めの2つの条件は，波のテンソル性と横波の性格を表現する．

このテンソルを使うと，与えられた偏りで立体角 do に放射される波の強度は

$$dI=\frac{k}{72\pi c^5}(\dddot{D}_{\alpha\beta}e_{\alpha\beta})^2do \tag{110.13}$$

という形に書ける．

この表式は，方向 $\boldsymbol{n}$ をあからさまには含んでおらず，条件 $e_{\alpha\beta}n_\beta=0$ を通じて $\boldsymbol{n}$ に依存する．すべての偏りの放射の角度分布は，(110.13) を偏りについて和をとるか，同じことだが，偏りについて平均し，2(独立な偏りの和) 倍すれば求められる．平均は公式

$$\begin{aligned}\overline{e_{\alpha\beta}e_{\gamma\delta}}=\frac{1}{4}\{&n_\alpha n_\beta n_\gamma n_\delta+(n_\alpha n_\beta\delta_{\gamma\delta}+n_\gamma n_\delta\delta_{\alpha\beta})\\&-(n_\alpha n_\gamma\delta_{\beta\delta}+n_\beta n_\gamma\delta_{\alpha\delta}+n_\alpha n_\delta\delta_{\beta\gamma}+n_\beta n_\delta\delta_{\alpha\gamma})\\&-\delta_{\alpha\beta}\delta_{\gamma\delta}+(\delta_{\alpha\gamma}\delta_{\beta\delta}+\delta_{\beta\gamma}\delta_{\alpha\delta})\}\end{aligned} \tag{110.14}$$

でおこなわれる（右辺の表式は，単位テンソルとベクトル $\boldsymbol{n}$ の成分から構成されており，すべての添字について必要な対称性をもち，添字の対 α,γ および β,δ で縮約すると1になる)．その結果，

$$dI=\frac{k}{36\pi c^5}\left[\frac{1}{4}(\dddot{D}_{\alpha\beta}n_\alpha n_\beta)^2+\frac{1}{2}\dddot{D}_{\alpha\beta}^2-\dddot{D}_{\alpha\beta}\dddot{D}_{\alpha\gamma}n_\beta n_\gamma\right]do \tag{110.15}$$

が得られる．

すべての方向にでてゆく全放射，すなわち，単位時間あたりに系の失うエネルギー $\left(-\frac{d\mathscr{E}}{dt}\right)$ は，流れをすべての方向 $\boldsymbol{n}$ について dI/do を平均し，4π をかければ見いだされる．平均は211ページの脚注で与えた公式を使って容易におこなわれる．その結果，エネ

ルギー損失としてつぎの表現が得られる：

$$-\frac{d\mathscr{E}}{dt}=\frac{k}{45c^5}\dddot{D}^2_{\alpha\beta}. \qquad (110.16)$$

重力波の放射が，$1/c$ の5次の効果であることに注目しよう．この事情は，重力定数 k が小さいこととともに，この効果を一般にはきわめて小さいものにする．

問　題

1. ニュートンの法則したがって相互作用する2個の物体は，（その慣性中心のまわりの）円軌道上を運動する．重力波の強度の（回転周期にわたる）平均と，その偏りと方向についての分布を求めよ．

解　座標原点を慣性中心にとると，2つの物体の動径ベクトルは，

$$\boldsymbol{r}_1=\frac{m_2}{m_1+m_2}\boldsymbol{r}, \qquad \boldsymbol{r}_2=-\frac{m_1}{m_1+m_2}\boldsymbol{r}, \qquad \boldsymbol{r}=\boldsymbol{r}_1-\boldsymbol{r}_2$$

となる．テンソルの成分 $D_{\alpha\beta}$（xy 平面が軌道面と一致するとする）は

$$D_{xx}=\mu r^2(3\cos^2\psi-1), \qquad D_{yy}=\mu r^2(3\sin^2\psi-1),$$
$$D_{xy}=3\mu r^2\cos\psi\sin\psi, \qquad D_{zz}=-\mu r^2.$$

ここで，$\mu=m_1m_2/(m_1+m_2)$，ψ は xy 平面におけるベクトル $\boldsymbol{r}$ の極座標の角度である．円軌道の場合 $\boldsymbol{r}=\mathrm{const}$ で，$\dot{\psi}=r^{-3/2}\sqrt{k(m_1+m_2)}\equiv\omega$.

軌道面に垂直に z 軸をとった極座標（天頂角 θ，方位角 φ）で方向 $\boldsymbol{n}$ を与えよう．2つの偏りを考察する： 1) $e_{\theta\varphi}=1/\sqrt{2}$， 2) $e_{\theta\theta}=-e_{\varphi\varphi}=1/\sqrt{2}$， 極座標の単位ベクトル $\boldsymbol{e}_\theta$ と $\boldsymbol{e}_\varphi$ の方向にテンソル $D_{\alpha\beta}$ を射影し，(110.13) 式によって計算し，時間について平均すると，2つの場合の強度とそれらの和 $I=I_1+I_2$ に対し，結局つぎの式が得られる：

$$\frac{d\overline{I_1}}{do}=\frac{k\mu^2\omega^6r^4}{2\pi c^5}4\cos^2\theta, \qquad \frac{d\overline{I_2}}{do}=\frac{k\mu^2\omega^6r^4}{2\pi c^5}(1+\cos^2\theta)^2,$$
$$\frac{d\overline{I}}{do}=\frac{k\mu^2\omega^6r^4}{2\pi c^5}(1+6\cos^2\theta+\cos^4\theta).$$

方向について積分すると

$$-\frac{d\mathscr{E}}{dt}=I=\frac{32k\mu^2\omega^6r^4}{5c^5}=\frac{32k^4m_1^2m_2^2(m_1+m_2)}{5c^5r^5}, \qquad \frac{\overline{I}_1}{\overline{I}_2}=\frac{5}{7}$$

（全強度 I だけを計算するには，もちろん (110.16) を使うべきである）．

放射しているこの系のエネルギー損失は，2つの物体のゆるやかな（いわゆる永年的）接近をもたらす．$\mathscr{E}=-km_1m_2/2r$ であるから，接近の速度は

$$\dot{r}=\frac{2r^2}{km_1m_2}\frac{d\mathscr{E}}{dt}=-\frac{64k^3m_1m_2(m_1+m_2)}{5c^5r^3}.$$

2. 楕円軌道を運動する2つの物体系が重力波の形で放射するエネルギーの（回転周期についての）平均を求めよ（P. C. Peters，J. Mathews[1]）．

解　円運動の場合と異なって，距離 r と角速度は軌道にそって法則

---

1)　この放射の角度，偏り，およびスペクトル分布については，*Phys. Rev.* **131**, 435 (1963) を参照.

$$\frac{a(1-e^2)}{r}=1+e\cos\psi,\qquad \frac{d\psi}{dt}=\frac{1}{r^2}[k(m_1+m_2)a(1-e^2)]^{\frac{1}{2}}$$

にしたがって変化する．ここで e は離心率，a は軌道の長軸半径である（第１巻『力学』§15を参照）．(110.16) による相当長い計算は

$$-\frac{d\mathscr{E}}{dt}=\frac{8k^4m_1^2m_2^2(m_1+m_2)}{15a^5c^5(1-e^2)^5}(1+e\cos\psi)^4[12(1+e\cos\psi)^2+e^2\sin^2\psi]$$

を与える．回転の周期についての平均で，dt の積分は $d\psi$ の積分でおきかえられ，つぎの結果を与える：

$$-\overline{\frac{d\mathscr{E}}{dt}}=\frac{32k^4m_1^2m_2^2(m_1+m_2)}{5c^5a^5}\frac{1}{(1-e^2)^{7/2}}\left(1+\frac{73}{24}e^2+\frac{37}{96}e^4\right).$$

軌道の離心率が大きくなると急激に放射強度が増大することに注意しよう．

3.　定常運動をして，重力波を放射する物体系の角運動量の損失の（時間について）平均した速さを求めよ．

解　式を書く上で便利なために，しばらく物体を個々の粒子からできているものとみなそう．系のエネルギー損失の平均の速さを，“まさつ力” $\boldsymbol{f}$ が粒子に対してする仕事として表わす：

$$\overline{\frac{d\mathscr{E}}{dt}}=\sum\overline{\boldsymbol{f}\boldsymbol{v}} \tag{1}$$

（粒子を指定する添字は省略する）．そうすると，角運動量の損失の平均の速さは，

$$\overline{\frac{dM_\alpha}{dt}}=\sum\overline{(\boldsymbol{r}\times\boldsymbol{f})_\alpha}=\sum e_{\alpha\beta\gamma}\overline{x_\beta f_\gamma} \tag{2}$$

として計算される（公式 (75.7) の導出を参照）．$\boldsymbol{f}$ を求めるために，

$$\overline{\frac{d\mathscr{E}}{dt}}=-\frac{k}{45c^5}\overline{\dddot{D}_{\alpha\beta}\dddot{D}_{\alpha\beta}}=-\frac{k}{45c^5}\overline{\dot{D}_{\alpha\beta}D^{(V)}_{\alpha\beta}}$$

と書く（時間の全微分の平均値は０に等しいことを使った）．これに $\dot{D}_{\alpha\beta}=\sum m(3x_\alpha v_\beta+3x_\beta v_\alpha-2\boldsymbol{r}\boldsymbol{v}\delta_{\alpha\beta})$ を代入し，(1) とくらべると，

$$f_\alpha=-\frac{2k}{15c^5}D^{(V)}_{\alpha\beta}mx_\beta$$

になる．この表式を (2) に代入すると，つぎの結果が導かれる：

$$\overline{\frac{dM_\alpha}{dt}}=\frac{2k}{45c^5}e_{\alpha\beta\gamma}\overline{D^{(V)}_{\beta\delta}D_{\gamma\delta}}=\frac{2k}{45c^5}e_{\alpha\beta\gamma}\overline{\ddot{D}_{\beta\delta}\dddot{D}_{\gamma\delta}}. \tag{3}$$

4.　楕円軌道を運動する２つの物体について，単位時間あたりの角運動量の平均損失を求めよ．

解　前の問題の公式 (3) により，問題２でおこなったと同様に計算すると，つぎの結果が得られる：

$$-\overline{\frac{dM_z}{dt}}=\frac{32k^{7/2}m_1^2m_2^2\sqrt{m_1+m_2}}{5c^5a^{7/2}}\frac{1}{(1-e^2)^2}\left(1+\frac{7}{8}e^2\right).$$

円運動 ($e=0$) のときには，$\dot{\mathscr{E}}$ と $\dot{M}$ の値は，そうなるべきように，$\dot{\mathscr{E}}=\dot{M}\omega$ の関係をみたす．

第14章　相対論的宇宙論

§ 111. 等方な空間

一般相対性理論は，世界の宇宙的な規模での性質に関する問題の解決に向かう新しい道を開いてくれる．ここで生れた新しい驚くべき可能性（最初にアインシュタインによって1917年に示された）は，空間・時間の非ガリレイ性に関連している．

この問題ではニュートン力学は背理におちいり，それを非相対論的な理論の枠内では十分一般的な形で回避できないだけに，この可能性はなおさら重要なのである．実際，重力ポテンシャルに対するニュートンの公式を，どの場所でもゼロにならない任意の平均密度分布で物質がつまっている，平坦な（ニュートン力学ではそうなっている）限りない空間に適用すると，ポテンシャルは各点で無限大になることがわかる．これは，物質に無限大の力が働くという不条理に導く．

相対論的宇宙論のモデルの系統的な構成に進む前に，出発点となる場の基礎方程式についてつぎの注意をしておく．

§93で重力場の作用をきめる条件として設定された要求は，スカラーGに定数項を加えても，すなわち，Λ を新しい定数（cm^{-2} の次元をもつ）として，

$$S_g=-\frac{c^3}{16\pi k}\int(G+2\Lambda)\sqrt{-g}\,d\Omega$$

とおいてもやはり満足される．このように変更すると，アインシュタイン方程式に付加項 Λg_{ik} が現われる：

$$R_{ik}-\frac{1}{2}Rg_{ik}=\frac{8\pi k}{c^4}T_{ik}+\Lambda g_{ik}.$$

もし“宇宙定数”Λ に非常に小さい値を与えたとすると，この項の存在はあまり大きくない空間・時間の領域における重力場には実質的に影響しない．しかしそれは，宇宙全体を記述するであろう“宇宙論的な解”として新しい型のものに導くのである[1]．しかしながら，現在では理論の基礎方程式のこのような変形を求める切実な説得力のある理由は，理論的にも実験的にもみあたらない．問題は，深遠な物理的意義をもつ変更であることを強

1) とりわけ，$\Lambda=0$ では存在しない定常解が現われる．フリードマンによって場の方程式の非定常解が発見されるまえに，アインシュタインが“宇宙項”を導入したのは，まさにこの理由による．以下を見よ．

調したい．すなわち，一般に場の状態に依存しない定数項をラグランジュ関数の密度に加えることは，物質にも重力波にも関係のない，一般に原理的に消去できない曲率を空間・時間に付加することを意味する．したがって，以下この章ではすべて，宇宙定数を含まない“古典的”な形のアインシュタイン方程式を基礎にする．

よく知られているように，星はきわめて一様でない仕方で空間に分布している．それは，離ればなれの星の系（ギャラクシー）に集中している．しかし宇宙を“大きなスケールで”問題にするときには，物質が星および星の集団に集中していることからくる“局所的”な不均一さは捨象するべきである．したがって，物質密度というときには，ギャラクシー間の距離にくらべて大きな空間領域にわたって平均した密度を意味するものとしなければならない．

以下（§111-114）で考察する等方的宇宙モデルとよばれる重力方程式の解（A. A. Friedman によって始めて1922年に見いだされた）は，物質の空間分布が一様で等方的であるという仮定を基礎にしている．現在ある天文学的データはこの仮定と矛盾しないし[1]，また，等方的なモデルが，宇宙の現在の状態だけでなく過去におけるその進化のかなりの部分についても大筋では適切な記述を与えていると考えるべきあらゆる理由が今日存在するのである．このモデルの基本的な性質はその非定常性にあるということが以下で示される．この性質（“膨張宇宙”）が，赤方偏移という，宇宙論的問題にとって基本的な現象に対して正しい説明を与えることは疑う余地がないのである（§114）．

同時に，宇宙の一様性と等方性の仮定は，その本性からして近似的な性格のものでしかないことは明らかである．もっと小さなスケールに移るとこれらの性質は明白に破られてしまうからである．宇宙論の問題のいろいろな側面で宇宙の非一様性がもつ可能な役割については，§§115—119で取り上げることにする．

空間の一様性と等方性は，適当に世界時間を選んで，その各瞬間に空間の計量がすべての点で，すべての方向にそって同一であるようにすることができる，ということを意味する．

まず第1に，等方な空間の計量を，それが時間的に変化するかもしれないことにはさしあたって関心を向けないで，しらべることにしよう．以前にもやったように，3次元計量テンソルを $\gamma_{\alpha\beta}$ と表わす．すなわち，空間的な距離の要素を

$$dl^2=\gamma_{\alpha\beta}dx^\alpha dx^\beta \qquad (111.1)$$

という形に書く．

空間の曲率は，その3次元曲率テンソルによって完全にきまるが，それを4次元のテン

1) 空間におけるギャラクシーの分布についてのデータと，いわゆる背景電波の等方性を指している．

ソル R_{iklm} から区別して，$P_{\alpha\beta\gamma\delta}$ で表わす．完全に等方な場合には，テンソル $P_{\alpha\beta\gamma\delta}$ は明らかに，計量テンソル $\gamma_{\alpha\beta}$ だけで表わされるはずである．それゆえ $P_{\alpha\beta\gamma\delta}$ の対称性からそれは λ を定数として

$$P_{\alpha\beta\gamma\delta}=\lambda(\gamma_{\alpha\gamma}\gamma_{\beta\delta}-\gamma_{\alpha\delta}\gamma_{\beta\gamma}) \tag{111.2}$$

という形でなければならない．したがってリッチ・テンソル $P_{\alpha\beta}=P^{\gamma}{}_{\alpha\gamma\beta}$ は

$$P_{\alpha\beta}=2\lambda\gamma_{\alpha\beta} \tag{111.3}$$

に等しく，スカラー曲率は

$$P=6\lambda \tag{111.4}$$

に等しい．

このように，等方な空間の曲率の性質はたった1個の定数 λ によってきまることがわかる．これに対応して，可能な空間的計量として3つの異なった場合がある：(1) 正の定曲率の空間（λ の正の値に対応），(2) 負の定曲率の空間（$\lambda<0$ の値に対応），(3)曲率ゼロの空間($\lambda=0$)．このうち最後のものは平坦な空間，すなわち，ユークリッド空間である．

計量を考察するのに，等方な3次元空間の幾何学を，（仮想的な4次元空間のなかの[1]）等方であることのたしかな超曲面のうえの幾何学とみなす類推から出発するのが便利である．そのような1つの空間は超球面である．これに対応する3次元空間も，正の定曲率をもつ空間である．4次元空間 x_1，x_2，x_3，x_4 のなかの半径 a の超球面の方程式は

$$x_1^2+x_2^2+x_3^2+x_4^2=a^2$$

である．これのうえの長さの要素は

$$dl^2=dx_1^2+dx_2^2+dx_3^2+dx_4^2$$

と表わされる．

x^1，x^2，x^3 を3つの空間座標とみなし，最初の方程式のたすけをかりて仮想的な座標 x^4 を dl^2 から消去すれば，空間的な距離の要素として

$$dl^2=dx_1^2+dx_2^2+dx_3^2+\frac{(x_1dx_1+x_2dx_2+x_3dx_3)^2}{a^2-x_1^2-x_2^2-x_3^2} \tag{111.5}$$

を得る．

この式から (111.2) の定数 λ を計算することは容易である．あらかじめ $P_{\alpha\beta}$ は全空間にわたって (111.3) の形をもつことがわかっているから，原点の近くの点でそれを計算すれば十分である．そこでは，$\gamma_{\alpha\beta}$ は

$$\gamma_{\alpha\beta}=\delta_{\alpha\beta}+\frac{x_\alpha x_\beta}{a^2}$$

に等しい．$\gamma_{\alpha\beta}$ の1階導関数，したがってまた量 $\Gamma^{\alpha}_{\beta\gamma}$ は原点でゼロになるから，一般公式 (92.7) による計算は非常に簡単になって

1) この4次元空間は，いうまでもなく，4次元の空間・時間とはなんの関係もない．

$$\lambda=\frac{1}{a^2} \tag{111.6}$$

という結果が得られる．

a という量は，空間の“曲率半径”とよぶことができる．座標 x^1，x^2，x^3 のかわりに，対応する“球面”座標 r，θ，φ を導入しよう．すると，線要素の形は

$$dl^2=\frac{dr^2}{1-\frac{r^2}{a^2}}+r^2(\sin^2\theta d\varphi^2+d\theta^2) \tag{111.7}$$

となる．座標の原点は，もちろん空間の任意の点に選ぶことができる．この座標を使ったときの円周は $2\pi r$ に等しく，球面積は $4\pi r^2$ に等しい．円（または球）の“半径”は

$$\int_0^r\frac{dr}{\sqrt{1-r^2/a^2}}=a\sin^{-1}\frac{r}{a}$$

に等しい．すなわち，r よりも大きい．このように，この空間では，円周と半径との比は 2π より小さいのである．

“4次元球面座標”によるもう1つの便利な dl^2 の表わし方は，座標 r のかわりに，$r=a\sin\chi$ によって“角度”χ を導入することである（χ は 0 と π のあいだを動く）[1]．そうすると

$$dl^2=a^2[d\chi^2+\sin^2\chi(\sin^2\theta d\varphi^2+d\theta^2)]. \tag{111.8}$$

座標 χ は原点からの距離をきめる．それは $a\chi$ に等しい．この座標では球の表面積は $4\pi a^2\sin^2\chi$ である．この表面積は原点から離れるにつれて増大し，距離 $\pi a/2$ で最大値 $4\pi a^2$ に達する．それから減少しはじめて，距離 πa のところで空間の“対極”にまで達する．これは，この空間で一般に存在しうる最大の距離である（このことはいうまでもなく，座標 r が a より大きな値をとりえないことに注意すれば，(111.7) からも明らかである）．

正の曲率をもつ空間の体積は

$$V=\int_0^{2\pi}\int_0^{\pi}\int_0^{\pi}a^3\sin^2\chi\sin\theta d\chi d\theta d\varphi$$

に等しく

$$V=2\pi^2a^3 \tag{111.9}$$

である．このように，正の曲率をもつ空間は，いうまでもなく限界はもたないけれども，“それ自身で閉じて”おり，体積において有限である．

閉じた空間のなかでは，全電荷がゼロでなければならないことは興味がある．つまり，

1) “デカルト”座標 x_1, x_2, x_3, x_4 と4次元球面座標 a, θ, φ, χ とのあいだの関係はつぎのとおりである：

$$x_1=a\sin\chi\sin\theta\cos\varphi,\qquad x_2=a\sin\chi\sin\theta\sin\varphi,$$
$$x_3=a\sin\chi\cos\theta,\qquad x_4=a\cos\chi.$$

有限な空間のなかのすべての閉じた表面は，その両側に空間の有限な領域をつつみこんでいる．だからこの表面をつらぬく電束は，一方では表面の内側にある全電荷に等しく，他方では外側の反対符号の電荷の総量に等しい．したがって，表面の両側の電荷の和はゼロである．

似たようなやり方で，4元運動量を面積分で表わす式（96.16）から，全4元運動量 P_i が全空間においてゼロになることが導かれる．こうして，運動量の保存則は無内容な恒等式 0=0 にまで退化してしまうので，全運動量を決定することは本質的に意味を失うのである．

つぎに，負の定曲率をもつ空間の幾何学を調べよう．（111.6）からわかるように，a が虚数ならば定数 λ は負である．したがって，負の曲率の空間についてのいろいろな式はすべて，うえに得た式で a を ia におきかえれば，ただちに得られる．いいかえれば，負の曲率をもつ空間の幾何学は，数学的には，虚の半径をもつ4次元擬球面のうえの幾何学である．

そういうわけで，定数 λ は

$$\lambda=-\frac{1}{a^2} \tag{111.10}$$

となり，負曲率の空間の線要素は，座標 r，θ，φ で

$$dl^2=\frac{dr^2}{1+\dfrac{r^2}{a^2}}+r^2(\sin^2\theta d\varphi^2+d\theta^2) \tag{111.11}$$

である．ここに座標 r は，0から ∞ までのすべての値をとることができる．円周と半径の比はこんどは 2π より大きい．$r=a\sinh\chi$ によって座標 χ を導入すると（ここで χ は0から ∞ まで動く），（111.8）に対する dl^2 の表現が得られる：

$$dl^2=a^2\{d\chi^2+\sinh^2\chi(\sin^2\theta d\varphi^2+d\theta^2)\}. \tag{111.12}$$

球の表面積は $4\pi a^2\sinh^2\chi$ で，原点から離れるにつれて（χ が増大するにつれて），限りなく増大する．負曲率の空間の体積は，いうまでもなく無限大である．

問　題

線要素（111.7）を，ユークリッド的な表現に比例するように変換せよ（ユークリッド共形座標）．

解

$$r=\frac{r_1}{1+\dfrac{r_1^2}{4a^2}}$$

というおきかえをすれば

$$dl^2=\left(1+\frac{r_1^2}{4a^2}\right)^{-2}(dr_1^2+r_1^2d\theta^2+r_1^2\sin^2\theta d\varphi^2)$$

という結果が得られる.

§ 112. 閉じた等方モデル

等方なモデルの空間・時間計量の研究へ移るにあたって，まず基準系を選ばなければならない．もっとも便利なのは，空間の各点で，その点に存在する物質といっしょに動いているような“共動”基準系である．いいかえると，この基準系は空間をみたしている物質そのものである．この系での物質の速度は，定義によっていたるところゼロである．この基準系が等方モデルにふさわしいものであることは明らかである——なぜなら，他の選び方をすれば，物質の速度の方向が，空間の異なる方向のみかけの不平等に導くからである．時間座標は，前節で論じたような選び方をしなければならない．すなわち，各瞬間において，計量が空間全体にわたって同じになるように選ぶ.

すべての方向が完全に同等であることからして，計量テンソルの $g_{0\alpha}$ という成分は，われわれの選んだ基準系ではゼロに等しい．実際，3つの成分 $g_{0\alpha}$ は3次元のベクトルの成分とみなせるが，このベクトルがゼロでなかったら，異なる方向の同等性はやぶれることになる．こうして，ds^2 の形は $ds^2=g_{00}(dx^0)^2-dl^2$ でなければならない．この式で成分 g_{00} は x^0 だけの関数である．したがって，われわれはいつでも，g_{00} が1になるように時間座標を選ぶことができる．それを ct で表わせば

$$ds^2=c^2dt^2-dl^2. \tag{112.1}$$

この時間 t は，明らかに空間の各点において固有時間となっている.

正の曲率をもつ空間の考察から始めよう．以下では簡単のために，この場合のアインシュタイン方程式の解を**閉じたモデル**とよぶことにする．dl として表式 (111.8) を用いるが，そこの曲率半径 a は，一般に時間の関数である．したがって，ds^2 はつぎの形に書かれる：

$$ds^2=c^2dt^2-a^2(t)\{d\chi^2+\sin^2\chi(d\theta^2+\sin^2\theta d\varphi^2)\}. \tag{112.2}$$

関数 $a(t)$ は重力場の方程式によってきまる．この方程式をとくには，時間のかわりに

$$cdt=ad\eta \tag{112.3}$$

で定義される η という量を使うのが便利である．そうすると，ds^2 は

$$ds^2=a^2(\eta)\{d\eta^2-d\chi^2-\sin^2\chi(d\theta^2+\sin^2\theta d\varphi^2)\} \tag{112.4}$$

と書くことができる.

場の方程式をつくるために，まずテンソル R_{ik} の成分を計算しなければならない（座標 x^0, x^1, x^2, x^3 は η, χ, θ, φ である)．計量テンソルの成分の値

$$g_{00}=a^2, \qquad g_{11}=-a^2, \qquad g_{22}=-a^2\sin^2\chi, \qquad g_{33}=-a^2\sin^2\chi\sin^2\theta$$

を使って Γ^i_{kl} を計算すると

$$\Gamma^0_{00}=\frac{a'}{a}, \qquad \Gamma^0_{\alpha\beta}=-\frac{a'}{a^3}g_{\alpha\beta}, \qquad \Gamma^\alpha_{0\beta}=\frac{a'}{a}\delta^\alpha_\beta, \qquad \Gamma^0_{\alpha 0}=\Gamma^\alpha_{00}=0$$

となる．ただし，ダッシュは η について微分することを表わす（成分 $\Gamma^\alpha_{\beta\gamma}$ を明からさまな形に計算する必要はない）．これらの値は一般公式（92.7）に代入して

$$R^0_0=\frac{3}{a^4}(a'^2-aa'')$$

を得る．さきに $g_{0\alpha}$ についておこなったのと同じ対称性の考察から，$R_{0\alpha}=0$ であることがあらかじめ明らかである．R^β_α という成分の計算のために，そのなかから $g_{\alpha\beta}$ だけを（すなわち，$\Gamma^\alpha_{\beta\gamma}$ だけを）含む項をとりだすと，それらは３次元のテンソル P^β_α を構成するはずだということに注目する．P^β_α の値は，あらかじめ（111.3）および（111.6）からわかっている：

$$R^\beta_\alpha=-P^\beta_\alpha+\cdots=-\frac{2}{a^2}\delta^\beta_\alpha+\cdots.$$

ここで点々は，$g_{\alpha\beta}$ のほかに g_{00} をも含む項を表わす．それらを計算すると

$$R^\beta_\alpha=-\frac{1}{a^4}(2a^2+a'^2+aa'')\delta^\beta_\alpha$$

という結果が得られ，これから

$$R=R^0_0+R^\alpha_\alpha=-\frac{6}{a^3}(a+a'').$$

われわれの選んだ座標系では物質は静止しているから，$u^\alpha=0$, $u^0=1/a$ で，（94.9）から $T^0_0=\varepsilon$ となる．ただし，ε は物質のエネルギー密度である．得られた表現を方程式

$$R^0_0-\frac{1}{2}R=\frac{8\pi k}{c^4}T^0_0$$

に代入して，

$$\frac{8\pi k}{c^4}\varepsilon=\frac{3}{a^4}(a^2+a'^2) \tag{112.5}$$

を得る．ここに２つの未知関数 ε および a がはいっている．したがって，われわれはなお，もう１つの式を求めなければならない．そのような式として（場の方程式の空間成分のかわりに）方程式 $T^i_{0;i}=0$ をとるのが便利である．これは，さきに重力方程式に含まれることを知った４つの方程式（94.7）の１つである．この方程式はまた，熱力学的関係を利用して，つぎのように直接導くことができる．

場の方程式において，エネルギー・運動量テンソルとして表式（94.9）を使うときには，エントロピーの増大に導くようなエネルギーの散逸の過程をすべて省略していた．もちろんこの省略はここでは完全に正しい．というのは，エネルギー散逸の過程に関連して T^i_k

に付加すべき補助項は，物体の静止エネルギーを含むエネルギー密度 ε にくらべて無視できるに十分なだけ小さいからである．

こういうわけで，場の方程式を導くにあたって，全エントロピーを一定とみなしてよい．そこで，よく知られた熱力学的関係 $d\mathscr{E}=TdS-pdV$ を使う．ここに，$\mathscr{E}$，S，V は系のエネルギー，エントロピー，体積であり，p，T は系の圧力と温度である．エントロピーが一定ならば，単に $d\mathscr{E}=-pdV$ である．エネルギー密度 $\varepsilon=\mathscr{E}/V$ を導入すれば，容易に

$$d\varepsilon=-(\varepsilon+p)\frac{dV}{V}$$

が得られる．空間の体積 V は，(111.9) によれば，曲率半径 a の3乗に比例する．したがって，$dV/V=3da/a=3d(\ln a)$ であり

$$-\frac{d\varepsilon}{\varepsilon+p}=3d(\ln a)$$

と書ける．あるいは，積分して

$$3\ln a=-\int\frac{d\varepsilon}{p+\varepsilon}+\text{const} \tag{112.6}$$

(積分の下限は定数である)．

ε と p との関係（物質の“状態方程式”）がわかっておれば，(112.6) 式によって ε が a の関数としてきまる．すると (112.5) から，η を

$$\eta=\pm\int\frac{da}{a\sqrt{\dfrac{8\pi k}{3c^4}\varepsilon a^2-1}} \tag{112.7}$$

の形に求めることができる．閉じた等方モデルの計量を決定する問題は，一般的な形では (112.6) と (112.7) の2つの式によって解かれる．

物質がはなればなれの巨視的物体として，空間に分布しておれば，それによって生ずる重力場を計算するのに，これらの物体をきまった質量をもつ物質粒子として扱って，それらの内部構造は考えなくてよい．物体の速度を比較的（c にくらべて）小さいとすれば，単位体積に含まれる物体の質量の和を μ として，$\varepsilon=\mu c^2$ とおくことができる．同じ理由で，これらの物体からなる“気体”の圧力は ε にくらべてきわめて小さく，無視することができる（うえに述べたことから，物体内部の圧力は，いま考えている問題には影響を与えない)．空間にみちている放射も，その量は比較的小さく，そのエネルギーと圧力は無視できる．

このようにして，いま考えているモデルの枠内では宇宙の現在の状態を記述するために，“塵状”物質の状態方程式

$$\varepsilon=\mu c^2, \qquad p=0$$

を使うべきであることになる.

(112.6) で $\varepsilon=\mu c^2$, $p=0$ とおき積分をおこなうと $\mu a^3=\text{const}$ が得られる. この式は, 直接書きおろすこともできたであろう. 問題になっている塵状物質の場合には, 全空間の物体の質量の和 M は不変でなければならないが[1], 上の式はこのことを表わしているにすぎないからである. 閉じたモデルにおける空間の体積は $V=2\pi^2a^3$ に等しいから, $\text{const}=M/2\pi^2$ である. したがって,

$$\mu a^3=\text{const}=\frac{M}{2\pi^2}. \qquad (112.8)$$

(112.8) を (112.7) 式に代入して積分すると,

$$a=a^0(1-\cos\eta) \qquad (112.9)$$

が求まる. ただし定数 a_0 は

$$a_0=\frac{2kM}{3\pi c^2}$$

である. 最後に, t と η のあいだの関係は, (112.3) から

$$t=\frac{a_0}{c}(\eta-\sin\eta) \qquad (112.10)$$

となる. 方程式 (112.9—10) が関数 $a(t)$ をパラメター表示で与える. 関数 $a(t)$ は, $t=0\,(\eta=0)$ での値ゼロから増大し, $t=\pi a_0/c\,(\eta=\pi)$ で最大値 $a=2a_0$ に到達し, それから減少して $t=2\pi a_0/c$ $(\eta=2\pi)$ でふたたびゼロになる.

$\eta\ll1$ のときには近似的に $a=a_0\eta^2/2$, $t=a_0\eta^3/6c$ とおけるから,

$$a\approx\left(\frac{9a_0c^2}{2}\right)^{1/3}t^{2/3} \qquad (112.11)$$

である. このとき物質密度は,

$$\mu=\frac{1}{6\pi kt^2}=\frac{8\cdot10^5}{t^2} \qquad (112.12)$$

となる (係数の数値は, 密度を $g\cdot\text{cm}^{-3}$, t を sec で測ったときのものである). この極限では関数 $\mu(t)$ が, パラメター a_0 に依存しないという意味で, 普遍的な性格をもつことに注意したい.

$a\to0$ のとき密度 μ は無限大になる. しかし $\mu\to\infty$ のとき圧力も大きくなるから, この領域での計量を調べるには圧力が (与えられたエネルギー密度に対して) 可能なかぎり大きいという反対の極限を考えなければならない. すなわち物質を状態方程式

$$p=\frac{\varepsilon}{3}$$

1) 誤解をさけるために (§111 で閉じた宇宙の全4元運動量はゼロに等しいと述べたが, それに関連して), M は個々別々にとった物体の質量の和であって, それらのあいだの重力相互作用を含んでいないことを強調しておく.

で記述しなければならない（98ページの脚注をみよ）.（112.6）式からこのとき

$$\varepsilon a^4 = \text{const} \equiv \frac{3c^4 a_1^2}{8\pi k} \tag{112.13}$$

が得られ（a_1 は新しい定数），（112.7）と（112.3）式から関係

$$a = a_1 \sin\eta, \qquad t = \frac{a_1}{c}(1-\cos\eta)$$

が導かれる．この解を考えるのはきわめて大きい ε の値（すなわち小さな a）のときにだけ意味をもつから，$\eta \ll 1$ とおく．そうすると $a \approx a_1\eta$，$t \approx a_1\eta^2/2c$ で，したがって，

$$a = \sqrt{2a_1 ct}. \tag{112.14}$$

このとき

$$\frac{\varepsilon}{c^2} = \frac{3}{32\pi k t^2} = \frac{4.5\cdot 10^5}{t^2} \tag{112.15}$$

（この等式はやはりパラメターを含まない）.

このように，この場合にも $t \to 0$ のとき $a \to 0$ であり，したがって $t=0$ という値は実際，等方的モデルの空間・時間計量の特異点である（同じことは，閉じたモデルでは $a=0$ となる第2の点にもあてはまる）．また（112.14）からわかるのは，t の符号を変えると $a(t)$ が虚数になり，その2乗が負になることである．このとき（112.2）の4つの成分 g_{ik} はすべて負になり，行列式 g が正になるであろう．しかしこのような計量は物理的な意味をもたない．このことは，特異点をこえて計量を解析的に延長するのは物理的に意味がないことを意味する.

§ 113.　開いた等方モデル

負曲率の等方な空間（**開いたモデル**）に対する解は，前節とまったく同様な方法によって得られる.（112.2）のかわりに，こんどは

$$ds^2 = c^2 dt^2 - a^2(t)\{d\chi^2 + \sinh^2\chi(d\theta^2 + \sin^2\theta d\varphi^2)\} \tag{113.1}$$

から出発する.

ふたたび，$cdt = ad\eta$ によって，t のかわりに変数 η を導入して

$$ds^2 = a^2(\eta)\{d\eta^2 - d\chi^2 - \sinh^2\chi(d\theta^2 + \sin^2\theta d\varphi^2)\}. \tag{113.2}$$

この式は，η，χ，a をそれぞれ $i\eta$，$i\chi$，ia でおきかえれば，（112.4）から形式的に得られる．したがって場の方程式も，（112.5）式および（112.6）式において同じおきかえをすれば，ただちに得られる.（112.6）式は以前の形をたもつ：

$$3\ln a = -\int \frac{d\varepsilon}{\varepsilon + p} + \text{const.} \tag{113.3}$$

一方，（112.5）のかわりには

$$\frac{8\pi k}{c^4}\varepsilon=\frac{3}{a^4}(a'^2-a^2) \tag{113.4}$$

となる．これに応じて，(112.7) のかわりに

$$\eta=\pm\int\frac{da}{a\sqrt{\frac{8\pi k}{3c^4}\varepsilon a^2+1}}. \tag{113.5}$$

塵状物質に対してはこれからつぎの式が得られる[1]：

$$a=a_0(\cosh\eta-1),\qquad t=\frac{a_0}{c}(\sinh\eta-\eta), \tag{113.6}$$

$$\mu a^3=\frac{3c^2}{4\pi k}a_0. \tag{113.7}$$

方程式 (113.6) が関数 $a(t)$ をパラメター表示で与える．閉じたモデルと異なり，ここでは曲率半径は単調増大し，$t=0$ $(\eta=0)$ でゼロから出発し，$t\to\infty$ $(\eta\to\infty)$ で無限大になる．それに応じて，物質の密度は $t=0$ での値，無限大から単調に減少する ($\eta\ll1$ のときこの減少の仕方は，閉じたモデルにおけると同じ近似式 (112.12) で与えられる)．

大きな密度では解 (113.6—7) は適用できず，ふたたび $p=\varepsilon/3$ という場合を考えなければならない．このときやはり関係

$$\varepsilon a^4=\text{const}\equiv\frac{3c^4a_1^2}{8\pi k} \tag{113.8}$$

が得られ，a の t への依存の仕方については

$$a=a_1\sinh\eta,\qquad t=\frac{a_1}{c}(\cosh\eta-1)$$

が見いだされる．$\eta\ll1$ のとき

$$a=\sqrt{2a_1ct} \tag{113.9}$$

である (あるいは，$\varepsilon(t)$ に対する前の式 (112.15))．このように，開いたモデルでも計

---

1) 表式 (113.2) は，簡単な変換

$$r=Ae^\eta\sinh\chi,\qquad c\tau=Ae^\eta\cosh\chi,$$
$$Ae^\eta=\sqrt{c^2\tau^2-r^2},\qquad \tanh\chi=\frac{r}{c\tau}$$

によって，"ガリレイ共形的な" 形

$$ds^2=f(r,\tau)[c^2d\tau^2-dr^2-r^2(d\theta^2+\sin^2\theta d\varphi^2)]$$

になることを注意しておく　具体的には，(113.6) の場合 ($A=a_0/2$ とおいて)，

$$ds^2=\left(1-\frac{a_0}{2\sqrt{c^2\tau^2-r^2}}\right)^4\{c^2d\tau^2-dr^2-r^2(d\theta^2+\sin^2\theta d\varphi^2)\}$$

が得られる (V. A. Fock, 1955)．$\sqrt{c^2\tau^2-r^2}$ の大きな値 ($\eta\gg1$ がそれに対応する) のとき，この計量はガリレイ的になる．これは，曲率半径が無限大になることから当然期待されたことである．

r, θ, φ, τ という座標では物質は静止していないし，またその分布は一様でない．このときの物質の分布と運動は，座標 r, θ, φ の原点として選んだ空間の任意の点のまわりに中心対称であることがわかる．

量は特異点をもつ（しかし，閉じたモデルとちがって，1つしかない）.

最後に，考えている解の極限の場合として，空間の曲率半径が無限大のときには，モデルは平坦な（ユークリッド）空間となる．そのときの空間・時間の間隔 ds^2 は

$$ds^2=c^2dt^2-b^2(t)(dx^2+dy^2+dz^2) \tag{113.10}$$

という形に書ける（空間座標として“デカルト”座標 x, y, z を選んだ）．時間に依存する因数が空間距離の要素にかかっても，空間計量がユークリッド的であることに変わりないことは明らかである．なぜなら，与えられた t に対してはこの因数は定数であり，単純な座標変換で1にすることができるからである．前節と同様の計算によって，つぎの方程式に導かれる：

$$\frac{8\pi k}{c^2}\varepsilon=\frac{3}{b^2}\left(\frac{db}{dt}\right)^2, \qquad 3\ln b=-\int\frac{d\varepsilon}{p+\varepsilon}+\text{const.}$$

圧力の小さな場合には

$$\mu b^3=\text{const}, \qquad b=\text{const}\,t^{2/3} \tag{113.11}$$

となる．小さな t に対しては，ふたたび $p=\varepsilon/3$ の場合を考えなければならない．これに対しては

$$\varepsilon b^4=\text{const}, \qquad b=\text{const}\sqrt{t} \tag{113.12}$$

となる．こうして，この場合にも計量は特異点（$t=0$）をもつ．

求められた等方的な解はすべて物質密度がゼロと異なるときにだけ存在することを注意しておく．真空に対してはアインシュタイン方程式はこのような解をもたないのである[1]．また，数学的にはこれらの解は，空間座標の3つの任意関数を含むより一般的な解の集合の特別な場合になっていることも述べておこう（問題をみよ）．

問　題

特異点の近傍では空間の膨張が“準一様に”進行する，いいかえると，すべての成分 $\gamma_{\alpha\beta}=-g_{\alpha\beta}$（同期化された基準系で）が同一の法則にしたがってゼロに向かう．そこでの計量に対する一般的な形を求めよ．空間は，状態方程式 $p=\varepsilon/3$ をもつ物質でみたされている(E. M. Lifshitz, I. M. Khalatnikov, 1960).

解　特異点（$t=0$）の近くの解を

$$\gamma_{\alpha\beta}=ta_{\alpha\beta}+t^2b_{\alpha\beta}+\cdots \tag{1}$$

1）$\varepsilon=0$ のとき（113.5）式から $a=a_0e^\eta=ct$ が得られたであろう（(112.7) 式は，根号が虚数になるから意味を失う）．ところが，計量

$$ds^2=c^2dt^2-c^2t^2\{d\chi^2+\sinh^2\chi(d\theta^2+\sin^2\theta d\varphi^2)\}$$

は，$r=ct\sinh\chi$，$\tau=t\cosh\chi$ によって，

$$ds^2=c^2d\tau^2-dr^2-r^2(d\theta^2+\sin^2\theta d\varphi^2),$$

すなわちガリレイ的空間・時間に変換することができる．

という形に求めよう．ここで $a_{\alpha\beta}$, $b_{\alpha\beta}$ は（空間）座標の関数である[1]．以下では $c=1$ とおく．逆テンソルは

$$\gamma^{\alpha\beta}=\frac{1}{t}a^{\alpha\beta}-b^{\alpha\beta}$$

である．ここで $a^{\alpha\beta}$ は $a_{\alpha\beta}$ の逆で，$b^{\alpha\beta}=a^{\alpha\gamma}a^{\beta\delta}b_{\gamma\delta}$：以下では添字の上げ下げと共変微分の演算はすべて時間によらない計量 $a_{\alpha\beta}$ でおこなうものとする．

(97.11) および (97.12) 式の左辺を $1/t$ の必要なベキまで計算すると

$$-\frac{3}{4t^2}+\frac{1}{2t}b=\frac{8\pi k}{3}\varepsilon(-4u_0^2+1),\qquad \frac{1}{2}(b_{;\alpha}-b_{\alpha;\beta}^{\beta})=-\frac{32\pi k}{3}\varepsilon u_\alpha u_0$$

が得られる $(b=b_\alpha^\alpha)$．また恒等式

$$1=u_iu^i\approx u_0^2-\frac{1}{t}u_\alpha u_\beta a^{\alpha\beta}$$

を考えると

$$8\pi k\varepsilon=\frac{3}{4t^2}-\frac{b}{2t},\qquad u_\alpha=\frac{t^2}{2}(b_{;\alpha}-b_{\alpha;\beta}^{\beta}) \tag{2}$$

が求められる．

3次元のクリストッフェル記号，したがってテンソル $P_{\alpha\beta}$ は，$1/t$ の1次までの近似では時間によらない．このとき $P_{\alpha\beta}$ は，$a_{\alpha\beta}$ だけの計量を使って計算した表式と一致する．このことを考えに入れると，(97.13) 式で t^{-2} の大きさの項はたがいに打ち消しあい，$\sim1/t$ の項は

$$P_\alpha^\beta+\frac{3}{4}b_\alpha^\beta+\frac{5}{12}\delta_\alpha^\beta b=0$$

を与え，これから

$$b_\alpha^\beta=-\frac{4}{3}P_\alpha^\beta+\frac{5}{18}\delta_\alpha^\beta P \tag{3}$$

が見いだされる（ここで $P=a^{\beta\gamma}P_{\beta\gamma}$）．恒等式

$$P_{\alpha;\beta}^{\beta}-\frac{1}{2}P_{;\alpha}=0$$

((92.10) をみよ）のために，関係

$$b_{\alpha;\beta}^{\beta}=\frac{7}{9}b_{;\alpha}$$

が成立し，したがって u_α を

$$u_\alpha=\frac{t^2}{9}b_{;\alpha} \tag{4}$$

という形に書くことができる．

このようにして，6つの関数 $a_{\alpha\beta}$ がすべて任意に残り，展開(1)のつぎの項の係数 $b_{\alpha\beta}$ はそれらによってきまることになる．計量 (1) の時間の選び方は，特異点で $t=0$ という条件で完全にきめられる．空間座標はなお，時間に関係のない任意の変換を許す（それを利用してテンソル $a_{\alpha\beta}$ を対角形にすることができる)．

それゆえ，得られた解は全部で3個の“物理的に異なる”任意関数を含むのである．

この解では空間の計量が一様でなく，また非等方的であるが，物質密度は $t\to0$ で一

1) フリードマン解は，一定曲率の空間に対応する，特別な関数 $a_{\alpha\beta}$ の選び方にあたる．

様になることに注意しよう．3次元的速度 $\boldsymbol{v}$ の rot は（近似(4) では）ゼロであり，その大きさは，

$$v^2=v_\alpha v_\beta \gamma^{\alpha\beta}\sim t^3$$

にしたがってゼロに向かう．

§ 114. 赤 方 偏 移

考察した解すべてがもつ基本的な特徴は，計量の非定常性である．すなわち，空間の曲率半径が時間の関数になっている．曲率半径の変化は，空間的距離の要素 dl が a に比例するという事情からすでにわかるように，空間のなかの物体間の距離がすべて変化することを意味する．したがって a が増大するとき，この空間内では物体がおたがいから“遠ざかる”のである（開いたモデルでは a の増大は $\eta>0$ に対応し，閉じたモデルでは $0<\eta<\pi$ に対応する）．

物体の1つにいる観測者からみると，あたかも残りの物体が動径方向に観測者から遠ざかって行く運動をするように見える．この“遠ざかる”速度（与えられた時刻 t における）はそれ自身，物体間の距離に比例する．

この理論的予言は，基本的な天文学的事実，すなわちギャラクシーのスペクトル線の赤方偏移の効果に対応させるべきである．この偏移をドップラー効果として解釈すると，ギャラクシーがたがいに“遠ざかる”，すなわち現在では宇宙が膨張しつつあるという結論に到達する[1]．

等方な空間のなかの光線の伝播を調べよう．そのためには，光の信号が伝播する世界線にそって世界間隔は $ds=0$ であるという事実を利用するのがもっとも簡単である．光が放出される点を，座標 χ，θ，φ の原点に選ぶ．対称性を考えると，光線は“動径方向に”すなわち，$\theta=\mathrm{const}$，$\varphi=\mathrm{const}$ の線にそって伝播することは明らかである．それで，(112.4) あるいは (113.2) において $d\theta=d\varphi=0$ とおいて，$ds^2=a^2(d\eta^2-d\chi^2)$ を得る．これをゼロに等しいとおいて，$d\eta=\pm d\chi$，あるいは，積分して

$$\chi=\pm\eta+\mathrm{const} \tag{114.1}$$

を得る．η の前の正の符号は座標原点からでてゆく光線に，負の符号は原点に近づく光線に対応する．(114.1) 式はこのままの形で，開いたモデルにも閉じたモデルにも使える．前2節の式を使うと，光線の通過距離を (114.1) から時間によって表わすことができる．

---

1) $a(t)$ が増大するとき物体が“遠ざかる”と結論できるのは，もちろん，物体間の相互作用のエネルギーが“遠ざかる”運動の運動エネルギーにくらべて小さいという条件の下でだけである．この条件は，遠方のギャラクシーに対してはいつも成り立っている．反対の場合，物体間の距離は，その間の相互作用にもとづいてきめられる．したがってたとえば，ここで考えている効果は，星雲自身の大きさには実際上なんの影響もないし，星にいたってはなおのことそうである．

開いたモデルでは，ある点からでた光線は，その点からますます遠ざかって伝播してゆく．閉じたモデルでは，ある点からでた光線は最後には，空間の“対極”に達する（これは，χ の0から π までの変化に対応する）．そののち光線は，はじめの点に近づくように伝播してゆく．“空間をめぐって”はじめの点にもどってくる光線の径路は，χ の 0から 2π までの変化に対する．(114.1) から，そのとき η も 2π だけ変化するはずであることがわかるが，しかしそれは不可能である（ただ1つ，$\eta=0$ に対応する瞬間に光が発せられた場合をのぞく）．したがって光線は，“空間をめぐった”のちに出発点にもどることはできない．

観測位置（座標の原点）に近づいてくる光に対しては，(114.1) 式の η のまえの符号は負である．光線がこの点に到着する瞬間を $t(\eta_0)$ とすれば，$\eta=\eta_0$ に対して $\chi=0$ でなければならない．したがって，この光線の伝播の方程式は

$$\chi=\eta_0-\eta \tag{114.2}$$

である．

これから，点 $\chi=0$ にいる観測者に時刻 $t(\eta_0)$ に到達できるのは，$\chi=\eta_0$ をこえない“距離”の点から発せられた光線であることは明らかである．

開いたモデルにも，閉じたモデルにもあてはまるこの結果はきわめて本質的である．空間の与えられた点で，各瞬間 $t(\eta)$ に，物理的観測にかけることができるのは，全空間でなく，$\chi\leqslant\eta$ に対応する部分だけであることがこれからわかるのである．数学的にいえば．空間の“可視領域”は4次元空間の光すいによる切り口である．この切り口は，開いたモデルでも閉じたモデルでも有限になる（開いたモデルに対して無限大になるのは，そのすべてを同一の瞬間 t にとらえた空間に対応する，超曲面 $t=\text{const}$ による切り口である）．この意味では，開いたモデルと閉じたモデルの差異は，一見したときに考えられるほどいちじるしくはないのである．

与えられた瞬間に観測者の観測する領域が遠ければ遠いほど，その領域に対応する時刻は早い．時刻 $t(\eta-\chi)$ に発せられて，原点で時刻 $t(\eta)$ に観測されるような光の放射点の幾何学的軌跡であるような球面を考えよう．これらの表面積は $4\pi a^2(\eta-\chi)\sin^2\chi$（閉じたモデル），または $4\pi a^2(\eta-\chi)\sinh^2\chi$（開いたモデル）である．それが観測者から遠のくとともに，“可視球面”の面積は，はじめゼロ（$\chi=0$ に対して）から増大していって最大値に達し，そののちふたたび減少して，$\chi=\eta$（この場合 $a(\eta-\chi)=a(0)=0$）に対してゼロになる．これは，光すいによる切り口が有限なだけでなく，閉じてさえいることを意味する．それはあたかも，観測者に“共役な”点で閉じているかのようである．それは，空間の任意の方向に向かって観測しても見ることができる．この点では $\varepsilon\to\infty$ となる．したがって，物質の進化のあらゆる段階が原理的には観測可能なのである．

観測される物質の総量は，開いたモデルの場合

$$M_{\rm obs}=4\pi\int_0^{\eta}\mu a^3\sinh^2\chi d\chi$$

に等しい．(113.7) の μa^3 を代入して

$$M_{\rm obs}=\frac{3c^2a_0}{2k}(\sinh\eta\cosh\eta-\eta) \tag{114.3}$$

を得る．この量は，$\eta\to\infty$ のとき限りなく大きくなる．閉じたモデルでは，$M_{\rm obs}$ の増加はいうまでもなく，総質量 M によって限界をおかれる．この場合にも同様にして

$$M_{\rm obs}=\frac{M}{\pi}(\eta-\sin\eta\cos\eta) \tag{114.4}$$

が得られる．η が0から π まで増大するとき，この量は0から M まで増大する． ここに得られた式にしたがって，さらに $M_{\rm obs}$ が増大することは虚構であるが，それは単に，"収縮" 宇宙では遠方の物体が 2 度観測される（2つの側から "空間をめぐってきた" 光によって）ということに対応する．

つぎに，光が等方な空間のなかを伝播するあいだに生ずる，光の振動数の変化を考察しよう．それには，まずつぎの事実に注目する．空間のある点で時間間隔 $dt=\frac{1}{c}a(\eta)d\eta$ をへだてて2つの事象が起こったとする．この2つの事象と同じ瞬間に光の信号が送りだされ，それらが空間の他の点で観測されたとすれば，2つの観測のあいだには発射点におけるのと同じだけの η の変化 $d\eta$ に対応する時間が経過する．これは (114.1) 式からただちにでてくる．この式によれば，光線が1つの点から他の点まで伝播する時間のあいだの量 η の変化は，それらの点の座標 χ の差だけに関係する．しかし，伝播の時間のあいだに曲率半径 a が変化するから，2つの信号の発射の瞬間のあいだの時間間隔 t と，それぞれの観測のあいだの時間間隔とは異なる．2つの時間間隔の比は，対応する a の値の比に等しい．

このことから，とくに，世界時間 t で計った光の振動の周期も光線にそって a に比例して変化することがわかる．したがって明らかに光の振動数は a に反比例するであろう．ゆえに，光線が伝播するあいだのその径路にそって，2つの積は一定である：

$$\omega a=\text{const.} \tag{114.5}$$

座標 χ の定まった値に対応する距離にある光源から発せられた光を，時刻 $t(\eta)$ に観測するものとしよう．(114.1) によれば，この光の発射の瞬間は $t(\eta-\chi)$ である．発射の瞬間の光の振動数を ω_0 とすれば，われわれに観測される振動数 ω は，(114.5) から

$$\omega=\omega_0\frac{a(\eta-\chi)}{a(\eta)} \tag{114.6}$$

である．

関数 $a(\eta)$ は単調増大であるから，$\omega<\omega_0$，すなわち，光の振動数の減少が生ずる．これはつぎのことを意味する．われわれのほうへ向かってやってくる光のスペクトルを観測すると，そのスペクトル線はすべて，ふつうの条件のもとで観測される同じ物質からのスペクトル線にくらべて，赤のほうへずれてみえる．この**赤方偏移**の現象は本質的には，たがいに“遠ざかり”つつある物体のドップラー効果である．

赤方偏移の度合いを，ずれた振動数ともとの振動数の比 ω/ω_0 で計ることにすると，これは（観測の時刻が与えられているとき）観測される光源の位置までの距離に依存する((114.6) には，光源の座標 χ がはいっている)．あまり大きくない距離に対しては，$a(\eta-\chi)$ を χ のベキ級数に展開できる．はじめの2つの項だけに限れば

$$\frac{\omega}{\omega_0}=1-\chi\frac{a'(\eta)}{a(\eta)}$$

となる（ダッシュは η についての微分)．さらに，ここで積 $\chi a(\eta)$ は観測される光源までの距離 l にほかならないことに注意する．実際，“動径”線要素は $dl=ad\chi$ に等しい．この関係を積分するにあたって，距離が物理的観測によっていかに決定されるかという問題が生ずる．これのいかんにしたがって，積分路のうえの異なる点の a の値は異なる時刻における値をとらなければならない（$\eta=$ 一定に対して積分することは，積分路上のすべての点を同時に観測することに対応するが，これは物理的には実行不可能である)．しかし，“小さな”距離に対しては，積分路にそっての変化を無視して，単に $l=a\chi$ と書くことができる．ここに a の値は，観測の瞬間に対するものをとる．

こうして，振動数の相対変化（普通それを z で表わす）として

$$z=\frac{\omega_0-\omega}{\omega_0}=\frac{H}{c}l \tag{114.7}$$

という公式を得る．ただし，ここでいわゆるハッブル (Hubble) **定数**に対して

$$H=c\frac{a'(\eta)}{a^2(\eta)}=\frac{1}{a}\frac{da}{dt} \tag{114.8}$$

という記号を導入した．この量は，与えられた観測の時刻に対して，l によらない．このように，スペクトル線の相対変位は，観測される光線までの距離に比例する．

赤方偏移をドップラー効果の結果とみなすと，物体が観測者から後退してゆく速度 v を求めることができる．$z=v/c$ と書いて，(114.7) とくらべると

$$v=Hl \tag{114.9}$$

を得る（この公式は，導関数 $v=d(a\chi)/d\tau$ を計算することによって直接得ることもできる)．

天文学的データは (114.7) という法則を確認しているが，ハッブル定数を決定することは，遠方のギャラクシーに対して使うための宇宙的距離の尺度を確立するうえの不確実

さのためになかなか難しい．もっとも新しい結果によれば，

$$H \cong 0.8\times10^{-10}/\text{年}=0.25\times10^{-17}\text{sec}^{-1},\ \frac{1}{H}\cong4\times10^{17}\text{sec}=13\times10^{9}\text{年} \tag{114.10}$$

という値が得られている．

この値は，各100万光年の距離ごとに 75 km/sec の割合の“後退速度”の増大に相当する[1]．

式 (113.4) に $\varepsilon=\mu c^2$ および $H=ca'/a^2$ を代入すると，開いたモデルに対してつぎの関係が得られる．

$$\frac{c^2}{a^2}=H^2-\frac{8\pi k}{3}\mu. \tag{114.11}$$

これを等式

$$H=\frac{c\sinh\eta}{a_0(\cosh\eta-1)^2}=\frac{c}{a}\coth\frac{\eta}{2}$$

と結びつけて

$$\cosh\frac{\eta}{2}=H\sqrt{\frac{3}{8\pi k\mu}} \tag{114.12}$$

を得る．閉じたモデルに対しては，同様にして

$$\frac{c^2}{a^2}=\frac{8\pi k}{3}\mu-H^2, \tag{114.13}$$

$$\cos\frac{\eta}{2}=H\sqrt{\frac{3}{8\pi k\mu}} \tag{114.14}$$

が得られる．

(114.11) と (114.13) とをくらべると，差 $(8\pi k\mu/3)-H^2$ が負であるか，正であるかにしたがって，空間の曲率は負または正であることがわかる．

$$\mu_k=\frac{3H^2}{8\pi k} \tag{114.15}$$

と書くと，$\mu=\mu_k$ に対してこの差はゼロになる．(114.10) の値を使うと，$\mu_k\cong1\times10^{-29}$g/cm^3 となる．天文学の現在の知識の状態では，空間の物質の平均密度の値はきわめて低い精度でしか算定できない．ギャラクシーの数とその平均質量にもとづいた評価として，現在，約 3×10^{-31}g/cm^3 という値がとられている．この値は μ_k の30分の1であり，したがって開いたモデルに有利な証拠となっている．しかし，この値自身の不十分な精度を問わないにしても，ギャラクシー間にある暗いガスの存在をそれが計算に入れてないことを忘れてはならない．それは平均の物質密度を大幅に増大させるかもしれないのである．

ここで，量 H の与えられた値に対して得られる不等式に注目しよう．開いたモデルに

---

1) 100万光年ごとに 55 km/sec の後退速度の増大に対応する H の小さな値を与える評価もある．これだと $1/H\cong18\times10^9$ 年である．

対しては $H=\dfrac{c\sinh\eta}{a_0(\cosh\eta-1)^2}$ であるから

$$t=\frac{a_0}{c}(\sinh\eta-\eta)=\frac{\sinh\eta(\sinh\eta-\eta)}{H(\cosh\eta-1)^2}.$$

$0<\eta<\infty$ であるから

$$\frac{2}{3H}<t<\frac{1}{H} \tag{114.16}$$

でなければならない．同様に，閉じたモデルに対しては

$$t=\frac{\sin\eta(\eta-\sin\eta)}{H(1-\cos\eta)^2}.$$

$a(\eta)$ の増加に対応する区間は $0<\eta<\pi$ である，したがって

$$0<t<\frac{2}{3H} \tag{114.17}$$

を得る．

つぎに，座標 χ の定まった値に対応する距離にある光源から，観測者に到達する光の強度 I を求めよう．観測地点における光エネルギーの流れの強さは，光源を中心としてその点を通るようにえがかれた球の表面積に反比例する．負曲率の空間では，球の表面積は，$4\pi a^2\sinh^2\chi$ に等しい．時間 $dt=\dfrac{1}{c}a(\eta-\chi)d\eta$ のあいだに光源から放出された光は，観測地点には $dt\dfrac{a(\eta)}{a(\eta-\chi)}=\dfrac{1}{c}a(\eta)d\eta$ だけの長さの時間にわたって到着する．強度は光エネルギーの単位時間あたりの流れと定義されるから，I には $a(\eta-\chi)/a(\eta)$ という因数が現われる．最後に，波束のエネルギーはその振動数に比例する（(53.9) をみよ）；振動数は，光が伝播してゆくあいだに法則 (114.5) にしたがって変化するから，その結果として I にもう一度因数 $a(\eta-\chi)/a(\eta)$ がはいってくる．こうして，結局強度として

$$I=\text{const}\frac{a^2(\eta-\chi)}{a^4(\eta)\sinh^2\chi} \tag{114.18}$$

という形が得られる．閉じたモデルに対しても同様に

$$I=\text{const}\frac{a^2(\eta-\chi)}{a^4(\eta)\sin^2\chi} \tag{114.19}$$

が得られる．これらの式によって，（絶対的な明るさが与えられているとき）観測される対象のみかけの明るさが，それの距離にどう依存するかがきまる．小さい χ に対しては，$a(\eta-\chi)\cong a(\eta)$ とおくことができ，$I\sim 1/a^2(\eta)\chi^2=1/l^2$ となる．すなわち，強度は距離の２乗に反比例するという通常の法則が得られる．

最後に，いわゆる物体の固有運動の問題を考えよう．物体の密度とか運動とかいうときには，いつも平均密度，平均運動をさすものとしてきた．とくに，ずっと使用している基準系では，平均運動の速度はゼロである．物体の現実の速度は，この平均値のまわりにあ

るゆらぎを示すであろう．時間とともに，物体の固有運動の速度は変化する．この変化の法則を求めるために，自由に運動している物体を考え，その軌道上の任意の点を座標原点にとる．すると，軌道は動径の線 $\theta=\text{const}$，$\varphi=\text{const}$ となるであろう．ハミルトン－ヤコビ方程式（87.6）は，g^{ik} の値を代入すると

$$\left(\frac{\partial S}{\partial \chi}\right)^2-\left(\frac{\partial S}{\partial \eta}\right)^2+m^2c^2a^2(\eta)=0 \tag{114.20}$$

となる．

χ はこの方程式の係数にはいってこない（すなわち χ は循環座標である）から，保存法則 $\partial S/\partial\chi=\text{const}$ が成り立つ．運動している物体の運動量 p は，一般的な定義によって，$p=\partial S/\partial l=\partial S/a\partial\chi$ に等しい．ゆえに，運動している物体に対して積 pa は定数である：

$$pa=\text{const}. \tag{114.21}$$

物体の固有運動の速度 v を

$$p=\frac{mv}{\sqrt{1-\dfrac{v^2}{c^2}}}$$

によって導入すれば，

$$\frac{va}{\sqrt{1-\dfrac{v^2}{c^2}}}=\text{const} \tag{114.22}$$

を得る．速度の時間的な変化の法則は，これらの関係からきまる．a が増大してゆけば，速度 v は単調に減少する．

問 題

1. ギャラクシーのみかけの明るさを赤方偏移の関数として展開したときの，はじめの2つの項を求めよ．ギャラクシーの絶対的な明るさは，時間とともに指数関数的に変化する：$I_{\text{abs}}=\text{const}\cdot e^{\alpha t}$(H. Robertson, 1955).

解 “瞬間” η に距離 χ のところから観測されたギャラクシーのみかけの明るさが距離 χ にどう依存するかということは，（閉じたモデルに対して）つぎの式で与えられる：

$$I=\text{const}\cdot e^{\alpha[t(\eta-\chi)-t(\eta)]}\frac{a^2(\eta-\chi)}{a^4(\eta)\sin^2\chi}.$$

赤方偏移は，（114.7）で定められる：

$$z=\frac{\omega_0-\omega}{\omega}=\frac{a(\eta)-a(\eta-\chi)}{a(\eta-\chi)}.$$

I と z とを χ のベキに展開し（(112.9) および (112.10) から関数 $a(\eta)$，$t(\eta)$ をとる)，つぎに，得られた表現から χ を消去すると

$$I=\text{const}\cdot\frac{1}{z^2}\left[1-\left(1-\frac{q}{2}+\frac{\alpha}{H}\right)z\right]$$

という結果が見いだされる．ただし

$$q=\frac{2}{1+\cos\eta}=\frac{\mu}{\mu_k}>1$$

という記号を導入した．開いたモデルに対しては

$$q=\frac{2}{1+\cosh\eta}=\frac{\mu}{\mu_k}<1$$

を使って同様の式が得られる．

2. 与えられた半径の“球”の内部にあるギャラクシーの数を球の境界における赤方偏移の関数とみなして展開したときの，はじめのほうの項を見いだせ（ギャラクシーの空間分布は一様と仮定する）．

解 χ よりも小さい“距離”にあるギャラクシーの数は（閉じたモデルで）

$$N=\text{const}\cdot\int_0^{\chi}\sin^2\chi d\chi\cong\text{const}\cdot\chi^3$$

である．これに関数 $\chi(z)$ の展開の最初の2つの項を代入すると

$$N=\text{const}\cdot z^3\left[1-\frac{3}{4}(2+q)z\right]$$

が得られる．開いたモデルに対しても，この式はこのままの形であてはまる．

§ 115. 等方的宇宙の重力的安定性

等方的なモデルにおける小さな乱れのふるまい，すなわちその重力的安定性の問題を考察しよう（E. M. Lifshitz, 1946）．ただし，あまり大きくない空間領域，すなわち，その大きさが半径 a にくらべて小さい領域における乱れに議論を限ることにする[1]．

このような領域のおのおののなかでは空間の計量を第1近似ではユークリッド的にとることができる．すなわち，計量（111.8）あるいは（111.12）を

$$dl^2=a^2(\eta)(dx^2+dy^2+dz^2) \tag{115.1}$$

という計量でおきかえる．ここで x, y, z は，半径 a を単位として測ったデカルト座標である．時間座標としては前と同じく変数 η を用いよう．

一般性を失わずに，乱れのある場を以前と同様に同期化された基準系で記述しよう．すなわち，計量テンソルの変化 δg_{ik} に対し条件 $\delta g_{00}=\delta g_{0\alpha}=0$ を課する．この条件の下で恒等式 $g_{ik}u^iu^k=1$ の変分をとると（そして，物質の4元速度成分の乱れのないときの値は $u^0=1/a$, $u^\alpha=0$ であることを考えに入れると[2]），$g_{00}u^0\delta u^0=0$ が得られ，それから $\delta u^0=0$ となる．乱れ δu^α は一般にゼロではないから，基準系はもはや共動的ではない．

空間の計量テンソルの乱れを $h_{\alpha\beta}\equiv\delta\gamma_{\alpha\beta}=-\delta g_{\alpha\beta}$ でもって表わそう．このとき，$h_{\alpha\beta}$ の添字を上げるには乱れのない計量 $\gamma_{\alpha\beta}$ でおこなわれ，$\delta\gamma^{\alpha\beta}=-h^{\alpha\beta}$ となる．

線形近似では重力場の小さな乱れは方程式

1) この問題のもっと詳しい説明，とりわけ a と同じくらいの大きさの領域にわたる乱れの研究については，УФН **80**, 411 (1963)〔*Adv. Phys.* **12**, 185, Part II (1963)〕を参照．

2) この節では，乱れのない量を表わす補助的な添字 (0) を省略する．

$$\delta R_i^k - \frac{1}{2}\delta_k^i \delta R = \frac{8\pi k}{c^4}\delta T_i^k \tag{115.2}$$

を満足する．

同期化された基準系ではエネルギー運動量テンソルの成分（94.9）の変分は，

$$\delta T_\alpha^\beta = -\delta_\alpha^\beta \delta p, \qquad \delta T_0^\alpha = a(p+\varepsilon)\delta u^\alpha, \qquad \delta T_0^0 = \delta\varepsilon \tag{115.3}$$

に等しい．

$\delta\varepsilon$ と δp が小さいから，$\delta p = \frac{dp}{d\varepsilon}\delta\varepsilon$ と書くことができ，関係

$$\delta T_\alpha^\beta = -\delta_\alpha^\beta \frac{dp}{d\varepsilon}\delta T_0^0 \tag{115.4}$$

が求められる．

δR_i^k に対する式は表式（97.10）の変分によって得られる．乱れのない計量テンソルは $\gamma_{\alpha\beta} = a^2\delta_{\alpha\beta}$ であるから，乱れのないときの値は

$$\varkappa_{\alpha\beta} = \frac{2\dot{a}}{a}\gamma_{\alpha\beta} = \frac{2a'}{a^2}\gamma_{\alpha\beta}, \qquad \varkappa_\alpha^\beta = \frac{2a'}{a^2}\delta_\alpha^\beta.$$

ここでドットは ct による微分，ダッシュは η による微分を表わす． $\varkappa_{\alpha\beta}$ および $\varkappa_\alpha^\beta = \varkappa_{\alpha\gamma}\gamma^{\gamma\beta}$ という量の変化は， $h_\alpha^\beta = \gamma^{\beta\gamma}h_{\alpha\gamma}$ として，

$$\delta\varkappa_{\alpha\beta} = \dot{h}_{\alpha\beta} = \frac{1}{a}h'_{\alpha\beta}, \qquad \delta\varkappa_\alpha^\beta = -h^{\beta\gamma}\varkappa_{\alpha\gamma} + \gamma^{\beta\gamma}\dot{h}_{\alpha\gamma} = \dot{h}_\alpha^\beta = \frac{1}{a}h_\alpha^{\beta\prime}$$

である．乱れがないときのユークリッド計量（115.1）に対する3次元テンソル P_α^β の値はゼロに等しい．変分 δP_α^β は,（108.3—4）式で計算される．4元テンソル δR_{ik} が δg_{ik} で表わされるのと同様に，δP_α^β は $\delta\gamma_{\alpha\beta}$ で表わされることは明らかである． その際すべてのテンソル演算は，3次元空間で計量（115.1）を用いておこなわれる．この計量のユークリッド性のため，共変微分はすべて座標 x^α による単なる微分となる（反変微分のときには a^2 で割る）． これらのことをすべて考えに入れると（そして t での微分をすべて η での微分におきかえると），簡単な計算により

$$\delta R_\alpha^\beta = -\frac{1}{2a^2}(h_{\alpha,\gamma}^{\gamma,\beta} + h_{\gamma,\alpha}^{\beta,\gamma} - h_{\alpha,\gamma}^{\beta,\gamma} - h_{,\alpha}^{,\beta}) - \frac{1}{2a^2}h_\alpha^{\beta\prime\prime} - \frac{a'}{a^3}h_\alpha^{\beta\prime} - \frac{a'}{2a^3}h'\delta_\alpha^\beta,$$

$$\delta R_0^0 = -\frac{1}{2a^2}h'' - \frac{a'}{2a^3}h', \qquad \delta R_0^\alpha = \frac{1}{2a^2}(h^{,\alpha} - h_\beta^{\alpha,\beta})' \tag{115.5}$$

が求まる（$h \equiv h_\alpha^\alpha$）．ここではコンマの後の添字は，上つきも下つきも座標 x^α による単なる微分を表わす（単に記号の統一性を保つために添字を上下に書いているのである）．

（115.2）にしたがって δR_i^k で表わした成分 δT_i^k を（115.4）に代入して，乱れ h_α^β に対する最終的な式が得られる． この方程式として，（115.4）式で $\alpha \neq \beta$ のものと， 添字 α，β について縮約したものを選ぶのが便利である．それは，

$$(h_{\alpha,\gamma}^{\gamma,\beta}+h_{\gamma,\alpha}^{\beta,\gamma}-h_{,\alpha}^{;\beta}-h_{\alpha,\gamma}^{\beta,\gamma})+h_{\alpha}^{\beta\prime\prime}+2\frac{a'}{a}h_{\alpha}^{\beta\prime}=0, \qquad \alpha\neq\beta,$$

$$\frac{1}{2}(h_{\gamma,\delta}^{\delta,\gamma}-h_{,\gamma}^{;\gamma})(1+3\frac{dp}{d\varepsilon})+h''+h'\frac{a'}{a}(2+3\frac{dp}{d\varepsilon})=0. \tag{115.6}$$

物質の密度と速度との乱れは，求めた h_α^β によって (115.2—3) 式にしたがって定められる．したがって密度の相対的変化はつぎのようになる：

$$\frac{\delta\varepsilon}{\varepsilon}=\frac{c^4}{8\pi k\varepsilon}(\delta R_0^0-\frac{1}{2}\delta R)=\frac{c^4}{16\pi k\varepsilon a^2}(h_{\alpha,\beta}^{\beta,\alpha}-h_{,\alpha}^{;\alpha}+\frac{2a'}{a}h'). \tag{115.7}$$

方程式 (115.6) の解のなかには，単なる基準系の変換（同期化されていることを損なわない）によって消去され，したがって計量の物理的な変化を表わさないものがある．そのような解の形は，§97 の問題 3 で求めた公式 (1) と (2) によってあらかじめ確定することができる．それらの式に乱れのない値 $\gamma_{\alpha\beta}=a^2\delta_{\alpha\beta}$ を代入すると，仮想的な計量の乱れに対しつぎのような表式が得られる：

$$h_\alpha^\beta=f_{0,\alpha}^{;\beta}\int\frac{d\eta}{a}+\frac{a'}{a^2}f_0\delta_\alpha^\beta+(f_\alpha{}^{,\beta}+f^\beta{}_{,\alpha}). \tag{115.8}$$

ここで f_0, f_α は，座標 x, y, z の任意の（小さな）関数である．

いま考えているあまり大きくない空間領域のなかの計量はユークリッド的であると仮定したから，このような領域のおのおののなかでの任意の乱れを，平面波によって展開することができる．x, y, z を単位 a で測ったデカルト座標とすると，平面波の空間部分の周期的な因子を $e^{i\boldsymbol{nr}}$ という形に書くことができる．ただし $\boldsymbol{n}$ は，$1/a$ を単位として測った波数ベクトルを表わす無次元のベクトルである（波数ベクトルは $\boldsymbol{k}=\boldsymbol{n}/a$）．もし乱れが大きさ $\sim l$ の空間のなかに生じるとすると，その展開には波長 $\lambda=2\pi a/n\sim l$ の波が主に関与する．そのため，大きさ $l\ll a$ の領域のなかの乱れに限ると，数 n は十分大きい ($n\gg2\pi$) としてよい．

重力場の乱れは 3 つの型に分類される．この分類は，対称テンソル $h_{\alpha\beta}$ を平面波の形に表わすとき，その平面波の可能な形を決定することに帰せられる．したがってつぎのような分類が得られる．

1. スカラー関数

$$Q=e^{i\boldsymbol{nr}} \tag{115.9}$$

を用いて，ベクトル $\boldsymbol{P}=\boldsymbol{n}Q$ およびテンソル[1)]

$$Q_\alpha^\beta=\frac{1}{3}\delta_\alpha^\beta Q, \qquad P_\alpha^\beta=\left(\frac{1}{3}\delta_\alpha^\beta-\frac{n_\alpha n^\beta}{n^2}\right)Q \tag{115.10}$$

を構成することができる．このような平面波に対応するのは，重力場とともに物質の速度

1) ふつうのデカルト的ベクトル $\boldsymbol{n}$ の成分に上下の添字を書くのは，ただ記号法の統一をたもつためである．

および密度の変化も生じるような乱れである．すなわち，物質の圧縮と稀薄化をともなうような乱れが問題になる．このとき乱れ h_α^β はテンソル Q_α^β と P_α^β で表わされ，速度の乱れはベクトル $\boldsymbol{P}$ で，密度の乱れはスカラー Q で表わされる．

2. ベクトル的横波

$$\boldsymbol{S}=\boldsymbol{s}e^{i\boldsymbol{nr}}, \qquad \boldsymbol{sn}=0 \tag{115.11}$$

を使って，テンソル $(n^\beta S_\alpha+n_\alpha S^\beta)$ をつくることができる．$\boldsymbol{nS}=0$ であるから，対応するスカラーはない，このような波には，重力場とともに物質の速度の変化はあるが密度変化はともなわないような乱れが相当する．

3. テンソル的横波

$$G_\alpha^\beta=g_\alpha^\beta e^{i\boldsymbol{nr}}, \qquad g_\alpha^\beta n_\beta=0. \tag{115.12}$$

これからベクトルもスカラーもつくれない．このような波に対応するのは，物質が静止し，空間に一様分布したままであるときの重力場の乱れである．いいかえると，これは等方宇宙のなかの重力波である．

もっとも興味があるのは第1の型である．

$$h_\alpha^\beta=\lambda(\eta)P_\alpha^\beta+\mu(\eta)Q_\alpha^\beta, \qquad h=\mu Q \tag{115.13}$$

と置こう．(115.7) から密度の相対的変化として，

$$\frac{\delta\varepsilon}{\varepsilon}=\frac{c^4}{24\pi k\varepsilon a^2}\left[n^2(\lambda+\mu)+\frac{3a'}{a}\mu'\right]Q \tag{115.14}$$

が得られる．関数 λ と μ を定める方程式は，(115.13)を(115.6)に代入すると求められる：

$$\lambda''+2\frac{a'}{a}\lambda'-\frac{n^2}{3}(\lambda+\mu)=0,$$

$$\mu''+\mu'\frac{a'}{a}\left(2+3\frac{dp}{d\varepsilon}\right)+\frac{n^2}{3}(\lambda+\mu)\left(1+3\frac{dp}{d\varepsilon}\right)=0. \tag{115.15}$$

これらの方程式はまず第1に，基準系の変換によって消去できるような計量の仮想的な変化に相当するつぎのような2つの特別な積分をもっている：

$$\lambda=-\mu=\text{const}, \tag{115.16}$$

$$\lambda=-n^2\int\frac{d\eta}{a}, \qquad \mu=n^2\int\frac{d\eta}{a}-\frac{3a'}{a^2} \tag{115.17}$$

（第1のものは (115.8) から $f_0=0$，$f_\alpha=P_\alpha$，第2は $f_0=Q$，$f_\alpha=0$ とすれば得られる）．

宇宙の進化の初期で，物質が状態方程式 $p=\varepsilon/3$ で記述されるときには，$a\approx a_1\eta$，$\eta\ll 1$（閉じたモデルでも開いたモデルでも）である．方程式 (115.15) は

$$\lambda''+\frac{2}{\eta}\lambda'-\frac{n^2}{3}(\lambda+\mu)=0, \qquad \mu''+\frac{3}{\eta}\mu'+\frac{2n^2}{3}(\lambda+\mu)=0 \tag{115.18}$$

という形になる．これらの方程式は，2つの大きな量 n および $1/\eta$ の比に依存する2つ

の極限的な場合にわけて調べると都合がよい.

最初に，数 n があまり大きくなく（あるいは η が十分小さい)，したがって $n\eta\ll1$ と仮定しよう.（115.18）式が有効であるのと同じ精度で，それからいまの場合

$$\lambda=\frac{3C_1}{\eta}+C_2\left(1+\frac{n^2}{9}\eta^2\right),\qquad \mu=-\frac{2n^2}{3}C_1\eta+C_2\left(1-\frac{n^2}{6}\eta^2\right)$$

が求まる．ここで C_1，C_2 は定数である．（115.16）および（115.17）の形の解はこれから除外してある（この場合，それらは $\lambda-\mu=\text{const}$，$\lambda+\mu\sim1/\eta^2$ という解である)，(115.14）および（112.15）にしたがって $\delta\varepsilon/\varepsilon$ も計算すると，計量と密度の乱れに対しつぎの表式が求まる：

$$h_\alpha^\beta=\frac{3C_1}{\eta}P_\alpha^\beta+C_2(Q_\alpha^\beta+P_\alpha^\beta),$$

$$\frac{\delta\varepsilon}{\varepsilon}=\frac{n^2}{9}(C_1\eta+C_2\eta^2)Q,\qquad p=\frac{\varepsilon}{3},\quad \eta\ll\frac{1}{n}\ \text{のとき}. \tag{115.19}$$

定数 C_1，C_2 は，乱れが生じる瞬間 η_0 では乱れが小さいことを表わす条件をみたさなければならない. $h_\alpha^\beta\ll1$（これから $\lambda\ll1$，$\mu\ll1$）および $\delta\varepsilon/\varepsilon\ll1$ でなければならない.（115.19）にこれらの条件を適用すると，不等式 $C_1\ll\eta_0$，$C_2\ll1$ が導かれる.

表式（115.19）には，膨張宇宙において半径 $a=a_1\eta$ のいろいろなベキで増大する項が現われている．しかしこの増大は，乱れが大きくなるということにはつながらない.(115.19）式を大きさの程度に関して $\eta\sim1/n$ のときに使うと，これらの式の有効な上限においてさえも乱れが小さいままである（上に求めた C_1，C_2 に対する不等式のおかげで）ことがわかる.

いま数 n が十分大きく，$n\eta\gg1$ とする．方程式（115.18）をこの条件下でとくと，λ および μ の主要な項は

$$\lambda=-\frac{\mu}{2}=\text{const}\frac{1}{\eta^2}e^{in\eta/\sqrt{3}}$$

に等しいことがわかる[1]．これから計量と密度の乱れに対し

$$h_\alpha^\beta=\frac{C}{n^2\eta^2}(P_\alpha^\beta-2Q_\alpha^\beta)e^{in\eta/\sqrt{3}},\qquad \frac{\delta\varepsilon}{\varepsilon}=-\frac{C}{9}Qe^{in\eta/\sqrt{3}},$$

$$p=\frac{\varepsilon}{3},\quad \frac{1}{n}\ll\eta\ll1\ \text{のとき} \tag{115.20}$$

が得られる．C は，$|C|\ll1$ という条件をみたす複素数の定数である．これらの表式に周期関数の因子が現われることはまったく自然である．大きな n のとき問題にしているのは，空間における周期性が大きな波数 $k=n/a$ で与えられるような乱れである．このよ

1） 指数関数のまえの因子 $1/\eta^2$ は，$1/n\eta$ のベキによる展開の第1項である．この場合にそれをきめるには，展開の最初の2項を同時に考えなければならない（(115.18）式の精度ではそれで十分である).

うな乱れは，速度

$$u=\sqrt{\frac{dp}{d(\varepsilon/c^2)}}=\frac{c}{\sqrt{3}}$$

をもつ音波のように伝播するはずである．それに対応する位相の時間部分は，幾何音響学でおこなうように，積分 $\int kudt=n\eta/\sqrt{3}$ で与えられる．密度の相対的な変化の振幅は一定であり，膨張宇宙における計量の乱れの振幅は a^{-2} のように減小することがわかる[1)]．

つぎに，膨張のずっと後の段階で，圧力が無視できる（$p=0$）ほど物質が稀薄化された場合を考察しよう．その際，半径 a はまだ現在の値よりはるかに小さいが，物質はすでに十分稀薄になっているという膨張の段階に相当する小さな η の場合だけに議論を限ることにする．

$p=0$ で $\eta\ll 1$ のときには，$a\approx a_0\eta^2/2$ であり，(115.15) 式は

$$\lambda''+\frac{4}{\eta}\lambda'-\frac{n^2}{3}(\lambda+\mu)=0,\qquad \mu''+\frac{4}{\eta}\mu'+\frac{n^2}{3}(\lambda+\mu)=0$$

という形になる．これらの方程式の解は，

$$\lambda+\mu=2C_1-\frac{6C_2}{\eta^3},\qquad \lambda-\mu=2n^2\left(\frac{C_1\eta^2}{15}+\frac{2C_2}{\eta^3}\right)$$

である．$\delta\varepsilon/\varepsilon$ も（(115.14) と (112.12) を用いて）計算すると

$$h_\alpha^\beta=C_1(P_\alpha^\beta+Q_\alpha^\beta)+\frac{2n^2C_2}{\eta^3}(P_\alpha^\beta-Q_\alpha^\beta)\quad\left(\eta\ll\frac{1}{n}\text{ のとき}\right),$$

$$h_\alpha^\beta=\frac{C_1}{15}n^2\eta^2(P_\alpha^\beta-Q_\alpha^\beta)+\frac{2n^2C_2}{\eta^3}(P_\alpha^\beta-Q_\alpha^\beta)\ \left(\frac{1}{n}\ll\eta\ll 1\text{ のとき}\right),\qquad (115.21)$$

$$\frac{\delta\varepsilon}{\varepsilon}=\left(\frac{C_1n^2\eta^2}{30}+\frac{C_2n^2}{\eta^3}\right)Q$$

が得られる．$\delta\varepsilon/\varepsilon$ が a に比例して大きくなる項を含むことがわかる[2)]．しかしながら，もし $n\eta\ll 1$ であれば，$\delta\varepsilon/\varepsilon$ は $\eta\sim 1/n$ になっても条件 $C_1\ll 1$ のために大きくはならない．もし $\eta n\gg 1$ であれば，$\eta\sim 1$ のとき密度の相対的変化は C_1n^2 の程度の大きさに向かう．ところが，初期の乱れが小さいという条件としては $C_1n^2\eta_0^2\ll 1$ が要求されるだけである．したがって，乱れの成長はゆるやかに生じるけれども，その増加量はかなりなものになることができ，その結果，乱れは比較的大きくなることが可能である．

---

1) （$p=\varepsilon/3$ のとき）$L\sim u/\sqrt{k\varepsilon/c^2}$ として，$n\eta\sim L/\lambda$ であることは容易にたしかめられる．波長 $\lambda\ll a$ の乱れの性質をきめる特徴的な長さ L が，“流体力学的な”量，すなわち物質密度 ε/c^2 とそのなかの音波の速度 u（および重力定数 k）だけを含むことは自然である．乱れの成長が，$\lambda\gg L$ のときに生じる（(115.19) において）ことに注意しよう．

2) 小さな圧力 $p(\varepsilon)$ を考えに入れたもっと綿密な分析によると，圧力が無視できるためには条件 $u\eta n/c\ll 1$ が要求される（ここで $u=c\sqrt{dp/d\varepsilon}$ は音波の小さな速度である）；この場合にはそれが条件 $\lambda\gg L$ と一致することはすぐ確かめられる．したがって，$\lambda\gg L$ であればつねに乱れの成長が起こる．

同様の仕方で，上にかかげた第2および第3の型の乱れも取り扱うことができる．しかし，これらの乱れの減衰則は，詳細な計算をしなくてもつぎのような簡単な考察から出発して見いだすことができる．

物質の大きくない部分（大きさ l）のなかで速度 δv をもつ回転運動の乱れがあるとすると（この部分の角運動量は $\sim(\varepsilon/c^2)l^3\cdot l\cdot\delta v$ である），宇宙の膨張にともなって l は a に比例して大きくなり，ε は a^{-3}（$p=0$ の場合）あるいは a^{-4}（$p=\varepsilon/3$ のとき）のように減少する．したがって，角運動量の保存則により，

$$p=\frac{\varepsilon}{3} \text{ のとき } \delta v=\text{const}, \qquad p=0 \text{ のとき } \delta v\propto\frac{1}{a} \tag{115.22}$$

が得られる．

最後に，重力波のエネルギー密度は，宇宙の膨張の際 a^{-4} のように減少するはずである．他方，この密度は，$k=n/a$ を乱れの波数ベクトルとして，$\sim k^2(h_\alpha^\beta)^2$ のような計量の乱れによって表わされる．これから，重力波の型の乱れの振幅は，時間とともに $1/a$ のように減少することがわかる．

§ 116.　一様な空間

空間の一様性と等方性を仮定すると，計量は完全に決定される（自由になるのは曲率の符号だけである）．空間の一様性だけを仮定し，その他の対称性を仮定しないと，かなり大きな自由度が残る．一様な空間の計量の性質がいかなるものかという問題を考察しよう．

問題にするのは，ある瞬間 t における空間の計量である．その際，空間・時間の基準系は同期化されたものを選んでいると仮定する．したがって，t は空間全体で同一の同期化された時間である．

一様性は，空間のあらゆる点で計量の性質が同一であることを意味する．この概念の厳密な定義は，空間をそれ自身に写すような，すなわちその計量を変化させないような座標変換の集合を考察することにつながる．このような変換では変換する前に線要素が

$$dl^2=\gamma_{\alpha\beta}(x^1,\ x^2,\ x^3)dx^\alpha dx^\beta$$

であれば，変換後に同じ要素は，新しい座標について同じ関数 $\gamma_{\alpha\beta}$ でもって

$$dl^2=\gamma_{\alpha\beta}(x'^1,\ x'^2,\ x'^3)dx'^\alpha dx'^\beta$$

となる．もし空間の任意の点を他の任意の点に一致させる変換の集合（あるいは，**運動の群**とよばれる）を空間が許すならば，その空間は一様である．空間の3次元性から，明らかに群のいろいろな変換は3つの独立なパラメターの値で指定される．

ユークリッド空間では一様性は，デカルト座標系の平行移動（並進）に対する計量の不

変性で表わされる．各々の並進は，３つのパラメター，すなわち座標原点の移動のベクトルの成分で定められる．すべてこのような変換では線要素を構成する３つの独立な微分 $(dx,\ dy,\ dz)$ は不変である．

一様な非ユークリッド空間という一般の場合にも，その群に属する変換は３つの独立な線形微分形式を不変にたもつ．ただしそれはどんな座標の関数の全微分にもならないのである．この微分形式を

$$e^{(a)}_{\alpha}dx^{\alpha} \tag{116.1}$$

という形に書こう．ラテン文字の添字（a）は，３つの独立な基本（標構）ベクトル（座標の関数）の符号である．

形式（116.1）を用いると，与えられた運動の群に対し不変な空間計量は

$$dl^2=\eta_{ab}(e^{(a)}_{\alpha}dx^{\alpha})(e^{(b)}_{\beta}dx^{\beta}) \tag{116.2}$$

のようにつくられ，その計量テンソルは

$$\gamma_{\alpha\beta}=\eta_{ab}e^{(a)}_{\alpha}e^{(b)}_{\beta} \tag{116.3}$$

となる．ここで添字 $a,\ b$ について対称な係数 η_{ab} は時間の関数である．

このようにして，３つの基本ベクトルによる空間計量の“３つ組”(triad) 表現に到達する．§98で得られたすべての結果はこの表現に適用される．このとき基本ベクトルの選び方は，空間の対称性によって決定され，一般にはこれらのベクトルは直交しない（行列 η_{ab} はしたがって対角でない）．

§98におけるように，３つのベクトル $e^{(a)}_{\alpha}$ とともに，それに相反なベクトル $e^{\alpha}_{(a)}$ を導入する．それに対し，

$$e^{\alpha}_{(a)}e^{(b)}_{\alpha}=\delta^{b}_{a}, \qquad e^{\alpha}_{(a)}e^{(a)}_{\beta}=\delta^{\alpha}_{\beta} \tag{116.4}$$

である．３次元の場合には，これらのベクトルのあいだの関係は，つぎのような明らさまな形に書くことができる．

$$\boldsymbol{e}_{(1)}=\frac{1}{v}\boldsymbol{e}^{(2)}\times\boldsymbol{e}^{(3)}, \qquad \boldsymbol{e}_{(2)}=\frac{1}{v}\boldsymbol{e}^{(3)}\times\boldsymbol{e}^{(1)}, \qquad \boldsymbol{e}_{(3)}=\frac{1}{v}\boldsymbol{e}^{(1)}\times\boldsymbol{e}^{(2)}, \tag{116.5}$$

ここで

$$v=|e^{(a)}_{\alpha}|=\boldsymbol{e}^{(1)}(\boldsymbol{e}^{(2)}\times\boldsymbol{e}^{(3)})$$

であり，また $\boldsymbol{e}_{(a)}$ および $\boldsymbol{e}^{(a)}$ は，$e^{\alpha}_{(a)}$ および $e^{(a)}_{\alpha}$ に対応する成分をもつデカルト的ベクトルとみなすべきである．計量テンソル（116.3）の行列式は，η を η_{ab} の行列式として

$$\gamma=\eta v^2 \tag{116.6}$$

である．

微分形式（116.1）の不変性は，

$$e_{\alpha}^{(a)}(x)dx^{\alpha}=e_{\alpha}^{(a)}(x')dx'^{\alpha} \tag{116.7}$$

を意味する．このとき等式の両辺の $e_{\alpha}^{(a)}$ は，それぞれもとの座標と新しい座標の同一の関数である．この等式に $e_{(a)}^{\beta}(x')$ を乗じて，$dx'^{\beta}=(\partial x'^{\beta}/\partial x^{\alpha})dx^{\alpha}$ に注意し，同じ微分 dx^{α} の係数を比較することにより，

$$\frac{\partial x'^{\beta}}{\partial x^{\alpha}}=e_{(a)}^{\beta}(x')e_{\alpha}^{(a)}(x) \tag{116.8}$$

が求められる．これらの等式は，与えられた基本ベクトルに対し関数 $x'^{\beta}(x)$ をきめる微分方程式系である[1]．積分可能であるためには，方程式 (116.8) は条件

$$\frac{\partial^2 x'^{\beta}}{\partial x^{\alpha}\partial x^{\gamma}}=\frac{\partial^2 x'^{\beta}}{\partial x^{\gamma}\partial x^{\alpha}}$$

を恒等的にみたさなければならない．微分を計算すると，

$$\left[\frac{\partial e_{(a)}^{\beta}(x')}{\partial x'^{\delta}}e_{(b)}^{\delta}(x')-\frac{\partial e_{(b)}^{\beta}(x')}{\partial x'^{\delta}}e_{(a)}^{\delta}(x')\right]e_{\gamma}^{(b)}(x)e_{\alpha}^{(a)}(x)$$

$$=e_{(a)}^{\beta}(x')\left[\frac{\partial e_{\gamma}^{(a)}(x)}{\partial x^{\alpha}}-\frac{\partial e_{\alpha}^{(a)}(x)}{\partial x^{\gamma}}\right]$$

となる．等式の両辺に $e_{(d)}^{\alpha}(x)\ e_{(c)}^{\gamma}(x)\ e_{\beta}^{(f)}(x')$ をかけ，(116.4) を考えに入れて微分を 1 つの乗数から他のものに移すことにより，左辺として

$$e_{\beta}^{(f)}(x')\left[\frac{\partial e_{(d)}^{\beta}(x')}{\partial x'^{\delta}}e_{(c)}^{\delta}(x')-\frac{\partial e_{(c)}^{\beta}(x')}{\partial x'^{\delta}}e_{(d)}^{\delta}(x')\right]$$

$$=e_{(c)}^{\beta}(x')e_{(d)}^{\delta}(x')\left[\frac{\partial e_{\beta}^{(f)}(x')}{\partial x'^{\delta}}-\frac{\partial e_{\delta}^{(f)}(x')}{\partial x'^{\beta}}\right]$$

が得られ，右辺にも x の関数として同じ表式が求められる．x および x' は任意であるから，これらの表式は定数でなければならない：

$$\left(\frac{\partial e_{\alpha}^{(c)}}{\partial x^{\beta}}-\frac{\partial e_{\beta}^{(c)}}{\partial x^{\alpha}}\right)e_{(a)}^{\alpha}e_{(b)}^{\beta}=C^{c}{}_{ab}. \tag{116.9}$$

定数 $C^{c}{}_{ab}$ は，群の**構造定数** (structure constants) とよばれる．$e_{(c)}^{\gamma}$ を乗じて，(116.9) を

$$e_{(a)}^{\alpha}\frac{\partial e_{(b)}^{\gamma}}{\partial x^{\alpha}}-e_{(b)}^{\beta}\frac{\partial e_{(a)}^{\gamma}}{\partial x^{\beta}}=C^{c}{}_{ab}e_{(c)}^{\gamma} \tag{116.10}$$

という形に書くことができる．

---

1) ξ^{β} を小さな量として，$x'^{\beta}=x^{\beta}+\xi^{\beta}$ という形の変換に対しては，(116.8) から方程式

$$\frac{\partial \xi^{\beta}}{\partial x^{\alpha}}=\xi^{\gamma}e_{\alpha}^{(a)}\frac{\partial e_{(a)}^{\beta}}{\partial x^{\gamma}} \tag{116.8a}$$

が得られる．これらの方程式の 3 つの線形独立な解 $\xi_{(b)}^{\beta}$ ($b=1,\ 2,\ 3$) は，空間の運動群の無限小変換を定める．ベクトル $\xi_{(b)}^{\beta}$ は，**キリング**(Killing)**・ベクトル**とよばれる (302ページの脚注をみよ)．

これが，求めている空間の一様性の条件である．等式（116.9）の左辺の表式は，量 $\lambda^c{}_{ab}$ の定義（98.10）と一致する．したがってそれが一定なのである．

定義からわかるとおり，構造定数は下の添字について反対称である：

$$C^c{}_{ab}=-C^c{}_{ba}. \tag{116.11}$$

それらに対するもう1つの条件は，等式（116.10）が交換則

$$[X_a, X_b]\equiv X_aX_b-X_bX_a=C^c{}_{ab}X_c \tag{116.12}$$

と同等であることに注目することによって求められる．ただし X_a は線形微分演算子

$$X_a=e^\alpha_{(a)}\frac{\partial}{\partial x^\alpha} \tag{116.13}$$

である[1]．その条件は恒等式

$$[[X_a, X_b], X_c]+[[X_b, X_c], X_a]+[[X_c, X_a], X_b]=0$$

（いわゆるヤコビの恒等式）から導かれ，

$$C^f{}_{ab}C^d{}_{cf}+C^f{}_{bc}C^d{}_{af}+C^f{}_{ca}C^d{}_{bf}=0 \tag{116.14}$$

という形になる．

双対変換

$$C^c{}_{ab}=e_{abd}C^{dc} \tag{116.15}$$

によって得られる2つの添字をもつ量の方がたしかに3つの添字をもつ量よりも有利である．ただし $e_{abc}=e^{abc}$ は単位の反対称テンソルである（$e_{123}=+1$）．この定数を使うと交換関係（116.12）は

$$e^{abc}X_bX_c=C^{ad}X_d \tag{116.16}$$

という形に書きなおされる．(116.11）の性質はすでに定義（116.15）に取り入れられており，また（116.14）の性質は

$$e_{bcd}C^{cd}C^{ba}=0 \tag{116.17}$$

という形になる．定義（116.9）は C^{ab} に対してベクトル形

$$C^{ab}=-\frac{1}{v}\boldsymbol{e}^{(a)}\operatorname{rot}\boldsymbol{e}^{(b)} \tag{116.18}$$

に表わすことができることを述べておこう．ここでベクトル演算はふたたび，座標 x^α があたかもデカルト的であるとしておこなわれる．

微分形（116.1）の3つの基本ベクトル（それとともに演算子 X_a）の選び方は，もちろん一意的ではない．定数係数をもつ任意の1次変換をそれにおこなうことができる：

---

1) いわゆる連続群（あるいはリー群）の数学では（116.12）の形の条件を満足する演算子を群の**生成演算子**（generator）とよぶ．しかし，他の著述と比較する際の誤解をさけるために，連続群論の組織だった理論は普通，キリング・ベクトルで定義された演算子，$X_a=\xi^\alpha_{(a)}\dfrac{\partial}{\partial x^\alpha}$ から出発して構成されることを注意しておく．

$$\boldsymbol{e}_{(a)}=A_a^b\boldsymbol{e}_{(b)}. \qquad (116.19)$$

このような変換において量 η_{ab} および C^{ab} はテンソルのように振舞う．

条件 (116.17) は，構造定数 C^{ab} のみたすべきただ一つの条件である．しかしこの条件をみたす構造定数の集合のなかには，その相異がただ変換 (116.19) にだけ関係しているという意味で同等なものがある．一様な空間の分類の問題は，構造定数の同等でないすべての組を決定することに帰せられる．これは，量 C^{ab} の“テンソル的”性格を利用して，つぎのような簡単な仕方でおこなうことができる (C. G. Behr, 1962).

対称でない“テンソル”C^{ab} は，対称な部分と反対称な部分にわけられる．前者を n^{ab} とし，後者をそれに双対的な“ベクトル”a_c で表わす：

$$C^{ab}=n^{ab}+e^{abc}a_c. \qquad (116.20)$$

この表式を (116.17) に代入すると，

$$n^{ab}a_b=0 \qquad (116.21)$$

という条件になる．

変換 (116.19) によって対称“テンソル”n^{ab} を対角形にすることができる．n_1, n_2, n_3 をその主値とする．(116.21) 式は，“ベクトル”a_b（もしそれが存在するなら）が“テンソル”n^{ab} の固有値 0 に対応する主軸の方向に向いていることを意味する．したがって一般性を損うことなく $a_b=(a, 0, 0)$ とおくことができる．そうすると (116.21) は $an_1=0$ となる．すなわち a あるいは n_1 のどちらかがゼロでなければならない．交換関係 (116.16) は

$$[X_1, X_2]=-aX_2+n_3X_3, \quad [X_2, X_3]=n_1X_1, \quad [X_3, X_1]=n_2X_2+aX_3 \qquad (116.22)$$

という形になる．なお残っている自由度は，演算子 X_a の符号とそのスケール変換（定数をかける）である．これは，n_1, n_2, n_3 の符号をすべて同時に変え，量 a を（もしそれがゼロでないときに）正にすることを許す．また，少なくとも a, n_2, n_3 という量のうちの 1 つがゼロに等しければ，すべての構造定数を ±1 にすることができる．もしこれら 3 つの量がすべてゼロでなければ，スケール変換は比 a^2/n_2n_3 を不変にたもつ[1]．

このようにして，一様な空間の可能な型のリストとしてつぎの結果に到達する．表の第 1 列には，ビアンキの分類による型の記号がローマ数字で示してある (L. Bianchi, 1918)[2]．

型 I は，ユークリッド空間である．空間の曲率テンソルの成分はすべてゼロになる（以

1) 厳密に言うと，C^{ab} が“テンソル”性をもつためには定義 (116.15) に乗数 $\sqrt{\eta}$ を導入しなければならない（任意の座標変換に関して反対称単位テンソルをどのように定義するかについて §83 で述べたことを参照）．しかしここではこれら詳細な点に立ち入らない．いまの目的を達するために，構造定数の変換則を直接 (116.22) 式から引き出すことができる．

2) パラメター a はすべての正の値をとる．対応する型は実際には異なる群の 1 パラメター族をつくる．それを VI および VII 型にまとめたのは，便宜的な性格をもつ．

型	a	n_1	n_2	n_3
I	0	0	0	0
II	0	1	0	0
VII	0	1	1	0
VI	0	1	−1	0
IX	0	1	1	1
VIII	0	1	1	−1
V	1	0	0	0
IV	1	0	0	1
VII	a	0	1	1
III(a=1) VI(a≠1)	a	0	1	−1

下の (116.24) 式をみよ). ガリレイ計量という当然の場合のほかに, つぎの節で考察する時間に依存する計量もこれに属する.

型IXは, 特別な場合として一定の正の曲率をもつ空間を含む. それは, 線要素 (116.2) で $\eta_{ab}=\delta_{ab}/4\lambda$ とおけば得られる. ただし λ は正の定数である. 実際, (116.24) で $C^{11}=C^{22}=C^{33}=1$ を用いて計算すると, $P_{(a)(b)}=\frac{1}{2}\delta_{ab}$ であり, したがって

$$P_{\alpha\beta}=P_{(a)(b)}e_\alpha^{(a)}e_\beta^{(b)}=2\lambda\gamma_{\alpha\beta}$$

となり, これは上に述べた空間に相当する ((111.3) をみよ).

同様に, 一定の負の曲率をもつ空間は型 V に特別な場合として含まれる. 実際, $\eta_{ab}=\delta_{ab}/\lambda$ とし, $C^{23}=-C^{32}=1$ で (116.24) の $P_{(a)(b)}$ を計算すると,

$$P_{(a)(b)}=-2\delta_{ab}, \qquad P_{\alpha\beta}=-2\lambda\gamma_{\alpha\beta}$$

が得られ, これは一定の負の曲率に相当する.

最後に, 一様な空間をもつ宇宙に対するアインシュタイン方程式が, どのようにして時間の関数だけを含む常微分方程式系になるのかを述べよう. そのためには, 4元ベクトルと4元テンソルの空間成分を, 問題にしている空間の基本ベクトルの3つ組によって展開しなければならない:

$$R_{(a)(b)}=R_{\alpha\beta}e_{(a)}^{\alpha}e_{(b)}^{\beta}, \qquad R_{0(a)}=R_{0\alpha}e_{(a)}^{\alpha}, \qquad u^{(a)}=u^{\alpha}e_{\alpha}^{(a)}.$$

すべてこれらの量はすでに t だけの関数である. 物質のエネルギー密度 ε および圧力 p というスカラー量も時間の関数である.

同期化された基準系でのアインシュタイン方程式は, (97.11—13) によると, 3次元テンソル $\kappa_{\alpha\beta}$ および $P_{\alpha\beta}$ で表わされる. 前者は単に

$$\kappa_{(a)(b)}=\dot{\eta}_{ab}, \qquad \kappa_{(a)}^{(b)}=\dot{\eta}_{ac}\eta^{cb} \qquad (116.23)$$

となる (ドットは t による微分を表わす). $P_{(a)(b)}$ の成分も (98.14) を用いて, 量 η_{ab}

および群の構造定数により表わすことができる．3つの添字をもつ $\lambda^a{}_{bc}=C^a{}_{bc}$ を2つの添字の C^{ab} でおきかえ，一連の変形をおこなうと[1)]

$$P^{(b)}_{(a)}=\frac{1}{2\eta}\{2C^{bd}C_{ad}+C^{db}C_{ad}+C^{bd}C_{da}-C^d{}_d(C^b{}_a+C_a{}^b)$$
$$+\delta^b_a[(C^d{}_d)^2-2C^{df}C_{df}]\} \qquad (116.24)$$

が得られる．ここで，一般則にしたがって，

$$C_a{}^b=\eta_{ac}C^{cb}, \qquad C_{ab}=\eta_{ac}\eta_{bd}C^{cd}.$$

一様な空間における3次元テンソル $P_{\alpha\beta}$ に対するビアンキの恒等式は

$$P^c_bC^b{}_{ca}+P^c_aC^b{}_{cb}=0 \qquad (116.25)$$

という形をとることも注意しよう．

結局，4次元リッチ・テンソルの基本ベクトルに関する成分に対する表式は

$$R^0_0=-\frac{1}{2}\dot{\kappa}^{(a)}_{(a)}-\frac{1}{4}\kappa^{(b)}_{(a)}\kappa^{(a)}_{(b)},$$

$$R^0_{(a)}=-\frac{1}{2}\kappa^{(c)}_{(b)}(C^b{}_{ca}-\delta^b_aC^d{}_{dc}),$$

$$R^{(b)}_{(a)}=-\frac{1}{2\sqrt{\eta}}(\sqrt{\eta}\,\kappa^{(b)}_{(a)})^{\cdot}-P^{(b)}_{(a)} \qquad (116.26)$$

となる[2)]．このようにアインシュタイン方程式を設定するのには，座標の関数としての基本ベクトルの明らさまな表現を使う必要がないということを強調しておく．

§ 117. 平坦な非等方モデル

等方的なモデルが宇宙の進化のおそい時期を記述するのに適切であるということは，それだけでは時間の特異点に近い進化の初期の記述にもそれが同じく適用されると期待できる理由にはならない．この問題は§119で詳しく議論されるが，あらかじめこの節および次節では，原理的に（フリードマン的な特異点とは）異なった型の時間の特異点をもつアインシュタイン方程式の解を考察しよう．

適当な基準系を選ぶと計量テンソルのすべての成分がただ1つの変数，すなわち時間 $x^0=t$ の関数となるような解を求めよう[3)]．このような問題はすでに§109で取り扱われたが，そこでは行列式 $|g_{\alpha\beta}|=0$ となる場合だけを考えた．いまは，この行列式がゼロでないとする．§109で述べたとおり，このような場合には一般性を失うことなく，すべて

---

1) 公式

$$\eta_{ad}\eta_{be}\eta_{cf}e^{def}=\eta e_{abc}, \qquad e_{abf}e^{cdf}=\delta^c_a\delta^d_b-\delta^d_a\delta^c_b$$

を利用する．

2) R^0_α に現われる共変微分 $\kappa^\beta_{\alpha;\gamma}$ は，328ページの脚注に導いた公式を用いて変形される．

3) §§117—118では式を簡略にするため，$c=1$ とおく．

の $g_{0\alpha}=0$ と仮定することができる．さらに，変数 t を $\sqrt{g_{00}}dt \to dt$ のように変換することにより，g_{00} を1にすることができ，したがって，

$$g_{00}=1, \qquad g_{0\alpha}=0, \qquad g_{\alpha\beta}=-\gamma_{\alpha\beta}(t) \tag{117.1}$$

であるような同期化された基準系が得られる．

そこで，(97.11—13) の形のアインシュタイン方程式を使うことができる．量 $\gamma_{\alpha\beta}$，したがって3次元テンソル $\kappa_{\alpha\beta}=\dot{\gamma}_{\alpha\beta}$ は座標 x^α に依存しないから，$R_{0\alpha}\equiv0$ である．同じ理由で $P_{\alpha\beta}\equiv0$ であり，結局，真空中の重力場の方程式はつぎの方程式系に帰着される：

$$\dot{\kappa}_\alpha^\alpha+\frac{1}{2}\kappa_\alpha^\beta\kappa_\beta^\alpha=0, \tag{117.2}$$

$$\frac{1}{\sqrt{\gamma}}(\sqrt{\gamma}\,\kappa_\alpha^\beta)^{\cdot}=0. \tag{117.3}$$

(117.3) から，λ_α^β を定数として，

$$\sqrt{\gamma}\,\kappa_\alpha^\beta=2\lambda_\alpha^\beta \tag{117.4}$$

が導かれる．添字 α と β について縮約すると，

$$\kappa_\alpha^\alpha=\frac{\dot{\gamma}}{\gamma}=\frac{2}{\sqrt{\gamma}}\lambda_\alpha^\alpha$$

が得られ，これから $\gamma=\text{const}\cdot t^2$ であることがわかる．一般性を限ることなく，const=1 とおくことができる（これは単に座標のスケールを変えることで達せられる）．そうすると $\lambda_\alpha^\alpha=1$．(117.4) を (117.2) 式に代入すると，定数 λ_α^β のあいだを結ぶ関係

$$\lambda_\alpha^\beta\lambda_\beta^\alpha=1 \tag{117.5}$$

が求まる．

つぎに，(117.4) で添字 β を下げ，その式を $\gamma_{\alpha\beta}$ に対する常微分方程式系の形に書く：

$$\dot{\gamma}_{\alpha\beta}=\frac{2}{t}\lambda_\alpha^\gamma\gamma_{\gamma\beta}. \tag{117.6}$$

係数 λ_α^γ の総体は，なんらかの1次変換の行列とみなすことができる．座標 x^1，x^2，x^3（あるいは，同じことだが，量 $g_{1\beta}$，$g_{2\beta}$，$g_{3\beta}$）の適当な変換によって，一般にこの行列を対角形にすることができる．その主値を p_1，p_2，p_3 で表わし，それがすべて実数でしかもたがいに異なっているとする（他の場合については以下をみよ）．対応する主軸方向の単位ベクトルを $\boldsymbol{n}^{(1)}$，$\boldsymbol{n}^{(2)}$，$\boldsymbol{n}^{(3)}$ とする．そうすると方程式 (117.6) の解を

$$\gamma_{\alpha\beta}=t^{2p_1}n_\alpha^{(1)}n_\beta^{(1)}+t^{2p_2}n_\alpha^{(2)}n_\beta^{(2)}+t^{2p_3}n_\alpha^{(3)}n_\beta^{(3)} \tag{117.7}$$

という形に表わすことができる（t のベキの前の係数は，座標のスケールを適当にとることによって1にできる）．最後に，ベクトル $\boldsymbol{n}^{(1)}$，$\boldsymbol{n}^{(2)}$，$\boldsymbol{n}^{(3)}$ の方向をあらためて座標軸（x，y，z とよぶ）の方向として選ぶと，計量を

$$ds^2=dt^2-t^{2p_1}dx^2-t^{2p_2}dy^2-t^{2p_3}dz^2 \tag{117.8}$$

という形にすることができる (E. Kasner, 1922). ここで p_1, p_2, p_3 は2つの条件

$$p_1+p_2+p_3=1, \qquad p_1^2+p_2^2+p_3^2=1 \qquad (117.9)$$

をみたす任意の3つの数である (第1は $-g=t^2$ から, 第2は (117.5) から得られる).

3つの数 p_1, p_2, p_3 は明らかに同じ値をとることはできない. そのうち2つが等しくなるのは, (0, 0, 1) および (−1/3, 2/3, 2/3) という3つの数のときである. 他の場合にはつねに p_1, p_2, p_3 は異なり, そのうちの1つが負であとの2つが正である. 大きさの順に並べる $p_1<p_2<p_3$ とすると, それらの値はつぎの領域のなかにある.

$$-\frac{1}{3}\leqslant p_1\leqslant 0, \qquad 0\leqslant p_2\leqslant\frac{2}{3}, \qquad \frac{2}{3}\leqslant p_3\leqslant 1. \qquad (117.10)$$

このようにして, 計量 (117.8) は, 平坦で一様だが非等方的な空間に対応する. この空間の体積は (時間の増大とともに) t に比例して増大し, そのとき2つの軸 (y, z) にそう距離は大きくなり, 1つの軸 (x) にそっては小さくなる. $t=0$ という瞬間は, 解の特異点である. 計量はそこで, 基準系のいかなる変換によっても除去できない特異性をもつ. そこで4次元の曲率テンソルの不変量は無限大になる. 例外は, $p_1=p_2=0$, $p_3=1$ という場合だけである. これらの値のときには単に平坦な空間を扱っているのであって, $t\sinh z=\zeta$, $t\cosh z=\tau$ という変換によって計量 (117.8) はガリレイ的になる[1].

計量 (117.8) は, 真空に対するアインシュタイン方程式の厳密解である. しかし特異点の近傍, 小さな t においては, 空間に一様に物質が分布しているときにもそれは近似的な解になっている ($1/t$ の最高ベキの項の精度で). このとき物質の密度の変化する速度は, 与えられた重力場のなかでの物質の運動方程式だけできまるのであり, 逆に物質の場におよぼす影響は無視できる. 物質の密度は $t\to 0$ のとき無限大になる. これは特異性の物理的性格に合致している (問題3を参照).

問　題

1. 行列 λ_α^β が1つの実数の主値 (p_3) と2つの複素数の主値 ($p_{1,2}=p'\pm ip''$) をもつ場合に対応する (117.6) 式の解を求めよ.

解 この場合には, すべての量がそれに依存するパラメター x^0 は空間的性格をもつ.

---

1) (117.8) の型の解は, 変数が空間的である場合にも存在する. このときには適当に符号を変えるだけでよい. たとえば

$$ds^2=x^{2p_1}dt^2-dx^2-x^{2p_2}dy^2-x^{2p_3}dz^2.$$

しかしこの場合, 他の型の解もあって, それは (117.6) 式の行列 λ_α^β が複素数あるいは一致する主値をもつときに現われる (問題1および2を参照). 時間的な変数 t の場合には, このような解は, その行列式 g が必要条件 $g<0$ をみたさないために, 可能ではない.

真空中のアインシュタイン方程式のより多くの変数に依存する類似の型の一連の厳密解が求められている文献を引用しておく: B. K. Harrison, *Phys. Rev.* **116**, 1285 (1959).

それを $x^0=x$ とする．それに応じて（117.1）でこんどは $g_{00}=-1$ としなければならない．方程式（117.2−3）はそのままである．

（117.7）のベクトル $\boldsymbol{n}^{(1)}$，$\boldsymbol{n}^{(2)}$ は複素数になる：$\boldsymbol{n}'$，$\boldsymbol{n}''$ を単位ベクトルとして，$\boldsymbol{n}^{(1,2)}=(\boldsymbol{n}'\pm i\boldsymbol{n}'')/\sqrt{2}$．軸 x^1，x^2，x^3 を $\boldsymbol{n}'$，$\boldsymbol{n}''$，$\boldsymbol{n}^{(3)}$ の方向に選ぶと，解は

$$-g_{11}=g_{22}=x^{2p'}\cos\left(2p''\ln\frac{x}{a}\right),\qquad g_{12}=-x^{2p'}\sin\left(2p''\ln\frac{x}{a}\right),$$

$$g_{33}=-x^{2p_3},\qquad -g=-g_{00}|g_{\alpha\beta}|=x^2$$

という形をとる．ただし a は定数である（それは，上の表式における他の係数を変化させることなく，x 軸方向のスケール変換で消去することはできない）．数 p_1，p_2，p_3 はふたたび関係（117.9）をみたし，実数 p_3 は $-1/3$ より小さいか，1より大きい．

2. 同じく，2つの主値が一致する（$p_2=p_3$）場合：

解 線形微分方程式の一般論でよく知られているように，この場合には方程式の系（117.6）をつぎの正準形に移すことができる：

$$\dot{g}_{11}=\frac{2p_1}{x}g_{11},\qquad \dot{g}_{2\alpha}=\frac{2p_2}{x}g_{2\alpha},\qquad \dot{g}_{3\alpha}=\frac{2p_2}{x}g_{3\alpha}+\frac{\lambda}{x}g_{2\alpha},\qquad \alpha=2,\ 3.$$

ここで λ は定数．$\lambda=0$ のときには（117.8）にもどる．$\lambda\neq 0$ のときに，$\lambda=1$ とおくことができる．そうすると

$$g_{11}=-x^{2p_1},\qquad g_{2\alpha}=a_\alpha x^{2p_2},\qquad g_{3\alpha}=a_\alpha x^{2p_2}\ln x+b_\alpha x^{2p_2}.$$

条件 $g_{32}=g_{23}$ から，$a_2=0$，$a_3=b_2$ となる．軸 x^2，x^3 にそうスケールを適当に選ぶと結局，計量をつぎの形にすることができる：

$$ds^2=-dx^2-x^{2p_1}(dx^1)^2\pm 2x^{2p_2}dx^2dx^3\pm x^{2p_2}\ln\frac{x}{a}(dx^3)^2.$$

数 p_1，p_2 は 1，0 あるいは $-1/3$，$2/3$ という値をとることができる．

3. 特異点 $t=0$ の近傍で，計量（117.8）をもつ空間に一様に分布した物質の密度が時間とともにどのように変化するかを求めよ．

解 物質の場への影響を無視し，方程式 $T^k_{i;k}=0$（『弾性体の力学』§125を参照）に含まれている流体力学的運動方程式

$$\frac{1}{\sqrt{-g}}\frac{\partial}{\partial x^i}(\sqrt{-g}\,\sigma u^i)=0,$$

$$(p+\varepsilon)u^k\left(\frac{\partial u_i}{\partial x^k}-\frac{1}{2}u^l\frac{\partial g_{kl}}{\partial x^i}\right)=-\frac{\partial p}{\partial x^i}-u_iu^k\frac{\partial p}{\partial x^k}\qquad(1)$$

から出発する．ここで σ はエントロピー密度である．特異点の近くでは，超相対論的な状態方程式 $p=\varepsilon/3$ を使わなければならない，そのとき $\sigma\propto\varepsilon^{3/4}$．

（117.8）における時間の乗数を $a=t^{p_1}$，$b=t^{p_2}$，$c=t^{p_3}$ で表わそう．すべての量が時間にだけ依存し，また，$\sqrt{-g}=abc$ であるから，（1）式は

$$\frac{d}{dt}(abcu_0\varepsilon^{3/4})=0,\qquad 4\varepsilon\frac{du_\alpha}{dt}+u_\alpha\frac{d\varepsilon}{dt}=0$$

を与える．これから

$$abcu_0\varepsilon^{3/4}=\text{const},\qquad(2)$$

$$u_\alpha\varepsilon^{1/4}=\text{const}.\qquad(3)$$

（3）によるとすべての共変成分 u_α は，同じ程度の大きさの量である．反変成分のなか

でもっとも大きいのは（$t\to 0$ のとき），$u^3=u_3/c^2$ である．それゆえ，恒等式 $u_iu^i=1$で最大項だけを残すと，$u_0^2\approx u_3u^3=(u_3)^2/c^2$ が得られ，さらに（2）と（3）から

$$\varepsilon\propto\frac{1}{a^2b^2},\qquad u_\alpha\propto\sqrt{ab}$$

あるいは

$$\varepsilon\propto t^{-2(p_1+p_2)}=t^{-2(1-p_3)},\qquad u_\alpha\propto t^{(1-p_3)/2} \tag{4}$$

となる．そうあるべきように，ε は $t\to 0$ で1をのぞくすべての値の p_3 に対して無限大になる．$p_3=1$ の例外は，指数（0, 0, 1）をもつ計量の特異性は物理的でないことに対応している．

使った近似の正しさを調べるには，方程式（117.2—3）の右辺で無視した成分 T_i^k の評価をすればよい．その最大項は

$$T_0^0\sim\varepsilon u_0^2\propto t^{-(1+p_3)},\qquad T_1^1\sim\varepsilon\propto t^{-2(1-p_3)},$$
$$T_2^2\sim\varepsilon u_2u^2\propto t^{-(1+2p_2-p_3)},\qquad T_3^3\sim\varepsilon u_3u^3\propto t^{-(1+p_3)}$$

である．方程式の左辺は $t\to 0$ のとき t^{-2} のように大きくなるのにくらべて，これらはすべてそれよりゆっくりと増大することがわかる．

§ 118. 特異点への振動性の接近

型IXの一様な空間をもつ宇宙モデルを用いて，計量の時間に関する特異性で振動性のものを研究しよう（V. A. Belinskii, E. M. Lifshitz, I. M. Khalatnikov, 1968）．以下の節で，このような性格がきわめて一般的な意義をもつことを見るであろう．

関心があるのは，特異点（それを時間の原点 $t=0$ に選ぶ）の近くでのモデルの振舞いである．§117 で議論したカスナーの解におけると同様に，物質の存在はこの振舞いの定性的な性質に影響しないから，取り扱いを簡単にするために真空を仮定しよう．

（116.3）で行列 $\eta_{ab}(t)$ が対角形であると仮定し，その対角要素を a^2, b^2, c^2 で表わそう．3つの基本ベクトル $\boldsymbol{e}^{(1)}$, $\boldsymbol{e}^{(2)}$, $\boldsymbol{e}^{(3)}$ をここでは $\boldsymbol{l}$, $\boldsymbol{m}$, $\boldsymbol{n}$ で表わす．このとき空間の計量は

$$\gamma_{\alpha\beta}=a^2l_\alpha l_\beta+b^2m_\alpha m_\beta+c^2n_\alpha n_\beta \tag{118.1}$$

と書かれる．型IXの空間に対する構造定数は[1)]

$$C^{11}=C^{22}=C^{33}=1 \tag{118.2}$$

である（このとき $C^1_{23}=C^2_{31}=C^3_{12}=1$）．

---

1) これらの定数に対応する基準ベクトルは

$$\boldsymbol{l}=(\sin x^3, -\cos x^3\sin x^1,\ 0),\qquad \boldsymbol{m}=(\cos x^3, \sin x^3\sin x^1, 0),$$
$$\boldsymbol{n}=(0,\ \cos x^1,\ 1)$$

である．座標は，$0\leqslant x^1\leqslant\pi$, $0\leqslant x^2\leqslant 2\pi$, $0\leqslant x^3\leqslant 4\pi$ という間隔のなかの値をとる．空間は閉じていて，その体積は

$$V=\int\sqrt{\gamma}\,dx^1dx^2dx^3=abc\int\sin x^1dx^1dx^2dx^3=16\pi^2abc.$$

$a=b=c$ のときにはこれは，曲率半径 $2a$ をもつ正の一定曲率の空間となる．

(116.26) から，このような構造定数で，η_{ab} が対角形のときには同期化された基準系におけるリッチ・テンソルの成分 $R^0_{(a)}$ は恒等的にゼロになることがわかる．(116.24) によると $P_{(a)(b)}$ の非対角要素もまたゼロになる．アインシュタイン方程式の残りの成分は，関数 $a(t)$，$b(t)$，$c(t)$，に対しつぎの方程式を与える：

$$\frac{(\dot{a}bc)^{\cdot}}{abc}=\frac{1}{2a^2b^2c^2}[(b^2-c^2)^2-a^4],$$

$$\frac{(a\dot{b}c)^{\cdot}}{abc}=\frac{1}{2a^2b^2c^2}[(a^2-c^2)^2-b^4], \tag{118.3}$$

$$\frac{(ab\dot{c})^{\cdot}}{abc}=\frac{1}{2a^2b^2c^2}[(a^2-b^2)^2-c^4],$$

$$\frac{\ddot{a}}{a}+\frac{\ddot{b}}{b}+\frac{\ddot{c}}{c}=0 \tag{118.4}$$

((118.3) は，方程式 $R^{(1)}_{(1)}=R^{(2)}_{(2)}=R^{(3)}_{(3)}=0$，(118.4) は，$R^0_0=0$ である)．

方程式系 (118.3—4) における時間微分は，関数 a，b，c のかわりにその対数 α，β，γ：

$$a=e^{\alpha},\quad b=e^{\beta},\quad c=e^{\gamma} \tag{118.5}$$

を用い，t のかわりに

$$dt=abcd\tau \tag{118.6}$$

にしたがって変数 τ を導入すると，もっと簡単な形をとる．そうすると

$$2\alpha_{,\tau,\tau}=(b^2-c^2)^2-a^4,$$

$$2\beta_{,\tau,\tau}=(a^2-c^2)^2-b^4, \tag{118.7}$$

$$2\gamma_{,\tau,\tau}=(a^2-b^2)^2-c^4,$$

$$\frac{1}{2}(\alpha+\beta+\gamma)_{,\tau,\tau}=\alpha_{,\tau}\beta_{,\tau}+\alpha_{,\tau}\gamma_{,\tau}+\beta_{,\tau}\gamma_{,\tau}. \tag{118.8}$$

ここで添字の τ は，τ による微分を表わす．(118.7) 式を加え合わせ，左辺の和の2階微分を (118.8) で置かえると

$$\alpha_{,\tau}\beta_{,\tau}+\alpha_{,\tau}\gamma_{,\tau}+\beta_{,\tau}\gamma_{\tau,}=\frac{1}{4}(a^4+b^4+c^4-2a^2b^2-2a^2c^2-2b^2c^2) \tag{118.9}$$

が得られる．この関係は，1階微分しか含んでおらず，(118.7) 式の第1積分となっている．

方程式 (118.3—4) を，解析的に厳密に解くことはできないが，特異点の近くでは詳しい定性的な分析をすることができる．

第1に，(118.3) 式（あるいは同じことだが(118.7) 式で）の右辺がなければ，厳密解

$$a\sim t^{p_l},\qquad b\sim t^{p_m},\qquad c\sim t^{p_n} \tag{118.10}$$

があることに注意する．ここで p_l，p_m，p_n はたがいに

$$p_l+p_m+p_n=p_l^2+p_m^2+p_n^2=1 \tag{118.11}$$

という関係をもつ数である（一様で平坦な空間に対するカスナー解(117.8)に類似する)．ここではベキの指数を，その大きさの順をあらかじめきめないで，p_l，p_m，p_n で表わした．§117 の p_1，p_2，p_3 という記号は，間隔（117.10）のなかの値をとる $p_1<p_2<p_3$ という大きさの順に並べた3つの数にとっておく，これら3つの数はパラメター形で

$$p_1(u)=\frac{-u}{1+u+u^2},\qquad p_2(u)=\frac{1+u}{1+u+u^2},\qquad p_3(u)=\frac{u(1+u)}{1+u+u^2}\qquad(118.12)$$

と表わすことができる．p_1，p_2，p_3 のあらゆる値は（それらの順序をたもって），パラメター u が領域 $u\geqslant 1$ のなかの値をとるときに与えられる．$u<1$ の値も

$$p_1\left(\frac{1}{u}\right)=p_1(u),\qquad p_2\left(\frac{1}{u}\right)=p_3(u),\qquad p_3\left(\frac{1}{u}\right)=p_2(u)\qquad(118.13)$$

によって同じ領域に帰着する．図25は，p_1，p_2，p_3 の $1/u$ への依存性を示したものである．

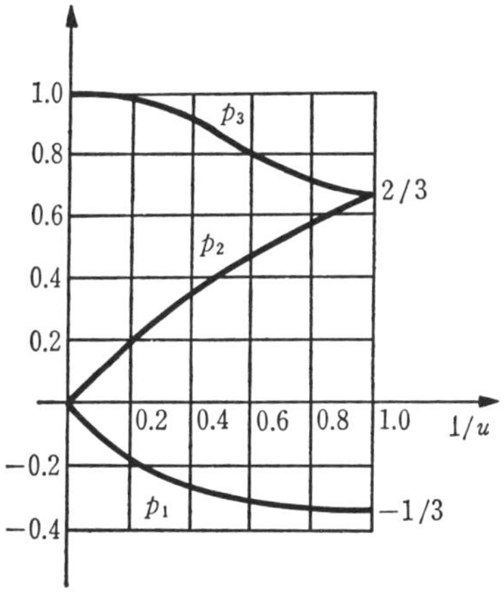

図 25

ある時間の間に(118.7)式の右辺がたしかに小さく，無視できて，カスナー的レジーム(118.10)が成り立っていると仮定しよう．このような状況が限りなく（$t\to 0$ のとき）つづくことはありえない．というのは，そのなかに増大する項がつねに存在するからである．したがって，負の指数が関数 $a(t)$ のものとすると（$p_l=p_1<0$)，カスナーレジームからのはずれは a^4 の項から生じる．残りの項は t が減少するとき消えるであろう．

(118.7)の右辺でこの項だけを残すと，方程式系

$$\alpha_{,\tau,\tau}=-\frac{1}{2}e^{4\alpha},$$
$$\beta_{,\tau,\tau}=\gamma_{,\tau,\tau}=\frac{1}{2}e^{4\alpha}\qquad(118.14)$$

が得られる．これらの方程式の解は，ある一定の指数の組（ただし $p_l<0$）を与えた(118.10)式によって記述されるような“初期”状態[1]からの計量の進化を記述するはずである．$p_l=p_1$，$p_m=p_2$，$p_n=p_3$ とすると，

$$a=t^{p_1},\qquad b=t^{p_2},\qquad c=t^{p_3}$$

（これらの表式の比例定数は，以下で得られる結果の一般性を失うことなく1とおくこと

1）$t\to 0$ の際の計量の進化を考えていることを思い出そう．したがって“初期”条件は，以前ではなく以後の時間にあてはまる．

ができる)．このとき $abc=t$，$\tau=\ln t+\text{const}$，したがって(118.14) 式に対する初期条件は

$$\alpha_{,\tau}=p_1, \qquad \beta_{,\tau}=p_2, \qquad \gamma_{,\tau}=p_3$$

という形に定式化される．

(118.14) の第1式は，指数関数的なポテンシャルの壁があるときの粒子の1次元的運動の方程式の形をしている．α が座標の役をする．このアナロジーではカスナー的レジームは一定速度 $\alpha_{,\tau}=p_1$ の自由運動に対応する．壁で反射されたあと，粒子はふたたび反対符号の速度で自由に運動するであろう：$\alpha_{,\tau}=-p_1$．また，(118.14) の3つの式のため，

$$\alpha_{,\tau}+\beta_{,\tau}=\text{const}, \qquad \alpha_{,\tau}+\gamma_{,\tau}=\text{const}$$

を考えると，$\beta_{,\tau}$ および $\gamma_{,\tau}$ が $\beta_{,\tau}=p_2+2p_1$，$\gamma_{,\tau}=p_3+2p_1$ という値をとることがわかる．これから α，β，γ を定め，つぎに (118.6) によって t をきめると，

$$e^{\alpha}\sim e^{-p_1\tau}, \qquad e^{\beta}\sim e^{(p_2+2p_1)\tau}, \qquad e^{\gamma}\sim e^{(p_3+2p_1)\tau}, \qquad t\sim e^{(1+2p_1)\tau},$$

すなわち，$a\sim t^{p'_l}$，$b\sim t^{p'_m}$，$c\sim t^{p'_n}$ が得られる．ここで

$$p'_l=\frac{|p_1|}{1-2|p_1|}, \qquad p'_m=-\frac{2|p_1|-p_2}{1-2|p_1|}, \qquad p'_n=\frac{p_3-2|p_1|}{1-2|p_1|}. \qquad (118.15)$$

このようにして，はずれの効果は，1つの“カスナー時代”からもう1つへの交替となって現われる．このとき t の負のベキは $\boldsymbol{l}$ の方向から $\boldsymbol{m}$ の方向に移動する：もし $p_l<0$ であったとすると，今度は $p'_m<0$ となる．交替の過程で関数 $a(t)$ は極大を，$b(t)$ は極小を通過する．初め減少した $b(t)$ は増大し始め，増大していた $a(t)$ は減少し，関数 $c(t)$ は減少しつづける．摂動自体 ((118.7) 式の a^4 の項) は，最初増大し，それから減少し始め，消えてしまう．以後の計量の進化は，同様にして(118.7) 式の b^4 項で表わされるずれの増大，つぎのカスナー指数の交替，等々をもたらす．

指数の交替の規則 (118.15) は，パラメター表示 (118.12) を用いると便利な形に表わされる：もし

$$p_l=p_1(u), \qquad p_m=p_2(u), \qquad p_n=p_3(u)$$

であれば

$$p'_l=p_2(u-1), \qquad p'_m=p_1(u-1), \qquad p'_n=p_3(u-1) \qquad (118.16)$$

である．2つの正の指数のうち大きいほうが正のままになる．

このカスナー時代の交替の過程のなかに，特異点に近づくときの計量の進化の性格を理解する鍵がある．

方向 $\boldsymbol{l}$ と $\boldsymbol{m}$ とのあいだの負の指数 (p_1) のやりとりをともなう (118.16) の交替は，初期値 u の整数部分がなくならず，$u<1$ とならないかぎり，継続して起こる．$u<1$ の値は，(118.13) にしたがって $u>1$ に変換される．この瞬間に p_l あるいは p_m が負で

あり，p_n は2つの正の数のうちの小さいほうになる $(p_n=p_2)$. そのあとにつづく交替では，負の指数が方向 $\boldsymbol{n}$ と $\boldsymbol{l}$ あるいは $\boldsymbol{n}$ と $\boldsymbol{m}$ のあいだにやりとりされるであろう．任意の（無理数の）初期値 u ではこの交替の過程は限りなくつづく．

方程式の厳密解ではもちろん指数 p_1, p_2, p_3 は，文字通りの意味を失っている．この事情によって生じる指数の定義（それとともにパラメター u）の"ぼやけ"は，たとえそれが小さくても，なんらかの特別な（たとえば有理数の）値の u を考えることを無意味にしてしまうことに注意しよう．この理由で，任意の無理数の u という一般的な場合にみられる規則性だけが現実的な意味をもっているのである．

このように，いまのモデルの特異点の方向に向かう進化過程は，継続して起こる一連の振動から成り立っている．そのおのおのの経過のなかで，2つの空間軸にそっての距離は振動し，3番目の軸にそう距離は単調に減少する．また体積は，$\sim t$ に近い形で減少する．一連の振動からつぎのものに移向するとき，距離の単調減少をともなう方向がある軸から他の軸へ移る．これらの移向の順序は，漸近的にはランダムな性格をもつようになる．つぎつぎに起こる振動列の長さ（すなわち一連の振動に含まれる"カスナー時代"の数）の交替する順序も同様な性格をもつ[1].

特異点に近づくにつれて継起する振動列は圧縮されてくる．任意の有限な世界時間 t と $t=0$ とのあいだに無限に多くの振動が含まれる．この進化の時間的過程を記述する自然な変数は，時間 t 自身ではなく，その対数 $\ln t$ であり，それによって特異点に近づく過程が $-\infty$ に拡げられる．

上述の解では最初から，(116.3) の行列 $\eta_{ab}(t)$ が対角形であると仮定し，問題を簡単化した．計量に非対角要素 η_{ab} を含めても，上に述べた計量の進化の振動的性格および，カスナー時代の交替における指数 p_l, p_m, p_n の入れ替えの法則 (118.16) は変わらない．しかしながら，それによって付加的な性質が現われる．すなわち，指数の入れ替えは，指数が関係する軸の方向の変化もともなって起こるのである[2].

---

1) もしパラメター u の"初期"値が $u_0=k_0+x_0$ (k_0 は整数，$x_0<1$) ならば，最初の列の長さは k_0 であり，つぎの列に対する u の初期値は $u_1=1/x_0\equiv k_1+x_1$，等々となる．これから，継続する列の長さは，（無理数の）u_0 を無限の連続分数に展開したときの要素 $k_0, k_1, k_2, \cdots$ で与えられることがすぐ結論できる：

$$u_0=k_0+\cfrac{1}{k_1+\cfrac{1}{k_2+\cfrac{1}{k_3+\cdots}}}.$$

このような展開における要素の値の現われ方は，統計的法則性に支配される

2) 問題にしている型の一様な宇宙論的モデルに関して，これやその他の詳細な性質については，V. A. Belinskii, E. M. Lifshitz, I. M. Khalatnikov, Adv. in Physics **19**, 525 (1970)；Adv. in Physics **31**, 639 (1982) を参照．

§ 119.　アインシュタイン方程式の宇宙論的な一般解における時間に関する特異性

すでに述べたとおり，フリードマンモデルが宇宙の現在の状態を記述するのに適切であることは，それだけではこのモデルが宇宙進化の初期段階の記述にも適用されると期待する理由にはならない．これに関連して，時間に関する特異点の存在がどの程度宇宙論的モデルの必然的な性質であるのか，そしてそれが，モデルの基礎になる特定の簡単化のための仮定（第1に対称性）によらないものなのか，という問題がまず第一に生じる．特異点というとき，物質密度と4次元曲率テンソルの不変量が無限大になるような物理的特異性を考えていることを強調しておこう．

特別な仮定に無関係であるということは，特異性がアインシュタイン方程式の特解だけでなく一般解にも固有のものであることを意味する．一般解の基準は，解に含まれる“物理的に任意な”関数の数である．一般解ではこのような関数の数は，任意に選んだ時刻に任意に初期条件を与えるのに十分でなければならない（真空では4，物質にみたされた空間では8個；§95を参照）[1]．

全空間であらゆる時間にわたって厳密な形で一般解を求めることはもちろん不可能である．しかし，いまの問題を解決するのにはこれは必要ではない．特異性の近傍での解の形を研究すれば十分である．

フリードマン解のもつ特異性は，空間の距離がすべての方向にそって同じ法則でゼロになるということで特徴づけられる．このような型の特異性は十分一般的ではない．それは，座標の任意関数3つだけを含む解の集合に特有のものである（§113の問題を参照）．またこのような解は，物質でみたされている空間に対してだけ存在することに注意しよう．

前節で取り扱った振動型の特異性は，一般的性格のものである．すなわち，この種の特異性をもち，要求される3つの任意関数をすべて含むアインシュタイン方程式の解が存在する．ここでは，このような解を構成する方法を，計算の詳細に立ち入らずに簡略に説明することにする[2]．

一様なモデル（§118）におけると同様に，一般解における特異点への近接の仕方は，お

1) しかしただちに強調しておきたいことは，アイシュタイン方程式のような非線形微分方程式系に対しては，一般解という概念は一義的でないことである．原理的には，1つ以上の一般積分が存在して，そのおのおのは可能な初期条件の多様体全体ではなく，その有限部分だけをおおうということが可能である．特異点をもつ一般解の存在はしたがって，特異点をもたない他の一般解も存在することをさまたげない．たとえば，あまり大きくない質量をもつ安定な孤立した物体を記述する，特異点のない一般解の存在を疑う理由はないのである．

2) それはつぎの文献にみられる：V.A.Belinskii, E.M.Lifshitz, I.M. Khalatnikov, Adv. in Physics, **31**, 639 (1982).

たがいに交替する“カスナー時代”の系列が相ついで起こる形である．各時代のなかでは空間の計量テンソル（同期化された基準系での）の主要な項（$1/t$ についての）は，時間の関数 a, b, c が (118.10) で与えられた (118.1) の形をしているが，ベクトル $\boldsymbol{l}$, $\boldsymbol{m}$, $\boldsymbol{n}$ は今度は任意の（一様なモデルにおけるように完全に定まっていない）座標の関数である．また指数 p_l, p_m, p_n も，前と同じくおたがいに (118.11) の関係で結ばれているが，今度は同様な関数（単に数ではない）になる．このようにして構成された計量は，ある有限の時間のあいだで真空中の場に対する方程式 $R_0^0=0$ および $R_\alpha^\beta=0$ を（その主要な項に関して）満足する．$R_\alpha^0=0$ という方程式は，$\gamma_{\alpha\beta}$ に含まれる空間座標の任意関数に課せられるべき3つの関係（時間を含まない）を与える．これらの関係は10個の異なる関数を関係づける．それらは，3つのベクトル $\boldsymbol{l}$, $\boldsymbol{m}$, $\boldsymbol{n}$ の3成分と時間のベキの指数のなかの1つの関数である（3つの関数 p_l, p_m, p_n は2つの条件 (118.11) で関連している）．物理的な任意関数の数を決定するには，同期化された基準系が時間にふれない3つの空間座標の任意の変換を許すことも計算に入れなければならない．したがって，計量は全部で $10-3-3=4$ 個の任意関数を含む．これはちょうど真空中の場に対する一般解であるべき数である．

あるカスナー時代から他への交替は，（一様なモデルにおけるように）6個の方程式 $R_\alpha^\beta=0$ のうちの3個に t が減少するとき他の項より急激に増大し，したがってカスナーレジームを破壊するかく乱の役目をする項が存在するために生じる．これらの方程式の形は一般の場合には，その右辺に空間座標に依存する乗数 $(\boldsymbol{l}\,\mathrm{rot}\,\boldsymbol{l}/\boldsymbol{l}(\boldsymbol{m}\times\boldsymbol{n}))^2$ があることだけが (118.14) 式と異なっている（3つの指数 p_l, p_m, p_n のうち p_l が負と了解しておく）[1]．しかし，(118.14) 式は時間に関する常微分方程式系であるから，この相異は，その解あるいは解から導かれるカスナー指数の交替則 (118.16)，さらに§118で述べたその他の結論になんら変更をもたらさないのである[2]．

解の一般性の度合は，物質を導入しても小さくならない．物質は，その密度と3つの速度成分との初期分布を与えるのに必要な4つの新しい座標の関数をもちこみ，そのすべてによって計量に“書きこまれる”．物質のエネルギー運動量テンソル T_i^k は，主要な項よりも t のベキの高い項を場の方程式に導入する（平坦で一様なモデルに対し§117の問題3で示したのとまったく同様に）．

このようにして，時間に関する特異点の存在は，アインシュタイン方程式の解の非常に一般的な性質であり，特異点への接近の仕方は一般の場合にも振動的な性格をもつもので

1) 一様なモデルではこの乗数は，構造乗数 C^{11} の2乗と一致し，定義により定数である．

2) 解の任意関数に付加条件 $\boldsymbol{l}\,\mathrm{rot}\,\boldsymbol{l}=0$ を課すると，振動は消失し，カスナーレジームは $t=0$ の点までつづく．しかしこのような解は，一般解で要求されるより1つ少ない任意関数を含む．

ある[1]. この性格が物質の存在（したがってまたその状態方程式）には関係なく，すでにからっぽな空間・時間それ自身に固有のものであることを強調しておく．フリードマン解に特徴的な物質の存在に依存する単調で等方的な型の特異性は，特殊な意義だけをもつのである．

宇宙論的側面で特異性を問題にするとき，われわれが考えているのは，有限物体の重力崩壊におけるような限られた空間でだけ生じる特異性でなく，全空間で到達される特異性である．しかし，振動する解のもつ一般性は，共動基準系における事象の地平線をこえて有限物体が崩壊するときにそれが到達する特異性も，同様な性格をもつと仮定する根拠を与えている．

特異点に近づく方向というときつねに時間の減少する方向と理解してきた．しかし時間の符号の反転に対するアインシュタイン方程式の対称性を考えると，同じ正当性でもって時間の増大する方向で特異点に近づく場合を議論することもできたであろう．しかしながら，実際には未来と過去が物理的に同等ではないために，この２つの場合のあいだには問題の設定自体に関して本質的な相異がある．未来の特異点は，過去のある瞬間に与えられた任意の初期条件のもとで到達されるときにだけ，物理的な意味をもつことができる．宇宙の進化の過程においてある瞬間に実現した物質と場の分布が，アインシュタイン方程式のあれこれの特解の実現に要求される特別な条件に相当するものであったという理由はまったくないことは明らかである．

過去における特異性の型に関する問題に対して，重力方程式だけにもとづいた議論が一意的な答えを与えることはもともとありえないであろう．現実の宇宙にかなう解を選びだすことは，なんらかの深遠な物理的要請につながっており，それを確立するには，現在の重力理論だけにもとづいては不可能であって，将来の物理学の理論の総合の結果として始めて明らかにされうるものであろう，と考えるのが自然である．この意味では原理的には，この選択がなんらかの特殊な（たとえば等方的な）型の特異性に対応するということはありえる．しかしながら，その一般的性格からして振動的レジームこそ宇宙の進化の初期段階を記述するに違いないと考えるほうが，アプリオリにはより自然である．

最後に，なおつぎの注意をしておかなければならない．アインシュタイン方程式それ自身の適用領域が，小さな距離あるいは大きな物質密度の側では限られているということはまったくない．それは，方程式がこの極限でもいかなる内部矛盾にもおちいらない（たと

1)　アインシュタイン方程式の一般解に特異点が存在する事実は，最初にペンローズによってトポロジーの方法を用いて示された（R. Penrose, 1965）．しかし，この方法は特異性の具体的な解析的性質を定める可能性を与えない．この方法およびそれを用いて得られた定理については，R. Penrose, Structure of Space-Time, *'Battelle Rencontres'*, Ed. C. M. De Witt and J. A. Wheeler, Benjamin(1968)，を参照．

えば，古典電気力学の方程式とは違って）という意味においてである．この意味で，アインシュタイン方程式にもとづいて空間・時間計量の特異性を議論するのはまったく正しいことである．けれども，実際にはこの極限では量子力学的現象が本質的になることは疑いない．それについて現在の理論ではまだ何も言うことはできない．重力理論と量子論との将来の総合によってのみ，古典的理論の結果のうちどれが現実的意義を保持するのかを明らかにすることができるであろう．同時に，アインシュタイン方程式の解に特異性が現われる（宇宙論的側面においても，有限物体の崩壊においても）ことが深い物理的意味をもつということも疑いの余地がない．重力崩壊の過程で巨大ではあるが，まだ古典的重力理論の適用性は疑う必要がないような密度が出現することは，物理的に“特異な”現象を語るのに十分な理由であることを忘れてはならない．

索　引

ア

アイコナール　146
　——方程式　147
アインシュタイン
　——の一般相対性理論　253
　——の宇宙定数　367
　——の方程式　308
案内中心　62

位　相　129
位相空間　34
一様な場　57

ヴィリアル定理　96
宇宙定数　367
運動方程式　28
運動量　28
運動量空間　33
運動量の密度　90

L　系　35
エアリー（Airy）関数　168
エネルギー　29
エネルギー・運動量テンソル　89, 301
　巨視的な物体の——　97, 304
　電磁場の——　92, 304
エネルギー・運動量擬テンソル　315
エネルギー密度　86
エルゴ層　363
永年移動　342, 373, 380
円偏光　131

応力テンソル　91

カ

カー（Kerr）計量　359
ガウス（Gauß）の曲率　294
ガウスの単位系　77
ガウスの定理　23
カスナー（Kasner）解　431
ガリレイ(Calilei) 的計量　253
ガリレイ変換　11
火　面　151, 324
回　折　164
回転系　283
鏡　155
角アイコナール　154
角運動量　46, 315
角振動数　129
重ね合わせの原理　76, 309
干渉性散乱　246, 250
慣性系　1
慣性質量　371
慣性中心　47, 316
慣性中心系　35
慣性モーメント・テンソル　331

キリング（Killing）・ベクトル　425
キリング方程式　302
起電力　75
基準系　1
基本ベクトル　326
擬スカラー　19
擬テンソル　19
擬ユークリッド幾何学　5
虚火面　151
虚焦点　151
共動基準系　322

共変テンソル 256
共変導関数 267
共変ベクトル 256
曲率テンソル 289
局所慣性系 269
局所測地系 269
極性ベクトル 21
近日点移動 342

クリストッフェル (Christoffel) 記号 266
クーロン (Coulomb) の法則 101
空間距離の要素 261
空間・時間計量 253
空間成分 17
空間的 7

ゲージ不変性 56
計量テンソル 19, 257
結合散乱 246

コリオリ (Coriolis) 力 282
コラプサー 349
古典力学 2
固有加速度 59
固有時間 9, 261
固有体積 13
固有長さ 13
光 圧 127
光学距離 152
光学系 152
光行差 15
光 軸 154
光すい 8
光速度 2
後退速度 413
構造定数 425
剛 体 49
混合テンソル 258

サ

作用関数 27
　重力場の—— 298, 379
　電磁場の—— 75
　粒子の—— 27, 51
最小作用の原理 27
散 乱 241
散乱有効断面積 241

C 系 35
シュヴァルツシルト(Schwarzshild)球 344
シュヴァルツシルト計量 336
自然光 136
自己エネルギー 102
事 象 4
事象の地平線 348
時間成分 17
時間的 6
磁気制動放射 221
磁気双極放射 212
磁場の強さ 54
磁気モーメント 118
磁気レンズ 158
軸性ベクトル 21
軸対称な重力場 339
質量のくりこみ 102
質量の4重極モーメント 393
質量4重極モーメント・テンソル 331
実験室系 35
射 線 146
主焦点 156
　——距離 156
主 点 156
収束系 157
重 力 251
重力質量 371
重力定数 299
重力波 383, 391
重力場 251, 298

重力場の方程式 308
重力半径 336
重力ポテンシャル 252
重力崩壊 346
縮約(簡約) 18, 257
消偏度 138
焦　点 151
衝突径数 108, 199
状態方程式 309
循　環 75
信号速度 2
真の重力場 251

スカラー曲率 293
スカラー積 259
スカラー・ポテンシャル 51
スカラー密度 259
ストークス (Stokes) の定理 23
——のパラメター 138

ゼロ超曲面 362
世界間隔 5
世界時間 276
世界線 4
世界点 4
生成演算子 426
制動放射 198
静止エネルギー 29
静重力場 278
静的な場 277
静電場 100
赤方偏移
宇宙論的な—— 398, 410
重力場における—— 279
絶対的過去 8
絶対的未来 8

素粒子 50
双極放射 196, 212
双極モーメント 109
相互作用の伝播速度 2, 49
相対性原理 1
アインシュタインの—— 2
ガリレイの—— 2
相対論的力学 2
速度の合成法則 14
測地線 273

タ

ダミー指標 16
ダランベリアン 123
ダランベール (d'Alembert) 方程式 123
楕円偏光 131
対偶テンソル 20
縦倍率 156
単色度 162
単色平面波 129
断熱不変量 61
断面積 241
弾性衝突 41

遅延ポテンシャル 180, 391
中心対称な重力場 333
超曲面 22
直線偏光 131
塵状物質 322

テトラード表現 326
テンソル密度 259
デルタ(δ)関数 78
定常な場 277
電　荷 51
電荷の保存 81
電荷密度 78
電気力学 84
電磁波 122
電磁場 50, 75, 285
電磁場テンソル 68
電磁場の作用関数 75
電　束 84

電場の強さ 54
電流密度 79

トムソン (Thomson) の公式 242
ドップラー (Doppler) 効果 132,413
閉じたモデル 402
等加速度運動 25
等価原理 251
等方球面座標 339
同期化された基準系 319,439
同期化する (synchronize) 263

ナ

ニュートン (Newton)
——の万有引力の法則 330
——・ポテンシャル 331
——力学 2

ハ

ハッブル (Hubble) 定数 413
ハミルトニアン 30,52
ハミルトン-ヤコビ
(Hamilton-Jacobi) 方程式 32,52
バビネ (Babinet) の原理 174
波 束 148
波 長 129
波動帯 191,392
波動ベクトル 129
波動方程式 123
波 面 146
場 49
発散系 157
反変計量テンソル 257
反変テンソル 256
反変導関数 268
反変ベクトル 256
万有引力 251
——定数 299
——の法則 331

ビアンキ (Bianchi) の等恒式 292
ビアンキの分類 427
ビオ・サヴァール (Biot-Savart) の法則 117
非干渉性散乱 246
非慣性基準系 251
非点収差 154
光の屈曲 344
重力場による—— 344
開いたモデル 406

フェルマー (Fermat) の原理 149
フラウンホーファー
(Fraunhofer) 回折 173
フリードマン (Friedmann) 解 367
フレネル (Fresnel) 回折 169
ブラックホール 349
不変な重力場 276
不変な電磁場 57
符号系 254
物理的特異点 323
部分偏光 135
分解能 163

ヘヴィサイド(Heaviside) の単位系 78
ベクトルの束 74
ベクトル・ポテンシャル 51
ベクトル密度 259
ペトロフ(Petrov)の正準形 296
平行移動 265,288
平担な空間 254
平面波 124
変位電流 85
偏光テンソル 136

ホイヘンス (Huygens) の原理 165
ポアッソン (Poisson) 方程式 100
ポインティング (Poynting)・ベクトル 86
ポテンシャル 51,55
放射減衰 229
望遠鏡的結像 157

膨張宇宙　398
星の空間分布　398

マ

マクスウェルの応力テンソル　92
マクスウェル方程式　74, 84, 285
曲がった空間　254

3つ組表現　424

モーペルチュイ（Maupertuis）の原理　58, 149

ヤ

ヤコビアン　23
ヤコビの恒等式　426
有効断面積　38
有効放射　199

横　波　126
横倍率　156
4元速度　25
4元テンソル　17
4元ベクトル　16
4元ポテンシャル　51
4重極放射　212
4重極ポテンシャル　111
4重極モーメント　111

ラ

ラグランジアン　28, 374
　電荷の——　51, 186
　粒子の——　28, 51
ラプラス方程式　100
ラーマー（Larmor）の歳差運動　121
ラーマーの振動数　121
ラーマーの定理　121

リエナール-ヴィーヒェルト（Liénard-Wiechert）のポテンシャル　182, 192
リッチ（Riccci）・テンソル　292
リッチの回転係数　327
リーマン-クリストッフェル（Riemann-Christoffel）・テンソル　289

レンズ　155
連続の方程式　81

ローレンツ
　——・ゲージ　124
　——条件　124
　——短縮　13
　——変換　12
　——まさつ力　229
　——力　54

訳者あとがき

本書はエリ・デ・ランダウとイェ・エム・リフシッツの共著『理論物理学教程』の第2巻，

Л. Д. Ландау и Е. М. Лифшиц : ТЕОРИЯ ПОЛЯ. Издание шестое, исправленное и дополненное, Издательство 〈Наука〉, Москва, 1973,

の全訳である．

前回訳出したのは大幅な改訂がおこなわれた第4版（1962年刊）であったが，それから約10年後に刊行されたこの第6版でふたたび全面的な改訂・補筆がなされた．著者のまえがきにあるとおり，その重点は重力場に関する部分にあり，物体の重力場，重力波，相対論的宇宙論についての内容が新しい3つの章としてまとめあげられた．一般相対論および宇宙論に関する研究は近年めざましい発展を示しているが，その先端的な成果までが一貫した形で取扱われており，本書の性格を物語っている．

ランダウ＝リフシッツの『理論物理学教程』は全世界で莫大な数の版を重ねてきた．現在活躍している物理学者の多くはこの教程に学び，大きな影響を受けてきたと言っても過言ではない．1960年にレーニン賞を授与されたのも当然であろう．その『教程』のなかでも本書は出色の出来といわれている．

理論物理学の全分野で輝かしい業績を残したランダウについていまさら紹介する必要はないと思われる．1962年に悲劇的な事故に会った彼は，同じ年に液体ヘリウムの理論的研究でノーベル賞を受けた．それ以後，『理論物理学教程』を完成させ，改訂する仕事はリフシッツによって進められてきた．リフシッツも，相転移の統計力学から一般相対論にいたる広い分野で傑出した研究をおこなってきており，とくに近年は宇宙論におけるソ連の強力な研究グループで指導的な役割を演じてきた．その実績をふまえて今回の改訂もおこなわれていることは言うまでもない．

上述したように第6版では主として重力場の部分が改訂されたが，その他の部分においても表現，配列などについて細部にわたって全面的に手が入れられている．そのため邦訳も最初からすべて検討し，あらためることにした．第12～14章ではいくつか術語の訳について問題があった．一例はブラックホールであるが，原書ではわざわざコラプサー（崩壊体）という語を使っている．しかしここでは，わが国の研究者のあいだで現在広く使われているブラックホールをとった．このような点，さらには訳の不備な点については，今後も検討をつづけ改善したいと考えている．

1974年の夏，国際科学史会議のため入洛した広重徹氏と歓談する機会を得，その折にこの改訂版の訳出についても相談した．氏はその後まもなく病に倒れ，不帰の人となってしまわれた．それからはや4年を経過し，やっとこの仕事を終えたいま，在りし日の広重氏の笑顔が思い出されてならない．

最後に，いつも辛抱強く助力を惜しまれなかった東京図書の平野信之氏に心から感謝しておきたい．

1978年9月

恒藤敏彦

第7刷に際して

1984年春リフシッツ教授が来日され，訳者も幸い懇談の機会を得た．その際いくつかの訂正を示された．特に62ページ，234ページには新しい脚注がつけ加えられている．それに従って日本語訳でも今回の重版から訂正を行なった．

1984年11月

恒藤敏彦

訳者紹介

恒藤敏彦　1953年　京都大学理学部物理学科卒業
2010年　没，京都大学理学部名誉教授
広重　徹　1952年　京都大学理学部物理学科卒業
1975年　没，日本大学教授

ランダウ=リフシッツ理論物理学教程
場の古典論（原書第６版）

1978年10月30日　第１刷発行　Printed in Japan
2022年５月25日　新装第１刷発行
2024年５月10日　新装第３刷発行

著　者　エリ・デ・ランダウ
イェ・エム・リフシッツ
訳　者　恒藤敏彦
広重　徹
発行所　東京図書株式会社
〒102-0072 東京都千代田区飯田橋3-11-19
振替00140-4-13803　電話 03(3288)9461
http://www.tokyo-tosho.co.jp/

ISBN978-4-489-02387-3